U0260131

“十三五”国家重点图书出版规划项目
世界兽医经典著作译丛

兽医实验室临床病理检查手册

第 5 版

［美］肯尼思 · S. 拉蒂默（Kenneth S. Latimer）　编著
吴长德　主译

中国农业出版社
北　京

图书在版编目（CIP）数据

兽医实验室临床病理检查手册：第5版 /（美）肯尼思·S. 拉蒂默编著；吴长德主译. —北京：中国农业出版社，2021.1

（世界兽医经典著作译丛）

ISBN 978-7-109-27341-2

Ⅰ.①兽… Ⅱ.①肯… ②吴… Ⅲ.①兽医学—病理学—手册 Ⅳ.①S852.3-62

中国版本图书馆CIP数据核字（2020）第177776号

Duncan & Prasse's Veterinary Laboratory Medicine: Clinical Pathology, fifth edition

By Kenneth S. Latimer

ISBN 978-0-8138-2014-9

合同登记号：图字01-2018-3372号

中国农业出版社出版

地址：北京市朝阳区麦子店街18号楼

邮编：100125

责任编辑：弓建芳 刘 伟

版式设计：杨 婧 责任校对：沙凯霖

印刷：北京通州皇家印刷厂

版次：2021年1月第1版

印次：2021年1月北京第1次印刷

发行：新华书店北京发行所

开本：889mm×1194mm 1/16

印张：24.75 插页：8

字数：600千字

定价：280.00元

译 者 名 单

主　译　吴长德

副主译　吴高峰　常灵竹　王兴赫

参　译　(以姓氏笔画为序)

白　玉　宁章勇　刘　钰　刘美丽　孙　斌

孙　淼　孙艳明　杨利峰　何顺东　沈广栋

张　宏　张　萌　周向梅　胡玉苗　姜元华

徐雪芳　韩　伟　韩彩霞　薛金月　霍桂桃

原 著 作 者

Perry J. Bain，DVM，PhD
Diplomate，American College of Veterinary Pathologists
Assistant Professor
Department of Biomedical Sciences
Large Animal Hospital
Cummings School of Veterinary Medicine at Tufts University
North Grafton，MA 01536

Holly S. Bender，DVM，PhD
Diplomate，American College of Veterinary Pathologists
Professor
Department of Veterinary Pathology
College of Veterinary Medicine
Iowa State University
Ames，IA 50011

Dorothee Bienzle，DVM，MSc，PhD
Diplomate，American College of Veterinary Pathologists
Professor and Canada Research Chair in Veterinary Pathology
Department of Pathobiology
Ontario Veterinary College
University of Guelph
Guelph，Ontario，Canada N1G 2W1

Mary K. Boudreaux，DVM，PhD
Professor
Department of Pathobiology
College of Veterinary Medicine
Auburn University，AL 36849

Denise I. Bounous，DVM，PhD
Medical Technologist (American Society of Clinical Pathologists)
Diplomate，American College of Veterinary Pathologists
Group Director，Drug Safety Evaluation
Bristol-Myers Squibb
Princeton，NJ 08543

Charles W. Brockus，DVM，PhD
Diplomate，American College of Veterinary Internal Medicine
Diplomate，American College of Veterinary Pathologists
Charles River
Reno，NV 89511

Ellen W. Evans，DVM，PhD
Diplomate，American College of Veterinary Pathologists
Senior Director，Immunotoxicology Center of Emphasis
Pfizer，Inc.
Groton，CT 06340

Duncan C. Ferguson，VMD，PhD
Diplomate，American College of Veterinary Internal Medicine
Diplomate，American College of Veterinary Clinical Pharmacology
Professor and Head
Department of Veterinary Biosciences
College of Veterinary Medicine
University of Illinois at Urbana-Champaign
Urbana，IL 61802

Jeanne W. George, DVM, PhD
Diplomate, American College of Veterinary Pathologists
Professor Emeritus
Department of Pathology, Microbiology and Immunology
School of Veterinary Medicine
University of California-Davis
Davis, CA 95616

Christopher R. Gregory, DVM, PhD
Medical Technologist (American Society of Clinical Pathologists)
Associate Research Scientist
Department of Small Animal Medicine
College of Veterinary Medicine
The University of Georgia
Athens, GA 30602

Robert L. Hall, DVM, PhD
Diplomate, American College of Veterinary Pathologists
Covance Laboratories, Inc.
Madison, WI 53704

Margarethe Hoenig, Dr med vet, PhD
Professor
Department of Veterinary Clinical Medicine
College of Veterinary Medicine
University of Illinois at Urbana-Champaign
Urbana, IL 61802

Paula M. Krimer, DVM, DVSc
Diplomate, American College of Veterinary Pathologists
Assistant Professor
Athens Veterinary Diagnostic Laboratory
College of Veterinary Medicine
The University of Georgia
Athens, GA 30602

Kenneth S. Latimer, DVM, PhD
Diplomate, American College of Veterinary Pathologists
Covance Laboratories, Inc.
Vienna, VA 22182
and
Professor Emeritus
Department of Pathology
College of Veterinary Medicine
The University of Georgia
Athens, GA 30602

Pauline M. Rakich, DVM, PhD
Diplomate, American College of Veterinary Pathologists
Professor
Athens Veterinary Diagnostic Laboratory
College of Veterinary Medicine
The University of Georgia
Athens, GA 30602

Elizabeth A. Spangler, DVM, PhD
Diplomate, American College of Veterinary Pathologists
Diplomate, American College of Veterinary Internal Medicine
Assistant Professor
Department of Pathobiology
College of Veterinary Medicine
Auburn University, AL 36849

Heather L. Tarpley, DVM
Diplomate, American College of Veterinary Pathologists
Chestatee Animal Hospital
Dahlonega, GA 30533

Niraj K. Tripathi，BVScAH，MVSc，PhD
Diplomate，American College of Veterinary Pathologists
Covance Laboratories，Inc.
Madison，WI 53704

Julie L. Webb，DVM
Diplomate，American College of Veterinary Pathologists
Instructor
Department of Pathobiological Sciences
College of Veterinary Medicine
University of Wisconsin
Madison，WI 53706

Elizabeth G. Welles，DVM，PhD
Diplomate，American College of Veterinary Pathologists
Professor
Department of Pathobiology
College of Veterinary Medicine
Auburn University
Auburn，AL 36849

Shanon M. Zabolotzky，DVM
Diplomate，American College of Veterinary Pathologists
Clinical Pathologist
IDEXX Laboratories，Inc.
West Sacramento，CA 95605

前 言

《兽医实验室临床病理检查手册》（第5版）的出版是对近40年来兽医临床病理学教学素材的整理和总结。Duncan博士和Prasse博士在兽医临床病理学教学、诊断服务和应用研究方面卓有建树，他们的专业技能是本书出版的基石。

本书的内容始终紧贴兽医临床病理学的发展。Duncan博士和Prasse博士是美国兽医病理学会（ACVP）首次认证的临床病理学家，到目前为止，第三代兽医临床病理学家也参与了本书的编写工作。本书的参编人员不断增多，专业知识也在迅速扩展，这使本书的内容达到了新的高度和深度。

将来，希望本书新主编能传承并贯彻本书的精髓，使本书在为新一代的兽医学生、兽医实习生、住院兽医、临床兽医和兽医从业人员科学解释实验室数据的实践中发挥更大的作用。

J. Robert Duncan博士，佐治亚大学兽医学院名誉教授（左）和Keith W. Prasse博士，佐治亚大学兽医学院前院长（右）

致 谢

如果没有众多新、老朋友的帮助，《兽医实验室临床病理检查手册》（第 5 版）就不可能面世，感谢你们对本书的贡献！你们的专业技能将对动物疾病的临床诊断和护理工作产生积极的作用。感谢从事兽医临床和病理解剖学工作的住院兽医、在校生和执业兽医，同行们的反馈意见和建议是我们对本书进行修订的动力之源；感谢佐治亚大学兽医学院的 Kip Carter 女士对本书的图片进行了修订；感谢 Erica Judisch、Nancy Turner 及 Wiley-Blackwell 公司的出版团队，你们为本书最新修订版的面世提供了专业的帮助。该书出版后，我将再次享受休闲、娱乐和宁静的田园生活。

在野外聆听并等待行动的 Cody

（图片由 Julie Poole 提供，Knoxville 摄影）

目　录

第一章 红 细 胞

Charles W. Brockus，DVM，PhD

第一节 红细胞功能、代谢、生成和分解的基本概念

一、红细胞

1. 红细胞分布广泛，包括循环红细胞和骨髓前体细胞、祖细胞和干细胞。

2. 红细胞的作用是通过血红蛋白输送氧气。

3. 血红蛋白作用是运输氧气，红细胞的细胞膜、形状、新陈代谢过程确保了其在循环和各种有害物质的刺激下可以存活。

4. 血红蛋白由亚铁血红素和球蛋白组成，每个完整的血红蛋白分子是一个四聚体。

(1) 每个亚铁血红素单体都含有一个二价的铁离子（Fe^{2+}）。

(2) 每条具有特定氨基酸序列的球蛋白链都与1个亚铁血红素相连。

(3) 完整的血红蛋白分子是一个四聚体，含有四个亚铁血红素单位和四条球蛋白链。球蛋白多肽链都是配对的（二聚体），即α链和δ链。

二、亚铁血红素合成

1. 亚铁血红素合成是单向、不可逆的。在合成的第一步受δ-氨基酮戊酸合成酶控制。而该酶的合成是与红细胞内亚铁血红素的浓度负相关。

(1) 铅在一定程度上抑制血红素合成的大部分步骤，也抑制铁离子传递到亚铁螯合酶的活性位点。

(2) 氯霉素可抑制血红素的合成。

2. 卟啉类化合物及其前体是血红素生物合成的中间体。

(1) 合成途径中某些酶的缺乏会导致卟啉及其前体的过量累积。

(2) 这些过量的卟啉及其前体的过量累积称为血卟啉症。

(3) 血卟啉症中，聚集的中间产物不同，临床症状也不同。

(4) 这些累积的卟啉类化合物逸出红细胞并沉积在组织中，或随尿液及其他体液排出体外。

3. 形成原卟啉后，铁离子在亚铁螯合酶的催化下插入该分子中，形成亚铁血红素。

三、球蛋白合成

1. 每一个血红蛋白分子由四条球蛋白链组成，每条球蛋白链各与1个亚铁血红素相结合。

(1) 血红蛋白类型取决于球蛋白链的类型，后者又是由氨基酸序列决定的。

①各种动物的胚胎、胎儿和成年动物中都发现了血红蛋白。

②各种血红蛋白的有无及数量随物种的不同而有差异。

(2) 亚铁血红素和球蛋白的合成是动态平衡的（一种增加会导致另一种也增加）。

2. 球蛋白合成异常（如血红蛋白病）在家畜中没有报道。

四、铁的代谢

机体铁代谢（含量）在各系统调节下处于动态平衡，主要受十二指肠吸收率的调控而并非排泄率。铁调素是近年来发现的含有25个氨基酸的多肽（生物活性形式）。铁调素由肝脏合成，并通过 α_2 巨球蛋白在血液中运输，在铁代谢的调控中起着关键作用。简而言之，铁调素的增加伴随着铁的利用率下降，而铁调素的减少与铁的利用率升高有关。铁调素是白细胞介素-6（IL-6）诱导的Ⅱ型急性期蛋白，通过抑制铁转运蛋白而抑制小肠上皮细胞和巨噬细胞向血液中输送铁，进而调控血铁浓度。铁的吸收受铁的储存量（大量的铁储备减少铁的吸收）和红细胞生成（红细胞生成加快增加铁的吸收）的影响。每天机体流失或吸收的铁量不到机体总铁含量的0.05%。

1. 铁与δ-球蛋白（转铁蛋白）相结合，在血液中运输。

(1) 血清铁（SI）的检测是指检测与转铁蛋白相结合的铁。这种方法实际上并不能准确检测机体总含铁量。

①SI减少的情况。

A. 铁缺乏症。

B. 急性和慢性炎症或疾病（包括炎症、疾病性贫血）。

C. 低蛋白血症。

D. 甲状腺功能减退症。

E. 肾脏疾病。

②SI增加的情况。

A. 溶血性贫血。

B. 取样时红细胞的意外溶解（溶血）。

C. 犬和马的糖皮质激素过多。相反，牛在糖皮质激素过多时，SI下降。

D. 铁超载，可能是后天性的（如铁中毒）或遗传性的（如塞勒斯牛的原发性铁过剩）。有些禽类（如八哥和犀禽）的铁超载也可能是遗传性的。

E. 非再生性贫血。

③SI可以表示为总铁结合力（TIBC）的百分比，并记录为百分比饱和度。

(2) TIBC是测定与转铁蛋白所能结合的铁的一种间接方法。一种免疫学的方法可用于转铁蛋白的定量分析，但不常用。

①通常只有1/3的转铁蛋白结合位点被铁所结合。这表示为百分比饱和度。

②除犬外，大多数物种缺铁时，TIBC会增加。

(3) 转铁蛋白结合铁的能力通常比显示的多。因此，TIBC和SI之间的数值差即为转铁蛋白上铁的结合量或未饱和铁结合力（UIBC）。

2. 已证明铁稳态主要受铁调素调节。铁调素在肝脏生成，在铁超载（增加）、贫血及缺氧（减少）的情况下发挥全身作用。亚铁氧化酶（一种肠道铜蓝蛋白类似物）和血浆铜蓝蛋白（在肝脏合成）均是参与铁运输的含铜蛋白质。血浆铜蓝蛋白也是急性期的炎症反应物。在将铁从肠上皮和巨噬细胞传递到血清转铁蛋白的过程中，转铁蛋白1和二价金属离子转运蛋白1（DMT1）是必需的。铁调素诱导转铁蛋白的内化和降解，从而抑制铁的转运。

3. 铁在亚铁血红素合成的最后阶段整合到血红蛋白中。细胞内铁缺乏导致红细胞原卟啉浓度增高。

4. 在巨噬细胞中，铁以铁蛋白和血铁黄素形式储存。

5. 铁蛋白是水溶性的铁和蛋白质的复合物。铁蛋白是铁的不稳定的储存形式。

①少量的循环铁量可以被测量为血清铁蛋白，该方法是一种间接的测量储存铁的方法。需要有一种具有种属特异性的免疫分析方法。

②铁缺乏时，血清铁蛋白浓度降低。

③下述情况下，血清铁蛋白浓度增加：

A. 溶血性贫血。

B. 铁超载。

C. 急性和慢性炎症。

D. 肝病。

E. 某些肿瘤性疾病（如淋巴瘤、恶性组织细胞增多症）。

F. 营养不良（牛）。

6. 血铁黄素是一种更稳定但用途较少的铁的储存形式，由内源性和变性的铁蛋白构成，不溶于水，在组织内可被 Perl's 或普鲁士蓝染色。

7. 血清铁的异常与吸收障碍、营养缺乏、出血导致的铁丢失，以及巨噬细胞吞噬损伤的造血细胞导致的铁代谢异常有关（发生在慢性疾病和炎症中）。

五、红细胞代谢

由于成熟的红细胞缺乏氧化代谢所需的线粒体，因此在网织红细胞阶段后红细胞的代谢受到限制。成熟红细胞的生物化学过程及其功能和相关异常见图 1.1。

（一）恩布登-迈耶霍夫（Embden-Meyerhof）糖酵解途径

1. 通过这种厌氧途径，糖酵解产生三磷酸腺苷（ATP）和 NADH。ATP 对膜的功能和完整性至关重要，而 NADH 用于减少高铁血红蛋白。

2. 这一途径的重要酶包括丙酮酸激酶（PK）和磷酸果糖激酶（PFK）。这一途径中酶的缺乏可能导致溶血性贫血（如犬的 PK 和 PFK 缺乏性贫血）。

3. PK 缺乏影响 ATP 的产生，导致 15%～50%的网织红细胞发生大细胞色素性贫血、骨髓纤维变性、血色沉着病、红细胞寿命缩短，以及丙酮（PEP）和 2,3-二磷酸甘油酸（DPG）的堆积。已有关于犬（巴辛吉犬、西高地白狸、凯恩狸、美国爱斯基摩犬、微型贵宾犬、哈巴狗、奇瓦瓦犬、小猎犬）和猫（阿比西尼亚猫和索马里猫）的 PK 缺乏的相关报道。

4. PFK 缺乏导致红细胞的 2，3-DPG 浓度下降，血细胞比容（Hct）正常或降低，持续的网织红细胞增多症，以及碱血症导致的溶血。这种酶的缺乏症在犬（史宾格犬、可卡猎犬及某些杂种犬）中有报道。

（二）磷酸戊糖途径（磷酸己糖途径）

1. 6-磷酸葡萄糖脱氢酶是这一无氧途径的限速酶。

2. 这一途径产生 NADPH 是红细胞内主要的还原剂。在还原氧化型谷胱甘肽的过程中，NADPH 作为辅助因子发挥作用。还原型谷胱甘肽可中和能使血红蛋白变性的氧化剂。

3. 6-磷酸葡萄糖脱氢酶的缺乏或缺陷在轻度氧化应激条件下会导致溶血性贫血，如 6-磷酸葡萄糖脱氢酶缺乏的马血液中含有偏心红细胞以及海因茨小体。

（三）高铁血红蛋白还原酶通路

1. 血红蛋白以还原状态（即氧合血红蛋白）存在，这是通过该途径运输氧气必需的。

2. 酶缺乏导致高铁血红蛋白积累。高铁血红蛋白无法运输氧气，导致发绀。随着高铁血红蛋白浓度的持续增加，血液和黏膜可能出现褐色。

3. NADH 和 NADPH 均存在高铁血红蛋白还原酶。前者主要存在于正常情况下，后者需在氧化

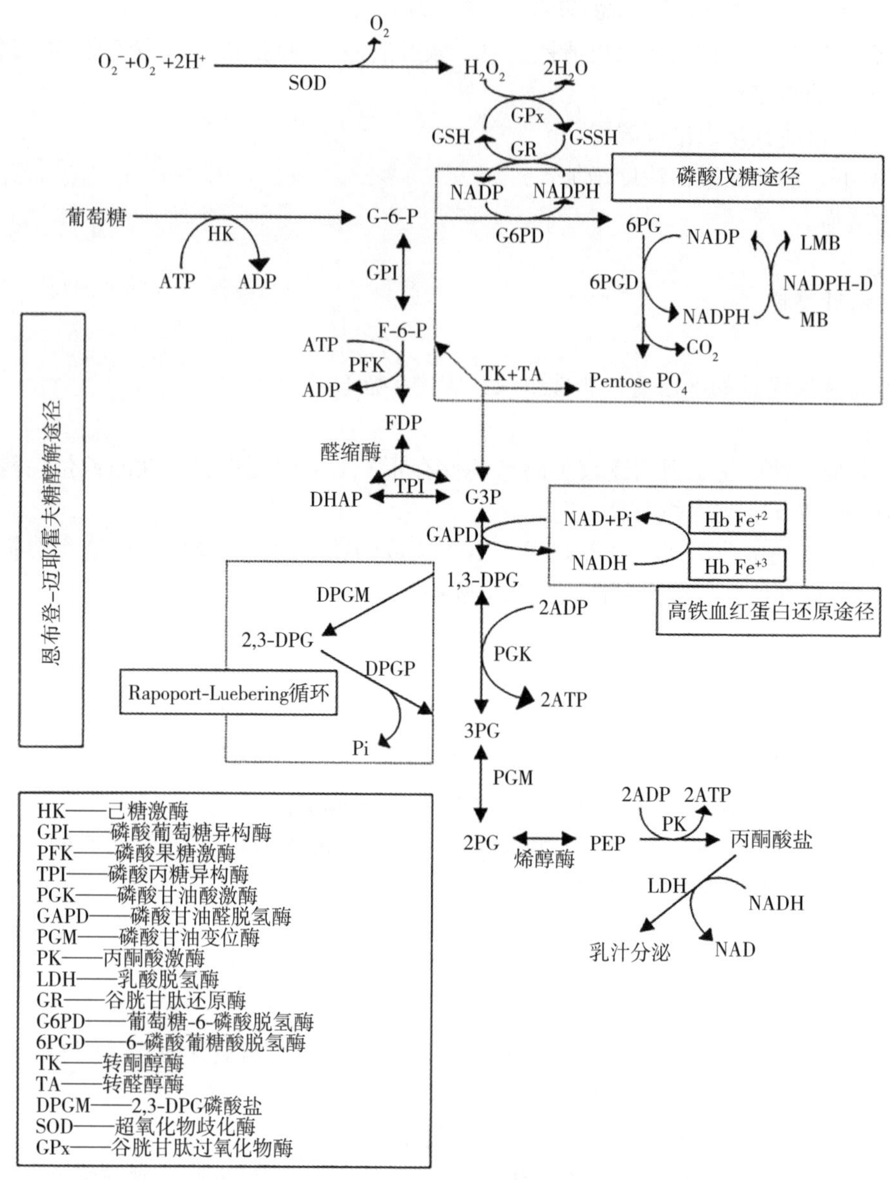

图 1.1 提供能量并防止氧化损伤的红细胞代谢途径示意

还原染料（如亚甲蓝）激活下可见。

4. 高铁血红蛋白还原酶缺乏导致发绀、高铁血红蛋白症、氧分压维持正常范围内以及运动不耐受。这种缺陷在犬（美国爱斯基摩犬、贵宾犬、美国可卡犬、贵宾犬杂交、吉娃娃和俄罗斯狼犬）中有报道。

（四）Rapoport-Luebering 途径

1. 这条通路可产生 2,3-二磷酸甘油酸（2,3-DPG）的异构酯，在氧气运输中具有调节作用。2,3-DPG 的增加可通过减弱血红蛋白的氧亲和性使氧释放到组织中。

2. 根据物种不同，通常某些贫血动物 2,3-DPG 浓度增加，并可通过较少的血红蛋白向组织提供更多的氧气（一种代偿机制）。

3. 不同动物红细胞中 2,3-DPG 的浓度不同，与血红蛋白的反应性也不同。犬、马和猪红细胞中 2,3-DPG 具有高浓度和反应性，而猫和反刍动物红细胞的浓度和反应性较低。

六、红细胞动力学

（一）干细胞、祖细胞和前体细胞（图 1.2）

1. 多能性和多项分化性干细胞（CFU-GEMM 或 $CD34^+$ 细胞）。

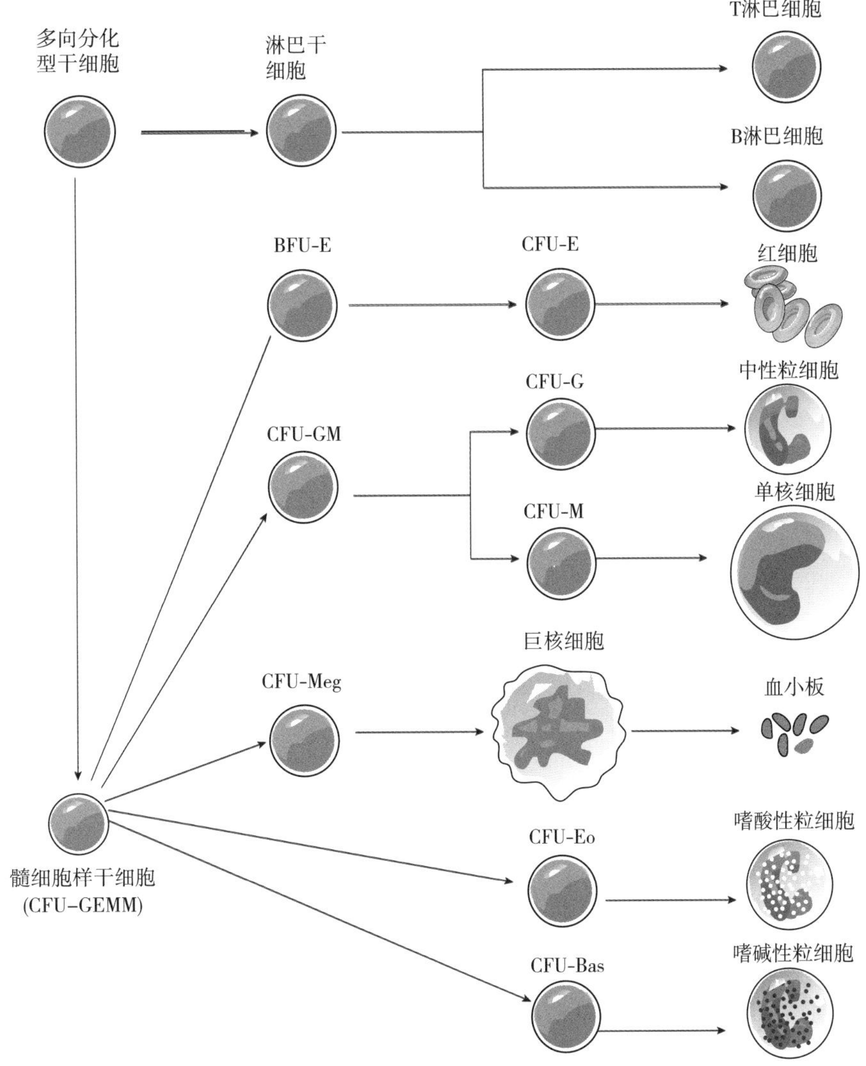

图 1.2　造血功能模型

多向分化型干细胞产生淋巴干细胞和髓细胞样干细胞。淋巴干细胞分化为 T 淋巴细胞和 B 淋巴细胞。髓细胞样干细胞（CFU-GEMM）形成祖细胞，包括红细胞爆式集落形成单位（BFU-E）［可分化成红细胞集落形成单位（CFU-E）］、粒细胞/单核细胞集落形成单位（CFU-GM）［可分化成粒细胞集落形成单元（CFU-G）和单核群形成单元（CFU-M）］、巨核细胞集落形成单位（CFU-Meg）、嗜酸性粒细胞集落形成单位（CFU-Eo）和嗜碱性粒细胞集落形成单位（CFU-Bas）。这些集落形成单位分化成各种细胞系的前体细胞以及成熟的细胞。

（1）这些细胞具有自我更新和分化为祖细胞的能力。

（2）分化由骨髓基质细胞产生的促生长刺激因子调控。多种生长因子和细胞因子（SCF、IL-3、IL-9、IL-11 和促红细胞生成素）参与到这个过程中。

（3）当干细胞分化时，它将失去自我复制能力和某些其他能力。

2. 祖细胞。

（1）某些早期祖细胞具有分化成多个细胞系的能力（如 CFU-GEMM 可分化为粒细胞、红细胞、单核细胞或巨核细胞）。

(2) 其他祖细胞是单向分化细胞（如 CFU-E 只能分化为红细胞）。

(3) 祖细胞的自我更新并分化成各种细胞前体的能力有限。

(4) 祖细胞在罗曼诺夫斯基染色中，形态上不易辨认，与小淋巴细胞相似。

3. 前体细胞。

(1) 前体细胞没有自我更新的能力，但在分化成成熟的、功能性细胞时可增殖。

(2) 这些是第一种可以识别为特定细胞系的细胞。

（二）红细胞生成（图 1.3）

1. 哺乳动物的红细胞生成发生在血管外的骨髓实质中。禽类的红细胞生成发生在骨髓血管窦（血管内或窦腔内发育）。

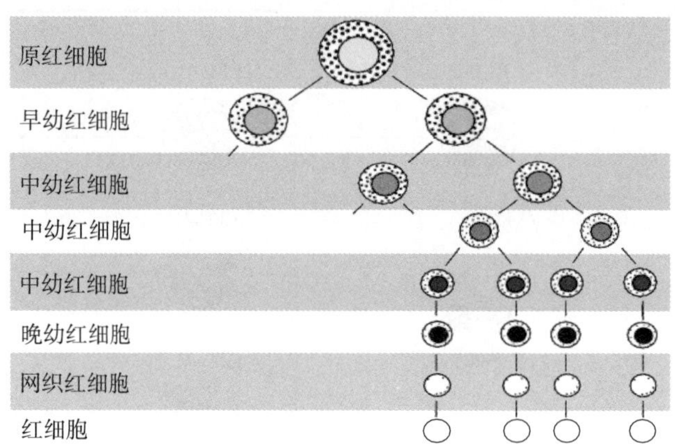

图 1.3 红细胞生成过程

2. 形态学的特征变化发生在从原始红细胞到成熟红细胞的成熟过程中（图 1.4）。

(1) 细胞变小。

(2) 细胞核变小，染色质进一步聚集。

①在中幼红细胞晚期细胞分裂停止，此时细胞内血红蛋白浓度达到临界值。

②哺乳动物的晚幼红细胞，细胞核被挤出，形成网织红细胞。相反，禽网织红细胞和成熟的红细胞均有核。

(3) 随着血红蛋白的形成和 RNA 的消失，细胞质的颜色由蓝色变为橙色。

3. 在哺乳动物内皮细胞的胞质中，网织红细胞和红细胞通过瞬变孔进入到骨髓的静脉窦中。

(1) 大多数动物的网织红细胞在骨髓中停留 2～3 d，然后在外周血或脾中释放并最终成熟。

(2) 在健康动物体内，牛和马的红细胞在骨髓中成熟；成熟的红细胞被释放到血液中。

4. 从刺激祖细胞到网织红细胞释放大约需要 5d。

5. 从原红细胞开始，经 3～5 个分裂，产生 8～32 个分裂细胞。

6. 骨髓有使红细胞生成增加的能力。

(1) 在必要的刺激以及充足的营养条件下，人类红细胞的生成速度可以提高到正常水平的 7 倍，这种能力因动物种类而异，禽类和犬中最强，牛和马最弱。

(2) 血液中红细胞数量的增加主要是通过增加干细胞输入，其次是缩短成熟时间。

(3) 红细胞可以通过网织红细胞提前释放和跳跃式的细胞分裂，更快地转移到循环系统中。这些过程不会增加红细胞产生的总量，仅仅暂时有益。

（三）红细胞生成的调控

1. 促红细胞生成素（Epo）。

(1) 大多数 Epo 是在组织缺氧情况下由肾小管的间质细胞产生，而肝脏特殊的肝细胞和贮脂细胞也能产生 10%～15% 的 Epo。

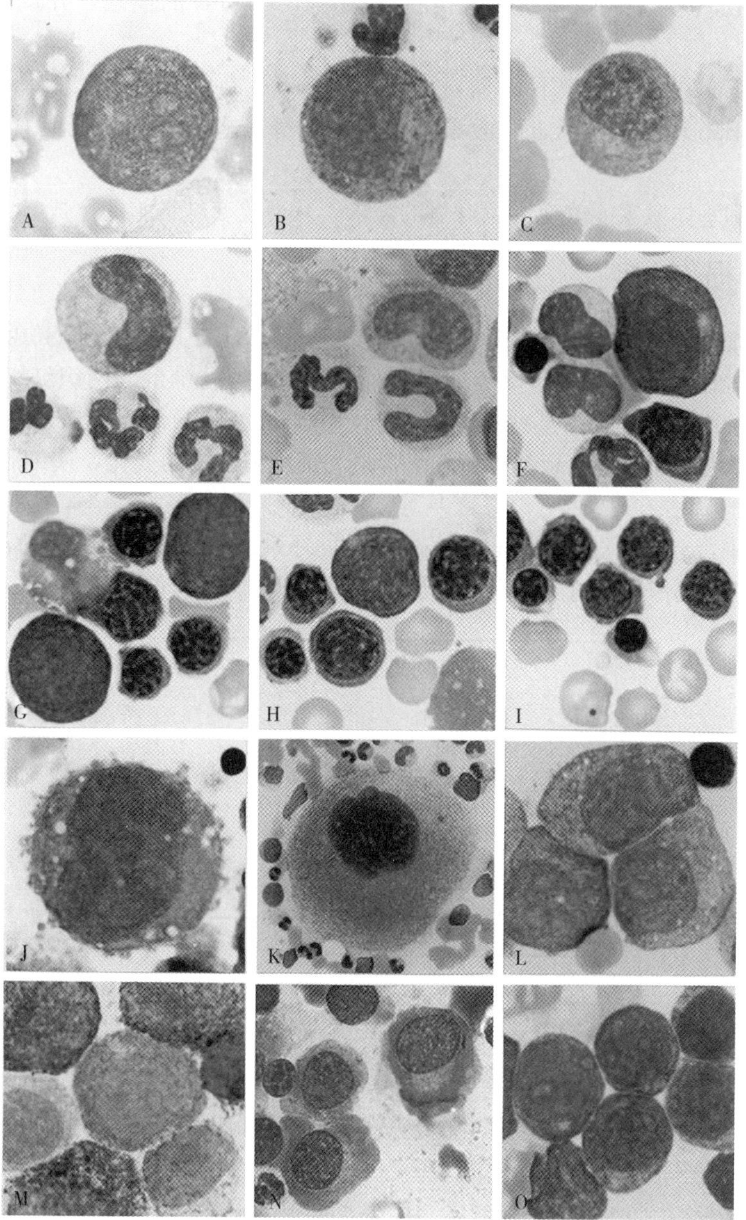

图 1.4 骨髓中正常的造血细胞和白血病细胞

A. 成髓细胞 B. 前髓细胞 C. 中幼粒细胞 D. 分叶核中性粒细胞 E. 杆状核中性粒细胞、分叶核中性粒细胞 F. 原红细胞、中幼红细胞、晚幼红细胞、2 个中性粒细胞、1 个分叶核中性粒细胞碎片 G. 1 个早幼红细胞、4 个中幼红细胞和 1 个嗜酸性粒细胞 H. 5 个中幼红细胞 I. 5 个中幼红细胞、1 个晚幼红细胞、1 个带有染色质小体的多染性红细胞 J. 细胞质为蓝色、颗粒状的不成熟巨核细胞 K. 细胞质为粉色、颗粒状的成熟巨核细胞（低放大倍数） L. 患有原始粒细胞性白血病犬的前髓细胞 M. 患有肥大细胞白血病猫的低分化肥大细胞 N. 患有骨髓瘤的犬浆细胞 O. 患有急性白血病犬的淋巴细胞（莱特-利什曼染色）

（2）Epo 的作用。

①抑制新形成的祖细胞和早幼红细胞的凋亡，使其分化为成熟的红细胞。

②刺激已经进行分裂的红细胞内的血红蛋白合成。

③使绵羊血红蛋白的合成从一种成熟型向另外一种转换（如从 HbA 到 HbC）。

2. 白细胞介素-3（IL-3）和集落刺激因子（GM-CSF 和 G-CSF）。

（1）IL-3 由活化的 T 淋巴细胞产生，GM-CSF 由活化的 T 淋巴细胞、巨噬细胞、内皮细胞和成纤维细胞产生，G-CSF 由巨噬细胞、单核细胞、中性粒细胞、内皮细胞和成纤维细胞产生。

（2）与 Epo 相似，这些因子能刺激原始红系祖细胞，BFU-E 的成熟，并刺激其分化为 CFU-E 祖细胞。

（3）BFU-E 对 Epo 的单独刺激不敏感。

3. 雄激素增加 Epo 释放。相反，雌激素和皮质类固醇减少 Epo 释放，但其影响可能没有临床意义。

4. 甲状腺激素和垂体激素能改变组织对氧的需求，从而改变红细胞的生成。

七、红细胞损伤

1. 循环血中红细胞的平均寿命因物种而异：奶牛 160d，绵羊 150d，马 145d，犬 110d，猪 86d，猫 70d，禽类大约 35d。因此，在健康反刍动物的血液涂片中可见少量的网织红细胞，而健康禽类血涂片有 4%～5%的网织红细胞。在某些疾病状态下，由于红细胞寿命通常较短，禽类和猫贫血的发病速度比大型动物要快。红细胞的衰老伴随着酶含量和细胞膜结构的变化，使细胞存活能力降低，并且容易被脾脏清除。

2. 在健康动物中，衰老的红细胞通过两条途径从循环系统中清除。

（1）巨噬细胞的吞噬作用是清除衰老红细胞的主要途径（图 1.5）。

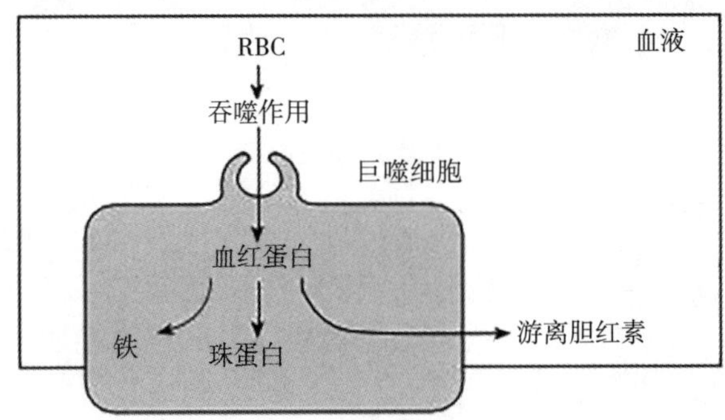

图 1.5　红细胞的吞噬损伤途径（血管外）

①在吞噬小体内，红细胞释放其血红蛋白，分裂成亚铁血红素和球蛋白。

②球蛋白被分解为其组成成分的氨基酸，被再利用。

③释放铁后，亚铁血红素被氧化酶氧化，形成一氧化碳和胆绿素。

④胆绿素经胆绿素还原酶降解为胆红素，分泌到血液中与白蛋白结合，运输到肝脏。禽类缺乏胆绿素还原酶，因此其终产物为胆绿素而非胆红素。胆绿素是绿色的，故禽类组织瘀伤具有特殊的颜色。

（2）血红蛋白在血管内裂解，并释放到血浆中是清除衰老红细胞的一种次要途径（图 1.6）。

①血浆中游离血红蛋白与 α_2 球蛋白相结合，形成结合球蛋白。血红蛋白-球蛋白复合物在肝脏被清除，防止血红蛋白经尿液排出。通常情况下，有足够的球蛋白，可与 150mg/dL 的血红蛋白相结合。当血浆中有 50～100mg/dL 血红蛋白时，血浆呈现粉色到红色；因此，血浆的变色发生在血红蛋白尿之前。在健康动物中，观察不到血浆变色。

②如果血管内溶血过度，血清结合球蛋白可能会饱和。游离血红蛋白分解为二聚体后可以通过肾小球滤过膜。这不会发生在健康动物体内。

③随着时间的推移，血浆中游离血红蛋白被氧化为高铁血红蛋白，后者分解为高铁血红素，与 β 球蛋白相结合，形成血红素结合蛋白。

④血红素-血红素结合蛋白复合物由肝脏清除，可再次防止血红蛋白从尿液排出。

⑤通过肾小球滤过膜的血红蛋白被近端小管吸收，分解代谢为铁、胆红素和球蛋白。

⑥未被吸收的血红蛋白进入尿液，可引起血红蛋白尿。

⑦含有血铁黄素的肾小管上皮细胞可能脱落到尿中，产生血铁黄素尿症。

(3) 类似的红细胞破坏途径发生在溶血性贫血中，血管外或血管内溶血都可能是主要原因。

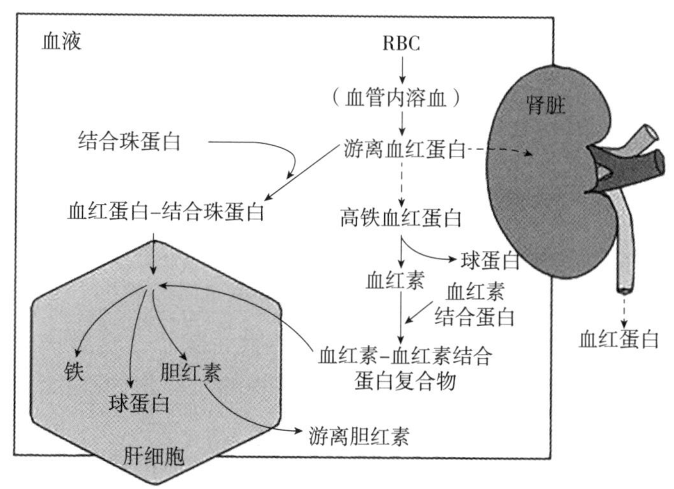

图 1.6 红细胞的血管内损伤途径

第二节 评价红细胞的方法

一、指标

血细胞比容（Hct）、血红蛋白（Hb）浓度、红细胞（RBC）计数是评价循环红细胞质量的指标。自动血液分析仪中的计算机图形在检测红细胞容量或血红蛋白浓度的变化较为灵敏。

（一）Hct 是红细胞的血液组成百分比

1. 离心方法得到血细胞比容，是一种非常准确的测量方法，固有误差较小（±1%）。

(1) 通过该方法获得的血浆可以用于其他常规测定。

①使用屈光计法检查血浆蛋白浓度。

②热沉淀法和屈光计法测定血浆纤维蛋白原浓度。

③血浆颜色和透明度。

A. 正常血浆是澄清无色（犬和猫）或淡黄色（马和奶牛）。

B. 黄疸血浆是黄色、透明的。

C. 血红蛋白血症的血浆是粉红色、透明的。

D. 脂血症的血浆是白色至粉红色、不透明的。

(2) 血沉棕黄层是由粒细胞和血小板组成的，位于红细胞和血浆之间。其厚度的测量已经用于估计白细胞数量。

(3) 微丝蚴可以在血浆的血沉棕黄层上部，通过显微镜进行检测。

2. 大多数自动化细胞计数器，都是根据人的血液而设计的，Hct 是在检测红细胞计数和平均血细胞比容之后计算所得。该计算公式为 Hct（%）=RBC（个/μL）×MCV（fL），误差可能大于离心方法，因为只有犬的红细胞体积与人的红细胞相似，其余家养哺乳动物的红细胞均比人的小。然而，更先进的红细胞分析仪可以进行更改，以便检测许多不同种类动物的红细胞。禽类的红细胞为椭圆形、有核，会干扰自动的红细胞计数。

（二）Hb 浓度

1. 采用氰化高铁血红蛋白法或较新的无氰羟胺血红蛋白复合物法，进行比色检测是最常用的方法。但必须对禽红细胞标本进行裂解，离心，以清除游离的细胞核，才能准确测定 Hb 浓度并计算出指数。

(1) 变异系数约为±5%。

（2）海因茨小体、溶血、血脂、氧球蛋白®治疗都可能会导致 Hb 升高。

2. 某些自动化仪器可以直接测量氧合血红蛋白的光密度。

3. 血红蛋白浓度是最能直接显示血液氧传输能力的指标，如果红细胞大小正常，Hb 浓度应该近似为 Hct 的 1/3。

4. 血红蛋白浓度的测定相比 Hct 没有任何临床优势，但是有助于计算红细胞平均血红蛋白量（MCH）和红细胞平均血红蛋白浓度（MCHC）。然而，在测定循环红细胞量的变化时，血红蛋白浓度可能比 Hct 要精确一些。

5. 新的血液分析仪还能提供血红蛋白浓度的柱状图。

（三）RBC 计数

1. 用血细胞计数仪测得的 RBC 计数，误差较大。因此，除了在禽类中采用血细胞计数仪之外，一般不采用血细胞计数仪测定 RBC 计数。如果以哺乳动物的血液为标准，自动计数器可以得到更加准确的红细胞计数。

2. 由于禽类所有细胞均含有细胞核，红细胞、白细胞和血小板均会被计数，因此，自动计数器一般不在禽血中应用。

3. 红细胞计数的主要价值是它可以测定 MCV 和 MCH。

（四）血细胞比容、血红蛋白浓度和 RBC 计数的影响因素

1. 循环血液中 RBC 质量的变化会影响所有的三个参数。

（1）贫血时，三个值均会降低。如果细胞体积和/或血红蛋白含量/细胞也发生变化的话，这三个参数的降低可能是不成比例的。

（2）红细胞数量增加（绝对红细胞增多症）可导致参数值的升高。

（3）发生脱水和兴奋性脾收缩时，可能出现假性高值。

（4）视力型嗅猎犬，如格雷伊猎犬、萨路基、惠比特和阿富汗猎犬通常具有比其他品种更高的 Hct，其有效值通常在 60s 以内。

2. 血浆体积的变化影响到所有三个参数的值；因此，必须始终结合患畜的失水状态（病例 6、9、18、24）做出解释。

（1）脱水或液体转移到内脏器官造成参数值的增加。

（2）胃肠外补液引起的体内水分过多会引起参数的减小，与贫血类似。

二、红细胞指数

红细胞指数有助于某些贫血的分类。

（一）红细胞平均体积（MCV）

是指每个红细胞的平均体积，以 fL 为单位。

1.（Hct×10）÷RBC 计数＝MCV（fL）

2. MCV 可由自动细胞计数器直接测定。

3. MCV 值的影响因素。

（1）网状细胞过多症是大细胞症（MCV 增加）最常见的原因（病例 1、2）。尤其是早期形式的网织红细胞是大细胞。

（2）大多数物种未成熟时，存在小红细胞和小细胞症（低 MCV）。这也反映了铁缺乏，在年轻的动物中更为常见。

（3）缺铁导致小红细胞症（病例 5）。在细胞质中的血红蛋白达到临界浓度之前，就会发生额外的细胞分裂，这是终止 DNA 合成和细胞分裂所需的，随后会产生更小的细胞。

（4）实施了门体静脉分流术的犬会出现小红细胞症（病例 13）。

（5）健康的亚洲犬品种（秋田犬、松狮犬、沙皮犬和西巴犬）通常都有小红细胞。

(6) 格雷伊猎犬通常拥有比其他犬更高的 MCV，这可能与它们红细胞的寿命显著缩短有关（大约 55d）。

(7) 干扰核酸的合成会抑制细胞分裂，因此产生大红细胞。曾有报道，先天性钴胺素（维生素 B_{12}）选择性吸收障碍的巨型雪纳瑞患有巨细胞性贫血症。

(8) 贵宾犬患有先天性大红细胞症。

(9) 已经在阿拉斯加雪橇犬、迷你雪纳瑞观察到遗传性口形红细胞增多症和大红细胞症。

(10) 猫白血病病毒（FeLV）感染的猫经常患大红细胞症，可能是由成熟不同步引起的。

(11) 红细胞凝集反应会导致 MCV 出现假性升高。

(二) 红细胞平均血红蛋白量（MCH）

表示平均每个红细胞内血红蛋白量，以 pg 表示。

1. (血红蛋白浓度×10) ÷ RBC 计数 (10^6) =MCH (pg)。

2. MCH 和 MCHC 的影响因素相似（如下所示），因此，MCH 值为患畜提供额外的血液学信息很少。

3. MCH 受 MCV 影响。例如，较小的红细胞含有较少的血红蛋白；因此其 MCH 值也降低。

4. 在某些缺铁性贫血的情况下，MCH 的降低可能发生在 MCHC 减少之前。

5. 该指数一般不用于贫血的分类。如果 MCHC 和 MCH 值不同，血红蛋白浓度应以 MCHC 为判断标准，因为后者的值对细胞体积进行了校正。

(三) 红细胞平均血红蛋白浓度（MCHC）

表示每 100mL 红细胞中平均所含血红蛋白的克数。

1. 血红蛋白 (Hb) 浓度 (pg) ×100÷Hct (%) =MCHC (g/dL)。

2. MCHC 是最准确的 RBC 指标，因为它的计算不需要红细胞计数。然而，如果 Hct 是一个计算值（如自动血液学分析仪得到的数值），那么 MCHC 的准确性可能会降低。

3. MCHC 用于贫血的分类。

4. MCHC 的影响因素。

(1) MCHC 的增加通常是体外或体内溶血或氧红蛋白® 治疗的结果。在血红蛋白的检测中，细胞内外的 Hb 均可被检测，但是这个公式假定所有的 Hb 都是细胞内的，因此得出了一个假性高值（病例 3）。

(2) MCHC 值的真正增加通常不会发生；细胞内血红蛋白的浓度不会增加。

(3) 网织红细胞不含血红蛋白的全部成分；因此，在网状细胞过多症中 MCHC 值可能会降低（病例 1、2）。

(4) 铁缺乏时可能发生血红蛋白过少（即低 MCHC 值）（病例 5）。

①缺铁的猫不会发生血红蛋白过少。

②用某些电子计数器测量时，缺铁的犬 MCHC 可能不会减少。

(四) 红细胞体积分布宽度（RDW）

1. 这个红细胞参数可以由一些自动化的细胞计数器测定。

2. RDW 是红细胞体积分布的变异系数，计算公式为 RDW= (SD_{MCV}÷MCV) ×100。它是反应红细胞大小不均和红细胞大小变化程度的指标。

3. 伴有显著的小红细胞症或大红细胞症的贫血患者 RDW 值升高。网织红细胞增多可能导致 RDW 增加。

三、外周血涂片

(一) 涂片的染色和检查

1. 在盖玻片和风干的血液涂片之间迅速滴一滴新亚甲蓝（NMB），进行有效的染色，但这是一种非永久性的染色方法。酸性基团染成蓝色（如核 DNA 和 RNA、细胞质 RNA 和嗜碱性粒细胞）。由于酸性基团之间存在差异，可能会染成蓝色或者紫色。嗜酸性颗粒是不着色的。网织红细胞的网状结构会染成蓝色，但网织红细胞最佳染色方法是将等量的 NMB 和血液混合，在室温下静置 10min 后进行涂片。

2. 罗曼诺夫斯基染色即瑞氏染色、迪夫-快速染色、Hemacolor® 染色等）。这种复合染色方法将一部分酸性基团染成蓝色（RNA）或紫色（肥大细胞、嗜碱性粒细胞和细胞核 DNA），而碱性基团则将被染成红色或橙色（蛋白质、嗜酸性粒细胞）。

3. 对染色血涂片的系统评价。

（1）低倍镜。选择一个细胞分布均匀、较薄的区域，并寻找以下特征：

①红细胞钱串的形成。

②红细胞凝集。

③血小板聚集，特别是在涂片边缘。

④白细胞的相对数量。

（2）高倍非油镜。确认低倍镜下的观察结构，并且观察以下情况：

①注意白细胞的浓度，对白细胞计数（WBC）值在参考范围内是降低还是升高有一个初步印象。

②进行白细胞分类计数。这通常可以在高倍非油镜下完成，但某些细胞可能需要用油镜放大以便识别。

③寻找有核的红细胞和多染色性红细胞（网织红细胞）。

（3）油镜。

①观察红细胞形态。

②如果在高倍非油镜下不便于观察，那么在此放大倍数下进行白细胞分类计数。

③观察白细胞形态。

④评估血小板数量是否充足，并评估其形态。

（二）红细胞形态学（图 1.7）

1. 正常形态。

（1）犬红细胞平均直径 7μm，大小均匀，有中心浅色区（双面凹的圆盘状）。

（2）猫科动物红细胞的平均直径 5.8μm，有轻微的红细胞大小不等症（即细胞大小不同），并且有轻度中央浅色区，通常呈圆锯齿状，染色质小体（核残留物）在红细胞中占 1%。也可以观察到红细胞钱串形成。

（3）牛红细胞平均直径 5.5μm。常见红细胞大小不均症，有轻度中央浅色区。通常呈圆锯齿状。

（4）马红细胞平均直径 5.7μm，缺乏中央浅色区。红细胞钱串现象较为普遍。

（5）猪红细胞平均直径 6μm，往往表现出红细胞异形。

（6）绵羊的红细胞与牛相似，但更小，平均直径 4.5μm。

（7）山羊的红细胞是家畜中最小的血细胞，直径通常小于 4μm，红细胞大小不均症和异性红细胞症是常见的。

（8）骆驼科（骆驼、羊驼等）红细胞较薄（大约 1.1μm），椭圆形，平均直径 6.5μm，红细胞计数通常较高。

（9）禽类的红细胞呈椭圆形，有核，平均大小约为 12μm× 6μm。

2. 钱串状红细胞像硬币样重叠在一起。钱串的程度与红细胞沉降率（ESR）呈正相关，通常情况下，还与表面膜电荷（zeta 电位）有关。这种电荷的强度是有种属特异性的，或与疾病有关。健康马膜电位下降时，钱串较为常见。在某些疾病状态下，正常的膜表面电荷可以部分被过量的蛋白质覆盖（高纤维蛋白原血症、高球蛋白血症），这些蛋白质减弱了对红细胞表面负电荷的排斥作用。可以观察到钱串以及升高的 ESR。在显微镜下，当用生理盐水溶液稀释红细胞时，可以通过湿片上的弥

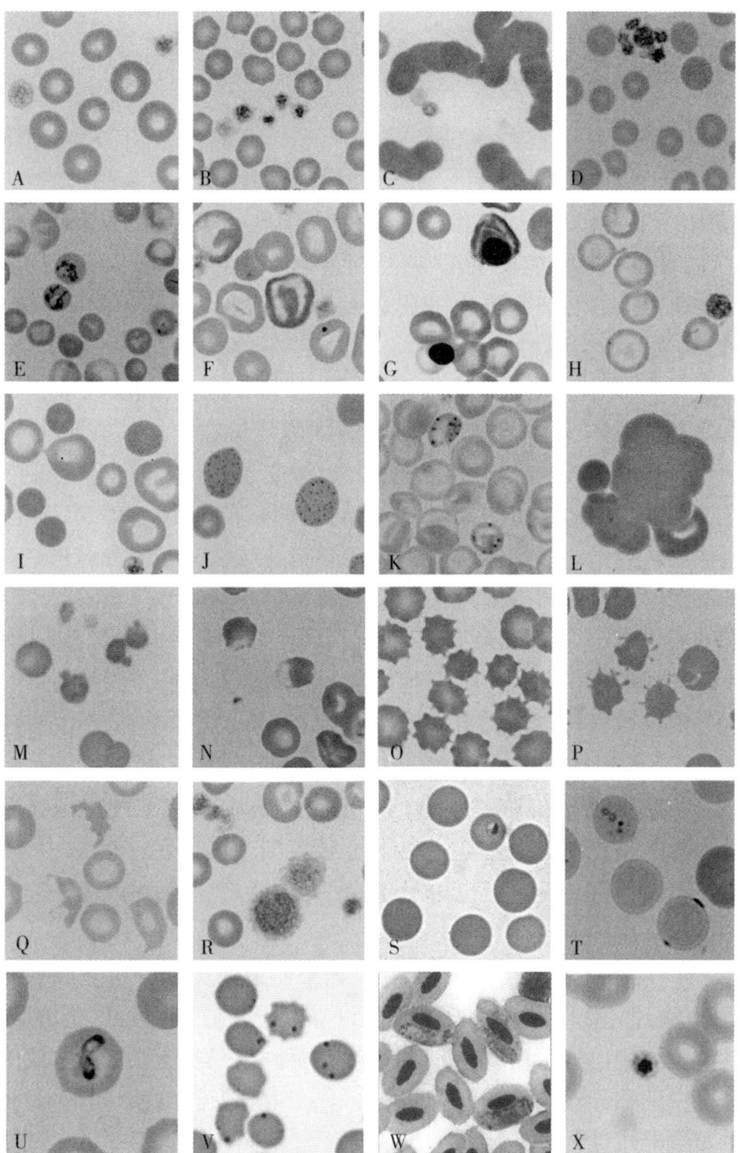

图 1.7 红细胞和血小板形态（除了特定说明外均为莱特-利什曼染色）

A. 犬红细胞和血小板 B. 猫红细胞和血小板 C. 马的红细胞钱串和血小板 D. 牛红细胞和血小板 E. 犬网织红细胞（新亚甲蓝染色） F. 多染色性红细胞、细长红细胞和染色质小体（犬） G. 偏红细胞（犬） H. 血红蛋白过少（缺铁，犬） I. 球形红细胞（免疫介导的贫血，犬） J. 嗜碱性颗粒（再生障碍性贫血，牛） K. 嗜碱性颗粒（铅中毒，牛） L. 自体凝集（免疫介导的贫血，犬） M. 海因茨小体（红枫中毒，马） N. 红细胞血影的海因茨小体（对乙酰氨基酚中毒，猫） O. 晚幼红细胞（洋葱中毒，犬） P. 角膜细胞（犬） Q. 棘红细胞（犬） R. 棘红细胞（犬） S. 裂细胞（犬） T. 大血小板（移位血小板，犬） U. 巴东虫支原体（前血巴东虫，猫） V. 犬巴贝斯虫（犬） W. 牛边缘边虫（牛） X. *Anaplasma platys*（原为 *Ehrlichia platys*；犬）

散现象区别红细胞钱串与自体凝集反应。

（1）在健康的马血中，常见明显的红细胞钱串，但在严重贫血或极度瘦弱的马血液中观察不到。

（2）在健康的猫和犬血液中可能存在中度或轻度的钱串状红细胞。炎症和肿瘤疾病情况下可以观察到明显的钱串状红细胞。

（3）在反刍动物中，不论健康与否，血液中钱串状红细胞均罕见。

3. 凝集反应是一种红细胞聚集成葡萄状的现象，发生于免疫（抗体）介导性贫血的动物血液样本中。有时，偶尔能肉眼（在血液凝集管的两侧）或在显微镜下（在未染色湿片或染色血涂片）观察到这种现象。如果将血液用生理盐水以 50：50 或者 10：90 的比例稀释，在显微镜下观察湿片时可观察到凝集现象。在贫血的动物体内，凝集反应可作为抗体介导贫血的指标，但缺乏凝集反应并不能排除是免疫介导的贫血。

4. 红细胞大小不等症是指红细胞大小的差异，在正常红细胞中含有大红细胞或者小红细胞（病例 1、2、5）。

5. 大红细胞指较大的红细胞。网织红细胞通常是大细胞和多色性红细胞（使用瑞氏染色时呈浅蓝灰色）。在某些特定的条件下，可能发生正常色素性大细胞（如贵宾犬的大细胞症、猫白血病毒感染、猫和犬的白血病前期、猫的红细胞再生障碍以及巨型雪纳瑞的维生素 B_{12} 缺乏症）。如果大细胞数量显著增加时，MCV 值可能会增加。

6. 小红细胞是较小的红细胞。在铁和维生素 B_6 缺乏时，可观察到小红细胞，此时 MCV 值较低。小红细胞可以包括在海因茨小体以及分裂性贫血中的细胞残留物。小红细胞也与门体分流术（PSS）和低钠血症有关。在健康的亚洲犬（秋田犬、松狮犬、沙皮犬、柴犬）中可以观察到小红细胞。

7. 球形红细胞与免疫介导的贫血有关，由于膜的表面积的降低，其 MCV 值也减少。因为余下较小的细胞膜必须包含正常数量的血红蛋白，所以红细胞是球状的。因为球形红细胞在血液涂片不能展平，因而看起来比正常的、双面凹的圆盘状的红细胞要更小。

8. 红细胞的多染色性指的是具有残余 RNA 的蓝灰色红细胞，这些细胞通常较大（大红细胞），在常规染色的血涂片上可观察到。多色性红细胞（如罗曼诺夫斯基染色法所见）即为网状红细胞（如 NMB 染色所见）。这些细胞数量的增加与红细胞生成活性的增加和贫血后红细胞代偿性的再生有关（病例 1、2、5、25）。再生的程度取决于多染性红细胞（网状细胞）的数量相对于贫血的程度。

9. 在犬和猫中有一些多染性红细胞是正常的，但是在牛中不常见，在马（健康或贫血）中通常看不到。血红蛋白过少指的是红细胞内血红蛋白不足导致细胞质染色密度减少，中心染色过浅增强。血红蛋白过少最常见的原因是铁缺乏，但也可见于铅中毒，后者抑制血红蛋白合成。禽类的血红蛋白过少可见于铅中毒和炎症反应的血液涂片中。

10. 异形红细胞是对形状异常的红细胞的统称。如果血液采集和分析之间有很长时间的延迟，那么应该提供有 CBC 的血涂片，以防止人为改变细胞形态。异形红细胞可见于健康的青年小牛和山羊，以及任何年龄的猪（由于结构血红蛋白变换）。在其他物种中，异形红细胞被认为是异常的。由于血液湍流或血管内纤维蛋白沉积导致的红细胞膜损伤，会产生异形红细胞。异形红细胞可能会被过早地从血液循环中清除，导致溶血性贫血。特定类型的异形红细胞包括：

（1）棘红细胞是一种针状红细胞，有许多均等间隔的相同突起。Ⅰ型棘红细胞是在红细胞的边缘有针状体。这些圆锯齿状的红细胞是体外人为产生，与温度变化、pH、干燥或血液与试剂之间相互作用有关。Ⅱ型和Ⅲ型棘红细胞（钝锯齿状红细胞）的针状体覆盖了整个圆形红细胞的表面，这可能是由细胞膜外表面的膨胀导致了电解质的改变或者外流引起的。在尿毒症、电解质损耗、淋巴瘤、阿霉素中毒等和肾小球肾炎时可观察到棘形红细胞。

（2）角膜细胞（头盔细胞）是有一个或两个突起的红细胞，突起形成破裂囊泡。这些异常通常是由红细胞膜的氧化损伤引起的，如海因茨小体的形成。

（3）裂红细胞（分裂细胞）是不规则的红细胞碎片，这些碎片是由血管内纤维蛋白或脉管系统中的血液湍流产生（病例 11）。裂红细胞与弥散性血管内凝血（DIC）、血管肉瘤、肾小球肾炎、充血性心力衰竭、骨髓纤维化、慢性阿霉素中毒等情况有关。

（4）棘皮细胞是有两个或更多不规则的，通常是钝状的突起。这些细胞被认为是脂质改变（细胞膜上的胆固醇比例）导致的。在动物中，棘皮细胞与血管肉瘤（尤其涉及肝脏）、肾小球肾炎、淋巴瘤和肝病有关。

（5）细长红细胞指的是延长的红细胞，在健康的安哥拉山羊可观察到。

（6）椭圆红细胞是在健康的骆驼中可观察到的椭圆形细胞。据报道，曾在一种罕见的遗传性疾病的犬体内观察到了椭圆红细胞，其细胞膜细胞骨架 4.1 基因缺失。铁缺乏时偶尔也可观察到椭圆红细胞。

（7）泪细胞是泪滴状的红细胞，可能是由于红细胞在血管中变形后无法恢复其原有形态导致的（变形性降低）。这种改变可能与细胞骨架蛋白的变化有关。如果所有泪细胞的“尾巴”都在朝着同一个方向，这可能是血液涂片时人为造成的。在缺铁性贫血的美洲驼的血涂片中可观察到泪细胞。

（8）瘦薄红细胞是细胞膜体积比增大的薄细胞，由于膜过多可能会出现褶皱。瘦薄红细胞与门体分流术有关（病例 13）。多染性红细胞（网织红细胞）因细胞膜增加可能表现为瘦薄红细胞。

（9）靶形红细胞是一种钟形的瘦薄红细胞，在血涂片中由于血红蛋白居中或者边缘分布而呈现靶形。通过脂质和胆固醇插入增加细胞膜的量，或者像血红蛋白过少那样减少细胞质体积，可以形成靶形红细胞。靶形红细胞可能与肝脏疾病、缺铁性贫血和网状细胞增多症有关。

（10）口形红细胞是一种薄的红细胞，在血涂片中呈现碗状，中央浅色区为椭圆形。这种形状的变化是由细胞膜内层的扩张导致的。在阿拉斯加雪橇、Drentse Partrijshond 和迷你雪纳瑞斯的遗传性口形红细胞增多症中可观察到这类细胞。口形红细胞也可能是涂片过厚造成的。

（11）球形红细胞是深色的小细胞，缺少中心苍白区，单位体积的细胞膜减少。只有在犬中检测到这种细胞，由于其中心苍白区很大，所以比较易见。球形红细胞最常见于免疫介导性贫血（病例 2），不过或许也可见于输血后或海因茨小体的某些阶段。这是由于带有抗体的细胞膜部位吞噬消除或者海因茨小体的“点蚀”造成的。由于它们变形（即细胞弹性消失）和穿过脾脏小血管的能力下降，球形红细胞在成熟前就被脾脏巨噬细胞从循环血中永久清除掉。

11. 在罗曼诺夫斯基染色（瑞氏染色或迪夫-快速染色）细胞中，嗜碱性颗粒表示残余 RNA 的凝集物。这通常发生在贫血的羊或牛中，偶见于贫血的猫。其意义与多染性相同（再生障碍性贫血），而且可能是对贫血的一种适当反应。当有明显的晚幼红细胞出现且伴有嗜碱性颗粒的时候，可能是提示铅中毒。

12. 染色质小体是红细胞胞质内的一种嗜碱性残核。这种结构常见于红细胞生成增加或脾脏切除后。

13. 海因茨小体是一种产于红细胞膜的圆形结构，或是出现于胞质内的折光点。海因茨小体是由氧化变性沉淀的血红蛋白组成。常常黏附在细胞膜内层（病例 3）。由于海因茨小体来自于血红蛋白，罗曼诺夫斯基染色时，它们与胞质残留物颜色相同，不易区分。NMB 染色时，海因茨小体呈现为深色嗜碱性小体。海因茨小体改变了细胞膜，降低了红细胞穿透毛细血管时的变形力，引起血管内溶血。海因茨小体本身或许会被脾脏巨噬细胞清除，离开球形红细胞。猫较易形成海因茨小体（也称为红细胞折光小体或在其物种内称为 ER 小体）。猫的血红蛋白有许多巯基（8～10 个），更加易于被氧化。另外，猫的脾脏不能有效清除这种结构。高达 10%的健康猫红细胞内可能含有海因茨小体（ER 小体）。在禽类，红细胞的海因茨小体更小，数量更多。

14. 血影细胞是血红蛋白凝聚在红细胞内的部分区域，在细胞的余下部分留下一种清晰的、水泡样区域。它们是由脂质过氧化和细胞膜的交叉连接导致的。

15. 在血涂片中，有核红细胞（nRBCs）包括中幼红细胞、晚幼红细胞和更早期的红细胞。晚幼红细胞的定义是指有核红细胞的出现，代表这些细胞在成熟前就释放进入循环系统。疾病过程中有核红细胞的释放可分为适当的和不适当的反应两种。

（1）在严重的再生障碍性贫血中，有核红细胞的释放是一种红细胞超常增生的结果或者适当反应。有核红细胞的释放常伴随网织红细胞增多的发生（病例 1、2、5）。在缺氧时，促红细胞生成素可能刺激有核红细胞的释放，这与贫血无关。

（2）对于骆驼科的美洲鸵而言，在发生再生障碍性贫血的时候，有大量有核红细胞存在，同时伴有轻度或不伴有红细胞多染性的发生。

（3）铅中毒、缺铁、缺铜、血管肉瘤、髓外造血、骨髓瘤、椎间盘综合征、贵宾犬的遗传性巨细胞症、内毒素血症、骨髓损伤、骨髓腔坏死、骨髓纤维化、猫白血病病毒感染、骨髓发育不良综合征和白血病，尤其是猫的巨红细胞性骨髓增殖时，会发生晚幼红细胞的不适当释放。

(4) 健康猪，尤其是三月龄以下的仔猪可见大量有核红细胞。

(5) 有核红细胞存在于正常的禽类中。

(6) 据报道，在正常小型雪纳瑞中观察到了有核红细胞。

16. 禽类血涂片中偶尔可观察到红细胞质内的无核碎片，称为红细胞，而骨髓原血细胞是没有红细胞核的。

17. 在红细胞内（胞内的）、细胞膜表面的凹陷内（细胞膜表面）或血浆内（细胞外）可观察到寄生虫。

(1) 细胞内寄生虫包括变形血原虫、白细胞虫和疟原虫（禽类），猫焦虫、犬巴贝斯虫、猫巴贝斯虫、边缘无形原体，莫氏巴贝斯虫。

(2) 常见的细胞膜表面寄生虫包括 johnbakeri 锥虫（禽类）、猫血巴尔通体（猫的血液支原体）、犬血巴尔通体（血液支原体）、猪嗜血支原体（附红细胞体）、牛的维容氏附红细胞体和美洲鸵的附红细胞体。

(3) 常见的胞外寄生虫包括血丝虫和锥虫。

①微丝蚴：隐现棘唇线虫（犬）、犬恶丝虫（犬，罕见于猫），以及腹腔丝虫（马）。

②锥虫：提氏锥虫、刚果锥虫、T 疟原虫（牛）、克氏锥虫（犬）以及布氏锥虫和伊氏锥虫（马）。

18. 罗曼诺夫斯基染色和迪夫-快速染色时，红细胞内的犬瘟热包涵体是不规则的、圆形或者环状，着紫红色（其他快速染色时包涵体可能着蓝色）。在白细胞中也会观察到犬瘟热包涵体。犬瘟热包涵体是一过性。

四、血液网织红细胞评价

1. 网织红细胞是哺乳动物的一种未成熟无核红细胞，含有的残余 RNA 和线粒体，在活体染色时（如 NMB 染色）凝集成网状（图 1.7）。在罗曼诺夫斯基染色时，网织红细胞即为对应的多染性红细胞。在贫血时，网织红细胞在未成熟时就释放，体积较大，称为移位网织红细胞。禽类的网织红细胞有核，偶尔看起来会更圆。

2. 通过计算绝对红细胞数量来定量循环血液中网织红细胞，是评价骨髓红细胞对贫血反应情况的最佳指标。较新的血细胞分析仪可以将网织红细胞根据其年龄进行分类（从骨髓中释放的时间）。

3. 网织红细胞的种属特征。

(1) 健康犬含有少量凝集型的网织红细胞（少于 1%，活体染色含有蓝染的凝集物）（图 1.7）。

(2) 猫有两种类型的网织红细胞。

①凝集型的网织红细胞与其他动物相似，健康状态下，占所有红细胞的 0.4%。这种类型的红细胞可以通过血液学计数。凝集型网织红细胞的增加表示骨髓对于贫血的反应（如红细胞生成增加或再生障碍性贫血）。网织红细胞增多不如犬那么明显。

②点状网织红细胞（含有小的、蓝染的斑点）来源于衰老的凝集型网织红细胞，并且可存活至少两周。和凝集型网织红细胞一样，点状网织红细胞也随着红细胞生成的增加而增多。由于点状网织红细胞可以循环数周，并且在凝集型网织红细胞计数恢复到参考值之后仍能存活，其计数在评价再生性反应时意义不大。点状网织红细胞可以提示至少 3～4 周前骨髓对贫血的反应情况。

(3) 健康反刍动物血液中没有网织红细胞，因为其红细胞受命较长，但是贫血时有轻微增多。

(4) 健康和再生障碍性贫血的马血液中都没有网织红细胞。

(5) 对于健康哺乳仔猪，网织红细胞是一个显著特征，但是比成年猪略少（1%）。再生障碍性贫血时，网织红细胞计数增加。

(6) 因为红细胞寿命短（大约 35d），健康禽类血液中网织红细胞百分比较哺乳动物高（4%～

5%）。多染性红细胞在青年禽类中较成年禽类更为显著，但是通常不超过5%。

4. 网织红细胞计数方法。

（1）网织红细胞百分比。NMB染色的血涂片可以计数网织红细胞，表示为占红细胞总数的百分比。这个参数会过高评估骨髓的反应情况，因为：

①对于贫血动物，从骨髓释放到血液中的网织红细胞与成熟红细胞是混合在一起的，而且成熟红细胞数量较少。因此，网织红细胞百分比结果会较高。

②贫血反应时更大、更多的网织红细胞被更早释放。由于这些网织红细胞成熟所需较长时间，所以在血液中存活时间更长，会导致较高的网织红细胞百分比。

（2）网织红细胞百分比校正。

①公式：观察所得网织红细胞百分比×（患者Hct百分比÷"正常"Hct百分比）＝校正后网织红细胞百分比。犬的"正常"Hct为45%，猫的为37%。

②这个公式对于贫血动物网织红细胞百分比较高的情况校正时有效，而对于更大更多的网织红细胞被更早释放的情况则无效。

③校正后的网织红细胞百分比在犬如果大于1%，在猫大于0.4%则提示骨髓对贫血的反应。其余物种尚未使用校正后的网织红细胞值。

（3）网织红细胞绝对值。

①公式对于贫血动物网织红细胞百分比较高的情况校正时有效，而对于更大更多的网织红细胞被更早释放的情况无效。

②犬的网织红细胞绝对值大于80 000/μL，猫的大于60 000/μL时，提示再生障碍性反应。由于Hct的减少，网织红细胞绝对值会相应增加。

③犬的再生程度（网织红细胞）评价如下：

A. 无再生＝60 000/μL

B. 轻微再生＝150 000/μL

C. 中度再生＝300 000/μL

D. 明显再生＝500 000/μL

④猫的再生程度（凝集型网织红细胞）评价如下：

A. 无再生＝15 000/μL

B. 轻微再生＝50 000/μL

C. 中度再生＝100 000/μL

D. 明显再生＝大于200 000/μL

⑤也可用猫的点状网织红细胞评价红细胞再生情况（尽管不常用）：

A. 无再生＝少于200 000/μL

B. 轻微再生＝500 000/μL

C. 中度再生＝1 000 000/μL

D. 明显再生＝1 500 000/μL

（4）网织红细胞生成指数（RPI）：该校正指标用于人类，也可用于犬和猫（当出现上述网织红细胞百分比较高的情况时）。因为在动物中，确切的校正研究还没有开展，所以这个参数尚存在争议。

①PRI＝观察所得网织红细胞百分比×观察所得Hct百分比÷正常Hct×（1＋血液成熟时间）

②Hct＝45%时，网织红细胞血液成熟时间＝1d；Hct＝35%时，1.5d；Hct＝25%时，2d；Hct＝15%时，2.5d。RPI值等于红细胞生成的增加（如RPI＝3，说明红细胞生成增加3倍）。RPI大于2提示为再生性反应。

5. 网织红细胞参数的解释。

(1) 网织红细胞绝对值增加提示骨髓反应（再生障碍性贫血），并且引起贫血的原因是骨髓外的（如出血或溶血）。

(2) 溶血性贫血比外出血性贫血时的网织红细胞增加更为明显。从破损的红细胞中释放的铁比血铁黄素中储存的铁更易于被用于红细胞的合成。

(3) 贫血48～72h后，网织红细胞才会明显增多。在正常骨髓反应情况时，网织红细胞增多应该在7d内完成。然而，在全身各系统疾病或者衰老动物体内，网织红细胞的增多会延时。

(4) 犬比猫的网织红细胞反应更为强烈。

(5) 牛急性贫血反应没有明显的网织红细胞增多，Hct非常低的情况除外。

(6) 马的任何种类贫血都没有网织红细胞增多。

(7) 健康哺乳仔猪网织红细胞计数较高。

(8) 健康禽类的网织红细胞计数（4%～5%）通常较哺乳动物高，因为其红细胞寿命较短（25～40d）。

(9) 贫血时无网织红细胞反应提示无骨髓反应（非再生障碍性贫血）。这或许是由于网织红细胞来不及增多，当前的网织红细胞反应缺乏或红细胞生成缺陷。

五、骨髓检查

（一）骨髓检查适应证

1. 非再生障碍性或非反应性贫血。
2. 持续的中性粒细胞减少。
3. 无法解释的血小板减少症。
4. 疑似造血瘤的生成。
5. 疑似骨髓炎、浸润性或增生性骨髓疾病。
6. 无名高热。

（二）技术

1. 骨髓穿刺可采用特殊的骨髓穿刺针或18号针头，从哺乳动物的髂骨、转子窝、胸骨、肱骨或肋骨处进行。禽类骨髓穿刺最好从胸骨脊（龙骨突）或胫跗节进行。禽类其他较大的长骨含有气腔，缺乏明显的造血组织。

2. 最好制作粒子涂片，因为不太可能含有血液污染。

3. 用特殊针头从上述部位采样获得的核心活检所提供的细胞结构比细胞学涂片本身更为全面。

（三）骨髓涂片染色检测

1. 观察颗粒的相对数量、大小和细胞结构，包括脂肪细胞组分（大约50%），以及造血前体细胞（大约50%）。颗粒数量和细胞构成可以对骨髓整体细胞结构进行全面评估；然而，当骨髓采样不完全时，可能出现较少的细胞结构。骨髓活检的组织学检查在评估骨髓细胞构成和检测间质反应（如骨髓纤维化）评估方面更加准确。

2. 注意巨核细胞数量、成熟度和形态的适当性。未成熟的巨核细胞有蓝色颗粒状细胞质，而成熟的巨核细胞有粉红色颗粒状的细胞质。

3. 髓细胞：有核红细胞（M：E）评价。

(1) M：E通常用于评估红细胞生成对于贫血的反应情况。需要白细胞计数，或更特异的中性粒细胞计数，以更为确切的解释这个比值。

(2) 如果WBC计数在参考范围内，任何M：E的变化都是由红细胞系统的变化导致的。

(3) 如果WBC计数正常的贫血动物M：E升高，提示红细胞发育不良。WBC增加的贫血动物，若M：E升高很难解释，因为这个值的增加可能是由于髓细胞（粒细胞）增生和/或红细胞发育不良。

（4）WBC 计数在正常范围内，或高于正常范围的贫血动物，若 M：E 降低，提示早期红细胞再生，属于无效性的红细胞生成。

4. 观察各系列、各阶段细胞的相对百分比，用于评估细胞的成熟（图 1.5）。在健康动物体内，大约 80%的髓系细胞是晚幼粒细胞、杆状和分叶粒细胞（不增殖、成熟、存储库）；90%的红系细胞是中幼和晚幼红细胞。未成熟细胞百分比的增加提示相应各系细胞的超长增生、新生或成熟异常。在髓细胞系，存储库（其中包含的更成熟细胞）的损耗可引起细胞向未成熟的转移。

5. 应当鉴别并描述异常细胞。

6. 用于骨髓巨噬细胞的铁的 Perl's 或普鲁士蓝染色可以用来区分缺铁性贫血（铁储备减少）和慢性疾病引起的贫血（铁储备增加）。Perl's 或普鲁士蓝染色可以检测含铁血黄素（不溶性铁），但不能检测到铁蛋白（在染色过程中被移除的可溶性铁）。在猫骨髓中检测不到含铁血黄素。

六、抗原和抗体检测

（一）红细胞抗原（DEA）和抗体的一般概念

1. 在家养动物，抗红细胞抗体是通过输血、妊娠期间马的胎盘传递、使用血源性疫苗、发生自身免疫现象而产生的。另外，猫可以天然产生抗体。

2. 抗原识别可用于亲子鉴定，可用于确定可配伍的血液供体（如 DEA-1.1、DEA-1.2 和 DEA-1.3 阴性犬是最好血液供体），还可以用于确定交配是否会导致同种免疫反应，甚至于新生动物的后续溶血病（新生儿同种红细胞反应），如 Aa 阴性母马与 Aa 阳性种马的交配加大了第二个马驹的风险。

3. 可使用特异性抗血清与一种抗原的凝集反应和溶血试验进行鉴定，有些抗原（血型亚型）在确定动物的溶血疾病风险时比其他抗原更为有用。具有以下抗原型的血液更加易于发生过敏和后续反应：

（1）在犬，DEA-1.1（Aa_1）、DEA-1.2（Aa_2）和 DEA-1.3（Aa_3）具有高度免疫原性，易于对受体致敏。抗 DEA-1.1 和抗 DEA-1.2 的抗体在正常情况下不会产生，它们在血液中存在的前提是需要预先暴露于这些抗原中。抗 DEA-1.1 和抗 DEA-1.2 抗体导致溶血反应。天然存在的抗 DEA-3（Ba）抗体导致早期红细胞消除或溶血。抗 DEA-5（Da）抗体和抗 DEA-7（Tr）抗体中可天然产生，并且导致红细胞消除增加。

（2）在马初乳中抗 Aa 和 Qa 的血液抗体通常与新生儿溶血有关。

（3）牛的红细胞抗原具有明显的可变性，有 70 种血型因子。

（4）猫可以天然产生抗体 A 和 B。带有抗 A 抗体的 B 型猫若输入 A 型血会发生危及生命的溶血反应。带有抗 B 抗体的 A 型猫若输入 B 型血时会发生早期红细胞消除。

（二）抗红细胞抗体的检测

1. 血型交叉配合试验。

（1）这些试验用于检测抗体，以确定安全输血。

（2）主侧交叉配合试验检测以供体的红细胞对受体的血清的反应。这个试验用于检测与供体细胞进行反应的受体的抗体。因为输入的红细胞大量裂解所引起的全身性反应，主侧交叉配合试验的不相容性在临床上是有意义的。

（3）副侧交叉配合试验是检测受体的红细胞对供体的血清的反应。这个试验用于检测供体血液中的抗体。因为输入的抗体会在受体血液中进行稀释，副侧交叉试验的不相容性是没有生命危险的。

（4）交叉反应的不相容性通常提示先前有致敏反应发生。

①在动物体内，天然存在的抗体通常足以引起输血反应，除非在 A 阴性（B 型）的猫，可以天然产生抗 A 的抗体。

②因此交叉试验的不兼容性提示除了猫以外的先天致敏反应的发生。

（5）对大多数物种，交叉试验不相容性常常表现为凝集反应，但是，对马和牛，以溶血更为显著。

2. 抗球蛋白（Coombs’）试验。

(1) 抗球蛋白（Coombs’）试验用于确定红细胞免疫介导的溶血。

(2) 直接抗球蛋白试验（DAT）检测黏附于患者清洗过的红细胞膜表面的抗体和/或补体。

①抗球蛋白试剂（Coombs’血清）可以针对任何类型的抗体（IgG 抗体、IgM 抗体）或补体（C3），或者含有抗 IgG 和 C3 抗体的混合物。检测一种抗体或补体的试剂是单价的。检测多种抗体和/或补体的试剂是多价的。

②必须使用物种特异性 Coombs’血清（如兔抗犬 IgG 抗体的犬）。

(3) 间接抗球蛋白试验是用来检测病畜血清中抗红细胞抗体。在该试验中，用来自于母系、后代或供体的清洗后的红细胞测试病畜的血清。在产后的母马或牛，初乳上清液（乳清）可被用来代替血清，以检测对后代细胞的潜在的反应。

(4) 一种较新的细胞酶联免疫吸附试验（ELISA）（直接酶联抗球蛋白测试或 DELAT 试验）已有描述，并成功地用于检测 DAT 阴性犬自体免疫性溶血性贫血（AIHA）病例的抗体。在犬 RBC 细胞膜上，已经成功检测到了 IgG、IgM、IgA 和 C3。然而，这个测试主要被用于研究方面。

第三节　贫血诊断和分类

贫血是指 Hct、Hb 浓度和/或 RBC 计数的绝对减少。当血浆体积扩大（如过度的肠胃外液体给药、妊娠、新生儿）或者不规范地从静脉输液管道采集血液样品时，可能会发生相对的贫血（假贫血）。

一、贫血原因的确定

无论何种疾病下，贫血的诊断均是通过病史调查、体检和实验室诊断得出的结果。

(一) 病史

重要发现如下：

1. 给药或疫苗接种。
2. 接触有毒化学品或植物。
3. 家族性或群体性疾病的发生。
4. 近期输血或初乳摄入。
5. 出现临床症状发病的年龄。
6. 既往有血液疾病史。
7. 饮食。
8. 品种、特征。
9. 先前的妊娠障碍。
10. 生殖状态（节育与否）。

(二) 体检发现

1. 临床症状提示贫血的发生与血液中氧转运能力的降低有关，生理调节提高了红细胞系的工作效率，减轻了心脏的工作负担。典型临床症状包括：

(1) 黏膜苍白。

(2) 乏力、体力不支、不耐运动。

(3) 心动过速和呼吸急促，尤其是运动后。

(4) 晕厥、抑郁症。

(5) 畏寒。

(6) 由血液黏度降低和血流湍流增加引起的心脏杂音。

（7）血脉虚弱或扑动。

（8）如果失血达血量的 1/3，会引起休克。

2. 取决于所涉及的病理生理机制，可能观察到黄疸、血红蛋白尿、出血、黑粪症、瘀点、发热。

3. 如果贫血的发病是渐进性的，动物已经适应了红细胞质量的降低和氧运输能力的降低，临床症状是不太明显的。在这种情况下，贫血的表现意义深远（Hct 低于 10%）。

（三）实验室检测

因为贫血并不总是伴随着典型的临床症状，实验室确认是必要的。之前没有疑似贫血的患畜，轻度贫血往往是通过其实验数据来诊断的。

1. 血细胞比容是检测贫血的最简单、最准确的方法。Hct 值应结合患畜的水合状态和脾收缩的影响来解释。

2. Hb 浓度和 RBC 计数可被用于贫血进一步分类，但确认贫血的有无通常是不需要它们的。

3. 其他的实验室程序可用于进一步进行贫血分类和确诊贫血。这些程序在本章之前以及之后的内容进行讨论。

二、分类

如果可能，应查明贫血的原因，因为“贫血”的定义本身并不包含明确的诊断。尽管单独的分类可能不完全令人满意，但是分类方案可用于确诊。

（一）根据平均红细胞体积（MCV）和 Hb 浓度（MCHC）进行分类

1. 根据 MCV 大小，将贫血分为正常红细胞、巨红细胞和小红细胞性贫血。平均红细胞体积在参考范围内增加或减少。

2. MCHC 将贫血分为正染性、低染性和高染性贫血。如果红细胞浓度在正常参考范围内，红细胞染色正常则属于正染性贫血。如果 Hb 浓度降低，红细胞染色不足，则是低染性贫血。由于红细胞溶血或人造血治疗是导致高染性贫血最常见的结果，因为红细胞很少过度产生血红蛋白。在极少数情况下，球形红细胞贫血时，由于红细胞体积减小，可能与红细胞高染性有关。

（二）根据骨髓响应分类

1. 再生障碍性贫血。

（1）骨髓通过增加红细胞产生对贫血做出积极反应。

（2）红细胞再生的指示。

①多染性红细胞。

②网状细胞与红细胞大小不均症和 RDW 增加有关。

③伴有网织红细胞增多症的巨红细胞症（增加的 MCV）和低染性红细胞（MCH 和 MCHC 值降低）有关。

④反刍动物的红细胞嗜碱性颗粒。

⑤红细胞系异常增生导致的细胞过多的骨髓象，且 M∶E 降低。

（3）网织红细胞反应最强的物种，具有最强的再生性；Hct 更迅速恢复到参考范围内。再生反应的能力由强到弱为禽、犬、猫、牛、马。

（4）再生的存在表明病因在骨髓外，暗指长时间（2～3d）的失血（出血）或红细胞裂解（如海因茨小体、免疫介导或破裂）等再生反应明显。

（5）很少需要通过骨髓检查来检测红细胞再生；但是，如果采取抽取物检测，则红细胞增生应该是很明显的。

（6）马的再生很难检测，因为网织红细胞不被释放到血液中。MCV 和 RDW 的增加提示再生反应。骨髓检查可能有帮助，但并非总是有用的；在骨髓穿刺中可观察到红细胞增生和网织红细胞的数量增加。

(7) 再生障碍性贫血的病例包括溶血、出血或非再生性贫血的原因解除后的再生。

2. 非再生性贫血

(1) 非再生性贫血表示骨髓红细胞反应缺陷。反应缺陷可能是红细胞生成时间不足或者是慢性炎症、肾病和内分泌失调的结果。马不向血液中释放网织红细胞，所以所有的贫血都为非再生性的。

(2) 反刍动物多染性红细胞、网织细胞和嗜碱性颗粒缺乏。

(3) 马不向血液中释放网织红细胞，所以所有的贫血都表现为非再生性的。

(4) 在急性或急性出血或溶血发作后 2～3d 内，贫血可表现为非再生性的。

(5) 非再生性贫血的例子包括：炎性疾病（AID）的贫血、肾衰竭、缺铁性贫血、再生障碍性贫血、纯红细胞再生障碍和内分泌失调。

(6) 贫血的原因可能是多因素的，这可能影响再生反应。例如，如果出血的潜在原因是导致 AID 的炎性反应，那么急性出血可能是轻微地再生或非再生。

(三) 根据主要的病理生理机制分类

1. 失血（失血性贫血）。

2. 由血管内或血管外溶血而加速了红细胞损伤（红细胞寿命减少）。

3. 红细胞生成减少或缺陷。

第四节　失血性贫血

一、急性失血的特性

见病例 1、25。

(一) 临床症状

1. 通常见到的出血是肉眼可见的，但可能会出现隐性出血。如果实验室检查发现失血性贫血，但并没有发现出血的直接证据时，应当考虑潜出血，如消化道出血。潜出血和凝血试验异常提示出血的可能性。血小板很少单独导致失血性贫血。自体输血可能伴随出血，进入体腔中。失血的原因见表 1.1。

2. 临床症状取决于失血量、出血持续时间、出血的部位。多部位出血或出血部位迟发性出血提示凝血异常。

表 1.1　失血原因

急性出血	慢性出血
胃肠道溃疡	胃肠道溃疡、肿瘤
止血功能缺陷	血尿
蕨菜中毒	血友病
弥散性血管内凝血	肿瘤
凝血因子Ⅹ缺乏症	胃肠道肿瘤
A 和 B 型血友病	血管瘤
杀鼠剂中毒	寄生虫病
草木樨中毒	钩虫病
肿瘤	瘤球虫病
脾血管肉瘤	跳蚤、蜱、虱子

（续）

急性出血	慢性出血
脾血管瘤	血吸虫
血小板减少	圆线虫
外伤	维生素 K 缺乏症
外科手术	

（二）实验室检查

1. 由于所有的血液成分（即细胞和血浆）以相似的比例丢失，所以 Hct 最初在参考范围内。如果急性失血达血液体积的 33%以上，动物可能发生低血容量性休克。

2. 脾收缩将高 Hct 的脾血（血细胞比容=80%）输送到血液循环，使 Hct 短暂增加。

3. 出血后最初 2～3h 通过细胞间液，可使血液量恢复，并维持 48～72h。这种液体的变化导致红细胞稀释以及贫血的实验室症状变得明显（即 Hct、红细胞计数和血红蛋白浓度降低）。还可以观察到低蛋白血症（血浆蛋白浓度降低）。

4. 在出血后的最初几个小时血小板数量通常会增加。持续的血小板增多可能提示持续性失血。

5. 出血后大约 3h，中性粒细胞增多。

6. 出血后 48～72h，红细胞产生明显增多（如多染性红细胞、网织红细胞增加），约 7d 内达到最大值。骨髓穿刺时，红细胞增生明显，且先于血液中变化之前发生。

7. 2～3d 内，血浆蛋白浓度开始增加，并在 Hct、RBC 计数和 Hb 浓度正常之前恢复到参考范围内。

8. 在犬急性出血发作的 1～2 周内，整个血象恢复到参考范围内。如果网织红细胞增多症持续超过 2～3 个星期，应怀疑持续出血。

9. 原发性骨髓衰竭时，可能伴随出现血小板减少症和随后的出血；在这些情况下的贫血表现为非再生性的。

二、慢性失血的特性

见病例 5。

（一）临床症状

1. 贫血发展缓慢，不出现低血容量。

2. 由于贫血发生缓慢和机体生理性代偿适应性反应，Hct 值在临床出现明显贫血症状之前就已经较低。

（二）实验室检查

1. 发生再生性反应，但通常不如急性失血强烈。

2. 通常可观察到低蛋白血症。

3. 持久性血小板增多症可能是明显的。

4. 缺铁性贫血，表现为小红细胞症和低染性贫血，随着机体铁储备的耗尽，这种贫血可能会延长。

三、外出血和内出血引起的贫血的鉴别特征

1. 外出血包括胃肠道出血，阻止了某些组分（如铁和血浆蛋白）的重复利用。在内出血时，这些物质可以被重吸收。

2. 内出血通常不太严重，再生性更强。内出血后，一些红细胞通过淋巴管（自体输血）重吸收，特别是出血发生在体腔时。剩余的红细胞被裂解或吞噬。分解蛋白产生的铁和氨基酸会被重

新利用。

第五节　溶血性贫血

一、溶血性贫血的特性

加速红细胞破坏的原因见表 1.2。

(一) 临床症状

1. 无出血的临床症状。

2. 在急性溶血性贫血时，由于代偿机制发展较慢，与贫血严重程度相关的临床症状会十分明显。

3. 急性、严重的溶血性贫血时，可见黄疸。

4. 如果发生明显的血管内溶血，可见血红蛋白尿和血红蛋白血症（红色血浆）。

5. 血管外溶血比血管内溶血更为常见。

(二) 实验室检查

1. 溶血性贫血（病例 2、3）的特征性网状红细胞计数高于外部出血性贫血的特征性网状红细胞计数。溶解红细胞内的铁比存储铁或含铁血黄素更容易被用于红细胞生成。当外出血时，含铁血丢失，体内贮存铁必须动员用于增加红细胞生成，引起再生延迟。

2. 血浆蛋白浓度在参考范围内或增加（高蛋白血症）。血红蛋白血症可伴有血管内溶血，导致人为的高染性（MCH 和 MCHC 增加）和高蛋白血症。

3. 可能会出现中性粒细胞和单核细胞增多。

4. 出现明显的血红蛋白降解（如高胆红素血症、血红蛋白尿）。

5. 异常形态红细胞（如海因茨小体、红细胞寄生虫、球形红细胞、异形红细胞）（图 1.7）可能提示溶血机制。

二、溶血性贫血的病因鉴定

鉴别红细胞破坏的部位和机制是诊断溶血性贫血的有效方法。巨噬细胞吞噬血管外红细胞后发生血管外溶血，或者发生在血管内（血管内溶血）。溶血可发生在血管外和血管内；然而，红细胞的破坏通常主要发生在这些位点之一。

(一) 血管外溶血（吞噬作用）

红细胞被隔离在脾或肝脏，在那里它们被吞噬或裂解。血红蛋白是在破坏的部位被分解。

1. 血管外溶血机制。

(1) 抗体和/或 C3b 介导（病例 2）。

①抗体与红细胞膜抗原或其他紧密吸附于红细胞膜的抗原（包括半抗原）结合。非红细胞抗原抗体复合物可以非特异性地吸附至细胞膜上。血型糖蛋白、带 3 蛋白、光谱蛋白是通常由抗体识别的膜抗原。

②C3b 通过抗原抗体反应被固定到红细胞膜内。吸收的免疫复合物可固定 C3b，然后从细胞洗脱，只在细胞膜上留下 C3b。红细胞一开始先不被攻击，随后被作为攻击目标而被吞噬清除。

③巨噬细胞具有抗体 Fc 成分和 C3b 的受体。这些受体使带有抗体和/或 C3b 的红细胞膜更容易被巨噬细胞识别和黏附。被黏附的红细胞被完全或部分吞噬。部分吞噬后的红细胞膜重新密封会产生球形红细胞。因为红细胞膜比细胞内容物移除的更多，球形红细胞看起来更小，并且缺乏中央苍白区（图 1.7）。

表 1.2 加速红细胞破坏的原因

血管内溶血*	血管外（吞噬）溶血*
细菌	红细胞寄生虫
溶血梭状芽孢杆菌	无形体
诺维（氏）梭菌	焦虫
产气荚膜梭菌	支原体（附红细胞体）
大肠杆菌（溶血性尿毒综合征）	支原体（血巴尔通体）
钩端螺旋体	泰勒虫
红细胞寄生虫	锥虫
巴贝斯虫	免疫介导
化学品和植物	自身免疫性溶血性贫血（犬、猫）
氧化剂	马传染性贫血病毒
对乙酰氨基酚	无形体（埃立克体）
苯佐卡因	猫白血病病毒
芸苔属	红斑狼疮
铜、钼缺乏	血管肉瘤
洋葱	造血肿瘤
吩噻嗪	青霉素
非那吡啶	红细胞寄生虫
丙二醇	肉孢子虫
红枫	红细胞成分缺陷
黑麦草	红细胞性卟啉病
维生素 K	遗传性口形红细胞增多症
头孢菌素类	丙酮酸激酶缺乏症（犬）
蓖麻毒素（蓖麻籽）	破裂
蛇毒	弥散性血管内凝血
锌	丝虫
免疫介导	血管肉瘤
自身免疫性溶血性贫血（马、牛）	脉管炎
新生儿溶血病（新生儿异体红细胞溶解）	噬血细胞综合征
不兼容输血	脾功能亢进
低渗透压	恶性组织细胞增多症
硒缺乏（牛）	
冷血红蛋白尿	
低渗液体	
水中毒	
破碎	
腔静脉综合征	
低磷血症	
营养过度	
产后血红蛋白尿	
6-磷酸葡萄糖脱氢酶缺乏	
还原型谷胱甘肽（GSH）缺乏（羊）	

（续）

血管内溶血*	血管外（吞噬）溶血*
肝功能衰竭（马）	
磷酸果糖激酶缺乏症（犬）	

*此表中列出的许多情况，同时具有血管内和血管外吞噬成分，但根据溶血的主要类型列出。

④红细胞以及罕见的红细胞前体被Ⅱ型超敏反应破坏时，机体将通过以下机制引起免疫介导的溶血性贫血。

A. 未知机制的，称为特发性自身免疫性溶血性贫血（AIHA）。

B. 传染性病原体如 FeLV、EIA 病毒、埃立克体、猫血巴尔通体（猫血液支原体）。

a. 这些病原可以改变红细胞膜，引起抗原暴露，使宿主产生抗体。

b. 一些病原体形成免疫复合物，吸附到细胞上，与补体 C3b 结合。

c. 在抗感染过程中，会形成交叉反应抗体。

C. 有些药物，如青霉素，吸附于红细胞膜，并作为产生抗药物抗体的半抗原。

D. 免疫系统的变化。

a. T 细胞功能紊乱可能会破坏免疫调节作用。AIHA 或 AIHA 同窝犬的 T 细胞具有更强的反应性。

b. 在一些淋巴样恶性肿瘤、原虫病、立克次体病、猫血巴尔通体病、FIV、FIP 和其他慢性炎性疾病中观察到了 Coombs'阳性贫血。

E. 免疫介导的贫血也可见于淋巴瘤和浆细胞骨髓瘤等疾病的副肿瘤综合征。

⑤直接抗球蛋白试验可检测到红细胞膜表面的单独的热活性 IgG，IgG 联合 C3，单独的 C3，以及少部分冷活性 IgM。在缺乏 IgG 的情况下，冷活性 IgM 可以起到补充作用。这种冷凝集素疾病通常与自体凝集作用、血管内溶血、急性疾病和严重的临床症状有关。一种较新的、更灵敏的直接酶联抗球蛋白试验（DELAT）已可测定红细胞膜表面的多种免疫球蛋白类型（IgG、IgM、IgA）和补体 C3。不同类型的抗体和补体间可能会出现协同效应。

⑥热活性的 IgM 偶尔可固定于补体 C9；当膜攻击复合物被激活时，会发生严重的血管内溶血。

⑦在 10～15℃条件下，与红细胞膜结合的冷活性自体凝集素通常不明显，这种现象在许多健康动物的血液标本中可见。

（2）红细胞变形性降低。

①红细胞膜的变化、内部黏度的增加、表面积与体积比的减少会引起红细胞从循环血液中的早期消除。这些不易变形的红细胞在脾脏中被识别，并被巨噬细胞吞噬。

②红细胞变形性降低的实例（图 1.7）。

A. 微血管病性贫血的球形红细胞。

B. 免疫介导性贫血的球形红细胞。

C. 寄生虫感染的红细胞。

D. 偏心红细胞或含有海因茨小体的红细胞。

（3）红细胞糖酵解和 ATP 含量减少。

①受影响的红细胞易于被脾脏巨噬细胞从脉管系统中移除。

②正常老化的红细胞糖酵解也减少。

③在遗传性丙酮酸激酶和磷酸果糖激酶缺乏性贫血时，这种降低会更为严重。

（4）巨噬细胞的吞噬活性增强。

①当巨噬细胞吞噬活性过强时，正常红细胞也可能被吞噬。

②吞噬活性的增强与引起脾肿大的条件有关。脾肿大促进红细胞在脾脏中的滞留，使其暴露于巨噬细胞。

③在人类中，这种情况被称为脾功能亢进。

④巨噬细胞吞噬活性的增加也发生于噬血细胞综合征、恶性组织细胞增多症，导致血细胞减少。

2. 血管外溶血（吞噬）的临床和实验室特性。

（1）疾病的临床病程通常是缓慢的，且发病具有隐匿性。

（2）再生性反应与正常或增加的血浆蛋白质浓度相关。

（3）无血红蛋白血症和血红蛋白尿。

（4）如果溶血的程度超过肝脏胆红素的吸收、结合和分泌，就会发生高胆红素血症。通常早期疾病中，主要为非结合胆红素，此后主要为结合胆红素。

（5）在不太严重的溶血中，骨髓反应可代偿红细胞的破坏。在这种情况下，Hct 维持在参考范围内。这种情况被称为代偿性溶血性贫血。

（6）血管外溶血常伴随有中性粒细胞、单核细胞、血小板增多。

（7）脾肿大可能是巨噬细胞的活性升高和髓外造血增加的结果。

（8）不太严重的血管外溶血主要发生在非原发性贫血症中（如慢性肾性贫血、铁缺乏性贫血）。这被称为其他类型贫血症的“溶血组分”。

3. 血管外溶血特殊病因鉴定。

（1）一个特定品种和/或同胞患病可能提示溶血性贫血为遗传性的。例如：

①美国可卡猎犬、英国斯普林猎犬以及与西班牙猎犬杂交的犬种的磷酸果糖激酶缺乏。

②犬（巴仙吉犬、比格猎犬、吉娃娃、腊肠犬、巴哥犬、迷你贵宾犬、西高地白㹴、美国爱斯基摩犬、凯恩㹴）和猫（家养短毛猫）的丙酮酸激酶缺乏。

③溶血性贫血的遗传倾向也见于其他犬种（边境牧羊犬、可卡犬、英国史宾格犬、德国牧羊犬、爱尔兰长毛猎犬、英国古代牧羊犬、贵宾犬和惠比特犬）。

（2）其他实验室检查。

①直接抗球蛋白试验测定免疫介导的贫血患者红细胞的特异性免疫球蛋白或 C3 阳性；如果直接抗球蛋白试验阴性，进行直接 DELAT 试验。

②在各种贫血时，可见红细胞形态异常（图 1.7）。红细胞寄生虫、球形红细胞、裂细胞以及角膜细胞提示红细胞的过度吞噬作用。

（二）血管内溶血（病例 3）

红细胞在循环中被破坏，将血红蛋白释放到血浆中，继而被肝脏移除或由肾脏排出。

1. 血管外溶血机制。红细胞膜必须被严重破坏，才能释放血红蛋白到血浆中。血管内溶血的大多数机制是外在的或细胞外的缺陷（也就是说红细胞本身最初是正常的）。

（1）补体介导的裂解。

①补体 C3b 通过表面抗原抗体反应沉积到红细胞膜上。如果补体被激活成 C9，可产生膜攻击复合体，造成足够的膜缺陷，便于 Hb 的逃逸。

②当 IgM 参与时，补体介导的裂解最常见于免疫介导性贫血。IgM 能非常有效地固定补体。相反，IgG 对抗体的固定较差，但有时可能会引起补体介导的裂解。

③IgM 介导的补体裂解是大多数新生马驹溶血病（新生幼畜同种免疫溶血性贫血）和输血反应（猫和大动物）的机制。有时候，涉及 IgM 的相似机制也见于自体免疫溶血性贫血。

④补体与 C3 的结合可促进吞噬作用，而不是血管内溶血。

（2）物理损伤。

①红细胞膜的损伤可以来自于从血管内血纤维蛋白链的剪切效应。

②因为纤维蛋白通常在小血管内形成，这种类型的贫血被称为微血管病性贫血。

③微血管病性贫血的病例包括弥散性血管内凝血、血管炎、血管肉瘤和心丝虫病。

④裂细胞是由损伤引起膜变化而产生的片段红细胞（图 1.7）。它们的存在提示红细胞膜的剪切作用和微血管病性贫血的存在。

（3）氧化损伤（病例 3）。

①氧化剂从三个方面影响红细胞。

A. 血红蛋白的变性，形成海因茨小体。

B. 膜蛋白的氧化和交叉连接，形成偏心红细胞。

C. 血红蛋白亚铁离子（Fe^{2+}）氧化，形成高铁血红蛋白（Fe^{3+}）。这会干扰氧的运输，但不会导致贫血。

②海因茨小体形成和细胞膜的氧化可导致细胞损伤，使血红蛋白能从细胞质中逃逸。

③如果不发生血管内溶血，这些变化的红细胞将会在成熟前从循环系统中被吞噬清除。

④红细胞接触氧化剂时，通过两个主要途径进行自我保护。

A. 还原型谷胱甘肽可中和氧化剂，通过磷酸戊糖（磷酸己糖）途径产生并维持在还原状态。在过多外源性氧化剂存在时，该途径酶和中间产物的缺乏（如葡萄糖-6-磷酸脱氢酶）可导致膜氧化和海因茨小体的形成。

B. 铁通过高铁血红蛋白还原酶保持在还原状态，从而使高铁血红蛋白的积累最小化。在犬和马，有关于高铁血红蛋白还原酶缺乏的报道。

⑤在大多数情况下，有害的氧化剂来源于药物或饮食。氧化剂或其中间代谢产物均可直接氧化或干扰还原型谷胱甘肽生成。

⑥海因茨小体或偏心红细胞的存在提示氧化损伤（图 1.7）。

（4）渗透性溶解。

①溶血可能与低磷血症有关，尤其是糖尿病患者。

②膜的改变可能会改变渗透性但不足以使血红蛋白逃逸，过量的水被吸收到正常的高渗细胞中，引起溶解。

③低渗的静脉输液引起渗透性溶解。

④牛的冷血红蛋白尿被认为是通过这个机制发生的。

⑤血管外溶血（表 1.2）中列出的许多原因可能会改变细胞膜，使得渗透性溶解发生在吞噬作用之前。

（5）其他机制引起的膜变化。

①蓖麻籽含有蓖麻毒素，可引起直接的膜溶解。

②蛇毒具有溶解性能。

③细菌毒素，如诺氏梭菌的磷脂酶，能直接攻击膜脂。

④巴贝斯虫可在红细胞内繁殖，并使细胞膜破裂。

（6）导致血管内溶血的因素不能溶解所有受影响的红细胞；某些改变的红细胞仍然留在循环中，之后被吞噬清除。

2. 血管内溶血性贫血的临床和实验室特性。

（1）血管内溶血通常表现为超急性或急性疾病。

（2）可能会发现相应病史，包括暴露于致病药物或植物，近期有过不相容的输血，或近期摄入初乳。

（3）会发生再生性反应，但由于明显的网织红细胞产生需要 2～3d，所以早期无明显症状。

（4）血红蛋白血症（血浆游离血红蛋白）是血管内溶血的主要特征。血红蛋白血症通常通过以下方法检测：

①血浆变红。

②MCHC 和 MCH 值增加。

③血清结合珠蛋白和血液结合素浓度降低。

（5）如果游离血红蛋白浓度使得可结合珠蛋白和血红素蛋白饱和，并超过了肾小管上皮细胞的吸收以及代谢穿过肾小球滤过膜的血红蛋白的能力，在溶血发生的 12～24h 后会产生血红蛋白尿。

（6）如果有足够的肾小管上皮细胞吸收和代谢，以形成可检测的血铁黄素，则形成含铁血黄素尿症。

（7）高胆红素血症。

①溶血发生后 8～10h 才产生胆红素。

②如果胆红素的形成水平远超过肝脏从血浆中移除、共轭结合、并将胆红素释放到胆汁中的能力，则形成高胆红素血症。

③疾病早期主要为游离胆红素。随着时间的推移，结合胆红素变逐渐增多，有时可成为主要的存在形式。高结合胆红素血症伴随胆红素尿。

（8）其他实验室检查结果可能包括裂细胞、角膜细胞、海因茨小体、偏心红细胞、红细胞寄生虫（图 1.7）、患畜红细胞的直接抗球蛋白试验阳性、抗体滴度试验、疑似病原体的培养等。

第六节　红细胞生成减少或缺陷性贫血

由红细胞生成减少或缺陷引起的贫血（表 1.3）是非再生性的。它们的特点是骨髓异常、不能有效的维持红细胞再生。临床病程通常是长期的和隐形发生的。非再生性贫血（如炎症性贫血）在兽医学中较为普遍。

一、一般描述

（一）机制

1. 骨髓有维持红细胞数量的能力，要求满足下列条件：

（1）前体细胞（即多潜能或单潜能干细胞）。

（2）营养（如铁和 B 族维生素）。

（3）刺激，如促红细胞生成素（Epo）、白细胞介素-3（IL-3）、粒细胞集落刺激因子（G-CSF）、粒细胞-巨噬细胞克隆刺激因子（GM-CSF）。

（4）微环境。

2. 原发性和继发性骨髓衰竭。

（1）骨髓内疾病导致的原发性骨髓衰竭可引起干细胞和祖细胞生成不足。

（2）继发性骨髓衰竭是由骨髓外疾病导致的，如营养或生长因子缺乏（促红细胞生成素、集落刺激因子或细胞因子）。

3. 骨髓衰竭对红细胞可能是选择性的（如纯红细胞发育不良），也可能会影响粒细胞和/或产血小板巨核细胞，导致双细胞减少或全血细胞减少症。在全血细胞减少症中（再生障碍性贫血），非再生障碍性贫血与粒细胞减少和血小板减少同时发生。

表 1.3　红细胞生成减少或异常的原因

红细胞生成减少	红细胞生成异常
慢性疾病导致的贫血	红细胞成熟异常
慢性炎症	牛的先天性异常红细胞造血
肿瘤	英国史宾格犬的异常红细胞造血

（续）

红细胞生成减少	红细胞生成异常
骨髓的细胞毒性损伤	巨红细胞性骨髓增殖
蕨类	红白血病
细胞毒性抗癌药	贵宾犬的巨细胞症
雌激素	骨髓发育异常综合征
呋喃唑酮	亚铁血红素合成紊乱
保泰松	氯霉素中毒
辐射	铜缺乏
促红细胞生成素（Epo）缺乏	铁缺乏
慢性肾病	铅中毒
肾上腺皮质机能减退	钼中毒
雄激素缺乏	吡哆醇缺乏
垂体机能减退	核酸合成紊乱
甲状腺机能减退	维生素 B_{12}缺乏、吸收障碍
免疫介导的	叶酸缺乏
纯红细胞发育不良	
感染	
微粒孢子虫属（也称埃里希氏体）	
猫白血病病毒	
猫泛白细胞减少症病毒	
细小病毒	
毛圆线虫病（非吸血性的）	
骨髓瘤	
淋巴细胞性白血病	
转移性肿瘤	
骨髓纤维化	
骨髓增殖性疾病	
骨硬化症、骨样硬化	

（二）骨髓反应

1. 当前体细胞不足或促红细胞生成刺激缺乏时，骨髓红细胞呈正常-低细胞状态。

2. 成熟异常与骨髓增生和无效的红细胞生成相关（即生成的红细胞不能正常成熟，或不能释放到血液中）。在营养缺乏、骨髓发育异常综合征（MDS）、白血病和遗传性促红细胞生成素不良时，成熟异常尤为突出。在血涂片上可观察到小细胞、大细胞或有核红细胞等异常细胞。

3. 从骨髓红细胞在失血或溶血后的应答不良到完全发育不良，不同程度的骨髓衰竭均可发生。

二、红细胞生成减少或缺陷引起的贫血的鉴别

这种非再生性贫血的诊断方法以红细胞形态学、血液中性粒细胞和血小板数目以及骨髓细胞构成为基础。这些贫血可分为以下几种类型。

1. 伴有中性粒细胞和血小板正常或增高、正常红细胞正色素性贫血、低细胞性骨髓红细胞引起的 M∶E 增加（这种情况是可预见的，但不总是很明显）。这些常见的贫血类型包括以下几种：

（1）由于某些疾病导致的促红细胞生成素缺乏性贫血。

①慢性肾病（病例 15、19）。

A. 贫血的程度大致与尿毒症的严重程度成正比。

B. 贫血发展的原因。

a. 肾小管周围分泌促红细胞生成素的间质细胞破坏引起的促红细胞生成素分泌不足。

b. 尿毒症血浆中各种因素导致的溶血。

c. 血小板功能异常和血管损伤导致的胃肠道出血。

d. 尿毒症血浆中红细胞生成的抑制因子。

②内分泌疾病（如肾上腺皮质机能减退、雄激素不足和垂体机能减退）。

A. 其中一些激素（如雄激素）可以增强促红细胞生成素的作用。

B. 在其他情况下，贫血的确切机制尚不清楚。

（2）慢性贫血（病例 7、8、10、11）。

①AID（慢性贫血、慢性紊乱性贫血）发生在慢性感染、炎症或肿瘤性疾病过程中。贫血症的发生可能很快，仅需要 3～10d。

②AID 受铁调素介导，铁调素是一种在炎症反应下由肝脏合成和释放的多肽，并被促炎细胞因子白细胞介素-6 诱导。

③骨髓对促红细胞生成素的反应减弱，促红细胞生成素释放减少，以及红细胞对铁的可用性受损等都与贫血的发病机制有关。

④红细胞寿命缩短。

⑤AID 的实验室检测。

A. 血清铁浓度降低到正常。

B. 总铁结合能力降低到正常。

C. 血清铁蛋白浓度正常到增加。

D. 骨髓巨噬细胞铁储备正常到增加。

E. 轻度至中度贫血（Hct 20%～30%）通常是非再生的。

F. 红细胞正色素性指数。

G. 小细胞增多症和低色素很少发生。在 AID 时，铁的缺乏时间必须足够延长，才能引起小细胞增多症和低色素。

H. 血清铜和锌浓度增加。

I. 血清促红细胞生成素浓度可变。

J. 血清铁调素浓度增加。

⑥临床症状主要以炎症和肿瘤疾病的表现为主，而贫血的症状可能不明显。

⑦如果原发病得到缓解，那么随后的 AID 也会恢复。

（3）猫白血病病毒（FeLV 的）相关的非再生性贫血。

①FeLV 选择性地杀死红系干细胞和祖细胞。

②由于不同步的成熟，贫血可能是大细胞性的。

（4）纯红细胞再生障碍（PRCA）。

①贫血以骨髓红细胞前体选择性缺失为特征。

②免疫介导的 PRCA，因为它与糖皮质激素和/或淋巴细胞毒性药物的治疗有反应。

③有些 PRCA 的直接抗球蛋白试验为阳性，被命名为非再生性自身免疫性溶血性贫血。

④PRCA 甚少继发于淋巴瘤。

（5）非再生性贫血的未知机制。

①牛和羊的毛圆线虫感染（非吸血的）。

②肝病。

③维生素 E 缺乏。

A. 饮食中维生素 E 缺乏可能会导致猪的非再生性贫血。

B. 红骨髓异常增生表明异常的造血异常。

2. 正细胞正色素性贫血伴有中性粒细胞减少（骨髓增生性疾病除外）和/或血小板减少症，M∶E 可变。一般骨髓细胞数量过少和/或增生的异常细胞可能存在。这些贫血的类型包括以下几种：

(1) 再生障碍性贫血或全血细胞减少症（病例 4）。

①这是多能干细胞或骨髓微环境的疾病，导致全血细胞减少和无细胞的脂肪性骨髓。

②红细胞生成、粒细胞生成和血栓形成同时发生。由于白细胞和血小板的寿命较短，白细胞减少和血小板减少症通常在贫血之前。

③再生障碍性贫血的原因。

A. 可预测的或特异的药物反应，可能因物种而异（如犬的迟发性雌激素中毒、猫的氯霉素中毒、保泰松、磺胺嘧啶、丙硫咪唑）。

B. 化学物质和植物中毒（如反刍动物和马的蕨类植物中毒）。

C. 辐射。

D. 细胞毒性 T 细胞或抗体（一些人的再生障碍性贫血）。

E. 传染性病原体（如猫的 FeLV、犬的埃里希体病）。

(2) 骨髓瘤性贫血。

①在骨髓瘤性贫血中，骨髓被异常增生的间质、炎性或肿瘤细胞生理性地取代。导致骨髓瘤性贫血病的例子：

A. 骨髓增生性疾病（如造血细胞的恶性肿瘤、白血病）。

B. 骨髓纤维化。

C. 骨硬化。

D. 弥漫性肉芽肿性骨髓炎。

E. 转移性肿瘤。

②在某些情况下（如骨髓纤维化），骨髓穿刺液中含有少量的细胞；而在其他情况下（骨髓增生性疾病），则可见很多细胞。间质反应诊断首选空心针穿刺活检。

③幼粒幼红细胞反应（没有网织红细胞过多症的晚幼红细胞增多和没有炎症情况下的中性粒细胞左移）可能是由骨髓结构紊乱、骨髓和红细胞前体细胞无序释放而导致的。

④在骨痨性贫血早期，可以观察到由隔离的红系病灶引起的轻度再生反应。

⑤人血液涂片中可见泪细胞（泪形的异性红细胞），但在动物血液涂片中却未被发现。

⑥由于骨髓增生性疾病引起的骨痨性贫血通常可见白细胞增多，呈白血病血象。

(3) 由感染因素引起的非再生性贫血。

①急性埃里希体病表现为全血细胞减少症。在慢性埃里希体病时，血象可见轻度的血小板减少。

②FeLV 感染偶尔可引起贫血和白细胞减少症并发，导致全血细胞减少。FeLV 的诱导性贫血可能是大细胞性的。

③猫科动物和犬的细小病毒感染会破坏造血细胞、淋巴样细胞和胃肠隐窝上皮细胞。白细胞象常见明显的中性粒细胞减少。

细小病毒破坏的造血细胞，贫血通常被由呕吐、腹泻和液体摄入减少引起的脱水的相对红细胞增多症所掩盖。

④长时间的犬细小病毒感染可伴有中性粒细胞减少和非再生性贫血。

3. 小细胞低色素性贫血中的中性粒细胞和血小板计数可变，并且通常骨髓细胞过多，M∶E 可变。这种类型贫血的原因如下：

(1) 铁缺乏（病例 5）。

①铁缺乏的最常见原因是慢性出血，通常伴有外出血。

②年轻的、快速成长期的动物饲用全乳日粮，可能有短暂的食物缺铁，导致轻度贫血。

③缺铁性贫血与疾病早期的无效性造血和骨髓增生有关。在慢性疾病时，骨髓发育不良，小红细胞症和低色素红细胞症更加明显。

④缺铁性贫血的实验室检查。

A. 血清铁浓度降低。

B. 总铁结合能力可变，但通常在参考范围内或增加。

C. 转铁蛋白的饱和度百分比降低。

D. 骨髓巨噬细胞铁储降低或缺失。

E. 血清铁蛋白浓度降低。

F. 游离红细胞原卟啉增加。

G. 小红细胞症。由于未达到停止细胞分裂的血红蛋白临界浓度，细胞产生额外分裂，可导致小红细胞症。小红细胞症通常发生于低色素之前。

H. 低色素存在于大多数物种，但猫除外。

I. 异形红细胞（如裂细胞、角膜细胞）。异形红细胞被认为是膜蛋白的氧化所致。

J. 疾病早期的骨髓细胞过多，伴随晚期中幼红细胞和晚幼红细胞数不成比例，是由额外分裂导致的。

K. 血清铁调素浓度降低。

（2）维生素 B_6 缺乏。这种维生素是血红素合成的辅助因子。维生素 B_6 不足导致铁不能被利用，引起缺铁性贫血。

（3）铜缺乏症。含铜血浆铜蓝蛋白和亚铁氧化酶对铁的吸收以及其在肠、巨噬细胞、转铁蛋白之间的传递非常重要。因此，铜缺乏导致缺铁。

（4）英国史宾格犬的异常红系造血。这种疾病与多肌病和心脏疾病相关，其特点为小红细胞症、伴有晚幼红细胞增多症的非再生性贫血、有核红细胞的发育不良。

（5）无贫血的小红细胞增多症发生在亚洲犬品种，包括秋田犬、松狮犬、沙皮犬和柴犬。也有报道小红细胞增多症发生于遗传性椭圆红细胞增多症的犬。

（6）伴有轻度贫血的小红细胞增多症在犬的门体分流术（PSS）中常见（病例 13）。铁代谢的变化与炎症性疾病的贫血相似。近 1/2 的犬血清铁浓度和血清总铁结合力（TIBC）降低。若血清铁蛋白浓度增加，则伴有可染骨髓和肝脏铁储备的增加。1/3 的 PSS 患猫有小红细胞增多症，但贫血不常见。

（7）骆驼科的动物，包括美洲鸵，有椭圆形红细胞。在铁缺乏时，这些红细胞是小红细胞，染色过浅区域不规则或异常，表现为细胞内血红蛋白分布不均匀。

（8）药物或化学物质，包括氯霉素和铅中毒，能抑制血红素的合成。

4. 大细胞正色素性贫血具有可变的中性粒细胞和血小板计数。由于骨髓红细胞过多，M：E 通常较低。大红细胞性正色素性贫血的原因如下：

（1）放牧反刍动物牧场钴缺乏或钼富集。

（2）维生素 B_{12} 和叶酸不足。

①在试验动物中，没有制备这种类型贫血的模型，但已有关于这些维生素引起的巨红细胞性贫血的报道（如巨型雪纳瑞犬）。

②在骨髓中可观察到类巨成红细胞前体细胞。

③血涂片上可见大的、多分叶的中性粒细胞。

④该骨髓细胞过多提示无效造血。

（3）巨红细胞性骨髓增殖或白血病（见第三章）。

(4) 先天性红细胞生成障碍和渐进性脱毛的无角赫尔福德犊牛。这种疾病的特点是大细胞性的、伴有无效性红细胞生成（原位溶血）的非再生性贫血。

(5) FeLV 感染。猫可能表现为大细胞性贫血，但红骨髓通常过少。

(6) 贵宾犬的巨红细胞症。这种遗传性疾病是罕见的。贫血和网织红细胞过多均不会发生。红细胞计数通常在参考范围的低限内，MCVs 通常较高（超过 100 fL）。

第七节 红细胞增多症

红细胞增多症指 Hct、RBC 计数和 Hb 浓度增加。

一、假性或相对红细胞增多症、总红细胞数量正常、相对红细胞增多症的原因

(一) 脱水（病例 6、9、18、24）

1. 血浆体积的减少会导致血细胞比容、红细胞计数、血红蛋白浓度和血浆蛋白浓度的相对增加。
2. 脱水的测定是基于体格检查而不是实验室检测。
3. 相对红细胞增多症的机制。

(1) 由于呕吐、腹泻、过度利尿、禁水、出汗或高热失水导致的水丢失。

(2) 由血管通透性增加，引起的应激时内部液体丢失。

(3) 通过渗出进入体腔导致液体丢失。

4. 由于患者的水合状态的变化，患病动物的血细胞比容每天有 2%～5%的波动。

(二) 红细胞的重新分布

1. 兴奋引起肾上腺素的释放和脾收缩。脾收缩将高 Hct（Hct=80%）的脾血输入血液循环。
2. 这种作用在马和猫常见。

二、绝对红细胞增多症

红细胞生成增加引起总的 RBC 增加。血浆体积和血浆蛋白浓度均在参考范围内。

1. 原发性绝对红细胞增多症（真性红细胞增多症或原发性红细胞增多症）是一种干细胞的骨髓及外骨髓增殖紊乱。临床病理检测如下：

(1) 促红细胞生成素浓度在参考范围内或减少。

(2) 氧分压在参考范围内。

(3) 血小板增多症和白细胞增多症偶尔伴发红细胞增多症。

2. 继发性绝对红细胞增多症是由促红细胞生成素分泌增加所致。

(1) 适当的代偿性的 Epo 分泌发生在慢性缺氧时，见于以下情况：

①高海拔。

②慢性肺病。

③心血管畸形伴左侧分流。

(2) 在肾盂积水或肾囊肿、Epo 分泌肿瘤（胚胎肾瘤、肾癌、子宫肌瘤、小脑血管瘤、肝细胞瘤、其他内分泌肿瘤）的一些情况下，Epo 分泌异常（正常氧分压、无缺氧）（病例 27）。

3. 有严重红细胞增多症的动物，因血液淤积和中枢神经系统缺血而出现癫痫。

参 考 文 献

Abboud C N，Lichtman M A：1995. Structure of the bone marrow. *In*：Beutler E，Lichtman M A，Coller B S，Kipps T J (eds)：*Williams Hematology*，5th ed. McGraw-Hill，Inc.，New York，pp. 25-38.

Barker R N，Gruffydd-Jones T J，Stokes C R，et al：1992. Autoimmune haemolysis in the dog：Relationship between anemia and the levels of red blood cell bound immunoglobulins and complement measured by an enzyme-linked antiglobulin test. *Vet Immunol Immunopathol* 34：1-20.

Campbell K L：1990. Diagnosis and management of polycythemia in dogs. *Compend Contin Educ Pract Vet* 12：543-550.

Car B D：2000. Erythropoiesis and erythrokinetics. *In*：Feldman B F，Zinkl J G，Jain N C (eds)：*Schalm's Veterinary* Hematology，5th ed. Philadelphia，Lippincott Williams and Wilkins，pp. 105-109.

Carney H C，England J J：1993. Feline hemobartonellosis. *Vet Clin North Am Small Anim Vet Clin Pathol Pract* 23：79-90.

Christopher M M，Lee S E：1994. Red cell morphologic alterations in cats with hepatic disease. *Vet clin Pathol* 23：7-12.

Cook S M，Lothrop C D：1994. Serum erythropoietin concentrations measured by radioimmunoassay in normal，polycythemic，and anemic dogs and cats. *J Vet Intern Med* 8：18-25.

Day M J：2000. Immune-mediated hemolytic anemia. *In*：Feldman B F，Zinkl J G，Jain N C (eds)：*Schalm's Veterinary Hematology*，5th ed. Lippincott Williams and Wilkins，Baltimore，pp. 799-806.

Desnoyers M：2000. Anemias associated with Heinz bodies. *In*：Feldman B F，Zinkl J G，Jain N C (eds)：*Schalm's Veterinary Hematology*，5th ed. Lippincott Williams and Wilkins，Baltimore，pp. 178-184.

Edwards C J，Fuller J：1996. Oxidative stress in erythrocytes. *Comp Haematol Int* 6：24-31.

Franco D A，Lin T L，Leder J A：1992. Bovine congenital erythropoietic porphyria. *Compend Contin Educ Pract Vet* 14：822-825.

Fyfe J C，Giger U，Hall C A，et al：1991. Inherited selective intestinal cobalamin malabsorption and cobalamin deficiency in dogs. *Pediatr Res* 29：24-31.

Gaunt S D：2000. Hemolytic anemias caused by blood rickettsial agents and protozoa. *In*：Feldman B F，Zinkl J G，Jain N C (eds)：*Schalm's Veterinary Hematology*，5th ed. Philadelphia，Lippincott Williams and Wilkins，pp. 154-162.

Giger U：1992. Erythropoietin and its clinical use. *Compend Contin Educ Prac Vet* 14：25-34.

Giger U：2000. Erythrocyte phosphofructokinase and pyruvate kinase deficiencies. *In*：Feldman B F，Zinkl J G，Jain N C (eds)：*Schalm's Veterinary Hematology*，5th ed. Lippincott Williams and Wilkins，Baltimore，pp. 1020-1025.

Giger U：2000. Regenerative anemia caused by blood loss or hemolysis. *In*：Ettinger S J，Feldman E C (eds)：*Textbook of Veterinary Internal Medicine. Diseases of the Dog and Cat*，5th ed.，Vol. 2. Philadelphia，WB Saunders Co，pp. 1784-1804.

Giger U，Kiltrain C G，Filippich L J，Bell K：1989. Frequencies of feline blood groups in the United States. *J Am Vet Med Assoc* 195：1230-1232.

Hagemoser W A：1993. Comments on reticulocyte lifespans. *Vet Clin Pathol* 22：4-5.

Harvey J W：1997. The erythrocyte：Physiology，metabolism，and biochemical disorders. *In*：*Clinical Biochemistry of Domestic Animals*，5th ed. San Diego，Academic Press，pp. 157-203.

Harvey J W：2000. Hereditary methemoglobinemia. *In*：Feldman B F，Zinkl J G，Jain N C (eds)：*Schalm's Veterinary Hematology*，5th ed. Philadelphia，Lippincott Williams and Wilkins，pp. 1008-1011.

Holland C T，Canfield P J，Watson A D J，et al：1991. Dyserythropoiesis，polymyopathy，and cardiac disease in three related English springer spaniels. *J Vet Intern Med* 5：151-159.

Jain N C：1993. *Essentials of Veterinary Hematology*. Philadelphia，Lea and Febiger.

Kazmierski K J，Ogilvie G K，Fettman M J，et al：2001. Serum zinc，chromium，and iron concentrations in dogs with lymphoma andosteosarcoma. *J Vet Intern Med* 15：585-588.

Kemna E，Tjalsma H，Willems H，et al：2008. Hepcidin：from discovery to differential diagnosis. *Haematologica* 93：90-97.

King L G，Giger U，Diserens D，et al：1992. Anemia of chronic renal failure in dogs. *J Vet Intern Med* 6：264-270.

Klag A R，Giger U，Shofer F S：1993. Idiopathic immune-mediated hemolytic anemia in dogs：42 cases (1986-1990). *J Am Vet Med Assoc* 202：783-788.

Kociba G J：2000. Macrocytosis. *In*：Feldman B F，Zinkl J G，Jain N C（eds）：*Schalm's Veterinary Hematology*，5th ed. Philadelphia，Lippincott Williams and Wilkins，pp. 196-199.

McConnico R S，Roberts M C，Tompkins M：1992. Penicillin-induced immune-mediated hemolytic anemia in a horse. *J Am Vet Med Assoc* 201：1402-1403.

Mair T S，Taylor E G R，Hillyer M H：1990. Autoimmune haemolytic anaemia in eight horses. *Vet Rec* 126：51-53.

Means R T，Krantz S B：1992. Progress in understanding the pathogenesis of the anemia of chronic disease. *Blood* 80：1639-1647.

Meyer D J，Harvey J W：1994. Hematologic changes associated with serum and hepatic iron alterations in dogs with congenital portosystemic vascular anomalies. *J Vet Intern Med* 8：55-56.

Morgan R V，Moore F M，Pearce L K，et al：1991. Clinical and laboratory findings in small companion animals with lead poisoning：347 cases（1977-1986）. *J Am Vet Med Assoc* 1909：93-97.

Morin D E，Garry F B，Weiser M G，et al：1992. Hematologic features of iron deficiency anemia in llamas. *Vet Pathol* 29：400-404.

Ogawa E，Koboyaski K，Yoshiura N，et al：1987. Bovine postparturient hemoglobinemia：Hypophosphatemia and metabolic disorder in red blood cells. *Am J Vet Res* 48：1300-1303.

Penedo MCT：2000. Red blood cell antigens and blood groups in the cow，pig，sheep，goat and llama. *In*：Feldman B F，Zinkl J G，Jain N C（eds）：*Schalm's Veterinary Hematology*，5th ed. Lippincott Williams and Wilkins，Baltimore，pp. 778-782.

Rebar A H，Lewis H B，DeNicola D B，et al：1981. Red cell fragmentation in the dog：An editorial review. *Vet Pathol* 18：415-426.

Rottaman J B，English R V，Breitschwerdt E B，et al：1991. Bone marrow hypoplasia in a cat treated with griseofulvin. *J Am Vet Med Assoc* 354：429-431.

Smith J E：1992. Iron metabolism in dogs and cats. *Compend Contin Educ Pract Vet* 14：39-43.

Steffen D J，Elliott G S，Leipold H W，et al：1992. Congenital dyserythropoiesis and progressive alopecia in polled Hereford calves：Hematologic，biochemical，bone marrow cytology，electrophoretic，and flow cytometric findings. *J Vet Diagn Invest* 4：31-37.

Stone M S，Freden G O：1990. Differentiation of anemia of inflammatory disease from anemia of iron deficiency. *Compend Contin Educ Pract Vet* 12：963-966.

Swenson C L，Kociba G J，O'Keefe D A，et al：1987. Cyclic hematopoiesis associated with feline leukemia virus infection in two cats. *J Am Vet Med Assoc* 191：93-96.

Tvedten H，Weiss D：1999. The complete blood count and bone marrow examination：General comments and selected techniques. *In*：Willard M D，Tvedten H，Turnwald G H（eds）：*Small Animal Clinical Diagnosis by Laboratory Methods*，3rd ed. Philadelphia，W. B. Saunders，pp. 11-30.

Tvedten H，Weiss D J：2000. Classification and laboratory evaluation of anemia. *In*：Feldman B F，Zinkl J G，Jain N C（eds）：*Schalm's Veterinary Hematology*，5th ed. Philadelphia，Lippincott Williams and Wilkins，pp. 143-150.

Weiss D J：1984. Uniform evaluation and semiquantitative reporting of hematologic data in veterinary laboratories. *Vet Clin Pathol* 13：27-31.

Weiss D J，Geor R J：1993. Clinical and rheological implications of echinocytosis in the horse：a review. *Comp Haematol Int* 3：185-189.

Weiss D J，Klausner J S：1990. Drug-associated aplastic anemia in dogs：Eight cases（1984-1988）. *J Am Vet Med Assoc* 196：472-475.

第二章 白 细 胞

Julie L. Webb, DVM, and Kenneth S. Latimer, DVM, PhD

第一节 白细胞形态、功能、产生和动力学的基本概念

哺乳动物的白细胞包括中性粒细胞、单核细胞、嗜酸性粒细胞、嗜碱性粒细胞和淋巴细胞。禽类的异嗜性粒细胞相当于哺乳动物的中性粒细胞。所有的白细胞都参与身体防御，但每个白细胞在功能上都是独立的。图 1.2 给出了包括白细胞在内的血细胞生成的总体轮廓。

一、中性粒细胞和禽异嗜性粒细胞

（一）形态学

1. 哺乳动物成熟的中性粒细胞有多个收缩分开的核分叶（分叶核），细胞质呈现无色至淡粉色的。禽类异嗜性粒细胞的核分叶较少，但是暗红色细胞质颗粒明显（图 2.1）。

2. 颗粒物分为两种类型。

（1）原发或嗜苯胺蓝颗粒。

①罗氏染色后原发颗粒呈红紫色，但在早幼粒细胞发展阶段后一般不着色且不可见。

②早期形成停止，随后被细胞分裂稀释。

③它们是溶酶体，含有杀微生物成分（髓过氧化物酶、溶菌酶、防御素和细菌通透性诱导蛋白）和酶（酸性水解酶、中性蛋白酶、凝固素 AS-D 胆碱酯酶和胰肽酶）。

④禽类异嗜性粒细胞缺乏明显的髓过氧化物酶活性。

⑤超微结构上，原发颗粒比次级颗粒大，而且电子密度大。

（2）次生或特异性颗粒。

①罗氏染色后通常看不见中性粒细胞的次生颗粒。

②禽类异嗜性粒细胞的次生颗粒呈暗红色并且末端尖。

③颗粒物内含杀微生物成分（乳铁蛋白、溶菌酶、阴极酶）和酶（胶原酶、载铁素酶、纤溶酶原激活剂）。

④健康的牛和马的中性粒细胞中存在碱性磷酸酶（ALP）活性，其他家畜和禽类的中性粒细胞缺乏碱性磷酸酶活性。

⑤超微结构上，次生颗粒的电子透明程度高于原发颗粒。

3. 中性粒细胞的成熟阶段（图 2.2，也可参见图 1.7）。

（1）原始粒细胞。

①细胞核呈圆形至椭圆形，染色质和核仁分散。

②Ⅰ型原始粒细胞缺乏可见的颗粒，Ⅱ型原始粒细胞可能有少量（少于 15）的原发性（嗜苯胺

蓝）胞质颗粒。

（2）早幼粒细胞。

①细胞核呈圆形至椭圆形，染色质散在，可能存在核仁或核仁环。

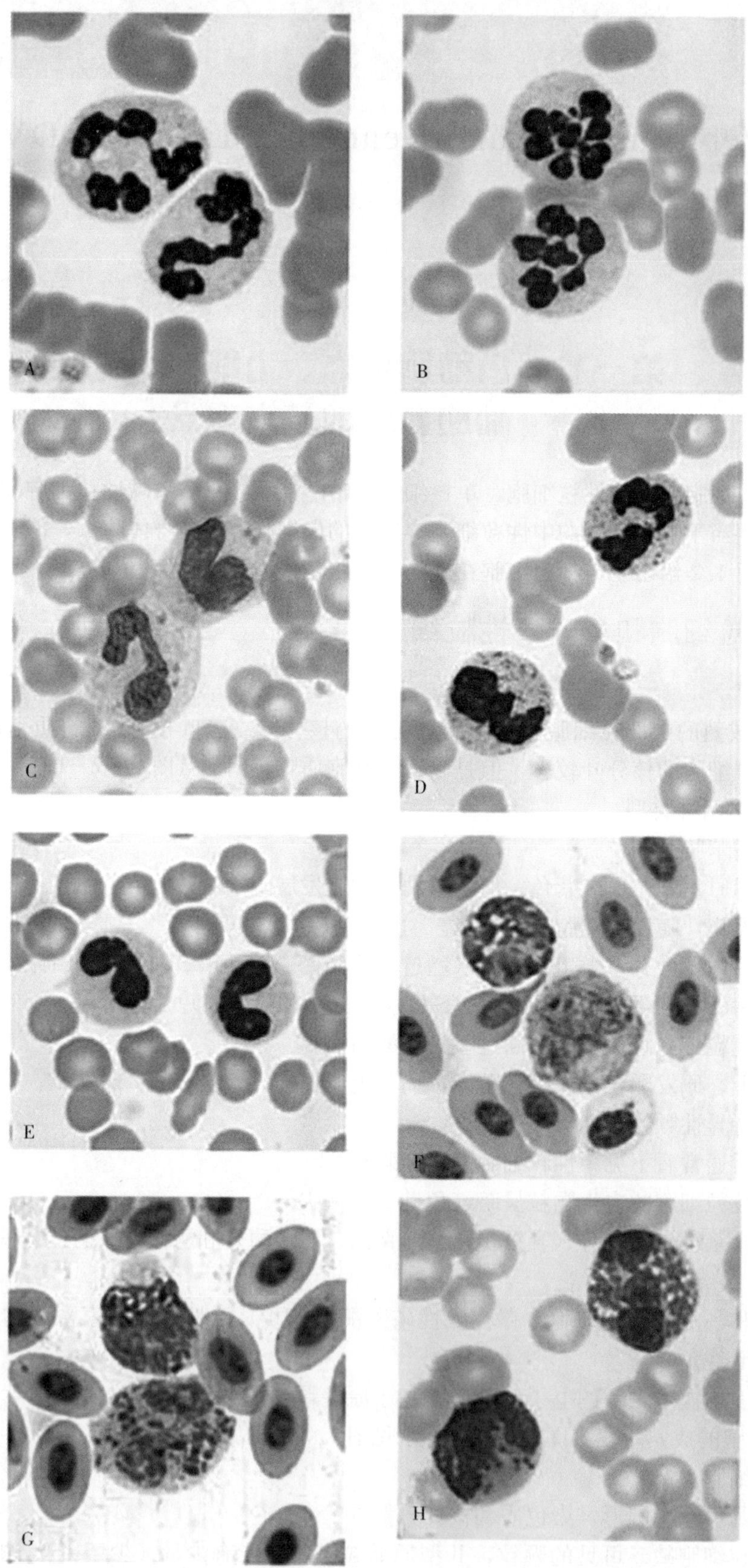

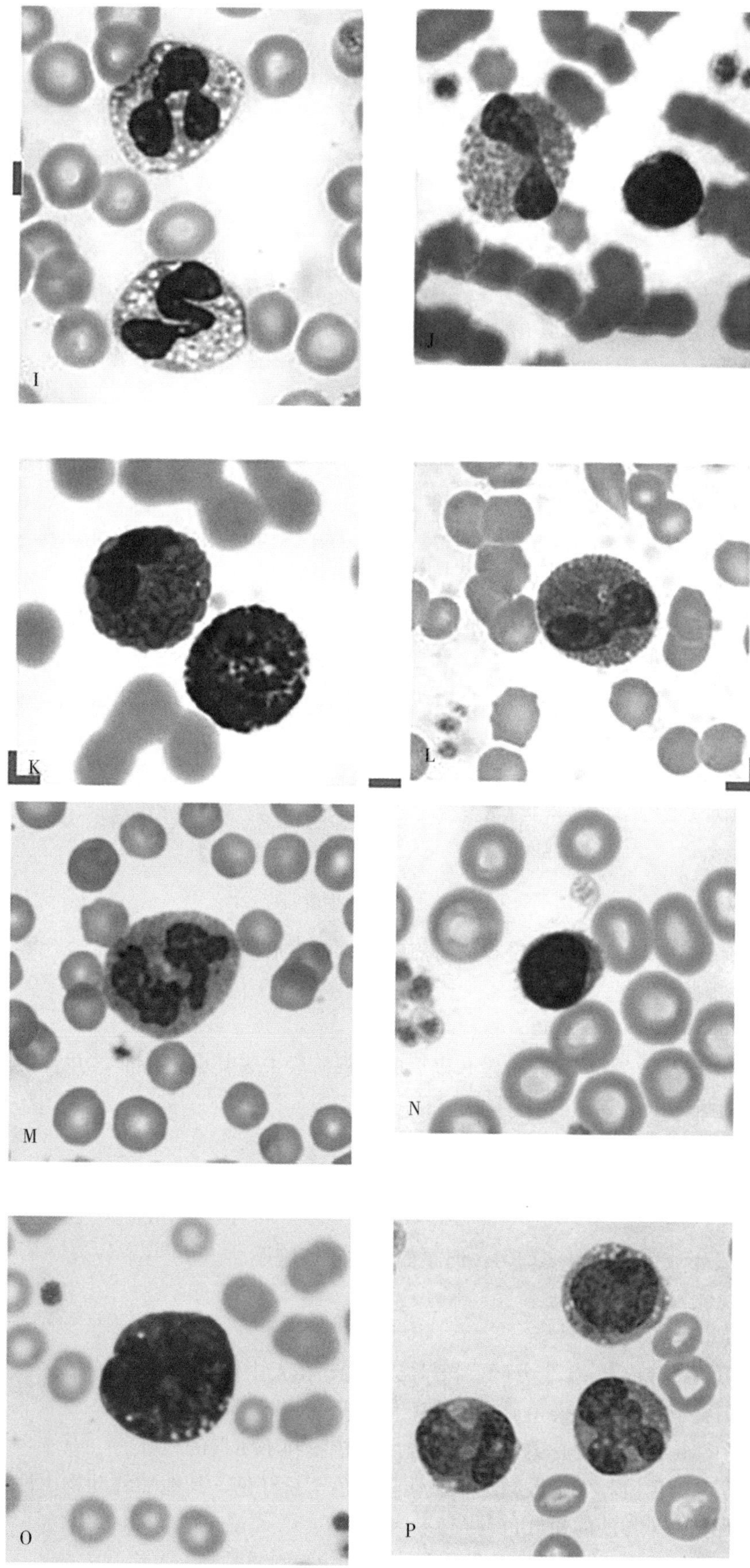
I
J
K
L
M
N
O
P

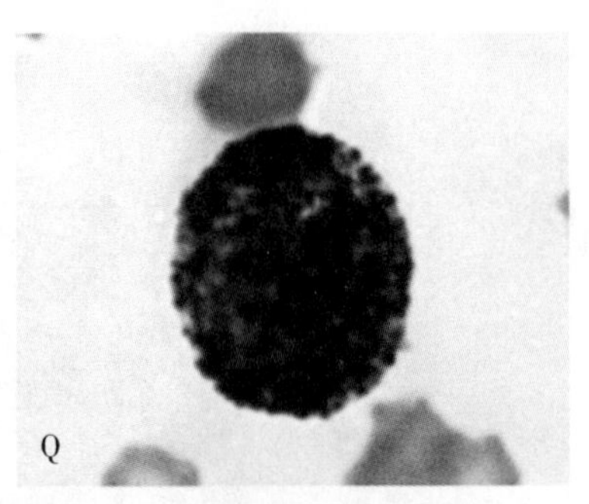

图 2.1 健康和疾病中的白细胞形态

A. 成对分段的马中性粒细胞 B. 具有核高分裂期的马中性粒细胞 C. 具有毒性变化的犬中性粒细胞（细胞质嗜碱性粒细胞增多、空泡化和 Döhle 小体） D. 具有毒性颗粒的马中性粒细胞 E. 具有 Pelger-Huët 异常的猫中性粒细胞 F. 禽类异嗜性粒细胞、单核细胞和血小板 G. 正常和有毒的禽类异嗜性粒细胞 H. 犬嗜酸性粒细胞和嗜碱性粒细胞 I. 成对的脱颗粒犬嗜酸性粒细胞 J. 猫嗜碱性粒细胞和小淋巴细胞 K. 马嗜酸性粒细胞和嗜碱性粒细胞 L. 猪嗜酸性粒细胞 M. 猫嗜碱性粒细胞 N. 犬成熟小淋巴细胞 O. 犬反应性淋巴细胞或免疫细胞 P. 三个犬单核细胞 Q. 肠炎患犬血液中的肥大细胞

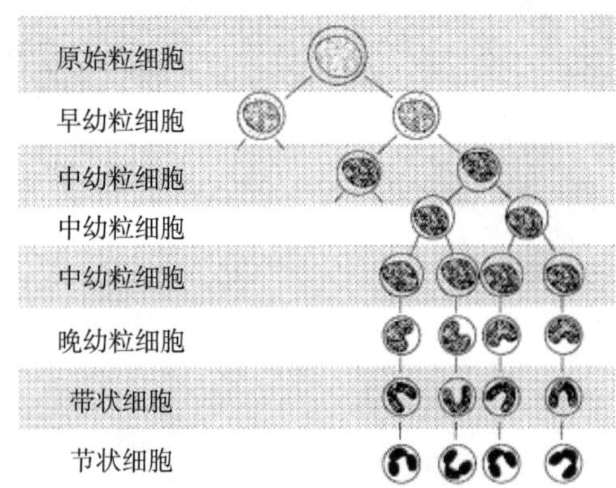

图 2.2 粒细胞的生成顺序

②许多原发性（嗜苯胺蓝）胞质颗粒的特点符合这一发展阶段。

(3) 中幼粒细胞。

①细胞核呈椭圆形，染色质聚集，核仁不明显。

②原发性（嗜苯胺蓝）颗粒在此阶段和以后的成熟阶段失去其染色特征，并且不可见。

(4) 晚幼粒细胞。

①核厚且有球状末端凹陷。

②染色质比之前的发育阶段更聚集。

(5) 带状细胞。

①细胞核呈 U 形或 S 形，厚度均匀，但不如晚幼粒细胞厚。

②染色质比晚幼粒细胞聚集更多。

(6) 节状细胞。

①细胞核被阻隔物分成 2～5 个分叶。核节之间的丝在人中性粒细胞中很常见，在动物的中性粒细胞和异嗜性粒细胞中很少见。染色质非常密集地聚集在一起。

②马分节的中性粒细胞可能有尖锐的、锯齿状的核膜和不明显的核叶。

③罗曼诺夫斯基染色后，牛中性粒细胞胞质呈橙色至粉红色，其他哺乳动物中性粒细胞胞质通常是无色的，但有时会有非常淡的粉红色颗粒。

④禽类异嗜性粒细胞有 2～3 个核叶和暗红色的针状细胞质颗粒。

（二）粒细胞生成的调节

1. 在微生物入侵或其他组织损伤过程中，产生对中性粒细胞、T淋巴细胞、巨噬细胞和基质细胞的需求被激活并释放生长因子，包括：

（1）集落刺激因子（CSFs），如干细胞因子（SCF）、粒细胞-CSF（G-CSF）和粒细胞/巨噬细胞-CSF（GM-CSF）。

（2）细胞因子，包括淋巴因子、白细胞介素（IL-3、IL-6和IL-11）、刺激内皮细胞和成纤维细胞产生CSFs。

2. CSFs是直接作用于骨髓中造血亚群体的糖蛋白，会导致如下结果：

（1）细胞增殖增加。

（2）细胞分化。

（3）诱导和增强细胞功能。

3. 炎症反应中其他介质的作用。

（1）刺激骨髓释放中性粒细胞。

（2）促进病变组织中性粒细胞对内皮细胞的增多和黏附。

（3）刺激中性粒细胞通过炎症部位的内皮向外迁移。

（4）向组织损伤部位诱导趋化作用。

（5）增强吞噬和杀微生物活性。

4. 最终的结果是组织损伤部位的功能性中性粒细胞数量增加。

（三）产生

1. 中性粒细胞在骨髓中产生和成熟。禽类异嗜性粒细胞发生的过程类似。

2. 骨髓中性粒细胞在概念上可以分为两个隔室，尽管它们之间没有物理上的区别。

（1）增殖或有丝分裂室。

①原始粒细胞、早幼粒细胞和中幼粒细胞具有有丝分裂的能力，并构成此室。

②细胞分裂4～5次，从一个分化干细胞产生16～32个细胞。在中幼粒细胞阶段有三种有丝分裂；因此，细胞数量的增加大多发生在这个阶段。

③在此室内，成熟与增殖同时发生。

④该室的运转时间约为2.5d。

⑤健康状况下，骨髓中约有20%的中性粒细胞在增殖室。

⑥在健康犬中，高达20%的粒细胞生成是无效的。细胞早期死亡，通常是中幼粒细胞。这种无效的粒细胞生成作用在其他物种中还没有被记录下来。

（2）成熟及贮藏室。

①此室由晚幼粒细胞、带状细胞和节段细胞构成。这些细胞不能复制，但功能成熟。

②在犬体内正常转运时间为2～3d，但在组织对这些细胞有明显需求时，早期释放未成熟中性粒细胞可缩短其在血液中的转运时间。

③在健康状态下，大约80%的骨髓中性粒细胞在储存室。这代表健康状态下中性粒细胞5d的供应量，前提是细胞的周转率保持不变。

④骨髓中性粒细胞向血液中的释放是有序的，且与年龄有关，最成熟的细胞（节段细胞）首先释放。

⑤组织对中性粒细胞的需求增加期间，骨髓中可能会过早释放带状和未成熟的中性粒细胞，从而导致左移。

3. 促进中性粒细胞生成的机制。

（1）干细胞增加。

①这可能发生在对中性粒细胞的最早需求时。

②这种增加需要 3～5d 才能使血液中性粒细胞数量增加。

③在适当条件下，小动物因其较强的增殖能力，骨髓储备恢复速度快于大动物。

(2) 有效粒细胞生成增加。

①在增殖室内可发生额外分裂；每增加一次分裂，细胞的产量就加倍。

②通过减少中幼粒细胞损耗（无效造粒）可增加细胞产量，这通常发生在健康的犬身上。

③这种作用在血液中 2～3d 内实现。

(3) 骨髓转运或成熟时间缩短。

①中性粒细胞以更快的速度从骨髓中释放到血液中。

②骨髓中性粒细胞祖细胞有丝分裂增多，后代成熟缩短，可暂时满足组织对中性粒细胞的需求。

4. 骨髓中性粒细胞释放。

(1) G-CSF、GM-CSF、C5a、肿瘤坏死因子（TNF-α 和 TNF-δ）以及补体第三组分的裂解因子可能是由巨噬细胞和其他细胞产生的。

(2) 储存库释放速率的增加导致了中性粒细胞迅速发展（早于 2d），以满足组织对中性粒细胞的最初需求。

(3) 因为成熟细胞（节段细胞）已经从储存库中移除，骨髓粒细胞此时向不成熟转变，细胞增殖相对增加。

(4) 随着组织对中性粒细胞的需求增加，节段细胞的储备减少，血液中出现带型中性粒细胞（左移）。情况严重时，会出现中性粒细胞（少年）或更不成熟的细胞。左移表示粒细胞储备减少，提示为组织中需要中性粒细胞。

(四) 血液中性粒细胞动力学

1. 由于中性粒细胞和内皮细胞上的黏附分子，中性粒细胞在毛细血管或静脉中的移动速度比红细胞和血浆慢。这导致中性粒细胞在血管内的不均匀分布。毛细血管后小静脉中性粒细胞的浓度高于大血管内的中性粒细胞。

(1) 在血管内皮上迟缓贴附的中性粒细胞构成边缘中性粒细胞池（MNP），在常规白细胞（WBC）计数中不能定量。

(2) 在动脉和静脉的轴流或中央血流动中，像红细胞和血浆一样移动迅速的中性粒细胞组成了循环中性粒细胞池（CNP）。

①常规白细胞计数和微分计数所得的中性粒细胞数代表 CNP 的近似大小。

②CNP＋MNP 等于全血中性粒细胞池（TBNP）。

(3) 犬、马和犊牛的 MNP 相当于 CNP。猫 MNP 大约是 CNP 的 3 倍。

2. 在健康的血液中，中性粒细胞的平均转运时间约为 10h。

3. 所有的血液中性粒细胞每天大约被替换两次半。

4. 中性粒细胞从血液中随机迁移到组织间隙，不受细胞成熟与否的影响。迁移是单向的，它们不会往复循环。

5. 在健康状态下，中性粒细胞可以在组织中存活 24～48h。最终，脱落的中性粒细胞主要由脾脏、肝脏、骨髓和其他组织的巨噬细胞清除。一些中性粒细胞可能通过分泌物、排泄或黏膜的迁移而从体内丢失。

(五) 功能

1. 吞噬和杀微生物作用是中性粒细胞的主要功能。这种活动是在组织中有效地进行的，但在血液中却没有。

(1) 这些功能的代谢活性过程包括：

①黏附和通过血管壁迁移出去。

②趋化作用，组织中对引诱剂（如 C5a、细菌产物、花生四烯酸代谢物）的运动反应。

③摄取和脱颗粒。

④杀灭细菌。

(2) 这些功能可能会受到各种体液或细胞成分、药物或有毒细菌产物的影响，从而增加对疾病的易感性。

2. 中性粒细胞在接触细菌或其产物时会发生破裂，并分泌某些可能具有下列功能的物质：

(1) 纤维蛋白原和补体成分的胞外消化。

(2) 诱导产生炎症介质。

3. 中性粒细胞也可能通过释放炎症介质进入周围组织，从而导致某些条件下的病理情况（如免疫复合物肾炎和类风湿关节炎）。

4. 中性粒细胞功能的异常，包括已在动物中被描述过的黏附、趋化、吞噬和杀灭细菌。这些中性粒细胞功能的异常可能会使受影响的动物易患疾病。

5. 除了杀菌活性外，中性粒细胞还能杀死或灭活一些真菌、酵母菌、藻类、寄生虫和病毒。

6. 中性粒细胞的其他功能可能包括清除转化细胞、急性炎症的放大和调节，以及少量参与调控颗粒生成。

二、单核细胞-巨噬细胞

(一) 形态学

1. 单核细胞的成熟顺序包括：

(1) 成单核细胞。

①该细胞在骨髓中的频率较低。

②与罗氏染色的原粒细胞无明显区别。

(2) 幼单核细胞。

①细胞核凹陷不规则，呈细链状染色质。

②超微结构上有束状或散在的细质丝。

(3) 单核细胞。

①从罗氏染色的血涂片来看，单核细胞通常是健康循环中最大的白细胞。

②细胞核呈椭圆形、肾形、双叶或三棱状，有花边状染色质。

③细胞质呈蓝灰色，比未成熟的中性粒细胞（如中幼粒细胞、晚幼粒细胞和带状细胞）颜色深，呈颗粒状，有或无空泡。

A. 单核细胞中明显的、大小不一的圆形空泡通常是因为在准备血液学涂片之前，将 EDTA（乙二胺四乙酸）抗凝血体外保存过久形成的一种伪影。

B. 新鲜血涂片中单核细胞的真空化可能表明细胞活化。

C. 与毒性空泡化的中性粒细胞相比，单核细胞液泡相对较大和明显。

④粉红色细胞质颗粒是含有过氧化物酶、酸性水解酶、α-乙酸萘酯和丁酸酯酶、芳基硫酸盐酶和溶菌酶的溶酶体。

⑤伪足（质膜的短发样突起）可从细胞边缘突出。

⑥超微结构特征包括粗面内质网（RER）、溶酶体、液泡和微细纤维束。

2. 巨噬细胞。

(1) 巨噬细胞来源于血液单核细胞。

(2) 单核细胞转化为巨噬细胞在血液中很少见，但在疾病状态下的毛细血管涂片中可观察到，如埃利希菌病、组织胞浆菌病、利什曼病和免疫介导的溶血性贫血。

(3) 巨噬细胞比单核细胞含有更多的颗粒和蛋白酶。

(4) 炎症部位血液中的单核细胞或巨噬细胞是短寿的，而驻留的组织巨噬细胞可以存活很长一段时间（数周至数月），能够分裂，并且是功能性吞噬细胞。

（5）源于单核细胞的巨噬细胞包括：

①渗出的巨噬细胞或组织细胞。

②胸膜和腹腔巨噬细胞。

③肺泡巨噬细胞。

④结缔组织细胞。

⑤脾脏、淋巴结和骨髓的巨噬细胞。

⑥肝枯否氏细胞。

（6）单核-巨噬细胞构成网状内皮系统，但这些细胞不产生网状纤维，也不是内皮细胞。

（二）产生和动力学

1. 单核细胞来源于单核细胞和中性粒细胞常见的双电位祖细胞（CFU-GM）。

2. 单核细胞的产生和成熟受生长因子和细胞因子的调控，包括 SCF、M-CSF、GM-CSF、IL-1、IL-3 和 IL-6。

3. 从单核细胞到最后一次原核分裂，可能至少有 3 个分裂。

4. 成熟迅速，只需 24～36h。

5. 最后一次分裂后不久，单核细胞从骨髓中的原单核细胞增殖池中直接释放到血液中（相当于第一代中性粒细胞的年龄）。单核细胞和中性粒细胞基本没有骨髓储存池。

6. 有证据表明存在单核细胞池。

7. 单核细胞的平均血液转运时间比中性粒细胞长，18～23h。

（三）功能

1. 单核细胞吞噬和消化外来颗粒物质和死亡或脱落的细胞。

2. 单核细胞在防御微生物入侵方面不如中性粒细胞有效。

（1）巨噬细胞吞噬的某些微生物（如分枝杆菌、立克次体、利什曼原虫和弓形虫等）可以在其中存活和复制。

（2）巨噬细胞可被微生物、某些细胞因子和某些惰性物质的产物激活。活性包括增强代谢、溶酶体酶活性、移动性、杀微生物活性和杀细胞活性。

3. 单核细胞是造血过程中 CSFs 和细胞因子（如 G-CSF、M-CSF、IL-1、IL-3、TNF）的主要来源。

4. 巨噬细胞分泌多种物质调节炎症反应（如趋化因子、纤溶酶原激活剂、胶原酶、弹性蛋白酶、补体成分、纤溶酶抑制剂）。

5. 巨噬细胞通过吞噬和加工外源物质来识别 T 淋巴细胞的抗原。

6. 巨噬细胞通过抗体依赖的细胞毒性消除病毒感染和肿瘤细胞。

7. 巨噬细胞具有活跃的胞饮和分解血清蛋白的作用。

三、嗜酸性粒细胞

（一）形态学

1. 成熟的嗜酸性粒细胞由阻隔物分隔成 2～3 个核叶。

2. 嗜酸性颗粒是细胞的特征，并在发育过程中变得明显。

（1）这些是次级或特异性颗粒。

（2）次级颗粒的大小和形状在不同的物种之间存在差异（马的大而圆，犬的大小易变而圆，反刍动物和猪的均匀、小而圆，猫的呈棒状，大多数禽类的中等大小而圆）。

（3）这些颗粒是含有主要碱性蛋白、酸性水解酶和嗜酸性粒细胞特异性过氧化物酶的溶酶体，在嗜酸性粒细胞功能中起重要作用。主要的碱性蛋白位于颗粒的核心，过氧化物酶则位于颗粒的周围基质中。

(4) 超微结构上，猫、犬、马和一些禽类的嗜酸性粒细胞次级颗粒中可观察到电子致密的核心或晶体。中央核的周期性也可能存在。牛嗜酸性粒细胞的次级颗粒是均匀的（缺乏晶体）。

（二）产生和动力学

1. 嗜酸性粒细胞在骨髓中的产生和成熟与中性粒细胞的产生和成熟相似；嗜酸性粒细胞在粒细胞发育阶段之前是无法识别的。有嗜酸性粒细胞的储存池。

2. IL-5 是控制嗜酸性粒细胞产生的主要细胞因子。它在嗜酸性粒细胞的增殖、分化、成熟和功能中起着重要的作用。GM-CSF 和 IL-3 可能在嗜酸性粒细胞的发育中起次要作用.

3. 骨髓生产需要 2～6d。

4. 血液转运时间短（犬中 $T_{1/2}$＝30 min），存在嗜酸性粒细胞的边缘池。

5. 嗜酸性粒细胞从血液中迁出，优先存在于皮肤、肺、胃肠道和子宫内膜的上皮部位。极少的嗜酸性粒细胞循环可能发生。

6. 除了猛禽外的大多数禽类中，嗜酸性粒细胞是循环中最稀有的白细胞。

（三）功能

1. 嗜酸性粒细胞在抗体、补体和 T 淋巴细胞穿孔素介导的过程中附着和杀死蠕虫。嗜酸性粒细胞通过过氧化物酶的活性释放主要的碱性蛋白并产生毒性氧自由基。

2. 嗜酸性粒细胞可抑制过敏反应。在过敏和过敏反应中，它们被肥大细胞释放的化学介质吸引和抑制。

3. 嗜酸性粒细胞可促进炎症，尤其是哮喘和过敏性疾病。它们与 IgE 结合并被抗原-IgE 复合物激活，释放颗粒物质，导致过敏反应中的组织损伤。嗜酸性粒细胞的聚集是由白细胞介素（IL-5、IL-2、IL-16）介导的。

4. 吞噬细胞和杀菌能力与中性粒细胞相似，但这些过程并不那么有效。嗜酸性粒细胞对细菌感染没有保护作用。

5. 肿瘤相关嗜酸性粒细胞增多已报道，与动物的肥大细胞瘤、T 细胞淋巴瘤、纤维肉瘤和癌症有关。嗜酸性粒细胞浸润肿瘤可能是一个正面的预后指标。

四、嗜碱性粒细胞

（一）形态学

1. 哺乳动物嗜碱性粒细胞含有 2～3 个核叶，由阻隔物分隔或有一个带状核。禽类和爬行动物嗜碱性粒细胞有一个圆形的核（图 2.1）。

2. 细胞颗粒在发育阶段变得明显。

(1) 大多数品种颗粒呈圆形并染色（紫色）。

(2) 猫科嗜碱性粒细胞含有淡紫色，棒状颗粒。

(3) 在大多数物种中，细胞的细胞质中颗粒较多，但在犬中的数量较少。

(4) 超微结构上，大多数物种中颗粒通常是均匀的，不能与肥大细胞颗粒区分开来。在某些物种中，颗粒可能含有髓磷脂象、电子发光区域或结晶；颗粒基质溶解可能伴随着较差的固定。

(5) 嗜碱性粒细胞含有组胺、肝素和硫酸黏多糖，但缺乏酸性水解酶。

（二）产生和动力学

1. 嗜碱性粒细胞的成熟与中性粒细胞的成熟相似；在粒细胞发育阶段之前，嗜碱性粒细胞不能被识别。

2. 嗜碱性粒细胞在大多数哺乳动物中是稀少的，但在禽类中可能会频繁遇到。

3. 嗜碱性粒细胞的产生和释放需要 2.5d 的时间；这些细胞在骨髓中储存是最少的。

4. IL-3 是调控嗜碱性粒细胞生长和分化的主要细胞因子。GM-CSF 和 IL-5 在嗜碱性粒细胞的发育中起次要作用。

5. 尽管有类似的功能，嗜碱性粒细胞的产生独立于组织肥大细胞，并且不具有共同的嗜碱性粒细胞-肥大细胞祖细胞。

（三）功能

1. 在差异白细胞计数中，通常只能观察到少量的嗜碱性粒细胞。只有当嗜碱性粒细胞数量显著增加（2%或更多的白细胞）时，手工差异白细胞计数才能产生有效的结果。自动差异白细胞计数（如 ADVIA-120）可以产生非常精确的嗜碱性粒细胞计数。

2. 嗜碱性粒细胞和肥大细胞具有许多共同的特性，并具有相似的功能。嗜碱性粒细胞的具体功能包括：

（1）通过释放介质参与即时和延迟的超敏反应（如过敏反应中的组胺释放）。

（2）脂蛋白脂酶激活促进脂质代谢。

（3）通过肝素释放和激肽释放酶活化来预防和促进止血。

（4）对寄生虫的排斥（如蜱类）。

（5）可能的肿瘤细胞的毒性。

3. 在某些骨髓增生性疾病中，嗜碱性粒细胞的数量可能会增加。

五、肥大细胞

肥大细胞与嗜碱性粒细胞有相似的功能，但构成的细胞系不同

（一）形态和产生

1. 成熟的肥大细胞有一个圆形的细胞核和一个中等体积的细胞质，呈暗紫色颗粒，常使细胞核模糊不清。

2. 肥大细胞是组织中的白细胞，在正常健康哺乳动物的血液中不存在。

3. 前体在骨髓中是罕见的，也是无法辨认的。它们作为非颗粒的单核细胞从骨髓移到血液，再进入组织。

4. 一旦它们定居组织，肥大细胞就会经历额外的分化和生长。

（二）功能

1. 肥大细胞主要分布在表皮下层（真皮、胃肠道黏膜下层），但几乎与所有组织（淋巴结、肝脏、脾脏）有关。

2. 肥大细胞促进炎症反应，特别是过敏反应。

3. 肥大细胞也参与纤维化。

（三）肥大细胞增多

1. 肥大细胞增多（血液中肥大细胞增多）可表示反应性或肿瘤性疾病。

（1）反应性肥大细胞增多通常伴随着炎症性白细胞迹象。

（2）除非大量肥大细胞存在于血液中，否则反应性和肿瘤性肥大细胞症之间的分化不能仅仅依靠细胞数量。

2. 引起肥大细胞血症的反应性条件包括肠炎（如细小病毒性肠炎）、胸膜炎、腹膜炎和超敏反应性条件。

3. 肿瘤性肥大细胞病是指全身肥大细胞疾病（通常起源于内脏或皮肤肥大细胞瘤）或肥大细胞白血病（罕见）。

六、淋巴细胞

（一）形态学

1. 淋巴细胞是通过是否有或不存在特定的细胞表面抗原和抗体来区分的，而单克隆抗体可以检

测到这些抗原和抗体。只有浆细胞和一些细胞毒性 T 淋巴细胞（颗粒淋巴细胞）可以单独通过形态学来识别。

2. 成熟淋巴细胞。

(1) 成熟淋巴细胞是一种小细胞，含有数量很少的蓝色细胞质。细胞核呈圆形，染色质聚集，核内可能有轻微的核凹陷。常规染色通常不可见核仁。

(2) 犬的淋巴细胞，偶见于猫和马，可能在核凹陷的部位有暗红色的胞质颗粒（颗粒淋巴细胞）。这些主要是细胞毒性 T 淋巴细胞。

(3) 淋巴细胞是成年反刍动物和许多禽类的主要循环白细胞。血液中既有小淋巴细胞，也有较大的淋巴细胞，胞质丰富，细胞核凹陷，染色质染色较轻。胞质颗粒在牛淋巴细胞中很常见。

(4) 在 EDTA 抗凝血中储存 30～60min 可能会导致细胞核分叶、细胞质空泡化或淋巴细胞在染色涂片上的污渍。明显的细胞肿胀可能与血液储存时间延长有关。

(5) 成熟的淋巴细胞不一定是终末细胞，在适当的刺激下，它们可以转化成免疫母细胞和浆细胞样细胞。转化通常发生在淋巴组织中，但在血液（反应性淋巴细胞）中偶尔也能观察到。

(6) 超微结构上，淋巴细胞含有许多游离核糖体。浆细胞有丰富的 RER。从 RER 衍生出来的 Russell 小体是含有絮凝免疫球蛋白的扩张囊泡。

3. 在抗原刺激期间偶尔会在血液中出现少量反应性淋巴细胞（免疫细胞或转化淋巴细胞）。

(1) 这些可能是 T 淋巴细胞，但也可能是 B 淋巴细胞。

(2) 反应性淋巴细胞（免疫细胞）是一种大细胞，具有强烈的嗜碱性细胞质、苍白的高尔基体带和/或细胞质空泡。细胞核有聚集的染色质，核仁和核仁环通常不存在。

4. 浆细胞代表 B 淋巴细胞在抗原刺激下的最终发育。它们最常见于淋巴结、骨髓和其他组织，很少出现在血液中。细胞核染色特征与其他反应性淋巴细胞相同，可通过细胞核偏置、染色质浓缩和胞质中的苍白高尔基体区来鉴定。

5. 淋巴母细胞是一个大细胞，有圆形的核，分散的染色质，多个核仁或核仁环，蓝色的、颗粒状的细胞质。它们不一定是前体细胞或低分化细胞，但代表淋巴细胞周期的有丝分裂前、后阶段。除急性淋巴细胞白血病和淋巴瘤外，在血液中很少见。

（二）产生

1. 主要淋巴器官为胸腺、骨髓或法氏囊。

(1) T 淋巴细胞来源于胸腺，在细胞免疫中起着重要的作用.

(2) B 淋巴细胞是从哺乳动物骨髓或禽类法氏囊中提取的，具有体液（抗体）免疫功能。

2. 成年哺乳动物的淋巴细胞主要来源于次级淋巴组织，包括扁桃体、淋巴结、脾脏、支气管相关淋巴组织（BALT）和肠相关淋巴组织（GALT）。禽类的次级淋巴组织包括脾脏、结膜或头部相关淋巴组织（CALT、HAR），GALT 和其他各种身体组织中的淋巴聚合体。禽类没有淋巴结。

3. 淋巴生成（即淋巴细胞分裂和转化）发生在淋巴组织中，与抗原刺激的程度和类型以及一系列的白细胞介素（IL-1、IL-2、IL-4、IL-5、IL-6、IL-7、IL-8、IL-9、IL-11）和细胞因子（IFN-γ）有关。

4. 某些抗原刺激 B 淋巴细胞分裂和/或转化为产生免疫球蛋白（即 IgG、IgA、IgM 或 IgE）的效应细胞，浆细胞是 B 淋巴细胞的最终形式。

5. 某些抗原刺激 T 淋巴细胞分裂和/或转化为效应细胞（Th1/Th2），产生淋巴因子并介导细胞免疫。

（三）淋巴细胞的分布和循环

1. 淋巴细胞分布在哺乳动物的淋巴结、脾脏、胸腺、扁桃体、支气管相关淋巴组织（BALT）、肠相关淋巴组织（GALT）、骨髓和血液中。禽类缺乏淋巴结，但在许多组织和器官中有 GALT、

BALT 和淋巴聚集。GALT 在水禽中尤其突出。

2. 与其他白细胞相比，淋巴细胞的寿命较长，能够有丝分裂和/或转化为功能更活跃的形式。

(1) 淋巴细胞的寿命是指连续有丝分裂或最后一次有丝分裂到细胞死亡之间的间隔。

(2) 大多数淋巴细胞生存时间较短（大约两周），然而，其他淋巴细胞，如记忆细胞，可能有数周、数月或数年的间歇期。

3. 在白细胞中，淋巴细胞是独一无二的，因为它们能再循环。

(1) 再循环的主要途径是淋巴结的传出管→胸管或右淋巴管→血液→淋巴结皮质毛细血管后静脉→淋巴实质→再次传出淋巴。毛细血管后小静脉受体的激活和随后的细胞结合是淋巴细胞从循环进入组织的原因。

(2) 脾淋巴细胞的再循环较直接，从血液→脾→血液。

(3) 再循环促进了原始淋巴细胞的抗原致敏和转化细胞的检测。

(4) 再循环是非随机的。在健康状态下，淋巴细胞表现出“归巢”到其原始组织。在疾病中正常的再循环模式可能被改变。

(5) 再循环时间从 1h 到几个小时，取决于细胞类型（T 淋巴细胞和 B 淋巴细胞），及通过组织和器官的路径。

(6) 大多数循环淋巴细胞是长寿命的记忆性 T 细胞。

(7) 血液中的大部分 B 淋巴细胞是循环淋巴细胞群中的暂时性成员。B 淋巴细胞主要分布在淋巴组织中。

(8) 来源于 GALT 和 BALT 的淋巴细胞进入传入淋巴。除了携带抗原的巨噬细胞从组织中流到淋巴结外，其他组织的传入淋巴相对来说是无细胞的。

（四）功能

1. 抗体产生。

(1) 抗原刺激 B 淋巴细胞形成浆细胞，分泌免疫球蛋白。

(2) 巨噬细胞和 T 淋巴细胞也调节抗体的产生。

2. 调节活动。

(1) 在适当刺激下，T 淋巴细胞和较小程度 B 淋巴细胞分泌生物活性分子，称为白细胞介素、淋巴因子或细胞因子。

(2) 淋巴细胞源性白细胞介素的功能：

①调节体液免疫。

②调节细胞免疫。

③诱导炎症细胞活化。

④调节淋巴细胞的产生、活化和分化。

⑤造血的刺激与调控。

3. 细胞毒性是细胞免疫的一种表现形式。

(1) 某些 T 淋巴细胞亚群（$CD8^+$）对病毒感染和转化细胞具有细胞毒性。

(2) 自然杀伤细胞（无效细胞）也具有细胞毒性，但不需要预先致敏来发挥这一作用。

第二节　白细胞的实验室检测方法

一、白细胞计数

（一）确定方法

1. 人工计数是用预先包装的稀释剂（Unopette®）、血液细胞计和显微镜进行的。即使具有优秀的技术，固有误差也大约为 20%。该方法是禽类血细胞计数的首选方法。

2. 自动细胞计数器。

(1) 结果比人工计数更容易重现。固有误差约为5%，但如果细胞计数极低或极高，则误差可能更大。

(2) 一些血液异常可能导致计数错误。

①白细胞聚集或易碎使白细胞数量偏低。

②异常大或聚集的血小板可能会使白细胞的自动计数偏高。

③过量的海因茨小体，特别是在猫血液标本中，可能会聚集并导致 WBC 计数偏高。在计数过程中，当红细胞溶解时，海因茨小体不会崩解。

④某些仪器的红细胞溶解剂可能太弱，不能完全溶解动物红细胞，从而使白细胞计数增加。

(3) 在家养动物中，正常猫血小板的平均血小板体积（MPV）最大。在白细胞计数过程中血小板不被溶解，并可能使白细胞计数偏高。这个问题在血小板周转率增加的疾病中更常见；未成熟的血小板有更大的 MPV。

(4) 除了正确的标准化和质量控制法外，还可以通过血涂片估计 WBC 计数与仪器生成的 WBC 计数进行比较，快速检查自动 WBC 计数。

3. 所有存在的有核细胞，包括有核红细胞（nRBCs），都是通过人工或某些自动计数方法来计数的。

(1) 有核红细胞通过染色的血涂片进行鉴定；白细胞分类计数期间同时记录 nRBCs/100 白细胞的数量。

(2) 然后，通过以下公式对 WBC 计数进行校正：

校正 WBC 计数＝（初始 WBC 计数×100）÷（100＋nRBC）

4. 在紧急情况下，WBC 计数可以从准备充分的、罗氏染色的血涂片中预估出来。

(1) 预估白细胞数＝（45～50 倍视野下白细胞平均数×1500）

(2) 白细胞计数的估计也可以通过比较血涂片中的白细胞数和已知的白细胞计数来获得，直到熟练掌握白细胞计数的预估。

(3) 预估的白细胞计数不如手动或由自动细胞计数器获得的白细胞计数准确。

（二）白细胞总数的异常

1. 白细胞增多症表现为白细胞总数的增加。它是由某些白细胞数量增加引起的；然而，中性粒细胞（中性粒细胞增多）通常是主要的。

2. 白细胞减少症表现为白细胞总数的减少。通常是由中性粒细胞减少引起的，但反刍动物和某些禽类除外，在健康动物的血液中淋巴细胞占主导地位。

二、血液涂片检查

1. 第一章描述了对血液涂片进行显微评价的一种系统方法。

2. 差异白细胞计数。

(1) 罗氏染色涂片用高倍镜（45×）或油镜（50×至100×）进行检查，计数100～200个细胞，按类型分类之前对白细胞进行鉴定。所遇到的 nRBCs/100 个中白细胞的数量应分别进行统计。

(2) 某一特定白细胞类型的百分比乘以白细胞计数，得到每微升血液中该白细胞类型的绝对数目。作为交叉检查，各种白细胞亚型的所有百分比的累计总数应等于100%。不同白细胞亚型的绝对细胞计数的累计总数应等于白细胞总数。

(3) 对白细胞图的解释应以每微升血液中绝对细胞计数为基础，而不是以相对百分比为基础。

①后缀“ philia ”或“ osis ”（如中性粒细胞增多症、嗜酸性粒细胞增多症、嗜碱性粒细胞增多症、淋巴细胞增多症和单核细胞增多症）表示某种特定的白细胞增多。

②后缀“penia”或“ cytopenia ”（如中性粒细胞减少症、嗜酸性粒细胞减少症、基底细胞减少

症、淋巴细胞减少症和单核细胞减少症）表示某一特定白细胞数量减少。

（4）未成熟的中性粒细胞作为白细胞计数的一部分。

①带状细胞常在未成熟中性粒细胞左移时观察到，但早期形式（晚幼粒细胞、中幼粒细胞等）偶尔出现在严重的疾病中。

②在某些情况（如严重炎症、髓系白血病）下，血液中可能会逐渐出现不成熟的中性粒细胞（如肌原细胞、髓细胞或早幼粒细胞）。

③如果带状细胞和较不成熟的中性粒细胞的数目超过分段中性粒细胞的数目，则存在退行性左移。

3. 异常形态白细胞。

（1）中性粒细胞毒性变化（病例 6、8、14、21）。

①毒性变化可能与任何疾病相关，严重到足以导致中性粒细胞产生加速和骨髓成熟的时间缩短。哺乳动物中性粒细胞有四种毒性变化：

A. 细胞质嗜碱性。中毒性中性粒细胞的细胞质中残留的核糖体呈弥漫性蓝色。这是毒性改变的最后一种形式，随着疾病的康复而消失。

B. 细胞质空泡化。这种变化常与细胞质嗜碱性同时发生，但细胞质空泡化（泡沫状）是毒性改变更严重的表现。在大多数物种中，细菌血症和全身感染期间都会出现真空，但并不总是感染引起的。这一变化是由细胞质颗粒溶解引起的。

C. Döhle 小体。这些结构呈蓝色或灰色，棱形，细胞质包涵体，代表保留的粗内质网聚集。它们最常见于猫的血液涂片中。

D. 毒性肉芽肿形成。这种形式的毒性变化在马和猫的血液涂片中不常见，表现为严重的毒血症。毒性肉芽肿形成的特征是细胞质中有明显的粉红色-紫色肉芽。改变细胞膜的通透性后，细胞质初级颗粒可通过罗氏染色法进行染色。毒性肉芽肿不应与次生肉芽肿的明显染色相混淆，这不是毒血症的特征。

②禽类异嗜性粒细胞的毒性变化包括嗜碱性细胞质、可变的脱颗粒、空泡化以及同一细胞中存在红、紫色颗粒。

③毒性中性粒细胞和异嗜性粒细胞可能损害细胞功能。

（2）中性粒细胞核超分叶。

①观察到 5 个或更多不同的核叶。

②中性粒细胞核超分叶的原因：

A. 皮质类固醇治疗、肾上腺皮质激素或慢性炎症性疾病晚期的血液转运时间延长。

B. 马和山羊的特发性肿瘤。

C. 牛缺钴。

D. 犬的遗传性巨噬细胞现象。

E. 巨型雪纳瑞摄取维生素 B_{12} 出现异常。

F. 骨髓增生异常综合征与某些形式的白血病。

（3）中性粒细胞核低分叶。

①细胞核形态主要有条带（平行核边缘）、肌原细胞（轻度核凹陷）或髓细胞（圆形至卵圆核）。染色质的模式显示了这种核形态改变的可能原因。

A. 在典型的感染左移、类白血病反应和某些形式的粒细胞白血病中，可观察到较少聚集的染色质模式。极少数情况下，中性粒细胞有环状核，表明粒细胞发育强烈或核成熟异常。

B. 可观察到以下粗大聚集的染色质图案：

a. Pelger-Huët 异常。这种遗传状况已经在犬（特别是澳大利亚牧羊犬、库恩猎犬和狐狸犬）、猫、兔和马身上观察到。这种异常是作为常染色体显性性状遗传的，在某些犬种（澳大利亚牧羊犬）

中可能具有不完全的外显性。嗜酸性粒细胞和嗜碱性粒细胞也有核色素沉着。细胞功能没有受损。

b. 伪 Pelger- Huët 异常。具有与先天性异常相似的表现，但是获得性和暂时性的。这种情况可能与慢性感染有关，特别是在牛和某些药物中。

(4) 不同步的核成熟。核成熟紊乱可能伴随着骨髓再生、粒细胞白血病和骨髓增生异常综合征。通过观察染色质分散的核叶（表示不成熟）可以识别这种变化，这些核叶由很薄的丝或膜（表示成熟）连接而成的。

(5) 反应性淋巴细胞（免疫细胞）。这些细胞常在抗原（如感染、疫苗接种）刺激后观察到。

(6) 淋巴母细胞（未成熟淋巴细胞）。若在染色的血涂片中观察到这些细胞，通常表明是恶性淋巴瘤伴随着白血病或急性淋巴细胞白血病。

(7) 去颗粒嗜酸性粒细胞。这些细胞在疾病期间被激活，并由于细胞质脱颗粒和空泡化而出现“虫蛀”现象。在健康的灰犬中可能有空泡嗜酸性粒细胞。

(8) 去颗粒嗜碱性粒细胞。受累细胞出现空泡，缺乏紫色颗粒。这种变化在用 Diff-Quik® 染色的禽类血液涂片中特别明显。

(9) 在罗氏染色的血液和/或骨髓涂片上，偶尔可以在白细胞中观察到生物体或诊断性包涵体。示例包括以下内容（图 2.3）：

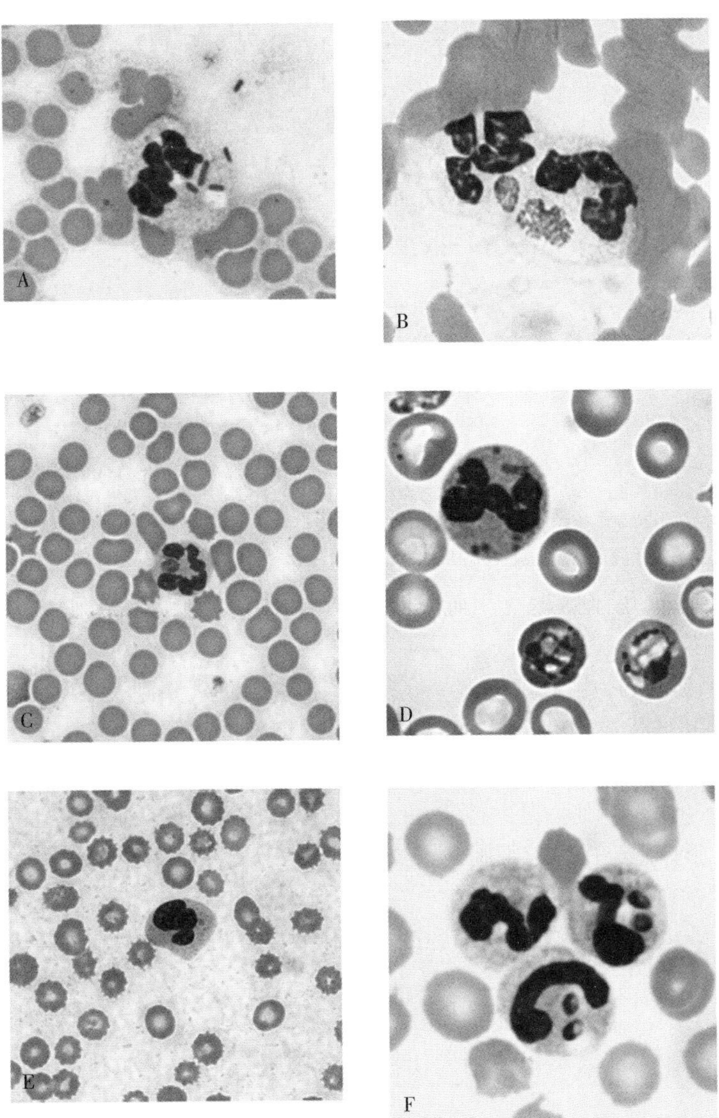

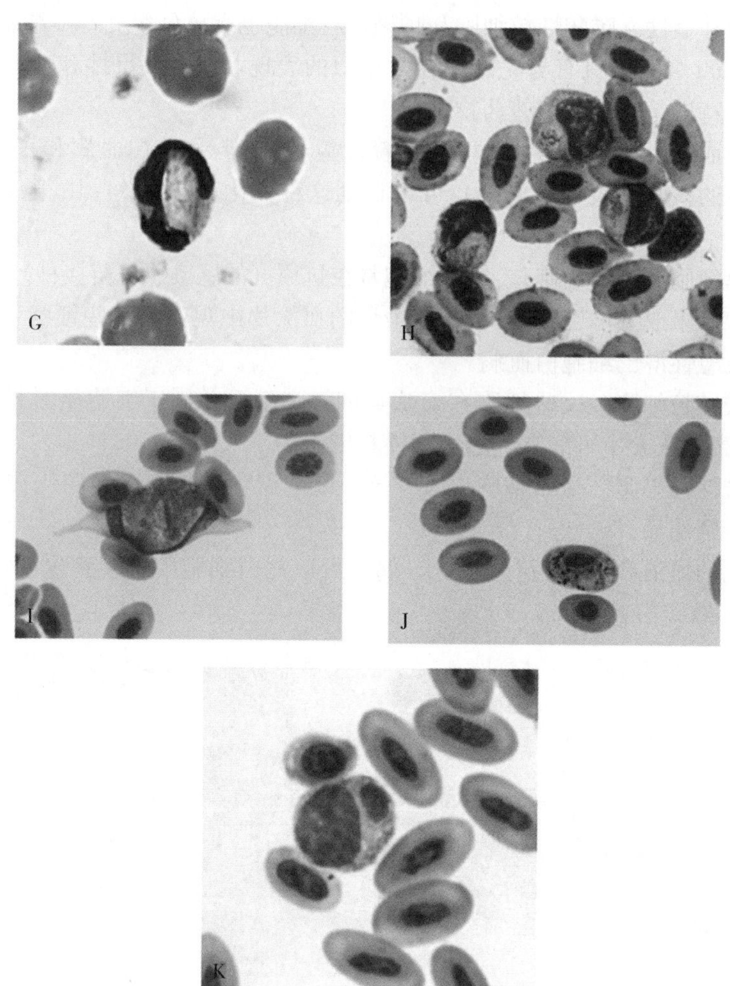

图 2.3　白细胞细胞质内的感染性生物体

A. 带有细胞内和细胞外杆菌的马中性粒细胞（败血症小马驹）　B. 中性粒细胞胞质中嗜吞噬细胞无形体（之前称为埃立克体）桑葚胚　C. 犬中性粒细胞胞质中的埃立克体桑葚胚　D. 传统的莱特-利什曼染色法检测犬中性粒细胞和红细胞中的犬瘟热包涵体，呈品红色　E. 莱特快速改良法染色检测犬中性粒细胞中的犬瘟热包涵体，呈浅蓝色　F. 三个犬中性粒细胞中的两个胞质中的荚膜组织胞浆菌　G. 犬类单核细胞中的犬肝簇虫配子体　H. 禽淋巴细胞胞质中的弓形虫　I. 禽血细胞中的住白细胞虫属　J. 禽红细胞胞质中的嗜铬菌　K. 禽单核细胞胞质中的鹦鹉热衣原体

①非原胞浆菌科细菌。菌血症时外周血中性粒细胞内很少见胞内杆状和球状菌。

②原胞浆菌科细菌。

A. 这些微生物感染白细胞和血小板，并可在外周血涂片上观察到。最常见于机体的感染早期。

B. 该科不同的有机体优先感染不同的宿主和不同的细胞类型。

a. 犬埃立克体感染犬单核细胞、淋巴细胞（犬单核细胞埃立克体病）。

b. 埃立克体感染中性粒细胞，很少感染犬的嗜酸性粒细胞（犬粒细胞埃立克体病）。

c. 嗜吞噬细胞无形体感染中性粒细胞，很少感染犬、马、牛、绵羊和山羊的嗜酸性粒细胞。

d. 弓形虫感染犬的血小板。

C. 小球杆菌（0.5μm）。在感染了白细胞或血小板后，有机体就会复制，产生一群称为桑葚胚的有机体。

③肝簇虫。

A. 原生动物的配子体细胞主要感染哺乳动物的单核细胞和中性粒细胞，以及禽类、爬行动物和两栖动物的红细胞。

B. 犬疾病的严重程度和寄生程度不同，这取决于合并症的种类。

a. 犬肝簇虫（南美洲、欧洲、亚洲、非洲）通常不会引起轻微疾病，外周血白细胞中可发现大量配子体细胞。

b. 美洲肝簇虫（北美南部）只引起罕见的周边配子体细胞的严重疾病。

C. 配子体为轻度嗜碱性卵圆形生物体，大小为 4μm×9μm，核呈圆形、偏心分布。

④犬瘟热病毒。

A. 感染早期（临床症状明显之前）红细胞和（或）白细胞内可观察到犬瘟热病毒包涵体。

B. 包涵体呈圆形至椭圆形，大小为 1～6μm。染色特性变化如下：

a. 使用 Diff-Quik® 和传统的罗氏染色，包涵体呈品红至红色。

b. 使用其他快速改良的罗氏染色法，包涵体可能出现浅蓝色。

⑤其他细菌（如支原体）、原生动物（如弓形虫）和真菌生物（如组织胞浆菌）在播散性感染期间很少出现在外周血白细胞内。

⑥几种罕见的遗传性疾病可能伴随着白细胞的异常肉芽增生或空泡化。

(1) 溶酶体贮存病的特点可能是酶缺乏，导致溶酶体内不可消化物质的积累。例子包括岩藻糖苷病、GM1 和 GM2 神经节苷脂，以及黏多糖病类型ⅢB、Ⅵ和Ⅶ。

(2) Chediak-Higashi 综合征的特点是溶酶体与中性粒细胞胞质中嗜酸性颗粒（次级颗粒）的异常融合。牛、波斯猫、水貂、米色小鼠和大鼠都曾描述过这种情况。

(3) 伯尔蒙猫中性粒细胞异常以中性粒细胞内有明显的嗜酸性颗粒为特征。颗粒功能正常。

三、骨髓检查

第一章提出了一种系统评价骨髓抽吸物的方法。

第三节 白细胞反应的解释

各种粒细胞（中性粒细胞、嗜酸性粒细胞、嗜碱性粒细胞）和单核细胞的血液浓度是由骨髓向血液中释放这些细胞的速度、这些细胞在血管内循环和边缘之间的分布以及细胞从血液向组织迁移的速度决定。从本质上讲，血液中的粒细胞和单核细胞从骨髓传递到组织中，在那里它们将发挥其功能。然而，血液中淋巴细胞的浓度主要是对淋巴细胞再循环和细胞再分布动力学变化的反映。

一、哺乳动物中性粒细胞增多和禽类异嗜性粒细胞增多

见表 2.1、图 2.4。

(一) 生理性中性粒细胞增多和异嗜性粒细胞增多

1. 白细胞图检查结果。

(1) 在没有左移的情况下，轻度的哺乳动物中性粒细胞增加或禽类异嗜性粒细胞增加，绝对细胞数增加了两倍。

(2) 在某些物种（如猫、禽类）中，淋巴细胞增多现象可能比中性粒细胞增多更为剧烈。

(3) 单核细胞、嗜酸性粒细胞和嗜碱性粒细胞计数仍在参考区间内。

(4) 生理性白细胞增多的持续时间为 20～30min。

2. 采血时可能出现的临床症状。

(1) 年轻健康的动物，但经历了兴奋或恐惧。

(2) 心率增加，血压升高，肌肉活动增加，或癫痫发作等症状。

3. 机制。

(1) 对恐惧、兴奋或突然运动时释放肾上腺素，引起生理性中性粒细胞增多。

（2）中性粒细胞增多是一种假性中性粒细胞增多。

①心率、血压和血流量的增加引起了边缘中性粒细胞（MNP）的动员，并重新分布到CNP中。

②中性粒细胞总数（TBNP ＝ CNP＋MNP）不变。

（3）伴随淋巴细胞增多有两种理论解释。

①肾上腺素能阻断淋巴结毛细血管后微静脉内皮细胞受体，改变正常的再循环模式，阻止血液淋巴细胞重新进入淋巴组织。

②可能来自于胸导管的一种来源不明的淋巴细胞，在肾上腺素的作用下被释放至体循环中。

表 2.1　哺乳动物中性粒细胞增多和禽类异嗜性粒细胞增多的病因

生理性：
兴奋
恐惧
运动
抽搐
分娩
皮质类固醇：
外源性（给药）
内源性（应激、肾上腺皮质激素）
炎症（局部或广泛的）：
传染性（原发或继发）：
细菌
立克次体
病毒
真菌
寄生虫
非传染性：
烧伤
梗死
免疫介导的疾病
坏死
术后血栓形成
出血和溶血
化学品和药物中毒：
包括犬和雪貂早期雌激素中毒
毒血症/中毒：
蓝绿色藻类中毒
肉毒中毒
内毒素血症
尿毒症
肿瘤：
粒细胞白血病
单核细胞白血病
其他恶性肿瘤（包括副肿瘤综合征）
遗传病：
白细胞黏附缺陷

4. 物种特征。

（1）生理性中性粒细胞增多在犬中不是很常见的。

（2）生理性白细胞增多症在健康幼猫中普遍存在，其中性粒细胞绝对计数可超过 39 000/μL，淋巴细胞绝对计数可达 36 000/μL。猫的中性粒细胞增多是因为它的 MNP 较大，然而，在某些患病动物中，淋巴细胞增多的程度有时可能超过中性粒细胞增多的程度。

（3）健康的牛在分娩和剧烈运动时可能发生这种反应。白细胞计数为 15 000～27 000/μL，中性粒细胞增多和淋巴细胞增多，但与其他物种不同，嗜酸性粒细胞减少是意料之中的。

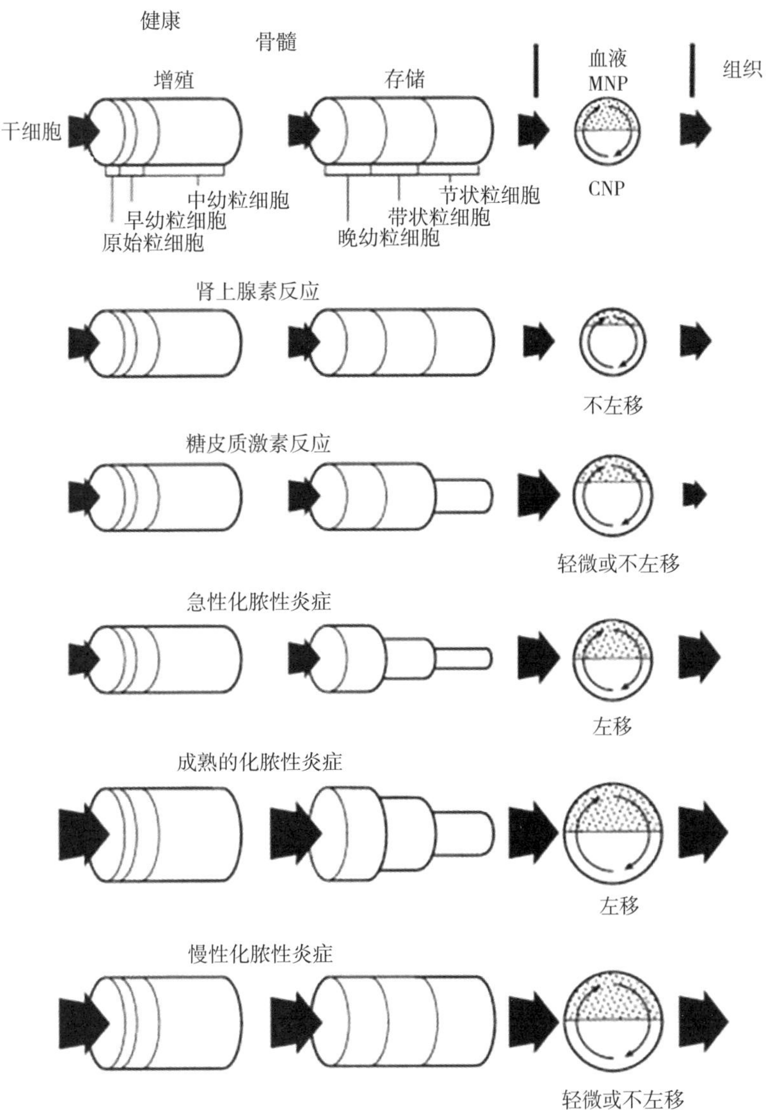

图 2.4 中性粒细胞减少的机制

箭头的大小代表了通过不同空间（干细胞、增殖、存储、血液和组织）的细胞数量。管状、圆形和阴影区的大小分别代表增殖、存储和各种血液中性粒细胞池的相对大小。

（4）生理性白细胞增多症在健康的年轻马身上也很常见。白细胞总数可达26 000/μL，中性粒细胞绝对计数可超过14 000/μL，但淋巴细胞计数很少达到14 400/μL 以上。

（5）母猪哺乳期伴随着生理性白细胞增多，尤其是淋巴细胞增多。

（6）生理性异嗜性粒细胞增多症在禽类中很常见，但相对较轻。

（二）皮质类固醇引起的哺乳动物中性粒细胞增多症和禽类异嗜性粒细胞增多症

见病例 2、3、19、20、22、23、26、27。

1. 白细胞图检查结果。

（1）哺乳动物中性粒细胞或禽类嗜异性粒细胞，通常没有左移。

（2）淋巴管减少。

（3）嗜酸性粒细胞减少症。

（4）犬的单核细胞增多症，偶尔也有猫的单核细胞增多症。

2. 可能的临床发现。

(1) 引起内源性皮质激素释放的条件(如疼痛、体温高、体温低、禽类的圈养环境)。

(2) 皮质类固醇的治疗应用。

①给药途径和剂量影响反应的大小。

②给药后 4～8h 出现高峰反应。

③单次注射短效糖皮质激素后 24h 内,长期治疗结束后 2～3d (10d 以上),血象恢复到参考区间。

④连续激素治疗几周后,中性粒细胞计数将恢复到参考区间,但淋巴细胞减少症通常持续存在。

⑤在高肾上腺皮质激素状态下,中性粒细胞减少的程度随着疾病的持续时间延长而降低,但其他的白细胞血象变化仍在继续。

3. 机制。

(1) 中性粒细胞增多是多种机制引起的 TBNP 增加所致。

①中性粒细胞从循环血液向组织的迁移减少,交换的时间延长。

②骨髓中性粒细胞释放增加。释放的细胞数量通常不致消耗存储池的节段细胞。因此,节段细胞不会释放,也不会发生左移。

③中性粒细胞黏附和从 MNP 向 CNP 的转移减少。

④禽类的发生机制类似。

(2) 淋巴细胞减少的原因。

①循环淋巴细胞的再分布;它们暂时滞留在淋巴组织或骨髓中,而不是进入传出淋巴和血液。

②长期使用皮质类固醇可导致胸腺皮质淋巴细胞和淋巴结内游离的淋巴细胞溶解。胸腺髓质和骨髓淋巴细胞抗皮质类固醇的诱导裂解。效应 T 细胞和 B 细胞不裂解。

(3) 单核细胞增多可能是由一种类似于中性粒细胞的作用引起的(即动员血管边缘细胞)。

(4) 嗜酸性粒细胞减少的原因。

①组织中嗜酸性粒细胞的边缘化或隔离。它们在皮质类固醇刺激停止后恢复循环。

②抑制骨髓嗜酸性粒细胞的释放。皮质激素刺激期间,嗜酸性粒细胞继续生成,因此骨髓嗜酸性粒细胞总数增加。

③其他可能的机制包括细胞因子抑制嗜酸性粒细胞的发育、聚集和诱导嗜酸性粒细胞凋亡等。

4. 物种特征。

(1) 犬。

①白细胞计数一般为 15 000～25 000/μL,但极少数情况下可达 40 000/μL。

②缺乏典型的中性粒细胞核左移现象,但如果使用皮质类固醇期间中性粒细胞储存池耗尽,则可能释放未成熟的中性粒细胞(高达 1 000/μL)。

③淋巴细胞计数普遍下降(小于 1 000/μL)。

④单核细胞增多和嗜酸性粒细胞减少。

(2) 猫。

①与犬相比,观察到的反应较少。

②血象图与犬相似,但单核细胞增多率较低。

③最严重的白细胞增多约为30 000/μL。

(3) 牛。

①除了皮质类固醇释放的一般原因(疼痛和极端温度)外,这种反应可能会发生在胃排空、轻度发热、酮症、难产、喂料过多和消化不良情况下。

②白细胞计数范围为8 000～18 000/μL。

③皮质类固醇引起的嗜酸性粒细胞减少经常发生,但很难解释其原因。健康的牛被运输或放置在

陌生的环境中，可能会出现嗜酸性粒细胞减少症，而没有其他类固醇相关的白细胞图像改变。

（4）马。

①这种反应常见于健康的马匹持续的肌肉锻炼以及激素释放等条件下。

②白细胞计数范围可达20 000/μL。

③淋巴细胞通常轻微减少，淋巴细胞计数一般为参考区间的低值（幼马为2 000/μL，老年马为1 500/μL）。

（5）禽。

①白细胞计数可达35 000/μL。

②异嗜性粒细胞增多，其计数范围为10 000～25 000/μL。

③在以淋巴细胞为主的禽类中淋巴细胞减少（2 500～9 000/μL）最为显著。

（三）炎症和感染时的中性粒细胞及异嗜性粒细胞

见病例 4、7、8、11、12、17、18。

1. 白细胞血象变化。

（1）哺乳动物中性粒细胞及异嗜性粒细胞经常出现核左移现象。

①因为对中性粒细胞或异嗜性粒细胞的需求加大耗尽了储存池中的节段细胞，并释放了带状细胞，因此核左移是对炎症的典型反应。

②上述现象有例外情况。

A. 轻度炎症可能不足以引起核左移，因此，可能存在成熟的中性粒细胞增多。

B. 在长期的炎症中，中性粒细胞的产生可能与组织的使用相平衡；核左移不会发生。

C. 并非所有炎症都引起化脓性反应。因此，中性粒细胞不会出现增多现象。

D. 如上文所述，在炎症过程中，哺乳动物体内皮质醇或禽类皮质酮的内源性释放可能分别导致中性粒细胞或异嗜性粒细胞增多。

（2）淋巴细胞减少和嗜酸性粒细胞减少。

①这些是炎症或感染的常见表现。

②哺乳动物体内皮质醇和禽类皮质酮的内源性释放可导致这些变化。

③由于牛、禽（猛禽除外）血液中嗜酸性粒细胞少见，因此嗜酸性粒细胞减少在临床上很难鉴别。

（3）单核细胞增多症（病例 8、11、14、17）。

①炎症和感染时不一致。

②与炎症有关的应激可引起类固醇诱导的犬单核细胞增多症。

③某些形式的炎症特别引起单核细胞增多症（如肉芽肿性疾病、心内膜炎）。

2. 临床表现。

（1）可能有明显的化脓性或异嗜性炎症存在。

（2）由于细胞的丢失而没有明显的渗出物的积累，因此在皮肤和黏膜表面发生炎症时化脓性或异嗜性渗出物可能不明显。

（3）某些类型的炎症缺乏明显的中性粒细胞或异嗜性粒细胞渗出（如出血性膀胱炎、脂溢性皮炎、卡他性肠炎、某些肉芽肿反应）。中性粒细胞和异嗜性粒细胞可能发生，也可能不发生。

（4）局部化脓性疾病，如脓毒血症或脓胸，比全身感染或败血症更能刺激中性粒细胞反应。禽类不形成脓液，然而，异嗜性粒细胞脱颗粒可能会引起肉芽肿的形成。

（5）如果手术切除了化脓性或异嗜性炎症的局部部位，术后可能会发生中性粒细胞或异嗜性粒细胞性炎症。

3. 机制。

（1）传染性病原体及其损伤的组织产物刺激多种细胞释放白细胞介素、生长因子、细胞因子和其他炎症介质，这些介质与中性粒细胞或异嗜性粒细胞增殖、成熟和从骨髓释放到血液中有关。这些细胞随后从血液迁移到组织中。这对哺乳动物血液中中性粒细胞数量或禽类血液中异嗜性粒细胞数量的影响，可能会立即产生，也可能推迟数天。

（2）在哺乳动物中，早期的、短暂的、内毒素介导的效应导致中性粒细胞黏附增加，中性粒细胞在 MNP 中滞留，随后迁移到组织中。这种影响可能导致短期中性粒细胞减少。中性粒细胞增多是因为骨髓储存池中的中性粒细胞释放到血液中，所以中性粒细胞很快就会出现。有些禽类似乎对内毒素的作用不敏感。

（3）在感染、炎症或内毒素作用后，中性粒细胞系中的细胞被刺激增殖和分化。这些细胞包括：

①多潜能干细胞。

②中性粒细胞祖细胞（CFU-GM、CFU-G）。

③骨髓增殖细胞池（原始粒细胞、早幼粒细胞和中性粒细胞）的有丝分裂前体。

（4）化脓性炎症期间血液中中性粒细胞的数量反映了骨髓细胞释放率、血液细胞向组织迁移的速度和组织内细胞利用率（组织需求）之间的平衡。

①如果骨髓释放量大于细胞向组织的迁移量，则出现中性粒细胞增多。

②如果细胞向血管的外移量超过骨髓替代量（出现组织对中性粒细胞的过度需求），则血液中中性粒细胞减少。

③根据这一平衡，在化脓性炎症期间，白细胞计数（从非常低到非常高）可能是变化的。

④禽类的异嗜性粒细胞变化过程与此类似。

（5）随着组织对中性粒细胞的需求增加，以及这些细胞的骨髓释放速率增加，骨髓储存池可能会耗尽节段细胞。随着组织对中性粒细胞的严重需求，血液中可能出现带状中性粒细胞和较年轻的细胞（中性粒细胞和粒细胞）。

①当中性粒细胞/异嗜性粒细胞总数在参考区间内或存在中性粒细胞/异嗜性粒细胞减少时，出现下列任何一种情况，临床上就会出现核左移：

A. 犬和猫的带状细胞和其他未成熟的中性粒细胞大于 1 000/μL。

B. 大型动物的带状细胞和其他未成熟的中性粒细胞大于 300/μL。

C. 禽类的带状细胞和其他未成熟异嗜性粒细胞大于 1 000/μL。左移在禽类血液涂片中更难识别，因为异嗜性粒细胞有较少的核分叶，而突出的细胞质颗粒可能掩盖核形态。

②当中性粒细胞减少时，大于 10%的带状细胞和其他未成熟的中性粒细胞在临床上对任何动物都是左移的象征。

③左移是感染或严重炎症的标志，但在非炎症性疾病（如免疫介导的溶血性贫血）中也可能发生左移。

④左移的程度与化脓性炎症或异嗜性粒细胞性炎症的严重程度相似。

⑤在某些严重的化脓性疾病中，明显的中性粒细胞减少可能伴有核左移，包括髓细胞、原粒细胞或血液中的原粒细胞，这被称为“类白血病反应”，因为它与急性粒细胞白血病的血液特征相似。

（6）在慢性化脓性疾病中，骨髓中性粒细胞的产生率超过了骨髓中性粒细胞的释放率和中性粒细胞的组织利用率。随着骨髓储存池的补充，尽管组织对中性粒细胞的需求持续增加，但左移减少或消失。这种成熟的中性粒细胞持续增多，直到细胞需求和产生平衡为止；中性粒细胞计数随后恢复到参考区间。

4. 物种特征。

（1）犬。

①白细胞计数为 10 000～30 000/μL 较为常见。少数可超过 50 000/μL，极少数可能超过 100 000/μL。

②相反，中性粒细胞减少可能是肺部、胸部、腹膜、肠道或子宫的绝大多数革兰氏阴性菌引起的败血症（如沙门氏菌病、细小病毒肠炎）所致。内毒素血症可能是一个致病因素。

③白血病反应和严重的中性粒细胞增多症可能与白细胞计数超过 50 000/μL，甚至 100 000/μL 有

关。例如，局部感染（如脓毒血症、脓胸、胰腺炎）、某些形式的寄生（如肝簇虫病）、免疫介导的溶血性贫血、犬白细胞黏附缺陷等。极度中性粒细胞增多也与一些肿瘤相关，作为一种副肿瘤综合征，典型例子是癌症。

（2）猫。

①白细胞计数为10 000～30 000/μL 较为常见。少数计数超过30 000/μL，极少数计数可能超过75 000/μL。

②革兰氏阴性菌引起的败血症和内毒素血症引起猫中性粒细胞减少。

（3）牛。

①3～4 个月大的犊牛的炎症白细胞血象与猫和犬相似，除了左移之外可能更敏感。

②牛的纤维性、非化脓性炎症（如运输热肺炎早期）引起的中性粒细胞反应很少或没有。高纤维蛋白原血症（高血浆纤维蛋白原浓度）可能是炎症性疾病的第一个或唯一的实验室征象。

③成年牛急性化脓性炎症常引起白细胞减少、中性粒细胞减少、严重左移和淋巴细胞减少（病例21）。这种白细胞的血象模式持续 24～48h。如果动物存活下来，中性粒细胞计数会恢复到参考区间，并持续左移。

④持续化脓性炎症与白细胞计数有关，其范围为4 000～15 000/μL，中性粒细胞占优势。在炎症性疾病中，内源性皮质类固醇释放导致淋巴细胞数量减少。

⑤牛中性粒细胞计数通常不超过30 000/μL。在罕见的病例（如脓胸）中，白细胞黏附缺乏的荷斯坦牛的计数可能超过60 000/μL。由于缺乏合适的黏附分子，中性粒细胞不能从血管向组织损伤或感染部位迁移。

（4）马。

①白细胞计数一般为7 000～20 000/μL，极少情况下白细胞计数可超过30 000/μL。

②与中性粒细胞减少有关的左移在马中一般是适度的。与内毒素血症有关的胃肠道疾病（如急性沙门氏菌病）通常表现为严重核左移，白细胞减少或白细胞总数在参考区间内减少（病例 6）。

③由于中性粒细胞对炎症的反应通常是轻微的，因此高纤维蛋白原血症已被用作炎症的另一个指标。

（5）禽。

①白细胞计数一般为24 000～45 000/μL，在沙门氏菌病、分枝杆菌病或曲霉菌病中白细胞计数可超过100 000～125 000/μL。

②在健康条件下，由于禽类异嗜性粒细胞的核叶比哺乳动物中性粒细胞少，因此更难分辨左移。细胞质颗粒也可能掩盖核形态。

③在以循环淋巴细胞为主的禽类中可观察到“异嗜性粒细胞-淋巴细胞逆转”现象（如成年牛）。

（四）中性粒细胞减少的其他原因

1. 组织坏死与缺血。
2. 免疫介导的细胞和组织损伤的疾病。
3. 毒血症/中毒。
4. 出血（病例 1、25）。
5. 溶血（病例 2、3）。
6. 瘤变，包括非特异性恶性肿瘤和涉及中性粒细胞的骨髓增生性疾病。

二、哺乳动物中性粒细胞减少和禽类异嗜性粒细胞减少

见表 2.2、图 2.5。

（一）循环中性粒细胞浸润（假性粒细胞减少症）

1. 当血液流动减慢或黏附分子在中性粒细胞和内皮细胞的细胞膜上表达时，中性粒细胞从 CNP 转移到 MNP。

2. 内毒素最初只会刺激中性粒细胞浸润（假性粒细胞减少症）的增强；然而，血液中中性粒细胞迁移的增加最终导致真正的中性粒细胞减少症。

3. 禽类可能对内毒素的这些作用不敏感。

（二）组织对哺乳动物中性粒细胞和禽类异嗜性粒细胞的过度需求或破坏

1. 中性粒细胞减少发生在炎症或感染时，当中性粒细胞从血管向组织迁移的速度超过骨髓替代血液中这些细胞的速度时（病例 6、21）。

（1）左移很常见。

（2）考虑到疾病的原因，可能与毒性改变有关。

（3）中性粒细胞减少通常发生在牛身上，但不如其他物种那么严重。

（4）中性粒细胞减少出现在骨髓粒细胞增生之前的超急性或急性炎症中。

（5）骨髓中的粒细胞增生通常是随时间的推移而发生的，对白细胞计数的影响一般在 48～72h 内。

（6）禽类的异嗜性粒细胞的变化与此类似。

2. 免疫介导的循环中性粒细胞破坏并发中性粒细胞减少在动物中是罕见的。新生儿中性粒细胞减少症在溶血性疾病和给药过程中很少发生。这种机制尚未在禽类中得到报道。

（三）哺乳动物中性粒细胞和禽类异嗜性粒细胞产生减少

1. 用于癌症化疗或免疫抑制的放疗、细胞毒性药物，以及其他一些药物可导致中性粒细胞减少。

（1）血小板减少和贫血（全血细胞减少或再生障碍性贫血）可能随之而来。

（2）当中性粒细胞计数为 500/μL 或更低时，感染被认为是非常严重的。

（3）细胞毒性药物也会导致可预测的禽类异嗜性粒细胞减少症。

表 2.2 哺乳动物中性粒细胞减少的原因及鸟类的嗅觉障碍

组织需求增加：
细菌感染
内毒素血症
免疫介导的疾病
从循环中性粒细胞池到边缘中性粒细胞池的转移：
内毒素血症（短暂反应并难以记录）
中性粒细胞减少：
肿瘤化疗药物与放射治疗
特异性药物反应：
抗生素
抗真菌药
雌激素
非甾体类抗炎药
集落刺激因子
传染性病原体：
病毒
立克次体
播散性真菌病
毒性物质：
蕨中毒
雌激素毒性
特异性药物反应
骨髓痨：
骨髓坏死
骨髓纤维化
骨髓增生异常综合征
遗传病：
犬循环造血（灰色牧羊犬）
家族性中性粒细胞减少症（马、比利时坦比连犬、边境牧羊犬）
肿瘤：
血液或转移瘤

2. 影响造血干细胞（如全血细胞减少症或再生障碍性贫血）等疾病的共同特征是中性粒细胞减少（病例 4）。

3. 某些病毒和立克次体感染。

（1）在哺乳动物中，由于骨髓中的祖细胞死亡和粒细胞增殖（病例 9），可能会出现中性粒细胞减少的特征期［如猫传染性泛白细胞减少症、犬细小病毒肠炎、猫白血病病毒（FeLV）和猫免疫缺陷病毒（FIV）感染、埃立克体病］。继发于肠道病变的内毒素血症也可能在某些病毒感染中起重要作用。

（2）在禽类中，异嗜性粒细胞减少可能与圆环病毒、疱疹病毒、多瘤病毒和呼肠孤病毒感染有关。

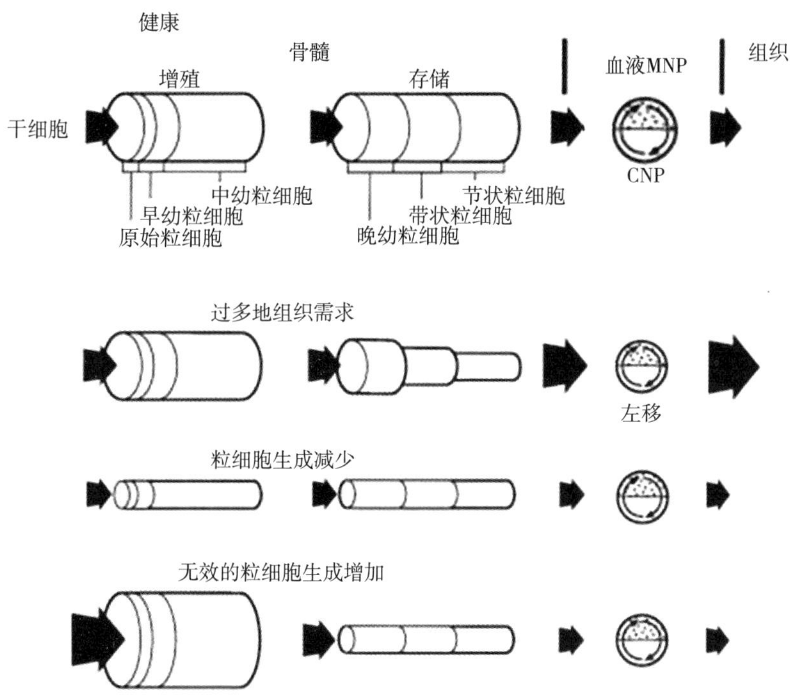

图 2.5 中性粒细胞减少的机制

箭头的大小代表了通过不同空间（干细胞、增殖、存储、血液和组织）的细胞数量。管状、圆形和阴影区的大小分别代表增殖、存储和各种血液中性粒细胞池的相对大小。

4. 在许多病毒性疾病的潜伏期和急性阶段，骨髓中颗粒细胞的减少可能是一个短暂的特征。当观察到中性粒细胞减少时，骨髓抽吸中可能会出现粒细胞增生，再灌注恢复。

5. 循环造血作用（中性粒细胞减少）已在动物中被报道。

（1）灰色牧羊犬的循环造血是一种常染色体隐性遗传模式。

①中性粒细胞减少的时间间隔为 11～14d。

②认为本病是由于干细胞调节缺陷所致。

③循环活性也影响红细胞和血小板。

（2）在感染 FeLV 的猫中，循环造血作用很少发生。

（3）环磷酰胺可诱导犬循环造血作用。

6. 中性粒细胞减少可能是一种特殊的药物反应（如猫体内的氯霉素、苯丁酮、头孢菌素、灰黄霉素和犬的雌激素中毒）。

7. 遗传性家族性中性粒细胞减少已经在标准竞赛马和比利时坦比连犬身上观察到。这些马在临床上有发病的迹象，表明中性粒细胞减少是病理性的。这些犬在临床上是健康的，表明它们的中性粒细胞减少是良性的，就像在一些人身上观察到的那样。

(四) 过度无效的粒细胞生成

1. 这种情况很少见，除了猫有 FeLV 感染和骨髓增生异常综合征外（见第三章）。

2. 骨髓检查显示粒细胞增生伴中性粒细胞减少。

3. 骨髓增殖池的扩张伴随着中性粒细胞的成熟和储存池的减少，从而使骨髓向不成熟的方向发展。早幼粒细胞的优势提示中性粒细胞的发育“成熟停止”。

三、单核细胞增多症

1. 在中性粒细胞减少的任何时候都可以发生单核细胞增生症，因为这两个细胞系都来自于一个共同的双潜能干细胞。

2. 除犬外，单核细胞增多症是对皮质类固醇反应的白细胞血象的最不典型的变化（病例 2、26）。

3. 单核细胞增多症可在疾病的急性和慢性阶段观察到（病例 8、11、14、17）。

4. 单核细胞增多预示着中性粒细胞减少的恢复。由于单核细胞没有骨髓储存池，这些细胞比中性粒细胞更早释放到血液中。

5. 单核细胞增多症可能是细菌性心内膜炎和菌血症患者白细胞血象最显著的改变。

6. 化脓、坏死、恶性肿瘤、溶血（病例 2）、出血（病例 25）、免疫介导性损伤和某些肉芽脓肿性疾病可引起单核细胞增多。禽类衣原体病（鸟疫、鹦鹉热）也可观察到明显的单核细胞增生症。这种疾病是由鹦鹉热衣原体引起的，它是一种专性的、细胞内的革兰氏阴性细菌，缺乏细胞壁。

四、单核细胞减少症

这一结果并不是临床上有用的白细胞血象特征。

五、嗜酸性粒细胞增多症

嗜酸性粒细胞增多症见表 2.3。

1. 嗜酸性粒细胞症通常与寄生虫感染或过敏有关（病例 27）。

2. 患有嗜酸性粒细胞紊乱的动物可能有伴随皮质类固醇效应（嗜酸性粒细胞减少症）的反应。

3. 渗出液中含有大量嗜酸性粒细胞的局限性病变通常不伴有血液中嗜酸性粒细胞增多（如嗜酸性肉芽肿）。

4. 刺激嗜酸性粒细胞的抗原通过致敏 T 淋巴细胞介导应答。第二次接触抗原会产生更快和更剧烈的嗜酸性粒细胞增多，类似于免疫（抗体）反应。

(1) 嗜酸性粒细胞变态反应最常见的组织是含肥大细胞丰富的组织，包括皮肤、肺、胃肠道和子宫。

(2) 体内和体外寄生虫与宿主组织长期接触可引起嗜酸性粒细胞剧烈增多。

5. 过敏反应机理尚未证实适用于所有的嗜酸性粒细胞性疾病（如嗜酸性肉芽肿）。

6. 特别是在猫和罗威纳犬中，高嗜酸性粒细胞综合征可能无法与嗜酸性粒细胞白血病区分。这两种疾病的特点是持续的、强烈的、嗜酸性粒细胞浸润各种组织和器官。

7. 禽类中的嗜酸性粒细胞增多症不常见，最常见的是猛禽。饮食感染寄生虫可能发生。

表 2.3 嗜酸性粒细胞增多的原因

寄生：
外寄生虫：
节肢动物
内寄生虫：
线虫
原虫
吸虫
即刻或迟发性超敏反应：
哮喘
皮炎
嗜酸性肉芽肿
猫嗜酸性角膜炎
胃肠炎
肺炎
牛乳过敏
犬骨炎
瘤形成：
原发：
嗜酸性白血病
赘生物：
肥大细胞瘤
T 细胞淋巴瘤
淋巴瘤样肉芽肿病
各种癌
纤维肉瘤
胸腺瘤
感染：
病毒（FeLV 的一些毒株）
细菌（部分葡萄球菌和链球菌）
真菌（隐球菌）
黏菌（腐霉菌）
药物反应：
四环素
IL-2
其他：
高嗜酸性粒细胞综合征（猫、罗威纳犬）
肾上腺素过低症（低于 20%）
甲状腺机能亢进症（猫）

六、嗜酸性粒细胞减少症

1. 嗜酸性粒细胞减少症是由机体对皮质类固醇的反应而发生细胞在血管中的重新分布引起的。其他机制包括抑制肥大细胞脱颗粒、循环中的组胺中和或在皮质类固醇相关淋巴组织的渗出之后和细胞因子释放后。

2. 儿茶酚胺（肾上腺素）的释放通过 δ-肾上腺素作用促进嗜酸性粒细胞减少。

3. 急性感染中嗜酸性粒细胞减少是通过皮质类固醇作用机制发生的。

4. 除猛禽外，在禽类的血液中，嗜酸性粒细胞是罕见的。因此，嗜酸性粒细胞减少症在临床上少见。

七、嗜碱性粒细胞增多症

嗜碱性粒细胞增多症见表 2.4。

1. 循环中嗜碱性粒细胞与组织肥大细胞的数量成反比关系。哺乳动物的血液中嗜碱性粒细胞是罕见的，却富含组织肥大细胞。相反，嗜碱性粒细胞在禽类血液中更为突出，而组织肥大细胞则很少。

2. 哺乳动物血液涂片中的嗜碱性粒细胞很少见，但在血液涂片上观察到很少这些细胞通常也会引起人的注意。当这些细胞超过 200～300/μL 时，则存在嗜碱性粒细胞增多症。

表 2.4 嗜碱性粒细胞增多症的病因

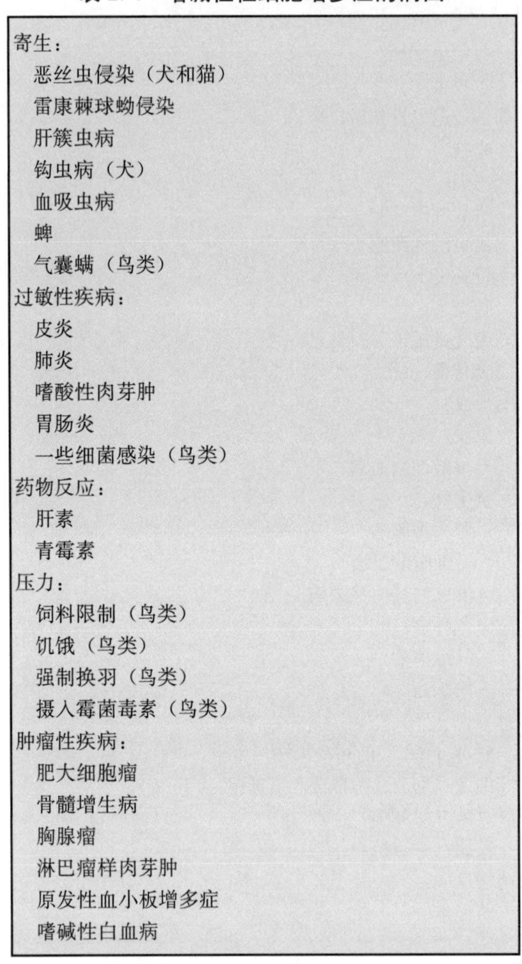

寄生：
- 恶丝虫侵染（犬和猫）
- 雷康棘球蚴侵染
- 肝簇虫病
- 钩虫病（犬）
- 血吸虫病
- 蜱
- 气囊螨（鸟类）

过敏性疾病：
- 皮炎
- 肺炎
- 嗜酸性肉芽肿
- 胃肠炎
- 一些细菌感染（鸟类）

药物反应：
- 肝素
- 青霉素

压力：
- 饲料限制（鸟类）
- 饥饿（鸟类）
- 强制换羽（鸟类）
- 摄入霉菌毒素（鸟类）

肿瘤性疾病：
- 肥大细胞瘤
- 骨髓增生病
- 胸腺瘤
- 淋巴瘤样肉芽肿
- 原发性血小板增多症
- 嗜碱性白血病

3. 导致 IgE 产生障碍的疾病，在嗜酸性粒细胞增多的同时通常伴随着嗜碱性粒细胞增多。

4. 嗜碱性粒细胞存在于猫体内，但由于成熟嗜碱性粒细胞的颗粒不会发生异色染色，这一现象可能被忽视。罗氏染色后，颗粒通常呈现淡紫色到灰褐色（褐色-灰色）。

5. 缺乏嗜酸性粒细胞的情况下，嗜碱性粒细胞增多是罕见的，但在马血涂片中偶尔也能观察到。

6. 根据常规白细胞计数，哺乳动物的脂代谢紊乱与嗜碱性蛋白无关。常规的白细胞计数太粗糙，无法准确定量嗜碱性粒细胞的轻微增多。

7. 嗜碱性粒细胞在禽类血液涂片中更常见，可能是因为这些细胞在动物健康时的数量就很多。然而，由于它们的颗粒在 Diff-Quik® 染色时溶解，所以很难识别出禽类嗜碱性粒细胞。脱颗粒的嗜碱性粒细胞有一个空泡或“虫蛀样”的外观。

八、嗜碱性粒细胞减少症

除非用特殊的染色、稀释剂和血液计进行绝对的嗜碱性粒细胞计数，否则临床上很难判断嗜碱性粒细胞减少症的发生。

九、淋巴细胞增多症

淋巴细胞增多症见表 2.5。

1. 在大多数物种中，循环中淋巴细胞的数量在健康条件下趋于稳定，随着年龄的增加而略有下降；幼龄动物的淋巴细胞数量较高。例如，在 8 个月到 5 岁以上，马的平均淋巴细胞数从5 200/μL下降到3 100/μL。

2. 健康的动物兴奋时由于肾上腺素效应会引起淋巴细胞增多，如本章前面所述。

表 2.5 淋巴细胞增多的原因

生理反应：
幼小动物，特别是猫和鸟
慢性抗原刺激：
细菌感染
立克次体感染
病毒感染
深部真菌病
原虫感染
免疫后
促肾上腺皮质激素
淋巴样瘤：
淋巴瘤
淋巴样白血病
胸腺瘤

3. 抗原刺激会引起淋巴细胞增多。

（1）由抗原刺激引起的淋巴结肿大（淋巴增生）在所有物种中都常见，但血淋巴细胞数量与功能活性反应增加相对较差。

（2）血淋巴细胞数量可以在参考区间内，也可因为淋巴结肿大而减少，尤其是在急性感染期。

（3）反应性淋巴细胞（免疫细胞）可在有或没有淋巴细胞增多的血液中出现。

（4）在感染的慢性期，淋巴细胞剧烈增多（20 000～30 000/μL）在犬中很少见到（如落基山斑疹热、犬埃立克体病）。立克次体抗体滴度可用于区分反应性淋巴细胞增多和慢性淋巴细胞白血病。

4. 牛持续淋巴细胞增生症是牛白血病病毒感染的一种亚临床、非肿瘤性表现。病毒感染可促进B淋巴细胞增生，淋巴细胞计数一般为7 000～15 000/μL。

5. 淋巴细胞增生症在淋巴细胞白血病中很常见，并可与淋巴瘤的白血病淋巴细胞增多有关。

6. 健康生长猪的淋巴细胞计数高于其他物种，正常为13 000～26 000/μL，猪淋巴细胞计数很少超过参考范围。

7. 在慢性细菌、病毒、真菌或寄生虫感染的禽类中，淋巴细胞增生症可能非常严重。

十、淋巴细胞减少症

淋巴细胞减少症见表 2.6。

1. 淋巴细胞减少症是患病动物白细胞血象异常的常见现象。在临床诊断之前很少区分引起淋巴细胞减少的机制，它可能只是在回顾时才被假定。

2. 导致淋巴细胞减少的机制包括：

（1）皮质类固醇诱导的循环淋巴细胞再分布（病例 2、3、20、22、26、27）。

（2）急性全身感染。当感染抗原广泛分布时，循环淋巴细胞可能被阻滞在淋巴结中，淋巴结肿大伴随着淋巴细胞减少。随着时间的推移淋巴细胞减少症消失。

（3）与细菌感染相比，病毒感染更有可能导致淋巴细胞减少（病例 9）。

（4）局部感染可能会导致淋巴细胞在局部淋巴结内滞留，但淋巴细胞减少的可能性不大。

（5）获得性 T 淋巴细胞缺乏。大多数循环淋巴细胞是 T 细胞。新生儿的某些感染会引起胸腺坏死或萎缩；如果动物存活下来，就会出现持续的淋巴细胞减少。

(6) 免疫抑制疗法或放射疗法。这些药物抑制淋巴细胞的克隆增殖。淋巴细胞减少发展缓慢。

(7) 淋巴细胞输出淋巴减少。这种淋巴细胞减少的机制主要发生在胸导管淋巴细胞的丢失（即乳糜胸）。

(8) 淋巴细胞传入淋巴减少。唯一富含细胞的传入淋巴来自 GALT 或 BALT。淋巴细胞减少症可发生小肠淋巴管扩张症（病例 16）。

(9) 淋巴结的结构被破坏，因灌注、感染或肿瘤取代淋巴组织，改变现有淋巴细胞的再循环模式。

(10) 遗传性免疫缺陷。选择性 T 淋巴细胞缺乏症以淋巴细胞减少为特征，而 T 淋巴细胞和 B 淋巴细胞（SCID）联合缺乏则表现为淋巴细胞减少和血清免疫球蛋白水平降低。只有 B 淋巴细胞缺乏的动物没有淋巴细胞减少症。

表 2.6 淋巴细胞减少的原因

淋巴细胞减少的原因
药物诱导：
皮质类固醇：
外源性皮质类固醇或 ACTH 给药
肾上腺皮质激素：
内源性皮质醇产生（哺乳动物）
内源性皮质酮产生（鸟类）
白细胞介素-2
集落刺激因子
急性全身感染：
败血症
内毒素血症
病毒（通常只在非常早期阶段）
治疗诱导：
免疫抑制剂
化疗药物
辐射
富含淋巴细胞的淋巴流失：
淋巴输出：
乳糜胸
猫心脏病
淋巴传入：
消化道淋巴瘤
肠肿瘤
肉芽肿性肠炎，包括副结核病
蛋白质丢失性肠病
淋巴管扩张症
溃疡性肠炎
淋巴组织结构破坏改变淋巴细胞再循环：
广泛性肉芽肿性疾病
多中心淋巴瘤
遗传性疾病：
选择性 T 淋巴细胞缺陷
严重的联合免疫缺陷（阿拉伯小马驹、巴塞特猎犬、杰克罗素㹴）
胸腺发育不全（黑斑丹麦牛）

十一、预后与白细胞反应

（一）一般考虑

1. 单一的白细胞血象不能显示临床情况是否改善。

(1) 中性粒细胞增多并伴有适度核左移，即节段细胞数量多于带状细胞，可能是这个阶段一种适当的反应。

①白细胞血象反应的是感染或炎症的严重程度。

②然而，临床医生可能无法确定中性粒细胞反应是否足以控制或消除这种疾病。

(2) 不成熟的中性粒细胞数量增多超过节段细胞（退行性核左移）。

①白细胞血象表明存在非常严重的感染或炎症。

②退行性左移提示预后不良，而退行性左移消退提示预后较好。

2. 连续性白细胞血象通常是判断预后的必要条件。

3. 白细胞血象的解释应结合病史和临床症状。

4. 白细胞血象的解释应以绝对细胞计数为基础。从差异白细胞计数中得来的相对白细胞百分比可能会产生误差，特别是当相关白细胞只占计数总数的一小部分时。

（二）良好的预后

1. 在动物的康复中，如果连续性白细胞血象恢复到参考区间，则预后良好。

2. 左移的消失意味着即将恢复，并且是在中性粒细胞增多症恢复之前。

3. 中性粒细胞毒性变化的消失表明炎症刺激得到解决。

4. 淋巴细胞减少症或嗜酸性粒细胞减少症先于患畜临床症状恢复之前。

（三）谨慎和预后不良

1. 中性粒细胞变化。

(1) 因为增加了继发性细菌感染的风险，因此不管什么原因，中性粒细胞减少都是严重的。

(2) 不管白细胞总数如何，退行性核左移意味着组织对中性粒细胞的强烈需求超过了骨髓替代这些细胞的能力。

(3) 严重的中性粒细胞增多症，无论是否有左移到髓细胞或早期中性粒细胞前体（粒样反应），直到排除粒细胞性白血病和确诊之前，预后谨慎。

2. 淋巴细胞变化。

(1) 一个表面健康的病畜淋巴细胞计数下降可能预示着即将发生疾病；然而即将发生的疾病无法与皮质类固醇效应区分。

(2) 持续的淋巴细胞减少意味着疾病的持续发展。

(3) 显著的淋巴细胞增生症意味着预后谨慎，直到淋巴细胞性白血病或淋巴瘤的可能性被排除。

参 考 文 献

Andreasen C B, Roth J A: 2000. Neutrophil functional abnormalities. *In*: Feldman B F, Zinkl J G, Jain N C (eds): *Schalm's Veterinary Hematology*, 5th ed. Lippincott Williams and Wilkins, Philadelphia, pp. 356-365.

Aroch I, Klement E, Segev G: 2005. Clinical, biochemical, and hematological characteristics, disease prevalence, and prognosis of dogs presenting with neutrophil cytoplasmic toxicity. *J Vet Intern Med* 19: 64-73.

Baneth G, Macintire D K, Vincent-Johnson N A, et al: 2006. Hepatozoonosis. *In* : Greene C E (ed): *Infectious Diseases of the Dog and Cat*, 3rd ed. WB Saunders Co, St. Louis, pp. 698-710.

Bell T G, Butler K L, Sill H B, et al: 2002. Autosomal recessive severe combined immunodeficiency of Jack Russell terriers. *J Vet Diagn Invest* 14: 194-204.

Bienzle D: Monocytes and macrophages. 2000. *In*: Feldman B F, Zinkl J G, Jain N C (eds): *Schalm's Veterinary Hematology*, 5th ed. Lippincott Williams and Wilkins, Philadelphia, pp. 318-325.

Brown M R, Rogers K S: 2001. Neutropenia in dogs and cats: A retrospective study of 261 cases. *J Am Anim Hosp Assoc* 37: 131-139.

Cowell R L, Decker L S: 2000. Interpretation of feline leukocyte responses. *In*: Feldman B F, Zinkl J G, Jain N C (eds): *Schalm's Veterinary Hematology*, 5th ed. Lippincott Williams and Wilkins, Philadelphia, pp. 382-390.

Duncan J R, Prasse K W, Mahaffey E A: 1999. *Veterinary Laboratory Medicine: Clinical Pathology*, 3rd ed. Iowa State University Press, Ames, pp. 37-62.

Evans E W: 2000. Interpretation of porcine leukocyte responses. *In*: Feldman B F, Zinkl J G, Jain N C (eds): *Schalm's Veterinary Hematology*, 5th ed. Lippincott Williams and Wilkins, Philadelphia, pp. 411-416.

Gaunt S D: 2000. Extreme neutrophilic leukocytosis. *In*: Feldman B F, Zinkl J G, Jain N C (eds): *Schalm's Veterinary Hematology*, 5th ed. Lippincott Williams and Wilkins, Philadelphia, pp. 347-349.

George J W, Snipes J, Lane V M: 2010. Comparison of bovine hematology reference intervals from 1957 to 2006. *Vet Clin Pathol* 39: 138-148.

Gilbert R O, Rebhun W C, Kim C A, et al: 1993. Clinical manifestations of leukocyte adhesion deficiencyin cattle: 14 cases (1977-1991). *J Am Vet Med Assoc* 202: 445-449.

Greenfield C L, Messick J B, Solter P F, et al: 2000. Results of hematologic analyses and prevalence of physiologic leukopenia in Belgian Tervuren. *J Am Vet Med Assoc* 216: 866-871.

Latimer K S, Bienzle D: 2000. Determination and interpretation of the avian leukogram. *In*: Feldman B F, Zinkl J G, Jain N C (eds): *Schalm's Veterinary Hematology*, 5th ed. Lippincott Williams and Wilkins, Philadelphia, pp. 417-432.

Latimer K S, Campagnoli R P, Danilenko D M: 2000. Pelger-Hu ë t anomaly in Australian shepherds: 87 cases (1991-1997). *Comp Haematol Int* 10: 9-13.

Latimer K S: 1995. Leukocytes in health and disease. *In*: Ettinger S J, Feldman E C (eds): *Textbook of Veterinary Internal Medicine. Disease of the Dog and Cat*, 4th ed. WB Saunders Co, Philadelphia, pp. 1892-1929.

Liska W D, MacEwen E G, Zaki F A, et al: 1979. Feline systemic mastocytosis: A review and results of splenectomy in seven cases. *J Am Anim Hosp Assoc* 15: 589-597.

Madewell B R, Wilson D W, Hornof W J, et al: 1990. Leukemoid blood response and bone infarcts in a dogwith renal tubular adenocarcinoma. *J Am Vet Med Assoc* 197: 1623-1625.

McManus P M: 1999. Frequency and severity of mastocytemia in dogs with and without mast cell tumors: 120 cases (1995-1997). *J Am Vet Med Assoc* 215: 355-357.

Moore F N, Bender H S: 2000. Neutropenia. *In*: Feldman B F, Zinkl J G, Jain N C (eds): *Schalm's VeterinaryHematology*, 5th ed. Lippincott Williams and Wilkins, Philadelphia, pp. 350-355.

Moore J N, Morris D D: 1992. Endotoxemia and septicemia in horses: Experimental and clinical correlates. *J Am Vet Med Assoc* 200: 1903-1914.

Neer M T, Harrus S, Greig B, et al: 2006. Ehrlichiosis, Neorickettsiosis, Anaplasmosis and Wolbachia Infection. *In*: Greene C E (ed): *Infectious Diseases of the Dog and Cat*, 3rd ed. WB Saunders Co, St. Louis, pp. 698-710.

Raskin R E, Valenciano A: 2000. Cytochemistry of normal leukocytes. *In*: Feldman B F, Zinkl J G, Jain N C (eds): *Schalm's Veterinary Hematology*, 5th ed. Lippincott Williams and Wilkins, Philadelphia, pp. 337-346.

Schultze A E: 2000. Interpretation of canine leukocyte responses. *In*: Feldman B F, Zinkl J G, Jain N C (eds):

Schalm's Veterinary Hematology, 5th ed. Lippincott Williams and Wilkins, Philadelphia, pp. 366-381.

Scott M A, Stockham S L: 2000. Basophils and mast cells. *In*: Feldman B F, Zinkl J G, Jain N C (eds): *Schalm's Veterinary Hematology*, 5th ed. Lippincott Williams and Wilkins, Philadelphia, pp. 308-317.

Sellon R K, Rottman J B, Jordan H L, et al: 1992. Hypereosinophilia associated with transitional cell carcinoma in a cat. *J Am Vet Med Assoc* 201: 591-593.

Shelton G H, Linenberger M L: 1995. Hematologic abnormalities associated with retroviral infections in the cat. *Semin Vet Med Surg* (*Small Animal*) 10: 220-233.

Skubitz K M: 1999. Neutrophilic leukocytes. *In*: Lee G R, Foerster J, Lukens J, Paraskevas F, Greer J P, Rodgers G M (eds): *Wintrobe's Clinical Hematology*, 10th ed. Lippincott Williams and Wilkins, Philadelphia, pp. 300-350.

Smith G S: 2000. Neutrophils. *In*: Feldman B F, Zinkl J G, Jain N C (eds): *Schalm's Veterinary Hematology*, 5th ed. Lippincott Williams and Wilkins, Philadelphia, pp. 281-296.

Steffens W L: 2000. Ultrastructural features of leukocytes. *In*: Feldman B F, Zinkl J G, Jain N C (eds): *Schalm's Veterinary Hematology*, 5th ed. Lippincott Williams and Wilkins, Philadelphia, pp. 326-336.

Sykes J E, Weiss D J, Buoen L C, et al: 2001. Idiopathic hypereosinophilic syndrome in 3 Rottweilers. *J Vet Intern Med* 15: 162-166.

Taylor J A: 2000. Leukocyte responses in ruminants. *In*: Feldman B F, Zinkl J G, Jain N C (eds): *Schalm's Veterinary Hematology*, 5th ed. Lippincott Williams and Wilkins, Philadelphia, pp. 391-404.

Thompson J P, Christopher M M, Ellison G W, et al: 1992. Paraneoplastic leukocytosis associated with a rectal adenomatous polyp in a dog. *J Am Vet Med Assoc* 201: 737-738.

Welles E G: 2000. Clinical interpretation of equine leukograms. *In*: Feldman B F, Zinkl J G, Jain N C (eds): *Schalm's Veterinary Hematology*, 5th ed. Lippincott Williams and Wilkins, Philadelphia, pp. 405-410.

Wellman M L, Couto C G, Starkey R J, et al: 1989. Lymphocytosis of large granular lymphocytes in three dogs. *Vet Pathol* 26: 158-163.

Young K M: 2000. Eosinophils. *In*: Feldman B F, Zinkl J G, Jain N C (eds): *Schalm's Veterinary Hematology*, 5th ed. Lippincott Williams and Wilkins, Philadelphia, pp. 297-307.

第三章　造血系统肿瘤

Dorothee Bienzle, DVM, MSc, PhD

造血系统肿瘤是家畜最常见的恶性肿瘤，该类肿瘤是起源于造血细胞尤其是淋巴细胞的肿瘤（图 3.1）。该类肿瘤在诊断、临床预后和治疗方案的选择等方面有多种不同的分类标准。一般来说，造血系统的肿瘤可以分为两大类，一类是起源于淋巴细胞的肿瘤，这类肿瘤通常发生在髓外组织；另一类是起源于非淋巴细胞的肿瘤，这类肿瘤通常发生在骨髓。

第一节　淋巴增生性疾病

哺乳动物的淋巴肿瘤起源于淋巴结、黏膜、骨髓、脾脏、胸腺和正常情况下缺乏淋巴细胞的组织中淋巴细胞的转化克隆。禽类的淋巴瘤也许起源于上述组织，但是由于禽类没有淋巴结，因此淋巴结除外。此外，禽类的淋巴瘤也许起源于毗邻直肠且富含淋巴细胞的法氏囊。

淋巴瘤细胞具有不同的分化程度和生物学功能，瘤细胞的分化程度囊括了从几乎不表达抗原决定簇标志的幼稚淋巴细胞到完全分化的淋巴细胞（图 3.1）。完全分化的淋巴细胞包括浆细胞、终末阶段的 B 淋巴细胞、缺失抗原决定簇的 T 淋巴细胞。淋巴肿瘤分为淋巴瘤、大颗粒淋巴细胞（LGL）瘤、浆细胞瘤、急性淋巴细胞性白血病、慢性淋巴细胞性白血病。

一、淋巴瘤

（一）定义及基本特征

1. 淋巴瘤起源于淋巴细胞，在髓外组织器官内形成肿块。

（1）淋巴瘤通常被称为“淋巴肉瘤”，淋巴肉瘤也许是这类肿瘤最准确的说法。

（2）在医学上，淋巴肉瘤被称为“恶性淋巴瘤（malignant lymphoma）”。词缀“ oma ”是良性赘生物的意思，加上形容词“ malignant ”表示恶性淋巴瘤是由淋巴细胞构成的恶性赘生物。

（3）实际上淋巴瘤通常是恶性的，为防止累赘，现代医学将这类肿瘤定义为“淋巴瘤”，在“恶性淋巴瘤”中去掉了形容词“ malignant ”。

（4）总之，淋巴瘤这个词等同于淋巴肉瘤和恶性淋巴瘤，而且淋巴瘤绝大多数表现为恶性。

2. 幼龄动物虽然可以发生淋巴瘤，但是壮年动物多发。

3. 虽然淋巴瘤发生于髓外组织器官并形成肿块，但是在淋巴瘤晚期，肿瘤细胞会转移到骨髓中并在血液中出现，呈现白血病血象。

4. 白血病是造血系统肿瘤，瘤细胞会出现在血液和/或骨髓中。

5. 淋巴细胞性白血病也许起源于骨髓，也许是脾脏肿瘤呈现的白血病血象。

（二）分型

根据分布特点、组织学类型、细胞形态、细胞生化特征和 CD 表型，可以将淋巴瘤分成不同的亚型。疾病的预后和治疗方案的选择必须依据统一的标准，这种标准是对大量淋巴瘤患病动物进行评估后获得的。淋巴瘤的分型基于以下原则：

1. 分布特点。

(1) 多中心淋巴瘤。多数淋巴结都可发生淋巴瘤，淋巴瘤细胞转移到不同的器官，特别是脾脏和肝脏。

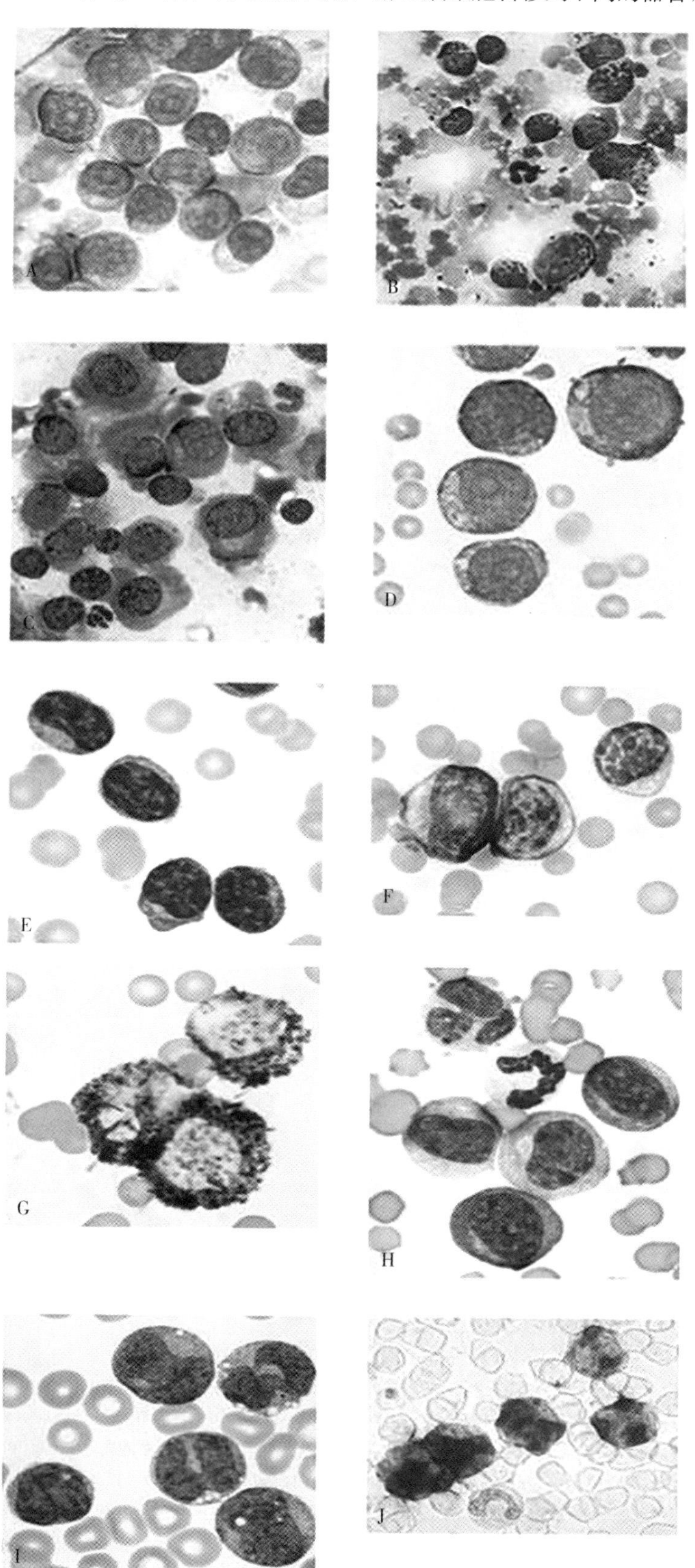

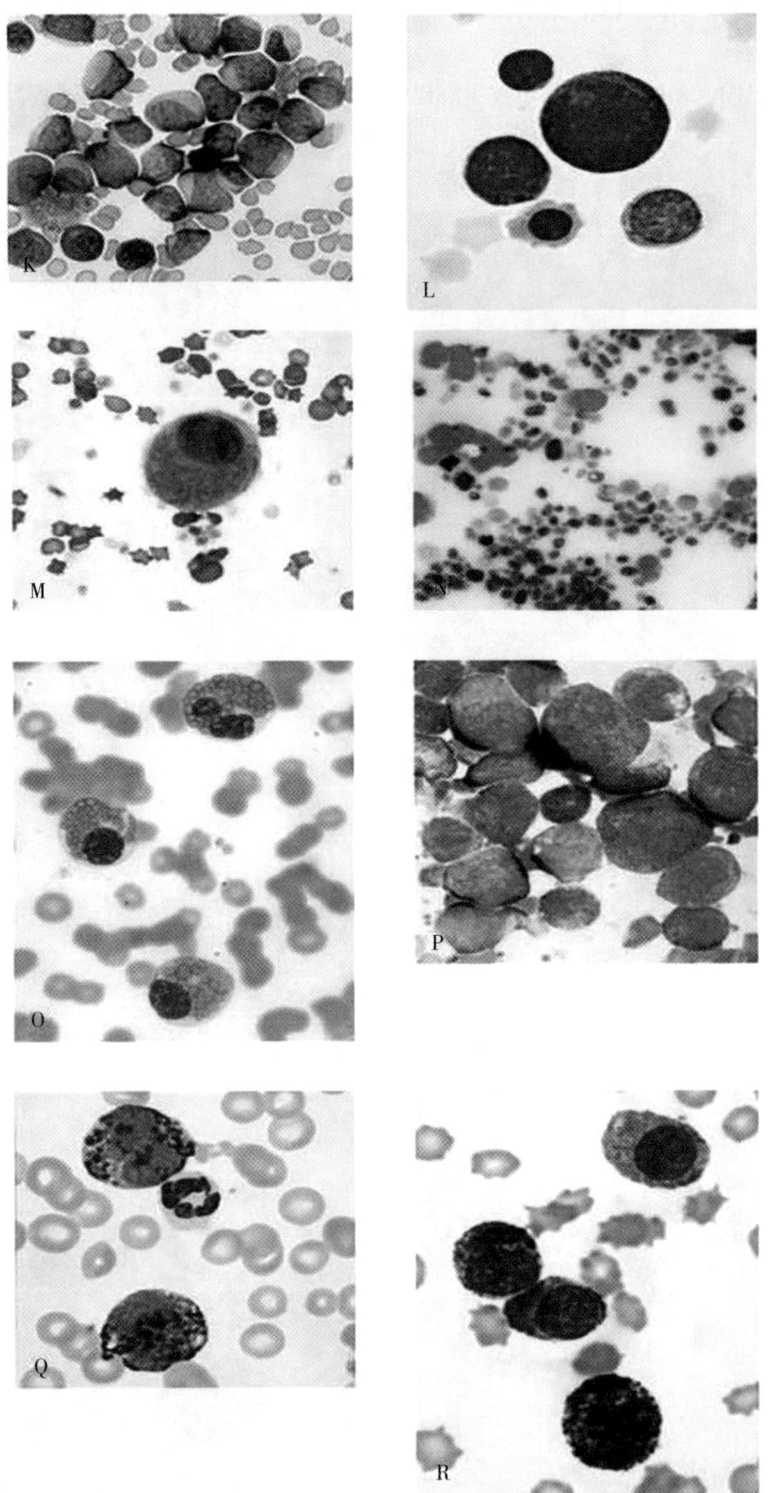

图 3.1 各种淋巴瘤和白血病细胞的形态学特征

A. 淋巴瘤（淋巴结，犬） B. 大颗粒淋巴细胞（LGL）瘤（小肠，猫） C. 浆细胞骨髓瘤（骨髓，犬） D. 急性淋巴细胞白血病（血液，马） E. 慢性淋巴细胞白血病（血液，马） F. 急性颗粒淋巴细胞瘤（淋巴结，猫） G. 急性颗粒淋巴细胞瘤（淋巴结，猫，髓过氧化物酶染色） H. 粒性单核性白血病（血液，马） I. 单核性白血病（血液，犬） J. 单核性白血病（血液，犬，α-醋酸萘酯酶染色） K. 红白血病（骨髓，猫） L. 红白血病（血液，猫） M. 巨核细胞性白血病（巨核细胞骨髓增生，血液，猫） N. 特发性血小板增多症（血液，猫） O. 嗜酸性粒细胞性白血病（血液，马） P. 嗜酸性粒细胞性骨髓增生性疾病（骨髓，马） Q. 嗜碱性粒细胞性白血病（血液，犬） R. 浆细胞性白血病（血液，犬）

（2）胃肠道淋巴瘤。该型淋巴瘤影响胃肠道及其附属淋巴结，其他的腹腔器官也许有转移的瘤细胞，但是浅表淋巴结通常不受影响。

（3）纵隔淋巴瘤。纵隔淋巴结或胸腺参与肿瘤形成。这种淋巴瘤主要发生于幼龄动物，并且是均一的、T 淋巴细胞起源的瘤细胞。

（4）皮肤淋巴瘤。皮肤淋巴瘤发生于真皮，对上皮细胞具有亲嗜性，孤立或广泛性存在，对应的引流淋巴结会发生肿大。

（5）淋巴瘤的多种表现形式。淋巴瘤可以起源于绝大多数组织和器官，包括肾脏、眼和中枢神经系统。

2. 受累淋巴结的组织学类型。

（1）弥散型。弥散的淋巴瘤细胞取代了正常的组织结构，家畜中的大部分淋巴瘤都是这种类型。

（2）结节型。结节型淋巴瘤在家畜中比较少见。组织学检测会发现淋巴瘤细胞呈现结节性浸润，类似于淋巴小结的皮质区结构。与弥散型相比，结节型淋巴瘤病程进展缓慢。

3. 淋巴瘤细胞的形态学特征。

（1）人们试图将人类淋巴瘤的分类标准应用于动物淋巴瘤的分类。

（2）国际癌症研究所是根据肿瘤淋巴结的结构特点和肿瘤细胞的形态特征来制定诊断标准的。

（3）更新后的 Kiel 分类包括了结构特点、肿瘤细胞的形态特征以及肿瘤细胞的起源（T 淋巴细胞或 B 淋巴细胞）等。

（4）国际癌症研究所制定的诊断标准和 Kiel 分类都将淋巴瘤分为高、中和低三个级别的肿瘤类型。这两种分类标准在犬淋巴瘤的临床进程预测上都很精确。

（5）修订后的欧洲-美国淋巴组织肿瘤分类标准包括细胞形态、免疫表型、选择类别和细胞遗传学。这个分类标准尚未在家畜淋巴瘤诊断中应用过。

（6）增殖相关抗原的评估在动物淋巴瘤预后中的价值有限。

（7）嗜银核仁组织区评分法（AgNOR 评分法）可以测定细胞周期和分裂细胞的数目，但是特异性较差。目前该方法仅应用于犬淋巴瘤的预后，在猫则缺乏应用。

（8）绝大多数犬和牛淋巴瘤都是高级别肿瘤。

4. CD 表型（免疫表型）。

（1）与其他白细胞相比，淋巴细胞是成熟的功能性细胞，形态学特征少。

（2）淋巴细胞的微观形态学特征和免疫表型有一定的相关性。

（3）可以检测动物淋巴细胞的所处的发育阶段。可以特异性检测淋巴细胞的功能和解剖位置的单克隆抗体越来越多。

（4）一旦建立了淋巴瘤的诊断和细胞标记物表达分析的方法，使用一组抗体，就可以进行淋巴瘤免疫表型的测定。

（5）肿瘤细胞表达的标志物可以通过以下方法进行评估：

①对单细胞悬液可以采用流式细胞仪测定。

②可以采用免疫化学法进行细胞标记物染色。

③免疫化学法对手术样本既可以进行石蜡切片也可以进行冰冻切片检测。

（6）确定肿瘤淋巴细胞的起源仍有较大的进步空间。

（7）在兽医诊断领域，免疫表型目前还处于研究阶段，一般不具备商业价值。

（三）淋巴瘤的临床分期

1. 世界卫生组织将动物淋巴瘤分为五期，这种分期方法已经应用于动物淋巴瘤的预后。分期越高，病情越差。

（1）Ⅰ期。仅涉及单个淋巴组织或器官（不包括骨髓）。

（2）Ⅱ期。区域内有几个淋巴结发生淋巴瘤。

(3) Ⅲ期。广泛性的淋巴结明显受累。

(4) Ⅳ期。肝和脾受累（有或没有第三阶段）。

(5) Ⅴ期。除原发性实体瘤外，肿瘤细胞也存在于血液、骨骼、骨髓和/或其他器官。

2. 每个分期根据有（1）或无（2）全身症状可以进行进一步细分。

（四）犬淋巴瘤

1. 解剖学与功能特征。

(1) 多发性淋巴瘤是犬淋巴瘤最常见的形式。肿瘤最初在淋巴结发生，随后肝和脾脏受累，绝大多数浅表淋巴结肿大，但触诊无痛感。

(2) 消化道、纵隔和皮肤淋巴瘤的发生率呈下降趋势。这些淋巴瘤表现为肿瘤细胞出现在小肠、纵隔和全身性皮肤，常见邻近器官或局部淋巴结受累。

(3) 大部分多发性淋巴瘤是B淋巴细胞起源的。

(4) 多发性淋巴瘤起源于B淋巴细胞多于T淋巴细胞。

(5) 纵隔淋巴瘤是T淋巴细胞起源的。

(6) 皮肤嗜上皮性淋巴瘤（蕈样肉芽肿）起源于T淋巴细胞，涉及$CD8^+$淋巴细胞亚群。

(7) 小细胞淋巴瘤是淋巴瘤的一个亚群，受累淋巴结逐渐肿大，病程进展缓慢，通常是B淋巴细胞起源的。

2. 实验室诊断。

(1) 淋巴细胞减少比淋巴细胞增多更常见。

(2) 首次检查时，大约20%的犬淋巴瘤病例呈现白血病血象。

(3) 常见轻度贫血。

(4) 10%～20%的淋巴瘤患犬出现轻度血小板减少。

(5) 中性粒细胞计数变化较大，常见中等大小的成熟中性粒细胞。

(6) 骨髓可观察到淋巴瘤细胞浸润。当进行抽吸骨髓检查时，往往呈现血小板减少、贫血或白血病血象。

(7) 常伴发高钙血症，这是由于T淋巴瘤细胞会产生甲状旁腺激素相关肽（PTHrP）。严重的高钙血症可能会导致成骨细胞和破骨细胞的激活。此外，高钙血症也可形成肾结石导致肾衰竭。

(8) 很少发生免疫介导性溶血性贫血、丙种球蛋白病或出血。

(9) 皮肤嗜上皮淋巴瘤会在血液循环中偶见形体较大、形态学异常的淋巴细胞（Sézary综合征）。

(10) 在大多数犬淋巴瘤病例中，弥漫性、均匀的肿瘤细胞形态有助于实验室细胞学诊断。

（五）猫淋巴瘤

1. 病毒致瘤。

(1) 在广泛的检测和接种疫苗之前，猫白血病病毒（FeLV）感染是猫淋巴瘤最常见的病因。

(2) 目前，仍有10%～20%的猫淋巴瘤和FeLV感染相关。

(3) 在过去的20年中，淋巴瘤患猫的平均年龄有所增加（大约10岁），FeLV阳性率下降。

(4) 猫的白血病病毒慢性感染增加了其患淋巴瘤的概率。

(5) 绝大多数淋巴瘤患猫在血液群特异性抗原和抗体检测时都呈现FeLV和FIV阴性。对骨髓进行聚合酶链式反应可以检测出FeLV隐性感染的病例。

2. 解剖学与功能特征。

(1) 消化系统淋巴瘤是猫最常见的淋巴肿瘤，其次是多中心、纵隔、肾和结外淋巴瘤。

(2) 多发性淋巴瘤常累及腹腔淋巴结，肝、脾可能受累，罕见单一的浅表淋巴结受累。

(3) 累及头颈部单一或局部淋巴结的淋巴瘤罕见，这是一种非典型B淋巴细胞起源的、形态与人类霍奇金淋巴瘤相似的淋巴瘤。

(4) 胃淋巴瘤是B淋巴细胞起源的，而小肠淋巴瘤是T淋巴细胞或B淋巴细胞起源的。

(5) 大颗粒性小肠淋巴瘤发生于老年猫，起源于T淋巴细胞，呈现白血病血象。

(6) 消化道淋巴瘤发生于FeLV阴性的老年猫。

(7) 纵隔淋巴瘤发生于幼猫。它来源于T淋巴细胞，80%以上的患猫呈FeLV阳性。

(8) 肝、肾淋巴瘤患猫的FeLV阳性率为20%～50%。

(9) 据报道，大多数脊柱淋巴瘤发生于FeLV阳性的青年猫。

(10) 鼻腔淋巴瘤是B细胞起源的，发生于FeLV血清阴性的老年猫。

(11) 猫的皮肤淋巴瘤罕见。

(12) FIV相关淋巴瘤是B淋巴细胞起源的，常在结外组织发生。

(13) 在大多数情况下，细胞学诊断时发现异质性细胞和炎性细胞浸润可以排除猫消化系统和多中心性淋巴瘤。

3. 实验室诊断。

(1) 猫淋巴瘤的白血病血象罕见，这与FeLV是否感染无关。

(2) 淋巴瘤患猫通常没有或仅出现轻微的血象变化。

(3) 可能会发生慢性轻度贫血。

(4) FeLV感染猫原发性造血罕见。如果存在，则包括严重的巨细胞非再生性贫血、巨血小板症、中性粒细胞和红细胞形成障碍，并发或不发生白血病。

(六) 鼬科动物淋巴瘤

1. 解剖学与功能特征。

(1) 淋巴瘤是雪貂常见的肿瘤。

(2) 消化系统淋巴瘤最常见，主要发生于中老年雪貂。

(3) 纵隔淋巴瘤是T淋巴细胞起源的，发生于幼年雪貂。其他物种也是如此。

(4) 快速进展和进展缓慢的淋巴瘤都有报道。

(5) 雪貂的绝大多数淋巴瘤是T淋巴细胞起源的。

2. 实验室诊断。

(1) 典型的血象变化是轻度至中度贫血。

(2) 其他血细胞减少或白血病血象少见。

(七) 禽淋巴瘤

1. 解剖学与功能特征。鹦鹉和猛禽的多中心、皮肤和消化系统的淋巴瘤都有报道。

2. 实验室诊断。有高钙血症和丙种球蛋白病的报道病例。

(八) 马属动物淋巴瘤

1. 解剖学与功能特征。

(1) 除皮肤瘤外，其他的肿瘤在马属动物罕见，但是马属动物淋巴瘤多发。

(2) 马属动物淋巴瘤中最常见的是多发性淋巴瘤，腹腔淋巴结受累，肠和肝可以观察到浸润转移的淋巴瘤细胞。

(3) 马属动物也会发生皮下、脾脏和纵隔淋巴瘤。

(4) T淋巴细胞起源的淋巴瘤是最常见的，但是在B淋巴细胞瘤中，也可以见到细胞形态的变化及浆细胞和组织细胞的浸润。

(5) 在T淋巴细胞丰富的B淋巴细胞瘤中，B淋巴细胞被认为是肿瘤细胞，分化成熟的T细胞被认为是免疫细胞。

(6) 皮肤淋巴瘤可能是B淋巴细胞或T淋巴细胞起源的。

(7) 纵隔淋巴瘤是T淋巴细胞的起源，其他物种也是如此。

(8) 马淋巴瘤进展缓慢，但是注射雌激素或孕酮时肿瘤会增大或缩小。

2. 实验室诊断。

(1) 多发性淋巴瘤性水肿常与全身性炎症、高纤维蛋白原血症、低蛋白血症、高球蛋白血症等伴发。

(2) 常见免疫性溶血性贫血和抗球蛋白试验阳性，这可能也是淋巴瘤的表现。

(3) 20%～30%的淋巴瘤患马出现血小板减少或白血病血斑。

(4) 多中心性淋巴瘤常发生免疫球蛋白血症，这些免疫球蛋白可能是单克隆或多克隆抗体。

(九) 牛淋巴瘤

1. 牛白血病病毒（BLV）感染的作用。

(1) 成年牛的大多数淋巴瘤或淋巴细胞白血病是由 BLV 感染引起的。

(2) 30%的 BLV 阳性牛呈现持续性的成熟淋巴细胞和非肿瘤 B 淋巴细胞增多。

(3) 持续性淋巴细胞增多症是指淋巴细胞计数大于动物特定年龄的参考区间，并持续三个月以上。

(4) 只有低于 5%的患持续性淋巴细胞增多症的牛会发生淋巴瘤。持续性淋巴细胞增多症表明存在 BLV 感染但是不代表有淋巴瘤发生。

(5) 在大多数 BLV 感染的牛中，持续性淋巴细胞增多症会推动淋巴瘤的发展。

2. 解剖学与功能特征。

(1) 多中心性（地方性）淋巴瘤是牛淋巴肿瘤中最常见的，这种淋巴瘤通常发生于老年牛。

(2) 多发性淋巴瘤的特点是浅表或腹部淋巴结肿大。随着疾病的进展，累及心脏、胃肠道、子宫、肾脏和其他器官。

(3) 肿瘤细胞是成熟的 B 淋巴细胞，瘤细胞表达主要组织相容性复合体Ⅱ类抗原和 CD5，并分泌 IgM。

(4) 其他的散发性淋巴瘤和 BLV 感染无关。

(5) 散发性多中心性淋巴瘤发生于犊牛，散发性纵隔淋巴瘤发生于 1 岁左右的牛，散发性皮肤淋巴瘤发生于幼龄牛。

(6) 在大多数情况下，可以使用肿瘤组织穿刺进行细胞学诊断。

3. 实验室诊断。

(1) 白细胞计数变异大，从白细胞减少到白细胞增多的情况都有。

(2) 在持续性淋巴细胞增生之前检测到形态异常的淋巴细胞和 B 淋巴细胞比例增加是公认的标准。

(3) 10%～30%的多发性淋巴瘤患牛有白细胞血象。白细胞计数会超过 100 000/μL，淋巴细胞形态异常。

(4) 牛淋巴瘤发生时，贫血很少见，因为红细胞寿命延长至 160d。

二、急性淋巴细胞白血病

(一) 概念和发生

1. 急性淋巴细胞白血病（ALL）起源于骨髓中未分化的淋巴细胞。

2. 在所有的动物中，急性淋巴细胞白血病比淋巴瘤少见。

3. 自从采用检测和免疫以后，急性淋巴细胞白血病在 FeLV 感染猫中少见。

4. 急性淋巴细胞白血病可能发生在任何年龄段，通常临床过程非常短。

(二) 实验室诊断

1. 肿瘤淋巴细胞的大小不等，细胞核呈现微凹陷的圆形，染色质分散，有一个到多个核仁或核仁环，有细微的深蓝色边缘，有时细胞质有颗粒（“母细胞”）。

2. 血液学变化不恒定，但严重的全血细胞减少很典型，可以影响一个或多个血细胞系。肿瘤细胞可能只在骨髓中被检测到，血涂片的瘤细胞形态学特征不明显（白细胞缺乏），这也许是由循环中白细胞数量不多（亚白血病）或者是血液中白细胞数量过多引起的（白血病）。

3. 血细胞减少是由骨髓瘤趋于严重和进展迅速引起的。

4. 肿瘤细胞的细胞化学分类有助于鉴别急性淋巴细胞白血病和非淋巴性的恶性肿瘤。

5. 基于免疫表型的肿瘤分类受限的原因是检测这些恶性肿瘤细胞分化的标志物很少。大多数急性白血病起源于B淋巴细胞。

6. CD34是由未分化的淋巴样和髓样前体细胞表达的抗原。它的存在可以确诊急性白血病，但不能确定肿瘤细胞的谱系。

7. 犬、猫和马的B细胞、T细胞和NK细胞急性淋巴细胞白血病都有报道。

8. 淋巴细胞受体基因重排检测对循环肿瘤淋巴细胞的检测比血涂片形态学检查更为敏感。

（三）鉴别诊断

1. 急性淋巴细胞白血病必须与其他急性白血病，特别是含有大量未分化的母细胞的白血病（急性髓性或单核细胞性白血病）进行鉴别诊断，并可以尝试进行化疗。大多数B淋巴细胞起源的急性淋巴细胞白血病，肿瘤细胞的细胞质会表达CD79-α或者在细胞膜上表达CD21。T淋巴细胞起源的急性淋巴细胞白血病会在细胞膜上表达CD3。

2. 晚期淋巴瘤也许会有明显的白血病血象，这与急性淋巴细胞白血病相似。然而，淋巴瘤的特点是存在持续变化的白血病血象，并且有肿瘤块。而白血病的组织器官在肿瘤细胞浸润后的增大往往发生于血液中存在明显的肿瘤细胞之后。

3. 急性淋巴细胞白血病和淋巴瘤的终末期难以鉴别。但是，急性淋巴细胞白血病通常不形成肿瘤块。

三、慢性淋巴细胞白血病

（一）概念和发生

1. 慢性淋巴细胞白血病（CLL）是相对分化的淋巴细胞形成的肿瘤，这些肿瘤细胞的“家”是次级淋巴器官，如脾脏。

2. 慢性淋巴细胞白血病发生于老年动物，主要发生于老龄犬。

3. 疾病的进程缓慢，通常持续数月至数年。

4. 脾肿大明显，逐渐累及骨髓。

5. CLL的终末期可能与小细胞淋巴瘤有相似的临床表现。

（二）实验室诊断

1. 肿瘤细胞与良性小淋巴细胞相似。淋巴细胞计数范围为10 000～100 000/μL。

2. 50%～80%患有CLL的犬，其肿瘤淋巴细胞中可见粉红色或紫色的胞质颗粒，这些瘤细胞是T淋巴细胞起源的。要注意与大颗粒淋巴细胞（LGLs）相鉴别，LGLs的胞质颗粒比较大。

3. 引起60%～80%的犬慢性淋巴细胞白血病的瘤细胞是T淋巴细胞起源的，尤其是$CD8^+$ T淋巴细胞起源的。

4. B淋巴细胞起源的慢性淋巴细胞白血病和单克隆性球蛋白病相关。

5. 常发生贫血，但不严重。轻度血小板减少也可能发生。

6. 晚期慢性淋巴细胞白血病常侵犯骨髓，导致骨髓瘤。

（三）鉴别诊断

1. 猫生理性淋巴细胞增多可能类似于CLL淋巴细胞增多，但生理性淋巴细胞增多是短暂的，并且不发生脏器肿大。

2. 犬肾上腺皮质功能减退可能会导致中等或小淋巴细胞增多症。

3. 在某些传染病（如无形体病、立克次体病、落基山斑疹热）发生或接种疫苗后可能会导致反应性淋巴细胞增多，此时淋巴细胞呈现中等程度的增多，反应性淋巴细胞增多通常可以通过实验室检测来确定病因（如检测立克次体抗体滴度）。

四、大颗粒淋巴细胞瘤/白血病

（一）概念和发生

1. 在生理状态下，大颗粒淋巴细胞（LGL）来源于骨髓，定植于上皮组织如小肠。

2. 大多数大颗粒淋巴细胞表达T淋巴细胞受体CD3和CD8，但有些也会呈现自然杀伤细胞表型。

3. 大颗粒淋巴细胞瘤比较少见，但形成独特的淋巴瘤肿块。大颗粒淋巴瘤在猫、马、犬和禽类都有报道。常发生于老年动物。

4. 小肠发生的大颗粒淋巴瘤常累及腹腔淋巴结和肝脏。

5. 临床上，动物通常会发生厌食症和呕吐，此时血涂片中大颗粒淋巴细胞增多。

6. 大颗粒淋巴瘤是高级别恶性肿瘤，发展迅速。

（二）实验室诊断

1. 大颗粒淋巴瘤细胞的大小变化大，细胞质中有粉红色或红色颗粒。在一些肿瘤细胞中，这些颗粒可能聚集在核压痕部位附近。

2. 循环中大颗粒淋巴瘤细胞的数目会增加至超过100 000/ μL。

3. 常见轻度贫血和中性粒细胞增多。

4. 研发可以确定LGL细胞亚群的免疫试剂有助于疾病的诊断和临床预后。

（三）鉴别诊断

1. 由于犬T淋巴细胞来源的白血病常有含细微颗粒的小淋巴细胞，这常被误诊为肝脏大颗粒淋巴瘤。起源于脾红髓T淋巴细胞的慢性淋巴细胞白血病与肠道肿瘤无关。

2. 有报道表明，犬慢性边虫病和禽类的球虫病引起的反应性淋巴细胞增多时细胞质中有颗粒的淋巴细胞增多。

五、浆细胞瘤

（一）概念和发生

1. 浆细胞瘤、浆细胞性骨髓瘤（多发性骨髓瘤）是B淋巴细胞的克隆性增殖形成的，往往会产生均一的免疫球蛋白或免疫球蛋白片段。

2. 浆细胞瘤会形成单个或多个肿块，最常累及皮肤或黏膜。这些肿瘤发生在年龄较大的动物身上，而犬通常没有临床症状，也不会分泌免疫球蛋白。

3. 猫的孤立性浆细胞瘤偏嗜骨或皮肤，可局部浸润。

4. 浆细胞瘤可能含有胞质免疫球蛋白，这可通过免疫组化检测出来，但血清电泳图谱变化不明显。

5. 浆细胞性骨髓瘤是一种克隆性浆细胞肿瘤，通常发生在骨髓，常与单克隆性丙种球蛋白病相关。犬可能会发生骨质溶解，但在猫很罕见。

6. 动物的浆细胞性骨髓瘤可产生IgG、IgA和IgM。

7. 非分泌性浆细胞性骨髓瘤罕见，但犬和猫的该类肿瘤都有报道。

8. 产生IgM的浆细胞性骨髓瘤，由于IgM分子质量大，常呈现高黏血症。骨溶解罕见。

9. 高球蛋白血症和单克隆丙种球蛋白病的“三高”是浆细胞性骨髓瘤的标志。然而，单克隆丙种球蛋白病也常见于某些传染病（如猫传染性腹膜炎、犬无形体病）。

10. 冷球蛋白血症是单克隆免疫球蛋白（如IgM或IgG）产生时导致体温下降而引起的。

11. 极少数淋巴瘤或B淋巴细胞起源的白血病可能会产生IgM型的单克隆免疫球蛋白。

12. 浆细胞性骨髓瘤通常发生于老龄动物。

（二）诊断标准

诊断浆细胞性骨髓瘤必须至少满足四项标准中的两项，这些标准包括以下内容：

1. 骨溶解的影像学证据。溶骨在犬中较为常见，但在猫中少见。

2. 骨髓中大量的浆细胞。溶骨性病变的骨髓抽吸检查发现存在大比例的浆细胞。猫软组织肿瘤浆细胞聚集比骨病变更为常见。

3. 血清电泳呈现单克隆丙种球蛋白病。

4. 本斯-琼斯蛋白尿。电泳是检测尿标本中免疫球蛋白轻链的 Jones 蛋白的最佳方法。

（三）实验室诊断

1. 免疫球蛋白血症。这是浆细胞骨髓瘤的诊断标志。

（1）单克隆抗体可以识别血清电泳图谱的β或γ区域离散或聚集的狭窄条带。

（2）异常蛋白称为 M 组分或病变蛋白。

（3）病变蛋白也许是由完整的免疫球蛋白、免疫球蛋白轻链或重链组成。

（4）免疫球蛋白亚型可以通过免疫电泳、免疫固定电泳或放射免疫扩散检测。

（5）正常免疫球蛋白的合成可能被抑制。这种功能性免疫缺陷可能使动物容易感染，因为单克隆抗体不能提供针对病原体的广泛性保护。

2. 本斯-琼斯蛋白尿。

（1）游离免疫球蛋白轻链（本斯-琼斯蛋白）比白蛋白小，更容易通过肾小球，在尿液中的浓度比血清中更高。因此，检测尿液中的本斯-琼斯蛋白具有诊断意义。“轻链病”不会出现单克隆丙种球蛋白病的血清蛋白电泳结果。

（2）除非肾小球出现损伤，完整的免疫球蛋白分子不能通过肾小球。

（3）轻链不与尿试纸指标蛋白反应，因此，可以用尿试纸来检测这种蛋白。

（4）浓缩尿是电泳检测本斯-琼斯蛋白的首选方法；尿轻链蛋白的热沉淀检测既不敏感又非特异。

（5）超过 50%患有浆细胞性骨髓瘤的犬和猫可能有轻链蛋白尿。

3. 骨髓和血液学。

（1）光镜下，骨髓中的肿瘤浆细胞常与正常浆细胞难以区分。

（2）骨髓中浆细胞聚集在大多数多发性骨髓瘤的病例中可以观察到，但单次骨髓穿刺或活检可能看不到浆细胞聚集。

（3）骨髓中含有高达 15%～20%的浆细胞高度提示是浆细胞性骨髓瘤。健康或患病动物的骨髓中虽然含有多达 5%的浆细胞，但这些细胞分散存在，就不能诊断为浆细胞性骨髓瘤。

（4）浆细胞性白血病罕见。在浆细胞性骨髓瘤中，血液涂片检查中很少检出肿瘤浆细胞。

（5）伴发贫血，这也许是由骨髓瘤引起的。血液稀薄的原因可能是血浆渗透压增加或脾巨噬细胞吞噬病变蛋白覆盖的红细胞导致红细胞寿命缩短。

（6）血小板和中性粒细胞减少始终伴随骨髓瘤进展。

4. 止血。

（1）血小板功能受损可能是由于病变蛋白结合到了血小板上（降低了聚合）。

（2）病变蛋白复合体导致凝血因子减少。

（3）IgM（分子质量为900 000u）和 IgA 二聚体可能引起血液黏度增加，导致组织缺血和出血。

（4）因此，即使血小板计数正常，也可观察到浆细胞性骨髓瘤的出血情况。

5. 其他的实验室诊断。

（1）常见中度高钙血症，这是由骨髓瘤细胞产生的破骨细胞活化因子引起骨吸收所致。

（2）肾脏病变的发展历程包括从慢性高钙血症到肾钙质沉着，从高黏血症引起的缺氧损伤到轻链蛋白肾脏毒性、肿瘤细胞浸润和/或原发性淀粉样蛋白沉积（主要发生在人）。

（3）高黏血症与病变蛋白的分子质量、聚集程度和数量有关，这是 IgM 型多发性骨髓瘤的一个共同特征。IgA 和 IgG 型骨髓瘤较少出现高黏血症。

（4）发生高黏血症后也许会发生代偿性高球蛋白血症，这是机体代偿低白蛋白血症引起的血浆胶体渗透压下降所致。

第二节　骨髓增生性疾病

骨髓增生性疾病是所有起源于骨髓的白血病总称，涉及除淋巴细胞以外的细胞。白血病是一种克隆性疾病，肿瘤细胞由同一个祖先肿瘤细胞产生。肿瘤细胞可能是相对未分化的（急性白血病）或类似于在血液中经常遇到的更成熟的细胞（慢性白血病）（图 3.1）。白血病细胞具有多基因遗传性病变，形成特定的表型，根据表达或抑制刺激因子或受体的特性，形成不同的细胞系。正常的造血细胞被肿瘤细胞取代，导致骨髓瘤。急性白血病如果不进行治疗就会迅速发展而致命，但慢性白血病未经治疗时临床上发展缓慢、病程更长。因为慢性白血病病程较长，贫血、血小板和中性粒细胞减少是慢性白血病的主要临床并发症。

一、一般特性

1. 通常存在白血病血象。
2. 以未分化的原始细胞在血液或骨髓中的比例为标准可以分为急性或慢性白血病。
3. 这种分类标准与疾病的临床进程相一致。急性白血病进展迅速，而慢性白血病发展缓慢。
4. 器官内浸润的肿瘤细胞的分布与骨髓来源的单核细胞和巨噬细胞在组织中的分布相似。浸润的肿瘤细胞常累及脾脏红髓、淋巴结窦、包膜下区的肝窦和其他器官的血管区。
5. 白血病细胞一般不会形成独立的肿块，特例是粒细胞白血病中很罕见的、被称为绿色瘤的肿块。类似的，禽类髓细胞白血病相关的肿块被称为骨髓瘤。
6. 在急性白血病中，造血骨髓被肿瘤细胞部分或完全取代，这可能是导致骨髓细胞过多或过少的原因。
7. 慢性白血病的特征是骨髓细胞增生并逐渐发展、淋巴结轻度肿大、肝脾肿大。
8. 淋巴增殖性疾病比骨髓增生性疾病更常见。

二、急性髓细胞白血病

（一）分类

1. 根据世界卫生组织（WHO）对造血和淋巴组织肿瘤的分类标准，对人类急性髓细胞白血病（AML）进行分类，涉及形态学、免疫表型和临床及预后相似的不同病人的遗传学特征。这种分类方法已用于犬和猫的急性白血病，但主要依靠形态学特征。
2. 犬和猫的急性髓细胞白血病涵盖了人类的大多数亚型。
3. 骨髓有核细胞的 30％是母细胞并且超过 50％的有核细胞是非红系细胞时就可以诊断为急性白血病。
4. 血液和骨髓涂片进行罗氏染色时，不同谱系的细胞几乎没有形态特征的区别。因此，必须采用细胞化学和免疫化学方法来确定细胞的谱系。
5. 可以根据细胞质特征进行白血病细胞的分类时可以借助透射电子显微镜。
6. 急性白血病可能伴有严重的遗传异常，并且很快死亡。
7. 现在的技术水平还不足以对动物所有的白血病进行分类。

（二）亚群

1. 急性未分化白血病（AUL）。这种白血病的特征是存在大量的母细胞，其谱系无法确定。抗 CD34 抗体可以标记犬骨髓中未分化的淋巴细胞和粒细胞的前体细胞。

2. 急性髓细胞白血病（粒细胞）

（1）动物中有两个亚型：

①幼稚粒细胞白血病。在这种白血病（M1）中，骨髓中超过 90%的细胞是非红系细胞。

②急性粒细胞性白血病。在这种白血病（M2）中，30%～90%的非红系细胞是原始细胞。可能存在嗜碱性粒细胞、嗜酸性粒细胞的分化。

（2）实验室诊断。

①成髓细胞数目可变的白血病血象。中性粒细胞髓过氧化物酶、苏丹黑 B 和氯乙酸酯酶阳性。犬和猫肿瘤中性粒细胞前体可能表现为碱性磷酸酶染色阳性，而正常的中性粒细胞是阴性的（碱性磷酸酶活性是许多细胞系包括淋巴细胞不成熟的标志）。

②髓过氧化物酶活性可通过自动血液分析仪检测。

③白血病细胞表达 CD34 和泛白细胞标记物 CD45，也许可以表达中性粒细胞特异性抗原（NSA）。

④白细胞计数从白细胞减少到增多都有可能出现。对白细胞减少（中性粒细胞）及血液中出现肿瘤细胞的患病动物诊断为 AML 时必须进行骨髓穿刺检查。

⑤骨髓瘤会导致非再生性贫血和血小板减少，贫血可能很严重。

3. 早幼粒细胞白血病（M3）。

（1）肿瘤细胞的胞质有少量嗜天青颗粒。

（2）细胞化学反应与中性粒细胞谱系一致。

（3）只有猪报道过这种亚型 AML。

4. 髓单核细胞性白血病（M4）。

（1）这种亚型是犬、猫和马最常见的 AML 形式。

（2）中性粒细胞系和单核细胞系都受到了影响，这表明他们具有共同的祖先细胞（CFU-GM；见图 1.2）。

（3）实验室诊断。

①在骨髓中，原粒细胞和原单核细胞占所有有核细胞的 30%以上。

②中性粒细胞通过髓过氧化物酶、苏丹黑 B 和氯乙酸酯酶的细胞化学反应鉴定。

③氟化钠可抑制单核细胞识别的 α-醋酸萘酯酶活性（非特异性酯酶）。这些细胞也有 α-萘丁酸酯酶（特异性酯酶）活性。

④是否为单胚层或单核细胞起源，可以由 CD14 或反应性抗体 MAC387（钙结合蛋白）的表达进行免疫化学检测来确定。

⑤中性粒细胞和单核细胞的百分比在疾病进程中可能发生变化，每一种细胞类型都可能占主导地位。

⑥骨髓有核细胞中成熟粒细胞和单核细胞都占 20%以上。

5. 单核细胞性白血病（M5）。

（1）单核细胞系的肿瘤细胞是骨髓中超过 80%非红系细胞有核细胞，这可以通过 CD14 和/或钙结合蛋白免疫组织化学进行鉴定。

（2）血液中标记的单核细胞增多，这些单核细胞有可能不成熟或异常。

（3）常见轻度贫血和血小板减少。轻度贫血，即使有明显的白细胞增多，也可能与单核细胞在骨髓中缺乏存储有关。

6. 红白血病（M6）。

（1）红白血病的特征是由成红细胞和原髓细胞共同产生的，这种白血病有双细胞谱系。

（2）50%的有核骨髓细胞是红细胞前体，而 30%以上的非红系细胞是成髓细胞。常见异常红系造血。

（3）红细胞前体细胞胞质呈现暗蓝色染色。细胞化学染色和免疫组化标记都不能用于识别红细胞。

（4）红白血病只在猫与家禽报道过，而且往往与猫 FeLV 感染有关。

（5）红斑性骨髓组织增生是用于 FeLV 感染猫相关白血病的一个旧术语。

（6）实验室诊断。

①这种白血病的特征是严重贫血，血液中不同成熟阶段的红细胞前体缺乏，包括晚幼红细胞、多色性及网织红细胞。

②因此，这种情况是一种严重的非再生性贫血和白血病。

③有急性和慢性红斑性骨髓增生两种形式。在慢性型中，早幼红细胞和晚幼红细胞是优势细胞类型，有核红细胞少见。慢性型可转变为急性未分化性白血病。

④由于 FeLV 检测和免疫的接种，FeLV 感染的这种表现越来越少。

7. 巨核细胞性白血病（巨核细胞骨髓增生，M7）。

（1）巨核细胞在骨髓有核细胞中的比例超过 30%。这些细胞很难单独通过形态学进行识别。

（2）如果有必要，可以通过检测细胞乙酰胆碱酯酶活性进行鉴定。另外，血管假性血友病因子或糖蛋白Ⅱb-ⅢA（CD41-CD61）的免疫反应也可用于肿瘤细胞识别。目前，已经确定巨核细胞会表达 CD34。

（3）骨髓纤维化和无法吸出骨髓是巨核细胞白血病的特征。

三、骨髓增生异常综合征

（一）概念

1. 骨髓增生异常综合征（MDS）是一种克隆性造血系统疾病，通常演变为急性白血病。因此，骨髓增生异常综合征是白血病的前期状态。

2. 骨髓增生异常综合征主要表现为骨髓中原髓细胞少于 30%、红细胞畸形（红细胞形态异常）和细胞减少，并影响多个造血细胞系。

3. 骨髓增生异常综合征在猫最常见，在犬和马不多见。

4. 猫感染 FeLV 会发展成骨髓增生异常综合征。

（二）实验室诊断

1. 血细胞减少影响多个造血细胞系可能会导致非再生性贫血、中性粒细胞或血小板减少中的一种或多种。

2. 骨髓增生异常综合征的典型血液学变化包括多染性大细胞增多、晚幼红细胞增多，红细胞成熟异常，出现巨血小板、中性粒细胞、成髓细胞和异常嗜酸性粒细胞。

3. 骨髓抽吸和活检显示细胞过多。除了可以观察到血液中细胞发育不良的变化外，还可以看到巨噬细胞的病理性核分裂象、发育受阻的巨核细胞、巨核细胞和中幼红细胞的细胞核和细胞质发育不同步、粒细胞前体细胞形成异常肉芽肿。

4. 动物从骨髓增生异常综合征发展到急性白血病的时间可长可短。

四、骨髓增殖性肿瘤

（一）概念

1. 骨髓增殖性肿瘤（MPN）包括幼稚和成熟的粒细胞、红细胞和血小板的克隆性增殖，疾病逐渐进展。

2. 常见的临床特征是髓细胞过多、脾肿大、中度到显著的白细胞增多、红细胞和血小板增多。

3. 骨髓增殖性肿瘤通常发生于老年动物。

4. 急性髓细胞白血病的发生可能伴随血中未分化细胞占比优势的改变（母细胞危象）。

（二）亚型

1. 慢性粒细胞性白血病（CGL）。

（1）慢性粒细胞性白血病以相对成熟的中性粒细胞增生为特征。

（2）犬、猫和马的慢性粒细胞性白血病不常见。

（3）血液学变化包括中度至重度中性粒细胞增多与无序的核左移，血象中显示性粒细胞破碎、聚集，后髓细胞占大多数，但也存在髓细胞、前髓细胞。

（4）中度分化的粒细胞在骨髓中占大多数，骨髓细胞和红细胞的比例为5∶1～20∶1。

（5）慢性粒细胞性白血病中，中性粒细胞前体的成熟程度和急性髓细胞白血病有显著的区别。急性髓细胞白血病中髓细胞占大多数。

（6）常见轻度贫血，可能存在不同程度的血小板减少。

（7）慢性粒细胞性白血病必须和炎症反应相区分，炎症反应时白细胞剧烈增多并且有严重的核左移。诊断慢性粒细胞性白血病时，必须排除炎症和感染的可能性（如子宫蓄脓、脓疡），并认真观察中性粒细胞的形态。慢性粒细胞性白血病肿瘤细胞组织和器官浸润的模式与炎症反应的特征不同。

（8）慢性粒细胞性白血病也必须和肾癌、直肠腺瘤、纤维肉瘤等肿瘤的副肿瘤综合征相区分，副肿瘤综合征也会产生异常分化的粒细胞或粒细胞集落刺激因子（GM-CSF 或 GM）。在发生副肿瘤综合征时，中性粒细胞计数可达100 000～200 000/μL。

2. 慢性嗜酸性粒细胞白血病。

（1）血液和骨髓中嗜酸性粒细胞增多，且成熟程度不同。

（2）该型白血病罕见，但是已经证实猫可以患该病。

（3）慢性嗜酸性粒细胞白血病必须和罗威纳犬及猫的嗜酸性粒细胞增多综合征相鉴别，嗜酸性粒细胞增多综合征表现为血液中轻度、中度嗜酸性粒细胞增多伴有非特异性组织浸润。

3. 慢性嗜碱性粒细胞白血病。

（1）嗜碱性粒细胞主要存在于血液和骨髓中。

（2）该型白血病罕见，但已经证实犬和猫都可以患该病。

（3）嗜碱性粒细胞和肥大细胞的区别在于嗜碱性粒细胞存在分叶核和非致密的颗粒。由于慢性嗜碱性粒细胞白血病肿瘤细胞存在病理性核分裂象，使其难以与肥大细胞相区分。嗜碱性颗粒比肥大细胞的细微颗粒更粗大。

4. 真性红细胞增多症（原发性红细胞增多症、原红细胞增多症）。

（1）这种形式的血液肿瘤表现为红细胞的增殖不依赖促红细胞生成素。

（2）真性红细胞增多症患病动物表现为血细胞比容升高（60%～80%），并且与水合和氧化无关。

（3）血液中红细胞形态染色正常。

（4）犬、猫、牛和马都有真性红细胞增多症的报道。

（5）真性红细胞增多症必须同绝对性红细胞增多症相鉴别，绝对性红细胞增多症常发生于肾脏囊肿或某些肿瘤（如肾癌）导致促红细胞生成素分泌增多的情况下。

（6）在真性红细胞增多症中，促红细胞生成素浓度下降或低于参考区间的低值。

（7）犬出血性胃肠炎可能有显著的红细胞增多症（血细胞比容60%～80%）；然而，出血性胃肠炎可以根据明显的临床症状做出诊断。

5. 原发性血小板增多症。

（1）该型白血病罕见，但已经证实犬和猫可以患该病。

（2）血液中血小板的数量超过了1×10^6/μL。

（3）血小板形态异常，伴有巨血小板和致密颗粒。

（4）骨髓抽吸和活检会发现巨核细胞增多。

6. 慢性粒单核细胞白血病。

（1）该型白血病包括中性粒细胞和单核细胞的大量产生。

（2）中性粒细胞和单核细胞的百分比可变，并且可能在整个病程中发生变化。

（3）血涂片染色显示中性粒细胞和单核细胞分化良好。

（4）常有不太严重的贫血，但慢性粒细胞白血病比慢性粒单核细胞白血病更严重。

（5）常见肝、脾肿大。

7. 慢性单核细胞白血病。

（1）该型白血病的特征是单核细胞大量产生。

（2）白细胞增多表现为单核细胞计数超过800 000/μL。

（3）血涂片染色显示单核细胞分化良好。

（4）虽然白细胞极度过多，但呈现温和型贫血。这可能与骨髓缺乏成熟的单核细胞储存池有关（见第二章）。

（5）常见肝、脾肿大。

五、肥大细胞性白血病

1. 这种白血病的特征是循环中的肥大细胞形态正常或细胞颗粒、细胞、细胞核的大小发生改变。

2. 肥大细胞性白血病可能是一种原发性造血系统肿瘤，发生于犬的皮肤和猫的胃肠道。

3. 猫的脾脏肥大细胞瘤常伴有全身性肥大细胞增多症与白血病血象。

4. 肥大细胞性白血病罕见。该病必须和具有白血病血象的肥大细胞瘤相鉴别，也要和细小病毒性肠炎、胃扭转、心包炎、胸膜炎、腹膜炎、肺炎和胰腺坏死引起的肥大细胞血症相鉴别。

5. 肥大细胞性白血病由于组胺等血管活性物质的释放而引起胃肠道疾病。

六、髓源性组织细胞与树突状细胞肿瘤

（一）概念

1. 是组织细胞和骨髓来源的树突状前体细胞引起的肿瘤，骨骼肌、脾、皮肤、肺、骨髓等组织器官受累。

2. 临床、形态学和免疫表型特征，可以鉴别树突状细胞和组织细胞。

3. 该肿瘤在犬常见，伯恩山地犬、罗威纳犬和拉布拉多犬易感该病。

4. 犬树突状细胞慢性白血病已被报道过。

（二）亚型

1. 犬间质树突状细胞来源的组织细胞肉瘤会在肺脏、脾脏及其周围形成局限性或弥散性的肿瘤块。以前，弥散性组织细胞肉瘤被称为“恶性组织细胞增生症”。

2. 组织细胞肉瘤的特点是瘤细胞表达 CD1a、CD11c 和主要组织相容性Ⅱ类抗原，具有树突状细胞的特性。

3. 组织细胞肉瘤的噬血细胞起源于骨髓巨噬细胞，这些细胞见于脾脏、骨髓和肝脏，呈弥漫性浸润，很少形成单独的肿块。

4. 组织细胞肉瘤的特征是瘤细胞吞噬红细胞及其他血细胞，患犬表现为贫血、血小板减少、低蛋白血症和低胆固醇血症。

5. 肿瘤细胞表达 CD11d 但不表达 CD1 和 CD11c，这与巨噬细胞相似。

6. 树突状细胞白血病罕见。唯一的病例报告显示没有血细胞减少但是有明显的白血病细胞浸润。

7. 有慢性组织细胞增殖影响猫皮肤的报道。

参 考 文 献

Affolter V K, Moore P F: 2006. Feline progressive histiocytosis. *Vet Pathol* 43: 646-655 .

Ammersbach M, Delay J, Caswell J L, et al: 2008. Laboratory findings, histopathology, and immunophenotype of lymphoma in domestic ferrets. *Vet Pathol* 45: 663-673.

Allison R W, Brunker J D, Breshears M A, et al: 2008. Dendritic cell leukemia in a Golden Retriever. *Vet Clin Pathol* 37: 190-197.

Beatty J A, Lawrence C E, Callanan J J, et al: 1998. Feline immunodeficiency virus (FIV) -associated lymphoma: a potential role for immune dysfunction in tumourigenesis. *Vet Immunol Immunopathol* 65: 309-322.

Bienzle D, Silverstein D C, Chaffin K: 2000. Multiple myeloma in cats: variable presentation with different immunoglobulin isotypes in two cats. *Vet Pathol* 37: 364-369.

Boone L I, Knauer K W, Rapp S W, et al: 1998. Use of human recombinant erythropoietin and prednisone for treatment of myelodysplastic syndrome with erythroid predominance in a dog. *J Am Vet Med Assoc* 213: 999-1001.

Breuer W, Colbatzky F, Platz S, et al: 1993. Immunoglobulin-producing tumours in dogs and cats. *J Comp Pathol* 109: 203-216.

Caniatti M, Roccabianca P, Scanziani E, et al: 1996. Canine lymphoma: immunocytochemical analysis of fine-needle aspiration biopsy. *Vet Pathol* 33: 204-212.

Cesari A, Bettini G, Vezzali E: 2009. Feline intestinal T-cell lymphoma: assessment of morphologic and kinetic features in 30 cases. *J Vet Diagn Invest* 21: 277-279.

Colbatzky F, Hermanns W: 1993. Acute megakaryoblastic leukemia in one cat and two dogs. *Vet Pathol* 30: 186-194.

Dascanio J J, Zhang C H, Antczak D F, et al: 1992. Differentiation of chronic lymphocytic leukemia in the horse. A report of two cases. *J Vet Intern Med* 6: 225-229.

Darbes J, Majzoub M, Breuer W, et al: 1998. Large granular lymphocyte leukemia/lymphoma in six cats. *Vet Pathol* 35: 370-379.

Day M J, Henderson S M, Belshaw Z, et al: 2004. An immunohistochemical investigation of 18 cases of feline nasal lymphoma. *J Comp Pathol* 130: 152-161.

de Bruijn C M, Veenman J N, Rutten V P, et al: 2007. Clinical, histopathological and immunophenotypical findings in five horses with cutaneous malignant lymphoma. *Res Vet Sci* 83: 63-72.

de Wit M, Schoemaker N J, Kik M J, et al: 2003. Hypercalcemia in two Amazon parrots with malignant lymphoma. *Avian Dis* 47: 223-228.

Erdman S E, Brown S A, Kawasaki T A, et al: 1996. Clinical and pathologic findings in ferrets with lymphoma: 60 cases (1982-1994) . *J Am Vet Med Assoc* 208: 1285-1289.

Fine D M, Tvedten H W: 1999. Chronic granulocytic leukemia in a dog. *J Am Vet Med Assoc* 214: 1809-1812.

Fournel-Fleury C, Ponce F, Felman P, et al: 2002. Canine T-cell lymphomas: a morphological, immunological, and clinical study of 46 new cases. *Vet Pathol* 39: 92-109.

Gabor L J, Jackson M L, Trask B, et al: 2001. Feline leukaemia virus status of Australian cats with lymphosarcoma. *Aust Vet J* 79: 476-481.

Gabor L J, Canfield P J, Malik R: 1999. Immunophenotypic and histological characterisation of 109 cases of feline lymphosarcoma. *Aust Vet J* 77: 436-441.

Gavazza A, Lubas G, Valori E, et al: 2008. Retrospective survey of malignant lymphoma cases in the dog: clinical, therapeutical and prognostic features. *Vet Res Commun* 32 (Suppl 1): S291-S293.

Gregory C R, Latimer K S, Mahaffey E A, et al: 1996. Lymphoma and leukemic blood picture in an emu (Dromaius novae hollandiae) . *Vet Clin Pathol* 25: 136-139.

Grindem C B, Roberts M C, McEntee M F, et al: 1989. Large granular lymphocyte tumor in a horse. *Vet Pathol* 26: 86-88.

Guglielmino R, Canese M G, Miniscalco B, et al: 1997. Comparison of clinical, morphological, immunophenotypical and cytochemical characteristics of LGL leukemia/lymphoma in dog, cat and human. *Eur J Histochem Suppl* 2: 23-24.

Hammer A S, Williams B, Dietz H H, et al: 2007. High-throughput immunophenotyping of 43 ferret lymphomas using tissue microarray technology. *Vet Pathol* 44: 196-203.

Haney S M, Beaver L, Turrel J, et al: 2009. Survival analysis of 97 cats with nasal lymphoma: a multi-institutional retrospective study (1986-2006) . *J Vet Intern Med* 23: 287-294.

Hisasue M, Nishimura T, Neo S, et al: 2008. A dog with acute myelomonocytic leukemia. *J Vet Med Sci* 70: 619-621.

Jain N C, Blue J T, Grindem C B, et al: 1991. Proposed criteria for classification of acute myeloid leukemia in dogs and cats. *Vet Clin Pathol* 20: 63-82.

Kelley L C, Mahaffey E A: 1998. Equine malignant lymphomas: morphologic and immunohistochemical classification. *Vet Pathol* 35: 241-252.

Khanna C, Bienzle D: 1994. Polycythemia vera in a cat. *J Am Animal Hosp Assoc* 30: 45-49.

Kiselow M A, Rassnick K M, McDonough S P, et al: 2008. Outcome of cats with low-grade lymphocytic lymphoma: 41 cases (1995-2005) . *J Am Vet Med Assoc* 232: 405-410.

Kiupel M, Teske E, Bostock D: 1999. Prognostic factors for treated canine malignant lymphoma. *Vet Pathol* 36: 292-300.

Krick E L, Little L, Patel R, et al: 2008. Description of clinical and pathological findings, treatment and outcome of feline large granular lymphocyte lymphoma (1996-2004) . *Vet Comp Oncol* 6: 102-110.

Lane S B, Kornegay J N, Duncan J R, et al: 1994. Feline spinal lymphosarcoma: a retrospective evaluation of 23 cats. *J Vet Intern Med* 8: 99-104.

Latimer K S, Rakich P M: 1996. Sézary syndrome in a dog. *Comp Haematol Int* 6: 115-119.

Latimer K S, White S L: 1996. Acute monocytic leukemia (M5a) in a horse. *Comp Haematol Int* 6: 111-114.

Lennox T J, Wilson J H, Hayden D W, et al: 2000. Hepatoblastoma with erythrocytosis in a young female horse. *J Am Vet Med Assoc* 216: 718-721.

Lester G D, Alleman A R, Raskin R E, et al: 1993. Pancytopenia secondary to lymphoid leukemia in three horses. *J Vet Intern Med* 7: 360-363.

Little L, Patel R, Goldschmidt M: 2007. Nasal and nasopharyngeal lymphoma in cats: 50 cases (1989 -2005) . *Vet Pathol* 44: 885-892.

McManus P M: 2005. Classification of myeloid neoplasms: a comparative review. *Vet Clin Pathol* 34: 189-212.

Majzoub M, Breuer W, Platz S J, et al: 2003. Histopathologic and immunophenotypic characterization of extramedullary plasmacytomas in nine cats. *Vet Pathol* 40: 249-253.

Malka S, Crabbs T, Mitchell E B, et al: 2008. Disseminated lymphoma of presumptive T-cell origin in a great horned owl (Bubo virginianus) . *J Avian Med Surg* 22: 226-233.

Marks S L, Moore P F, Taylor D W, et al: 1995. Nonsecretory multiple myeloma in a dog: immunohistologic and ultrastructural observations. *J Vet Intern Med* 9: 50-54.

Mears E A, Raskin R E, Legendre A M: 1997. Basophilic leukemia in a dog. *J Vet Intern Med* 11: 92-94.

Mellanby R J, Craig R, Evans H, et al: 2006. Plasma concentrations of parathyroid hormone-related protein in dogs with potential disorders of calcium metabolism. *Vet Rec* 159: 833-838.

Mellor P J, Polton G A, Brearley M, et al: 2007. Solitary plasmacytoma of bone in two successfully treated cats. *J Feline Med Surg* 9: 72-77.

Mellor P J, Haugland S, Smith K C, et al: 2008. Histopathologic, immunohistochemical, and cytologic analysis of feline myeloma-related disorders: Further evidence for primary extramedullary development in the cat. *Vet Pathol* 45: 159-173.

Messinger J S, Windham W R, Ward C R: 2009. Ionized hypercalcemia in dogs: A retrospective study of 109 cases (1998-2003) . *J Vet Intern Med* 23: 514-519.

Meyer J, Delay J, Bienzle D: 2006. Clinical, laboratory, and histopathologic features of equine lymphoma. *Vet Pathol* 43: 914-924.

Momoi Y, Nagase M, Okamoto Y, et al: 1993. Rearrangements of immunoglobulin and T-cell receptor genes in canine lymphoma/leukemia cells. *J Vet Med Sci* 55: 775-780.

Moore P F, Olivry T, Naydan D: 1994. Canine cutaneous epitheliotropic lymphoma (mycosis fungoides) is a proliferative disorder of $CD8^+$ T cells. *Am J Pathol* 144: 421-429.

Moore P F, Affolter V K, Vernau W: 2006. Canine hemophagocytic histiocytic sarcoma: a proliferative disorder of $CD11d^+$ macrophages. *Vet Pathol* 43: 632-645.

Mylonakis M E，Petanides T A，Valli V E，et al：2009. Acute myelomonocytic leukaemia with short-term spontaneous remission in a cat. *Aust Vet J* 86：224-228.

Patel R T，Caceres A，French A F，et al：2005. Multiple myeloma in 16 cats：a retrospective study. *Vet Clin Pathol* 34：341-352.

Peterson E N，Meininger A C：1997. Immunoglobulin A and immunoglobulin G biclonal gammopathy in a dog with multiple myeloma. *J Am Anim Hosp Assoc* 33：45-47.

Pohlman L M，Higginbotham M L，Welles E G，et al：2009. Immunophenotypic and histologic classification of 50 cases of feline gastrointestinal lymphoma. *Vet Pathol* 46：259-268.

Puette M，Latimer K S：1997. Acute granulocytic leukemia in a slaughter goat. *J Vet Diagn Invest* 9：318-319.

Raskin R E，Krehbiel J D：1989. Prevalence of leukemic blood and bone marrow in dogs with multicentric lymphoma. *J Am Vet Med Assoc* 194：1427-1429.

Rendle D I，Durham A E，Thompson J C，et al：2007. Clinical，immunophenotypic and functional characterisation of T-cell leukaemia in six horses. *Equine Vet J* 39：522-528.

Roccabianca P，Vernau W，Caniatti M，et al：2006. Feline large granular lymphocyte（LGL）lymphoma with secondary leukemia：primary intestinal origin with predominance of a CD3/CD8（alpha）(alpha）phenotype. *Vet Pathol* 43：15-28.

Scott M A，Stockham S L：2000. Basophils and mast cells. *In*：Feldman B F，Zinkl J G，Jain N C（eds）：*Schalm's Veterinary Hematology*，5th ed. Lippincott Williams and Wilkins，Philadelphia，pp. 308-317.

Shimoda T，Shiranaga N，Mashita T，et al：2000. Chronic myelomonocytic leukemia in a cat. *J Vet Med Sci* 62：195-197.

Souza M J，Newman S J，Greenacre C B，et al：2008. Diffuse intestinal T-cell lymphosarcoma in a yellow-naped Amazon parrot（Amazona ochrocephala auropalliata）. *J Vet Diagn Invest* 20：656-660.

Tasca S，Carli E，Caldin M，et al：2009. Hematologic abnormalities and flow cytometric immunophenotyping results in dogs with hematopoietic neoplasia：210 cases（2002-2006）. *Vet Clin Pathol* 38：2-12.

Teske E，van Heerde P，Rutteman G R，et al：1995. Prognostic factors for treatment of malignant lymphoma in dogs. *J Am Vet Med Assoc* 205：1722-1728.

Teske E，Wisman P，Moore P F，et al：1994. Histologic classification and immunophenotyping of canine non-Hodgkin's lymphomas：unexpected high frequency of T cell lymphomas with B-cell morphology. *Exp Hematol* 22：1179-1187.

Vail D M，Moore A S，Ogilvie G K，et al：1998. Feline lymphoma（145 cases）：proliferation indices，cluster of differentiation 3 immunoreactivity，and their association with prognosis in 90 cats. *J Vet Intern Med* 12：349-354.

Valli V E，Jacobs R M，Norris A，et al：2000. The histologic classification of 602 cases of feline lymphoproliferative disease using the National Cancer Institute Working Formulation. *J Vet Diagn Invest* 12：295-306.

Valli V E，Vernau W，de Lorimier L P，et al：2006. Canine indolent nodular lymphoma. *Vet Pathol* 43：241-256.

Vernau W，Jacobs R M，Valli V E，et al：1997. The immunophenotypic characterization of bovine lymphomas. *Vet Pathol* 34：222-225.

Vernau W，Jacobs R M，Davies C，et al：1998. Morphometric analysis of bovine lymphomas classified according to the National Cancer Institute Working Formulation. *J Comp Pathol* 118：281-289.

Vernau W，Moore P F：1999. An immunophenotypic study of canine leukemias and preliminary assessment of clonality by polymerase chain reaction. *Vet Immunol Immunopathol* 69：145-164.

Walton R M，Hendrick M J：2001. Feline Hodgkin's-like lymphoma：20 cases（1992-1999）. *Vet Pathol* 38：504-511.

Washburn K E，Streeter R N，Lehenbauer T W，et al：2007. Comparison of core needle biopsy and fine-needle aspiration of enlarged peripheral lymph nodes for antemortem diagnosis of enzootic bovine lymphosarcoma in cattle. *J Am Vet Med Assoc* 230：228-232.

Weiss D J：2001. Flow cytometric and immunophenotypic evaluation of acute lymphocytic leukemia in dog bone marrow. *J Vet Intern Med* 15：589-594.

WHO Classification of Tumours of Haematopoietic and Lymphoid Tissues，4th ed. 2008. Swerdlow S H，Campo E，Harris N L，Jaffe E S，Pileri S A，Stein H，Thiel J，Vardiman J W（eds）. pp. 109-145.

第四章 止 血

Mary K. Boudreaux，DVM，PhD；Elizabeth A. Spangler，DVM，PhD；and Elizabeth G. Welles，DVM，PhD

核心概念

止血是一种复杂的、可高度平衡血管、血小板、血栓形成和分解过程中可溶性因子之间的相互作用。在生理条件下这些相互作用可维持血液处于流动状态。在血管内皮损伤或其他促凝物质刺激下，止血作用可促进血小板凝集和血栓形成以迅速减少血液的流失。血小板凝集堵塞内皮创口，为凝血因子的凝集和促进止血的可溶性因子提供了活性表面。凝血是凝血酶活化的过程，凝血酶是一种可将可溶性纤维蛋白原转化为不溶性纤维蛋白的多功能血浆酶。同时产生另一种血浆酶——纤溶酶，通过溶解纤维蛋白导致纤维蛋白分解。止血障碍或凝血失衡可能会导致组织出血或血栓性栓塞。另外，凝血和纤溶过程也参与了组织的炎症和修复、肿瘤转移和生殖过程，如排卵和着床。

第一节 内皮组织

内皮细胞表面是促凝血剂和抗凝剂相互作用的主要场所。血管内皮细胞的抗凝血功能包括血小板凝集、血凝抑制剂的合成以及调节血管张力和渗透压，并提供一个覆盖于皮下结构的活性表层，如内皮下胶原。另外，内皮细胞也可以在细胞因子和其他介质刺激下产生促凝血反应。

一、内皮细胞的抗血栓功能

1. 释放前列环素（PGI2）：前列环素是一种前列腺素，活化腺苷酸环化酶并增加环磷酸腺苷（cAMP）的产生，从而导致血管舒张并抑制血小板的作用。

2. 释放一氧化氮（内皮源性舒张因子）：一氧化氮的功能类似于前列环素，作为血小板功能抑制剂和血管舒张剂。

3. 血栓调节蛋白的表达：血栓调节蛋白作为一种抗凝药物，通过结合并抑制凝血酶在血凝系统中的功能并活化血小板产生的作用。血栓调节蛋白与凝血酶结合后激活蛋白C，而蛋白C可以与蛋白S协同作用抑制凝血因子Ⅴ、Ⅷ。因此，血栓调节蛋白可以调节凝血酶活性，并将促凝血转换为抗凝血。

4. 释放组织型纤溶酶原激活物（tPA）：纤维蛋白形成后，tPA将纤溶酶原活化为纤溶酶，从而引发纤维蛋白溶解。

5. 硫酸乙酰肝素的表达：硫酸乙酰肝素加速抗凝血酶与凝血酶和因子Ⅹ的结合并使其失活。

6. 组织因子途径抑制物（TFPI）的合成：TFPI抑制组织因子、活化因子Ⅶ结合。

7. EctoADPase释放：EctoADPase可以减少局部组织ADP的产生，以减少血小板的聚集。降低局部产生的二磷酸腺苷（ADP）、限制血小板聚集。

二、血管内皮细胞受到刺激后产生的促凝活性特点

1. 合成组织因子：组织因子与因子Ⅶa 和因子Ⅹ结合形成外源活性复合物Ⅹ。

2. 血管性血友病因子（VWF）的合成、储存与释放。VWF 介导血小板黏附于血管内皮下胶原蛋白。最大的多聚体和多数功能性形态的 VWF 都是在血管内皮细胞的 Weibel-palade 小体中合成并储存，并在对多元性刺激做出反应时释放。

3. 纤维蛋白酶原活化抑制剂 1（PAI-1）的合成和释放：PAI-1 抑制纤溶。

4. 对内皮细胞的损伤导致以下结果。

（1）血管内皮细胞表面因子丧失。

（2）内皮下具有增强血小板黏附和聚集作用的组织暴露。

（3）细胞膜相关血栓调节蛋白和硫酸乙酰肝素抑制止血。

第二节 血 小 板

一、形态学

1. 哺乳动物血小板是一种巨核细胞的无核胞质小体。多数物种的血小板平均直径 3～5μm，具有细小的红色颗粒。猫血小板的大小变化较大，可能与红细胞一样大。血小板在健康猫体中的平均血小板体积（MPV）最大。马的血小板通过罗曼诺夫斯基染色着色较差，所以在血涂片上辨识度较差。

2. 血小板含有磷脂双层膜，含有跨膜和外膜糖蛋白。这些糖蛋白是激活、黏附和聚集的受体。

3. 血小板的形态由膜下微管线圈保持。许多跨膜受体通过肌动蛋白相关蛋白与细胞骨架相连。

4. 有三种膜结合细胞质颗粒：

（1）α 颗粒，血小板在罗曼诺夫斯基染色时可观察到红色或紫红色的颗粒。这些是光镜下观察到的最大和最多的颗粒。它们含有凝血和生长因子，以及参与血小板黏附、聚集和组织修复的蛋白质。例子包括纤维蛋白原、凝血因子Ⅴ、VWF、血小板反应蛋白（凝血酶敏感蛋白）、血小板因子 4 和血小板生长因子（PDGF）。

（2）致密颗粒，主要储存腺嘌呤核苷酸、钙、无机磷酸盐和血清素（5-羟色胺）。细胞器蛋白质组学研究的结果表明，这些颗粒还可能含有以前未记录的蛋白质，包括细胞信号蛋白、分子伴侣、细胞骨架蛋白和糖酵解相关蛋白。

（3）溶酶体是第三种颗粒，含有酸依赖型水解酶，包括糖苷酶、蛋白酶、脂肪酶。

二、生成

1. 成熟的巨核细胞胞质分解为胞质小体，通过骨髓组织中的血窦进入血液循环，这些在血液循环中的胞质小体形成血小板。

（1）巨核细胞是由巨核细胞红系细胞（MEP）分化产生的。虽然 MEP 一度被认为是由一种骨髓红巨祖细胞（committed common myeloid progenitor）产生的，但最近的证据表明 MEP 可能直接来自尚未报道的短期造血干细胞（hematopoietic stem cell）。

（2）体外试验证实，两个形态不同的细胞系，均能生成巨核细胞。爆发式产生的巨核细胞群落（CFU-MK）被认为是祖细胞，并且产生复杂的繁殖群落包括几百个巨核细胞的卫星细胞亚群。巨核细胞群落是一种更加成熟的祖细胞群落，其分为几个由 3～50 个巨核细胞组成的小群落。

（3）作为成熟的巨核细胞，细胞分裂停止，但 DNA 不断通过核内有丝分裂复制，直到成为 8～32 倍体（或少数 64 倍体或 128 倍体）。

（4）核和细胞质的成熟是独立的；有丝分裂纺锤体形成时胞质可能已经成熟。

①Ⅰ期巨核细胞（MK）直径大小 15～50μm，胞质厚约 5μm，具有强嗜碱性，胞核呈圆形、椭圆或肾形。

②Ⅱ期 MK 细胞直径 75μm，具有明显的核分叶和嗜碱性、嗜天青颗粒的胞质。

③Ⅲ期 MK 细胞直径 150μm，具有明显小分叶状核，胞质呈嗜酸性并含有大量嗜天青颗粒。它们能产生血小板。

（5）从Ⅰ期 MK 细胞形成到血小板释放的成熟时间为 4～5d（人）。

2. 大多数动物的血小板循环寿命为 5～9d。

3. 脾脏通常含有 30%～40%的血小板循环储量。兴奋、恐惧、疼痛或运动时肾上腺素过量分泌引起脾收缩可能导致血小板计数增加。相反，脾充血或脾功能亢进可能吸收足够的血小板，导致血小板减少。

4. 血小板产生的调节包括以下几点：

（1）促血小板生成素（TPO）是在血小板生产过程中的体液调节的重要因素。TPO 在造血过程中都起到十分关键的作用，并且促进造血干细胞的增殖。

①在稳态条件下，TPO 结合血小板和巨核细胞上 TPO 受体的状态称为 c-Mpl。结合的 TPO 被内化和降解，不可用于刺激血栓形成。血小板减少症发病时 TPO 水平增加，从而血小板形成增加。

②TPO 浓度与巨核细胞和血小板的数量呈负相关关系。TPO 浓度与血小板数量无关。

③脾对血小板的滞留和释放可能改变血液中的血小板数量，但对血小板总数没有影响。因此，脾脏对血小板的滞留不会影响血小板的产生。

（2）虽然 TPO 的产生依赖于稳态内环境，但是在严重血小板减少症发生时，仍会导致骨髓基质细胞的 TPO 生产效率增加。炎性状态也会导致肝细胞增强 TPO 的生产，一般被认为是由 IL-6 介导导致的反应性血小板增多。

（3）其他参与巨核细胞和血小板生成的细胞因子包括基质细胞衍生因子-1（SDF-1）、趋化因子受体-4（CXCR4）、成纤维细胞生长因子-4（FGF-4）、IL-3、GM-CSF、干细胞因子（SCF）、IL-11、IL-12、IL-1-α、白血病抑制因子（LIF）。

5. 原始禽类的血小板前体来自单核细胞前体；然而，在禽骨髓中没有找到造血干细胞。晚期血小板前体可以接受细胞集落刺激因子的刺激。细胞成熟是由血小板母细胞发育为未成熟血小板细胞，最后成为成熟血小板细胞。

三、功能

1. 血小板的形状变化：暴露于各种刺激中血小板进行的一些生理活动包括形状变化、黏附、聚集、颗粒分泌和表达磷脂酰丝氨酸，都是便于凝血因子在其表面聚集。

2. 血小板的形状变化从盘状到带有伪足的球状。

3. 血小板黏附。

（1）血小板黏附于暴露的血管内皮下胶原纤维内，VWF、纤维蛋白和玻璃粘连蛋白。包括 GPIb-Ⅸ-Ⅴ、GP-Ⅵ、整合素 $\alpha_2\beta_1$ 和 $\alpha_{IIb}\beta_3$（GPⅡb-Ⅲa）在内的膜蛋白（GP），也都参与血小板黏附程序。

（2）血小板糖蛋白 Ib-Ⅸ-Ⅴ（GPIb-Ⅸ-Ⅴ）复合物可以与胶原蛋白发生间接作用，这对于在高剪切条件下启动血小板与胶原蛋白连接程序，尤为重要。GPIb-Ⅸ-Ⅴ复合物通过与 VWF 结合来介导从流动的血液中快速捕捉血小板和暴露的血管内皮下组织简单的链接。链接的血小板沿着内皮下滚动前进，直到血小板胶原纤维受体（GPVI）与暴露的胶原纤维结合。这导致由内到外的信号和整合素 $\alpha_2\beta_1$、$\alpha_{IIb}\beta_3$ 的激活，释放 ADP 和形成血栓素，这反过来又加强 GPVI 的相互作用。活化的 $\alpha_2\beta_1$ 转化为高亲和力状态，与胶原中的特定序列紧密结合，使血小板黏附和扩散更加稳定。

4. 血小板聚集。活化的 $\alpha_{IIb}\beta_3$ 转化为高亲和力状态，通过与纤维蛋白原结合增强血小板黏附和聚集。

5. 颗粒释放。

（1）聚集血小板快速释放颗粒：颗粒释放的效率和水平依赖于激动剂和拮抗剂的调节。

（2）一般来说，各种激动剂结合并激活血小板的磷脂酶，导致钙和甘油二酯动员和血栓素 A_2（TXA_2）的合成。

①TXA_2 诱导的不可逆性血小板不可逆性聚集和释放。

②ADP、血清素、凝血因子（包括纤维蛋白原和凝血因子Ⅴ、Ⅺ）从颗粒中释放，进一步提高血小板活化和血栓生长。

③血小板的激活导致磷脂酰丝氨酸转移至外膜。促进凝血因子复合物的形成，导致凝血酶的生成。

6. 血小板通过释放血管活性化合物（如血清素和血小板活化因子 PAF）、产生细胞因子以及与中性粒细胞的相互作用，在炎症中起着重要的作用。它们也通过释放高效的促细胞分裂剂、血小板衍生生长因子（PDGF）、表皮生长因子（EGF）、碱性成纤维细胞生长因子（FGF），参与到组织修复中。

7. 禽类的血小板聚集是由纤维蛋白原受体的表达、活化所介导的，其活化过程类似于哺乳动物。凝血酶、胶原蛋白、血清素和花生四烯酸可诱导血小板聚集。

四、血小板的实验室评估

（一）血小板计数

1. 分析方法。

（1）自动血小板计数可通过分析抗凝全血血小板进行。抗凝剂选择的是 EDTA，而不同的分析仪器需选择不同的抗凝剂。

①全自动孔径电阻血液分析仪（Coulter Counter、Heska CBC Diff™、Heska Hematrue™、SCIL ABC Counter、CDC Mascot Hemovet Counter、Abaxis HMII、HMV 及其他）。血小板按大小测量。除猫外，大多数动物物种的变异系数约为 5%（准确度良好）。

A. 由于猫有大小可变的血小板，其中一些非常大，可以与红细胞计数重叠。猫血小板计数可能因为被误认为红细胞而导致检测结果偏低。

B. 聚集的血小板也可能导致计数错误，因为凝集团可能被误认为是红细胞或白细胞，或被排除，这取决于它们的大小。血小板聚集可以发生在任何物种，但在猫血液标本检测中是一个常见的问题。

C. 将猫全血标本进行涡旋处理可能导致血小板计数增高，使结果过于多变和不可靠，所以并不推荐用这种方法进行数据矫正。

D. 采集猫全血样本，采用含有茶碱、腺苷和双嘧达莫等柠檬酸基础抗凝剂，可以降低血小板的聚集和假性血小板减少症。

E. 如果在血涂片上观察到血小板聚集，则由阻抗计数器或流式细胞仪分析检测的血小板计数结果将偏低。

F. 采用血沉棕黄层定量分析法（QBC）分析全血血小板，不会像阻抗计数器那样受到血小板凝集块的影响，QBC 分析得出的血小板计数数据可靠且精度高（在对比性研究中变异系数很高）。

②血沉棕黄层定量分析（IDEXX QBC VetAutoReader）。

A. 这种方法是采用微量离心管对抗凝血样进行差速离心分离。

B. 荧光染料吖啶橙对血液成分染色。

C. 用一个和血小板、白细胞密度相近的圆形塑料浮子扩张血沉棕黄层，再根据差异性荧光定量分析血小板和白细胞的数量。DNA 主要被染为绿色，而 RNA、脂蛋白以及含有多糖的颗粒，主要被染为橙色。

D. 这种血小板定量方法对犬、马和猫的血液标本具有相当的准确性。与阻抗计数器一样，QBC 测定血小板质量（血小板片）不受血小板聚集的影响。

E. QBC 仪器不能用于反刍动物血液，因为细胞成分通过差速离心不能很好地被分离。

③流式细胞仪（Siemens ADVIA® 120 血液学仪器，IDEXX LaserCyte®）。

A. 血小板计数是基于光散射特性来确定。

B. 血小板计数非常准确，对大多数物种非常好；在猫科动物的标本中，血小板聚集虽然较少，但仍然存在，因此血涂片必须检查是否存在血小板聚集现象。

（2）手动使用血细胞计数器计数。

①全血稀释，红细胞被草酸铵稀释溶液（Unopette 系统）裂解。

②血小板通过光学或相差显微镜计数。

③血小板计数的精确度校正的变异系数通常为 20%～25%。

④血小板凝集干扰了计数的准确性，因为大的聚集体可被排除在计数区（深度仅为 0.1mm），但较小的血小板聚集体的数目是难以确定的。

⑤禽血小板计数可使用 Natt 和 Herrick 的稀释剂进行。血小板可能很难与小淋巴细胞和幼稚红细胞区分开来。

（3）EDTA 诱导的血小板聚集已有在马和犬上产生假性低血小板计数的报道。在这些情况下可使用柠檬酸抗凝全血，计数更准确。

（4）对染色的血涂片可通过手动和自动血小板计数进行对比估计血小板计数。

①由于血小板聚集，猫的血小板计数是不可靠的，因此必须通过染色的血涂片计数进行血小板验证。

②查理斯王骑士犬血小板往往是减少的。通过使用阻抗和流式细胞计数器，血小板减少的程度更严重，因为这个品种常见巨血小板，因此这种计数排除使用。

2. 解释。

（1）血小板计数显著低于给定物种（通常低于 100 000/μL）的区间范围，表示血小板减少症。灰狗有例外，在健康的情况下，通常它们的血小板计数比其他品种的犬要低；因此，血小板计数为低于 100 000/μL 以上才能诊断为血小板减少症。通常情况下不会出现点状到斑状出血，只有血小板计数低于 20 000/μL 以下时才会发生。

（2）血小板计数超过参考区间（超过 800 000/μL）表明血小板增多。与炎症（反应性血小板增多）相关的血小板增加通常不会增加血栓形成的风险。然而，骨髓增生性疾病有关的血小板增多症可能会增加血栓栓塞性疾病的风险。

（二）从血涂片染色评价血小板

1. 血小板数量减少的报告中，血小板数量可能在参考区间内，血液涂片观察计数时血小板数量可能会增加。这是因为自动化血液分析仪报告中的血小板减少，由于样本中血小板的聚集导致计数减少，因此，通常可通过血液涂片染色计数增加血小板计数，从而进行正确的评估校正。

2. 用来估计血涂片中血小板数量的几个技术：

（1）血小板估计可以通过每 100 倍油镜的油浸区域（OIF）下血小板的平均数量来确定。

①8～10 个血小板/100×OIF 大于或等于 100 000/μL。

②6～7 个血小板/100×OIF 约等于 100 000/μL。

③少于 3～4 个血小板/100×OIF 表示血小板显著减少。

④在血涂片中，每个血小板/100×OIF 对应于约 20 000 个血小板/μL；因此，10 个血小板/100×OIF 等于 200 000 个血小板/μL。血小板聚集血涂片通常与有足够的血小板数目有关。在猫，自动计数器报告的血小板计数通常较低，因此应该通过血涂片估计血小板的数量。

（2）小于 1 个血小板/50 个红细胞（在血涂片的单层）表示血小板减少，但必须加以考虑贫血的存在，以评估严重性。

（3）血小板计数也可以使用下式的染色血涂片来估计：（血小板数/WBC 观察）×WBC 计数＝血小板计数。

(4) 在健康的禽类，血小板计数范围为 20 000～30 000/μL。如果有 10～15 个血小板/1 000个红细胞或 1～2 个血小板/OIF，所估计的血小板计数是在参考区间内的。

3. 血小板形态。

(1) 巨型血小板（大血小板、移位血小板、巨噬细胞）可以在血小板过度消耗或骨髓的完整性受到破坏时出现。它们可以是圆形的或者拉长的。

(2) 血小板碎片（微小血小板或血小板微粒）的直径小于 1μm，可能见于缺铁性贫血（常与血小板增多并发）、骨髓发育不良、免疫性血小板减少症（与犬血小板的活化相关联），或体外存储时间过久和使用配置时间过长的 EDTA 抗凝超过 24h。

(3) 在体内（如猫白血病、DIC 时）或体外（如差的样本处理或采集）血小板活化的情况下可发生血小板粒度降低，液泡或染色较浅。

(三) 血小板平均体积 (MPV)

1. MPV 单位为 femtoliters (fL)，由阻抗和光学粒子计数器测定。MPV 反映在循环血量中血小板的平均大小。MPV 通常与血小板数量成反比。

2. 伴随血小板减少症的 MPV 升高，提示是血栓形成反应。巨型血小板功能完全，通常是超强反应。MPV 大于 12fL 表示骨髓中正常巨核细胞生成增加，有 96%的正相关。

3. MPV 减少最可能与巨核细胞不足、缺少巨核细胞反应（骨髓衰竭）和早期的免疫性血小板减少症有关。

4. MPV 增加可被预计与血小板生成失常（如免疫性血小板减少症）有关。巨核细胞数量和形态可通过骨髓穿刺进行评估，尤其是在 MPV 低下和血小板减少或治疗无效的患畜。

5. 在室温（25℃）下或冷藏（4℃）条件下，存储 4h 以上的 EDTA 抗凝血样品中的血小板膨胀。膨胀可能会导致 MPV 的人为增高。37℃下，在柠檬酸盐抗凝剂中的血小板会保留其自然的盘状形状，并且只有最低限度的 MPV 变化。

(四) 血小板分布宽度 (PDW)

没有特定单位的数字，通过一些细胞计数器确定，是血小板大小变化的指标。

(五) 网状血小板中 RNA 增加

表明是从骨髓中最新释放的血小板（不到 24h）。它们可以通过使用噻唑橙（一种结合 RNA 的荧光染料）的流式细胞术分析来定量。网织血小板增多提示反应性血小板生成。这种方法快速而简单，并且比骨髓穿刺的损伤小，但需要一定的设备。

(六) 血小板组分平均浓度 (MPC)

是由两个角度的光散射决定的（Siemens ADVIA® 120 血液学仪器）。MPC 是与血小板的折射率指数和血小板密度呈线性相关的。分析中只包含未聚合的血小板。MPC 也可能有助于确定血小板活化的状态。两个不重叠的种群猫的血小板显示了非激活的血小板（MPC 14.8～18.5 g/dL）和活化的血小板（MPC 20.2～21.6 g/dL）（来自与 ADVIA® 比较研究的数据）。

(七) 抗血小板抗体

1. 在血小板或巨核细胞中，用于识别抗体或抗原抗体复合物作为原发性或继发性免疫介导的血小板减少症的大量检测方法（血小板免疫-放射测量试验、显微镜下和外周血血小板免疫细胞衰老测定、巨核细胞直接免疫荧光分析、酶联免疫吸附测定法、血小板因子 3 或 PF3 测定法）已被开发出来。这些检测需要在一些专业的实验室才可以得到结果；然而，大多数测试都是不敏感的和非特异的，例如，PF3 分析的敏感性为 28%～80%。大多数有免疫性血小板减少症的犬在测试中呈阴性；因此，从诊断的角度来看，我们不推荐采用 PF3 分析的方法。

2. 用荧光标记和流式细胞术直接测定血小板表面相关免疫球蛋白（PSAIg），可以区分一些免疫介导的血小板减少症和非免疫介导的血小板减少症。PSAIg 分析不能区分原发性免疫性血小板减少症。

（1）血小板糖蛋白（如纤维蛋白受体 GPⅡb-Ⅲa）是常见的抗体。非特异性免疫复合物也可能与血小板 Fc 受体结合或吸附在血小板表面。

（2）如果检测过程中必须对血小板进行清洗，那么就会人为地引起 PSAIg 浓度增高。血小板活化和 α 颗粒释放使含有潜在抗原的颗粒膜附着在血小板表面。

（3）用于测量 PSAIg 的样本最好是小于 4h，但这就限制了试验地点的可用性。

（4）储存超过 24h 的样本 PSAIg 会增加；但是，如果考虑 24h 的参考间隔，测试值仍然是有效的，因此可以在独特的实验室中进行。

3. 通过排除法进行原发性免疫性血小板减少症的诊断。

（八）血小板功能分析

在进行血小板研究的一些机构中，可以进行血小板功能分析。样品必须在采集的 3h 内进行分析。这些化验不能适应商业活动或实验室诊断。

1. 血小板聚集被认为是评价血小板功能的关键标准。血小板聚集是评估血小板形成聚合物的能力，可通过光传输（血小板丰富的血浆）或阻抗（全血）作为监测方法。血小板释放可以同时对血小板聚集反应进行评估（^{14}C-血清素释放、荧光素/荧光素酶检测）。在 PRP 的分离法和对各种激动剂的交叉反应中，必须考虑和验证物种的特异性。这些鉴别应用如下：

（1）遗传性血小板功能缺陷（如犬类血小板紊乱、血小板无力症等）。

（2）其次是疾病或药物管理导致的获得性血小板功能障碍（如尿毒症或阿司匹林或非甾体抗炎药物的管理）。

2. 孔关闭仪器。血小板功能分析仪-100®（PFA-100®；Dade-Behving）是孔径关闭仪的一个例子，它可以用来记录球型的高剪切的依赖性血小板黏附和聚集。该仪器在高剪切之下通过毛细管和检测暗盒的微孔滤膜吸入抗凝血。检测暗盒的微孔滤膜有一个小定位孔，涂以 ADP 和胶原蛋白或胶原蛋白和肾上腺素。血液在高剪切流经小孔时，血小板被激活后开始黏附和聚集，导致关闭光圈 1～3min。仪器检测的流速随着时间的推移而逐渐减少，直到流动完全停止。最终关闭时间（CT）和血液流动的体积被仪器记录下来。CT 受到许多变量的影响，包括血小板计数、比容、药物治疗、血管性血友病、固有的血小板疾病、样品处理时抗凝剂和血比例不当等错误。在试剂中有两种不同的血小板受体兴奋剂可用：肾上腺素和 ADP。在犬肾上腺素产生的结果不可靠，因为它只增强了聚合作用和不是一个真正的兴奋剂。ADP 作为受体兴奋剂，可提供重复的结果（通常是 50～85s）。

（九）出血时间

1. 出血时间取决于血小板在小血管内形成血栓头所需的时间。主要用于评估体内止血或血小板的状态。这种测试灵敏度较低，特别是用于表皮出血时间。

2. 有不同评估出血时间的方法包括表皮出血时间（快速剪切脚趾甲）。脚趾甲剪断法不被推荐，因为剪脚趾甲数量的变化影响出血时间，而且这个过程非常痛苦。

3. 颊黏膜出血时间（BMBT）是临床上最可靠的评估体内血小板功能的方法。使用弹簧式盒式磁带可以精确地在安静或麻醉状态下的动物的颊黏膜产生一个切口，无论是在深度和长度上都非常精确。建议麻醉时避免舔舐、摇头和兴奋，所有这些都影响原发性止血发生所需的时间。

4. 血小板减少症时 BMBT 延长，这种测试不提供新的诊断信息。

5. 在动物拥有足够的血小板但血小板功能有问题时，BMBT 应该保留。

6. 在后天性或先天性血小板功能障碍时，如后天性或先天性血管性血友病、药物或免疫性后天性血小板紊乱时，BMBT 延长。

7. 凝血因子不足不能延长 BMBT。

8. 维生素 C 不足（坏血病），血管胶原蛋白合成减少，血管失去完整性，从而导致豚鼠和人的 BMBT 延长，但在家畜上尚未报道。

（十）血块凝缩

1. 这是个测试血小板功能的方法，可以在临床上应用。血液样品（0.5mL）可被直接抽到一个含有冷盐水（4.5mL）的塑料注射器中混合。血/盐水混合物一部分（2mL）放在玻璃管（供重复测试），其中含有少量的凝血酶（10U/mL 中的 0.1mL），封盖，混合，冷藏 30min。37℃水浴，血液凝缩评分 1～4 分（取决于凝块的坚固性及其周围血清的清晰度）。时间为 1h 和 2h（图 4.1）。

2. 在动物有足够的血小板计数和血小板功能异常时（如出血时间）血块收缩测试结果应该保留。测试不应在动物使用已知的抗血小板药物（阿司匹林、非甾体类抗炎药）的情况下进行。血小板减少会导致血块收缩不良。

3. 这个测试取决于血小板受体、凝血酶和纤维蛋白原之间的相互作用，因此，一些特异性的血小板功能缺陷检测不到。

（1）CalDAG-GEFI 血小板紊乱（犬血小板紊乱）时，因为这些血小板可以与凝血酶相互作用和表达纤维蛋白原受体，因此能够发生正常的凝固收缩。

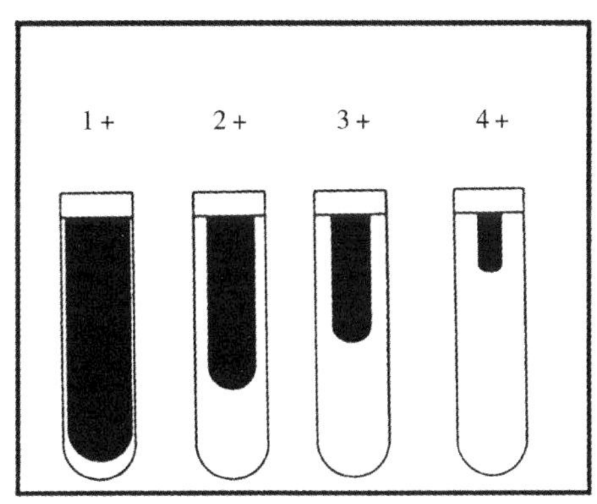

图 4.1 凝固收缩评分，1+～4+

（2）血管性血友病（VWD）犬的血小板通常也能与凝血酶反应。

（3）血小板无力症的犬和马可能出现异常凝固收缩。

（十一）血管性假性血友病因子（VWF）化验

1. 血管性血友病（VWD）分 3 种形式：1 型、2 型和 3 型（有关更多信息请参见血小板紊乱中血管性血友病）。

2. VWF 化验可在各个实验室进行。定量 ELISA 检测需要柠檬酸盐或 EDTA 血浆，从塑胶管中红细胞直接分离后冰封，两周内冷藏运送到实验室。不可检测血清样本，在血块形成过程中消耗部分 VWF，因此，血清的检测值将被人为地降低。

3. 胶原蛋白-酶活性检测（CBA）是一种评价 VWF 功能的方法，并且有助于鉴定后天性或遗传性犬的血管性血友病 2 型。使用胶原蛋白包被微量滴定板的 CBA ELISA 检测可评估 VWF 的结合能力。计算与 VWF-CBA 结合的 VWF 抗原比例可以用来区分血管性血友病 2 型与 1 型、3 型。犬 2 型血管性血友病 VWF 抗原测定结果与它们的 CBA 的结果不一致，其原因是功能性高分子质量 VWF 的多聚体减少了。与 VWF-CBA 结合的 VWF 抗原比例大于 2 时与血管性血友病 2 型的诊断相一致。区分了后天性和遗传性血管性血友病 2 型后，需要治疗后天性血管性血友病的潜在原因，随后重新评估与 VWF-CBA 结合的 VWF 抗原比例。

4. 博特罗西汀和瑞斯西丁素检测可以用于一些物种的定性分析，但这些方法都不是固定的，需要专业技能和解释。

5. 血管性血友病的分子检测在某些品种中可采用，如果可用，推荐用于载体状态的更精确鉴定。目前品种特异性分子分析可以咨询网站 vetgen. com。

（十二）流式细胞仪分析

1. 流式细胞仪可以用于动物血小板功能紊乱的初始研究，特别是当病畜的血小板功能与实验室测试的不符时。

2. 如果有物种敏感性抗体流式细胞仪能够确定血小板是否缺乏主要糖蛋白，如GPⅡb和GPⅢa。

3. 流式细胞仪可以检测与活化血小板结合的纤维蛋白原。CAP1是一种抗体，用于检测激活的犬血小板结合的纤维蛋白原。CAP1不能结合固有的纤维蛋白原，因此在评估之前不必进行血小板清洗。

4. 流式细胞仪检测可以成功地对24h内采集的样本进行检测，要注意样品的采集和运输（采集的样品要没有CPDA-1损伤、不要暴露在寒冷的气温下）。样本的体积不能少于血小板聚集的传统研究所需要的。

五、血小板紊乱

（一）血小板功能障碍和血小板减少症可能导致出血

1. 出血通常发生在体表或黏膜部位。

2. 通常呈现瘀点或瘀斑。

（二）血小板增多和功能增强可能增加血栓形成的风险

（三）外源性血小板功能障碍

1. 血管性血友病（VWD）。

（1）血管性血友病因子（VWF）主要是由巨噬细胞和内皮细胞合成。

（2）VWF是一个大的血浆糖蛋白多聚体，是正常血小板黏附于内皮下胶原和作为凝血因子Ⅷ的载体（FⅧ：C）。

（3）在循环血液中VWF维持FⅧ：C的稳定。

（4）VWF多聚体存在小、中、大三种类型；最大的多聚体止血功能是最活跃的。

（5）VWF可能是遗传性或获得性的。

①特异性缺陷涉及VWF（一种血浆蛋白）。

②VWF对血小板正常发挥功能是必要的。

③血小板计数通常在参考区间内。

（6）血管性血友病在犬中比较常见。有报道称有50种以上的类型，但在猫、马、牛中很少见。猪通常是作为人类血友病的动物模型

（7）FⅧ：C活性减小常常是因为VWF对蛋白的稳定性和保护性不足导致蛋白酶的降解。30%～40%受影响的犬存在FⅧ：C的活性不足（甚至是3型或严重的VWD），因此，不能延长血管性血友病犬的凝血酶时间（APTT）。

（8）血管性血友病的临床症状可能包括黏膜出血（如鼻出血、消化道出血、血尿、牙龈出血过多），伤口出血时间延长，加上皮肤青紫（如静脉穿刺或术后）。

（9）严重的临床症状包括从没有表面出血到严重的出血。临床症状的严重程度与出血严重程度无关。并发血小板减少症、抑制血小板功能的疾病、抑制血小板功能的药物治疗会加重出血。充分的输血浆或冷凝蛋白质治疗能提供VWF和FⅧ：C。去氨加压素从Weibel-Palade bodies释放预先形成的高分子质量的VWF多聚体，在患有1型血管性血友病的犬的手术过程中可有效控制出血。

（10）1型血管性血友病是一种VWF部分免疫机能缺陷性疾病；血浆中所有大小的多聚体浓度小于50%。

①在VWF浓度低于20%之前，临床上观察不到出血症状。

②VWF在结构和功能上都呈现正常。

③90%以上的犬的VWD都属于1型。

④1型VWD具有常染色体遗传模式；对雄性和雌性的影响一样。

⑤疾病的严重程度可能相差很大。

（11）2 型 VWD 的 VWF 在结构和功能上都有本质上的异常。

①降低血浆 VWF 浓度与高分子质量多聚体的损失不成比例。

②2 型 VWD 呈常染色体隐性遗传模式。

③2 型 VWD 在犬是罕见的，但已在德国短毛波音达犬和德国线头波音达犬报道。

（12）3 型 VWD 是一种严重的 VWF 缺陷病（有时称为重症 1 型 VWD）。

①VWF 浓度通常不足正常值的 0.1%。

②犬 FⅧ：C 减少，但通常保留 30%以上的活性；因此，APTT 不延长。

③3 型 VWD 呈常染色体隐性遗传模式。

④3 型 VWD 已在切萨皮克湾猎犬、苏格兰㹴、喜乐蒂牧羊犬、荷兰牧羊犬报道。

（13）有报道，获得性血友病在犬和在过度的高剪切压力的情况下（如严重的主动脉瓣狭窄，血液从狭窄的孔喷射出来）可以发生，导致 VWF 不能折叠直接被 ADAMTS13（一种血小板反应蛋白重复解离酶和金属蛋白酶）酶切。ADAMTS13 是一种酶，当 VWF 在高剪切压力下或参与血小板聚集时（这些情况下暴露的切割位点），VWF 被 ADAMTS13 裂解为小的功能减弱的多聚体。为防止过度的血小板黏附或聚集，ADAMTS13 需要大的 VWF 多聚体介导。

（四）先天性的血小板缺陷

有些紊乱在于血小板本身的缺陷，涉及血小板颗粒、膜糖蛋白、信号转导蛋白、参与血小板的巨核细胞或促凝血信号表达产生蛋白等。为了阻止出血和止血修复，大多数血小板功能紊乱的病例，血小板输注是必要的。

1. Chédiak-Higashi 综合征（CHS）是一种以常染色体隐性遗传障碍为特征，其原因是白细胞、黑色素细胞和血小板颗粒化异常。受影响的动物血小板缺乏明显的致密颗粒，腺嘌呤核苷酸、血清素和二价阳离子储存不足。受害动物被毛颜色变淡（烟蓝色的波斯猫、浅黄褐色的海福特牛、银蓝色北极狐），在手术切口部位出血时间延长和静脉穿刺部位血肿形成。CHS 在水貂、牛、狐狸、虎鲸和小鼠的体内被发现。在牛、小鼠、人，CHS 与溶酶体流量调节基因（LYST）突变有关。

2. 血小板无力症（GT）是一种血小板表面糖蛋白（GP）复合体Ⅱb-Ⅲa（整合素 $\alpha_{IIb}\beta_3$）免疫缺陷症。血小板不能结合纤维蛋白原。

（1）血小板聚集受损或缺失，可见血块回缩异常。

（2）GT（以前称为血小板机能不全）的功能、生化和分子水平方面在猎獭犬、大白熊犬、1/4 的杂交马（a Quarter horse -cross）、纯种马、秘鲁埃尔帕索马和奥尔登堡马已有记录。

3. CalDAG-GEFI 血小板失常，也被称为犬血小板紊乱、巴塞特猎犬血小板紊乱、波美拉尼亚斯犬血小板紊乱、兰西尔-ECT 血小板紊乱以及斗牛血小板紊乱，是遗传性血小板信号转导失常。

（1）血小板表现有异常纤维蛋白原受体暴露和受损的致密颗粒释放。这些异常是由钙甘油二脂禽嘌呤核苷酸交换因子Ⅰ（CalDAG-GEFI）不存在或功能失调引起的，钙甘油二脂禽嘌呤核苷酸交换因子是信号通路中，GPⅡb-Ⅲa 的构象转变所必需的一种非常重要的信号转导蛋白。

（2）受影响的动物黏膜出现瘀点和瘀斑，外伤或手术时出血加重。

（3）新病例的诊断需要血小板聚集试验或流式细胞术，血块收缩在这些疾病中是正常的。

（4）这些疾病的分子基础在巴塞特猎犬、埃尔摩斯人猎犬、兰西尔-ECT 和西门塔尔牛已经证实。

4. 血小板致密颗粒缺陷在一只美国可卡犬已被发现。虽然血小板计数在参考区间内，血小板形态正常，但 ADP 浓度降低，ATP/ADP 改变。

5. 灰色柯利牧羊犬有一种常染色体隐性紊乱性疾病，和周期性血细胞生成有关，其特征是循环血液中中性粒细胞、网织红细胞和血小板数量发生变化。这种疾病也影响黑色素细胞。本病的基础是骨髓造血干细胞缺陷，大约每 12d 就会发生中性粒细胞减少现象，死亡率高；大多数 6 个月龄前的犬都死于暴发性感染。血小板数量通常不低于正常范围，但通常在 300 000～700 000/μL 波动。血小板对胶原、PAF 和凝血酶的反应有缺陷。血小板致密颗粒缺失。血块收缩和血小板黏附受损。编码接头蛋白复合物 3 的基因（AP3）β-亚基突变与该紊乱有关。AP3 指导高尔基体经跨膜转运蛋白输出颗粒。

6. 白细胞黏附缺陷性Ⅲ型（LAD-Ⅲ或 LAD-Ⅰ变种）紊乱是由于 Kindlin-3 缺乏或功能障碍。Kindlin-3 作为信号转导蛋白，对激活位于造血细胞（包括中性粒细胞和血小板等）上的 β 亚型（β1、β2 和 β3）整合素至关重要。Kindlin-3 缺陷以血小板和白细胞活化 β 亚型整合素的能力不足为特点。受害动物表现出与血小板无力症（GT）类似的出血，白细胞持续性增多，像 LAD-Ⅰ一样，易感染性增强。编码 Kindlin-3 的基因发生突变已在一只德国牧羊犬中发现，该犬表现异常出血、持续性白细胞总数升高和慢性感染。

7. P2Y12 是两个关键血小板 ADP 受体之一。P2Y12 受体的激活虽然没有改变血小板形态，但与血小板聚集和颗粒的释放、血栓素的形成、促凝血活性的表达和抑制腺苷酸环化酶有关。已经证实，在瑞士大山地犬 P2Y12 编码基因已经突变。患病犬血小板在高浓度的 ADP 作用下不能与 CAP1 结合。但在惊厥素和 PAF 的作用下可与 CAP 结合，类似于健康对照组。临床最主要表现是术后出血时间延长。

8. 史葛综合征是一种罕见的出血性疾病，其原因是对血小板表面缺乏促凝表达反应。这种疾病在德国牧羊犬中已有描述。血小板聚集、血块收缩和 BMBT 是正常的。用流式细胞仪检测与膜联蛋白 5 结合的离子激活的血小板，受影响的犬数量明显减少，这表明磷脂酰丝氨酸暴露不足。受影响犬的出血与凝血因子复合物的组装受损而导致的凝血障碍类似。

9. 骑士查尔斯王猎犬巨血小板减少症（CKCS）归因于编码 β-微管蛋白基因的突变。突变会影响微管稳定性和改变巨核细胞前血小板形成和释放。受影响犬血小板计数在 30 000～100 000/μL。然而，通过定量的血沉棕黄层确定血小板压积（QBC）方法通常是正常的。受影响犬没有出血倾向，但是，由于血小板减少症可能被误诊，因此，在接受不当的医疗（类固醇和/或抗生素）或外科（脾切除术）治疗时风险增大。一些杂交胶原蛋白的犬或具有 CKCS 相似祖先的犬携带这种突变基因，无论是纯合子或杂合子，但概率非常低（未公开出版的资料）。

（五）获得性功能障碍

1. 低反应性血小板。

（1）药物。

①环氧合酶抑制剂。

A. 阿司匹林不可逆地使血小板和巨核细胞内的环氧合酶乙酰化，并抑制血栓素 A2 的产生。由于巨核细胞也受影响，因此血小板功能异常可持续 5d。

B. 布洛芬和其他非甾体类抗炎药（NSAIDs）可逆性地使环氧合酶失活。这种作用通常持续不到 6h，这取决于药物的半衰期。

C. 几乎所有环氧合酶-2（COX-2）选择性的非甾体抗炎药都有一些 COX-1 抑制活性。因此，COX-2 非甾体抗炎药对血小板代谢和功能有轻微影响。

D. 这些药物推荐的使用剂量，不会导致临床显著出血，除非病畜有潜在的问题，如血友病血小板、血小板紊乱、血小板减少。在药物治疗期间应避免进行手术。

②β-内酰胺类抗生素（如青霉素和头孢菌素）可以通过结合拮抗剂受体来逆转抑制血小板的功能，减弱拮抗剂诱导 Ca^{2+} 穿过血小板膜。这些影响通常与临床无关。

③钙通道阻滞剂（如巴比妥酸盐、地尔硫卓、硝苯地平、维拉帕米）防止 Ca^{2+} 跨膜运转，从而削弱血小板活化。钙通道阻滞剂作用的不同取决于药物的种类、剂量和动物种类。

（2）尿毒症会影响血小板功能，延长 BMBT，其机制复杂，在人可能包括：

①由于Ⅲa 受体功能改变或与受体结合的干扰物质的存在。

②由于环前列腺素生成和一氧化氮分泌的增加从而引起胞质内 cAMP 的增加，导致血小板反应减少。

③VWF 与血小板相互作用改变。

④在动物身上怀疑存在类似的机制，但尚未记录在案。

(3) 弥散性血管内凝血（DIC）会导致血浆血小板 FDPs 浓度增加。FDPs 可竞争性抑制纤维蛋白原与血小板受体结合，从而使血小板聚集减弱。

(4) 肝脏疾病可能与血小板功能受损有关，但对其机制却研究甚少。

(5) 感染性和各种可能会影响血小板功能因素包括以下几个方面：

①猫白血病可引起血小板减少症、血小板增多症和/或血小板功能受损。

②犬埃立克体感染时由于高蛋白血症、血小板受体抗体存在，可引起血小板黏附和/或聚集抑制。这些效应可能发生在血小板减少症的情况下。

③浆细胞性骨髓瘤副蛋白血症可抑制血小板黏附和聚集。

④白血病和骨髓增生性疾病可能与多种血小板缺陷包括改变信号转导通路、膜糖蛋白改变或血小板颗粒异常相关。

⑤某些蛇毒中含有血小板抑制肽或酶，这些物质能降解血小板膜受体和/或 VWF。

2. 血小板功能增强。

(1) 肾病综合征可引起血小板高聚合性；其机制可能是多方面的。一项研究发现，当血浆白蛋白浓度增加时血小板高聚合性减少。

(2) 在犬体内，促红细胞生成素增加了循环血液中网状血小板的数量，增加了与受体激动剂的反应性。

(3) 传染性病原体和寄生虫可能引起血小板反应过度。

①传染性腹膜炎病毒可能直接影响血小板，但其增加血栓形成的风险可能与内皮细胞损伤或者病毒感染诱导的炎症有关。

②犬心丝虫病可增强血小板聚集和颗粒释放。寄生虫排泄物、内皮细胞损伤、溶血等都有助于增强血小板的反应。在这种疾病中，服用推荐剂量的阿司匹林可能不能有效抑制血小板活性。

（六）血小板减少症的机制

包括生成减少、消耗增加、隔离和损耗过度 4 种基本机制。导致血小板减少症的原因涉及多种机制。下面是引起血小板减少的主要机制。

1. 血小板生成减少或血小板生成障碍（骨髓巨核细胞减少并发血小板减少症）。

(1) 纯巨核细胞发育不全（犬）是一种罕见的由自身抗体直接针对巨核细胞引起的免疫性血小板减少症。确诊需要进行骨髓检查。有趣的是，这种失调治疗效果不佳。这可能与免疫性溶血性贫血有关。

(2) 任何原因导致的骨髓发育不全（全血细胞减少、再生障碍性贫血）都能引起血小板减少症。骨髓发育不全首先开始的是白细胞减少（中性粒细胞），因为中性粒细胞在循环血液中寿命最短（半衰期约 10h）。因为血小板寿命较长（3～10d，视品种而定），因此在几天内才出现明显的血小板减少症。随着病情的发展，随后几周就会呈现出渐进性非再生性贫血（贫血开始的时间是不确定的，取决于红细胞的寿命）骨髓发育不全原因包括：

①药物，如化疗药物、氯霉素、磺胺嘧啶、雌激素化合物（犬）和灰黄霉素（猫），对骨髓祖细胞有直接毒性作用。药物效应是可预测的，如癌症化疗或特殊性的。

②三氯乙烯和苯等化学品。

③霉菌毒素和植物中毒，分别为黄曲霉毒素 B 和蕨类植物摄取等。

④暴露于电离辐射。

⑤猫白血病病毒或细小病毒感染可能通过造血细胞破坏引起全血细胞减少。

(3) 骨髓萎缩（骨髓腔被肿瘤或其他非骨髓细胞占据）。

①肿瘤的原因包括骨髓或淋巴组织增生性疾病，它起源于骨髓腔或各种转移性肿瘤转移至骨

髓腔。

②无论是胶原（或骨髓纤维化）还是骨样组织（骨硬化）沉积，间质细胞增殖可能使骨髓腔消失。

③骨髓腔的浸染性炎症（如浸染性组织胞浆菌性肉芽肿性骨髓炎）也可引起脊髓萎缩。

（4）感染性病原体。

①埃立克体病等其他立克次体病的晚期阶段，经常伴有持续性血小板减少。

②猫白血病病毒（FeLV）、马传染性贫血病毒（EIA）、非洲猪瘟病毒、牛病毒性腹泻病毒（BVDV）可能直接感染并破坏骨髓造血细胞或感染间质细胞，导致生长刺激因子产生减少或生长抑制因子产生增加。

2. 血小板消耗或破坏超过血小板生成。

（1）免疫介导的血小板减少。

①在原发性免疫性血小板减少症（也称自体免疫血小板减少或先天性血小板减少症），自身抗体产生于血小板自身抗原。GPⅡb-Ⅲa 和 GPⅠb-Ⅸ是常见的抗原靶点。如果抗体是针对普通膜抗原，巨核细胞与血小板则一起成为抗原靶点。

②在二级免疫介导血小板减少症中，抗体的产生继发于另一种潜在因素，如系统性红斑狼疮、瘤变、感染性疾病或药物使用等。血小板膜非特异性吸附于相应抗体。

③疫苗引发的血小板减少症与几种不同的改良活性疫苗有关。

A. 在犬瘟热和细小病毒病、猫瘟和猪瘟免疫接种后可引起血小板减少症。

B. 接种 3～10d 后发生轻度血小板减少症，血小板计数很少低于100 000/μL。明显的血小板减少症可能会发生，但由于血小板数量迅速反弹，因此其最低点很难确定。

C. 临床出血不会发生，除非有潜在的血小板缺陷，如 VWD 或血小板紊乱共存。在此期间应避免进行手术。

（2）药物引起的血小板减少症。

①与药物无关的血小板减少症（原药诱导的免疫介导的血小板减少症），该药物刺激正常的血小板膜抗原形成抗体。药物不存在时，仍然持续产生抗体。药物单独性血小板减少症与原发性 IMT 很难区分。

②与药物单独性血小板减少症（二次药物引起的）相比，在猫、犬和马中更常见的是药物依赖性的血小板减少症。

A. 在新的或首次接触药物依赖性血小板减少症中，会发生免疫介导血小板减少症。使用马肝素会发生血小板减少症就是其中的一个例子。

B. 在已发生的药物依赖的血小板减少症中，患病动物一般有治疗或接触该药物的病史。

a. 在最初的药物治疗后至少一周或更长时间内观察到血小板减少症。

b. 在用药后 3d 内，血小板减少症复发。

C. 药物诱导血小板减少症的非免疫机制包括直接凝集和隔离、过度性损耗以及通过正常的激活途径和凝血途径消除。

（3）活化作用和血小板去除增强可以发生于血管内的寄生虫（疟原虫、犬恶丝虫）感染、弥漫性血管内凝血及细菌、立克次体和病毒的感染。

3. 脾脏发生显著充血和瘤变时可发生血小板隔离。

4. 出血、创伤、灭鼠药中毒、DIC 和瘤变时可伴随血小板过量消耗；然而，血小板减少症通常只在弥散性血管内凝血和一些弥散性肿瘤病例中观察到。

（七）血小板增多症的原因（血小板数量超过参考区间；MPV 是可变的）

血小板增多症患者可能会增加血栓或出血的风险，这取决于血小板的功能。

1. 生理性血小板增多症是由肾上腺素诱导的脾脏收缩引起的。在健康方面，脾脏包含 30%～

40%的循环血小板。生理血小板增多是一种暂时现象。

2. 原发性血小板增多症（ET，出血性血小板增多症、原发性血小板增多症或特发性血小板增多症）是一种罕见的骨髓增生性疾病（见第三章）。

(1) 持续性血小板计数增多，而且经常增加显著。

(2) 血小板形态发生变化，包括大小变化、形状变化和剧烈的颗粒化。

(3) 在人类中存在血小板功能异常，但在家畜中尚未得到实质性评估。

(4) 骨髓巨核细胞增多常伴随形态异常或未成熟巨核细胞数量增多。

(5) 出血或血栓发生的可能性取决于血小板功能的高底。高分子质量 VWF 的选择性丧失可能会导致出血。

3. 应激性血小板增多症（继发性血小板增多症）是一种与骨髓增生性疾病相关的血小板计数增加的疾病。根据刺激的不同，血小板增多可能是短期或长期的。应激性血小板增多症比 ET 更常见。

(1) 炎症和恶性肿瘤是应激性血小板增多症的最常见原因。炎症或肿瘤细胞中的细胞因子（如 IL-6、IL-3 和 IL-11），能刺激巨核细胞增殖和成熟。IL-6 被认为通过刺激肝细胞的 TPO 生成来提高血小板的数量。铁缺乏导致血小板增多的原因尚不清楚；然而，相对于促红细胞生成素增多，血小板增多是次要的，可能与 MEP 在一个水平。IL-6 浓度升高被认为是区分反应性血小板增多与 ET 的一种方法。

(2) 血小板被巨噬细胞去除或破坏减少。脾切除术后伴随着血小板减少或增加。血小板计数在术后两周达到高峰，并在 2～3 个月内恢复到参考区间。

(八) 巨核细胞白血病很少被观察到

血小板计数在参考区间内可能减少或增加。可见巨核细胞或微小巨细胞。可能存在血小板和巨核细胞形态的改变（见以下的血小板减少）。

(九) 血小板再生障碍使血小板生成无序

血小板再生障碍与巨核细胞白血病、骨髓增生异常综合征有关。骨髓增生异常综合征的特点是血细胞减少、骨髓增生，以及一个或多个造血细胞系的发育不良等。巨核细胞发育不良包括未成熟细胞、核分散（多核而不是分叶核）、细胞核大小不均、胞核与胞质成熟不同步等。这些变化可发生在 FeLV 感染、化疗药物治疗、头孢菌素治疗、先天性和获得的基因突变以及具有显著的血小板增多性疾病中。

第二节 凝血和纤维蛋白溶解

一、凝血机制

凝血系统的活化作用与血管损伤部位的血小板活化同时发生。凝血是一种高度调节系统，涉及复合物的形成，使酶原转化为活性的蛋白酶。这些复合物需要带负电荷的细胞膜磷脂表面和钙以达到最大的功效。凝血因子复合物是由Ⅸ、Ⅷ、Ⅹ等因子组成的固有因子Ⅹ活化复合体（称为内源性液化酶复合物），由因子Ⅶ、Ⅲ（组织因子）和Ⅹ组成的外源性因子Ⅹ活化作用复合物（称为外源性液化酶复合物），以及由因子Ⅹ、Ⅴ和Ⅱ组成的凝血酶复合物。习惯上，凝血系统被分为内在的和外在的两种，这样便于理解实验室检测。然而，体内试验可发生交叉活化作用，已知的外源性因子Ⅶ-组织因子复合体，除了激活因子Ⅹ外，还可以激活内在通路中的因子Ⅸ（图 4.2）。

(一) 丝氨酸蛋白酶凝血因子

在肝脏中合成，作为酶前体或酶原存在于血浆中，需要激活后才能发挥机能。

1. 酶的因素。

(1) 因子Ⅻ（哈格曼因子）、因子 Ⅺ（血浆凝血酶原）、前激肽释放酶（弗莱切因子）是构成接触激活系统的主要元件。

（2）维生素 K 依赖性因子包括因子Ⅱ（凝血酶原，激活因子Ⅱ为凝血酶）、因子Ⅶ（前转化素原）、因子Ⅸ（抗血友病因子 B、分解因子）和因子Ⅹ（斯图尔特因子）。

①无活性前体通过维生素 K 依赖性的谷氨酸分子残基转译后的羧化作用而发挥功能。

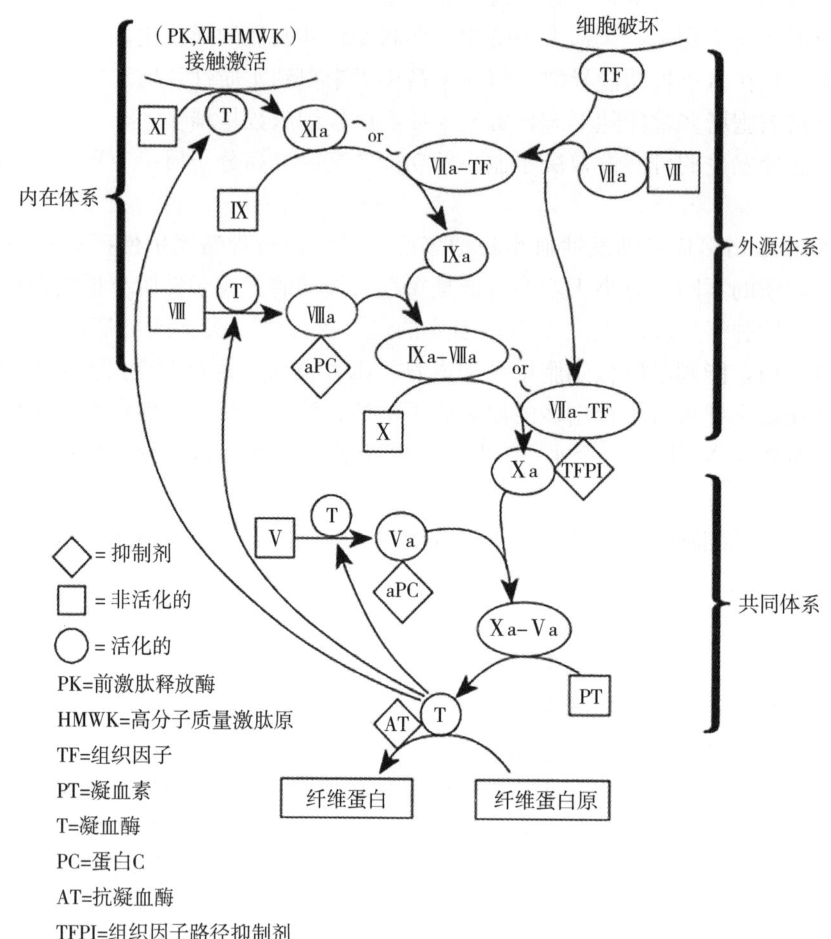

图 4.2 凝血酶和纤维蛋白形成的活化

凝血酶是因子Ⅺ、Ⅷ和Ⅴ的反馈激活剂。激活因子Ⅶ-组织因子复合体影响活化的两个位点。其他的辅助因子（血小板磷脂和钙）在这个路径中没有显示。

②羧化因子Ⅱ、Ⅶ、Ⅸ和Ⅹ携带负电荷，在钙离子存在的情况下，与暴露的磷脂酰丝氨酸结合后激活血小板。钙离子使静电作用在带负电荷的凝血因子和带负电荷的血小板表面之间相互发生。

③在维生素 K 拮抗作用（如香豆素中毒）下，凝血因子是未经充分的羧化反应而形成的，功能不充分。这些蛋白质被称为“维生素 K 缺失或拮抗作用蛋白质”（PIVKA）。其功能障碍的严重程度与维生素 K 缺乏程度成正比（病例 25）。

（3）因子ⅩⅢ（纤维蛋白稳定因子）通过凝血酶转化为有活性的转谷氨酰胺酶和稳定纤维蛋白单体。

2. 酶原的血浆半衰期从几小时到几天。在酶原和活性状态下循环中的因子Ⅶ，半衰期最短（4～6h）。

3. 丝氨酸蛋白酶凝血因子固有的体内抑制剂包括抗凝血酶（AT），其活性可通过肝素和肝素辅酶因子Ⅱ等其他丝氨酸蛋白酶抑制剂来增强。

（1）AT 的主要功能是通过形成 1∶1 的化学凝血酶（TAT）来抑制凝血酶活性。

①复合物由单核吞噬细胞系统清除。

②肝素增强抗凝血酶活性。在与肝素结合的情况下，其结构发生改变，增强了与凝血酶结合的能力。

③抗凝血酶也能灭活其他丝氨酸蛋白酶，包括活化因子Ⅸ、Ⅹ、Ⅺ和Ⅻ。

(2) 凝血酶可以脱离血栓形成的部位和抑制部位，向下游移动，并与内皮细胞表面表达蛋白-血栓调节酶结合。

①一旦与血栓调节酶结合，凝血酶的促凝活性就消失了。

②凝血酶的底物特异性也可从可溶性的纤维蛋白原转变为蛋白C（一种维生素K依赖性促凝酶，具有抗凝血和灭活作用)。

4. 活性酶促因子存在于血清中，凝血时不消耗。

(二) 非酶促蛋白凝血因子

主要由肝脏合成，在血液中循环。其中两种蛋白质在内、外源酶及凝血酶原酶复合物中作为关键的辅助因子。

1. 非酶蛋白因子包括因子Ⅴ（促凝血球蛋白原)、因子Ⅷ（抗血友病因子A）和纤维蛋白原（因子Ⅰ)。

(1) 纤维蛋白原和因子Ⅷ是急性期蛋白；在炎症或瘤变时，它们的浓度增加。

(2) 这些因子的血浆半衰期从几小时到几天。

2. 凝血消耗非酶性因子，因此，它们存在血清中。

3. 活化因子Ⅴ和Ⅷ被活化蛋白C酶促分解。

(1) 在磷脂、钙和蛋白质S（一种维生素K依赖性辅助因子C）存在的条件下，因子Ⅴ和Ⅷ被加速灭活。

(2) 失活的因子Ⅴ和Ⅷ会导致内在的酶和凝血酶原酶复合物遭受重度损失，在那里这些蛋白作为蛋白质辅助因子发挥重要作用，从而解释了蛋白C的抗凝作用。

(三) 血小板磷脂

1. 血小板磷脂，特别是磷脂酰丝氨酸，是凝血的一种辅助因子。磷脂酰丝氨酸在活化的血小板膜上表达，并提供一个带负电荷的表层，大大增强了凝血因子活性。

2. 钙为带负电荷的维生素K依赖性凝血因子和血小板膜磷脂酰丝氨酸残基提供了一个桥梁，从而定位这些酶和其蛋白质辅助因子，高效地激活各自的底物。

(四) 组织因子（因子Ⅲ，组织促凝血酶原激酶)

1. 组织因子是一种跨膜细胞表面受体。组织因子不需要蛋白酶解离即有活性。正常它不会暴露于血浆中，而是存在于动脉血管周围的外膜细胞和表皮以及黏膜内皮细胞中。在某些情况下，组织因子也可以暴露在单核/巨噬细胞和癌细胞表面，并可由血小板合成。

(1) 组织因子在内皮成纤维细胞、周细胞、巨噬细胞和单核细胞中均有发现，但在未扰动的内皮细胞内未发现。这与在血浆中循环的其他凝血蛋白形成了对比。

(2) TF可由细胞因子、内毒素和其他炎症介质诱导由内皮细胞合成，但在未破坏的内皮细胞不启动凝血。

(3) 一旦接触到血液，TF就会与因子Ⅶ结合，并活化因子Ⅶ（FⅦa)，具有高效性和特异性。组织因子或因子Ⅶa复合体随后激活因子Ⅹ，被称为外在因子Ⅹ或外在酶复合体。组织因子或因子Ⅷa也能激活内在酶复合物中的因子Ⅸ。

2. 组织因子途径抑制剂（TFPI）是一种与脂蛋白相关的蛋白酶。

(1) TFPI主要见于血小板和内皮细胞。

(2) TFPI的抑制作用过程分两步。第一步，TFPI在催化部位结合活化因子Ⅹ。第二步，这种新形成的复合物以钙依赖的方式与膜结合复合物FⅦa/TF结合，从而导致FⅦa/TF催化活性的丧失。

(五) 钙（因子Ⅳ)

1. 体内低血钙症并不能直接导致出血。肌肉收缩（包括心脏功能收缩）所需的钙浓度比体内血液凝固所需的钙要高。

2. 抗凝血剂（如乙二胺四乙酸、草酸盐或柠檬酸盐）通过与钙结合而防止凝血。

二、外源性凝血途径的机制和障碍

（一）外源性凝血途径常始发于体内凝血

当组织因子（因子Ⅲ）接触混合因子Ⅶ或活化因子Ⅶ（FⅦa）时，就会引发凝血。因子Ⅶ尽管具有自动激活的能力，但其蛋白酶活性极小。活化因子Ⅰ和组织因子的复合物大大增强了蛋白水解活性。在钙和磷脂（外在酶复合物）存在的情况下，这一复合物可以激活内在酶复合物中的因子Ⅸ和凝血酶原复合物中的因子Ⅹ。

（二）外源性凝血障碍

1. 因子Ⅶ（犬）的遗传缺陷是一种轻度疾病，犬容易擦伤，但出血倾向不严重。

2. 早期维生素K抑制或缺乏。

早期维生素K抑制或缺乏最早影响因子Ⅶ，因为因子Ⅶ半衰期短。凝血酶原时间（PT）可能延长。临床可能不存在出血现象。

3. 过多的组织因子释放（如血管内溶血、大量坏死、创伤、败血症、内毒素血症）引起的过度凝血和弥散性血管内凝血；病例11）。

三、内源性凝血途径的机制和障碍

内源性凝血途径的机制和障碍见图4.2。

1. 接触激活涉及因子Ⅻ、因子Ⅺ、前激肽释放酶（弗莱切因子）、辅因子（高分子质量激肽原、菲茨杰拉德因子）。当血浆与体内带负电荷的物质（如胶原蛋白、活化的血小板、内毒素）或体外物质（如玻璃、高岭土或硅藻土）相互作用后，这些分子被激活。

（1）内在系统接触激活的产物是活化因子Ⅺ，随后激活因子Ⅸ。

（2）接触性激活在凝血中的生理意义是有争议的，因为这些因素的单独缺陷通常不会导致出血性倾向。

2. 结合凝血酶激活因子Ⅷ后，激活因子Ⅸ，随后激活因子Ⅹ。在钙和磷脂存在的情况下，这就形成了一个活跃的内在酶复合物，从而启动共同凝血途径。

3. 组织损伤后，经由因子Ⅹ和因子Ⅸ的外源性酶复合物活化作用后，启动体内血液凝固。然而，持续生成的活化因子Ⅹ是依赖于内在酶复合物而不容易受到TFPI的影响，且激活因子Ⅹ的效能提高了50倍。

（1）活化因子Ⅹ（由外在的酶复合物生成）通过在其附近形成少量凝血酶激活血小板。

（2）活化因子Ⅸ（由内在的酶复合物生成）最终提高了活化的血小板表面凝血酶的产量。简单地说，活化因子Ⅸ产生活化因子Ⅹ。活化因子Ⅹ是血小板表面凝血酶原酶复合物的关键组成部分。凝血酶原酶复合物就如同它的名字，能使凝血酶原酶裂变产生凝血酶。

4. 内源性凝血途径的因子缺陷可能导致出血，也可能不会导致出血，当有出血时，其严重程度会有所不同。凝血型出血的特点是深部组织迟发性出血和血肿形成。

5. 内源性凝血途径因子失调。

（1）前激肽释放酶遗传缺陷（犬和马）。据报道，受感染的动物没有临床出血的现象。

（2）遗传因子Ⅻ缺乏或阿热曼的疾病（猫和犬）。受影响的动物不会出现临床出血。这种现象偶尔可见，通常会被认为是由于延长了凝血激活的时间（ACT）或延长了部分凝血酶的活化时间（APTT）。

（3）遗传因子Ⅸ缺乏（犬和荷斯坦牛）。受影响的犬和牛在手术后会持续出血，但除此之外，这种失调是轻微的。

（4）遗传性、伴性状的、因子Ⅸ缺乏或B型血友病（猫和犬）。受影响的雄性动物通常只有不到10%的正常因子Ⅸ活性。临床症状随动物的大小、活动及因子活性而变化。患有严重B型血友病（不足1%的活性）的猫比具有相似因子Ⅸ活性的犬更有可能拥有正常的寿命。临床症状往往是非特异性的，尤其是在猫身上，主要包括抑郁、厌食和易怒。自发性出血发生，特别是在因子活性非常低的动物身上更易发生。然而，自发的外出血是罕见的；大多数自发性出血是内出血，临床症状（跛行、沮丧、呼吸困难、癫痫等）往往倾向于出血的部位。雌性携带者因其因子Ⅸ活性减少（通常为40%～60%）而被识别。携带者无异常出血现象。

（5）遗传、性别相关因子Ⅷ：凝血因子（Ⅷ：C）缺乏或A型血友病（猫、马、羊、牛、犬）。这是动物和人类最常见的遗传性凝血病，其原因是因子Ⅷ基因具有高自发突变率。出血的严重程度与B型血友病所观察到的情况相似，与因子缺乏程度以及动物的大小和活动有关。受影响的雄性动物通常只有不到10%的正常因子Ⅷ：C活性（血管性血友病因子可能会增加）。雌性携带者可以通过因子Ⅷ：C活性的减少（通常只有常规的40%～60%）来鉴别。雌性携带者没有临床症状。

（6）在弥散性血管内凝血综合征（DIC）中非酶性因子的后天缺陷（病例11）。

①DIC与凝血蛋白的消耗性疾病有关，包括血纤维蛋白原、因子Ⅴ和因子Ⅷ。血小板也被消耗，可能产生过量的纤维蛋白（原）降解产物（FDPs）。如果凝血因子消耗超过其合成率的界限，可能会导致失血。

②血小板减少症可能与瘀点和/或瘀斑有关。

③作为DIC过程的一部分，凝血酶可在小血管中形成，最终导致缺血和器官衰竭并坏死。

（7）维生素K依赖因子（因子Ⅱ、Ⅶ、Ⅸ和Ⅹ）的缺陷可能发生在鼠类药物中毒（香豆素、茚满二酮；病例25），脂肪吸收不良/消化不良和肝衰竭。

①早期的灭鼠剂中毒，由于因子Ⅶ的半衰期最短而最先延长了PT。

②出血严重程度与因子的羧化水平不足有关。

（8）高凝状态可能与中暑、病毒血症和内毒素血症有关。这些高凝状态可能转化为DIC，这取决于相关组织损伤的严重程度和是否缺乏相应组织的灌注。

四、凝血共同途径的失调及其机制

凝血共同途径的失调及其机制见图4.2。

1. 因子Ⅹ，当被内源性或外源性系统活化时，结合活化的因子Ⅴ、钙和磷脂，形成凝血酶复合物。因子Ⅴ存在于血浆中，也集中在血小板α颗粒中。

2. 凝血酶原酶复合物在膜结合的凝血酶中裂解两种肽键，形成凝血酶原片段1+2和前凝血酶2。前凝血酶2被切割成凝血酶。凝血酶解离于血小板表面，并将可溶性纤维蛋白原（因子Ⅰ）转化为单体纤维蛋白，释放纤维蛋白肽A和B。活化因子XIII（纤维蛋白稳定因子）催化聚合，交联纤维蛋白单体，形成不溶性纤维蛋白。

3. 凝血酶是一种正反馈促凝剂。它激活因子XIII、Ⅺ、Ⅷ、Ⅴ和血小板。血栓调节蛋白结合凝血酶通过活化蛋白质C作为抗凝剂。

4. 常见系统缺陷（因子Ⅹ、Ⅴ、Ⅱ和纤维蛋白原）。

（1）只作用于共同途径的缺陷是罕见的。导致PT和APTT延长的缺陷通常是"多因子"缺陷，如肝病、维生素K拮抗或弥散性血管内凝血，其中多种途径的因子几乎同时减少。

（2）因子Ⅹ的遗传缺陷在犬和猫中有描述。

（3）纤维蛋白原的遗传缺陷在山羊和犬中有描述。纤维蛋白原可能缺失、减少或异常。受感染的动物有轻微到严重的出血。

（4）有些蛇毒液含有能激活凝血酶、因子Ⅴ和/或因子Ⅹ的酶。

5. 抗凝血作用缺陷。

(1) 抗凝血酶缺乏症。后天的缺陷在犬（蛋白丢失性肾病、蛋白丢失性肠病、败血症）和马（疝痛综合征）中有描述。弥散性血管内凝血和肝病也可能导致动物 AT 缺陷。由于凝血酶活性不强，受影响的动物易血栓形成。

(2) 蛋白 C 缺陷症。蛋白 C 的后天缺陷已在患有疝痛综合征的马上有报道。蛋白 C 的遗传缺陷也可能发生在马身上。对蛋白 C 的弥散性血管内凝血消耗在犬类中有所描述。由于因子Ⅴ和Ⅷ的活性较差，以及纤维蛋白溶解的控制能力受损，患有遗传性或后天性蛋白 C 缺陷的动物易血栓形成。

五、维生素 K 相关因子的缺陷及其机制

1. 维生素 K 拮抗作用，其结果是抑制功能性的维生素 K 依赖性因子，可引发杀鼠剂中毒。用维生素 K_1 治疗所需的时间因灭鼠剂的种类而异。第一代化合物通常需要治疗 7～10d，第二代化合物可能需要治疗 4～6 周。

2. 维生素 K 缺乏症时很少会发生吸收不良/消化不良，包括胰腺外分泌功能不全。由于维生素 K 不断被循环利用，因此维生素 K 缺乏症很少发生，在储存的维生素 K 耗尽之前（大约 6 个月）。大多数动物都可以在维生素 K 缺乏显露之前即被诊断和治疗。

3. 遗传性维生素 K 依赖性多因子凝血病已经在德文郡力克斯猫、兰布莱绵羊和拉布拉多犬得以诊断。功能性维生素 K 依赖性凝血蛋白由于基因球蛋白-谷氨酰基羧化酶基因突变而降低。德文郡力克斯猫对维生素 K_1 的治疗有作用（人工合成了羟化酶蛋白，虽然其功能受损，但对维生素 K_1 反应灵敏）。兰布莱绵羊对维生素 K_1 的治疗没有反应（因一个过早停止的密码子而发生变异，不会合成羧基酶）。拉布拉多犬的变异尚无描述。在缺乏接触杀鼠剂的情况下，动物的遗传性多因子凝血障碍应被高度怀疑为遗传性维生素 K 多因子凝血病。

六、纤维蛋白溶解缺陷及其机制

纤维蛋白溶解与凝血几乎同时发生。它使血液在脉管系统内保持流动状态，并负责许多管状结构的通畅。纤维蛋白溶解，如凝血，是一种复杂的相互作用及平衡非活性酶原、活性酶、活化剂、抑制剂和灭活剂（图 4.3）。

（一）纤溶酶原和纤溶酶

1. 纤溶酶原是纤溶酶前体，存在于血浆中，当它被裂解为重链（A）和轻链（B）时，纤溶酶原被 激活。活化剂包括激肽释放酶、组织纤溶酶原激活物（tPA）、尿激酶纤溶酶原激活剂（uPA）。

(1) 赖氨酸与 A 链的效应点结合，调节纤溶酶与纤维蛋白及其血浆抑制剂和 α_2 抗纤溶酶（α2AP）之间的相互作用。

(2) B 链含有与其他丝氨酸蛋白酶（如凝血酶）同源的活性酶位点。

(3) 虽然纤溶酶的生理底物是纤维蛋白，然而，纤溶酶将非特异性地灭活其他蛋白质、包括前激肽释放酶、高分子质量激肽原、因子Ⅷ、因子Ⅴ和纤维蛋白原。

2. 作用于纤溶酶原激活物的纤溶酶具有纤维蛋白的特异性。

(1) 纤溶酶原激活发生在正在形成的血栓中，其中纤溶酶原活化物和纤溶酶原结合在纤维蛋白上。

(2) 在最初的纤维蛋白水解后，可以发现额外的结合位点，从而进一步增强纤溶酶原及其活化物的结合。

3. 纤溶酶的活性受血浆丝氨酸蛋白酶抑制剂 α2AP 的抑制。

(1) 抑制是通过纤溶酶与 α2AP（PAP）形成稳定的复合物发生的，由单核吞噬系统清除。

(2) 纤维蛋白结合的纤溶酶受血浆 α2AP 的抑制而不被灭活；然而，由于在活化因子ⅩⅢ（血纤蛋白稳定因子）作用下，α2AP 成为交联纤维蛋白的一部分，因此纤维蛋白结合的纤溶酶只有部分得到

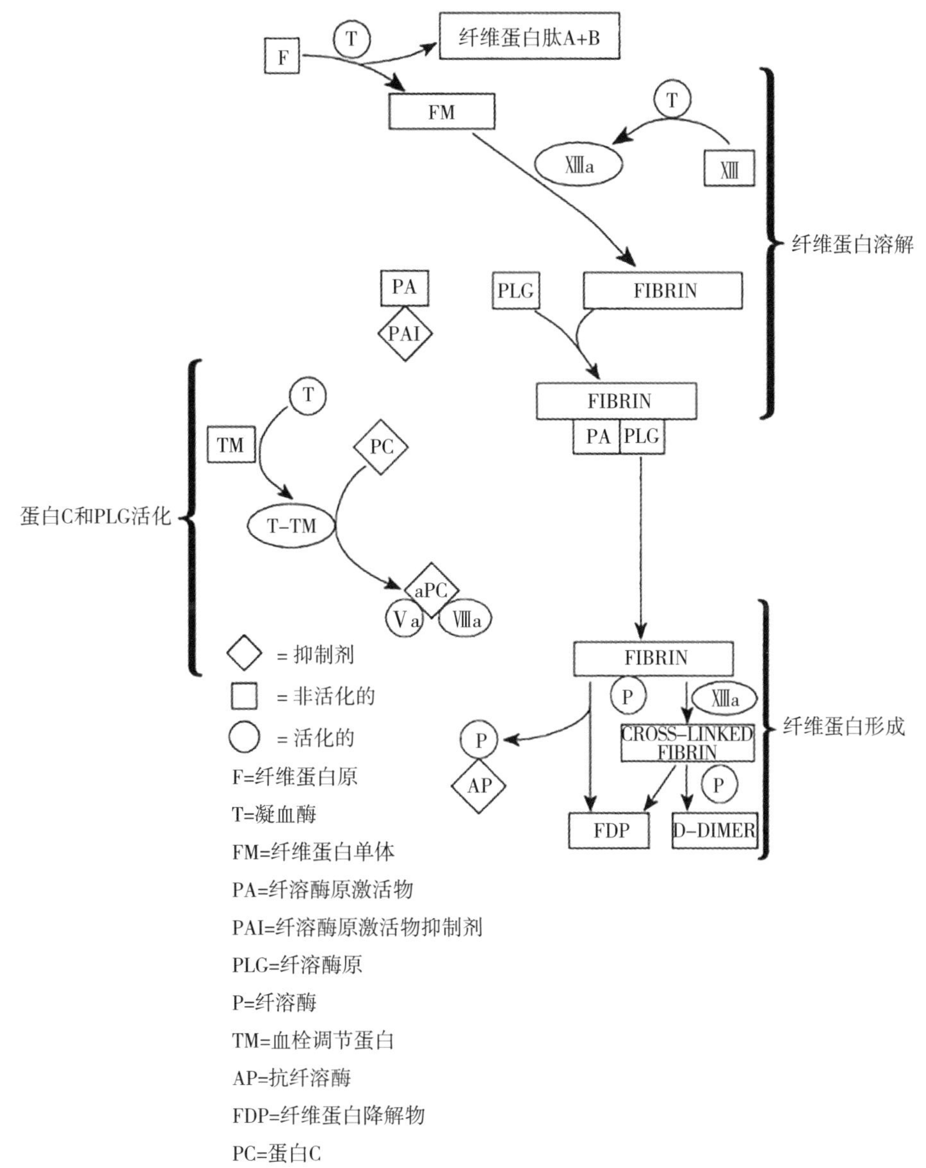

图 4.3 纤维蛋白形成和纤维蛋白溶解体系

在形成过程中，纤溶酶原激活物抑制剂（PAI）维持纤溶酶原激活物（PA）的稳定性。当 PA 超过 PAI 的比例时，纤溶酶原活化为纤溶酶，纤维蛋白溶解过程开始。活化蛋白 C（aPC）激活凝血因子Ⅴa 和Ⅷa。

保护。

（3）其他的纤溶酶抑制剂包括 α_2 巨球蛋白、α_1 抗胰蛋白酶、AT、C1 酯酶抑制剂。

4. 凝血酶活化的纤溶酶抑制剂（TAFI）是一种被凝血酶激活的羧肽酶。凝血酶与血栓调节蛋白的结合大大增强了凝血酶的活化作用。活化的 TAFI（TAFIa）通过裂解暴露的赖氨酸与纤溶酶原和 tPA 纤维蛋白的位点结合而发挥抑制纤溶作用。TAFIa 还可以防止谷氨酸转化为赖氨酸-纤溶酶原。在凝血酶不传播疾病（如血友病）的状态下，不生成 TAFLa，因此纤维蛋白溶解增强。

5. 质粒可以水解纤维蛋白和纤维蛋白原，进而形成纤维蛋白（原）降解产物（FDPs）或碎片。

（1）FDPs 通过巨噬细胞（尤其是肝脏的枯否氏细胞）得以清除。

（2）在纤溶酶水解作用下，交联纤维蛋白产生的终端降解产物是 D-D/E 片段，它由两个共价结合 D-位点（D-二聚体）组成，并以非共价结合到 E 片段。

（二）纤溶酶原的活化物来源于内皮、血小板和其他细胞

这些活化物存在于血浆中，有效地激活了纤维蛋白结合的纤溶酶原。

1. 内在纤溶酶原活化物。

（1）活化因子Ⅻ可直接激活纤溶酶原。

（2）激活因子Ⅻ也能间接激活纤溶酶原。

①激活因子Ⅻ随后激活前激肽释放酶为激肽释放酶。

②激肽释放酶激活尿激酶纤溶酶原活化物（uPA），进而激活纤溶酶原为纤维蛋白溶酶。

2. 外在纤溶酶原活化物。

（1）uPA 和 tPA 在许多细胞中存在，并具有高度特异性的活性，可将纤溶酶原转化为纤溶酶。

（2）tPA 结合纤维蛋白后激活与纤维蛋白结合的纤溶酶原，使之转化为纤溶酶。纤溶酶消化纤维蛋白，生成新的C-末端赖氨酸残基，成为更多的纤溶酶原和 tPA 的结合位点；因此，进一步增强了纤溶作用。

（3）uPA 主要负责激活细胞表面的纤溶酶原，也可能在血管外纤溶和增强细胞黏附和迁移方面发挥重要作用。

（三）纤溶酶原激活物抑制剂（PAI）来源于内皮、血小板和其他细胞

1. PAI-1 通过形成一种可阻止纤溶酶原活化的可逆的复合物抑制 tPA 的形成。

2. 活化剂与抑制剂之间的平衡向活化剂和纤维蛋白溶解方向转移。

（1）抑制剂与其他血浆蛋白形成复合物。

（2）凝血酶被释放到下游并激活蛋白 C，蛋白 C 也通过抑制凝血酶的产生来增强纤维蛋白溶解，这反过来抑制了 TAFI 的产生。

（四）与人的疾病相比，对家养动物纤维蛋白溶解的显性缺陷研究甚少

重要的是，纤维蛋白溶解的成分是保持平衡的，以维持体内平衡。疾病中这一平衡受到破坏，使患畜处于高凝状态或低凝状态。

1. 促成高凝状态失衡的可能性。

（1）降低纤溶酶原浓度（如马的严重缺血性肠病）。

（2）缺乏纤溶酶原激活物。

（3）缺乏蛋白质 C 或蛋白质 S。

（4）因子Ⅴ突变导致因子Ⅴ对蛋白 C 失活产生抗性。

（5）过量纤溶酶原活化物抑制剂（PAI）。

2. 促成低凝状态失衡的可能性。

（1）缺乏 α_2-抗纤维蛋白溶解和其他纤溶酶抑制剂来引发弥散性血管内凝血。因子Ⅴ、因子Ⅷ和血纤维蛋白原的纤溶酶水解作用有助于形成凝固过低的状态。

（2）系统性的不可控的纤溶酶原活化作用。

七、禽类凝血和纤溶

相对于哺乳动物而言，有关禽类凝血和纤维蛋白溶解我们研究甚少，大多数研究都是使用人的血浆因子测定方法来测定禽类因子的活性。

1. 凝血。除了因子Ⅻ、前激肽释放酶和高分子质量激肽原（HMWK）之外，禽类血浆含有哺乳动物中发现的大部分凝血因子，因子Ⅺ活性显著降低。正如哺乳动物的情况一样，禽类凝固也被认为开始于外源性途径。

2. 鸡脑组织促凝血酶原激活蛋白是禽类 PT 测试所必需的，具有可重复性。

3. 在禽血浆中检测到 AT 活性，它是急性期反应物。

4. 纤维蛋白溶解。在血浆中检测到抗血溶酶、纤溶酶原活化物（uPA）。

八、凝血和纤维蛋白溶解的实验室评估

这里所描述的是低凝血功能障碍（出血综合征）的实验室检查分析。通过实验室对重要出血性疾病进行鉴别诊断测试，如表 4.1 所示。对于临床上在动物出现 DIC 症状之前或血栓形成的风险是否加大，大多数实验室通过常规凝血筛查试验都很难确定。血栓弹性成像（TEG）是一种评估血液凝固的替代方法，主要用于检测低凝状态和高凝状态。

（一）活化凝血时间（ACT）

1. 这个试验测试新鲜血液在接触活化剂（硅藻土、玻璃管）后，形成纤维蛋白凝块所需的时间（s）。血小板为凝血复合物凝结提供磷脂。该方法评估了凝血的内源性和共同途径。

（1）如果某一因子的活性不足正常值的 10%，则 ACT 会延长。轻微的因素不足（10%～30%的正常活性）不会影响 ACT，但会延长 APTT。因此在对内源性和共同途径进行评估时，ACT 不如 APTT 敏感。

（2）ACT 检测易于在临床中进行，只要注意技术要求，结果具有很好的可重复性。

①用含有硅藻土（增强活化作用）事前 37℃预热的干净的 ACT 试管，抽取 2mL 静脉血。

②试管放到加热器中 37℃保存，轻轻倾斜试管，定期检查凝块形成现象。ACT 测试的最终结果是形成可见的血栓。

③试管的保温不够可能会错误导致 ACT 延长，这是因为除了因子Ⅴ、Ⅷ和纤维蛋白原之外，所有内源性和共同的系统因子都是酶，低温延迟酶的活性。

④根据对正常凝结的健康动物的反复试验所获得的 ACT 值评估，每个实验室应建立相应的测试参考区间。在给定的实验室中，发表的参考区间不足以解释实际 ACT 测试结果。

（3）ACT 测试比试管或毛细血管凝集时间更容易操作，而且更敏感。因为 ACT 管是商业化和标准化的。

2. ACT 时间延长则表明内在的凝血因子（s）（前激肽释放酶，HMWK，因子Ⅻ、Ⅺ、Ⅸ、Ⅷ）或共同（因子Ⅹ、Ⅴ、Ⅱ，纤维蛋白原）显著不足。

3. 明显血小板减少（少于 10 000/μL））可能导致 ACT 延长，因为血小板需要为凝结复合物形成提供磷脂。

4. 凝血抑制剂（如过量的 FDPs）或抗凝血剂（如肝素、柠檬酸）的存在 ACT 也延长。

5. ACT 管还可用于对血栓质量的主观评估，将试管保持在 37℃，在 1～2h 内，凝块应出现清晰的血清，如果在 30～60min 内凝块液化，变软、易碎，则表明纤维蛋白过度溶解或低纤维蛋白原血症。

（二）柠檬酸盐血浆试验

1. 样品管理。

（1）血液应该通过清洁的静脉穿刺来采集，并保持最小的静脉淤血，困难的静脉穿刺可能会促进组织液污染和溶血，两者都能迅速激活凝血，这可能消耗凝血因子，并错误地导致凝固测试时间延长。

（2）不推荐用肝素治疗或者肝素化盐水冲洗的导管来收集样品。如果没有其他的血液收集容器可用，血液在用于血凝试验之前注意预防，不能抽血（血样应被丢弃或随后使用）。

表 4.1 凝血障碍模式[a]

障碍	Plt ct	BMBT	APTT (or ACT)[b]	PT	TT	FDP D-D
扩散性血管内凝固（急性的、无补偿的）	dec	inc	inc	inc	inc	inc

（续）

障碍	Plt ct	BMBT	APTT (or ACT)[b]	PT	TT	FDP D-D
血小板减少症	dec	inc	N	N	N	N
血小板功能缺陷	N	inc	N	N	N	N
血管性血友病	N	inc	N	N	N	N
严重肝脏疾病/功能不全	N	N	inc	inc	N	N
获得维生素K缺乏症或拮抗						
遗传因子Ⅹ缺陷						
因子Ⅷ、Ⅸ、Ⅹ、Ⅻ缺陷	N	N	inc	N	N	N
因子Ⅶ缺陷	N	N	N	inc	N	N
先天性纤维蛋白原缺乏	N	N/inc	inc	inc	inc	N

a. 模式的变化取决于过程的严重程度。

b. 如果存在10%不足或更少的内源性或共同因子的活性，那么ACT将会延长。APTT更敏感，如果存在30%或更少的内源性或共同因子的活性，APTT就会延长。

Plt ct＝血小板计数，BMBT＝颊黏膜出血时间，APTT＝激活部分凝血酶时间，ACT＝活化凝血时间，PT＝前凝血酶时间，TT＝凝血酶时间，FDP＝纤维蛋白（原）降解产物，D-D＝D-二聚体，N＝正常（在参考区间内），inc＝增加或延长，dec＝减少。

（3）在采集血液时，尽量保持动物安静，使兴奋保持最小化。因为兴奋会增加因子Ⅷ：C。

（4）血液是通过一个塑料注射器从干净的静脉中采集的，血液立即被采集在含柠檬酸的试管中，其中9份新鲜血液，1份3.8%的柠檬酸钠抗凝剂，要精确。血液和抗凝血剂彻底混合均匀。血液和柠檬酸抗凝剂混合不完全或不正确的比例会产生不准确的检测结果。直接将血液抽进含有适当柠檬酸的注射器，极大地促进了非活性血液样本的采集。

（5）样品采集的30min内，应通过离心将血浆与细胞分离。

①如果送检的止血分析实验室较远，应迅速冻结血浆，在实验室冷冻保存。缓慢冻结或解冻重新冻结促进冰晶形成和凝结因子的沉淀（低温沉淀）。因子Ⅶ：C特别易受到这些影响而导致APTT测试结果的不一致。

②在4℃的冷藏条件下，血浆可稳定保存48h。

③在室温下，因子Ⅶ、Ⅷ迅速消失，尽管存在物种差异。但马的柠檬酸钠抗凝血浆中因子Ⅶ、Ⅷ下似乎更稳定些。

2. 方法。

（1）当使用新的试剂时，即使是从同一供应商获得的试剂，也可能改变柠檬酸血浆凝血试验的参考值。

（2）由于来源不同的仪器和试剂能引起止血测试结果的变化，因此进行这些测验时，每个实验室应该建立并提供适当的特定物种的参考区间。人类的参考区间是不适合用于解释兽医测试结果的。

（3）当对某个参考值有疑问时，患畜的测试结果可以与同一种健康动物同一时间的测试结果进行比较。

（4）常规凝血筛选试验的实验仪器可使用机械或光学系统，来检测最初的纤维蛋白凝块形成。手动测试方法是可用的，但是很少使用，因为测试结果是不可重复的。

①对凝血的光学检测是基于以纤维蛋白形成存在的再钙化、柠檬酸盐血浆增加的混浊度。来自许多动物的凝血筛选试验时间明显低于人类。因此，为人类标本设计的光学仪器检测早期形成的动物血栓必须进行修改。如果不修改化验方法，在仪器检测之前，一些动物标本中可能会形成血栓，仪器将

报告一个错误的血栓形成。

②一些兽医止血实验室采用机械纤维蛋白凝集检测方法（肌纤维计®），在该方法中，钩状电极在固定电极旁通过样品上下移动。当移动的电极位于样品外的最高点时会被激活，在样品中移动时，就会被灭活。当样品中有纤维蛋白形成时，电极将形成的纤维蛋白从样品混合物中分离出来。电极在混合物上方由混合物中纤维蛋白激活，这条线在移动和固定电极之间完成了一个环形电路。完成的电路关闭了凸轮和定时器装置，并记录反应时间。

③有几个医疗点的仪器可用（SCA 2000 兽医学凝结剂分析器，合成素，San Diego，CA；Idexx Coag Dx™ Analyzer，Idexx Laboratories Znc；Westbrook，ME；Vetscan™ VSpro，Abaxis™，Union City，CA）。SCA 2000 测量非抗凝血（不需要离心采集血浆）的 ACT、PT 和 APTT。PT 和 APTT 也可以用柠檬酸的抗凝血样本测试，同样 Idexx Coag Dx™有暗盒测量 PT 和 APTT，既可以是非抗凝血，也可以使用柠檬酸抗凝血。Vetscan™ VSpro 使用一个单一的弹匣来测量 PT 和 APTT，样本是柠檬酸抗凝血。必须为这些仪器的检测试剂建立参考区间。

3. 活化部分凝血酶时间（APTT）。

（1）APTT 是柠檬酸抗凝血浆中纤维蛋白在接触了内源性系统的激活剂，磷脂被血小板衍生磷脂和钙替代后，纤维蛋白凝块形成所需的时间（s）。

（2）APTT 的时间延长，表明内源性途径（因子Ⅻ、Ⅺ、Ⅸ和Ⅷ）或共同途径（因子Ⅹ、Ⅴ、Ⅱ和纤维蛋白原）中的凝血因子缺乏。

①在患有 A 型或 B 型血友病（因子Ⅷ或Ⅸ缺乏）、遗传因子Ⅻ缺乏，遗传性的前激肽释放酶缺乏、DIC、维生素 K 拮抗或缺乏，以及肝功能衰竭的动物，APTT 延长是可以预料的。

②因子活性只有不足正常的 30％时，才能发生 APTT 延长。

A. 白血病患畜携带（杂合子）不会出血，APTT 也不会检测到，因为它们拥有 40％～60％的正常因子活性。

B. 患有 VWD 的动物通常只有因子Ⅷ：C 减少，但活性通常不会低于正常水平的 40％。因此这些病畜可能有些点状出血，但 APTT 会在正常参考区间内（病例 28）。

C. 轻度或早期的灭鼠剂中毒在 APTT 延长之前会先出现 PT 延长，因为维生素 K 依赖因子-因子Ⅶ的半衰期最短。

③血小板减少症不会影响到 APTT，因为测试试剂能提供磷脂。与此相反，在测试体内凝血时，血小板为 ACT 提供了磷脂。

（3）肝素用于抗凝治疗，将延长 APTT。

（4）在炎症性疾病中，纤维蛋白原和因子Ⅷ浓度可能会增加。随后的 APTT 减少，通常比参考区间更短。

（5）如果已知所测试的血浆有因子缺陷，可以使用 APTT 来测试特异性凝血因子活性。

（6）APTT 作为特异性检测形式，通常情况下不会受到前肌肽释放酶缺乏的影响。在 APTT 测试中通常的催化剂是鞣花酸，鞣花酸直接激活因子Ⅻ，绕过了前肌肽释放酶的增强作用。不使用鞣花酸而使用微粒活化剂，将导致具有遗传性的前肌肽释放酶缺陷的个体中出现 APTT 延长现象。

（7）在添加钙之前，柠檬酸抗凝血浆检测样品孵育时间有所变化是允许的。37℃ 3min，系统达到平衡，但是热诱导下引起试剂降解，平衡时间需要更长（通常是为 5min）。在检测牛的样本中，要获得可重复的 APTT 测试结果，加入钙之前进行准确的计算是非常必要的。

4. 凝血酶原时间（PT）。

（1）PT 是柠檬酸抗凝血浆中添加了组织促凝血酶原激酶（因子Ⅶ）和钙之后，纤维蛋白凝块形成所需的时间（s）。

①含有兔脑或者合成的组织促凝血酶原激酶的试剂更适合于哺乳动物的 PT 检测。

②用于禽类 PT 测定的鸡脑组织促凝血酶原激酶必须进行可靠性测定。

（2）PT 延长表明外源性途径（因子Ⅶ）或共同途径（因子Ⅹ、Ⅴ、Ⅱ和纤维蛋白原）中的凝血因子缺乏。

①在遗传因子Ⅶ、DIC、维生素 K 拮抗或缺乏以及肝功能衰竭时，PT 延长。

②因子活性必须小于正常的 30%时，才会出现 PT 延长。

③在轻度或早期的灭鼠毒症中，由于维生素依赖性因子半衰期短（4～6h），维生素依赖性因子缺乏早于其他因子出现。在这些情况下，PT 可以延长，而 APTT 和 ACT 则是在正常参考区间内，因此，PT 是对维生素 K 补充治疗有效性的一种评价方法。

④蛋白质 C（半衰期 8～10h），一种维生素 K 依赖性抗血栓形成蛋白，可与因子Ⅶ同时缺乏。

⑤血小板减少症不会影响 PT，因为测试试剂中包括凝结复合物形成所需要的磷脂。

5. 凝血酶时间（TT）。

（1）TT 是柠檬酸抗凝血浆中添加了钙和凝血酶之后，纤维蛋白凝块形成所需的时间（s）。

（2）TT 主要依靠功能性的纤维蛋白原浓度。低纤维蛋白原血症（不足 100mg/dL）延长 TT。低蛋白原血症可能包括纤维蛋白原过度消耗（DIC）、遗传性蛋白原缺乏或者纤维蛋白原功能失调等（纤维蛋白原异常）。

（3）偶尔可见于抑制剂的存在导致 TT 的延长。

①抑制剂可能会促进凝血酶（如肝素）失活或和患畜的凝血酶原竞争性与凝血酶结合（如蛋白异常血症）。

②肝素可能来源于患畜的血液（提前使用过肝素），来源于静脉留置针（定期用肝素盐溶液灌注）血液标本或血液标本中加入错误的抗凝剂（使用肝素而不是柠檬酸钠）。

（4）维生素 K 的减少或对抗并不会影响 TT，因为功能测试中添加了外源性的凝血酶。

6. 特殊因子分析。

（1）使用商业化免疫吸收的血浆标本，缺乏给定的凝血因子，因此，在进行 APTT 测试中能发现特殊因子缺乏。APTT 测试可以检测出特定的因子缺陷。商业性的和患畜血浆 1∶1 比例混合。如果商业性血浆和患者血浆同时缺乏同一种凝血因子，APTT 将会延长。如果商业性血浆提供的凝血因子是患畜缺乏的，由于 30%以上的因子活性存在，因此 APTT 将在正常的参考区间内。

（2）特殊因子分析可以在专业兽医或比较止血分析实验室得到。特殊因子分析可以有效识别动物最常见的遗传性止血性疾病，包括 A 型血友病（因子Ⅷ缺乏）和 B 型血友病（因子Ⅸ缺乏）。

7. 蝰蛇毒液测试（蝰蛇毒止血时间）绕过了外源性和内源性的凝血途径而直接激活共同的途径，蝰蛇毒液测试时间延长表明共同途径中 1 个或多个因子缺乏（因子Ⅹ、Ⅴ、Ⅱ或纤维蛋白原）。

（三）纤维蛋白原浓度

1. 纤维蛋白原低下或异常蛋白血症最敏感的检测技术是 TT。TT 与功能性纤维蛋白原浓度成反比。

2. 热沉淀是一种相对较粗糙的检测纤维蛋白原浓度的技术。它能够定量测定纤维蛋白原浓度，但是不能区分正常的或功能异常的纤维蛋白原。

3. 纤维蛋白原浓度也可以通过计算血浆和血清中蛋白浓度的差异而被估算。

（四）纤维蛋白原降解产物

纤维蛋白原降解产物（FDPs）是由纤维蛋白和纤维蛋白原通过纤溶酶介导降解而产生的。

1. 测量方法。

（1）FDPs 可通过乳胶凝集试验测定血浆。当抗体包被的颗粒在人体纤维蛋白原碎片上凝集时，表明 FDPs 结合有效。根据凝集程度可对血浆中 FDP 的浓度进行半定量。乳胶凝集试验测定 FDPs 存在物种交叉现象。

（2）由于 FDPs 包括纤维蛋白原和纤维蛋白两者的降解物，因此不能区分初级和次级纤维蛋白溶解。

2. FDPs 增加。

(1) DIC 时由于弥散性微血管内血栓形成，FDPs 产生增加。

①在急性无代偿的 DIC 中，FDPs 超过 20μg/mL。

②在代偿的 DIC 中，FDPs 的范围为 5～20μg/mL。

(2) 在严重的内出血或局部血栓形成后（如马的静脉血栓），FDP 产生也可能增加。

(3) 严重肝病的患畜由于清除能力缺乏也可能导致 FDPs 增加。

(五) D-二聚体

D-二聚体是通过纤溶酶介导的交联纤维蛋白降解产生的，因此二聚体是次级纤维蛋白溶解的一个特异性指标。

1. 测量方法。

(1) D-二聚体的浓度可通过使用半定量（乳胶聚集）或定量（比浊免疫法）的免疫学方法来测量。这些检测方法是使用一种单克隆抗体来识别 D-二聚体的抗原决定簇。

(2) 一些用于人类的 D-二聚体的化验方法可用于测定犬、猫和马的柠檬酸血浆标本中 D-二聚体浓度的测定。具体检测方法的成功应用依赖于物种间的抗体交叉反应。

2. 在人类患者中，D-二聚体检测最常用于排除肺血栓栓塞或静脉血栓形成。在犬体内，高浓度的 D-二聚体被证明是血栓栓塞疾病的敏感指标，包括 DIC。

3. 在各种疾病状态下，D-二聚体的浓度可能增加，从而导致内出血和血栓形成，但是不一定是病理性血栓栓塞的指标。

(六) AT

AT 与肝素相互作用，不可逆转地灭活凝血酶和其他氨基酸蛋白酶。AT 活性是使用自动化学仪器通过显色底物来测量的。

AT 是由肝细胞合成的一种小蛋白质。由于肝功能下降引起 AT 产生降低，DIC 等高凝期的过度消耗，或因肠病或肾病等蛋白质丢失等，都会导致 AT 活性降低。

(1) 在健康的个体中，AT 活性通常在同时检测的血浆对照样本活性的 85%～125%。对照样本包括来自健康动物或者人类的种属特异性血浆样本和混合的血浆样本。

(2) AT 活性减少的动物（低于对照值 80%）被认为血栓形成的风险增加。

(3) AT 活性低于对照值 70%的动物可能对肝素治疗反应迟钝，需要进行 AT 补偿治疗。

(七) 当凝血酶产生时，凝血酶-抗凝血酶复合体（TATs）迅速形成

TAT 浓度增加能影响全身凝血系统的激活。马、犬、猪和羊的 TAT 都可以通过 ELISA 或 RIA 方法用人类的免疫试剂进行检测。

(八) 蛋白质 C

蛋白质 C 是一种维生素 K 依赖性的蛋白质，有抗凝血性和前纤溶酶活性。

1. 这种蛋白质可以通过染色质和劳蕾尔火箭技术进行定量。

2. 高凝状态下（如马和犬的败血症）和维生素 K 拮抗作用时蛋白质 C 浓度降低。

3. 遗传性蛋白质 C 缺陷是常染色体显性疾病，杂合性蛋白质 C 缺陷与人类的血栓形成有关，纯合性蛋白质 C 缺陷的患畜会发展成致命的新生儿暴发性紫癜（暴发性血栓形成）。

(九) 纤维蛋白因子检测

1. 人体血浆检测的商用试剂盒已有，但不能直接用于动物的纤溶酶原检测。需要对试验进行修正，包括酸化和血浆中和，以及使用尿激酶作为活化剂而不是链激酶（在人类试剂包中包含的活化剂）。马、牛、犬和猫的纤溶酶原活性已经被检测。

2. 对 α_2 抗纤溶酶、tPA 和 PAI 的测定不能用于兽医学的临床评估。

(十) 血栓弹性成像（TEG）测量纤维蛋白聚合过程中血液中发生的弹性变化

由于该方法对整个血液中的血栓形成进行了评估，因此在它提供了血浆凝血因子的影响的同时也对整个血液细胞因子的影响进行了评估。TEG 可以用来识别高凝血和低凝血状态，并可以指导关于

输血或其他血液制品输注的需求（图 4.4）。方法如下：

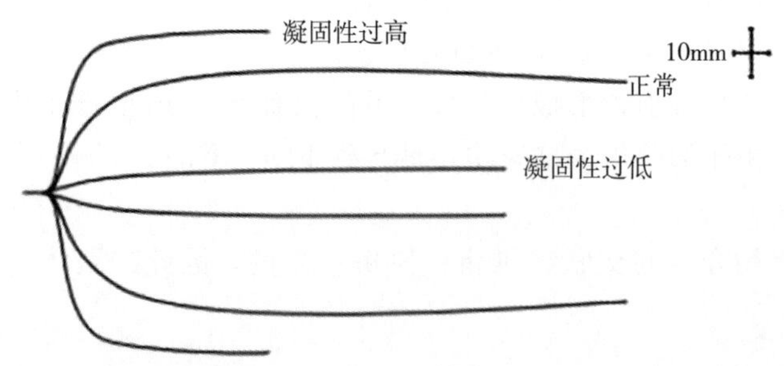

图 4.4 不同凝血状态（高凝、正常、低凝）下 3 只犬的 TEG 追踪比较

（1）TEG 可测定患畜的新鲜全血，但在兽医方面更常使用的是柠檬酸钠抗凝血样本进行 TEG 的测试。在添加氯化钙启动凝血之前，抗凝血样本先要保留一段时间（约 30min）。在重新钙化之前，也可以在样品中立即加入凝固剂（高岭土或组织因子）。

（2）用于分析的计算机化的血栓弹性成像，如 TEG 5000®（Haemoscope Corp，Niles，IL），将柠檬酸抗凝全血加到含有氯化钙的一次性杯子中，一个连接到扭力线的一次性针放入杯子中，杯子振动，血液最初在针的周围自由移动，当血液样本凝块时，杯子的运动就会受到阻碍，这就产生了扭矩，被扭转线检测到，并传输到计算机转换成一个图。

（3）TEG 追踪测量参数包括纤维蛋白最初形成的时间（反应时间，R）；从最初血凝块形成到达到预定血栓强度时间（凝血时间，K）；血栓形成率（角度，α）和最大凝块强度（MA）（图 4.5）。R 和 K 主要受凝血因子活性的影响，这个血栓形成率取决于凝血因子活性、纤维蛋白原浓度和血小板。MA 主要由血小板数量和功能决定，并持续受到纤维蛋白形成相关因子的影响。

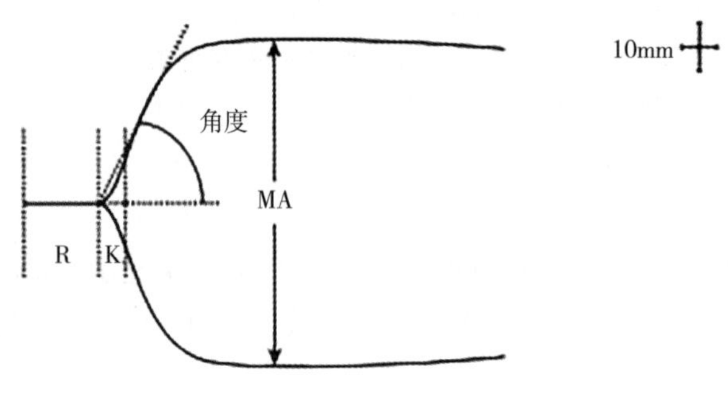

图 4.5 TEG 追踪

实线（s）显示的是当检测到纤维蛋白块形成时由仪器生成的追踪。垂线界定的是追踪 R 和 K 的区域。R 是跟踪线偏离 1mm 的时间，表明最初的纤维蛋白形成。K 是从 R 开始直到线偏离 20mm 的时间，是衡量血栓形成的速率。基线和从 R 开始与 TEG 曲线相切的直线之间的夹角也表明了血栓形成的速率。MA 是这两条线最大的分散度，并提供了最大凝块强度的测量方法。

参 考 文 献

Avgeris S，Lothrop C D，McDonald T P：1990. Plasma von Willebrand factor concentration and thyroid function in dogs. *J Am Vet Med Assoc* 196：921-924.

Ayers J R，Leipold H W，Padgett G A：1988. Lesions in Brangus cattle with Chediak-Higashi syndrome. *Vet Pathol* 25：432-436.

Bajaj M S，Birktoft J J，Steer S A，et al：2001. Structure and biology of tissue factor pathway inhibitor. *Thromb Haemostasis* 86：959-972.

Bateman S W，Mathews K A，Abrams-Ogg A C G：1998. Disseminated intravascular coagulation in dogs：Review of the literature. *J Vet Emerg Crit Care* 8：29-45.

Benson K F，Li F Q，Person R E，et al：2003. Mutations associated with neutropenia in dogs and humans disrupt intracellular transport of neutrophil elastase. *Nature Genetics* 35：90-96.

Berndt M C，Shen Y，Dopheide S M，et al：2001. The vascular biology of the glycoprotein Ib-IX-Vcomplex. *Thromb Haemostasis* 86：178-188.

Boisver A M，Swenson C L，Haines C J：2001. Serum and plasma latex agglutination tests for detection of fibrin（ogen）degradation products in clinically ill dogs. *Vet Clin Pathol* 30133-30136.

Boudreaux M K，Dillon A R，Ravis W R，et al：1991. The effects of treatment with aspirin and aspirin/dipyridamole in heartworm-negative，heartworm-infected，and embolized heartworm-infected dogs. *Am J Vet Res* 52：1992-1999.

Boudreaux M K，Dillon A R，Sartin E A，et al：1991. The effects of treatment with ticlopidine in heartworm-negative，heartworm-infected，and embolized heartworm-infected dogs. *Am J Vet Res*52：2000-2006.

Boudreaux M K，Crager C，Dillon A R，et al：1994. Identification of an intrinsic platelet function defect in Spitz dogs. *J Vet Intern Med* 8：93-98.

Boudreaux M K，Kvam K，Dillon A R，et al：1996. Type I Glanzmann's thrombasthenia in a Great Pyrenees dog. *Vet Pathol* 33：503-511.

Boudreaux M K，Catalfamo J L：2001. The molecular basis for Glanzmann's thrombasthenia in Otterhounds. *Am J Vet Res* 62：1797-1804.

Boudreaux M K，Panangala V S，Bourne C：1996. A platelet activation-specific monoclonal antibody that recognizes a receptor-induced binding site on canine fibrinogen. *Vet Pathol* 33：419-427.

Boudreaux M K，Lipscomb D L：2001. Clinical，biochemical，and molecular aspects of Glanzmann's Thrombasthenia in humans and dogs. *Vet Pathol* 38：249-260.

Boudreaux M K，Catalfamo J L，Klok M：2007. Calcium Diacylglycerol Guanine Nucleotide Exchange Factor I gene mutations associated with loss of function in canine platelets. *Translational Research*150：81-92.

Boudreaux M K，Schmutz S，French P S：2007. Calcium diacylglycerol guanine nucleotide exchange factor I（CalDAG-GEFI）gene mutations in a thrombopathic Simmental calf. *Vet Pathol* 44：932-935.

Boudreaux M K：2008. Characteristics，diagnosis，and treatment of in herited platelet disorders in mammals. *J Am Vet Med Assoc* 233：1251-1259.

Boudreaux M K，Wardrop K J，Kiklevich V，et al：2010. A mutation in the canine kindlin-3 gene associated with increased bleeding risk and susceptibility to infections. *Thromb Haemostasis*103：475-477.

Boudreaux M K：2010. Platelet structure. *In*：Wardrop K J，Weiss D（eds）：*Schalm's Veterinary Hematology*，6th ed. Wiley-Blackwell，Ames，pp 561-568.

Bounous D I，Stedman N L：2000. Normal avian hematology chicken and turkey. *In*：Feldman B F，Zink l J G，Jain N C（eds）：*Schalm's Veterinary Hematology*，5th ed. Lippincott Williams and Wilkins，Philadelphia，pp. 1147-1154.

Boutet P，Heath F，Archer J，et al：2009. Comparison of quantitative immunoturbidimetric and semiquantitative latex-agglutination assays for D-dimer measurement in canine plasma. *Vet Clin Pathol* 38：78-82.

Brooks M B，Dodds J W，Raymond S L：1992. Epidemiologic features of von Willebrand's disease in Doberman Pinschers，Scottish Terriers，and Shetland Sheepdogs：260 cases（1984-1988）. *J Am Vet Med Assoc* 200：1123-1127.

Brooks M：1999. A review of canine inherited bleeding disorders：Biochemical and molecular strategies for disease characterization and carrier detection. *J Heredity* 90：112-118.

Brooks M：2000. Coagulopathies and thrombosis. *In*：Ettinger S J，Feldman E C（eds）：*Textbook of Veterinary Internal Medicine. Diseases of the Dog and Cat*，5th ed. W. B. Saunders Co.，Philadelphia，pp. 1829-1841.

Brooks M B, Catalfamo J L, Brown H A, et al: 2002. A hereditary bleeding disorder of dogs caused by a lack of platelet procoagulant activity. *Blood* 99: 2434-2441.

Brooks M B, Catalfamo J L, Friese P, et al: 2007. Scott syndrome dogs have impaired coated-platelet formation and calcein-release but normal mitochondrial depolarization. *J Thromb Haemostasis* 5: 1972-1974.

Bruchim T, Aroch I, Saragusty J, et al: 2008. Disseminated intravascular coagulation. *Compend Cont Educ Pract Vet* 30: E1-E15.

Caldin M, Furlanello T, Lubas G: 2000. Validation of an immunoturbidimetric D-dimer assay in canine citrated plasma. *Vet Clin Pathol* 29: 51-54.

Callan M B, Bennett J S, Phillips D K, et al: 1995. Inherited platelet delta-storage pool disease in dogs causing severe bleeding: An animal model for a specific ADP deficiency. *Thromb Haemostasis* 74: 949-953.

Callan M B, Giger U: 2001. Assessment of a point-of-care instrument for identification of primary hemostatic disorders in dogs. *Am J Vet Res* 62: 652-658.

Catalfamo J L, Raymond S L, White J G, et al: 1986. Defective platelet-fibrinogen interaction in hereditary canine thrombopathia. *Blood* 67: 1568-1577.

Christopherson P W, Insalaco T A, van Santen V L, et al: 2006. Characterization of the cDNA encoding αIIb and β3 in normal horses and two horses with Glanzmann thrombasthenia. *Vet Pathol* 43: 78-82.

Christopherson P W, van Santen V L, Livesey L, et al: 2007. A 10-base-pair deletion in the gene encoding platelet glycoprotein IIb associated with Glanzmann Thrombasthenia in a horse. *J Vet InternMed* 21: 196-198.

Cowan S M, Bartges J W, Gompf R E, et al: 2004. Giant platelet disorder in the Cavalier King Charles Spaniel. *Exp Hematol* 32: 344-350.

Davis B, Toivio-Kinnucan M, Schuller S, et al: 2008. Mutation in δ 1-tubulin correlates with the macrothrombocytopenia of Cavalier King Charles Spaniels. *J Vet Intern Med* 22: 540-545.

Debili N, Coulombel L, Croisille L, et al: 1996. Characterization of a bipotent erythro-megakaryocytic progenitor in human bone marrow. *Blood* 88: 1284-1296.

DelGiudice L A, White G A: 2009. The role of tissue factor and tissue factor pathway inhibitor in health and disease states. *J Vet Emerg Crit Care* 19: 23-29.

DiGiacomo R F, Hammond W P, Kunz L L, et al: 1983. Clinical and pathologic features of cyclic hematopoiesis in grey collie dogs. *Am J Pathol* 111: 224-233.

Dodds W J: 1997. Hemostasis. *In*: Kaneko J J, Harvey J W, Bruss M L (eds): *Clinical Biochemistry of Domestic Animals*, 5th ed. Academic Press, San Diego, pp. 241-283.

Donahue S M, Otto C M: 2005. Thromboelastography: A tool for measuring hypercoagulability, hypocoagulability, and fibrinolysis. *J Vet Emerg Crit Care* 15: 9-16.

Dunn J K, Heath M F, Jefferies A R, et al: 1999. Diagnostic and hematologic features of probable essential thrombocythemia in two dogs. *Vet Clin Pathol* 28: 131-138.

Epstein K L, Brainard B M, Lopes M A, et al: 2009. Thromboelastography in 26 healthy horses with and without activation by recombinant human tissue factor. *J Vet Emerg Crit Care* 19: 96-101.

Estrin M A, Wehausen C E, Lessen C R, et al: 2006. Disseminated intravascular coagulation in cats. *J VetIntern Med* 20: 1334-1339.

Fox J E B: 2001. Cytoskeletal proteins and platelet signaling. *Thromb Haemostasis* 86: 198-213.

Frojmovic M M, Wong T, Searcy G P: 1996. Platelets from bleeding Simmental cattle have a long delay in both ADP-activated expression of GPIIb-IIIa receptors and fibrinogen-dependent platelet aggregation. *Thromb Haemostasis* 76: 1047-1052.

Gentry P A, Cheryk L A, Shanks R D, et al: 1997. An inherited platelet function defect in a Simmental crossbred herd. *Can J Vet Res* 61: 128-133.

Griffen A, Callan M B, Shofer F S, et al: 2003. Evaluation of a canine D-dimer point-of-care test kit for use in samples obtained from dogs with disseminated intravascular coagulation, thromboembolicdisease, and hemorrhage. *Am J Vet Res* 64: 1562-1569.

Hickford F H, Barr S C, Erb H N: 2001. Effect of carprofen on hemostatic variables in dogs. *Am J Vet Res* 62: 1642-1646.

Jergens A E, Turrentine M A, Kraus K H, et al: 1987. Buccal mucosa bleeding times of healthy dogs and of dogs in various pathologic state, including thrombocytopenia, uremia, and von Willebrand's disease. *Am J Vet Res* 48:

1337-1342.

Jin R C, Voetsch B, Loscalzo J: 2005. Endogenous mechanisms of inhibition of platelet function. *Microcirculation* 12: 247-258.

Johnson J S, Laegreid W S, Basaraba R J, et al: 2006. Truncated gamma-glutamyl carboxylase in Rambouillet sheep. *Vet Pathol* 43: 430-437.

Johnstone I B, Lotz F: 1979. An inherited platelet function defect in basset hounds. *Can Vet J* 20: 211-215.

Kaser A, Brandacher G, Steurer W, et al: 2001. Interleukin-6 stimulates thrombopoiesis through thrombopoietin: role in inflammatory thrombocytosis. *Blood* 98: 2720-2725.

Konigsberg W, Kirchhofer D, Riederer M A, et al: 2001. The TF: Ⅶa complex: Clinical significance, structure-function relationships and its role in signaling and metastasis. *Thromb Haemostasis* 86: 757-771.

Koplitz S L, Scott M A, Cohn L A: 2001. Effects of platelet clumping on platelet concentrations measured by use of impedance or buffy coat analysis in dogs. *J Am Vet Med Assoc* 219: 1552-1556.

Kramer J W, Davis W C, Prieur D J: 1977. The Chediak-Higashi syndrome of cats. *Lab Invest* 36: 554-562.

Kristensen A T: 2000. Section Ⅶ, Hemostasis: Platelets-clinical platelet disorders. *In*: Feldman B F, Zinkl J G, Jain N C (eds): *Schalm's Veterinary Hematology*, 5th ed. Lippincott Williams and Wilkins, Philadelphia, pp. 467-515.

Kunieda T, Nakagiri M, Takami M, et al: 1999. Cloning of bovine LYST gene and identification of a missense mutation associated with Chediak-Higashi syndrome of cattle. *Mammalian Genome* 10: 1146-1149.

Lanevschi A, Kramer J W, Greene S A, et al: 1996. Evaluation of chromogenic substrate assays for fibrinolytic analytes in dogs. *Am J Vet Res* 57: 1124-1130.

Leclere M, Lavoie U-P, Dunn M, et al: 2009. Evaluation of a modified thromboelastography assay initiated with recombinant human tissue factor in clinically healthy horses. *Vet Clin Pathol* 38: 462-466.

Lipscomb D L, Bourne C, Boudreaux M K: 2000. Two genetic defects in αIIb are associated with Type I Glanzmann's thrombasthenia in a Great Pyrenees dog: A 14-base insertion in Exon 13 and a splicing defect of Intron 13. *Vet Pathol* 37: 581-588.

Livesey L, Christopherson P, Hammond A, et al: 2005. Platelet dysfunction (Glanzmann's Thrombasthenia) in horses. *J Vet Intern Med* 19: 917-919.

Lothrop C D, Candler R V, Pratt H L, et al: 1991. Characterization of platelet function in cyclic hematopoietic dogs. *Exp Hematol* 19: 916-922.

Macieira S, Rivard G E, Champagne J, et al: 2007. Glanzmann thrombasthenia in an Oldenburg filly. *VetClin Pathol* 36: 204-208.

Mason D J, Abrams-Ogg A, Allen D, et al: 2002. Vitamin K-dependent coagulopathy in a black Labrador retriever. *J Vet Intern Med* 16: 485-488.

Morrissey J H, Tissue factor: 2001. An enzyme cofactor and a true receptor. *Thromb Haemostasis* 86: 66-74.

Nagasawa T, Hasegawa Y, Shimizu S, et al: 1998. Serum thrombopoietin level is mainly regulated by megakaryocyte mass rather than platelet mass in human subjects. *Br J Haematol* 101: 242-244.

Nelson O L, Andreasen C: 2003. Utility of plasma D-dimer to identify thromboembolic disease in dogs. *J Vet Intern Med* 17: 830-834.

Norman E J, Barron R C J, Nash A S, et al: 2001. Evaluation of a citrate-based anticoagulant with platelet inhibitory activity for feline blood cell counts. *Vet Clin Pathol* 30: 124-132.

Norman E J, Barron R C J, Nash A S, et al: 2001. Prevalence of low automated platelet counts in cats: Comparison with prevalence of thrombocytopenia based on blood smear estimation. *Vet Clin Pathol* 30: 137-140.

Padgett G A, Leader R W, Gorham J R, et al: 1964. The familial occurrence of the Chediak -Higashi syndrome in mink and cattle. *Genetics* 49: 505-512.

Papasouliotis K, Cue S, Graham M, et al: 1999. Analysis of feline, canine and equine hemograms using the QBC VetAutoread. *Vet Clin Pathol* 28: 109-115.

Pedersen H D, Haggstrom J, Olsen L H, et al: 2002. Idiopathic asymptomatic thrombocytopenia in Cavalier King Charles Spaniels is an autosomal recessive trait. *J Vet Intern Med* 16: 169-173.

Rijken D C, Lijnen H R: 2008. New insights into the molecular mechanisms of the fibrinolytic system. *J Thromb Haemostasis* 7: 4-13.

Sabino E P, Erb H N, Catalfamo J L: 2006. Development of a collagen-binding activity assay as a screening test for type

II von Willebrand disease in dogs. *Am J Vet Res* 67：242-249.

Searcy G P，Frojmovic M M，McNicol A，et al：1994. Platelets from bleeding Simmental cattle mobilize calcium，phosphorylate myosin light chain and bind normal numbers of fibrinogen molecules but have abnormal cytoskeletal assembly and aggregation in response to ADP. *Thromb Haemostasis* 71：240-246.

Sjaastad O V，Blom A K，Stormorken H，et al：1990. Adenine nucleotides，serotonin，and aggregation properties of platelets of blue foxes（*Alopex lagopus* ）with the Chediak-Higashi syndrome. *Am J Med Genetics* 35：373-378.

Smith S A：2009. The cell-based model of coagulation. *J Vet Emerg Crit Care* 19：3-10.

Soute B A，Ulrich M M，Watson A D，et al：1992. Congenital deficiency of all vitamin K-dependent blood coagulation factors due to a defective vitamin K-dependent carboxylase in Devon Rex cats. *Thromb Haemostasis* 68：521-525.

Steficek B A，Thomas J S，McConnell M F，et al：1993. A primary platelet disorder of consanguineous Simmental cattle. *Thromb Res* 72：145-153.

Stokol T，Brooks M B，Erb H N，et al：2000. D-dimer concentrations in healthy dogs and dogs with disseminated intravascular coagulation. *Am J Vet Res* 61：393-398.

Stokol T：2003. Plasma D-dimer for the diagnosis of thromboembolic disorders in dogs. *Vet Clin N Am Small Anim Pract* 33：1419-1435.

Stokol T，Erb H，De Wilde L，et al：2005. Evaluation of latex agglutination kits for detection of fibrin（ogen）degradation products and D-dimer in healthy horses and horses with severe colic. *Vet Clin Pathol* 34：375-382.

Tarnow I，Kristensen A T，Olsen L H，et al：2005. Dogs with heart diseases causing turbulent high-velocity blood flow have changes in platelet function and von Willebrand factor multimer distribution. *J Vet Intern Med* 19：515-522.

Tasker S，Cripps P J，Mackin A J：1999. Estimation of platelet counts on feline blood smears. *Vet Clin Pathol* 28：42-45.

Thomas J S：1996. von Willebrand's disease in the dog and cat. *Vet Clin N Am Small Anim Pract* 26：1089-1110.

Topper M J，Prasse K W：1996. Use of enzyme-linked immunosorbent assay to measure thrombin-antithrombin III complexes in horses with colic. *Am J Vet Res* 57：456-462.

Tornquist S J，Crawford T B：1997. Suppression of megakaryocyte colony growth by plasma from foals infected with equine infectious anemia virus. *Blood* 90：2357-2363.

Tvedten H，Lilliehook I，Hillstrom A，et al：2008. Plateletcrit is superior to platelet count for assessing platelet status in Cavalier King Charles Spaniels. *Vet Clin Pathol* 37：266-271.

Umemura T，Katsuta O，Goryo M，et al：1983. Pathological findings in young Japanese black cattle affected with Chediak-Higashi syndrome. *Jap J Vet Sci* 45：241-246.

Vitrat N，Cohen-Solal K，Pique C，et al：1998. Endomitosis of human megakaryocytes are due to abortive mitosis. *Blood* 91：3711-3723.

Wagg C R，Boysen S R，Bedard C：2009. Thromboelastography in dogs admitted to an intensive care unit. *Vet Clin Pathol* 38：453-461.

Weiss D J，Monreal L，Angles A M，et al：1996. Evaluation of thrombin-antithrombin complexes and fibrin fragment D in carbohydrate-induced acute laminitis. *Res Vet Sci* 61：157-159.

Welles E G，Prasse K W，Duncan A：1990. Chromogenic assay for equine plasminogen. *Am J Vet Res* 51：1080-1085.

Welles E G，Williams M A，Tyler J W，et al：1993. Hemostasis in cows with endotoxin-induced mastitis. *Am J Vet Res* 54：1230-1234.

Welles E G，Boudreaux M K，Crager C S，et al：1994. Platelet function and antithrombin，plasminogen，and fibrinolytic activities in cats with heart disease. *Am J Vet Res* 55：619-627.

Wiinberg B，Jensen A L，Rojkjaer R，et al：2005. Validation of human recombinant tissue factor-activated thromboelastography on citrated whole blood from clinically healthy dogs. *Vet Clin Pathol* 34：389-393.

Wiinberg B，Jensen A L，Johansson P I，et al：2008. Thromboelastographic evaluation of hemostatic function in dogs with disseminated intravascular coagulation. *J Vet Intern Med* 22：357-365.

Wilkerson M J，Shuman W，Swist S，et al：2001. Platelet size，platelet surface-associated IgG，and reticulated platelets in dogs with immune-mediated thrombocytopenia. *Vet Clin Pathol* 30：141-149.

Wilkerson M J，Shuman W：2001. Alterations in normal canine platelets during storage in EDTA anticoagulated blood. *Vet Clin Pathol* 30：107-113.

Zelmanovic D，Hetherington E J：1998. Automated analysis of feline platelets in whole blood，including platelet count，mean platelet volume，and activation state. *Vet Clin Pathol* 27：2-9.

第五章　水、电解质和酸碱

Jeanne Wright George，DVM，PhD，
and Shanon M. Zabolotzky，DVM

第一节　机体水分和渗透压

一、机体水分

1. 对一个健康的非肥胖的成年动物，机体水分约占体重的60%。

2. 机体水分被分割成多个亚单位或空间：

（1）细胞内液（intracellular fluid，ICF）

（2）细胞外液（extracellular fluid，ECF），可以被进一步细分为：

①血液。血管容积被定义为描述血容量的变化（如血容量不足是指血容量的减少）。

②细胞间液体。

③浆膜腔液体，包括腹膜腔内液体、心包腔内液体和胸膜腔内液体。这些区域统称为“第三间隙”。

④胃肠道。反刍动物胃肠道内液体量非常大。

3. 机体水容量（水及其状态）主要靠摄入（口渴）和肾脏排出来控制。出汗、流涎和呼气能损失少量水分，对机体影响轻微。

（1）这些调控机制对“有效循环血量”作出反应。这部分主要通过组织的有效灌注和容量感受器刺激对细胞外液进行调控。

（2）有效循环血量不仅受血容量影响，还受到动脉血压、动脉阻力以及血容量感受器的传递影响。

4. 机体水分减少（脱水）（病例3、6、8、9、14、18、22、23）。

（1）脱水表现为体重下降（如10%的脱水就是10%的体重减少）。

（2）脱水最好通过精确测量体重的减少来评估，但这在临床实践中很少能实现。

（3）脱水通常情况下是通过临床血容量减少来推测的。皮肤弹性降低、黏膜干燥、眼窝凹陷、休克等都是脱水的迹象。

（4）某些实验室检测结果异常，尤其是血容积、血清或血浆总蛋白质、白蛋白尿素、肌酐等增加，伴随着尿密度增大，这些都可以帮助我们临床诊断脱水。

①有些条件（如肾病、贫血）下，这些检测结果应慎重考虑。因此，这些情况下应该和临床实际结合起来判定。

②一旦这些分析判定基础值被确定下来，每一天的水容量变化就会被非常敏感地标记。

5. 机体水分增多（病例19）。

（1）体重增加是衡量机体水分增多最好的方法，但用于临床实践中评估是困难的。

（2）机体细胞外液和第三间隙水分增加（如水肿、腹水、胸水）。临床检查用于确定液体积聚的

部位。

(3) 当水在第三间隙或胃肠道（特别是反刍动物）积聚时，低血容量和机体水分增多可能同时发生。这种情况下对患者进行临床评价是最好的方法。

二、细胞外渗透压

1. 定义：渗透压是单位重量溶液内溶质的微粒数。渗透性是单位体积溶液内溶质微粒数。对于细胞外液，渗透压或渗透性是相等的。

2. 健康机体细胞外液渗透压每千克维持在大约300毫摩尔（mOsm/kg）。细胞外液和细胞内液之间的交换导致细胞外液渗透压发生改变，水被动性地向高渗透性区域转移。

3. 电解质和小分子（如葡萄糖、尿素）是决定渗透性的主要因素。大分子（如蛋白质）对渗透性的影响很小。

4. 渗透强度是溶液的有效渗透性——即能导致水分穿过半透膜的溶质浓度。只有不能穿过半透膜的溶质（即有效的渗透压分子）才有助于溶液的渗透强度。因为尿素在细胞内、外液之间自由穿过，它是一种无效的渗透分子，它对渗透强度没有任何作用。

5. 血清渗透压。

(1) 血清渗透压可作为衡量细胞外液渗透性的指标，但不能作为全身水分的衡量指标。

(2) 直接测量，基于凝固点降低或蒸气压，可使用渗透压仪进行直接测量，结果表示为毫摩尔/千克（mOsm/kg）。

(3) 根据最大量的渗透压分子（电解质、葡萄糖和尿素）来估计血清渗透压。有两个公式可用于测量渗透压。

①正常血糖和血尿素氮（BUN）浓度样品：

mOsm/kg=2［钠离子（mmol/L）＋钾离子（mmol/L）］

②对于增加的葡萄糖或尿素氮浓度的样品：

mOsm/kg=1.86［钠离子（mmol/L）＋钾离子（mmol/L）］＋［葡萄糖（mg/dL）÷18］＋［尿素（mg/dL）÷2.8］

(4) 在理想情况下，计算渗透压的公式应该被参考实验室通过电解质测量技术验证的。

6. 渗透压或渗透压差。

(1) 测量的渗透压和估计的渗透压之间的数值差是渗透压差。

(2) 在健康方面，渗透压差的大小取决于用于测量渗透性的电解质浓度以及用于估计渗透性的数学公式。通常情况下，渗透压差范围为−5～15mOsm/L。

(3) 增加的渗透压差是指未测量的、非极性的、低分子质量物质（如乙二醇、丙二醇）。单独估计的血清渗透压并没有反应出这种异常。

7. 高渗透压。

(1) 所有的动物都是高钠性的或高渗性的（病例29、34）。

(2) 其他内源性溶质的积累（如葡萄糖、血尿素氮）也能产生高渗性（病例15、20、22）。

(3) 高渗性-有效的渗透压分子的增加（如钠离子、葡萄糖、乙二醇），能引起水分从细胞内转到细胞外。

①水向细胞外的转移会导致细胞收缩。

②由于是机体内部的水分转移，而体格检查时低血容量可能不明显，因此脱水可能会被掩盖。

③细胞外液由高渗透性快速返回到等张性可引起细胞水肿，这可能产生可怕的后果。例如，大脑细胞水肿会对大脑产生损害从而导致死亡。

(4) 并不是所有的高渗透压的例子都能产生高渗性。血尿素氮浓度增加不能增加强度或引起液体由细胞内转移到细胞外，因为血尿素氮是通过自由扩散的方式穿越细胞膜的。

(5) 尿素毒物、丙二醇毒物以及过食谷物等高渗性瘤胃内容物时，能引起水分迅速从细胞外转移到瘤胃中（在这种情况下，尿素是有效的渗透性分子，因为它不容易穿过瘤胃的上皮进入血浆）。由于细胞外水的快速减少而钠没有丢失，因此往往会发展成高血钠性高渗。

8. 低渗透压。

(1) 低渗透压总是与低钠血症有关（病例 8），但不是所有病例低钠血症都是低渗性的（如与高血糖症有关）（病例 8、15、20、22）。

(2) 低渗透压产生低渗性，导致细胞外水进入细胞内，结果引起细胞肿胀。

(3) 低渗透压的快速发展可以产生血管内溶血和神经系统障碍。

(4) 在脱水伴有低渗透压的情况下，细胞外水分进入细胞内，进一步加剧了细胞外水分的丢失。因此，机体可能发生循环衰竭，甚至休克。

第二节　血液中的气体和电解质测定

一、血气分析

血气分析直接测量氧分压（P_{O_2}）、二氧化碳分压（P_{CO_2}）和氢离子浓度（pH）。实际的碳酸氢盐（HCO_3^-）、标准的碳酸氢根、碱过剩（BE）值（mmol/L）以实际测量值来计算。

（一）装置

1. 使用实验室的血液气体仪器，通过离子选择电极测量血气。

2. 血气分析也可以在手提式的仪器上进行。病畜必须遵守制造商的说明对样品处理和质量控制。

（二）样品管理

1. 动脉和静脉的样品。动脉或静脉的样本，都可以用于 pH、HCO_3^-、P_{CO_2} 的测量，但参考区间有所不同，而只有动脉血样才适合 P_{O_2} 测定。因此，使用适当的参考区间是很重要的（动脉和静脉）。

2. 样品应该从一个大的自由流动的血管中采集，而且在测量前没有暴露在空气中。

3. 血液应以 0.1～0.2 mL 肝素（1 000 U/mL）的注射器采集。注射器应该盖上一顶严密的防护罩，并尽快送到实验室或进行仪器分析。

4. 对动脉样品应立即进行分析，以获得准确的 P_{O_2} 测定结果。如果样品被采集在玻璃注射器里并保持在冰上，则可以延迟到 30min 分析。大多数塑料容器由于房间空气中的氧气都能够扩散进去，从而产生错误的高值。

5. 血液 pH 和 P_{CO_2} 比 P_{O_2} 更稳定，如果样品存放在冰上，可以在 30min 内进行测量。

6. 由于血气机测量血液样本是在 37℃进行的，而实际体内气体的分压受体温的影响。因此，要对病畜的体温进行测量，在血液样本向实验室递交或者进入护理仪器时要报告。了解病畜的体温，可以让实验室对测试值做出必要的修正。

（三）动脉氧分压（P_{O_2}）

1. 溶解在血浆中的 O_2 的数量可以用 P_{O_2} 来确定，公式如下：

$$O_2\ (mEq/L) = 0.01014 \times P_{O_2}$$

2. P_{O_2} 不能反映血液携带 O_2 的总量。大多数 O_2 与血红蛋白结合而与 P_{O_2} 无关。

3. 氧的总氧浓度取决于血红蛋白总量、血红蛋白的携带能力、体温、血液 pH、红细胞 2，3 -二磷酸甘油酸浓度及 P_{O_2}。P_{O_2} 影响血红蛋白与氧结合的饱和度的百分比。

4. 只有当动物供给含有高氧含量的气体（如通过氧气）时，才能发生高 P_{O_2}（如氧笼子或麻醉机）。

5. 低 P_{O_2}（低氧血症）可发生于呼吸障碍或呼吸机能紊乱（病例 24）。

（四）二氧化碳分压（P_{CO_2}）

1. P_{CO_2}与血浆中的溶解 CO_2成正比。

2. 溶解的 CO_2与碳酸（H_2CO_3）的相平衡，由公式表示。

$$H_2CO_3\ (mmol/L) = 0.03 \times P_{CO_2}$$

3. P_{CO_2}是测量肺泡通气的方法。肺泡通气的减少会增高 P_{CO_2}（高碳酸血也称高碳酸血症）（病例 23），而增加通气则降低 P_{CO_2}（低碳酸血也称低碳酸血症）。

（五）氢离子浓度（pH）

1. 通过蛋白质、磷酸盐和碳酸氢盐等缓冲系统的调节，血液 pH 维持在一个狭小的健康范围内。碳酸氢盐缓冲系统是这些缓冲系统中唯一用于病畜临床评价的一个系统。

2. 血液 pH 下降是酸血症，酸中毒是发生这种变化的条件（病例 18）。

3. 血液 pH 升高是碱血症，碱中毒是发生这种变化的条件（病例 22、23、24）。

（六）碳酸氢盐离子（HCO_3^-）

1. HCO_3^- 是由 pH 和 P_{CO_2}由亨德森-哈塞尔巴尔奇方程计算出来的：

$$pH = 6.1 + \log [HCO_3^- \div (0.03 \times P_{CO_2})]$$；这里 6.1＝碳酸的 pk

2. 机体通过肾小管对 $NaHCO_3$的保留和产生，从而维持 HCO_3^- 浓度在一个正常的范围内。

3. 血气分析仪报告 HCO_3^- 的两种计算方法，分别是 HCO_3^- 的实际值和标准值。

（1）HCO_3^- 实际值由亨德森-哈塞尔巴尔奇方程计算出来的。

（2）HCO_3^- 标准值来源于 HCO_3^- 实际值的，基于预期的健康人的 HCO_3^- 值，是假定血浆暴露在 40mm 汞柱的 P_{CO_2}下，正常浓度的血红蛋白的血液中 HCO_3^- 的浓度。

（3）在家养动物中由于种间 P_{CO_2}和 HCO_3^- 的差异性，因此，HCO_3^- 标准值不准确。

（七）碱储

1. 许多血液气体分析仪根据健康的人血液预期值来计算碱储（BE），通常为 0±2。

2. HCO_3^- 标准值、测量血红蛋白、P_{CO_2}和体温通常用来计算 BE。

3. BE 是指样品在 37℃、pH 为 7.40 和 240mm 汞柱 P_{CO_2}下，加入强碱或酸的 mEq/L 值。

4. BE 能反映出机体代谢性酸碱紊乱。BE 大于 0 表示代谢性碱中毒，BE 小于 0 表示代谢性酸中毒。

5. 以 BE 作为代谢酸碱状态指标的有效性一直存在着争议。

6. 在健康状态下，家畜的 BE 情况各不相同。在马和反刍动物身上通常是在 0 以上，犬和猫通常在 0 以下。

7. BE 通常用来计算机体 HCO_3^- 总量的不足或过量，但结果只能用于评估，而不是一种精确的判断。

8. 在临床治疗过程中，对于大多数动物样本，应考虑 BE、HCO_3^- 标准值和一定的信息，并与 HCO_3^- 实际值相对比，确定适当的输液疗法。

二、CO_2 总含量

CO_2 总含量（T_{CO_2}）是另一种测量血浆 HCO_3^- 的方法。T_{CO_2}是血清或血浆样品与强酸混合释放的二氧化碳总量。

（一）测量

1. 血清或肝素化血浆中 T_{CO_2}可通过酶促或离子选择电极技术测定。在常规临床化学处理中样品是稳定的。

2. T_{CO_2}的血样应该完全充满样品管。大容量管内盛有少量的样品会因为 CO_2 扩散到周围空气中而产生错误的低测试结果。

3. T_{CO_2}可以通过血气数据计算，并由一些血气分析仪报道。

4. 通过酶促法测定严重的肌肉损伤可错误导致高 T_{CO_2}。用离子选择电极测量或血气分析测定 T_{CO_2}则不受影响，因此在有大面积肌肉损伤的动物中，如果怀疑有人为因素引起的高 T_{CO_2}，可以使用。

（二）T_{CO_2}的组成

1. HCO_3^- 是 T_{CO_2}的主要因素。因此，T_{CO_2}浓度的变化是可解释为 HCO_3^- 的变化（病例 6、9、18、20、22、23、24）。

2. T_{CO_2}其中的少量来自溶解的 H_2CO_3 和氨基甲酸。

3. 在健康的情况下，同一样本 T_{CO_2}比 HCO_3^- 大约高 1.5 mmol/L，其主要原因就是 H_2CO_3。

三、脉搏血氧测量

脉搏血氧仪可以对动脉血红蛋白（Sa_{O_2}）的氧饱和度进行快速、无创测量。

1. Sa_{O_2}与动脉血 P_{O_2}成正比。它是一种间接测量动脉血氧合的方法。

2. 为人们设计的血氧仪探针可以附着在家畜的各种身体部位，提供估计的氧饱和度（Sp_{O_2}）。

3. 脉搏血氧仪可通过氧合血红蛋白的减少对光的吸收系数，从而报告 Sp_{O_2}。

4. 针对人类使用的不同探头，导致了脉搏血氧测量结果的变化，同样产生读数的不同失败率。

5. 脉搏血氧仪在马和犬中是可靠的，但在猫中却不可靠。

6. 血氧滴定法不是血气分析的替代法，但动物在手术或其他需要麻醉的过程中，它可能是一种有用的监测技术。

四、酸碱调节

（一）HCO_3^- 与 H_2CO_3 的比值［HCO_3^- ÷（0.03×P_{CO_2}）］

1. 在大多数健康动物中，这一比值大约为 20∶1（犬和猫略低）。

（1）比值的降低会导致酸血症意味着酸中毒，而比值的增高导致碱血症，意味着碱中毒。

（2）比值决定于 pH，而不是单独的浓度。

2. 如果 HCO_3^- 或 H_2CO_3 增加或减少，机体正常的稳态机制将引起其他部分发生变化，最终的结果是将比值恢复到 20∶1。

（1）HCO_3^- 的变化（称为代谢性酸中毒或代谢性碱中毒）产生呼吸的代偿（P_{CO_2}改变）在几分钟内就会完成。但适当的液体疗法可能是最终解决酸碱紊乱的方法。

（2）H_2CO_3 的变化（称为呼吸性酸中毒或呼吸性碱中毒）产生的代谢补偿（HCO_3^- 的变化）时间长得多，通常几天。在临床实践中，P_{CO_2}可作为 H_2CO_3 浓度的间接评估指标。通气或氧气治疗可能是治疗的一部分。

3. 补偿是一种积极的生理过程。呼吸系统或肾脏系统的损害会妨碍正常的补偿和增强酸碱紊乱的严重性。

4. 小分子有机酸（如乳酸和β-羟丁酸）的产生调节，是另一种身体 pH 的生理补偿方法。

（1）无论是呼吸性还是代谢性碱中毒发生时，机体迅速做出反应，乳酸或β-羟丁酸产量迅速增加。

（2）这些有机酸的浓度增加，通过滴定 HCO_3^- 的方式调节血浆 pH。

（3）相反，酸中毒导致小分子有机酸的产量下降。

（4）这一机制对动物疾病状态的 pH 控制的相对重要性还不清楚。

5. 评估血气、pH 和 HCO_3^- 异常的原因时要充分考虑血清电解质的价值，这样才能做出一个恰当的治疗方案。

（二）酸碱异常模式

1. 常见不平衡的类型和实验室区别如表 5.1 所示。请注意，补偿缓冲区内各组分产生的都是单向变化，以恢复 HCO_3^-/H_2CO_3（如 HCO_3^- 浓度低的时候，补偿变化是降低 P_{CO_2}）。

2. 不会发生过度补偿。混合呼吸性和代谢性紊乱时 HCO_3^- 和 P_{CO_2} 可在两个方向相互转变（见呼吸功能障碍）。

表 5.1 酸碱失衡的实验室区别

状态	血液 pH	P_{CO_2}	HCO_3^- [a]	HCO_3^- 与 H_2CO_3 比值[b]
代谢性酸中毒	↓↓[c]	N	↓	↓↓
未补偿的				
部分补偿[d]	↓	↓	↓	↓
呼吸性酸中毒	↓↓	↑	N	↓↓
未补偿的				
部分补偿[e]	↓	↑	↑	↓
代谢性碱中毒	↑↑	N	↑	↑↑
未补偿的				
部分补偿[d]	↑	↑	↑	↑
呼吸性碱中毒	↑↑	↓	N	↑↑
未补偿的				
部分补偿[e]	↑	↓	↓	↑

a. CO_2 总量（T_{CO_2}）可作为 HCO_3^- 浓度的最好估计。

b. H_2CO_3浓度＝0.03 × P_{CO_2}；HCO_3^-/H_2CO_3 正常时，值约等于 20∶1。

c. 箭头表示参考区间变化的方向适度变化，↑↑、↓↓表示变化显著，↑、↓表示变化轻微，N 表示不变。

d. 呼吸补偿发生在代谢紊乱的几个小时之内。

e. 在呼吸紊乱发作后的数天内，可能不会发生代偿作用。

五、电解质和阴离子间隙

在进行 HCO_3^- 或 T_{CO_2} 血气分析时，在临床上测量最多的电解质是 Na^+、K^+、Cl^- 和 HCO_3^-。

（一）测量方法

1. 样品管理。

（1）血清是电解质分析的最佳样品。肝素化血浆也可以使用。

（2）血清应尽快与血块分离，并保持在密闭的容器，以防止暴露在外面而发生改变。

（3）实验室测量电解质，不论事前是否有稀释，不同的技术，测量结果可能有轻微的不同。通常情况下，他们不会说明使用哪种技术，但是如果有要求应该事前提供。

2. 使用未稀释样品的测量技术。

（1）电解质只存在于血清的水相中，健康情况下大约占血清体积的 96%。电解质被排除在蛋白质和脂蛋白等血清组成部分之外。

（2）使用未稀释样品的测量技术结果记为“mmol/L 血清水”，而使用稀释样品的测量技术结果可以记为“mmol/L 血清”。

（3）使用未稀释样品的技术获得的健康动物的价值标准比其他技术大 1.04 倍。

（4）实验室使用这些技术参考区间比较高（尤其是 Na^+ 和 Cl^-）。

（5）血清中非水相（脂肪血症和高蛋白血症）的增加并不影响测试结果（但使用稀释的样本会影响测试结果）。

（6）某些离子选择性电极（ISE）仪器可使用未稀释的样品。

①可以测量许多电解质，包括 Na^+、K^+、Cl^-、T_{CO_2}、电离 Ca^{2+}（后者的样本处理见第十一章）。

②基于某种电解质形成的跨膜电势敏感性不同而进行有选择性的测量。

③在单个样本中可以通过仪器的一系列电极测量多种电解质（如 Na^+、K^+、Cl^- 和 T_{CO_2}）。

（7）临床可使用血气分析仪测量电解质浓度。未稀释的样品可通过离子选择性电极技术测定电解质浓度。

3. 稀释样品使用技术。

（1）测定按照体积稀释样品血清中电解质的技术，包括血清蛋白和脂蛋白等非水组分。

（2）这些技术测定的参考区间低于未稀释技术的参考区间。

（3）在非水相增加的血清样本中可能出现错误的低值（如脂血症、增加蛋白质含量）。

（4）多数测量电解质的仪器都用于测定稀释的样品。

①离子特异性电极，许多使用 ISE 技术的仪器都用于测定稀释的样品。

②火焰光度法。当样品在丙烷液中燃烧时，可以用发光的强度来测量 Na^+ 和 K^+ 浓度。采用内部锂标准来校准仪器。

③Cl^- 可以采用 ISE 技术、电量式方法和比色方法测量。溴中毒或用溴化钾治疗（如癫痫发作）时，采用 ISE 技术和比色方法会引起假的 Cl^- 增高，而电量式方法则不会。

（二）阴离子间隙计算

1. 阴离子间隙（AG）是通过以下公式计算出来的：

$$[(Na^+ + K^+) - (Cl^- + HCO_3^-)]$$

这有助于确定酸碱异常的原因。血清总阳性率是相同的。血清总阳离子等于这些一般测量值（$Na^+ + K^+$）加上所有未测量的阳离子（UC）。血清总阴离子等于这些一般测量值（$Cl^- + HCO_3^-$）加上所有未测量的阴离子（UA）（图 5.1）。

2. 根据电中性定律。

（1）总阳离子＝总阴离子

（2）$Na^+ + K^+ + UC = Cl^- + HCO_3^- + UA$

3. 以上方程的重排产生如下结果。

（1）$Na^+ + K^+ - Cl^- - HCO_3^- = UA - UC$

（2）$AG = UA - UC$

4. 通常情况下，使用 T_{CO_2} 估测 AG。

$$AG = ([Na^+ + K^+] - [Cl^- + T_{CO_2}])$$

5. 用 HCO_3^- 计算 AG 略大于使用 T_{CO_2} 计算 AG，因此，每个计算需要有自己的参考区间。

（三）对阴离子间隙的解释

1. 健康状态下，AG 的主要阴离子成分是白蛋白（生理 pH 下的阴离子）、磷酸盐、硫酸盐和小分子的有机酸。主要的阳离子成分是电离的 Ca^{2+}、Mg^{2+} 和一些 γ 球蛋白（生理 pH 下的阳离子）。一些抗生素是阳离子的，大量使用时有助于提供 UC。

2. UC 在健康和疾病情况下都保持稳定，而 AG 却大部分都发生着变化，其原因是由于 UA 发生了变化，如小有机酸、无机磷酸盐、白蛋白和外生毒素。

3. 在许多疾病中 AG 会增加，包括乳酸中毒（乳酸）、糖尿病酮症酸中毒（乙酰乙酸、β-羟基丁酸）、肾机能不全（尿毒症酸盐）和某些中毒（乙二醇的代谢物）（病例 15、18、20、21、22、24、34）过程中。当样品处理不当时可造成 HCO_3^- 体外丢失，这时可能出现阴离子间隙增高的假象。

4. 阴离子间隙减少是不常见的。原因包括血液稀释、低白蛋白血症和增加某些阳离子（如高钙血症）。

5. 白蛋白是 AG 的主要因素之一，它可以通过两种方式来消除这种差异。

（1）高白蛋白血症增加 AG；低白蛋白血症降低 AG。

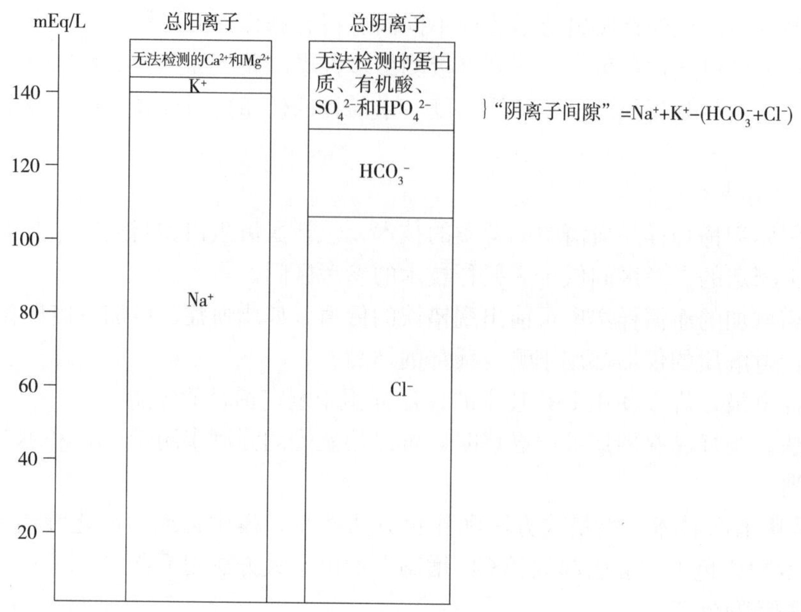

图 5.1 血清的离子组成

注意到阴离子间隙等于未测量的阴离子减去未测量的阳离子，而总阴离子等于总阳离子。

（2）与白蛋白结合的 H^+ 的个数随血液 pH 的变化而变化。

①碱性血症引起白蛋白与 H^+ 的结合减少，从而导致 AG 稍微增加。

②酸性血症引起白蛋白与 H^+ 的结合增加，从而导致 AG 稍微减少。

（3）白蛋白介导 AG 变化主要是由于白蛋白浓度的变化，而不是 pH 介导 H^+ 的变化。在大多数情况下，对 AG 影响的差距是温和的，但是很难解释其原因（如乳酸性酸中毒的动物和低白蛋白血症可能有一个正常的 AG）。

6. AG 应该被认为是解释电解质的一种辅助数据，而不是循环血液中未测量盐的精确的量。

第三节　基于强离子差异的酸碱解释：斯图尔特的 SID 理论

1983 年，P. A. Stewart 提出了另一种酸碱调节理论。这个理论是基于强阴离子和阳离子作为一个独立的因子对血液 pH 的影响之间的差异。不同于经典的酸碱解释，它通常被称为“强离子差异”（SID）对酸碱的解释方法。根据 SID 理论，血液 HCO_3^- 是一个受其他因素影响的因变量。

一、根据 SID 理论，血液 pH 的基础

1. P_{CO_2}（转换为 H_2CO_3）。

2. 总弱酸［A_{tot}］，主要是结合在血浆蛋白和磷酸盐上的弱酸根。

3. 强离子差异（SID）。完全游离于体内 pH 中所有阳离子和阴离子之间的总 SID 是不同的。包括无机离子，如 Na^+、K^+、Cl^-、Ca^{2+}、Mg^{2+} 和完全游离于体内 pH 中的有机离子酸，如乳酸、β-羟丁酸和乙酰乙酸。

4. SID 增加与代谢性碱中毒有关，而 SID 减少与代谢性酸中毒有关。

二、SID 理论的局限性

1. 所有独立变量的计算都需要复杂的方程，最好使用电脑。

2. 为人类血浆研发的方程式，不能直接应用于动物血浆中，必须通过实验确定［A_{tot}］常数后方

可使用。

三、简化的 SID 理论

1. 简化的 SID 计算已经被提议允许用于 SID 的评估而不需要复杂的计算。

2. 很多作者提出了各种简化的 SID 计算，因此 SID 缩写还没有一个确切的定义。

四、SID 理论的有效性

1. 对 T_{CO_2}、血清电解质和 AG 的评价通常是对家养动物的代谢性酸碱异常大多数的解释。

2. 当多重酸碱平衡紊乱时，如混合性代谢性酸碱紊乱或低蛋白血症病人的酸碱紊乱时，利用 SID 方法对酸碱紊乱的评估是最有效的。

第四节 血液 pH 和电解质浓度的变化

一、健康动物血液 pH 和电解质浓度变化的原因

1. 采食后血液 pH 增加。

(1) 在单胃动物中，摄入食物会导致短暂而轻微的血液 pH 升高。

(2) 同时尿液也会变成碱性。

(3) 胃 HCl 的产生和分泌导致血浆 $NaHCO_3$ 的快速增加，然后 $NaHCO_3$ 由肾脏排出，提高尿液 pH。

(4) 与年轻的犬相比，年老的犬增长幅度更大。

2. 通过处理饮食中的电解质，可以改变反刍动物的血液 pH。

(1) 典型的牛的饮食对身体有净碱化作用，其结果是血液 pH 轻微增加和碱性尿的产生。

(2) 在饮食结构上，根据强无机阳离子的数量，通过增加饮食中强无机阴离子的数量，可使饮食酸化。

3. 分娩之前，降低血液 pH，增加血液电离的 Ca^{2+}，可降低奶牛产后低钙引起的轻瘫（乳热症）的发病率。

4. 确定碱化或酸化对饮食的影响，饮食阳阴离子差（DCAD）是一种重要的离子定量计算分析方法。常用的公式是：

$$DCAD = Na^{+} + K^{+} - Cl^{-} - SO_4^{2-} \quad (mEq/kg，以干物质重量计)$$

5. DCAD 对血和尿 pH 的影响。

(1) DCAD 高于 0 会产生轻微的代谢性碱中毒和碱性尿（pH8 ～ 9）。

(2) DCAD 低于 0 会导致血液 pH 的轻微下降和酸性尿的产生。

(3) DCAD 低于 −50 的饮食产生轻度酸中毒，尿 pH 约等于 6。这些饮食被证明可以预防乳热症。

(4) 奶牛怀孕后期要饲喂低的 DCAD 饮食。犊牛出生后，奶牛再饲喂高的 DCAD 饮食。

(5) 测定尿液 pH 可用于监测干奶期奶牛饮食酸化方案的效果。

二、运动对酸碱平衡和电解质的影响

1. 激烈的短期运动会发生两种相反的变化。

(1) 肌肉缺氧会产生乳酸从而导致全身性的乳酸中毒。

(2) 过度通气降低 P_{CO_2}，产生低碳酸血症，导致血液 pH 增高。

2. 血液 pH 取决于乳酸生产与低碳酸血症的对比平衡。

3. 灵缇赛犬在激烈的冲刺之后，由于 HCO_3^- 和 P_{CO_2} 都显著减少，因此会产生中度到重度的酸血症和低碳酸血症。

4. 拉布拉多犬会因为对某个目标的反复回演训练使新陈代谢发生轻微变化，从而发生呼吸性碱中毒。

5. 耐力运动产生 Na^+、K^+ 和 Cl^- 的变化。

(1) 在连续 1～2d 的耐力赛运动后，马常常会表现低钾血症、低氯血症和轻微的低钠血症。

(2) 马汗 Cl^- 和 K^+ 浓度较高，与血浆中 Na^+ 浓度大致相等。

(3) 在耐力赛中所有马都有轻微的变化。特别是在马发生"疲劳综合征"时，电解质和酸碱的变化会更严重。

(4) 尽管赛犬不会出汗，也会出现低钠血症和低钾血症。它们过量电解质丢失的准确途径还不清楚。

第五节 电解质紊乱和代谢性酸碱失衡

一定程度血液酸碱状态的测量（血气分析或 T_{CO_2}）和阴离子间隙（AG）的计算是对机体整个电解质（Na^+、K^+、Cl^-）最好的评估。不完整的数据会对患畜的病情产生错误的信息，从而导致治疗不当。电解质和酸碱概况用于评估身体体液紊乱的严重程度比做一个特殊的诊断还重要。有时这些概况有助于更确切的诊断。极少情况下，电解质模式可能是一种特殊疾病的特征。

一、血清钠

1. 生理因素。

(1) Na^+ 维持细胞外液（ECF）的渗透压，控制水合状态的机制，是肾水潴留的关键。

(2) 基本上所有的 Na^+ 都在细胞外液，因此，细胞外液中 Na^+ 可评估为机体总的 Na^+。

(3) 如果考虑细胞外液（水合状态）体积，血清 Na^+（mmol/L）可用于评估全身总 Na^+。

(4) 总细胞外液 Na^+（mmol）＝血清 Na^+（mmol/L）×ECF 体积（L）。

2. ECF 体积低、正常、高分别可导致低钠血症、正常血钠、高钠血症（表 5.2）。

表 5.2 疾病与血清 Na^+ 浓度和水化状态的各种组合机制

低钠血症
细胞外水分减少（低渗性脱水）
富含 Na^+ 的体液丢失
腹泻（马驹和马，偶尔有犬）
酮症
渗透性利尿（糖尿病）
肾脏疾病（牛）
沙门氏菌病（犊牛）
正常细胞外液水分（正常水合）
食盐缺乏（牛）
早期酮症
早期肾脏疾病（牛）
富含 Na^+ 的体液损失和低 Na^+ 液体治疗（如腹泻、失血后补充 5%葡萄糖溶液）
精神上烦渴
急性发生的高血糖（由于细胞外液的高渗性，细胞内水分转移到细胞外）
膀胱破裂（马驹、奶牛和犬）
唾液损失（马）
持续训练（马、犬）
细胞外水分增加
急性发生的水肿、腹水（腹腔积液）和/或胸水
乳糜胸重复引流（犬）

（续）

肾衰竭少尿期使用过多的低 Na^+ 液体治疗
正常血钠
等渗性脱水
体液丢失
腹泻
渗出
肠道液体滞留
出血
肾脏疾病
呕吐
正常细胞外液水分（正常水合）
健康
没有细胞外液和钠没有异常的疾病
细胞外液水分增加（水肿、腹水、胸水）
心脏衰竭
低白蛋白血症
肝脏疾病
水滞留
在上述疾病治疗的过程中使用的是体液
高钠血症
细胞外液减少（高渗性脱水）
由于异常口渴导致渴感缺乏（神经系统疾病、下丘脑渗透压感受器损伤）
由于缺水而导致的渴感缺乏
患糖尿病的人对饮水的限制
严重无意识的水分损失（气喘、出汗）
正常细胞外液水分（正常水合）
血量正常下
渗透压感受器缺陷
原发性醛固酮增多症（犬）
高盐饮食及限制饮水（食盐中毒）
饮用海水
通过咽管造口强行喂食不适当的饮食和水的摄入不充足
血容量减少和胃肠、细胞间水分增加
水转移到胃肠道（反刍动物）
谷物过量-乳酸中毒
丙二醇中毒
尿素中毒（牛）
将水转移到第三空间（胆汁性腹膜炎）
细胞外水分增加（水肿、腹水、胸水）
罕见的情况：在急性肾衰竭时使用高钠液体

（1）全身钠正常、减少或增加时，血钠都可能正常（血清钠在参考区间内）。例如：

①在急性失血时，由于 Na^+ 和水同时等比例丢失，虽然身体总 Na^+ 减少，但血钠仍然保持正常。

②在腹水或水肿的情况下，由于细胞外液水分和 Na 等比例增加，因此，虽然全身的总钠含量增加，但血钠仍然保持正常。

（2）当机体 Na^+ 丢失或增加的与细胞外液体积不匹配时就会发生低钠血症或高钠血症。例如：

①脱水动物的低钠血症是由于 Na^+ 的损失远远多于水的损失，结果导致全身 Na^+ 的严重下降。

②水肿或腹水动物的低钠血症是由于水积累远远大于 Na^+ 的增加。结果导致全身 Na^+ 由正常到升高。

③脱水动物的高钠血症是由于水失去了而 Na^+ 没丢失，结果全身 Na^+ 正常但细胞外液体积减小了。

④细胞外液体积正常的动物的高钠血症是由于全身的 Na^+ 增加了（通常是摄入了过量的盐而没有摄入水）。

3. 表 5.2 列出了发病机制和相关疾病的可能性。

4. Na^+/K^+ 可以作为识别低醛固酮评价的一种方法，但也有一些局限性。

（1）低醛固酮增多症（Addison's disease）与 Na^+/K^+ 小于 24 有关。

（2）许多其他条件下也可能产生类似的 Na^+/K^+，包括以下内容：

①肾脏疾病。

②低钠液体治疗胃肠炎。

③由犬鞭虫感染引起的腹泻。

④乳糜胸重复引流。

⑤大面积腹膜炎和胸膜炎。

⑥妊娠晚期疾病。

（3）酮症增加与 Na^+/K^+ 下降有关。比值小于 19 时与酮症高度相关，但不是特异性的。

5. 在评估病畜的电解质状态时，Na^+/K^+ 应与低钠血症和高钾血症是否存在一起考虑。

二、血清钾

（一）生理因素

1. 在正常的神经肌肉和心脏功能时血清 K^+ 维持在一个狭窄的范围内。

2. 血清 K^+ 不是评价全身 K^+ 的可靠指标，因为大多数 K^+ 存在细胞内液中。血清 K^+ 可以通过以下方式发生改变：

（1）细胞内液和细胞外液之间的 K^+ 相互转移（内部 K^+ 平衡）。

（2）全身 K^+ 的增加和减少（外部 K^+ 平衡）。

（3）内部和外部的混合障碍类型。

3. 不同种类的动物红细胞内钾含量不同。

（1）马、猪和灵长类动物的红细胞内 K^+ 都很高。

（2）在某些繁殖牛群和羊群中，红细胞内 K^+ 浓度从中度到较低。

（3）大多数猫和犬的红细胞内 K^+ 浓度都很低，下列情况除外：

①秋田犬、柴犬和其他一些日本品种犬的红细胞内有很高的 K^+ 浓度。

②其他品种的犬或杂种犬由于遗传原因有时红细胞内有很高的 K^+ 浓度。

4. 网织红细胞比成熟的红细胞 K^+ 浓度高。

5. 错误的高血清 K^+ 来源于抽样错误（假高钾血症），包括以下方面：

（1）健康的动物由于凝血期间血小板中 K^+ 的释放，从而引起血清 K^+ 比血浆 K^+ 略高。

（2）血小板增多症可显著增加血清 K^+，测量肝素化血浆中 K^+ 可减少这一误差来源。

（3）高 K^+ 红细胞中 K^+ 的泄漏。样品的溶血或样品的血清和血块的长期接触可能产生高钾血症，特别是在那些含高 K^+ 红细胞的品种或情况下，溶血可能是隐性的；虽然血清或血浆没有变色，但 K^+ 浓度却明显增加。

6. 因为血清 K^+ 受到细胞内外两部分 K^+ 平衡的影响或两者的组合，因此在确定合适的 K^+ 治疗时，应该考虑两种可能性。

（二）高钾血症的原因和机制（表 5.3）

高钾血症会导致心脏传导异常，心动过缓，心电图改变，因此有生命危险。

1. 高钾血症继发于外部 K^+ 的变化，可能是由于以下原因：

（1）尿排泄减少。

①正常情况下，大多数 K^+ 通过尿排泄（尿钾排泄）。

②无尿或少尿性肾病、肾功能障碍（猫泌尿系统综合征）或膀胱破裂（驹）可产生高钾血症（病例 18、20）。

③犬和反刍动物通常没有肾后性梗阻或膀胱破裂引起的高钾血症。

（2）酮症。

①醛固酮是肾 K^+ 排泄的介质之一。

②酮症（阿狄森病）以高钾血症和低钠血症为特征。

（3）体腔液体体积增加可产生高钾血症和低钠血症（犬和猫）。

①乳糜胸反复引流导致 K^+ 潴留，从而导致高钾血症。但机制还不清楚（犬的临床和实验数据）。

②腹水可能引起猫高钾血症和低钠血症。

（4）妊娠晚期出现高钾血症和低钠血症。

（5）高剂量的复方新诺明通过抑制远端肾小管调节 Na^+-K^+ 交换的一种酶来降低 K^+ 排泄。

（6）静脉注射 K^+。

①快速滴注 K^+ 可能产生生命危险的高钾血症。通常情况下，大型动物比小动物受的影响要轻些。

②在多数情况下可以使用口服方式补充 K^+，这样对病畜的危害较小。

2. 高钾血症继发于内部 K^+ 平衡的变化，可以发生在以下方面：

（1）一些酸血症。

①高钾血症发生在某些形式的酸中毒中，由于细胞外与细胞内 K^+ 交换。

②高钾血症最常发生的原因是酸中毒过程中选择性地保 Cl^- 排 $NaHCO_3$（如分泌性腹泻性酸中毒）。细胞内 K^+ 与过量的细胞外 H^+ 交换以保持电荷平衡。这种阳离子交换是因为酸中毒时，增加的血浆 Cl^- 不容易扩散到细胞内。

③高钾血症在滴定（有机酸过量）酸中毒中不常见。人们认为有机酸阴离子进入细胞，带有过量的 H^+，保持电荷中性，从而消除了对阳离子的交换。

④高钾血症在呼吸性酸中毒时罕见。它被认为是溶解的二氧化碳可以自由扩散进入细胞，保持细胞内外的 pH 相等。

⑤对酸中毒患畜进行快速地碱化处理，可能会产生相反的效果。阳离子交换（当 H^+ 移动到细胞外时 K^+ 进入细胞内）甚至产生威胁到生命的低钾血症。

（2）高渗。高张力可以使细胞内 K^+ 移向细胞外，这种转变与血液 pH 无关，具体的机制还不清楚。

表 5.3　血清 K^+ 异常的原因和机制

血钾过高
外部平衡的变化（环境因素、细胞外 K^+ 的净积累）
肾功能衰竭时的无尿或少尿期（猫、小马驹，但不是犬、反刍动物）
酮症
乳糜胸排水（犬）
胸膜腔或腹膜腔积液（犬、猫）
复方新诺明治疗（犬）
高钾液体疗法
肾脏疾病多尿期（马）
内部平衡的变化（K^+ 由细胞内进入细胞外）
分泌性腹泻时，HCO_3^- 丢失（犊牛，偶尔见于犬）
胰岛素不足——糖尿病（可能导致外部 K^+ 大量丢失）
过度紧张

（续）

过度的肌肉运动（K^+轻微的增加）
大量组织坏死（鞍型血栓、横纹肌溶解症）
夹竹桃毒性（抑制 Na^+-K^+-ATP 酶）
遗传性高钾型周期性麻痹（马）
训练期间的甲状腺机能亢进症（只有犬的实验数据）
低钾血症
外部平衡的变化（K^+摄入减少或增加K^+对外丢失过多）
厌食症（尤其是食草动物）
低钾饮食
液体经胃肠丢失
呕吐
皱胃积滞和内部呕吐进入瘤胃
鼻胃管引流入胃（马）
腹泻（特别是马）
肾丢失增加（钾尿）
醛固酮增多症（病理或医源性）
代谢性酸中毒（急性）
代谢性碱中毒
肾病（特别是猫和牛，但不是马）
肾小管性酸中毒
一些酸化饮食（猫）
大量出汗（马）
长时间的训练（马、犬）
内部平衡的变化（细胞外K^+进入细胞内）
碱血症（如果细胞内K^+轻微增多）
胰岛素治疗
代谢性酸中毒的快速纠正（如果细胞内K^+严重的减少）
饥饿后快速补充食物（补食综合征）

（3）细胞膜损伤。细胞膜完整性的丧失导致K^+从细胞内流到细胞外。

（4）组织坏死。

①大量组织的坏死，尤其是肌肉，会释放大量的K^+，并产生高钾血症（如猫的鞍状血栓、牛的白肌病）。

②轻微的细胞损伤可能产生相同的变化，但恢复正常细胞功能可能导致K^+平衡的快速逆转，导致细胞外K^+损耗和低钾血症。

（5）夹竹桃（橙花）的毒素会引起心脏 Na^+-K^+-ATP 酶的抑制。摄食后不久产生高钾血症。

（6）胰岛素缺乏。

①胰岛素促进K^+进入细胞内。因此，胰岛素的不足可能是伴随着细胞内K^+流到细胞外和高钾血症。

②糖尿病导致肾功能丧失，引起K^+的丢失大于K^+由细胞内向细胞外内部转移的量。

③高钾血症、正常血钾、低钾血症的发生取决于内部变化和外部损失的平衡比例。

④外源性胰岛素的使用导致K^+快速进入细胞内，因此，期间可能需要补充K^+以预防低钾血症。

（7）遗传周期性高钾型麻痹（马）伴随着高钾血症会导致短暂性瘫痪，随着病情的结束而逐渐消失。

（8）由于肌肉中 Na^+-K^+-ATP 酶浓度不足，训练诱发了甲状腺功能低下犬的暂时性高钾血症（试验数据）。

（9）细胞内K^+消耗可以促进细胞外K^+向细胞内转移，从而纠正上述问题。因为没有任何临床测量能准确地评估K^+的消耗量，因此在补充K^+的时候应充分考虑细胞外K^+丢失的情况。

（10）许多因内部转移而产生高钾血症的情况（如肾小管性酸中毒、严重腹泻、糖尿病酮酸中毒）

也会引起外部 K^+ 损失的增加。病畜从高钾血到血钾正常再到低血钾的发展，视 K^+ 的内部位移和外部损失的平衡而定。

（三）低钾血症的原因和机制（表 5.3）

1. 低钾血症几乎总是与细胞内 K^+ 的消耗有关。K^+ 丢失能够影响疾病的严重程度，产生有生命危险的心脏异常、骨骼肌虚弱和肌病、肾浓缩能力丧失，代谢性碱中毒（反常性的酸尿）。

2. 继发细胞外 K^+ 平衡改变引起的高钾血症与以下因素有关：

（1）口服摄入减少。

①厌食动物（尤其是食草动物）可能有一个负 K^+ 平衡，尤其是在 2～3d 内肾脏需要从 K^+ 排泄到 K^+ 保留的转换。

②K^+ 缺乏的酸化饮食对猫会产生低钾血症和酸中毒。这些猫会发展成周期性的低钾性麻痹和/或肾脏疾病。

（2）胃肠损失增加。富含 K^+ 的胃和肠液的损失可以产生 K^+ 消耗（如呕吐、皱胃功能障碍、腹泻，马尤其严重）。

（3）尿失禁增加。有几个条件导致了这一结果，其中包括多尿期（如渗透性利尿、快速补水）、代谢性碱中毒、急性代谢性酸中毒，增加盐皮质激素浓度、肾小管性酸中毒和利尿治疗。

（4）醛固酮分泌性肿瘤引起的原发性醛固酮过多症可能会对尿钾排泄产生显著的影响和低钾血症，以至于导致肌病和严重的肌肉无力症（猫、犬、雪貂）。

3. 继发于内部 K^+ 的变化引起低钾血症有以下原因：

（1）碱性血症（病例 23、24）。

①细胞外液 H^+ 浓度低可导致细胞内液 H^+ 与细胞外液 K^+ 交换而使 H^+ 进入细胞外液，K^+ 进入细胞内。这种 K^+ 的内部交换被认为是碱中毒时引起低钾血症的一个次要原因。

②代谢性碱中毒可产生轻微的低钾血症，但呼吸性碱中毒则不能产生这些变化。

③在大多数与代谢性碱中毒有关的疾病中，低钾血症是由于机体 K^+ 损失增加和摄入量减少。

④在碱性液体非肠道给药的治疗过程中，可能发生 K^+ 向细胞内转移。在治疗前可能血钾正常或者产生有生命危险的低钾血症。

（2）细胞内 K^+ 损耗。

①发生细胞内 K^+ 损耗后，细胞外 K^+ 迅速向细胞内转移。

②治疗导致的 K^+ 转入细胞内（如胰岛素、HCO_3^-），可能产生低血钾，甚至产生威胁生命的低钾血症。

三、血清氯

1. 生理因素。

（1）Cl^- 是细胞外液主要的阴离子。

（2）Cl^- 是许多分泌物的重要组成部分（如马的胃液、汗、唾液），如 NaCl、KCl、HCl。

2. 异常。

（1）与 NaCl 相关的变化。

①血清 Cl^- 与血清 Na^+ 浓度平行增加和减少（病例 24）。

②如果细胞外液体积增加或减少，全身 Cl^- 与 Na^+ 平行增加或减少，而不会出现低氯血症或高氯酸血症。

（2）选择性 Cl^- 变化。

①Cl^- 增加或减少与氯化钠浓度的改变没有关系。

②富含 HCl 或 KCl 的分泌物的丢失导致了 Cl^- 的减少程度比 Na^+ 多而导致低血氯（病例 23、34）。

（3）大量的 $NaHCO_3$ 随肠道分泌物或尿液丢失会导致血清或血浆 Cl^- 相对增加，如果存在脱水，

全身 Cl^- 还是不足。

3. 两种计算方法可以用来区分 NaCl 异常与 CL^- 异常的相关性。

(1) 修正（corrected）Cl^- 表示为［$Cl^-_{(cor)}$］，当 Na^+ 异常时，可通过以下公式修正 Cl^-：$Cl^-_{(cor)}$ = Cl^-（测量值）×（Na^+ 平均值÷Na^+ 测量值）；Na^+ 平均值=实验室的参考区间。

①$Cl^-_{(cor)}$ 的参考区间近似于 Cl^- 测量的参考区间。

②当低钠血症的存在时，评估 $Cl^-_{(cor)}$ 对于识别选择性 Cl^- 异常时最有用。相比之下，几乎所有的高钠血症都是由 NaCl 引起的。

(2) Na－Cl。这是另一个区别由 NaCl 介导的 Cl^- 异常的计算公式。这个公式是：

$$Na-Cl = Na^+ - Cl^-$$

①物种间 Na－Cl 的差异。

②近似参考范围为：

A. 犬和猫：29～42 mmol/L。

B. 马：34～43 mmol/L。

C. 牛：35～45 mmol/L。

D. 山羊：33～43 mmol/L。

③Na－Cl 的参考区间取决于确定电解液浓度的方法，参考区间应该由独立实验室计算。

4. 选择性 Cl^- 异常往往与代谢性酸碱障碍有关。

(1) Cl^- 选择性减少几乎总是与富含盐酸的液体损失和代谢碱中毒有关（见代谢性碱中毒）。

(2) Cl^- 选择性增加可能与选择性 $NaHCO_3$ 损失而发生的代谢性酸中毒有关（见分泌性酸中毒部分）。

(3) 慢性呼吸障碍的代谢补偿期间，由于肾 $NaHCO_3$ 的潴留或排泄也可以产生类似选择性 Cl^- 的变化，这种情况动物临床不常见。

5. 白蛋白浓度对 Cl^- 的影响。

(1) 高氯酸血症可能发生在低蛋白动物中。白蛋白是一种阴离子。当与白蛋白相关的阴离子减少，血浆中出现相对较多的 Cl^-。阴离子间隙也可能减少（见关于阴离子间隙的部分）。

(2) 低蛋白液体（腹腔、胸腔、心包积液和脑脊液）有较高的 Cl^- 参考区间，因为它们含有相对较少的白蛋白。

6. Cl^- 缺乏的后果包括以下几个方面：

(1) 选择性 Cl^- 常与代谢性碱中毒有关。

(2) Cl^- 缺乏会引起多渴症和降低肾脏的浓缩功能，基于犬和牛的试验数据。

四、代谢性酸中毒

1. 血浆 HCO_3^- 浓度或血清 T_{CO_2} 降低预示代谢性酸中毒。

(1) 当血浆 HCO_3^- 浓度或血清 T_{CO_2} 呈现如下结果时，就会发生轻度的代谢性酸中毒：

①对于大多数物种 15～20 mmol/L。

②犬和猫是 12～17 mmol/L。

(2) 当血浆 HCO_3^- 浓度或血清 T_{CO_2} 呈现如下结果时，就会发生严重的代谢性酸中毒

①在大多数物种中低于 15 mmol/L。

②在犬和猫低于 12 mmol/L。

(3) 呼吸补偿是通过过度通气呼出 CO_2，从而恢复 HCO_3^- 与 H_2CO_3 的比值。

2. 机制和原因。

(1) HCO_3^- 损失性（分泌性）酸中毒

①当机体富含 $NaHCO_3$ 和/或 $KHCO_3$ 液体丢失时，导致 HCO_3^- 减少。

②$NaHCO_3$ 是由肾脏或分泌细胞通过 H_2CO_3 和 NaCl 的离子重新排列而合成的。如下所示：

$$NaCl + H_2CO_3 \rightarrow NaHCO_3 \text{（输给机体）} + HCl \text{（保留）}$$

③当富含 $NaHCO_3$ 的液体丢失过多时，其净效应是盐酸在体内积累而呈现酸性。

④与 HCO_3^- 损失引起酸中毒有关的疾病和条件。

A. 不能吞咽动物的唾液，特别是反刍动物（不是在马中）。

B. 肠道和胰腺的分泌物，或者滞留在肠腔，或者腹泻丢失（病例 6）。

C. 在肾小管酸中毒的情况下，尿液中富含 HCO_3^-。

⑤HCO_3^- 损失性酸中毒中的电解质模式（图 5.2）

A. 血浆 HCO_3^- 或血清 TCO_2 低。

B. 血清 Cl^- 在参考区间内或伴随着 $Na^+ - Cl^-$ 减少而增加。

C. 正常的阴离子间隙。

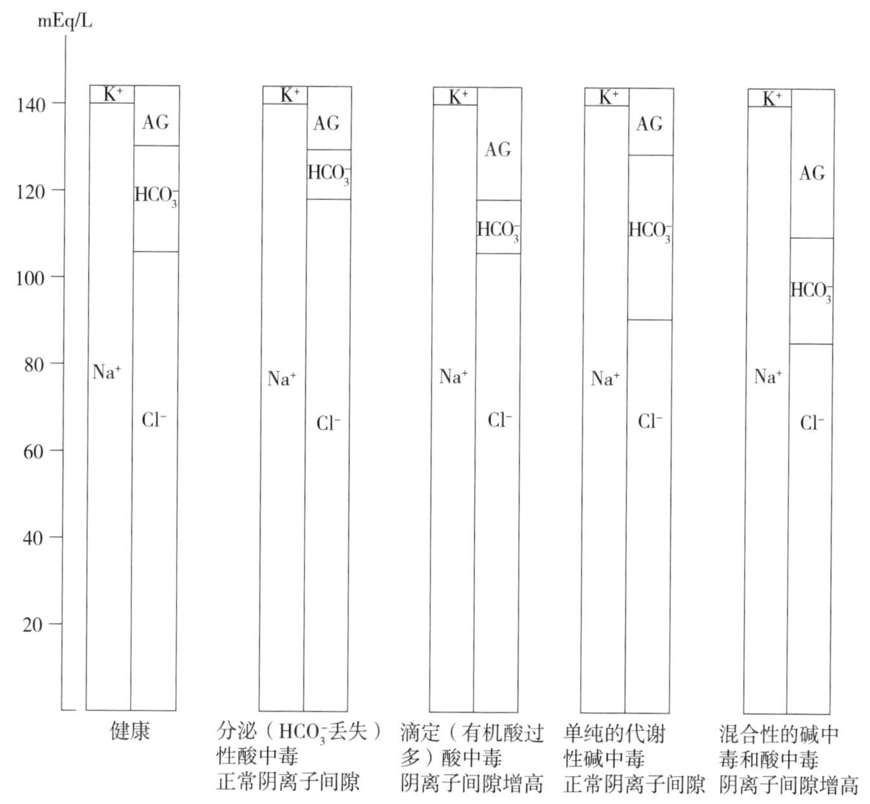

图 5.2 常见代谢酸碱紊乱的电解质模式

D. 如果存在低钠血症，则测量 Cl^- 可能会更低，但 $Cl^-_{(cor)}$ 将在参考区间内或增加。

（2）滴定（有机酸过量）酸中毒。

①通过滴定可知由有机酸积累导致的 HCO_3^- 损失。

②HCO_3^- 作为缓冲物质，能把有机酸转化为有机酸盐。对酸 HA：$HA + NaHCO_3 \rightarrow H_2CO_3 + NaA$。$HCO_3^-$ 浓度降低而 NaA 的浓度增加。

③阴离子间隙的增加可鉴别酸盐的存在（即上面例子中的 NaA）。

④临床上重要的有机酸。

A. 在缺氧和休克时，哺乳动物无氧糖酵解产生 L-乳酸。

B. 由于细菌的分解代谢，成年反刍动物采食过多的碳水化合物。新生犊牛腹泻、新生山羔羊（软盘羔羊综合征）、新生的有神经系统异常的羔羊和犊牛、碳水化合物诱发的蹄叶炎（马和马驹）、细菌过度生长产生继发胰腺外分泌不足（有 1 只猫的报道）都可以产生 D-乳酸。

C. D-乳酸来源于哺乳动物糖尿病（猫）、乙二醛酶途径和高剂量的丙二醇。

D. 乙酰乙酸和β-羟丁酸（酮体）出现在糖尿病酮症酸中毒、饥饿时脂肪的分解代谢和反刍动物的酮病（病例 34）。

E. 肾衰竭时尿毒症的酸（病例 18、20）。

F. 一些有机毒物及其代谢物（如乙二醇、丙二醇、四聚乙醛）。

⑤滴定酸中毒中的电解质模式（图 5.2）。

A. 低血浆 HCO_3^- 或血清 T_{CO_2}。

B. 血清 Cl^- 和 Na 与 Cl 的差值在参考区间内。

C. 高阴离子间隙。

E. 如果存在低钠血症，则 Cl^- 浓度可能很低，但 $Cl^-_{(cor)}$ 在参考区间内。

⑥如果腹泻导致脱水发生低血容量性休克时，由于乳酸的积累就会出现混合滴定和分泌性酸中毒。尽管混合型或分泌型的酸中毒都是温和的，但是它们联合就会产生明显的酸血症。电解液的模式如下：

A. 严重的低血浆 HCO_3^- 或血清 T_{CO_2} 浓度。

B. 血清 Cl^- 浓度和 Na 与 Cl 差值通常在参考区间内，但分泌性酸中毒可能有轻微的变化。

C. 阴离子间隙轻度至中度升高。

D. 如果存在低钠血症，则 Cl^- 浓度可能很低，但 $Cl^-_{(cor)}$ 通常在参考区间。

五、代谢性碱中毒

1. 血浆 HCO_3^- 或血清 T_{CO_2} 浓度增加表示代谢性碱中毒（图 5.2）。

（1）血浆 HCO_3^- 或血清 T_{CO_2} 浓度在下列浓度区间时，呈现温和的代谢性碱中毒：

①大多数物种在 33～38 mmol/L。

②犬和猫在 27～32 mmol/L。

（2）血浆 HCO_3^- 或血清 T_{CO_2} 浓度在如下浓度时发生严重的代谢性碱中毒：

①大多数物种超过 38 mmol/L。

②犬和猫超过 32 mmol/L。

（3）呼吸性代偿通过低通气限制 O_2 的需求来保留 CO_2 从而恢复 HCO_3^- 与 H_2CO_3 比值。因此，呼吸补偿往往较差。

2. 代谢性碱中毒的原因总是和胃或皱胃内 HCl 的丢失有关（病例 22、23）。

（1）HCl 是由胃壁细胞分泌的，通过以下反应得到：

$NaCl + H_2CO_3 \rightarrow HCl$（分泌的）$+ NaHCO_3$（保留在体液中）。在健康动物中，HCl 随后在胃肠道后段被重新吸收，维持酸碱平衡。

（2）在单胃动物中呕吐和在马胃管排泄胃内容物过程中，绞痛导致 HCl 损失。

（3）皱胃或高位肠梗阻会导致皱胃内内物进入瘤胃内，有时称为“内部呕吐”。原因包括物理性堵塞（如皱胃移位或扭转小肠梗阻），功能性闭塞（如迷走神经性消化不良），由于新陈代谢引起的停滞（如肾病、内毒素血症、低钙血症）。

（4）马的近端空肠回肠炎，由于 HCl 在胃内的滞留会产生轻微的代谢性碱中毒。

（5）HCl 的损失导致 HCO_3^- 的净增加；Cl^- 与 H^+ 等比例丢失导致碱中毒、低氯血症，阴离子间隙在参考区间内或稍微增加。

（6）如果没有实验室的评估，仅对呕吐的观察不能被视为代谢性碱中毒。胃逆流、呕吐可能在丢失胃 HCl 的同时也失去了包括 HCO_3^- 和丰富的胰液。

3. 反常性的酸性尿 HCl 丢失、代谢性碱中毒（病例 23）。

（1）代谢性碱中毒时，肾脏通过分泌过量的 $NaHCO_3$ 和保留 H^+ 还原 HCO_3^- 与 H_2CO_3 的比值。

肾脏通常不能纠正碱中毒。这种情况就会被意识到酸性尿与代谢性碱中毒。

（2）反常的酸性尿是低血容量、低氯血症和全身 K^+ 损耗的结果。

①当肾脏保留水分时也会保留 Na^+，以便于恢复机体细胞外液 Na^+ 浓度至正常的参考区间内。因为 Cl^- 在肾小球中不足，因此 HCO_3^- 成为与 Na^+ 同时重吸收的阴离子。

②Na^+ 也可以通过与分泌的 H^+ 或 K^+ 交换的方式进行重吸收。因为血浆中 K^+ 的不足，因此分泌的 H^+ 进入尿液。

③HCO_3^- 的减少加上肾脏中 H^+ 的不足导致酸性尿，保留的 HCO_3^- 仍维持着代谢性碱中毒的状态。

（3）在液体治疗伴有反常性酸性尿的代谢性碱中毒病例中应纠正 NaCl 的不足，最适合使用生理盐水和林格尔溶液。当 K^+ 严重不足时，输液或口服补 K^+ 是逆转反常性酸性尿所必需的。

4. 引起代谢性碱中毒的罕见原因：

（1）低钾血症与低血容量可能导致代谢性碱中毒。临床可能的情况包括伴随利尿剂的脱水或矿物质的过量（外源性使用或内生性释放）。

（2）肝脏衰竭，特别是在马中，可能会导致过量的碱（NH_3 和胺类）存在。

（3）用食管供给营养可能会导致唾液的流失，而唾液中含有丰富的 NaCl，唾液损失几天后发生低钠血症和低氯血症性的代谢性碱中毒。

（4）耐力运动的马匹因过度疲劳会产生轻度的低氯化物代谢性碱中毒。

（5）一种羊的丽蝇（铜绿蝇）产生大量的 NH_3，导致感染动物发生高氨血症和代谢性碱中毒。

5. 低氯化物代谢性碱中毒的电解质模式：

（1）血浆 HCO_3^- 或血清 T_{CO_2} 浓度增加。

（2）血浆或血清 Cl^- 浓度减少。

（3）如果存在低钠血症，选择性的低氯血症可以通过 Na^+ 与 Cl^- 差值增加或低 $Cl^-_{(cor)}$ 来识别。

六、混合性代谢性酸中毒与碱中毒

混合性代谢性酸中毒与碱中毒见病例 22、24。

1. 实验室检查结果（图 5.2）。

（1）血浆 HCO_3^- 或血清 T_{CO_2} 的浓度接近或在参考区间内。

（2）降低血清 Cl^- 浓度。

（3）如果低钠血症存在，可以通过 Na^+ 与 Cl^- 差值的增加或 $Cl^-_{(cor)}$ 减少来识别选择性的低氯血症。

（4）很高的阴离子间隙。仅测量血气或 T_{CO_2} 永远无法检测出混合性的代谢性碱中毒和酸中毒；高阴离子间隙是一个重要的指标。

2. 混合性代谢性酸中毒和碱中毒的机制和原因。

（1）HCl 丢失可能导致碱中毒和低血容量休克。休克产生的乳酸可以滴定代谢性碱中毒增加的 HCO_3^-。HCO_3^- 下降可能接近参考区间内，但是 Cl^- 浓度仍然很低而阴离子间隙却非常高。

（2）某些条件下滴定性酸中毒可能引起呕吐（如糖尿病酮症酸中毒、肾脏功能障碍）。呕吐导致 HCO_3^- 由原来的极低浓度开始增加。血清 Cl^- 浓度很低，阴离子间隙非常高（通常大于 30mmol/ L）。

（3）补充低 Cl^- 浓度的液体增加细胞外液容量能纠正酸中毒，但不能纠正碱中毒，因此，液体治疗时应包含充足的 Cl^- 和 K^+，从而二者都得到纠正。

第六节 呼吸功能障碍

血气分析是一种相对不敏感的肺功能测量方法，应该作为一种体格检查、放射学和其他诊断方法的辅助检查。动脉 P_{O_2} 和 P_{CO_2} 有助于评估呼吸系统疾病的严重程度和监测麻醉时的呼吸状态。区别于代谢性酸碱紊乱的代偿，病理状态下（呼吸性酸碱失衡）P_{CO_2} 的变化只能通过完整的血气分析和电解质情况来评估。

一、动脉 P_{O_2}

1. P_{O_2} 是肺内气体交换的量度。

（1）在健康状态下，肺区域的空气分布与区域的血液流动相平衡。

（2）O_2 在穿过肺泡毛细血管屏障上的扩散程度几乎是 CO_2 的 20 倍。许多肺内病变可在不改变 CO_2 交换的情况下产生低氧血症。

2. 导致低氧血症和补充过度通气的条件（低 P_{O_2} 可伴随着正常的 P_{CO_2} 或低 P_{CO_2}，呼吸性碱中毒）是机体气体交换减少而 CO_2 的持续交换（病例 24）。包括以下几点：

（1）灌注/扩散异常，包括许多肺炎、肺水肿和肺血栓形成。

（2）肺泡膜增厚、肺纤维化和肺水肿引起的肺内气体弥散较少。

3. 降低肺泡通气伴随着 P_{CO_2} 增加的同时导致低氧血症（低氧血症和呼吸性酸中毒）（表 5.4）。

表 5.4　与低氧血症有关的低通气疾病和高碳酸血症（低 P_{O_2}、高 P_{CO_2}）和呼吸性酸中毒

神经支配异常
麻醉
镇静
头部外伤
呼吸肌或机能障碍
气胸
胸腔积液
伊维菌素中毒（特别是在柯利牧羊犬和苏格兰牧羊犬）
猎浣熊犬麻痹性肌肉无力
重症肌无力
神经毒素（肉毒素中毒、破伤风）
麻痹药物（琥珀酰胆碱）
上呼吸道阻塞
犊牛白喉
气管塌陷
喉水肿或挤压
肺异常
肺炎（重度的）
肺水肿（重度的）
慢性阻塞性肺疾病
* 较轻的肺炎及肺水肿可导致低氧血症，但不会引起呼吸酸中毒

二、动脉 P_{CO_2}

1. 动脉 P_{CO_2} 是测量肺泡通气的方法。

（1）健康条件下，P_{CO_2} 总是受到神经控制。

（2）在慢性低氧血症中，主动脉弓和颈动脉窦对总氧含量做出反应，并且成为呼吸的主要控制者。

（3）如上所述 P_{CO_2} 正常的低氧血症，肺脏通气区域可以代偿肺气体交换条件差的区域。

2. 呼吸性酸中毒。

（1）高碳酸血症（碳酸过多），P_{CO_2} 在上述的参考区间，表示换气不足。

（2）当中枢神经紊乱时会出现肺换气不足，肺呼吸机能障碍和严重的肺异常（表 5.4）。

（3）引起呼吸性酸中毒的疾病也会产生低氧血症，因为 O_2 的交换相对 CO_2 而言总是不足。

(4) 由于血氧的不足，代谢性碱中毒时由呼吸代偿形成的高碳酸血症也减弱了。

3. 呼吸性碱中毒。

(1) 低碳酸血症，P_{CO_2}在参考区间以下，表示通气过度。通常与改变呼吸控制有关（表 5.5）。

(2) 生理（如热控制）或病理（如肝性脑病）刺激影响呼吸中枢（病例 12）。

(3) 肺部病变（如肺炎）可能产生低氧血症和低碳酸血症，除非弥漫性、严重肺损伤可防止肺泡通气量。

表 5.5 换气过度产生低碳酸血症、低 P_{CO_2} 和呼吸性碱中毒的原因

呼吸控制改变
抽搐
恐惧和焦虑（喘气）
发热
热应激
肝性脑病
低氧血症
低血压
肺血管分流术
肺纤维化
肺炎
肺水肿
医源性原因
人工呼吸
代谢性酸中毒的快速纠正

4. 混合性呼吸和代谢酸碱紊乱。

(1) 实验室结果表明这种混合障碍的是：

①缺乏预期的补偿（如 P_{CO_2} 正常而 HCO_3^- 异常或 P_{CO_2} 异常而正常 HCO_3^- 正常）（病例 24）。

②P_{CO_2} 和 HCO_3^- 变化同时产生酸中毒和碱中毒（如低 P_{CO_2}、高 HCO_3^- 或高 P_{CO_2} 而低 HCO_3^-）。

(2) 血液 pH 异常发生后几分钟内即可发生呼吸代偿。在短期和长期的代谢紊乱中都存在。

(3) 在出现呼吸障碍后，代谢补偿可能会延迟几天。急性呼吸条件下在 3～4d 后可能需要重新评估，以确定是否补偿已经发生。

(4) 混合障碍可能导致严重的血液 pH 异常，治疗应该将血 pH 恢复到参考区间。

参考文献

Ash R A，Harvey A M，Tasker S：2005. Primary hyperaldosteronism in the cat：A series of 13 cases. *J Fel Med Surg* 7：173-182.

Bissett S A，Lamb M，Ward C R：2001. Hyponatremia and hyperkalemia associated with peritoneal effusion in four cats. *J Am Vet Med Assoc* 218：1590-1592.

Bleul U，Schwantag S，Stocker H，et al：2006. Floppy kid syndrome caused by D-lactic acidosis in goat kids. *J Vet Intern Med* 20：1003-1008.

Boag A K，Coe R J，Martinez T A，et al：2005. Acid-base and electrolyte abnormalities in dogs with gastrointestinal foreign bodies. *J Vet Intern Med* 19：816-821.

Collins N D，LeRoy B E，Vap L：1998. Artifactually increased serum bicarbonate values in two horses and a calf with severe rhabdomyolysis. *Vet Clin Pathol* 27：85-90.

Constable P D：2000. Clinical assessment of acid-base status：Comparison of the Henderson -Hallelbalch and strong ion approaches. *Vet Clin Pathol* 29：115-128.

Davies D R，Foster S F，Hopper B J，et al：2008. Hypokalaemic paresis，hypertension，alkalosis and adrenal-dependent hyperadrenocorticism in a dog. *Aust Vet J* 86：139-146.

Desmarchelie M，Lair S，Dunn M，et al：2008. Primary hyperaldosteronism in a domestic ferret with an adrenocortical adenoma. *J Am Vet Med Assoc* 233：1297-1301.

DiBartola S：2006. Fluid Therapy in Small Animal Practice. 3rd ed. Saunders Elsevier，St. Louis.

Durocher L L，Hinchcliff K W，DiBartola S P，et al：2008. Acid-base and hormonal abnormalities in dogs with naturally occurring diabetes mellitus. *J Am Vet Med Assoc* 232：1310-1320.

Flaminio M J，Rush B R：1998. Fluid and electrolyte balance in endurance horses. *Vet Clin North Am Equine Pract* 14：147-158.

Goff J P：2000. Pathophysiology of calcium and phosphorus disorders. *Vet Clin North Am Equine Pract* 16：319-337.

Grosenbaugh D A，Gadawski J E，Muir W W：1998. Evaluation of a portable clinical analyzer in a veterinary hospital setting. *J Am Vet Med Assoc* 213：691-694.

Grove-White D H，Michell A R：2001. Comparison of the measurement of total carbon dioxide and strong ion difference for the evaluation of metabolic acidosis indiarrhoeic calves. *Vet Rec* 148：365-370.

Heath S E，Peter A T，Janovitz E B，et al：1995. Ependymoma of the neurohypophysis and hypernatremia in a horse. *J Am Vet Med Assoc* 207：738-741.

Hinchcliff K W，Reinhart G A，Burr J R，et al：1997. Exercise-associated hyponatremia in Alaskan sled dogs：Urinary and hormonal responses. *J Appl Physiol* 83：824-829.

Hood V L，Tannen R L：1998. Protection of acid-base balance by pH regulation of acid production. *N Engl J Med* 339：819-826.

Kang J H，Chang D，Lee Y W，et al：2007. Adipsic hypernatremia in a dog with antithyroid antibodies in cerebrospinal fluid and serum. *J Vet Med Sci* 69：751-754.

Looney A L，Ludders J，Erb H N，et al：1998. Use of a handheld device for analysis of blood electrolyte concentrations and blood gas partial pressures in dogs and horses. *J Am Vet Med Assoc* 213：526-530.

Lorenz I：2009. D-lactic acidosis in calves. *Vet J* 179：197- 203.

Lorenz I，Lorch A：2009. D-lactic acidosis in lambs. *Vet Rec* 164：174-175.

Matthews N S，Hartke S，Allen J C：2003. An evaluation of pulse oximeters in dogs，cats and horses. *Vet Anaesth Analgesia* 30：3-14.

McCutcheon L J，Geor R J：1996. Sweat fluid and ion losses in horses during training and competition in cool vs. hot ambient conditions：Implications for ion supplementation. *Equine Vet J Suppl* 54-62.

Ohtsuka H，Ohki K，Tajima M，et al：1997. Evaluation of blood acid-base balance after experimentaladministration of endotoxin in adult cow. *J Vet Med Sci* 59：483-485.

Ozaki J，Tanimoto N，Kuse H，et al：2000. Comparison of arterial blood gases and acid-base balance in young and aged beagle dogs，with regard to postprandial alkaline tide. *J Toxicol Sci* 25：205-211.

Packer R A，Cohn L A，Wohlstadter D R，et al：2005. D-lactic acidosis secondary to exocrine pancreatic insufficiency in a cat. *J Vet Intern Med* 19：106-110.

Paulson W D：1996. Effect of acute pH change on serum anion gap. *J Am Soc Nephrol* 7：357-363.

Picandet V，Jeanneret S，Lavoie J P：2007. Effects of syringe type and storage temperature on results of blood gas analysis in arterial blood of horses. *J Vet Intern Med* 21：476-481.

Rose R J，Bloomberg M S：1989. Responses to sprint exercise in the greyhound：effects on haematology，serum biochemistry and muscle metabolites. *Res Vet Sci* 47：212-218.

Roth L，Tyler R D：1999. Evaluation of low sodium：potassium ratios in dogs. *J Vet Diagn Invest* 11：60-64.

Roussel A J，Cohen N D，Holland P S，et al：1998. Alterations in acid-base balance and serum electrolyte concentrations in cattle：632 cases（1984-1994）. *J Am Vet Med Assoc* 212：1769-1775.

Rubin S I，Toolan L，Halperin M L：1998. Trimethoprim-induced exacerbation of hyperkalemia in a dog with hypoadrenocorticism. *J Vet Intern Med* 12：186-188.

Sattler N，Fecteau G，Girard C，et al：1998. Description of 14 cases of bovine hypokalaemia syndrome. *Vet Rec* 143：503-507.

Schaafsma I A，van Emst M G，Kooistra H S，et al：2002. Exercise-induced hyperkalemia in hypothyroid dogs. *Domest Anim Endocrinol* 22：113-125.

Schaer M，Halling K B，Collins K E，et al：2001. Combined hyponatremia and hyperkalemia mimicking acute hypoadrenocorticism in three pregnant dogs. *J Am Vet Med Assoc* 218：897-899.

Taylor S M，Shmon C L，Adams V J，et al：2009. Evaluations of Labrador retrievers with exercise-induced collapse，including response to a standardized strenuous exercise protocol. *J Am Anim Hosp Assoc* 45：3-13.

Uystepruyst C H，Coghe J，Bureau F，et al：2000. Evaluation of accuracy of pulse oximetry in newborn calves. *Vet J* 159：71-76.

Verwaerde P，Malet C，Lagente M，et al：2002. The accuracy of the i-STAT portable analyser for measuring blood gases and pH in whole-blood samples from dogs. *Res Vet* Sci 73：71-75.

Wall R E：2001. Respiratory acid-base disorders. *Vet Clin North Am Small Anim Pract* 31：1355-1367.

第六章　蛋白质、脂质和碳水化合物

Ellen W. Evans，DVM，PhD

第一节　血浆蛋白

一、功能和来源

1. 总的来说，血浆蛋白具有营养、维持胶体渗透压、参与机体免疫/炎症反应和凝血过程的功能，并有助于维持酸碱平衡。个别蛋白质具有酶、抗体、凝血因子、激素、急性期蛋白以及转运物质的作用。血浆蛋白主要在肝脏合成，其次在免疫系统合成。

2. 新鲜血清含有除纤维蛋白原、凝血因子Ⅴ及凝血因子Ⅷ以外，还含有参与凝血的所有血浆蛋白。这些都是凝血块形成过程中消耗的非酶促凝血蛋白。

3. 年龄相关的血浆及血清蛋白浓度的变化可以在哺乳动物和禽类见到。

(1) 哺乳动物的血浆和血清蛋白浓度在出生时低，哺食初乳后增加；1～5 周后由于初乳代谢而下降，而后在 6～12 个月内增加至成年动物的水平。

(2) 成年后，随着时间的推移白蛋白水平略有下降，而球蛋白，特别是免疫球蛋白和急性期蛋白在老年期逐渐增加。在解释测定蛋白的数据时应考虑血浆及血清蛋白随时间变化的情况。

(3) 哺乳动物球蛋白和总血清蛋白的浓度在其最后 1/3 妊娠期内有降低趋势。在分娩之前，球蛋白和总蛋白浓度增加。泌乳期间白蛋白和总蛋白的浓度降低。

(4) 与年龄相关的蛋白质浓度的变化也可见于禽类，但禽类之间存在显著差异。产蛋期间，白蛋白和总蛋白的浓度降低。

(5) 与年龄相关的参考区间是解释蛋白质数据的理想选择，但很少有可用的数据。

4. 白蛋白占家畜总血清蛋白浓度的 35%～50%。

(1) 白蛋白由肝脏合成，受 IL-1 和其他细胞因子调节。

(2) 白蛋白的更新和动物体型之间存在直接的相关性。犬白蛋白的半衰期是 8d，马的是 19d。

(3) 由于其含量多且体积小，白蛋白占血浆胶体渗透活性的 75%。

(4) 血浆中许多成分是由白蛋白转运的，因而白蛋白的变化会影响这些成分的总循环量。

(5) 白蛋白抑制血小板聚集并增强抗凝血酶Ⅲ的活性；因此，严重的低血浆白蛋白可能有血栓形成的倾向。

(6) 白蛋白在急性期反应中降低。

5. 通过电泳可将球蛋白分为 α 球蛋白、β 球蛋白和 γ 球蛋白（图 6.1）。

(1) α 球蛋白、β 球蛋白。

①大多数 α 球蛋白、β 球蛋白由肝脏合成。

②脂蛋白和急性期炎性蛋白是 α 球蛋白、β 球蛋白。

③一些免疫球蛋白（IgM、IgA）可能从 γ 区延伸至血清蛋白电泳图的 β 区。

(2) γ 球蛋白。

①大部分免疫球蛋白在血清蛋白电泳图的 γ 区迁移。

②免疫球蛋白可由许多组织中的 B 淋巴细胞和浆细胞分泌，特别是在淋巴器官中。

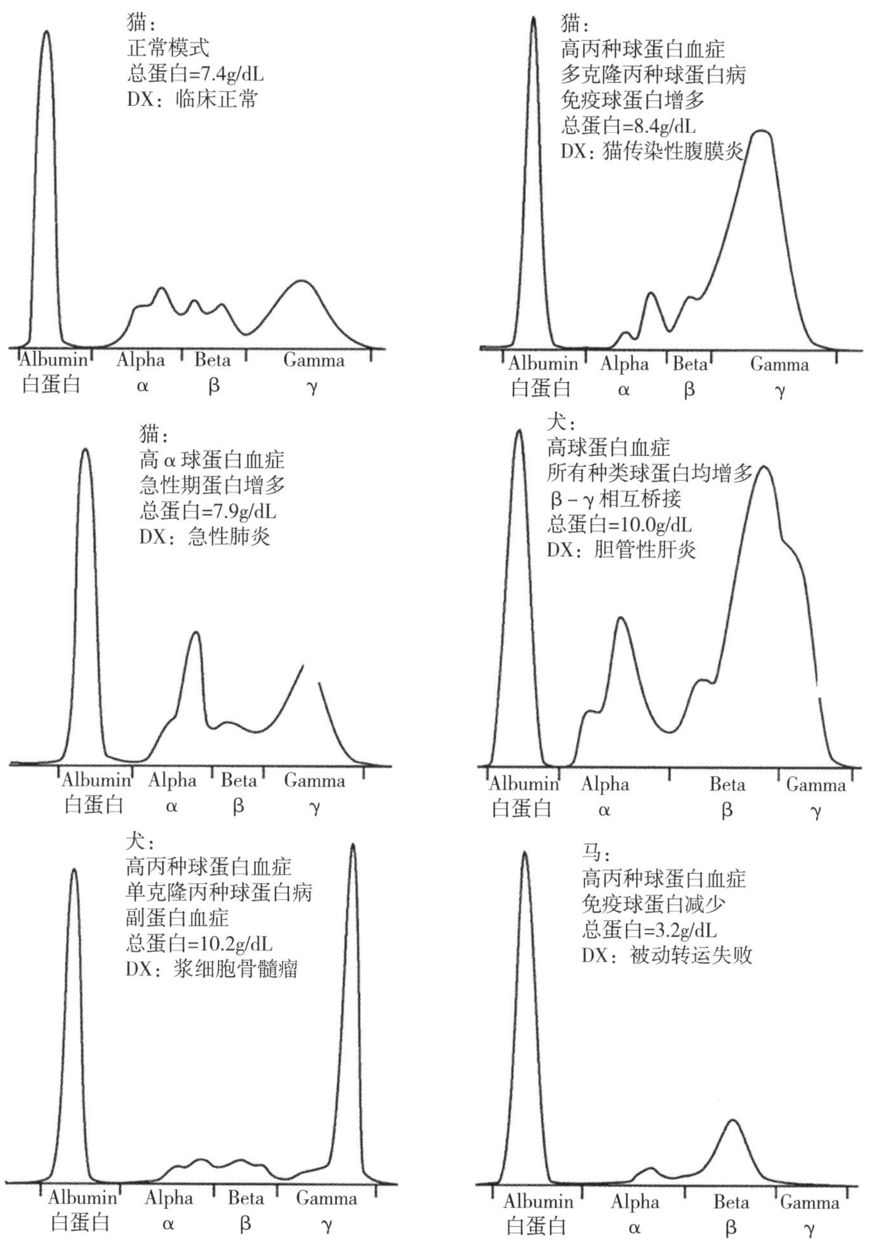

图 6.1　正常和异常血清电泳分析

二、测定方法

(一) 总蛋白

1. “总蛋白”通常作为血清蛋白来测定。

2. 双缩脲法是一种比色分光光度技术，可检测肽键。该方法对蛋白质的测定具特异性。

(1) 这种测定技术的精确范围是 1～10g/dL，通常包括血浆、血清或体腔液中蛋白质。

(2) 用双缩脲法不能准确测定浓度低于 1g/dL 的蛋白质。

(3) 多种物种，特别是禽类的蛋白质值依据双缩脲法中使用的蛋白标准而变化。因此，进行蛋白测定的实验室应该建立物种特异性的蛋白质值参考范围。

3. Lowry（福林-乔高特苯酚）和改良的 Lowry（二喹啉甲酸或 BCA）法是稀释液［如尿液和脑脊液（cerebrospinal fluid，CSF）］测定蛋白质的首选比色法。该测定法可检测少量蛋白质中的酪氨酸和色氨酸（氨基酸）。

4. 沉淀（三氯乙酸、磺基水杨酸、卡索氯铵）和染料结合（考马斯亮蓝 GR230）法也被用来定量检测尿液和脑脊液中的少量蛋白质。

（1）用沉淀法测定浓度在 2～200mg/dL 范围内的蛋白质是准确的。

（2）考马斯亮蓝-染料结合法对浓度范围在 10～100mg/dL 的蛋白质测定是准确的。虽然这种方法对球蛋白的评估不足，但这不是该方法的严重缺陷，因为白蛋白通常是脑脊液和尿液中的主要蛋白。

（3）可用不同的标准来改变白蛋白与球蛋白的比例并克服上述问题。

5. 折射测量法可用于测定血浆、血清或体腔液蛋白。

（1）样本折射率的变化与蛋白质浓度成正比。

（2）将温度补偿的手持式折光仪校准到 g/dL 可直接读取蛋白质值。一般该方法对血浆、血清和体腔液中蛋白质浓度的测定是准确的。

（3）假定血浆和血清中的其他溶质在样品之间保持恒定且在参考范围内。

①异常高浓度的葡萄糖、尿素、钠或氯化物可能导致错误的高蛋白读数。

②脂血可改变透过标本的光透射率，使界线模糊，导致错误的高蛋白读数。

（4）血清、血浆和体腔液体必须透明，以保证准确测定蛋白质浓度。

①溶血可能导致蛋白质浓度轻度升高。

②脂血或细胞混浊可能导致错误的高蛋白读数。

③黄疸能改变标本的颜色，但不会改变读数。

（5）折射测量法不是测量禽类总蛋白的准确方法，优先选择双缩脲法。作为一般指导原则，禽类之间的差异决定了在使用该方法测定禽类总蛋白之前应该用其他蛋白质的测定方法验证折射率值。

（二）白蛋白

1. 大多数兽医实验室使用溴甲酚绿（BCG）染料结合法定量测定白蛋白。

（1）由于 BCG 可结合其他蛋白质，因此低白蛋白浓度测定时会产生错误的高蛋白质值。在白蛋白浓度非常高的情况下测定结果也会不准确，这种情况在临床上很少遇到。

（2）抗惊厥药和某些抗生素可与白蛋白竞争结合 BCG。BCG 染料的颜色偏差与白蛋白引起的色偏差不同，可能导致错误的低蛋白值读数。

（3）物种之间存在染料结合的变异性。

①犬和猫的白蛋白与 BGC 的亲和力较低，导致错误的低蛋白值读数。但是猫白蛋白显示出比犬白蛋白较少的 BCG 结合变异性。

②牛和马的白蛋白易与 BCG 结合，产生错误的高蛋白值读数。

③禽白蛋白对 BCG 的亲和力低。除非禽类标准可用于 BCG 技术（大多数实验室检测使用牛血清白蛋白作为标准），否则血清或血浆蛋白电泳是测定禽类白蛋白的首选方法。

④使用物种特异性标准可以在一定程度上克服 BCG 技术中的一些缺陷。

⑤当使用肝素抗凝血浆而不是血清进行分析时，可能高估白蛋白的浓度。

2. 用溴甲酚紫可准确测定人体样本中白蛋白的浓度，但不能准确测定动物标本中白蛋白的浓度。

3. 如果染料结合技术测定蛋白质浓度的结果不能令人满意，血清蛋白电泳则为另一种准确定量白蛋白的方法。

（三）球蛋白

1. 常规生化指标中球蛋白的浓度通常按下列公式计算：

总蛋白（g/dL）－白蛋白（g/dL）＝球蛋白（g/dL）

2. 球蛋白和白蛋白可以通过血清电泳分离并直接定量（图 6.1）。

（1）多种球蛋白组分的重叠以及物种之间正常模式和峰数量的差异可能会使一些蛋白质组分之间的分界线模糊不清。

（2）电泳图谱的中点一般位于 α_2 峰 和 β_1峰之间。

（3）在同一仪器上运行并比较病畜的电泳图和正常动物的电泳图往往有利于解释后续的电泳结果。

（4）对于哺乳动物而言，电泳图中的焦点是白蛋白峰，并且蛋白组分的鉴定基于白蛋白的迁移距离。对于禽类，电泳图中存在大量的物种变异性，并且已经提出鉴定蛋白组分时也应该考虑纤维蛋白原峰的识别。样品质量（脂血、溶血）和储存条件通常会改变测定结果。

3. 免疫组化和放射免疫学方法允许对个别球蛋白进行特异性鉴定和定量。

4. 几种筛选实验可用于检测马驹和犊牛体内初乳抗体被动转移失败。

（1）出生 24～48h 后血清 IgG 的浓度低于 200 mg/dL，可确定为被动转移失败；而血清 IgG 的浓度值低于 200～400 mg/dL 则表明被动转移部分失败。血清 IgG 的浓度值大于 800 mg/dL 代表机体得到充分的保护。

（2）用于测定上述动物体内最小浓度 IgG 的筛选试验如下：

①硫酸锌浊度测试。

②乳胶凝集试验。

③戊二醛凝固试验。

④膜过滤和试纸酶联免疫分析（ELISA）测试。

5. 新生幼畜中超过 5g/dL 的折射血清总蛋白值已用于表示初乳中免疫球蛋白的吸收。然而，假阴性结果限制了该方法的有效性。

（四）白蛋白/球蛋白（A/G）

比率通过数学方法计算。这个计算值已用来辅助解释总蛋白值。

1. 如果白蛋白和球蛋白均匀变化，则 A/G 的比值将保持在参考范围内。见以下示例：

（1）出血时白蛋白和球蛋白丢失。

（2）脱水时白蛋白和球蛋白浓度增加。

2. 如果其中的一个数值变化占主导，那么 A/G 的比值就会发生异常。

（1）抗原刺激后肾脏蛋白尿和/或免疫球蛋白的产生导致 A/G 的比值降低。

（2）成年动物免疫球蛋白缺乏或马驹和犊牛初乳吸收缺乏导致 A/G 的比值增高。

（五）纤维蛋白原

1. 纤维蛋白原的浓度可通过两个离心的微量血细胞比容管的折射测量间接测定。

（1）用第一管测量血浆蛋白浓度，将第二个微量血细胞比容管在 56℃加热 10min，并通过热变性使纤维蛋白原沉淀。重新离心后，再次测定血浆蛋白质的浓度。

（2）假定两个读数之间的绝对差代表纤维蛋白原浓度（mg/dL）。

（3）这个粗略的过程可以检测到参考范围内或高纤维蛋白原血症存在情况下纤维蛋白原的浓度，但用于检测低纤维蛋白原血症是不敏感的。

2. 用其他方法更准确地定量纤维蛋白原是必要的，特别是鉴别低纤维蛋白原血症或正常的纤维蛋白原血症。

（1）凝血酶凝血时间的测定。仪器测定后进行凝血酶时间比较（快速形成标准曲线）以确定纤维蛋白原的浓度（mg/dL）。

（2）用自动化方法直接测定纤维蛋白原。

（六）急性期蛋白质方法

包括免疫比浊法、免疫印迹法、浊度免疫测定法、乳胶凝集法、ELISA 法、放射免疫测定法，并且就触珠蛋白来说，可采用触珠蛋白-血红蛋白结合法和毛细管电泳法。已经开发出自动分光光度法并用于检测急性期蛋白质。用于人类样品检测的试剂和诊断试剂盒是最容易获得的，而且许多试剂在不同物种间存在交叉反应。然而，重要的是要确保所使用的特定检测方法适合于所检测的物种。

三、蛋白异常（异常脂蛋白血症）

（一）高蛋白血症

1. 相对（脱水）（病例 6、9、14、18、22）。

（1）失水导致所有血浆蛋白浓度成比例升高，A/G 在参考范围内。

（2）脱水仅基于临床发现。一旦知道动物的水合状态，就可以通过测定蛋白质浓度来监测日常的变化（比用于此目的的血细胞比容更好）。然而，如果体液丢失的量很小，蛋白质浓度和血细胞比容都不是可靠的指标。

2. 高蛋白血症代表脱水后白蛋白浓度的相对增加。也可能并发明显的高球蛋白血症。罕见白蛋白浓度的绝对增加。

3. 高纤维蛋白原血症通常发生于炎症或肿瘤性疾病（病例 6、21），因为纤维蛋白原是急性期反应物。

（1）用常规生化指标没有检测到高纤维蛋白血症是因为一般用血清来代替血浆进行评估。

（2）在牛、羊和马的早期炎症中高纤维蛋白原血症是一个特别有用的指标，并且可能在中性粒细胞增多或其他明显的白血像变化之前。也可能在没有白细胞像变化的情况下发生，特别是牛。

（3）通过计算血浆蛋白与纤维蛋白原的比值（PP/F），如 PP＝8.4g/dL，F＝600mg/dL，PP/F＝8.4/0.6＝14，可知脱水引起纤维蛋白原浓度相对升高有别于真正的高纤维蛋白血症。

（1）PP/F 大于 15 与脱水或正常纤维蛋白原血症时的比值相一致（正常的纤维蛋白原浓度）。

（2）PP/F 低于 10 与真正的高纤维蛋白原血症的情况相一致。

（3）通过热沉淀方法确定纤维蛋白原浓度精确性不高，会对 PP/F 产生不利影响，限制了其有用性。

4. 高球蛋白血症。

（1）球蛋白的浓度随着感染和炎症而增加，并在妊娠期接近上限。禽类的球蛋白在产蛋前增加。

（2）急性期蛋白导致球蛋白浓度轻度增加。

①大多数急性期蛋白是 α 球蛋白，但有一些是 β 球蛋白（图 6.1）。

②在急性组织损伤（如炎症、坏死、手术、感染、肿瘤、免疫介导的过程等）后 24h 内肝内合成正急性期蛋白质，并且在雌二醇、物理应力或给予皮质类固醇后也会产生急性期蛋白。肝外也会产生急性期蛋白。

③IL-1β、IL-6 和 TNF 刺激急性期蛋白合成，主要由损伤部位的巨噬细胞释放，但也可以由其他细胞释放。

④急性期蛋白在免疫反应中发挥作用，对炎症反应过程中产生的氧化应激起到保护作用，并且具有抗感染特性。急性期蛋白的这些功能通常会提高生存率。

⑤急性期蛋白的检测有助于组织损伤的早期诊断、监测治疗反应以及对组织损伤或炎症采取有效的解决方案。在识别炎症反应方面，急性期蛋白通常比白细胞计数更敏感。急性期蛋白的高测定值通常与疾病的严重程度相关，但不一定能预测疾病的最终结局。尽管采取治疗措施，快速反应急性期蛋白的持续高测定值表明预后较差。

⑥虽然在多种肿瘤中急性期蛋白的测定值通常会升高，但在淋巴瘤或具有严重炎性反应的肿瘤存在的情况下急性期蛋白的测定值更有可能升高。急性期蛋白值与化疗或复发的反应并不一定相关。

⑦除了纤维蛋白原和白蛋白之外，急性期蛋白的测定在临床上并不普遍，但随着检测变得更加容易，对急性期蛋白的检测具有更多的实用性。大多数情况下，在筛选急性相反应方面，急性期蛋白的

测定与 A/G 降低相比，其优势不大。但是测定特定正急性期蛋白的应用不断增多。

⑧急性期反应，特别是哪种蛋白质占主导地位及其增加的幅度因物种和病因而异。对于所有物种急性期蛋白升高的模式及诱因还不清楚。通过检测多个急性期蛋白和多个时间点取样可以提高对急性期反应的识别和监测。在炎症或感染过程中，急性期蛋白的浓度可能升高（正急性期蛋白）或降低（负急性期蛋白）。

⑨虽然急性期蛋白可用于筛选炎症过程和肿瘤，但它们在机制方面并不特异，并且在正常生理过程（如妊娠、围产期、分娩、简单手术）和牛肝脏脂肪沉积时升高。

⑩一些浓度升高的急性期蛋白（触珠蛋白、血浆铜蓝蛋白、纤维蛋白原等）已被提议作为犬妊娠的诊断手段，但必须注意排除混杂因素的炎症状况，并在犬交配后以精确的时间间隔采集样品。

⑪急性期快速反应蛋白迅速增加（24h 内），而且半衰期相对较短。这些快速反应蛋白包括血清淀粉样蛋白 A 和 C 反应蛋白。在炎症反应后期（48h 内或以后）第二组急性期蛋白浓度持续升高达两周之久。炎症晚期的反应蛋白有触珠蛋白、纤维蛋白原和 LPS 结合蛋白。对至少一个快速反应蛋白和后期反应蛋白的测定可提高检测急性期反应和监测疾病进展的能力。

⑫急性期指数（acute phase index，API）计算的应用提高了测定急性期反应蛋白的灵敏度，并已被用于研究环境中，特别是在评估牧群健康方面。急性期指数的计算是用快速反应正急性期蛋白与晚期反应正急性期蛋白测定值的乘积除以一个或两个（一个快速反应期和一个晚期）负急性期蛋白产物 。所使用的急性期蛋白应该适合所涉及的物种。

⑬可以测定局部（脑脊液、腹水、关节液等）的急性期蛋白，以帮助对炎状况症诊断。

⑭血清淀粉样蛋白 A 具有最大的物种交叉效用。另外，对于犬可测定 C 反应蛋白；对于犬和猫，测定 α_1-酸性糖蛋白也特别有用；触珠蛋白是反刍动物和马的敏感指标。主要的急性期蛋白如触珠蛋白和 C 反应蛋白一般在猪体反应强烈，而 α_1-酸性糖蛋白在评估禽类急性期反应具有效用。

⑮唾液可作为评估急性期蛋白的血液替代物。

⑯主要的正急性期蛋白质包括：

A. 纤维蛋白原已经被用作许多动物的炎症指标，特别是用于马和牛。

B. 某些凝血蛋白（凝血因子Ⅴ、凝血因子Ⅷ和纤维蛋白原）。这些非酶促因子的增加可能加速止血。

C. C 反应蛋白（CRP 是犬、马和猪的主要反应蛋白）。4h 内反应明显，24h 后达到峰值，并且在消除损伤因素后立即恢复到基线。CRP 可能是监测急性胰腺炎恢复的一个有用参数。

D. 血清淀粉样蛋白 A（SAA，可用于禽、牛、猫、犬、猪、绵羊、山羊和马）可能增加反应性或遗传性系统性淀粉样变性。SAA 被认为比纤维蛋白原更有用，因为 SAA 的增加比纤维蛋白原更快，并且增加的幅度更大。在评估患有胰腺炎的猫的治疗反应时，监测 SAA 要是比监测猫胰蛋白酶样免疫反应性（fTLI）更敏感的手段。

E. 触珠蛋白（Hp，用于牛、猪、马、猫、犬、绵羊和山羊）比纤维蛋白原更敏感。这种蛋白与游离血红蛋白结合，并且在血管内溶血时减少。无论基础性疾病，还是自然发生的肾上腺皮质功能亢进导致皮质类固醇类药物的应用均会导致触珠蛋白升高。各种疾病中的糖基化存在差异，这对于鉴别诊断具有潜在的实用价值。

F. 血浆铜蓝蛋白，是一种铜转运蛋白（Cp：用于牛、马、禽以及犬的妊娠诊断）。

G. 补充成分，尤其是 C3。

H. α_1-酸性糖蛋白（AGP），也称为酸溶性糖蛋白（鸡、牛、山羊、绵羊、犬和猫）。AGP 也可以由淋巴细胞产生，并且在患有淋巴瘤时血清浓度较高。已证明在其他肿瘤存在的情况下可检测到高血清浓度的 AGP。高浓度的 AGP 也已被证明在猫传染性腹膜炎（FIP）的诊断中具有特别的效用，并且可以通过血清和腹水测定。AGP 糖基化的程度和性质有望应用于疾病状态和特定感染的鉴别诊断，特别是活动性 FIP 感染。

I. α_1 抗胰蛋白酶，是一种蛋白酶抑制剂，就其在家畜中的有用性而言，文献报道不一致。

J. 除啮齿动物以外，α_2 巨球蛋白在家畜中的应用有限。

K. 主要急性期蛋白，也称为“猪主要急性蛋白”（MAP，猪）。

L. TNF-α（猫）。

M. 卵转铁蛋白（禽）。

N. LPS 结合蛋白（LBP，牛感染的鉴定）。

O. 铁调素。

P. 唾液酸，虽然不是急性期蛋白，但已经被做为急性期反应的指标进行测定。其浓度升高被认为是继发于 α_1 酸性糖蛋白的唾液酸化作用增加或由受损细胞膜脱落。

⑰主要的负急性期蛋白有白蛋白；转铁蛋白、铁转运蛋白（Tf，牛、猪）；转甲状腺素蛋白（TTR，前白蛋白）；α_2 巨球蛋白（牛）；视网膜结合蛋白；皮质醇结合蛋白；α_1 载脂蛋白。

（3）发生肾病综合征时，血清蛋白电泳显示低密度脂蛋白（LDL，β脂蛋白）、VLDL（前β脂蛋白）和 α_2 巨球蛋白增加导致血清 α_2 球蛋白升高。

（4）急性肝病时转铁蛋白、IgM、血红素结合蛋白和/或补体（C3）增加，血清电泳图显示血清β-球蛋白增加。

（5）急性期蛋白，特别是对触珠蛋白的测定，可用来评估不同饲养阶段的畜群健康状况和猪群的应激水平。

（6）与其他品种相比，健康猎犬的血清电泳图谱上 α 球蛋白峰较低，可能是由于触珠蛋白和 α_1 酸性糖蛋白浓度较低所致。

（7）血清电泳图显示免疫球蛋白（慢性期蛋白）可引起上球蛋白组分显着增加。

①免疫球蛋白位于血清电泳图的 β 和 γ 区（图 6.1）。

②β 球蛋白浓度选择性增加很少见，通常与其他球蛋白浓度增加有关。

③血清电泳图中 β 和 α 区的桥接提示慢性活动性肝炎。

④多克隆丙种球蛋白病的特点是球蛋白片段增多，即电泳图显示多种免疫球蛋白混杂形成基部宽阔的电泳峰。

A. 蛋白浓度升高通常涉及 γ 球蛋白区，但可能延伸到 β 区，尤其是在 IgM 应答显著的时期。

B. 多克隆丙种球蛋白病与炎性疾病、免疫介导疾病和肝脏疾病中发生的慢性抗原刺激有关（病例 7、8、9、11）。

⑤单克隆丙种球蛋白病（异常蛋白血症）的特征是球蛋白片段增加，蛋白电泳图显示其形成不宽于白蛋白峰的基部狭窄电泳峰（图 6.1）。

A. 单克隆峰或峰尖由 B 淋巴细胞或浆细胞的单个克隆产生的均匀的免疫球蛋白分子形成。

B. 单克隆峰可能位于 γ 球蛋白、β 球蛋白或 α 球蛋白区域。

C. 单克隆丙种球蛋白病最常见于淋巴肿瘤，包括浆细胞骨髓瘤、淋巴瘤、慢性淋巴细胞性白血病和巨球蛋白血症。单克隆丙种球蛋白病偶尔可见于非肿瘤性疾病，如犬淀粉样变性、犬埃立克体病、犬内脏利什曼病、猫传染性腹膜炎和浆细胞性胃肠炎；也可发生于先天性、良性单克隆丙种球蛋白病，但很少见。

D. 单克隆丙种球蛋白病可能伴有免疫球蛋白轻链的产生过量。轻链（本斯-琼斯蛋白）由肾脏从血浆快速过滤进入尿液。本斯-琼斯蛋白最好通过浓缩尿液样本的电泳检测。

（8）高球蛋白血症时由于球蛋白，特别是免疫球蛋白合成显著增多导致 A/G 下降，白蛋白的浓度保持在参考范围内或略微降低（可能是通过补偿机制维持血浆渗透压）。

（二）低蛋白血症

1. 相对低蛋白血症可因过量的液体稀释血浆蛋白而发生。这种类型的低蛋白血症可在过度静脉输液时观察；在急性血液或血浆丢失后，间质水分转移到血浆中，偶尔发生于动物妊娠期。

2. 低白蛋白血症。

（1）白蛋白产生减少与妊娠、哺乳、肠道吸收不良、营养不良、肿瘤继发的恶病质、胰腺外分泌功能不全和慢性肝病有关。产蛋是禽类低白蛋白血症的另一个原因。低蛋白血症在患有严重肝脏疾病的马中的变化并不一致；在血清电泳图上的后白蛋白肩膀的出现高度提示该物种患有肝脏疾病。

（2）白蛋白加速流失可发生于出血、肾脏蛋白尿、蛋白质丢失性肠病、严重的渗出性皮肤病、烧伤、肠道寄生虫病和高蛋白积液。

（3）认为肾病综合征伴随低白蛋白血症、氮质血症和高胆固醇血症而发生。

（4）白蛋白在急性组织损伤或炎症中轻度降低。白蛋白轻度降低是一种负急性期反应。这种轻微的白蛋白降低可通过 α 球蛋白和 β 球蛋白组分的正急性期反应物增加而抵消，而且通常不会发生低蛋白血症。

（5）如果发生白蛋白的选择性丢失（如肾小球疾病）或合成不足（如肝功能不全），则 A/G 将降低（病例 13、19）。如果伴有球蛋白丢失或合成失败（如出血、渗出、蛋白丢失性肠病、麻痹），则会发生泛低血蛋白血症，而 A/G 保持在参考范围内（病例 1、16、25）。

3. 低球蛋白血症。

（1）由于初生幼崽的免疫球蛋白水平非常低，加上初乳中球蛋白被动传递失败或未吃上初乳导致其 γ 球蛋白浓度非常低（图 6.1）。

（2）阿拉伯马和其他动物严重的联合免疫缺陷病（severe combined immunodeficiency disease，SCID）是由于不能产生 B 淋巴细胞（合成免疫球蛋白）和 T 淋巴细胞（细胞免疫功能）所致。SCID 的特征是母体初乳抗体分解代谢后出现低浓度的内源性免疫球蛋白以及同时存在血液中淋巴细胞严重减少。

（3）其他以免疫球蛋白缺乏为特征的疾病包括无丙种球蛋白血症，选择性 IgM、IgA 和 IgG 缺乏和暂时性低丙种球蛋白血症。

（4）在上述条件下，球蛋白选择性地减少，A/G 升高。低球蛋白血症时通常观察到 IgG 缺乏，因为正常情况下球蛋白在血清中含量最高。由于 IgA 和 IgM 浓度通常非常低，因此二者缺乏很少引起低球蛋白血症。

（5）在出血、渗出和蛋白质丢失性肠病期间，球蛋白可能与白蛋白同时丢失。此外，严重营养不良、消化不良和吸收不良的蛋白质合成不足可能与低球蛋白血症和低白蛋白血症有关，A 与 G 的比值通常保持在参考范围内。

4. 低纤维蛋白原血症通常由弥散性血管内凝血引起（病例 11）。常规血清蛋白检测，包括热沉淀试验，对于检测血浆中的低纤维蛋白原血症不敏感；凝血酶时间试验是检测低纤维蛋白血症的首选方法。

四、血清或血浆胶体渗透压

（一）生理因素

1. 血清或血浆胶体渗透压由大分子的有效渗透压组成，这是防止流体从血管系统流出的主要力量。

2. 胶体渗透压下降可引起水肿、腹水或胸水，并且导致体内水分总量增加。

3. 在维持机体健康方面，血浆蛋白构成胶体渗透压，白蛋白是胶体渗透压形成的主要成分。球蛋白约占大约 35%（人体的数据）。

4. 给与动物可增加胶体渗透压的合成胶体能比血浆蛋白产生约每单位重量 8 倍的胶体渗透压。

（二）胶体渗透压的测定

1. 胶体渗透压。

（1）胶体渗透压计可以对胶体渗透压进行最准确的评估，尤其是用合成胶体处理过的动物。

（2）胶体渗透压计有两个由半渗透膜隔开的室。血清或血浆置于膜的一侧，盐水置于另一侧。

(3) 盐水侧的压力降低是由于水向试样侧的流动引起的，以毫米汞柱报告压力变化。

(4) 健康动物的胶体渗透压因品种而异，猫的胶体渗透压比犬、马、牛大。胶体渗透压的数值范围从 20～30mmHg*。

(5) 各个实验室应为其分析仪器建立参考范围。

(6) 胶体渗透压计是评估用合成胶体治疗的患者胶体渗透压的唯一方法。

2. 从血清或血浆蛋白浓度评估胶体渗透压。

(1) 蛋白浓度可用于评估胶体渗透压，但不能给出准确的数值。

(2) 蛋白质浓度与胶体渗透压之间的关系是非线性的。已经开发了多元二次方程来计算蛋白质和白蛋白浓度以及 A/G 估算家畜的胶体渗透压。

(3) 由于患病动物血浆蛋白组成以及合成胶体的治疗使用引起胶体渗透压的变化，使得这些复杂的计算用处有限。

五、肌钙蛋白和其他心脏疾病指标

1. 肌钙蛋白是细胞内肌原纤维蛋白，参与钙离子调节的横纹肌收缩。

(1) 有多种亚型。

(2) 用于评估心肌完整性的主要亚型是心肌肌钙蛋白 I 和 T（cTnI 和 cTnT）。

①cTnI 和 cTnT 都具有相当广泛的种间同源性。

②在人类医学中，肌钙蛋白突变与扩张型和肥厚型心肌病有关，而猫 cTnI 基因突变可能在猫的家族性肥厚型心肌病中起作用。

③心肌损伤时，cTnI 和 cTnT 释放到血液中。

④cTnI 在评估心肌损伤方面似乎比 cTnT 更敏感；然而，cTnT 增加与更严重的损伤有关。

⑤cTnI 的幅度增加通常与损伤的严重程度相关。

A. 猫甲状腺功能亢进时较高的 cTnI 值与较高的甲状腺素值相关。

B. 耐力骑乘马的 cTnI 幅度增加与骑行持续时间相关。

C. cTnI 值与心脏受累的严重程度相关，与犬的胃扩张-扭转呈负相关。

⑥cTnI 已经在猫的心源性与非心源性呼吸困难的鉴别诊断中显示出效用。

⑦在没有心脏疾病的情况下，猎犬的 cTnI 值通常比其他品种的犬更高。

2. 心力衰竭的神经反应标志物如利尿钠肽或血管受累如内皮素也被用于确诊心脏疾病或确定心脏病的严重程度，但是对这些指标的检测不太容易得到，并且与肌钙蛋白相比几乎没有优势。

(1) 利钠肽和交感神经系统心血管反应的指示物是心脏损伤的早期响应物，其次是内皮素，表明血管存在病理改变。

(2) β型利钠肽比 cTnI 或心纳素对犬心源性和非心源性呼吸困难的鉴别诊断具有更大的效用。

第二节　血浆脂质

一、类型和来源

1. 血浆中有 5 种主要类型的脂质胆固醇、胆固醇酯、甘油三酯（三酰甘油）、磷脂、非酯化脂肪酸（长链脂肪酸）。

2. 外源性脂质。

(1) 大部分膳食脂质由长链甘油三酯组成，其中胆固醇酯，磷脂和中链甘油三酯的比例较小。

注：mmHg 为毫米汞柱，为非法定计量单位，1mmHg=133.3Pa。

（2）脂质被胰脂肪酶消化成甘油单酯和游离脂肪酸。胆汁酸乳化脂类促进消化。消化后，甘油单酯、游离脂肪酸、胆固醇、胆盐和脂溶性维生素形成微胶粒。这些微胶粒被空肠肠细胞吸收。剩余的胆汁盐和中链脂肪酸可被直接吸收到门静脉血液中。

（3）空肠肠细胞将微胶粒降解成脂肪酸、甘油单酯和胆固醇。随后，由甘油三酯（由甘油和脂肪酸形成）、胆固醇酯、胆固醇、磷脂和载脂蛋白（参与脂质转运的肽）合成乳糜微粒。乳糜微粒分泌到肠道淋巴乳糜管中。

（4）乳糜微粒经胸导管进入血浆。血浆脂蛋白脂酶水解乳糜微粒后，脂肪酸和甘油被吸收，尤其是被脂肪细胞和肝细胞吸收并以甘油三酯形式储存。另外，肝细胞可以氧化某些脂类以获得能量。

3. 内源性脂质（图 6.2）。

（1）大多数脂质附着于载脂蛋白在血浆中运输。这些脂质-肽复合物非常大，并且由数量不同的甘油三酯、胆固醇、胆固醇酯和磷脂组成。它们被称为脂蛋白。

（2）脂蛋白由肝脏和小肠合成并分泌进入血浆中。

（3）内源性脂质的代谢和清除复杂，在大多数物种中没有明显的特征。血液中脂质需要血浆脂蛋白脂肪酶和恰当的细胞受体来清除。

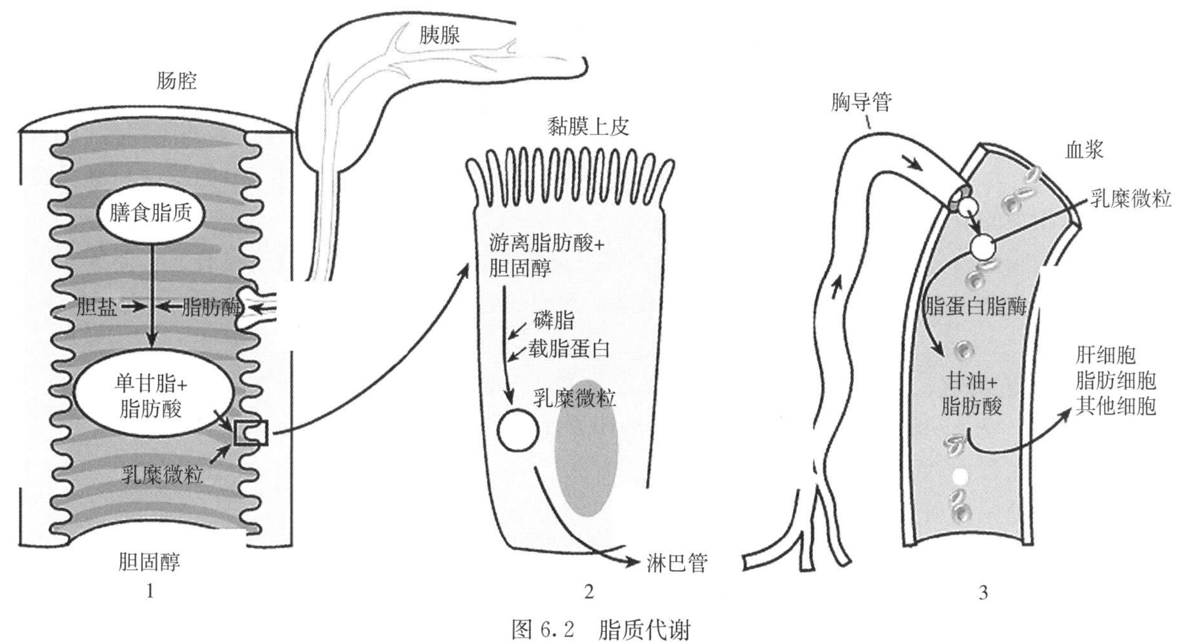

图 6.2 脂质代谢

图 1：摄入的脂肪被胰脂肪酶消化，并被胆盐乳化成单甘油酯和脂肪酸。胶团由单甘酯、脂肪酸和胆固醇形成，并被肠上皮细胞吸收。图 2：胶团在肠上皮细胞中降解，乳糜菌由游离脂肪酸、胆固醇、磷脂和载脂蛋白形成。乳糜微粒被分泌到淋巴管中。图 3：乳糜微粒经胸导管进入血浆。它们随后被肝细胞、脂肪细胞和其他细胞代谢。

（4）血浆脂质谱受运动、饮食、身体状况和生殖周期的影响。

（5）血浆脂蛋白通过超速离心和电泳迁移率来描述其密度特征。脂蛋白密度取决于蛋白质与脂质的比例。具有最高密度的脂蛋白具有最大比例的蛋白质。主要脂蛋白组分或种类以密度递增的顺序如下列出：

①乳糜微粒：乳糜微粒由肠细胞合成，是密度最低的脂蛋白。它们主要由饮食来源的甘油三酯组成并可在血液中运输。

②极低密度脂蛋白（very-low-density lipoproteins，VLDL）：VLDLs 的脂质组分由甘油三酯、胆固醇和磷脂以大约 4∶1∶1 的比例组成，并且主要在肝脏中合成。VLDLs 输出肝脏合成的甘油三酯和胆固醇，并将甘油三酯分布到脂肪组织和横纹肌。

③中密度脂蛋白（intermediate-density lipoproteins，IDL）：在 VLDLs 的脂蛋白水解之后，IDLs 在脉管系统中形成。除脂蛋白外，IDLs 含有大致等量的胆固醇和甘油三酯，随后它们被分解代

谢成 LDLs。由于 IDLs 存在的短暂性，通常不对其进行定量。

④低密度脂蛋白（low-density lipoproteins，LDL）：低密度脂蛋白含有丰富的蛋白质、少量的胆固醇和甘油三酯。当肝脂蛋白脂酶除去 IDLs 额外的脂质后，在脉管系统中形成 LDLs。LDLs 将胆固醇分配到外周组织。

⑤高密度脂蛋白（high-density lipoproteins，HDL）：HDLs 含有胆固醇、蛋白质和磷脂，甘油三酯非常少（因此它们的密度“高”）。HDLs 在肠道和肝脏中形成。HDLs 有 3 种类型，分别是 HDL 1、HDL 2 和 HDL 3；HDL 1 比 HDL 2 含有较多的胆固醇和较少的蛋白质。HDLs 转运胆固醇到肝脏。

（6）脂蛋白分布和每种脂蛋白类别携带的总胆固醇的百分比存在很大的物种差异。尽管 VLDL、HDL 和 LDL 胆固醇百分比和绝对值的报道各不相同，但是可以进行概括。

①在人体中，大部分胆固醇以低密度脂蛋白胆固醇的形式转运。

②在猪体中，超过一半的总胆固醇通过与 LDL 和 VLDL 相结合后循环。猪的脂蛋白谱与人类相似。

③在反刍动物和马中，大部分胆固醇以高密度脂蛋白的形式循环。

④迄今为止，猫、犬、禽类（雄性和非产卵雌性）是具有最高 HDL 百分比的家畜。犬的高密度脂蛋白包含 HDL1 和 HDL3，而猫的高密度脂蛋白包含 HDL2 和 HDL3。与非产蛋禽类相比，产蛋禽类 HDL 水平下降，而 VLDL 水平升高。

（7）犬和猫通常对动脉粥样硬化具有抗性，即使在与高脂血症有关的疾病状态下也是如此，部分原因是由于这些物种 LDLs 的浓度非常低。此外，猫和犬缺乏在脂蛋白之间交换胆固醇和甘油三酯的胆固醇酯转移蛋白（cholesterol ester-transfer protein，CETP）。缺乏 CETP 与更多的胆固醇以 HDL 形式运输有关。尽管犬和猫对动脉粥样硬化有抵抗力，但是在犬和猫中已经有伴有原发性和继发性高脂血症脂质相关的血管性疾病的报道。

（8）犬的脂蛋白分布具有显著的杂交差异，但总血浆胆固醇和甘油三酯浓度没有显着差异。

（9）非酯化脂肪酸（nonesterified fatty acids，NEFAs）；长链脂肪酸（long-chain fatty acids，LCFAs）。

①NEFAs 在肝脏、脂肪和乳腺组织中合成。合成过程受胰高血糖素（降低合成）和胰岛素（促进合成）调节。反刍动物的肝脏在 NEFA 浓度维持方面作用微薄。

②高碳水化合物/低脂饮食增加 NEFA 合成。

③禁食、糖尿病和高脂肪/低碳水化合物的饲料组成导致 NEFA 合成减少。

④在负能量平衡和脂肪分解增加的状态下，NEFA 释放进入血浆后在肝脏中被处理转变为甘油三酯或乙酰辅酶 A。随着血浆 NEFAs 增加，大部分乙酰辅酶 A 在三羧酸循环中燃烧或转化为酮。

⑤与血浆 NEFA 增加相关的疾病如伴有脂肪酶活性增高的高血脂症、糖尿病、马禁食高脂血症、马和犬的运动性酮病，猫、马和牛的肝脂沉积症、马的肾上腺皮质功能亢进和牛的酮病。

⑥在脂质或碳水化合物代谢改变的条件下测定反刍动物的 NEFAs 可以评估脂质的代谢状态，但用于其他物种的定期评估。

（10）酮是由脂肪酸分解产生的有机阴离子。在健康情况下，它们在血浆或尿液中不会少量出现。由于脂质和碳水化合物代谢之间复杂的相互关系，酮在本章的碳水化合物部分讨论。

二、血浆脂质的测定及临床意义

1. 脂血-冷却测试。如果血浆或血清标本冷藏 4～8h，混浊表明存在富含脂蛋白的甘油三酯和/或乳糜微粒。

（1）顶部是絮状层而下部清澈表明是乳糜微粒。

（2）持续的混浊表明是富含脂蛋白的甘油三酯（如 VLDL）。

（3）如果霜层在顶部且下部混浊，则表明乳糜微粒和甘油三酯都有增加。

2. 血清胆固醇的测定。

（1）血清胆固醇浓度增加反映了富含胆固醇的脂蛋白（如 LDL、HDL）的浓度增加。这些脂蛋白浓度增加继发于内分泌、肝脏或肾脏疾病。除了小型雪纳瑞犬之外，家畜罕见胆固醇代谢的遗传性或原发性疾病。

（2）犬的血清胆固醇浓度通常与甲状腺激素活性成反比。

3. 血清甘油三酯测定。

（1）应对空腹样本进行分析，因为无论什么样的采食类型，采食 4～6h 可发生高甘油三酯血症。高脂饮食可能会导致由甘油三酯丰富的乳糜微粒引起的脂血症。

（2）高甘油三酯血症通常代表乳糜微粒血症和/或 VLDL 增加。如果患畜没有禁食那么上述改变可能是餐后性的，或可能继发于内分泌、肝脏、胰腺或肾脏疾病。

（3）脂蛋白脂酶从血浆中清除富含甘油三酯的脂蛋白。这种酶的活性是由胰岛素、甲状腺激素和肝素增强的（肝素效应实际上可能是由于脂蛋白脂酶激活剂对肝素产物的污染）。在某些情况下脂蛋白脂肪酶活性增加，如马的高脂血症。

4. 脂蛋白测定。

（1）采取将超速离心和沉淀技术相结合的方法，同时还可以直接测定 HDL 和 LDL。根据 HDL 和总胆固醇浓度计算 VLDL 的公式基于人 VLDL 中甘油三酯含量来计算的。这些公式不能用来计算动物标本中的 VLDL 浓度。

（2）血清脂蛋白也可以通过与血清蛋白相关的电泳位置来鉴定和定量。

（3）一般情况下，HDLs 在脂蛋白电泳图的 α 区，LDLs 在脂蛋白电泳图的 β 区；然而，脂蛋白电泳模式中存在很大的物种差异。犬脂蛋白电泳存在五个条带。α_1 球蛋白区含有 HDL2，α_2 球蛋白区含有 HDL1，β 球蛋白前带含有 VLDL，β 球蛋白带含有 LDL，并且乳糜微粒留在电泳图的起始点。在牛的脂蛋白电泳图中，LDL 可能迁移至 α 或 β 区。

（4）由于常规血清蛋白电泳仅对蛋白质组分（载脂蛋白）染色而非脂蛋白的脂质组分，因此该方法不具有足够的特异性来对脂蛋白谱进行适当的评估。

（5）评估人体脂蛋白的技术似乎适用于评估来自猫和马的样本，但并非全部适用于犬的样本。

（6）大多数商业实验室根据人体脂蛋白的模式分析和解释脂蛋白数据。对兽医数据的解释应该由熟悉动物脂蛋白电泳图的人员完成。

5. 非酯化脂肪酸的测定。

（1）NEFAs 用比色分光光度法定量，用有机溶剂从血清或血浆中提取，并通过化学方法将其转化为钴盐或铜盐；反应的颜色强度与 NEFA 浓度成正比。

（2）NEFAs 也可以用酶法测定。

（3）血浆脂肪酶可降解处理不当标本中的 NEFAs。血浆脂肪酶对 NEFAs 的降解可被阻止。

①应立即分析标本。

②如果在分析样品之前预期可能有延迟，则可以加入对氧磷以抑制血浆脂肪酶活性。或者，在立即将血液样本离心后，去除血浆并冷冻以供将来分析。

6. 脂蛋白脂酶测定。在犬静脉注射肝素（90IU/kg）之前和之后 15min 采集样品，或者在猫静脉注射肝素（45IU/kg）之前和之后 10min 采集样品。测定胆固醇和甘油三酯的浓度、肝素介导的脂蛋白脂酶释放应该导致甘油三酯和胆固醇降低。未能降低这些值表明脂蛋白脂酶活性降低或缺失。

7. 脂肪因子测定。目前可用的检测方法是基于免疫学（RIA 或 ELISA）。虽然存在大量的物种同源性，但重要的是要确保所使用的检测方法适合于所测物种。

三、高脂血症

1. 高脂血症（表 6.1）是血浆脂质（如甘油三酯、胆固醇、磷脂）的增加。非酯化脂肪酸单独增加不会导致高脂血症。

（1）在临床实践中，术语高脂血症通常是指高甘油三酯血症或高胆固醇血症或两者同时发生。

（2）食后高脂血症是摄取高脂肪饲料后血脂短暂升高。这种高脂血症形式主要是由乳糜微粒造成的。

（3）禁食或持续性高脂血症是指在血液标本获得之前至少禁食 12h 血液中仍存在过量脂质。脂血症是一种持久而非暂时的现象。

2. 高脂蛋白血症与高脂血症同义使用，因为血浆中的甘油三酯和胆固醇都包含在称为脂蛋白的特殊复合物中。

3. 原发性高脂血症包括已证实或怀疑的脂蛋白代谢的遗传改变。这些情况一般罕见，但有犬和猫的报道。

（1）特发性高脂血症伴高甘油三酯血症、高胆固醇血症和高乳糜微粒血症。这种情况发生于迷你雪纳瑞犬，可能是遗传性的，并与过量的极低密度脂蛋白（VLDLs）有关。在比格犬（Beagles）、布列塔尼猎犬（Brittany Spaniels）、杂种犬和猫中也有类似的综合征。

表 6.1　高脂血症的原因

原发性高脂血症（少见到罕见）
先天性脂蛋白脂肪酶缺乏症（杂种犬）*
家族性高脂蛋白血症（比格犬）
伴有角膜脂肪代谢障碍的高胆固醇血症（犬）
高甘油三酯血症（Brittany Spaniels）*
迷你雪纳瑞特发性高脂蛋白血症 *
遗传性高乳糜微粒血症
（原发性高脂固醇血症）猫 *
缅甸猫的高甘油三酯血症 *
继发性高脂血症（相对常见）
急性胰腺炎 *
胆汁淤积
糖尿病 *
富含饱和脂肪或胆固醇的饮食
小肠结肠炎（马）
马肝脂血症综合征（马驹、骡、马）*
肝脏疾病（脂血症）*
肾上腺皮质功能亢进，外源性皮质类固醇 *
甲状腺功能减退症 *
肾病综合征
采食后 *
* 在这些条件下可能会发生脂血症。

（2）胰岛素依赖型高甘油三酯血症。已经有关于犬的报道。

（3）遗传性脂蛋白脂肪酶缺乏症或猫家族性高乳糜微粒血症。这种疾病导致血浆胆固醇和甘油三酯浓度升高。受影响的个体可能有黄色瘤、肉芽肿、视网膜脂血症和外周神经性病变。家族性脂蛋白脂酶缺乏症在犬中也有报道。

（4）原发性高胆固醇血症。在角膜脂肪代谢障碍的犬中可观察到这种情况。

（5）Briard 犬原发性高胆固醇血症。患病的 Briard 犬 HDL 胆固醇浓度增高，但临床上表现为健康状态。

（6）缅甸猫的脂水。受影响的猫其甘油三酯（如 VLDL 和乳糜微粒）适度增加。脂蛋白穿过血-水屏障，导致“蓝眼睛”。

4. 导致继发性高脂血症的疾病相对常见，包括以下几点：

（1）食后高脂血症。食物消化后，特别是高脂肪的个体，由于乳糜微粒血症发生高甘油三酯血症。由于脂蛋白脂酶活性增加，马的饲料中脂肪补充可以减少采食后血浆高甘油三酯血症。

（2）甲状腺功能减退（病例 28）。在甲状腺功能减退症中，胆固醇的消耗减少而胆固醇合成增加；LDL 细胞受体表达和脂蛋白脂酶活性降低。高脂血症是可变的，从胆固醇 HDL 浓度轻度增加到伴有高胆固醇血症（高于 1 000mg/dL）、高甘油三酯血症和高脂蛋白血症的明显的脂血症。

（3）糖尿病。由于糖尿病患者缺乏胰岛素导致脂蛋白脂酶活性降低（胰岛素可以增强脂蛋白脂酶活性）。脂肪用作替代能源时脂肪的分解增加。明显的高甘油三酯血症与 VLDL 浓度增高有关；胆固醇浓度轻度增高。也可能存在高乳糜微粒血症。

（4）小母马和马的肝脂肪病综合征。这种综合征与妊娠期、泌乳期、近期运动或虚弱动物的饲料消耗量减少和氮负相平衡有关。可见血浆清澈的轻度高甘油三酯血症到严重高甘油三酯血症（高达 10 000mg/dL）的脂血症，NEFA 和 VLDL 升高，血浆酮也可能增加。受影响的马可能发生氮血症性高脂血症。

（5）其他原因引起的继发性高脂血症的发病机制和特性仍不清楚。

①急性坏死性胰腺炎。在犬可以观察到这种情况。认为坏死性胰腺炎可以释放脂蛋白脂酶抑制剂。甘油三酯和胆固醇浓度都增高。高脂血症也可增加罹患胰腺炎的风险。

②肝病。有些胆汁淤积的犬可能患有高胆固醇血症和高甘油三酯血症，但高脂血症通常并不足以用于肝病诊断。猫脂肪肝病综合征与脂血症无关，但已有甘油三酯升高，并且甘油三酯与 LDL 以及胆固醇与 HDL 富集的报道。胆汁淤积和黄疸明显。

③肾病综合征。在肾病综合征中，高胆固醇血症继发于含脂蛋白胆固醇的合成增高。推测可能是由低蛋白血症和血浆渗透压降低（病例 19）的刺激引起。有时甘油三酯浓度也增高。

④外源性皮质类固醇给药。过量使用皮质类固醇可能引起脂肪分解增加，胰岛素抗性和脂蛋白脂酶活性降低而导致的高甘油三酯血症。由于主要是 LDL 升高，可能发生中度高胆固醇血症。肝脏 LDL 受体活性降低被认为是这些改变的机制。如果犬自然发生肾上腺皮质功能亢进时，可发生轻度的无并发症的高脂血症。尽管 NEFAs 和酮浓度增高经常伴随马肾上腺皮质功能亢进，但是高脂血症/脂血症并不是这种疾病的常见特征。

⑤小肠结肠炎引起的高脂血症。在小型马中，高脂血症可能继发于小肠结肠炎。小肠结肠炎可能会增加这些马罹患高脂血症的发病率。

⑥食欲不振或饥饿往往与高甘油三酯血症有关，特别是在马匹中。这可能是 由于为满足能量需求脂肪动员增加所致，并且可以通过给予肠胃外营养或静脉输注葡萄糖改善。禁食性高甘油三酯血症发生于犬，而且在迷你雪纳瑞和比格犬中可能是家族性的。

⑦在细小病毒肠炎中，可见高甘油三酯血症，同时伴有低胆固醇血症。

5. 脂血症是对乳状外观的血清或血浆的描述术语，由携带脂蛋白的甘油三酯（即乳糜微粒和 VLDL）浓度升高引起。胆固醇浓度增高不会导致脂血症。

（1）脂血对实验室检测和问题解决的影响。

①体外脂血症的主要影响。

A. 脂血症可增强溶血作用，可能是由于其对细胞膜具有洗涤剂样的效果。溶血的血清可以改变实验室的检测结果（如游离血红蛋白可显著抑制脂肪酶的活性）。

B. 脂血导致血清混浊可能影响所选血清分析物（如葡萄糖、钙、磷、总胆红素值可能虚高，并且总蛋白和白蛋白值可能虚低）的终点分光光度测定。

C. 由于血清水相的脂质置换，脂血样品中测量的血清 Na^{+} 和 K^{+} 的值可能虚低。这个问题与火焰光度计和某些离子特定的电极有关，在分析之前必须将血清样品稀释。临床上用离子选择性电极测定脂血样本中未稀释血清的值是准确的。

D. 通过折射测量法测得的血浆蛋白值可能虚高。在蛋白质量表上的一条不清晰的分界线通常被解释为增加的读数。

E. 脂血症可能干扰对血红蛋白的测定，产生错误的高读数值。随后对 MCH 和 MCHC 计算将是错误的。

②为了获得更好的实验室标本进行脂血管理。

A. 禁食 24h 通常会消除脂血。

B. 可将脂血清冷藏，并且可以在脂质层下采集用于分析的部分。

C. 进行超速离心或使用聚乙二醇 6000 作为沉淀剂可清除脂血清。

D. 在禁食后持续出现脂血症的情况下，通过静脉注射肝素钠（100IU/kg，犬）并在 15min 后采集血样，可以增强体内血浆脂质的清除。

（2）脂血发生原因见表 6.1。

四、肥胖

有关肥胖的原因和肥胖代谢结果的研究确定了传统血液参数的相关扰动以及与脂质代谢有关的其他因素。

1. 犬的慢性肥胖与总胆固醇（所有组分增加）和甘油三酯浓度增高有关。肥胖猫非酯化脂肪酸、甘油三酯和 VLDL 浓度增高，HDL 浓度较低。肥胖已经被确定为猫发生糖尿病的一个风险因素。

2. 脂肪因子由脂肪细胞和/或巨噬细胞产生，并参与多种功能，包括脂肪代谢、心血管动力学和血管生成、炎症和免疫反应以及造血功能。脂肪因子循环值的改变与多种肥胖症中见到的共病有关，如胰岛素抗性。肥胖影响的一些新兴因子的循环值，具体如下：

（1）瘦蛋白在脊椎动物中高度保守，能促进能量燃烧及抑制食欲。它还起到生长因子的作用，抑制细胞凋亡并刺激血管生成。瘦蛋白通常在肥胖的个体中增加，该个体产生瘦蛋白抗性；瘦蛋白水平与体内脂肪含量有关。昼夜节律、多次饲喂、性别、糖皮质激素和发情周期阶段可以影响测定的循环系统瘦蛋白的水平。

（2）脂联素以许多分子质量大小不同的形式循环；高分子质量（high-molecular-weight，HMW）形式具有最强的生物活性。一些生物活性包括抗炎特性、血管舒张、增加胰岛素敏感性、降低血糖和降低组织中的甘油三酯。脂联素，特别是高分子质量脂联素，在肥胖症中浓度下降。

（3）抵抗素（迄今已证明在牛、猪、人和小鼠中存在）主要由脂肪细胞或巨噬细胞分泌，其分泌取决于物种，并且随着体脂的增加而增加。抵抗素是促炎因子，并引起胰岛素抵抗性。

第三节　血浆碳水化合物

在许多疾病中葡萄糖代谢和血糖浓度是异常的，高血糖和低血糖是常见的实验室检查结果。由内分泌系统疾病，特别是内分泌胰腺疾病引起的葡萄糖代谢紊乱将在第十一章中详细描述。酮和乳酸盐是异常碳水化合物代谢过程中过量产生的有机阴离子。本节中阐述了酮和乳酸的实验室评估。

一、葡萄糖

（一）血糖的来源

1. 饮食中的碳水化合物。

（1）经唾液酶和胃酸部分水解后，大部分碳水化合物的水解发生在单胃动物的小肠中。胰淀粉酶将碳水化合物消化成双糖。黏膜双糖酶随后将双糖消化成可被吸收的单糖（如葡萄糖、果糖、半乳糖）。

（2）单糖通过门静脉血输送到肝脏，在此单糖代谢供给能量，以糖原形式储存，或转化为氨基酸或脂肪。

（3）单胃动物采食后 2～4h 血糖升高。

①禁食 12h 将消除摄入碳水化合物作为高血糖症的原因。

②由于肝细胞糖原合成减少（葡萄糖作为糖原贮存），采食后高血糖症可能在患有肝脏疾病动物中延长。

(4) 反刍动物不发生或很少出现采食后高血糖症，因为大多数饲料中的碳水化合物由瘤胃中的微生物发酵形成挥发性脂肪酸（醋酸、丙酸和丁酸）。

(5) 饥饿和吸收不良可能分别通过限制饲料摄入和葡萄糖吸收引起低血糖症（病例 16）。

(6) 与哺乳动物相比，健康禽类的血糖值较高。禽的血糖值范围为 209～399mg/dL。

2. 糖原分解。

(1) 糖原分解为葡萄糖的降解。

(2) 糖原是短时时间内禁食时葡萄糖的主要来源。在许多疾病状态中，肝糖原储备耗尽是以负能量平衡为特征的。

(3) 在肝脏中，糖原降解为葡萄糖并释放到血液中导致高血糖症。肌糖原分解产生乳酸和丙酮酸，被运送到肝脏并转化（主要是乳酸）成葡萄糖。

(4) 促进糖原分解的因素如下：

①儿茶酚胺（肾上腺素）。

A. 在恐惧、兴奋和肌肉劳累时释放儿茶酚胺（病例 14、18、21、22、23）。

B. 肾上腺素促进肝细胞和肌细胞中的糖原分解。

C. 犬的血糖浓度很少超过 150mg/dL，但猫的血糖浓度可能超过 300 mg/dL。牛或猫的高血糖症可能伴随有糖尿。

D. 猫的甲状腺机能亢进症中可见轻度高血糖症，可能部分是由于对肾上腺素敏感性增加而介导的。

E. 濒死的牛或有神经症状的牛可发生高血糖症和糖尿，可能由儿茶酚胺释放引起。

②胰高血糖素（病例 14）。

A. 胰高血糖素响应于低血糖（低血液葡萄糖）而释放。

B. 胰高血糖素仅促进肝糖原分解。

C. 胰高血糖素拮抗胰岛素的作用。

③某些药物可能引起高血糖症。具体例子包括糖皮质激素、含葡萄糖的肠胃外流体、噻嗪类利尿剂、醋酸美沙醇、生长激素和吗啡。

(5) 在糖原贮积病中糖原分解受到抑制时可能会发生低血糖症。

(6) 糖皮质激素可降低糖原分解，因此肝糖原储存增加。由于糖皮质激素通过其他机制，包括糖异生（用蛋白质或脂肪形成葡萄糖）产生高血糖效应，因此不会发生低血糖症。

(7) 肝病时肝糖原储存减少可能导致空腹低血糖。

(8) 新生崽畜糖原储备减少，在禁食期间容易发生低血糖。

3. 糖异生是指由氨基酸和脂肪合成葡萄糖。蛋白质分解代谢促进糖异生，以肌肉萎缩为特征。以下因素可促进糖异生：

(1) 皮质类固醇。

①疼痛、极端体温和其他应激事件可导致过多的内源性皮质类固醇（皮质醇）释放可能导致哺乳动物的高血糖症（病例 20、22、23）。

②高血糖症可能与肾上腺皮质功能亢进（病例 26）有关，而肾上腺皮质功能减退可引起低血糖症。

③皮质类固醇拮抗胰岛素，并且减少组织摄取和利用葡萄糖。

(2) 胰高血糖素。

(3) 生长激素。

(4) 某些药物。

(二) 血糖的命运

1. 糖原合成胰岛素将肝脏和肌肉中的葡萄糖代谢转变为糖原合成。

2. 组织利用。

(1) 细胞摄取葡萄糖受胰岛素刺激。

①肌肉、肝脏和脂肪是受影响的主要组织。

②胰岛素对红细胞、神经元和肾小管上皮细胞的葡萄糖摄取不是必需的。

③血糖浓度大于 90mg/dL 通常会刺激胰岛素释放。

(2) 以下情况可能会导致组织葡萄糖的利用和低血糖症。

①胰岛素或胰岛素类似物的过量使用或分泌。

A. 医源性胰岛素过量。

B. 胰腺的胰岛β细胞瘤（胰岛素瘤、胰岛细胞瘤）。

C. 副肿瘤综合征（如平滑肌瘤、平滑肌肉瘤）。

②维持葡萄糖稳态的激素减少，肾上腺皮质功能减退。

③肝糖原储存减少。

A. 晚期肝脏疾病。

B. 革兰氏阴性内毒素血症和革兰氏阳性厌氧菌败血症。

C. 糖原贮积病。

④过量使用葡萄糖。

A. 脓毒症。

B. 极度的体力消耗（猎犬）。

C. 怀孕。

D. 红细胞增多症。

E. 极度白细胞增多。

F. 肿瘤。

⑤葡萄糖摄入减少或糖异生不足。

A. 新生幼崽（特别是玩具品种的犬）。

B. 严重营养不良。

C. 严重的吸收不良。

D. 饥饿。

⑥血清与红细胞体外接触时间延长。未能从血块中除去血清或从血细胞中分离血浆是临床实验室标本中假性低血糖症最常见的原因。

(3) 葡萄糖的组织使用减少以及随后高血糖症的发生如下：

①胰岛素拮抗剂增强组织对胰岛素效应的外周抗性。

A. 外源性皮质类固醇的使用。

B. 过量的内源性皮质醇（哺乳动物）或皮质酮（禽类）的产生和/或释放。

C. 胰高血糖素。

D. 生长激素。

②糖尿病（病例 15）。

A. 胰岛素产生减少的Ⅰ型（1 型）糖尿病。

B. 胰岛素分泌延迟或不足的Ⅱ型（2 型）糖尿病。

③甲状腺功能亢进引起的组织分解和碳水化合物代谢加强。

(三) 血糖浓度的维持

1. 葡萄糖浓度受多种因素影响，这些因素影响血液葡萄糖进入和清除。

2. 葡萄糖吸收，胰岛素产生和胰岛素拮抗剂（胰高血糖素、皮质类固醇、生长激素）之间的平衡在机体健康中维持适当的血糖浓度。

(四) 禽类中的葡萄糖代谢

1. 禽类葡萄糖基本代谢与哺乳动物相似。

2. 禽类的空腹血糖值（209～399mg/dL）在中明显高于哺乳动物。

3. 与哺乳动物相比，禽类胰腺胰岛素含量较低，葡萄糖含量较高。

4. 禽类血浆胰高血糖素的浓度高于哺乳动物。

（五）评估葡萄糖代谢的方法

1. 血糖浓度。

（1）恰当的样品管理是正确解释血糖值的必要条件。

①应避免从惊吓动物取样；儿茶酚胺的过量释放可能引起高血糖症。

②如果病史排除了低血糖症的可能性，非反刍动物和幼年的反刍动物应禁食至少12h，以避免进食后高血糖症。

③如果病史或临床体征（如虚弱、肌肉抽搐、抑郁、惊厥）提示低血糖症，应避免禁食。可以确定非空腹血糖基线浓度。

A. 如果基线葡萄糖值在参考范围内，则对患病动物禁食，并且每2h测定一次血糖浓度。

B. 如果血糖浓度低于40 mg/dL则判断为低血糖症，而在禁食24h后血糖值大于50 mg/dL则不提示为低血糖症。

④如果样品的采集和化验间隔时间超过30min，血清或血浆应与血细胞（即没有抗凝剂样品中的血块）分离。

A. 体外糖酵解是实验室标本中假性低血糖症最常见的原因。

B. 在室温下血细胞的体外糖酵解可使血糖浓度每小时降低约10%。

C. 血清或血浆分离的替代方法是使用含有氟化钠的抗凝剂溶液来抑制糖酵解。氟化钠特能异性地抑制烯醇酶，这是一种在糖酵解途径中将2-磷酸甘油酸转化为磷酸烯醇式丙酮酸的酶。氟化钠也抑制一些诊断酶。如果抗凝剂是草酸钾，葡萄糖的测定值可能会被人为地降低。

（2）在一些检测中，脂血明显干扰葡萄糖测量的准确性（如终点比色测试）。它常出现于以高血糖为特征的疾病（如糖尿病）中。本章前面介绍了脂血标本的管理（参见血浆脂质）。

（3）检测技术主要是使用比色终点或动力学检测的分光光度法。

①用比色终点检测法检测脂血标本其结果是不准确的；透光率降低伴随着样品混浊。

②动力学分析是酶促和自我淬熄。随时间的推移检测样本的光密度变化。用这种方法测定的实验室结果更准确。

（4）比色试剂条，目测或用反射计读取，可用于估计新鲜全血中的葡萄糖浓度。

①试纸条可以可靠地检测高血糖，但可能会漏诊低血糖。

②如果使用即时分析仪，应该运行合适的对照品；仪器应进行验证和维护，以提供准确的结果。

③贫血可能导致血糖浓度过高。

④通过比色试剂条确定葡萄糖异常值的准确性应在临床决定治疗前进行核实。

（5）便携式血糖仪在糖尿病患者的日常监测中占有一席之地，但对兽医标本来说并不总是准确的，特别是在较高浓度葡萄糖的情况下。

（6）已将连续血糖检测装置应用于犬、猫和马，并且在很大程度上优化了糖尿病控制的评估。这些仪器记录与血糖浓度有关的组织间液血糖浓度。通过频繁的记录值（每5min记录一次），可检测血糖浓度的波动和机体对胰岛素和采食的反应。此外，评估可以在动物的正常状态下进行，这样可以最大限度地减少保定、笼养及运输应激对血糖。该设备的其的影响。该设备还可用于医院酮酸中毒性糖尿病患者和其他低血糖或高血糖重度监护病人的管理。

2. 尿糖。

（1）当血糖浓度超过：牛，100mg/dL；犬，180mg/dL；猫，280mg/dL；禽类，600mg/dL时，即超过近端肾小管对血糖的重吸收能力。

（2）在糖尿中，葡萄糖的存在使尿密度增加了0.004 g/dL。A 4+试剂条读数代表尿中约含有

2g/dL 的葡萄糖。

(3) 因为随着时间的推移尿液会在膀胱内储存，即使血糖浓度已经回到参考范围，之前的一过性高血糖也会导致轻微的糖尿。

3. 血清胰岛素和胰岛素/葡萄糖比值修正。这些测定和计算用于检测胰岛素功能亢进；该方法通常取代葡萄糖耐量测试目的。

4. 葡萄糖耐量测试。

(1) 适应证。

①静脉注射或口服葡萄糖耐量试验可用于检测高胰岛素血症。

②静脉注射或口服葡萄糖耐量试验也可用于检测低于肾阈值持续性高血糖动物的葡萄糖耐受不良。一旦持续的高血糖超过了肾阈值，葡萄糖耐量试验就没有进一步的诊断信息。

③对于确诊为糖尿病的患者，静脉葡萄糖耐量试验结合葡萄糖注射后的血清胰岛素测定可用于确定糖尿病的类型。糖尿病的类型由胰岛素反应模式来确定。

④口服葡萄糖耐量试验最常用于评估肠道吸收。

(2) 剂量和解释指南。血糖浓度是在禁食 12h 后（如果动物不是低血糖的话）和给予葡萄糖后的适当间隔测定的。

①口服葡萄糖耐量试验。

A. 每千克体重犬给予 1.75g 葡萄糖，每千克体重马给予 1g 葡萄糖，其中 20%以溶液的形式通过胃管给予。口服葡萄糖耐量测试不能在反刍动物中进行，因为瘤胃微环境可发酵摄入碳水化合物。

B. 每隔 30min 采集一次用于测定葡萄糖的血液样本。

C. 正常犬的血糖浓度在给予葡萄糖后 30～60min 时应接近 160mg/dL，并在 120～180min 内恢复至基线值。马的血糖浓度在 120min 内应接近 175mg/dL，并在 360min 内恢复至基线值。

D. 未能达到上述最大血糖浓度提示肠吸收不良、胃排空延迟或呕吐。甲状腺功能减退症、肾上腺功能不全、垂体功能低下和高胰岛素血症时可见糖耐量增加且低于预期的峰值。

E. 在预期时间内血糖浓度未能恢复到基线值表明葡萄糖耐受不良，这是糖尿病、肾上腺功能亢进、甲状腺功能亢进和肝功能不全的特征。采食高脂肪饲料也可能发生葡萄糖耐量降低。

F. 在葡萄糖浓度达到基线值后，出现短暂的降血糖期。随着胰高血糖素释放，葡萄糖浓度随后返回基线。如果胰高血糖素分泌受阻，可能会发生严重的低血糖症。

②静脉葡萄糖耐量试验。

A. 禁食 12h 后（反刍动物不需要禁食），抽取基线血糖标本，然后给予葡萄糖。犬和猫在 30s 内静脉给予 1g 葡萄糖/ kg。对于大型动物，计算所得的葡萄糖剂量在 2～3min 内给完。测试时间从葡萄糖注射的中点开始。给药后 5min、15min、25min、30min、45min 和 60min 采集血样。猫在 120min 时需要额外采集一次血液样品。

B. 使用半对数坐标纸，以算数比例将葡萄糖值在对数刻度上和时间作图。根据曲线图确定葡萄糖值降低 50%所需的时间（一般犬需要 45min 或更少的时间）。

C. 长时间的葡萄糖值消失指示不耐受（提示与上述口服试验所述相同的疾病）。

D. 胰岛素反应也可以进行评估。最高胰岛素浓度应该在服用葡萄糖后 15min 内出现，60min 时大多数物种的葡萄糖返回到基线值，猫需要 120min。胰岛素反应在鉴别糖尿病类型方面最为有用。

E. 在患有多糖储存性肌病的马匹中，葡萄糖清除率增加，并且循环胰岛素浓度（葡萄糖注射前和注射后）降低。

5. 糖化蛋白质。

(1) 葡萄糖分子不可逆地与蛋白质结合，为评估长期血糖浓度提供了手段。

(2) 糖化蛋白质监测包括果糖胺（FrAm）、血红蛋白 Alc（HbAlc）和糖化白蛋白（Galb）。

(3) 果糖胺是由糖脎葡萄糖还原后形成的一种氨基糖。果糖胺定量是兽药中最常用的糖化蛋白质测定方法。这种比色检测基于果糖胺的还原。在该检测中，糖化的蛋白质是白蛋白和其他血清蛋白质。该检测允许在前 2～3 周内测定平均血糖值，这大致相当于蛋白质的半衰期。

①果糖胺测定可用于诊断糖尿病、鉴定猫的糖尿病与应激性高血糖症或肾性糖尿，并监测治疗糖尿病。果糖胺浓度随着慢性高血糖症的增加而增加，但在短暂性高血糖症的参考范围内。

②不管高血糖的程度如何，高血糖症猫的果糖胺在个体间存在相当大的变异，从而导致高血糖值的范围较广。用以监测糖尿病控制而进行的个别猫果糖胺的连续测定比从单一血浆果糖胺浓度估计平均葡萄糖浓度更有用。

③不同品种鹦鹉之间的正常果糖胺和葡萄糖值不同；因此，物种特异的参考范围是至关重要。果糖胺值可用于确定和监测糖尿病鹦鹉；然而，鹦鹉的果糖胺值比哺乳动物更迅速地增加和减少，导致短暂性高血糖症时果糖胺增加，并且果糖胺降低时与给予胰岛素后的葡萄糖降低相似。因此，果糖胺对这些物种血糖的长期监测不太有用。

④低蛋白血症（猫）和/或低白蛋白血症可能导致果糖胺浓度降低。

⑤如果白蛋白和蛋白质值在参考范围内且果糖胺值低于参考下限，则应进一步评估为高胰岛素血症。胰岛素瘤呈现正常的空腹血糖浓度和低果糖胺值。

（4）已证明对糖化白蛋白的测定是犬和猫果糖胺评估的一个可接受的替代方法。

（5）HbAc 浓度的测定不是很频繁。其浓度反应了在测定前 2～3 个月血液葡萄糖的浓度。

（6）HbAc 测定已用于评估禽类的营养摄入、生长和身体状况。

6. 不常用的诊断葡萄糖代谢的诊断工具。

（1）胰岛素耐受和胰高血糖素刺激试验已用于评估碳水化合物代谢。

（2）肾上腺素促进糖原分解和增加血糖浓度的能力已被用于评估肝糖原储存。

7. 利用放射免疫法或酶联免疫吸附法测定胰岛素原以及确定血中胰岛素原与胰岛素的比值可测定猫的 β 细胞功能。胰岛素是由胰岛 β 细胞转化形成的。

（六）高血糖疾病

见病例 14、15、8、20、21、22、23、26、27。表 6.2 列出了与持续性或暂时性高血糖症和糖尿病有关的疾病和情况。

（七）低血糖症

见病例 16。表 6.3 列出了与低血糖有关的疾病和情况。

表 6.2 高血糖的原因

高血糖的原因
持续性高血糖
肢端肥大症
糖尿病
肾上腺皮质功能亢进
高胰高血糖素血症
垂体功能亢进
甲状腺功能亢进症
嗜铬细胞瘤
瞬时高血糖症
急性胰腺炎
急性剧烈绞痛
氨中毒
牛皱胃移位
牛产褥热
牛神经系统疾病
动情间期
药物和化学品
ACTH
皮质类固醇

（续）

托咪定
乙二醇中毒
含葡萄糖的胃肠外液
氟氯溴（马长时间麻醉）
氯胺酮
醋酸甲地孕酮
吗啡
吩噻嗪
孕激素
噻嗪类利尿剂
甲苯噻嗪
马急性腹部疾病
恐惧、兴奋、劳累性儿茶酚胺释放（尤其是猫）
Head trauma（犬、猫）
甲状腺功能亢进症
濒死动物（特别是牛）
绵羊肠毒血症
绵羊李氏杆菌病
绵羊运输搐搦
采食后
应激、内源性糖皮质激素

表 6.3 低血糖的原因

岛素和胰岛素类似物的过量给予或分泌
β细胞瘤（胰岛素瘤、胰岛细胞瘤）
胰外肿瘤，包括可能分泌异常胰岛素样生长因子（副肿瘤综合征）
血管肉瘤
肝细胞癌
平滑肌瘤、平滑肌肉瘤
黑色素瘤
肾癌
唾液腺癌
医源性胰岛素过量
维持葡萄糖稳态的激素减少
肾上腺皮质功能减退
垂体功能减退症
甲状腺功能减退症
肝糖储存减少
晚期肝病/肝功能不全（奇怪的是，持久的食后高血糖和糖尿病和葡萄糖不耐受）
马黄曲霉毒素中毒
母牛肥胖综合征
糖原贮积病
小马高脂血症
脓毒症（革兰氏阴性内毒素血症和革兰氏阳性厌氧菌）
葡萄糖使利用增加
极端白细胞增多
极度的体力消耗（狩猎犬，耐力骑马）
体外糖酵解（假性低血糖的常见原因）
肿瘤（副肿瘤综合征）
红细胞增多症
羊、犬、牛、山羊妊娠毒血症
脓毒症（革兰氏阴性内毒素血症和革兰氏阳性厌氧菌）
葡萄糖摄入减少或糖异生不足
幼年低血糖症（仔猪，玩具和小型品种的犬）

（续）

牛的酮病
吸收不良综合征
新生幼畜低血糖
严重营养不良
饥饿
导致低血糖的药物效应
乙醇
胰岛素过量
o，p′-DDD
水杨酸
磺酰脲类

二、酮

（一）基本概念

1. 酮体（缓冲酮酸阴离子）是乙酰乙酸、β-羟基丁酸和丙酮。前两种酮是脂质代谢的中间代谢物，而后者是代谢废物。

2. 当碳水化合物消耗和糖异生增加发生时，酮的产生增加。在这种情况下，三羧酸循环中草酰乙酸耗尽并抑制脂肪生成，进而导致产生酮合成的前体乙酰乙酰辅酶 A。

3. 常规的实验室检查通常在酮血症确定之前检测酮尿。

（1）酮的肾阈值很低。肾小球滤过后，酮不能被肾小管上皮细胞完全重吸收，导致酮尿症。通过硝普钠反应的试纸分析可特异性检测酮尿症（见第九章）。

（2）常规生化分析不能特异地检测酮，其在血清中的存在是通过滴定酸中毒（HCO_3^- 或 T_{CO_2} 降低）和阴离子间隙增加间接提示的。但是乳酸酸中毒可能会产生类似的实验室检测异常（见第五章和第九章）。

4. 酮可以为许多组织提供重要的替代能源，其生产是能源短缺情况下的生存机制。乙酰乙酸和β-羟基丁酸呈高度酸性，如果二者在血浆中的浓度很高，常引起酮症酸中毒的临床综合征（见第五章和第十一章）。

（二）酮的测定

1. 大多数定性测试是通过硝普钠反应来检测酮的。该反应特别适用于乙酰乙酸酯和较小量的丙酮；未检测到β-羟基丁酸酯是因为β-羟基丁酸酯是糖尿病酮症酸中毒的主要酮，硝普钠反应的强度与酮症的严重程度无关。已开发β-羟基丁酸酯试纸用于牛奶中酮体的检测。然而，有关β-羟基丁酸酯试纸检测法优于硝普钠方法诊断牛酮症的报道是相互矛盾的。

2. 用于酮定量的牛奶、尿液或血清样本应该是新鲜的，以避免乙酰乙酸酯降解后的假阴性反应：

（1）牛奶可以直接检测。

（2）尿液应用蒸馏水 1∶10 稀释，避免检测尿液的试剂条出现假阳性反应。

（3）血清应该用水按 1∶1 稀释，以避免假阳性反应。

3. 已开发酶法和比色法用于β-羟基丁酸酯定量。咨询执行检测的实验室关于样本处理的说明。

4. 几种药物和内源性物质会导致尿液的假阳性反应。

5. 当计算的阴离子间隙（见第五章）增加时，怀疑可能是酮血症。糖尿病酮症主要是由于β-羟基丁酸引起，其不与硝普钠试剂反应。因此，检测为阴性血清酮时不能排除酮血症是阴离子间隙增加的原因。

（三）酮血症和酮尿症的原因

1. 厌食、饥饿、糖尿病（病例 15）、牛酮病、皱胃移位、羊妊娠毒血症、马肾上腺皮质功能亢进、高脂饲料和牛脂肪肝综合征是酮血症和酮尿症的主要原因。

2. 奶山羊的哺乳期以及犬、山羊和牛（特别是多胎）的妊娠期可能导致酮症。

3. 犬和马的剧烈运动可能导致伴有酮病发生的负能量平衡。脂肪酸释放进入血浆增加以及随后肝脏将脂肪酸转化为酮会导致酮症。

4. 糖尿病酮血症伴有高血糖，而其他原因引起的酮血症通常血糖正常或低血糖。

三、乳酸

（一）基本概念

1. 乳酸是缓冲乳酸的有机阴离子。其在无氧代谢过程中过量产生。

2. 随着组织灌注和氧合作用减少，内源性乳酸产生增多。乳酸可立即扩散到细胞外液中，并分解成氢离子和乳酸。

3. 肠道菌群在碳水化合物摄入过多及偶尔腹泻时外源性乳酸产生增多。吸收的乳酸也分解成氢离子和乳酸盐。

（二）乳酸的测定

1. 用于乳酸定量分析的血液样本必须采集到含有氟化钠的抗凝血剂中，以防止体外糖酵解和乳酸生成增加。已经开发了一种用于乳酸盐浓度即时评估的便携式手持式测量仪的测试方法。

2. 大多数测试方法使用 L-乳酸脱氢酶。这种酶测定法检测 L-乳酸，但不能检测 D-乳酸。D-乳酸可以通过气液色谱或 D-乳酸脱氢酶法测定。

3. 当计算出的阴离子间隙增加并且临床情况与乳酸产生一致时，怀疑血清乳酸盐浓度增高。

4. 血清乳酸测定可用于测定运动耐受性以充分评估心脏的功能。

（三）高乳酸血症的原因

包括休克、过多摄入谷物、持续剧烈运动、糖尿病酮症酸中毒和马疝痛，马疝痛的特征是扭转、窒息或破裂。当血液乳酸浓度非常高时，患畜的预后很差。

参 考 文 献

Adin D B, Oyama M A, Sleeper M M, et al: 2006. Comparison of canine cardiac troponin I concentrations as determined by 3 analyzers. *J Vet Intern Med* 20: 1136-1142.

Apple F S, Murakami M M, Ler R, et al: 2008. Analytical characteristics of commercial cardiac troponin I and T immunoassays in serum from rats, dogs, and monkeys with induced acute myocardial injury. *Clin Chem* 54: 1982-1989.

Ardia D R: 2006. Glycated hemoglobin and albumin reflect nestling growth and condition in American kestrels. *Comp Biochem Physiol* 143: 62-66.

Baker J L, Aleman M, Madigan J: 2001. Intermittent hypoglycemia in a horse with anaplastic carcinoma of the kidney. *J Am Vet Med Assoc* 218: 235-237.

Baker R J, Valli V E O: 1986. A review of feline serum protein electrophoresis. *Vet Clin Pathol* 15: 20-25.

Barrie J, Nash A S, Watson T D G: 1993. Quantitative analysis of canine plasma lipoproteins. *J Small Anim Pract* 34: 226-231.

Barrie J, Watson T D G, Stear M J, et al: 1993. Plasma cholesterol and lipoprotein concentrations in the dog: The effects of age, breed, gender and endocrine disease. *J Small Anim Pract* 34: 507-512.

Batamuzi E K, Kristensen F, Jensen A L: 1996. Serum protein electrophoresis: Potential test for use in geriatric companion animal health programmes. *J Vet Med*, *Series A* 43: 501-508.

Bauer J E: 2004. Lipoprotein-mediated transport of dietary and synthesized lipids and lipid abnormalities of dogs and cats. *J Am Vet Med Assoc* 224: 668-675.

Bauer J E: 1992. Diet-induced alterations of lipoprotein metabolism. *J Am Vet Med Assoc* 201: 1691-1694.

Bauer J E, Brooks T P: 1990. Immunoturbidimetric quantification of serum immunoglobulin G concentration in foals. *Am J Vet Res* 51: 1211-1214.

Bauer J E, Meyer D J, Campbell M, et al: 1990. Serum lipid and lipoprotein changes in ponies with experimentally induced liver disease. *Am J Vet Res* 51: 1380-1384.

Blanchard G, Paragon B M, Serougne C, et al: 2004. Plasma lipids, lipoprotein composition and profile during induction and treatment of hepatic lipidosis in cats and the metabolic effect of one daily meal in healthy cats. *J Anim Phys and Anim Nutr* 88: 73—87.

Boswood A: 2009. Biomarkers in cardiovascular disease: Beyond natriuretic peptides. *J Vet Cardiology* 11: S23-32.

Boswood A: 2004. Editorial: The rise and fall of the cardiac biomarker. *J Vet Intern Med* 18: 797-799.

Bruss M L: 1997. Lipids and Ketones. *In*: Kaneko J J, Harvey J W, Bruss M L (eds): *Clinical Biochemistry of Domestic Animals*, 5th ed. San Diego, Academic Press, pp. 83-115.

Burgener I A, Kovacevic A, Mauldin G N, et al: 2006. Cardiac troponins as indicators of acute myocardial damage in dogs. *J Vet Intern Med* 20: 277-283.

Caldin M, Tasca S, Carli E, et al: 2009. Serum acute phase protein concentrations in dogs with hyperadrenocorticism with and without concurrent inflammatory conditions. *Vet Clin Pathol* 38: 63-68.

Ceciliani F, Grossi C, Giordano A, et al: 2004. Decreased sialylation of the acute phase protein α_1-acid glycoproteinin feline infectious peritonitis (FIP) . *Vet Immunol Immunopathol* 99: 229-236.

Ceron J J, Eckersall P D, Martinez-Subiela S: 2005. Acute phase proteins in dogs and cats: current knowledge and future perspectives. *Vet Clin Pathol* 34: 85-99.

Christopher M M: 1997. Hyperlipidemia and other clinicopathologic abnormalities associated with canine hypothyroidism. *Canine Pract* 22: 37-38.

Christopher M M, O'Neill S: 2000. Effect of specimen collection and storage on blood glucose and lactate concentrations in healthy, hyperthyroid and diabetic cats. *Vet Clin Pathol* 29: 22-28.

Clabough D L, Conboy H S, Roberts M C: 1988. Comparison of four screening techniques for the diagnosis of equine neonatal hypogammaglobulinemia. *J Am Vet Med Assoc* 194: 1717-1720.

Cohn L A, McCaw D L, Tate D J, et al: 2000. Assessment of five portable blood glucose meters, a point-of-care analyzer, and color test strips for measuring blood glucose concentration in dogs. *J Am Vet Med Assoc* 216: 198-202.

Conner J G, Eckersall P D: 1986. Acute phase response and mastitis in the cow. *Res Vet Sci* 41: 126-128.

Connolly D J, Cannata J, Boswood A, et al: 2003. Cardiac troponin I in cats with hypertrophic cardiomyopathy. *J*

Feline Medicine and Surgery 5：209-216.

Connoly D J，Guitian J，Boswood A，et al：2005. Serum troponin I levels in hyperthyroid cats before and after treatment with radioactive iodine. *J Feline Medicine and Surgery* 7：289-300.

Cook N B，Ward W R，Dobson H：2001. Concentrations of ketones in milk in early lactation，and reproductive performance of dairy cows. *Vet Rec* 148：769-772.

Couto C G，Ceron J J，Parra M D，et al：2009. Acute phase protein concentrations in retired racing greyhounds. *Vet Clin Pathol* 38：219-223.

Cray C，Rodrigueaz M，Zaias J：2007. Protein electrophoresis of psittacine plasma. *Vet Clin Pathol* 36：64-72.

Crenshaw K L，Peterson M E，Heeb L A，et al：1996. Serum fructosamine concentration as an index of glycemia in cats with diabetes mellitus and stress hyperglycemia. *J Vet Intern Med* 10：360-364.

Crispin S M，Bolton C H，Downs L G：1992. Plasma lipid and lipoprotein profile of working and pet border collies. *Vet Rec* 130：185-816.

DeBowes L J：1987. Lipid metabolism and hyperlipoproteinemias in dogs. *Compend Contin Educ Pract Vet* 9：727-736.

DeFrancesco T C，Rush J E，Rozanski E A，et al：2007. Prospective clinical evaluation of an ELISA B-type natriuretic peptide assay in the diagnosis of congestive heart failure in dogs presenting with cough or dyspnea. *J Vet Intern Med* 21：243-259.

De LaCorte F D，Valberg S J，MacLeay J M，et al：1999. Glucose uptake in horses with polysaccharide storage myopathy. *Am J Vet Res* 60：458-462.

Diehl K J，Lappin M R，Jones R L，et al：1992. Monoclonal gammopathy in a dog with plasmacytic gastroenterocolitis. *J Am Vet Med Assoc* 201：1233-1236.

Dorfman M，Dimski D S：1992. Paraproteinemias in small animal medicine. *Compend Contin Educ Pract Vet* 14：621-632.

Downs L G，Bolton C H，Crispin S M，et al：1997. Plasma lipoprotein lipids in five different breeds of dogs. *Res Vet Sci* 54：63-67.

Downs L G，Zani V，Wills J M，et al：1994. Changes in plasma lipoprotein during the oestrous cycle of the bitch. *Res Vet Sci* 56：82-88.

Duncan J R，Prasse K W，Mahaffey E A：1994. Proteins，Lipids，and Carbohydrates. *In*：Duncan J R，Prasse K W，Mahaffey E A（eds）：*Veterinary Laboratory Medicine*：*Clinical Pathology*，3rd ed. Ames，Iowa State University Press，pp. 112-129.

Dunkel B，McKenzie H C：2003. Severe hypertriglyceridaemia in clinically ill horses：Diagnosis，treatment，and outcome. *Equine Vet J* 35：590-595.

Eckersall P D，Duthie S，Toussaint M J M，et al：1999. Standardization of diagnostic assays for animal acute phase proteins. *Adv Vet Med* 41：643-655.

Eckersall P D，Saini P K，McComb C：1996. The acute phase response of acid soluble glycoprotein，alpha-1-acid glycoprotein，ceruloplasmin，haptoglobin and C-reactive protein，in the pig. *Vet Immunol Immunopathol* 51：377-385.

Ford R B：1993. Idiopathic hyperchylomicronaemia in miniatureschnauzers. *J Small Anim Pract* 34：488-492.

Frank N，Sojka J E，Latour M A：2002. Effect of withholding feed on concentration and composition of plasma very low density lipoprotein and serum nonesterified fatty acids in horses. *Am J Vet Res* 63：1018-1021.

Garry F，Adams R，Aldridge B：1993. Role of colostral transfer in neonatal calf management：Current concepts in diagnosis. *Compend Contin Edu* 15：1167-1176.

Gascoyne S C，Bennett P M，Kirkwood J K，et al：1994. Guidelines for the interpretation of laboratory findings in birds and mammals with unknown reference ranges：plasma biochemistry. *Vet Rec* 134：7-11.

Gebhardt C，Hirschberger J，Rau S，et al：2009. Use of C-reactive protein to predict outcome in dogs with systemic inflammatory response syndrome or sepsis. *J Vet Emergency and Critical Care* 19：450-458.

Geishauser T，Leslie K，Kelton D，et al：1998. Evaluation of five cowside tests for use with milk to detect subclinical ketosis in dairy cows. *J Dairy Sci* 81：438-443.

George J W：2001. The usefulness and limitations of hand-heldrefractometers in veterinary laboratory medicine：An historical and technical review. *Vet Clin Pathol* 30：201-210.

German A J，Hervera M，Hunter L，et al：2009. Improvement in insulin resistance and reduction in plasma inflammatory adipokines after weight loss in obese dogs. *Domestic Animal Endocrinology* 37：214-226.

Giraudel J M，Pages J P，Guelfi J F：2002. Monoclonal gammopathies in the dog：A retrospective study of 18 cases (1986-1999) and literature review. *J Am Anim Hosp Assoc* 38：135-147.

Gonzales F H D，Tecles F，Martinez-Subiela S，et al：2008. Acute phase protein response in goats. *J Vet Diagn Invest* 20：580-584.

Grau-Roma L，Heegaard M P H，Hjulsager C K，et al：2009. Pig-major acute phase protein and haptoglobin serum concentrations correlate with PCV2 viremia and the clinical course of postweaning multisystemic wasting syndrome. *Vet Microbiol* 138：53-61.

Greeve J，Altkemper I，Dieterich J-H，et al：1993. Apolipoprotein B mRNA editing in 12 different mammalian species：hepatic expression is reflected in low concentrations of apoB-containing plasma lipoproteins. *J Lipid Res* 34：1367-1383.

Grosche A，Schrodl W，Schusser G F：2006. Specific parameters of blood and peritoneal fluid to indicate the severity of intestinal ischaemia in colic horses. *Tierarztliche Praxix* 34：387-396.

Gruys E，Petersen B，Piniero C，Sankari S，Fuerll M，Paltrinieri S，McDonald T，O' Brien P，Molenaar A，Lampreave F，Heegaard P，Godeau J，Ceron J，Evans G，Hoff B，Torgerson P：2005. The 5th International Colloquium on Animal Acute Phase Proteins Abstracts and Proceedings Book. Dublin，Ireland March 14-15.

Gutierrez A M，Martinez-Subiela S，Soler L，et al：2009. Use of saliva for haptoglobin and C-reactive protein quantifications in porcine respiratory and reproductive syndrome affected pigs in field conditions. *Vet Immunol Immunopathol* 132：218-223.

Hall W F，Eurell T E，Hansen R D，et al：1992. Serum haptoglobin concentration in swine naturally or experimentally infected with Actinobacillus pleuropneumoniae. *J Am Vet Med Assoc* 201：1730-1733.

Higai K，Aoki Y，Azuma Y，Matsumoto K：2005. Glycosylation of site-specific glycans of alpha 1-acid glycoprotein and alterations in acute and chronic inflammation. *Biochimica et Biophysica Acta* 1725：128-135.

Herndon W E，Kittleson M D，Sanderson K，et al：2002. Cardiac troponin I in feline hypertrophic cardiomyopathy. *J Vet Intern Med* 16：558-565.

Herndon W E，Rishniw M，Schrope D，et al：2008. Assessment of plasma cardiac troponin I concentration as a means to differentiate cardiac and noncardiac causes of yspnea in cats. *J Am Vet Med Assoc* 233：1261-1264.

Hirvonen J，Pyorala S：1998. Acute-phase response in dairy cows with surgically-treated abdominal disorders. *Vet J* 155：53-61.

Hoenig M，Wilkins C，Olson J C，et al：2003. Effects of obesity on lipid profiles in neutered male and female cats. *Am J Vet Res* 64：299-303.

Holbrook T C，Birks E K，Sleeper M M，et al：2006. Endurance exercise is associated with increased plasma cardiac troponin I in horses. *Equine Vet J* 36：27-31.

Hollis A R，Boston R C，Corley K T T：2007. Blood glucose in horses with acute abdominal disease. *J Vet Intern Med* 21：1099-1103.

Hulten C，Sandgren B，Skioldebrand E，et al：1999. The acute phase protein serum amyloid A (SAA) as an inflammatory marker in equine influenza virus infection. *Acta Vet Scand* 40：323-333.

Ileri-Buyukoglu T，Guldur T：2005. Dyslipoproteinemias and their clinical importance in several species of domestic animals. *J Am Vet Med Assoc* 227：1746-1751.

Itoh H，Horiuchi Y，Nagasaki T，et al：2009. Evaluation of immunological status in tumor-bearing dogs. *Vet Immunol and Immunopathol* 32：85-90.

Itoh N，Koiwa M，Hatsugaya A，et al：1998. Comparative analysis of blood chemical values in primary ketosis and abomasal displacement in cows. *Zentralbl Veterinarmed* 45：293-298.

Jacobsen S，Kjelgaard-Hansen M：2008. Evaluation of a commercially available apparatus for measuring the acute phase protein serum amyloid A in horses. *Vet Rec* 163：327-330.

Jacobsen S，Kjelgaard-Hansen M，Hagbard Petersen H，et al：2006. Evaluation of a commercially available human serum amyloid A (SAA) turbidometric immunoassay for determination of equine SAA concentrations. *Vet J* 172：315-319.

Jacobsen S，Thomas M H，Nanni S：2006. Concentrations of serum amyloid A in serum and synovial fluid from healthy horses and horses with joint disease. *Am J Vet Res* 67：1738-1742.

Jensen A L：1995. Glycated blood proteins in canine diabetes mellitus. *Vet Rec* 137：401-405.

Jeusette I C，Lhoest E T，Istasse L P，et al：2005. Influence of obesity on plasma lipid and lipoprotein concentrations in dogs. *Am J Vet Res* 66：81-86.

Jones B R：1993. Inherited hyperchylomicronaemia in the cat. *J Small Anim Pract* 34：493-499.

Jones P A，Bain F T，Byars T D，et al：2001. Effect of hydroxyethyl starch infusion on colloid oncotic pressure in hypoproteinemic horses. *J Am Vet Med Assoc* 218：1130-1135.

Jordan E，Kley S，Le N-A，et al：2008. Dyslipidemia in obese cats. *Domestic Anim Endocrinol* 35：290-299.

Jorritsma R，Jorritsma H，Schukken Y H，et al：2001. Prevalence and indicators of post partum fatty infiltration of the liver in nine commercial dairy herds in the Netherlands. *Livestock Prod Sci* 68：53-60.

Kajikawa T，Furuta A，Onishi T，et al：1996. Enzyme-linked immunosorbent assay for detection of feline serum amyloid A protein by use of immunological cross-reactivity of polyclonal anti-canine serum amyloid A protein antibody. *J Vet Med Sci* 58：1141-1143.

Kaneko J J：1997. Carbohydrate Metabolism and its Diseases. *In*：Kaneko J J，Harvey J W，Bruss M L（eds）：*Clinical Biochemistry of Domestic Animals*，5th ed. San Diego，Academic Press，pp. 45-81.

Kaneko J J：1997. Serum Proteins and theDysproteinemias. *In*：Kaneko J J，Harvey J W，Bruss M L（eds）：*Clinical Biochemistry of Domestic Animals*，5th ed. San Diego，Academic Press，pp. 117-138.

Kent J：1992. Acute phase proteins：Their use in veterinary medicine. *Br Vet J* 148：279-282.

Kern M R，Stockham S L，Coates J R：1992. Analysis of serum protein concentrations after severe thermal injury in a dog. *Vet Clin Pathol* 21：19-22.

Kittleson M D，Johnson L E，Pion P D：1996. Submaximal exercise testing using lactate threshold and venous oxygen tension as endpoints in normal dogs and in dogs with heart failure. *J Vet Intern Med* 10：21-27.

Kjelgaard-Hansen M：2009. The use of canine C-reactive protein in clinical practice. *Svensk Veterinartidning* 61：14，19-24.

Kley S，Caffall Z，Tittle E，et al：2008. Development of a feline proinsulin immunoradiometric assay and a feline proinsulin enzyme-linked immunosorbent assay（ELISA）：A novel application to examine beta cell function in cats. *Dom Anim Endocrinol* 34：311-318.

Kluger E K，Hardman C，Govendir M，et al：2009. Triglyceride response following an oral fat tolerance test in Burmese cats，other pedigree cats and domestic crossbred cats. *J Fel Med Surg* 11：82-90.

Klusek J，Kolataj A，Swiderska-Kolacz G：1997. The influence of starvation on the level of some lipids in pigs（short communication）. *Archiv Tierzucht* 40：365-369.

Kohn C W，Knight D，Hueston W，et al：1989. Colostral and serum IgG，IgA，and IgM concentrations in standardbred mares and their foals at parturition. *J Am Vet Med Assoc* 195：64-68.

Kothe R，Mischke R：2009. Fructosamine concentration in blood plasma of psittacides—relevance for diagnostics of diabetes? *Praktishe Tierarzt* 90（2）：102-109.

Kraft W，Weskamp M，Dietl A：1994. Untersuchungen zum serum-cholesterin des hundes. *Tierärztl Prax* 22：392-397.

LaVecchio D，Marin L M，Baumwart R，et al：2009. Serum cardiac troponin I concentration in retired racing greyhounds. *J Vet Intern Med* 23：87-90.

Larsen T，Moller G，Bellio R：2001. Evaluation of clinical and clinical chemical parameters in periparturient cows. *J Dairy Sci* 84：1749-1758.

Link K R，Rand J S：2008. Changes in blood glucose concentration are associated with relatively rapid changes in circulating fructosamine concentrations in cats. *J Feline Med Surg* 10：583-592.

Link K R，Rand J S：1998. Reference values for glucose tolerance and glucose tolerance status in cats. *J Am Vet Med Assoc* 213：492-496.

Linklater A K J，Lichtenberger M K，Tham D H，et al：2007. Serum concentrations of cardiac troponin I and cardiac troponin T in dogs with class IV congestive heart failure due to mitral valve disease. *J Veterinary Emergency and Critical Care* 17：243-249.

Lipperheide C，Gothe C，Petersen B，et al：1997. Haptoglobin quantifications in sera of cattle，pigs and horses with the Nephelometer 100. *Tieraerztliche Umschau* 52：420-422，425-426.

Lobetti R，Dvir E，Pearson J：2002. Cardiac troponins in canine babesiosis. *J Vet Intern Med* 16：63-68.

Lumeij J T：1997. Avian Clinical Biochemistry. *In*：Kaneko J J，Harvey J W，Bruss M L（eds）：*Clinical Biochemistry of Domestic Animals*，5th ed. San Diego，Academic Press，pp. 857-883.

Maldonado E N，Casanave E B，Aveldao M I：2002. Major plasma lipids and fatty acids in four HDL mammals. *Comp Biochem Physiol A Mol Integr Physiol* 132：297-303.

Mansfield C S，James F E，Robertson I D：2008. Development of a clinical severity index for dogs with acute pancreatitis. *J Am Vet Med Assoc* 233：936-944.

Martinez-Subiela S，Ginel P J，Ceron J J：2004. Effects of different glucocorticoid treatments on serum acute phase proteins in dogs. *Vet Rec* 154：814-817.

McGrotty Y L，Knottenbelt C M，Ramsey I K，et al：2003. Haptoglobin concentrations in a canine hospital population. *Vet Rec* 152：562-564.

McGuire T C：1988. Failure of colostral immunoglobulin transfer to calves：Prevalence and diagnosis. *Compend Contin Edu* 4：S35-S39.

Mellanby R J，Herrtage M E：2002. Insulinoma in a normoglycaemic dog with low serum fructosamine. *J Small Anim Pract* 43：506-508.

Merlo A，Rezende B C，Franchini M L，et al：2008. Serum amyloid A is not a marker for relapse of multicentric lymphoma in dogs. *Vet Clin Pathol* 37：79-85.

Merlo A，Rezende B C，Franchini M L，et al：2007. Serum C-reactive protein concentrations in dogs with multicentric lymphoma undergoing chemotherapy. *J Am Vet Med Assoc* 230：522-526.

Mogg T D，Palmer J E：1995. Hyperlipidemia，hyperlipemia，and hepatic lipidosis in American miniature horses：23 cases（1990-1994）. *J Am Vet Med Assoc* 207：604-607.

Moore L E，Garvey M S：1996. The effect of hetastarch on serum colloid oncotic pressure in hypoalbuminemic dogs. *J Vet Intern Med* 10：300-303.

Mori A，Lee P，Mizutani H，et al：2009. Serum glycated albumin as a glycemic control marker in diabetic cats. *J Vet Diagn Invest* 21：112-116.

Murata H，Shimada N，Yoshioka M：2004. Current research on acute phase proteins in veterinary diagnosis：an overview. *Vet J* 168：28-40.

Nakamura M，Takahashi M，Ohno K，et al：2008. C-reactive protein concentration in dogs with various diseases. *J Vet Med Sci* 70：127-131.

Nazifi S，Dadras H，Hoseinian S A，et al：2010. Measuring acute phase proteins（haptoglobin，ceruloplasmin，serum amyloid A，and fibrinogen）in healthy and infectious bursal disease virus-infected chicks. *Comp Clin Pathol* 19：283-286.

Nicholas F，Sojka J E，Latour M A，et al：1999. Effect of hypothyroidism on blood lipid concentrations in horses. *Am J Vet Res* 60：730-733.

Nielsen L，Toft N，Edkersall P D，et al：2007. Serum C-reactive protein concentration as an indicator of remission status in dogs with muticentric lymphoma. *J Vet Intern Med* 21：1231-1236.

Nunokawa Y，Fujinaga T，Taira T，et al：1993. Evaluation of serum amyloid A protein as an acute-phase reactive protein in horses. *J Vet Med Sci* 55：1011-1016.

Orme C E，Harris R C，Marlin D J，et al：1997. Metabolic adaptation to fat-supplemented diet by the thoroughbred horse. *Br J Nutr* 78：443-458.

Oyama M A，Sisson D D：2004. Cardiac troponin I concentration in dogs with cardiac disease. *J Vet Intern Med* 18：831-839.

Paltrinieri S：2007. Early biomarkers of inflammation in dogs and cats：the acute phase proteins. *Vet Res Communications* 31（Suppl. 1）：125-129.

Paltrinieri S：2008. The feline acute phase reaction. *Vet J* 177：26-35.

Paltrinieri S，Giordano A，Tranquillo V，et al：2007. Critical assessment of the diagnostic value of feline α_1-acid glycoprotein for feline infectious peritonitis using the likelihood ratios approach. *J Vet Diagn Invest* 19：266-272.

Paltrinieri S，Metzger C，Battilani M，et al：2007. Serum α_1-acid glycoprotein concentration in non-symptomatic cats with feline coronavirus（FCoV）infection. *Journal of Feline Medicine and Surgery* 9：271-277.

Parra M D，Fuentes P，Tecles F，et al：2006. Porcine acute phase protein concentrations in different diseases in field conditions. *J Vet Med* 53：488-493.

Parraga M E, Carlson G P, Thurmond M: 1995. Serum protein concentrations in horses with severe liver disease: A retrospective study and review of the literature. *J Vet Intern Med* 9: 154-161.

Pazak H E, Bartges J W, Cornelius L C, et al: 1998. Characterization of serum lipoprotein profiles of healthy, adult cats and idiopathic feline hepatic lipidosis patients. *J Nutr* 128: 2747S-2750S.

Petersen H H, Nielsen J P, Heegaard P M H: 2004. Applications of acute phase protein measurements in veterinary clinical chemistry. *Vet Res* 35: 163-187.

Prosek R, Sisson D D, Oyama M A, et al: 2007. Distinguishing cardiac and noncardiac dyspnea in 48 dogs using plasma atrial natriuretic factor, B-type natriuretic factor, endothelin, and cardiac troponin I. *J Vet Intern Med* 21: 238-242.

Radin M J, Sharkey L C, Holycross B J: 2009. Adipokines: A review of biological and analytical principles and an update in dogs, cats, and horses. *Vet Clin Pathol* 38: 136-156.

Rath N: 2003. Acute phase proteins in relation to disease and immunity: An avian paradigm [abstract]. *Immunol Res Workshop* 42-43.

Rath N C, Anthony N B, Kannan L, et al: 2009. Serum ovotransferrin as a biomarker of inflamatory diseases in chickens. *Poultry Science* 88: 2069-2074.

Rayssiguier Y, Mazur A, Gueux E, et al: 1988. Plasma lipoproteins and fatty liver in dairy cows. *Res Vet Sci* 45: 389-393.

Reusch C E, Haberer B: 2001. Evaluation of fructosamine in dogs and cats with hypo-or hyperproteinaemia, azotaemia, hyperlipidaemia and hyperbilirubinaemia. *Vet Rec* 148: 370-376.

Reusch C E, Liehs M R, Hoyer M, et al: 1993. Fructosamine: A new parameter for diagnosis and metabolic control in diabetic dogs and cats. *J Vet Intern Med* 7: 177-182.

Rishniw M, Barr S C, Simpson K W, et al: 2004. Cloning and sequencing of the canine and feline cardiac troponin I genes. *Am J Vet Res* 65: 53-58.

Roman Y, Levrier J, Ordonneau D, et al: 2009. Location of the fibrinogen and albumin fractions in plasma protein electrophoresis agarose gels of five taxonomically distinct bird species. *Revue de Medicine Veterinaire* 160: 160-165.

Rogers K S, Forrester S D: 2000. Monoclonal gammopathy. *In*: Feldman B F, Zinkl J G, Jain N C (eds): *Schalm's Veterinary Hematology*, 5th ed. Philadelphia, Lippincott Williams and Wilkins, pp. 932-936.

Rudloff E, Kirby R: 2000. Colloid osmometry. *Clin Tech Small Anim Pract* 15: 119-125.

Sagawa M M, Nakadomo F, Honjoh T, et al: 2002. Correlation between plasma leptin concentration and body fat contents in dogs. *Am J Vet Res* 63: 7-10.

Saini P K, Webert D W: 1991. Application of acute phase reactants during antemortem and postmortem meat inspection. *J Am Vet Med Assoc* 198: 1898-1901.

Sako T, Mori A, Lee P, Takahashi T, et al: 2008. Diagnostic significance of serum glycated albumin in diabetic dogs. *J Vet Diagn Invest* 20: 634-638.

Schmidt O, Deegen E, Fuhrmann H, et al: 2001. Effects of fat feeding and energy level on plasma metabolites and hormones in Shetland ponies. *J Veterinar Med* 48: 39-49.

Schober K E, Cornand C, Kirbach B, et al: 2002. Serum cardiac troponin I and cardiac troponin T concentrations in dogs with gastric dilatation-volvulus. *J Am Vet Med Assoc* 221: 381-388.

Schulman M L, Nurton J P, Guthrie A J: 2001. Use of the Accusport semi-automated analyser to determine blood lactate as an aid in the clinical assessment of horses with colic. *J South Afr Vet Assoc* 72: 12-17.

Selting K A, Ogilvie G K, Lana S E, et al: 2008. Serum alpha 1-acid glycoprotein concentrations in healthy and tumor-bearing cats. *J Vet Intern Med* 14: 503-506.

Shaw S P, Rozanski E A, Rush J E: 2004. Cardiac troponins I and T in dogs with pericardial effusion. *J Vet Intern Med* 18: 322-324.

Sisson D: 2004. Neuroendocrine evaluation of cardiovascular disease. *Vet Clin North Am Sm An Pract* 4: 1105-1126.

Solter P F, Hoffman W E, Hungerford L C, et al: 1991. Haptoglobin and ceruloplasmin as determinants of inflammation in dogs. *Am J Vet Res* 52: 1738-1742.

Spratt D P, Mellanby R J, Drury N: 2005. Cardiac troponin I: Evaluation of a biomarker for the diagnosis of heart disease in the dog. *J Small Anim Pract* 46 (3): 113-114.

Stockham S L: 1995. Interpretation of equine serum biochemical profile results. *Vet Clinics N Am: Equine Pract* 11: 391-414.

Stoddart M E, Whicher J T, Harbour D A: 1988. Cats inoculated with feline infectious peritonitis virus exhibit a biphasic acute phase plasma protein response. *Vet Rec* 123: 622-624.

Stokol T, Tarrant J M, Scarlett J M: 2001. Overestimation of canine albumin concentration with the bromcresol green method in heparinized plasma samples. *Vet Clin Pathol* 30: 170-176.

Syring R S, Otto C M, Drobatz K J: 2001. Hyperglycemia in dogs and cats with head trauma: 122 cases (1997-1999). *J Am Vet Med* 218: 1124-1129.

Tamamoto T, Ohno K, Ohmi A, et al: 2009. Time-course monitoring of serum amyloid A in a cat with pancreatitits. *Vet Clin Pathol* 38: 83-86.

Thomas L A, Brown S A: 1992. Relationship between colloid osmotic pressure and plasma protein concentration in cattle, horses, dogs, and cats. *Am J Vet Res* 53: 2241-2244.

Thoresen S I, Aleksandersen M, Lonaas L, et al: 1995. Pancreatic insulin-secreting carcinoma in a dog: Fructosamine for determining persistent hypoglycaemia. *J Small Anim Pract* 36: 282-286.

Thoresen S I, Bredal W P: 1999. Serum fructosamine measurement: A new diagnostic approach to renal glucosuria in dogs. *Res Vet Sci* 67: 267-271.

Throop J L, Kerl M E, Cohn L A: 2004. Albumin in health and disease: Protein metabolism and function. *Compend Contin Edu* 26: 932-936.

van den Berg A, Danuser J, Frey J, et al: 2007. Evaluation of the acute phase protein haptoglobin as an indicator of herd health in slaughter pigs. *Animal Welfare* 16: 157-159.

van denBroek A H: 1990. Serum electrophoresis in canine parvovirus enteritis. *Br Vet J* 146: 255-259.

van derKolk J H, Wensing T, Kalsbeek H C, et al: 1995. Lipid metabolism in horses with hyperadrenocorticism. *J Am Vet Med Assoc* 206: 1010-1012.

Vandenplatz M L, Moore J N, Barton M H, et al: 2005. Concentrations of serum amyloid A and lipopolysaccharide-binding protein in horses with colic. *Am J Vet Res* 66 (9): 1509-1515.

Vannucchi C I, Mirandola R M, Oliveira C M: 2002. Acute-phase protein profile during gestation and diestrous: Proposal for an early pregnancy test in bitches. *Animal Reproduction Science* 74 (1-2): 87-99.

Vasquez-Anon M, Bertics S, Luck M, et al: 1994. Peripartum liver triglyceride and plasma metabolites in dairy cows. *J Dairy Sci* 77: 1521-1528.

Velga A P, Price C A, deOliveira S T, Dos Santos A P, Campos R, Barbosa P R, Gonzales F H: 2008.
Association of canine obesity with reduced serum levels of C-reactive protein. *J Vet Diagn Invest*20: 224-228.

Venkatraman G, Harada K, Gomes A V, et al: 2003. Different functional properties of troponin T mutants that cause dilated cardiomyopathy. *J Biol Chem* 278: 41670-41676.

Vitic J, Tosic L, Stevanovic J: 1994. Comparative studies of the serum lipoproteins and lipids in domestic swine and wild boar. *Acta Veterinaria* 44: 49-55.

Watson P, Simpson K W, Bedford P G C: 1993. Hypercholesterolaemia inbriards in the United Kingdom. *Res Vet Sci* 54: 80-85.

Watson T D G, Barrie J: 1993. Lipoprotein metabolism and hyperlipidaemia in the dog and cat: A review. *J Small Anim Pract* 34: 479-487.

Watson T D G, Gaffney D, Mooney C T, et al: 1992. Inherited hyperchylomicronaemia in the cat: Lipoprotein lipase function and gene structure. *J Small Anim Pract* 33: 207-212.

Watson T D G, Love S: 1994. Equine hyperlipidemia. *Compend Contin Educ Pract Vet* 16: 89-98.

Watson T D G, Packard C J, Shepherd J: 1993. Plasma lipid transport in the horse (equus caballus). *Comp Biochem Physiol* 106B: 27-34.

Wiedmeyer C E, DeClue A E: 2008. Continuous glucose monitoring in dogs and cats. *J Vet Intern Med* 22: 2-8.

Wiedmeyer C E, Solter P F: 1996. Validation of human haptoglobin immunoturbidimetric assay for detection of haptoglobin in equine and canine serum and plasma. *Vet Clin Pathol* 25: 141-146.

Weiser M G, Thrall M A, Fulton R, et al: 1991. Granular lymphocytosis and hyperproteinemia in dogs with chronic ehrlichiosis. *J Am Anim Hosp Assoc* 27: 84-88.

Wess G, Reusch C: 2000. Assessment of five portable blood glucose meters for use in cats. *Am J Vet Res* 61: 1587-1592.

Wess G, Reusch C: 2000. Evaluation of five portable blood glucose meters for use in dogs. *J Am Vet Med Assoc* 216:

203-209.

Whitney M S：1992. Evaluation ofhyperlipidemias in dogs and cats. *Semin Vet Med Surg*（*Small Animal*）7：292-300.

Xie H，Newberry L，Clark F D，et al：2002. Changes in serum ovotransferrin levels in chickens with experimentally induced inflammation and diseases. *Avian Diseases* 46：122-131.

Yilmaz Z，Senturk S：2007. Characterization of lipid profiles in dogs with parvoviral enteritis. *J Small Anim Pract* 48（11）：643-650.

Zvorc A，Matijatko V，Beer B，et al：2000. Blood serum proteinograms in pregnant and non-pregnant cows. *Veterinarski Archiv* 70：21-30.

第七章　肝　　脏

Perry J. Bain，DVM，PhD

第一节　肝功能异常的实验室检查

血清生化指标可用于测定多种肝脏异常。其中包括肝细胞损伤和坏死，肝脏合成或分泌功能的改变，胆汁淤积和门静脉循环的变化。

一、肝细胞渗漏/坏死

1. 肝细胞细胞膜通透性的改变，会导致胞质酶漏出到细胞外液中，继而进入到血液中。

2. 漏出可发生在肝细胞的亚致死性损伤或肝细胞坏死过程中。

3. 血清酶活性的升高程度取决于受累肝细胞的数量、损伤的严重程度和酶在血液中的半衰期。

4. 血清酶活性升高，可随着肝细胞的损伤，在几小时内有所表现。

5. 相比于肝功能检测，肝细胞漏出酶的活性是肝损伤的一个更灵敏的指标。

6. 肝细胞损伤通常伴随着细胞肿胀、炎症和/或细胞坏死，这些都可能影响胆汁的排出，从而并发肝内胆汁淤积（和胆汁淤积指标的上升）。

7. 检测肝细胞渗漏的常见血清酶活性指标包括丙氨酸氨基转移酶（ALT）、谷草转氨酶（AST）和山梨醇脱氢酶（SDH）。在不同物种中，这些酶在肝组织内浓度是不同的，在不同肝脏疾病中具有特异性。

二、肝功能质量减退（肝功能不全）

1. 要维持肝脏的正常功能，需要具有一定数量的正常肝细胞。当正常肝细胞的数量低于70%时，才能通过血清生化检查到肝功能的变化。

2. 肝脏功能质量减退机制。

（1）肝细胞损伤或坏死。

（2）慢性肝脏疾病中，由纤维结缔组织取代引起的肝细胞损失（肝硬化）。

（3）肝萎缩（通常与慢性门静脉分流有关）。

3. 实验室常见肝功能评估检验包括：

（1）蛋白合成（白蛋白、α球蛋白和β球蛋白、凝血因子）。

（2）胆红素和胆酸的吸收和分泌。

（3）氨的吸收与尿液中的转化（BUN）。

（4）葡萄糖的内稳态与储存。

（5）肝血窦内枯否细胞（固有巨噬细胞）对肠内抗原与内源性抗体的清除。

（6）外源性色素的吸收与排出［如磺溴酞钠（BSP、磺溴酞）和吲哚菁绿（ICG）］。

三、胆汁淤积

1. 胆汁淤积是胆汁流阻塞或排出的中断。

(1) 肝内胆汁淤积发生在肝内毛细胆管和胆小管。

(2) 肝外胆汁淤积发生在肝外胆总管或胆囊。

(3) 胆汁淤积可能由物理性的胆汁流阻塞（如炎症、感染、胆结石、肿瘤），或代谢紊乱导致（如肝中毒、马禁食、败血症或遗传性胆汁分泌缺陷）。

2. 胆汁淤积可能引起肝细胞膜蛋白酶的激活和释放，如碱性磷酸酶（ALP）和谷氨酰转移酶（GGT），使其在血清中的活性增强。

3. 胆汁淤积还可能由胆汁的潴留或回流造成，导致原本应该通过胆汁排出的物质（胆红素、胆汁酸）在血清中的浓度上升。

4. 胆汁淤积还可能由于胆汁酸的潴留，而导致肝细胞的损伤。这是由胆汁酸对细胞膜的去污剂作用造成的。

四、门静脉血流改变

1. 肝脏的血流是特殊的。

(1) 肝动脉通过体循环为肝脏提供含氧血液。

(2) 门静脉的血液来自于肠道和脾脏。

(3) 肝静脉采集从肝脏流回体循环的血液。

2. 门静脉的血液成分由胃肠道吸收而来。

(1) 胆汁酸、氨基酸、葡萄糖、氨、中等长度脂肪酸和肠道抗原通过门静脉血液被吸收。

(2) 血液通过肝脏回到体循环时，这些物质在肝脏被大量移除。

(3) 当先天或后天的门静脉分流，导致门静脉血液绕过肝脏，直接进入体循环时，这些本该在肝脏内得到清除的成分（如胆汁酸和氨）在血液中的浓度则会上升。

(4) 慢性的门体分流可能导致肝萎缩，这是由于输送到肝脏的肠和胰脏的肝营养因子浓度下降所致。

第二节　肝脏实验室检查

血清生化指标的变化常用于检测肝脏疾病。这些异常可能包括由于肝细胞损伤或酶的激活导致的肝酶活性变化，正常情况下由肝脏清除或排泄的物质浓度增加，或者由肝脏合成的物质浓度的变化。这些血清生化指标的变化可能不是肝脏疾病的特异性变化，也可能并不能指示某种特定的导致肝脏功能缺陷的病因。如溶血性疾病、肝脏功能质量降低或胆汁淤积都可能导致高胆红素血症。肝脏功能质量降低、门体分流或胆汁淤积也可能导致血清中胆汁酸浓度的上升。

一、肝酶变化

检测血清中肝酶活性的变化是评估肝脏疾病的一种灵敏方法。肝酶活性的变化通常能够在肝功能衰竭之前被检测出来。肝酶大致可以被分为两类：肝细胞漏出酶和诱导（或胆汁淤积性）酶。肝组织中的肝酶活性以及其诱导反应具有种间差异。

（一）肝细胞漏出酶

1. 一般特征。

(1) 肝细胞漏出酶是可溶性的胞质酶，在肝细胞中的活性较高（在其他组织中通常也如此）。

(2) 当肝细胞膜在亚致死性损伤或肝细胞坏死过程中发生损伤时，这些酶被释放出来。

（3）肝细胞漏出酶在血清中的活性取决于损伤的肝细胞数量、损伤的严重程度和这些酶在血清中的半衰期。

（4）酶活性的升高程度与肝功能不全的临床症状没有必然联系。

（5）在慢性进行性肝脏疾病中，随时都可能有一部分肝细胞受到损伤或者坏死。因此，在这种情况下，无论是否有临床症状，肝细胞漏出酶的活性都可能保持在正常值范围内或只出现中等程度的升高。

（6）肝萎缩时，可能由于肝细胞数量/功能质量降低，而导致血清中肝酶活性的下降。

（7）在一些病例中，血清中这些酶活性的升高可能来源于其他组织，如骨骼肌或心肌，或者来自红细胞（体外或静脉内溶血）。同时检测特异性指示肌肉损伤的肌酸激酶活性，可鉴别肌肉损伤和肝脏疾病，以排除肌肉损伤这种潜在的导致漏出酶活性升高的因素。

（8）评估的常见胞质酶包括 ALT、AST、SDH、LDH 和 GDH。

2. 丙氨酸氨基转移酶。

（1）这种酶曾称为血清谷丙转氨酶（SGPT）。

（2）在犬猫病例中，血清 ALT 活性的升高发生在亚致死性肝细胞损伤或细胞坏死时。

（3）肌肉坏死也可能导致血清 ALT 的活性升高。

（4）肝 ALT 活性在马、反刍动物、猪和鸟类中是非常低的。这些动物血清 ALT 活性上升更可能是由肌肉损伤引起的。因此，通常大动物的生化检验中并不包含丙氨酸氨基转移酶。

（5）轻度至中度的 ALT 活性上升可能由抗癫痫药、皮质类固醇（犬）和 thiacetarsemide 引起的。这更可能是由轻度的肝细胞损伤引起的，而非诱导反应。

（6）创伤（如汽车撞伤）可能导致 ALT 活性显著升高，这是由同时发生的肝损伤和肌肉损伤共同导致的。与创伤同时发生的失血或休克也可能伴随 ALT 活性升高，这是由于局部缺血继发的肝小叶中心坏死造成的。

（7）在犬体内，ALT 的半衰期约为 60h。

（8）在单一的毒性损伤后，ALT 活性将在 12h 内升高，并维持 1～2d，在间隔 2～3 周后，恢复到正常参考范围。

3. 天冬氨酸氨基转移酶。

（1）这种酶曾称为血清谷草转氨酶（SGOT）。

（2）胞质和线粒体中都存在 AST 的同工酶。在更严重的细胞损伤中，才会导致线粒体中同工酶的释放。

（3）AST 不具有肝脏特异性，它存在于许多组织中。在肝脏或肌肉损伤或溶血时，都可能出现显著的血清 AST 活性升高。

（4）在得出 AST 活性升高是由肝脏疾病导致的结论之前，应该检测肌酸激酶活性以排除肌肉损伤。

（5）红细胞内也含有 AST。因此，血清 AST 活性升高也可能是体内或体外溶血导致的。当出现血凝块时，即使没有出现可见的溶血，也会因为变相溶血导致 AST 活性的升高。

（6）AST 在血液中的半衰期通常比 ALT 短，在犬体内约为 12h。

4. 山梨醇脱氢酶。

（1）在所有动物的肝脏内，SDH 活性都很高。在各种动物研究中，血清 SDH 活性的上升通常被认为是肝脏的特异性指标。

（2）在马、绵羊、山羊和牛的检查中，由于其比 AST 和 ALT 更高的肝脏疾病特异性，SDH 被选为检测肝细胞损伤的指标。

①AST 不是肝脏中的特异性酶。

②肝 ALT 活性在这些物种中过低，不足以作为肝细胞损伤的标志。

（3）血清中 SDH 半衰期较短（短于 12h）；在单一的肝细胞损伤后，SDH 活性可能在几天内恢复到基础值。

（4）在体外，SDH 是不稳定的。

①用于 SDH 试验的血清样本如果不立刻进行检测，应当冷冻保存。

②用于 SDH 试验的血清样本在寄往实验室的过程中不应常温运输。

5. 乳酸脱氢酶。

（1）在许多细胞中，LDH 的活性都很高，因此，该指标不是肝脏特异性的。

（2）LDH 活性上升可能出现在溶血、肌肉损伤或肝细胞损伤中（与 AST 相似）。

6. 谷氨脱氢酶（禽类）。

（1）GDH 是一种胞质酶，在肝坏死时活性上升。

（2）在禽类中，这种酶被认为是肝脏特异性的，但灵敏度较低。

（二）肝诱导酶

1. 一般特征。

（1）这类酶通常为典型的膜结合酶，不会因为膜通透性升高而进入血液中。

（2）血清中这类酶的活性上升，是由酶诱导引起的，典型的诱导因素包括胆汁淤积、药物作用或激素作用。

2. 碱性磷酸酶。

（1）在肝细胞和胆管上皮细胞中，ALP 主要存在于细胞膜上。

（2）ALP 在大动物胆汁淤积的诊断中作用较小（牛、马、绵羊、山羊）。

① ALP 活性在这些动物体内的参考范围较广。因此，用于诊断胆道疾病指标时，灵敏度不高。

② GGT 活性可作为诊断这些动物胆汁淤积的指标。

（3）血清 ALP 活性升高可能发生在：

①胆汁淤积。

②骨溶解或重塑（如骨肿瘤，生长期的年轻动物）。

③使用皮质类固醇治疗库兴氏综合征（犬）。

④使用苯巴比妥（可能由于肝损伤/胆汁淤积造成 ALP 活性升高）。

⑤肝结节性增生（犬）。

⑥马疝气。

⑦猫脂肪肝。

⑧猫甲状腺机能亢进。

（4）ALP 在其他组织中存在同工酶，血清中的酶活性会因此变化。

①来源于 2 种 ALP 基因型（肠道和组织非特异型）的不同的糖基化酶被认为是同工酶。

②在血清化学检验中，通常检测血清总 ALP 活性。但同工酶可以通过电泳进行区分，或选择性抑制同工酶活性。

③临床上，重要的 ALP 同工酶来源包括肝脏、骨、肠道和皮质类固醇诱导。ALP 的皮质类固醇诱导型只在犬体内被证实。

（5）ALP 同工酶可通过不同的电泳迁移率进行区分，或在体外通过化学或加热的方法进行抑制。

①肝源性碱性磷酸酶（LALP）。

A. 肝内或肝外性胆汁淤积可导致 ALP 活性的显著上升，其中以 LALP 为主。

B. ALP 活性的升高是指示胆汁淤积的灵敏指标，并早于高胆红素血症出现。局部的胆汁淤积可能只导致 ALP 活性升高而不引起高胆红素血症。

C. 猫的 LALP 活性低于犬，其半衰期也更短。

D. 在猫胆汁淤积病例中，ALP 活性的升高通常没有 GGT 活性的升高显著。但猫脂肪肝则例外；在这样的病例中，ALP 活性的升高通常比 GGT 活性的升高更显著。

E. ALP 活性的升高常见于猫甲状腺机能亢进。这种活性的升高可能同时由肝源性和骨源性的同工酶造成。

F. 犬的 LALP 同工酶半衰期约为 72h。

②皮质类固醇诱导源性碱性磷酸酶（CALP）

A. 内源性或外源性的糖皮质激素可能导致犬 ALP 活性的显著升高（高达正常水平的 200 倍）。

B. 在使用皮质类固醇治疗的早期，血清中的 ALP 活性上升是由 LALP 造成的 。

C. 随着皮质类固醇治疗的进行，CALP（肠源性 ALP 的另一种糖基化形式，在肝脏合成）逐渐增加，几周后成为血清 ALP 活性升高的主要类型。

D. 在肾上腺皮质机能亢进的病例中，当疾病被发现时，CALP 通常是 ALP 的主要类型。

E. 在停止使用糖皮质激素后，升高的血清 ALP 活性可能会持续数周，甚至数月。

F. 在体外使用左旋咪唑或热灭活能够区分部分 ALP 的同工酶。

a. 在使用左旋咪唑或热灭活后，主要保存下来的是 CALP 和 IALP。

b. 在使用左旋咪唑或热灭活后，LALP 和 BALP 活性显著下降或被消除。

c. 使用左旋咪唑或热灭活处理样本后，ALP 活性上升，则可认定 CALP 上升。

G. CALP 活性还可能由药物治疗（包括抗癫痫药）、肝脏肿瘤或糖尿病等慢性疾病导致。

H. 犬血清中 CALP 同工酶的半衰期约为 72h。

③骨源性碱性磷酸酶（BALP）。

A. 幼龄、快速生长期的动物、有溶解性或增生性骨损伤（如骨肉瘤、浆细胞性骨髓瘤）的动物，或骨吸收活跃（如原发性或继发性甲状腺机能亢进）的动物 BALP 活性可能升高（高于成年动物正常值的 3 倍）。

B. 据报道，西伯利亚爱斯基摩犬（哈士奇）有良性家族性高磷酸酯酶血症。患犬表现出显著的 ALP（主要为 BALP）活性上升，而没有其他肝脏疾病的临床症状。

C. 苏格兰㹴的 ALP 活性平均值很高（超过 1 500 IU/L），在没有肝脏疾病或皮质类固醇治疗史的苏格兰㹴中也如此。

D. 在体外，BALP 和 LALP 可以通过小麦胚芽凝集素沉淀 BALP 进行区分。但该鉴别技术仅用于科研。

E. 患有骨肉瘤的犬，血清碱性磷酸酶活性上升，则存活期缩短。

F. 犬血清 BALP 半衰期约为 72h。

④肠及胎盘源性碱性磷酸酶（IALP）。

A. 在犬猫体内，IALP 仅占总血清 ALP 活性的一小部分。然而 IALP 在犬猫肠道内活性很强，在血清半衰期很短（短于 6min），对血清 ALP 活性影响不大。

B. 动物体内的胎盘源性的 ALP 活性可能在妊娠后期升高。犬胎盘源性 ALP 在血液中的半衰期短于 6min。

C. 患有疝气的马可能因为 IALP 活性的上升而表现为血清 ALP 活性上升。其腹水中的 ALP 活性也可能上升。

3. γ 谷氨基转移酶（GGT 或 γ GT）。

（1）GGT 与 ALP 相似，主要与肝细胞的刷状缘或微绒毛、胆道上皮细胞、肾小管上皮细胞和乳腺上皮细胞（尤其在哺乳期）有关。

（2）血清中 GGT 活性的上升是由与肝细胞或胆道上皮细胞相关的酶诱导引起的。

（3）胆汁淤积可导致血清 GGT 活性上升。

（4）在猫、马和牛体内，GGT 是诊断胆汁淤积更灵敏（相较于 ALP）的指标。

（5）马和牛发生严重的肝坏死时，GGT 也可能升高，这可能是由胆道上皮细胞坏死引起的。

（6）在犬体内，使用皮质类固醇可能导致血清 GGT 活性上升。犬、绵羊和牛的初乳中 GGT 活性较高。

①新生幼仔血清 GGT 活性可能非常高（高达成年动物 GGT 活性1 000倍）。

②在这些动物体内，GGT 可以作为被动转移试验的指标。

③泌乳期的乳腺上皮细胞可能成为这种酶活性升高的来源。

(7) 对于禽类来说，GGT 是诊断胆道疾病的首选指标。

(8) 犬血清 GGT 的半衰期约为 3d。

(9) 肾小管损伤时，尿液中的 GGT 活性可能升高。尿液中的 GGT：肌酐比值可作为肾毒性的早期指标。

二、肝吸收、结合与分泌检测

(一) 胆红素

1. 代谢（图 7.1）。

(1) 胆红素是一种色素，由血红蛋白和肌红蛋白中的亚铁血红素，以及小部分非亚铁血红卟啉分解形成。

(2) 大部分胆红素由单核巨噬细胞产生。

(3) 禽类缺乏胆绿素还原酶，无法合成大量的胆红素。

(4) 在肠道内，胆红素被细菌代谢为尿胆素原。尿胆素原可以重吸收，也可以通过尿液排出。当进入胃肠道的胆红素增多（溶血性疾病）时，尿液中的尿胆素原浓度可能升高，而在动物发生胆汁运输障碍或肠道吸收不良时则降低。

2. 胆红素的种类。

(1) 非结合胆红素。

①非结合胆红素是非水溶性的。

②非结合胆红素通过离子键与白蛋白结合，在血液中运输。

(2) 结合胆红素。

①非结合胆红素在肝细胞膜上与白蛋白解离，然后通过膜转运蛋白进入肝细胞内。

②在肝细胞中，非结合胆红素与葡萄糖醛酸结合形成结合胆红素，成为水溶性分子。

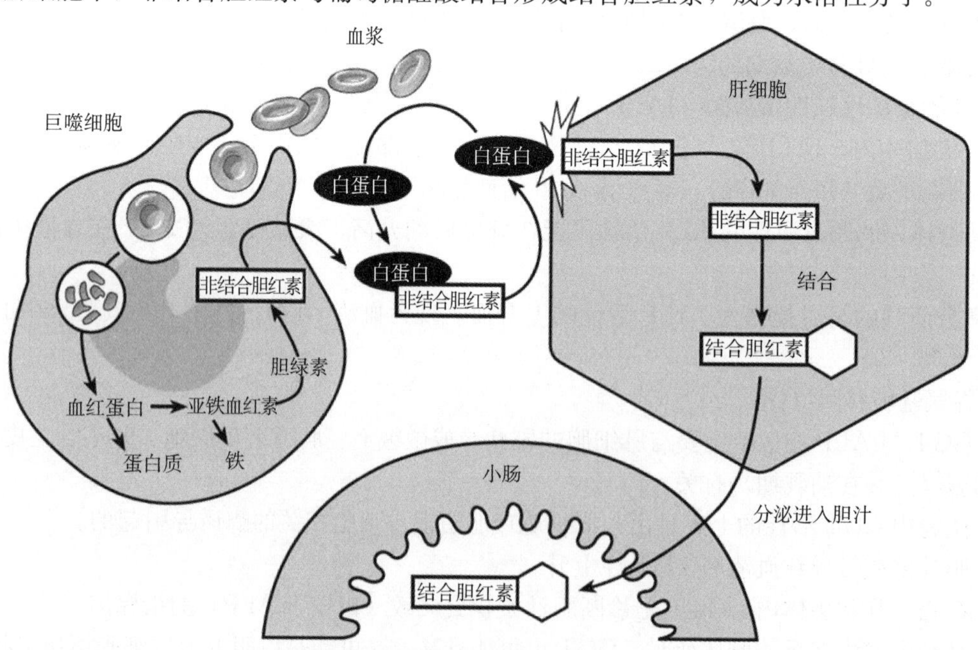

图 7.1 胆红素代谢

胆红素由血红蛋白分解形成。非结合胆红素通过血液（通过离子键与白蛋白结合）运输至肝脏。非结合胆红素被肝细胞吸收、形成结合胆红素，分泌至胆汁中。

③结合胆红素分泌进入胆小管，通过胆道系统流入小肠。

（3）胆素蛋白（δ-胆红素）。

①胆素蛋白是一种与血清白蛋白通过共价键不可逆结合的结合胆红素。

②胆素蛋白含量的变化可能出现在高胆红素血症的病例中。

③胆素蛋白的主要意义在于它在血清中的半衰期很长（基本相当于白蛋白的半衰期）。

④在肝病治愈后，可观察到高浓度的胆素蛋白，这可能导致长期的高胆红素血症。

3. 胆红素的检测。

（1）检测胆红素的基础是重氮反应。

①结合胆红素可直接与检测试剂反应，形成一种偶氮染料。

②非结合胆红素只有在添加了增溶剂后才能与该检测试剂反应。

（2）直接胆红素是指不加入酒精的胆红素浓度。直接胆红素可代表结合胆红素的浓度。

（3）总胆红素是在反应物中加入增溶剂后测得的胆红素含量。

（4）间接胆红素是指总胆红素与直接胆红素间的差值。间接胆红素可代表非结合胆红素的浓度。

4. 高胆红素血症是指血清中的胆红素浓度升高。高胆红素血症可能导致可见的组织或体液（皮肤、巩膜、牙龈、血清等）变色，这种情况称为黄疸。导致高胆红素血症的病因包括：

（1）胆红素合成增加（肝前性高胆红素血症）。

①由溶血性疾病导致的红细胞破坏增加，或内出血均可能增加胆红素的合成。

②胆红素的浓度超过了肝脏吸收、结合和/或分泌的能力。

（2）肝脏对胆红素的吸收和结合减少（肝性高胆红素血症）。

①由于肝功能损伤导致其对胆红素的吸收结合能力下降。

②马厌食或禁食后，肝细胞吸收的胆红素减少。在这种情况下，在其他方面表现健康的马，其总胆红素浓度可达 10 mg/dL。

③败血症可能引起胆红素的吸收减少。

（3）胆汁淤积（肝后性高胆红素血症）。

①分泌进入胆囊的胆红素减少。

②肝脏肿瘤、脂肪肝引起的肝细胞肿胀或皮质类固醇引起的肝病可能导致肝内胆汁流的物理性阻碍。

③胆管炎、胆结石、胆囊炎和胰腺炎可能导致肝外性胆汁淤积。

5. 胆红素尿症。

（1）结合胆红素通过肾小球滤过进入尿液中。

（2）非结合胆红素和胆素蛋白与白蛋白结合。这些复合物较大，难以通过肾小球滤过进入尿液中。

（3）犬肾小管上皮细胞具有一定的结合和将胆红素排入尿液的能力。健康的犬，尤其是雄性犬，在浓缩尿（相对密度＞1.040）中常可以检测出胆红素尿。

（4）胆红素尿症通常早于高胆红素血症出现，尤其是在肝性或肝后性高胆红素血症的病例。

（5）在严重的胆红素尿症中，尿沉渣内可能出现胆红素结晶。

6. 高胆红素血症中的结合胆红素与非结合胆红素。

（1）非结合胆红素与结合胆红素的相对浓度可用于推测高胆红素血症的病因。

（2）理论上，肝前性和肝性高胆红素血症中以非结合胆红素为主，而肝后性高胆红素血症中则以结合胆红素为主。

（3）可以根据以下因素对结合胆红素与非结合胆红素的相对含量进行评价。

（4）非结合胆红素在溶血性疾病中占优势地位（肝前性高胆红素血症）。然而，如果肝脏分泌胆红素的能力过载，也可能出现结合胆红素浓度的升高。

（5）在马和牛体内，任何病因导致的高胆红素血症，通常都以非结合胆红素为主要类型。

（6）肝细胞的损伤可能同时导致 2 种胆红素的浓度升高。

①非结合胆红素浓度升高是由于肝细胞损伤后，肝脏吸收和结合胆红素 的能力下降。

②结合胆红素浓度的升高是由于肝细胞肿胀，引起了肝内胆汁淤积。

（7）肝后性胆道阻塞可能导致结合胆红素浓度升高。而胆汁淤积继发的肝损伤则可能导致非结合胆红素浓度的升高。

（8）在犬猫的肝前性或肝后性高胆红素血症病例中，结合和非结合胆红素同时存在。

（9）除检测结合胆红素与非结合胆红素的百分比外，检测其他的实验室指标能够为判断高胆红素血症的病因提供更多的信息。

①贫血提示溶血性疾病，尤其是在有其他溶血性贫血征兆（球形红细胞、抗球蛋白试验阳性、海因小体等）时。

②GGT 或 ALP 活性上升与高胆红素血症伴发时，提示胆汁淤积。

（二）胆绿素（禽类）

1. 禽类缺乏胆绿素还原酶，因此，亚铁血红素的主要分解产物为胆绿素而非胆红素。

2. 禽类胆绿素血症很少见。然而在肝脏疾病的病例中，可以看到粪便中含有被胆汁染绿的尿酸盐。

（三）胆汁酸（图 7.2）

1. 胆汁酸（也称为胆盐）在肝脏内由胆固醇合成。它们结合并分泌进入胆汁，在小肠发挥溶解脂肪、协助脂肪消化的作用。

2. 胆汁中的大部分胆汁酸通过门静脉循环重吸收，再利用。这个过程称为肝肠循环。肝细胞窦状隙侧的转运蛋白能够高效地将门静脉血液中的胆汁酸吸收。

3. 在胆汁淤积的病例中，胆汁酸可能因去污剂效应对肝细胞的细胞膜造成损伤。

4. 胆汁酸检测。

（1）犬猫需要检测血清中胆汁酸的基础值（禁食）和餐后值。进食会使大量的胆汁从胆囊进入小肠。餐后 2h 检测胆汁酸浓度能够提升该检测的灵敏度，为检测肝脏对胆汁酸的重吸收功能提供更加严格的检测方法。

（2）餐后的血清样本通常比较混浊，可能会对分光光度计产生干扰，而导致胆汁酸浓度的假性升高。在进行血清生化分析之前，清除脂蛋白的操作可能同时清除与脂蛋白结合的胆汁酸。

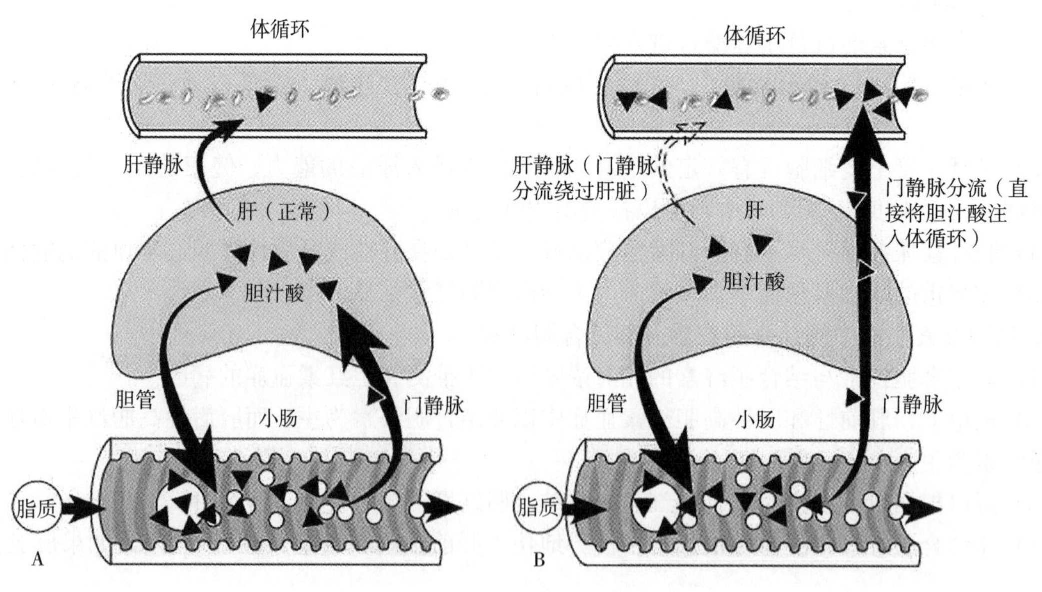

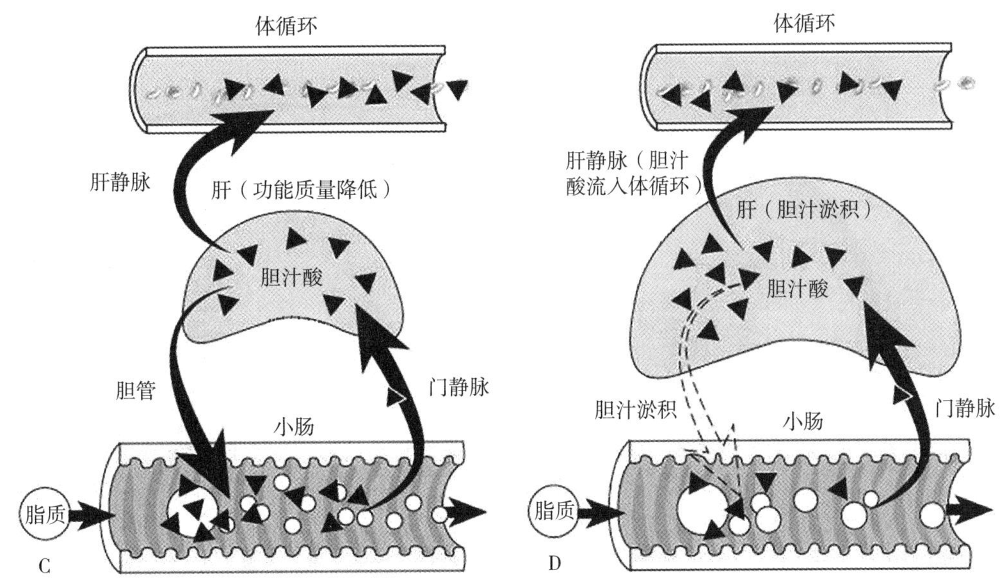

图 7.2 胆汁酸代谢

A. 胆汁酸由肝脏产生，通过胆管进入小肠，辅助脂肪消化。大部分胆汁酸随即通过门静脉循环被重吸收。在健康动物体内，门静脉血中大部分的胆汁酸（70%～95%）被肝细胞重吸收，并重新分泌进入胆汁（肝肠循环） B. 胆汁酸代谢。门静脉分流导致血液绕过肝脏，使门静脉血液直接进入循环系统。肝细胞从全身循环血液中清除胆汁酸的效率较低，血清胆汁酸水平上升 C. 胆汁酸代谢。随着肝脏功能质量下降，门静脉血中胆汁酸的清除效率下降，导致血清中胆汁酸水平上升 D. 胆汁酸代谢。在胆道阻塞性疾病中，胆汁酸进入循环系统中，导致胆汁酸水平上升

(3) 马只需要进行单次胆汁酸检测。因为马没有胆囊，因此，测定餐后的血液样本没有意义。

(4) 禽类胆汁酸浓度的分析与哺乳动物相似，但餐后的反应更多变。

(5) 啮齿类动物由于胆汁酸的参考区间较宽，对肝脏疾病的指示性并不灵敏。

(6) 胆汁酸在室温下相对稳定。

5. 胆汁酸浓度升高。

(1) 门静脉分流是导致胆汁酸浓度升高的主要病因。

①门静脉血（含有较高浓度的胆汁酸）绕过肝脏，直接进入体循环。从体循环中吸收胆汁酸没有从门静脉血中高效。

②慢性的门静脉分流导致的肝萎缩引起肝脏功能质量下降，由此导致肝脏从血液中清除胆汁酸的能力下降。

(2) 在一些门静脉分流的病例中，胆汁酸浓度的基础值可能在参考范围内，而餐后的胆汁酸浓度上升。

(3) 在肝衰竭病例中，肝脏功能质量降低导致胆汁酸的循环再利用减少，而使胆汁酸浓度的上升。

(4) 胆汁淤积会导致胆汁酸回流至血液中，从而导致胆汁酸浓度上升。

(5) 胆囊收缩异常可能导致基础胆汁酸浓度上升。

6. 胆汁酸浓度降低。

(1) 小肠疾病（回肠吸收不良）可能导致胆汁酸再吸收的减少。这可能使并发的肝病的评估更加复杂。

(2) 虽然胆汁酸在肝脏合成，但在肝衰竭时，通常不会观察到胆汁酸浓度的下降。这可能是由于胆汁酸的重吸收和再利用，同时也因为血清中胆汁酸的参考范围较低。

(四) 氨 (图 7.3)

1. 氨由胃肠道菌群降解氨基酸和尿素产生。

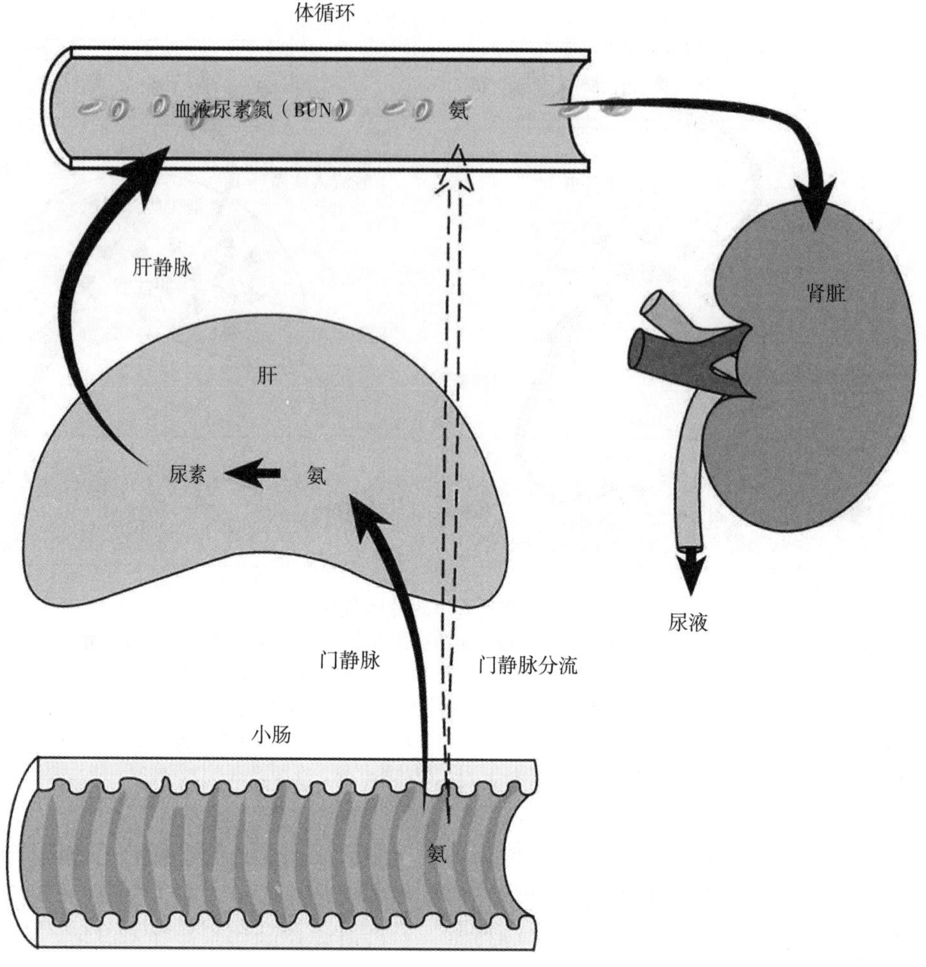

图 7.3 氨代谢

氨通过胃肠道内菌群产生（与氨基酸在细胞内的代谢类似），再通过门静脉循环进入肝脏。大部分氨在肝脏内转变为尿素。尿素进入循环系统（尿素氮），再排入尿液中。发生门静脉分流时，氨绕过肝脏进入循环系统，导致高氨血症（虚线箭头）。

(1) 部分氨来自其他的细胞中的氨基酸脱氨基作用。

(2) 胃肠道中产生的氨通过门静脉循环进入肝脏。

(3) 哺乳动物通过肝尿素循环酶将氨转变为尿素。

(4) 禽类的血氨浓度高于哺乳动物。

2. 由于氨不稳定，在进行精确检测时需要采用特殊的方法。

(1) 血液样本采集时需使用无氨肝素。

(2) 应立刻分离血浆中的血细胞。

(3) 样本需要置于冰上冷却，并立刻进行分析（15～30min 为宜）。

(4) 如果样本不能及时进行分析，则需要将样本进行速冻，并在 2d 内进行分析。

(5) 样本的不稳定，以及需要进行特殊处理使得血氨浓度的检测在临床上的应用受到了限制。

3. 进行血氨基础值检测的血液样本通常在禁食 8～12h 后采集。

4. 通过氨耐受测试能够提高检测氨吸收与代谢损伤的灵敏度。

(1) 如果已出现高氨血症，则禁用该方法。因为可能导致中枢神经系统损伤。

(2) 犬使用的氯化铵溶液剂量为 100mg/kg(20%，*W/V*，最大用量为 3g)，可以通过口服或胃管给药。

(3) 检测基础血氨浓度以及给药 30min 后的血氨浓度。

(4) 当动物的肝功能正常时，刺激后血氨浓度应该与基础值持平或升高 2 倍。而肝功能不全的动物在刺激后，血氨浓度会上升基础值的 3～10 倍。

5. 高氨血症（血氨浓度上升）。

(1) 肝功能不全可能因为肝脏吸收氨和将其转化为尿素的能力下降而导致高氨血症。

①血液尿素氮的浓度也可能由于转化为尿素的氨减少而降低。

②肝功能质量损失 70%以上，才会在血氨的基础值中表现出高氨血症。氨耐受测试能够在肝脏功能损伤达到这种程度以前检测到肝脏疾病。

(2) 门静脉分流可能因门静脉血绕过肝脏进入体循环而导致高氨血症。由门静脉分流导致的肝萎缩可能进一步加重高氨血症。

①先天性门静脉分流的动物，通常血氨浓度可达到基础值的 3～10 倍。

②门静脉分流的动物的血氨基础值有时也在参考范围内。在这样的病例中，如果需要观察高氨血症则需要进行氨耐受测试。

(3) 重尿酸铵盐晶体可能出现在高氨血症动物的尿液中。

(4) 饲喂过多以尿素或氨化饲料添加剂作为非蛋白氮源饲料的反刍动物可能出现高氨血症。瘤胃菌群将尿素降解为氨，氨又被重吸收进入体循环。

(5) 先天性尿素循环酶缺失引起的高氨血症在犬中有报道，但很罕见。

(五) 肝光敏性

1. 叶赤素是一种卟啉，是由草食动物的胃肠道菌群降解叶绿素形成的。这种物质通过门静脉循环被肝细胞吸收，并分泌进胆汁中。

2. 肝功能异常时，叶赤素进入体循环，并在皮肤沉积。

3. 沉积在皮肤的叶赤素在阳光下发生反应，形成自由基，从而导致炎症和坏死。

4. 患病动物发生皮炎，皮肤的无毛和/或无色素部位症状最为严重。

(六) 染料清除试验

1. 磺溴酞钠（BSP）和吲哚菁绿（ICG）是 2 种能够被肝脏从血液中清除并分泌进入胆汁的有机染料。

2. 这 2 种染料在静脉注射后的清除率被用于检测肝功能和胆汁流。

3. 技术上的困难限制了染料的获取，高昂的价格也极大的限制了这种测试在研究中的使用。在临床诊断中，这种检测方法主要被胆汁酸检测替代。

三、受肝脏合成功能与内稳态变化影响的测试

肝脏能够对血清中许多成分的合成和平衡产生影响。肝脏功能质量的损失可能导致某些分析物的合成减少或浓度降低。随着肝衰竭的发生，某些血清成分的肝内稳态也可能发生变化。这些分析物的量在疾病中可能发生较大的波动。然而，因为肝脏强大的储备功能，这些异常通常在肝脏功能质量损失约 70%以上后才能被检测出来。

(一) 葡萄糖

1. 肝脏功能质量减少（损失 70%以上）可能出现葡萄糖内稳态的异常。

2. 肝糖原储存的减少和胰岛素清除减少可能导致禁食性低血糖症。

3. 肝功能不全引起肝脏从门静脉血液吸收的葡萄糖减少（肝功能不全和/或门静脉分流），而导致餐后高血糖延长。

(二) 白蛋白和球蛋白浓度、白蛋白与球蛋白之比

1. 血清内白蛋白的半衰期相对较长（7～10d）；因此，白蛋白的异常可能出现在急性肝脏疾病中。

2. 低白蛋白血症可能与慢性肝衰竭或肝萎缩伴发。

(1) 低白蛋白血症并非肝功能不全的特异性指标。

(2) 低白蛋白血症还可能出现在绝食、恶病质、吸收不良、出血、引起蛋白尿的肾小球疾病、引起蛋白损失的肠道疾病、严重的渗出性皮肤病、肠道寄生虫、高蛋白渗出性疾病或炎症的病例中。

3. 一些 α 球蛋白和 β 球蛋白在肝功能不全时浓度也会下降，但是这种变化通常对总球蛋白水平的影响不大。

4. 在慢性肝脏疾病中，低白蛋白血症通常与高球蛋白血症（β 球蛋白和 γ 球蛋白升高）同时出现，从而导致白蛋白/球蛋白比降低。

（三）凝血

1. 维生素 K 依赖性凝血因子（凝血因子Ⅱ、凝血因子Ⅶ、凝血因子Ⅸ和凝血因子Ⅹ）以及纤维蛋白原均由肝脏合成。

2. 肝脏功能质量的损失或合成通路被干扰（维生素 K 拮抗剂或缺乏）可能使这些因子的活性降低。

3. 维生素 K 依赖性因子在血液中的半衰期相对较短（尤其是凝血因子Ⅶ）。因此，这些因子的缺乏可能会出现在急性肝脏疾病中。

4. 如果凝血因子活性下降到基础活性的 30%以下，血凝试验（凝血酶原时间，活化部分凝血活酶时间）得出的时间将会延长。

第三节　肝脏疾病的生化概况

不同种类的肝脏疾病会表现出不同模式特征的生化检测异常。通常不能根据生化检测异常的特征来确诊某一种特定的肝脏疾病，但可以此来确定肝脏疾病的大致种类或排除一些病因。

一、多灶性肝坏死

（一）临床特征

1. 微小的点状坏死灶遍布全部肝脏。

2. 此种肝坏死通常伴发于感染性疾病。

（二）典型实验室检查结果

1. 血清中肝细胞漏出酶活性上升。

2. 受肝脏功能改变或胆汁淤积影响的分析物可能仍处于正常参考范围内，或有所升高。

二、组织缺氧导致的肝小叶中心损伤

（一）临床特征

1. 缺氧主要影响肝小叶中心的细胞，它们距离肝脏的动脉血供和含氧血最远。

2. 可能出现心血管疾病或贫血征兆，但通常没有肝脏疾病的临床症状。

3. 可能出现高蛋白腹水，尤其是犬。

（二）典型实验室检查结果

1. 肝细胞漏出酶的血清活性可能轻度或中度升高。

2. 与胆汁淤积相关的检测结果可能在正常参考范围内，因为胆小管分布在肝小叶的外周，通常不会受小叶中心损伤的影响。

3. 评估肝功能与门静脉血流的指标检测结果通常在正常参考范围内。

4. 如果组织缺氧是由溶血性贫血引起的，还可能出现高胆红素血症。

三、急性次广泛性或广泛性肝坏死

（一）临床特征

1. 亚致死性损伤或坏死导致大量肝细胞损伤。

2. 该类疾病通常发生在肝中毒时。

(二) 典型实验室检查结果

1. 肝细胞漏出酶的血清活性由于大量肝细胞损伤而显著升高。

2. 有时会伴发胆汁淤积，胆汁淤积性疾病的相关指标也会升高。

3. 肝功能通常受到损伤。白蛋白浓度通常在正常参考范围内（因为其半衰期较长），但可能出现凝血异常。

4. 评估门静脉血流的指标在正常参考范围内。

四、大病灶肝损伤

(一) 临床特征

1. 这些病变包括脓肿、梗死或只累及小部分肝脏的肿瘤。

2. 通常不表现出肝脏疾病的临床症状。

(二) 典型实验室检查结果

1. 在疾病的急性期，血清肝漏出酶活性可能升高。由于只有小部分肝脏受到影响，因此，酶活性会轻度或中度上升。

2. 当发生慢性肝损伤时，血清酶活性可能在正常参考范围内。

3. 其他的实验室检查指标通常在正常参考范围内。

4. 反刍动物发生肝脓肿时，可能只表现出多克隆 γ 球蛋白。

五、脂肪肝

(一) 临床特征

1. 糖尿病、急性胰腺炎（猫）、肝中毒、炎性肠道疾病、甲状腺机能亢进、绝食或厌食（尤其是肥胖的猫）可能并发脂肪肝。

2. 甘油三酯在肝脏中的沉积超过了肝脏分泌脂蛋白的速度。

3. 甘油三酯沉积在肝细胞中，导致肝细胞肿胀和细胞膜损伤。通过肝脏活检或穿刺细胞学检查，可在显微镜下看到肝细胞内的脂质小泡。

4. 大体上可见肝脏广泛性的肿胀，颜色苍白。

(二) 典型实验室检查结果

1. 由于肝细胞膜通透性改变，肝漏出酶的血清活性升高。

2. 随着肝细胞肿胀压迫胆小管，发生肝内性胆汁淤积，胆红素和胆汁酸浓度以及 ALP 活性都会升高，有时 GGT 活性也会升高。

3. 猫在发生脂肪肝时，ALP 活性通常比 GGT 活性的升高更显著 ，而 GGT 活性可能维持在正常参考范围内。

4. 可能伴发高氨血症。

5. 白蛋白浓度通常不受影响。

6. 患有脂肪肝的猫凝血试验（PT 和 PTT）时间可能延长，但在临床上不会表现出出血性素质。

六、皮质类固醇性肝病

(一) 临床特征

1. 只伴发于使用糖皮质激素治疗或肾上腺皮质机能亢进的犬。

2. 由于糖原沉积，导致广泛性的肝细胞颗粒变性和肿胀。

(二) 典型实验室检查结果

1. 血清肝细胞漏出酶活性升高。

2. ALP 活性通常显著升高。

(1) 通常影响 CALP 的浓度。这种同工酶能够耐过左旋咪唑和热处理。

(2) 新近进行的皮质类固醇治疗引起的 ALP 活性升高可能以 LALP 为主。

3. 由于肝细胞肿胀压迫胆小管，可能出现胆汁淤积。

4. 白蛋白、血氨和胆汁酸的浓度以及凝血功能通常不受影响。

七、胆管炎、胆管肝炎和肝外性胆道疾病

(一) 临床特征

1. 病变包括与肝脏无关的肝外阻塞和累及胆管的肝内疾病。

2. 当胆道发生完全阻塞时，可能出现无胆汁粪（因缺乏胆色素的苍白粪便）。

3. 间歇出现或偶发的临床症状包括厌食，昏睡，发热，呕吐，体重下降，肝肿大和黄疸。

(二) 典型实验室检查结果

1. 胆汁酸和胆红素浓度，ALP 和 GGT（受胆汁淤积影响）活性均升高。

2. 血清肝细胞漏出酶活性轻度或中度上升。

3. 由于胆汁酸是消化脂肪所必需的增溶剂，完全胆道阻塞会导致脂溶性维生素 K 的同化不良，可能引起凝血异常。

4. 血氨浓度保持在正常参考范围内。

八、慢性进行性肝病

(一) 临床特征

1. 慢性炎症、中毒、金属沉积（如铜、铁）可能导致肝实质进行性的不易察觉的损伤。

2. 在肝病晚期（肝硬化），正常的肝脏结构被纤维、再生的肝细胞结节和增生的胆管取代，导致正常的门静脉循环和胆汁流中断。

(二) 典型实验室检查结果

1. 血清肝细胞漏出酶（ALT、AST、SDH）活性特征性的升高。但血清酶活性可能随着疾病的进程和受累肝细胞的减少而平稳地降低。

2. 胆汁淤积的指标（胆红素、ALP、GGT、胆汁酸）通常升高。

3. 门静脉血流受限以及继发的循环通路重建可能导致后天性的门静脉分流，胆汁酸和血氨浓度的上升。

4. 如果肝脏功能质量损失大于 70%，可能出现低白蛋白血症、禁食性低血糖和凝血异常。

5. 由于枯否细胞减少，门静脉血液中的抗体和/或抗原的清除减少，可能出现多克隆 γ 球蛋白。

九、先天性门静脉分流

(一) 临床特征

1. 门静脉分流可能发生在肝内，也可能发生在肝外。

2. 进入肝脏的肠道和胰腺门静脉营养因子减少会导致肝萎缩。

3. 患病动物可能出现肝功能不全的临床症状，如由低血糖所致的虚弱，严重的低白蛋白血症导致的水肿，以及高氨血症和其他神经毒性物质沉积导致的各种神经症状（肝性脑病）。

4. 肝脏微血管发育不良（微观门静脉分流）可单发，也可伴发于门静脉分流。

5. 患肝脏微血管发育不良犬的病情没有门静脉分流患犬严重。

(二) 典型实验室检查结果

1. 血氨基础值和血清胆汁酸浓度可能上升。

(1) 部分患病动物的胆汁酸浓度基础值可能保持在正常参考范围内。

（2）为评估肝功能，需检测餐后胆汁酸浓度。

2. 胆汁淤积的相关指标以及肝细胞漏出酶活性通常保持在正常参考范围内。

3. 根据肝萎缩的程度，肝脏合成能力下降可能导致低白蛋白血症或尿素氮浓度的降低。

4. 患有门静脉分流的动物通常表现为小红细胞性贫血。

5. 后天性门静脉分流的患病动物表现相似，还可能伴随造成分流的原发疾病，出现肝脏酶活性的升高。

十、原发性或转移性肝肿瘤

1. 临床症状与实验室检查结果是多变的。

2. 实验室检查结果通常表现为胆汁淤积的相关指标以及肝细胞漏出酶活性的变化，但指标的升高程度与肿瘤大小以及侵袭性程度没有必然联系。

3. 实验室检查结果在一些肿瘤病例中可能与慢性进行性肝病或大病灶性肝损伤相似（表 7.1）。

表 7.1 肝脏疾病患病动物的典型生化特征

疾病	胞质酶（ALT、AST、SDH）	诱导酶（ALP、GGT）	胆红素	胆汁酸	白蛋白
多灶性肝坏死	↑[a]	N	N	N	N
组织缺氧/心脏病	↑	N	N[b]	N	N
急性大面积坏死	↑	N to ↑	N to ↑	N to ↑	N
大病灶损伤	N to ↑	N to ↑	N	N	N
猫脂肪肝	↑	↑[c]	↑	↑	N
皮质类固醇性肝病	↑	↑	↑	↑	N
胆管炎/胆道阻塞	N to ↑	↑	↑	↑	N to ↓
慢性进行性肝病	N to ↑	↑	↑	↑	N to ↓
先天性门静脉分流	N	N	N to ↑	↑	N to ↓
肿瘤	N to ↑	N to ↑	N to ↑	N to ↑	N to ↓

ALP=碱性磷酸酶，ALT=丙氨酸氨基转移酶，AST=天门冬氨酸氨基转移酶，GGT=谷氨酰转移酶，SDH=山梨醇脱氢酶。

a. N=正常（在参考范围内），↑=升高，↓=降低。

b. 如果组织缺氧是由溶血性疾病导致的，则可能表现出高胆红素血症。

c. 在该情况下，ALP 活性的升高通常比 GGT 显著。

参 考 文 献

Anwer M S，Meyer D J：1995. Bile acids in the diagnosis，pathology，and therapy of hepatobiliary diseases. *Vet Clin North Am Small Anim Pract* 25：503-517.

Bayly W M，Brobst D F，Elfers R S，et al：1986. Serum and urinary biochemistry and enzyme changes in ponies with acute renal failure. *Cornell Vet* 6：306-316.

Britti D，Massimini G，Peli A，et al：2005. Evaluation of serum enzyme activities as predictors of passive transfer status in lambs. *J Am Vet Med Assoc* 226：951-955.

Bunch S E：1993. Hepatotoxicity associated with pharmacologic agents in dogs and cats. *Vet Clin North Am Small Animal Pract* 23：659-670.

Center S A，Baldwin B H，Dillingham S，et al：1986. Diagnostic value of serum gamma-glutamyl transferase and alkaline phosphatase activities in hepatobiliary disease in the cat. *J Am Vet Med Assoc* 188：507-510.

Center S A，Crawford M A，Guida L，et al：1993. A retrospective study of 77 cats with severe hepatic lipidosis：1975-1990. *J Vet Intern Med* 7：349-359.

Center S A：1995. Pathophysiology and Laboratory Diagnosis of Hepatobiliary Disorders. *In*：Ettinger S J，Feldman E C (eds)：*Textbook of Veterinary Internal Medicine*：*Diseases of the Dog and Cat*，4th ed. WB Saunders，Philadelphia，pp. 1261-1312.

Center S A：1999. Chronic liver disease：Current concepts of disease mechanisms. *J Small Animal Pract* 40：106-114.

Christiansen J S，Hottinger H A，Allen L，et al：2000. Hepatic microvascular dysplasia in dogs：a retrospective study of 24 cases (1987-1995) . *J Am Anim Hosp Assoc* 36：385-389.

Craig A M，Pearson E G，Rowe K：1992. Serum bile acid concentrations in clinically normal cattle：Comparison by type，age，and stage of lactation. *Am J Vet Res* 53：1784-1786.

Dial S M：1995. Clinicopathologic evaluation of the liver. *Vet Clin North Am Small Anim Pract* 25：257-273.

Garzotto C K，Berg J，Hoffmann W E，et al：2000. Prognostic significance of serum alkaline phosphatase activity in canine appendicular osteosarcoma. *J Vet Intern Med* 14：587-592.

Gieger T L，Hosgood G，Taboada J，et al：2000. Thyroid function and serum hepatic enzyme activity in dogs after phenobarbital administration. *J Vet Intern Med* 14：277-281.

Guglick M A，MacAllister C G，Ely R W，et al：1995. Hepatic disease associated with administration of tetanus antitoxin in eight horses. *J Am Vet Med Assoc* 206：1737-1740.

Harr K E：2002. Clinical chemistry of companion avian species：a review. *Vet Clin Pathol* 31：140-151.

Hoffmann W E，Baker G，Rieser S，Dorner J L：1987. Alterations in selected serum biochemical constituents in equids after induced hepatic disease. *Am J Vet Res* 48：1343-1347.

Hoffman W E，Solter P F：2008. Diagnostic Enzymology in Domestic Animals. *In*：Kaneko J J，Harvey J W，Bruss M L (eds.)：*Clinical Biochemistry of Domestic Animals*，6th ed. Academic Press，San Diego，pp. 351-378.

Horney B S，Honor D J，MacKenzie A，et al：1993. Stability of sorbitol dehydrogenase activity in bovine and equine sera. *Vet Clin Pathol* 22：5-9.

Horney B S，Farmer A J，Honor D J，et al：1994. Agarose gel electrophoresis of alkaline phosphatase isoenzymes in the serum of hyperthyroid cats. *Vet Clin Pathol* 23：98-102.

Lawler D F，Keltner D G，Hoffman W E，et al：1996. Benign familial hyperphosphatasemia in Siberian huskies. *Am J Vet Res* 57：612-617.

Lumeij J T，Westerhof I：1987. Blood chemistry for the diagnosis of hepatobiliary disease in birds. A review. *Vet Quarterly* 9：255-261.

Lumeij，J T：1994. Hepatology. *In*：Ritchie B W，Harrison G J，Harrison L R (eds)：*Avian Medicine*：*Principles and Application*. Wingers Publishing，Inc.，Lake Worth，FL，pp. 523-537.

Mahaffey E A，Lago M P：1991. Comparison of techniques for quantifying alkaline phosphatase isoenzymes in canine serum. *Vet Clin Pathol* 20：51-55.

Martin R A：1993. Congenital portosystemic shunts in the dog and cat. *Vet Clin North Am Small Anim Pract* 23：609-623.

McGorum B C，Murphy D，Love S，et al：1999. Clinicopathological features of equine primary hepatic disease：A review of 50 cases. *Vet Rec* 145：134-139.

Muller P B, Taboada J, Hosgood G, et al: 2000. Effects of long-term phenobarbital treatment on the liver in dogs. *J Vet Intern Med* 14: 165-171.

Nestor D D, Holan K M, Johnson C A, et al: 2006. Serum alkaline phosphatase activity in Scottish Terriers versus dogs of other breeds. *J Am Vet Med Assoc* 228: 222-224.

Rothuizen J, van den Ingh T: 1988. Covalently protein-bound bilirubin conjugates in cholestatic disease of dogs. *Am J Vet Res* 49: 702-704.

Rutgers H C, Batt R M, Vaillant C, et al: 1995. Subcellular pathologic features of glucocorticoid-induced hepatopathy in dogs. *Am J Vet Res* 56: 898-907.

Sanecki R K, Hoffmann W E, Gelberg H B, et al: 1987. Subcellular location of corticosteroid-induced alkaline phosphatase in canine hepatocytes. *Vet Pathol* 24: 296-301.

Saulez M N, Cebra C K, Tornquist S J: 2004. The diagnostic and prognostic value of alkaline phosphatase activity in serum and peritoneal fluid from horses with acute colic. *J Vet Intern Med* 18: 564-567.

Solter P F, Hoffmann W E: 1999. Solubilization of liver alkaline phosphatase isoenzyme during cholestasis in dogs. *Am J Vet Res* 60: 1010-1015.

Solter P F, Hoffmann W E, Hungerford L L, et al: 1993. Assessment of corticosteroid-induced alkaline phosphatase isoenzyme as a screening test for hyperadrenocorticism in dogs. *J Am Vet Med Assoc* 203: 534-538.

Sterczer A, Gaal T, Perge E, Rothuizen J: 2001. Chronic hepatitis in the dog—A review. *Vet Quarterly* 23: 148-152.

Swenson C L, Graves T K: 1997. Absence of liver specificity for canine alanine aminotransferase (ALT). *Vet Clin Pathol* 26: 26-28.

Tennant B C, Center S A: 2008. Hepatic Function. *In*: Kaneko J J, Harvey J W, Bruss M L (eds.): *Clinical Biochemistry of Domestic Animals*, 6th ed. Academic Press, San Diego, pp. 379-412.

Webster C R L: 2004. History, clinical signs, and physical findings in hepatobiliary disease. *In*: Ettinger S J (ed): *Textbook of Veterinary Internal Medicine*, 6th ed. W. B. Saunders Co., Philadelphia, pp. 1422-1435.

West H J: 1996. Clinical and pathological studies in horses with hepatic disease. *Equine Vet* J 28: 146-156.

West H J: 1997. Clinical and pathological studies in cattle with hepatic disease. *Vet Res Commun* 21: 169-185.

第八章　消化系统

Heather L. Tarpley, DVM, and Denise I. Bounous, DVM, PhD

第一节　胰腺炎的实验室检查

针对胰腺外分泌部的实验室检验主要探查两类疾病：胰腺炎和坏死，胰腺外分泌不足。

胰腺炎是由活化的消化酶破坏胰腺组织引起。胰腺炎的临床表现包括轻度亚临床症状，威胁生命的坏死性炎症以及持续数月至数年的临床症状。胰腺炎的急慢性主要由组织学诊断确定，通常无法通过体格检查或实验室检查区分。急慢性胰腺炎均可出现温和或严重的表现。家畜胰腺炎多见于犬和猫，但马、牛和禽类也有报道。综合临床症状，实验室检查以及影像学（超声和/或放射学）检查后可以做出胰腺炎的初步诊断。确诊需要组织病理学检查。急性胰腺炎可见化脓性炎症、坏死和水肿。慢性胰腺炎可见持续性的结构破坏、纤维化、单核细胞（淋巴细胞）炎症。慢性活动性胰腺炎可表现出急性和慢性胰腺炎的组织学病变特征。

常规生化指标检查敏感性和特异性均较差，不可用于胰腺炎的确诊。但全血细胞计数、生化指标（犬淀粉酶和脂肪酶）检查、尿检以及针对胰腺的特异性检查可用于胰腺炎的鉴别诊断。胰腺炎的发生常与其他系统的疾病有关。全面的实验室检查有利于其他器官疾病的排查。

一、血清酶活性生化检查

（一）腺泡产生和储存的酶或酶原（无活性的酶前体）可能因胰腺细胞受损进入血浆，导致血清酶活性增加

随着病程发展，储存的酶耗竭加之酶合成障碍可能导致血清酶活性下降。淀粉酶和脂肪酶由胰腺外分泌部非特异性产生，测定其血清活性有助于诊断犬胰腺炎，但对猫胰腺炎没有诊断价值。

（二）血清酶活性

1. 特点。

（1）动物体内只生成 α 淀粉酶。以活性形式分泌，可在 α-1,4 连接处将碳水化合物水解呈麦芽糖和葡萄糖。

（2）血清活性单位为 U/L。

（3）胰腺、肝和小肠是血清淀粉酶的主要来源。

（4）在健康动物，血清淀粉酶主要来自于十二指肠黏膜。切除胰腺后不影响血清淀粉酶活性，说明大部分酶活性来源于非胰腺组织。

（5）除犬外，动物没有唾液淀粉酶。

（6）淀粉酶经肾小球滤过，由肾小管上皮重吸收并灭活；尿液中有微量酶活性。

（7）肝脏枯否氏细胞也重吸收、灭活少量淀粉酶。

（8）犬急性胰腺炎时，血清淀粉酶活性可能仍在参考范围值内。血清淀粉酶的假阴性结果比血清

脂肪酶常见。

(9) 研究表明，给予糖皮质激素可能降低血清淀粉酶活性。

(10) 血脂症可能抑制淀粉酶活性。血脂症干扰可由样本稀释或血清净化技术排除。

2. 高淀粉酶血症的判读（表 8.1）。

(1) 犬或禽类胰腺炎常见高淀粉酶血症，猫少见。

表 8.1 高淀粉酶血症和高脂肪酶血症病因

高淀粉酶血症
胰腺炎
肾病
引起巨淀粉酶产生增加/清除减少的疾病
糖尿病
胃肠疾病
肿瘤
肝胆疾病
胰腺手术
高脂肪酶血症
胰腺炎
肾病
腹膜炎
胃肠炎
肝病
肠梗阻
内脏手术
肿瘤（可能很严重）
糖皮质激素

①胰腺腺泡细胞受损或腺管堵塞可引起淀粉酶进入血管或淋巴管中。

②淀粉酶活性越高（参考值的 3～4 倍或更高），胰腺疾病可能性越高。胰腺炎时可达参考值的 7～10 倍。

③犬出现胰腺炎时，淀粉酶在 12～48h 内达到峰值，随后的 8～14d 内逐步下降到参考值以内。

④淀粉酶活性诊断犬胰腺炎的敏感性和特异性分别为 62%～78%和 57%～77%。

(2) 高淀粉酶血症诊断犬胰腺炎特异性差。非胰腺疾病也可引起高淀粉酶血症：肾病、糖尿病、胃肠道疾病、肿瘤（如淋巴肉瘤、血管肉瘤）以及肝胆疾病。

①血清淀粉酶测定包含巨淀粉酶，一种绑定免疫球蛋白的淀粉酶复合物。

A. 因体积巨大，巨淀粉酶的肾滤过受阻。

B. 巨淀粉酶占总淀粉酶的 5%～62%，犬肾病和/或肾小球滤过率降低时，血清巨淀粉酶浓度增加，所以，肾病时可见高淀粉酶血症。

②影响血清淀粉酶浓度的非胰腺疾病常造成轻度至中度的酶活性升高。

③因为非胰腺疾病也引起高淀粉酶血症，因此，为了更好地诊断犬胰腺炎，应该同时测定血清淀粉酶和脂肪酶，两者变化趋势往往一致。

（三）脂肪酶

1. 特点。

(1) 脂肪酶水解甘油三酯。

(2) 血清脂肪酶活性单位是 U/L。

(3) 血清脂肪酶来源于包括胰腺和胃的多种组织。脂肪酶有相似的功能，难以依靠测定方法区分不同来源的脂肪酶。

①犬胰腺摘除后，血清脂肪酶比摘除前只降低了 50%。

②患胰腺外分泌不足的犬与健康犬的血清脂肪酶活性没有显著差异。

(4) 血浆内的脂肪酶由肾脏清除和灭活。

(5) 溶血直接抑制脂肪酶活性。

2. 高脂肪酶血症的判读（表 8.1)。

(1) 犬的血清脂肪酶活性达正常值 3 倍或以上，提示出现急性胰腺炎。

①犬胰腺炎时，脂肪酶活性在 24h 内升高并在 2～5d 内达到峰值（比淀粉酶活性升高幅度高)。

②血清脂肪酶活性诊断犬胰腺炎的敏感性和特异性不高，分别为 60%～75%和 50%～75%。

(2) 肾脏清除减少可引起血清脂肪酶活性比参考值高 2～3 倍。

(3) 腹膜炎、胃炎、肠炎、肝病、肠梗阻、开腹手术时对内脏的损伤、肿瘤等均可引起血清脂肪酶活性升高。

①血清脂肪酶活性可能比参考值高 2～3 倍。

②脂肪酶的来源未知。

(4) 未发生胰腺炎时，给予糖皮质激素可使未知来源的血清脂肪酶活性比参考值升高 5 倍，甚至更多。

(5) 高脂肪酶血症与特定肿瘤有关。

①犬胰腺癌或肝癌可导致严重高脂肪酶血症（参考值上限的 11～93 倍)。

②胆管癌和胃肠道淋巴肉瘤也可引起血清脂肪酶活性升高。

二、胰腺疾病的特异性实验室检查

(一) 种属特异性胰腺脂肪酶免疫反应活性 (PLI)

1. PLI 只测定来自胰腺外分泌部的血清脂肪酶，单位是 μg/L。

2. PLI 是目前兽医临床犬猫胰腺炎敏感性和特异性最高的实验室检查方法。

3. 该检查方法适用于犬和猫。

(1) 现在得克萨斯 A&M 大学的胃肠道实验室以及 IDEXX 参考实验室可提供基于 PLI 技术的种属特异性胰腺脂肪酶商业化检测服务。

①犬胰腺炎 PLI 诊断 (cPLI) 敏感性和特异性分别为 81%和 96%。

②猫胰腺炎 PLI 诊断 (fPLI) 敏感性和特异性分别为 67%和 91%（放射免疫检测法)。病情越严重敏感性和特异性越高。

A. fPLI 对温和或轻度/慢性胰腺炎的敏感性为 54%，高于任何其他非侵入性检查手段（包括血清淀粉酶和脂肪酶活性、猫胰蛋白酶样免疫反应、放射影像学、腹部超声和计算机断层扫描)。

B. 一项研究表明，fPLI 对猫中度至重度胰腺炎的诊断敏感性和特异性达 100%。

(2) IDEXX SNAP® cPL™是犬胰腺脂肪酶的“床边化”检测，与参考实验室提供的 PLI 测试相关性达 95%。

①测试结果计为“正常”或“异常”。

②结果为“异常”时可对比参考实验室检测结果。

③此项检测不适用于猫。

4. 肾小球滤过率、胃炎、口服强的松均不影响 cPLI 结果。

5. 在猫实验性胰腺炎中，fPLI 比猫胰蛋白酶样免疫反应 (fTLI) 升高时间更长。

6. fPLI 对于诊断猫的其他疾病也很重要。

(1) 猫胰腺炎往往与其他其他疾病有关（如肝脂沉积、糖尿病、胆管炎、胆管肝炎、炎性肠病、间质性肾炎、维生素 K 反应性凝血障碍)。

(2) 常规生化检验可能揭示其他器官的异常，但不能提示胰腺炎。胰腺炎的鉴别诊断对临床有重要意义。

(3) 近期研究表明，相当数量的糖尿病患猫 fPLI 指数升高。建议对糖尿病患猫，特别是病情难以控制的病例，进行 fPLI 检测。

(二) 胰蛋白酶样免疫反应 (TLI)

1. TLI 是针对血清胰蛋白酶原和胰蛋白酶的种属特异性检测。

2. 胰蛋白酶原和胰蛋白酶主要来自于犬胰腺外分泌部。尽管没有研究支持，但猫胰蛋白酶原和胰蛋白酶被认为只来自于胰腺。TLI 对胰腺疾病诊断特异性高，并可以间接反映胰腺功能。

3. 健康动物只有很少量的胰蛋白酶原和胰蛋白酶进入血管中。胰腺损伤/胰腺炎时，血清胰蛋白酶原和胰蛋白酶活性升高。

4. 犬 TLI 诊断敏感性和特异性分别为 35%和 65%。

5. 猫 TLI 诊断敏感性和特异性分别为 35%和 65%。

6. 低敏感性导致 TLI 不是犬猫胰腺炎的确诊依据。

(1) TLI 半衰期短可能是敏感性低的原因。发病数小时内 TLI 就可能回到参考区间内。临床症状初起时进行 TLI 检测有效性最高。

(2) 慢性胰腺炎时，血清酶浓度可能难以测出。

7. 肾功能不全时 TLI 可能升高。

8. 有报道称，营养不良的非胰腺炎患犬 TLI 也会升高。

9. 总之，血清 TLI 检测可用于未伴发肾病的胰腺炎诊断。TLI 升高程度与疾病严重程度无关。

10. TLI 只能在参考实验室进行。

(三) 胰蛋白酶原活性多肽 (TAP)

1. TAP 由小肠内肠激酶切割胰蛋白酶原生成。该多肽主要出现在肠腔中，但胰腺炎时，胰蛋白酶原异常活化会导致血浆和腹腔内浓度升高。肾脏彻底清除循环系统内的 TAP。

2. 血清 TAP 显著升高提示严重的胰腺炎或肾病。排除肾病后，TAP 显著升高提示预后不良，有必要进行积极治疗。

3. 温和胰腺炎时 TAP 不升高，限制了其作为胰腺炎单一诊断指标的应用。

4. 有效性不高加之科学评估不足导致血清和尿液 TAP 测定不能作为犬猫胰腺炎诊断的依据。

三、胰腺炎和坏死的补充实验室检查

(一) 全血细胞计数

1. 出现轻度红细胞增多或轻度至中度贫血。呕吐引起的体液重新分布和脱水可造成红细胞相对增多。胰腺炎常因炎症或病程长造成非再生性贫血。

2. 白细胞变化多样。

(1) 中性粒细胞轻度增多可引起轻度白细胞增多，胰腺炎也可出现伴随核左移的白细胞显著增多，以及伴随退行性核左移的白细胞减少。

(2) 白细胞增多最常见于坏死性胰腺炎或胰腺脓肿。

(3) 中性粒细胞可能出现中毒性表现（见第二章）。

(4) 淋巴细胞减少、嗜酸性粒细胞减少以及单核细胞增加可能是皮质类固醇或应激白细胞象的表现，这是由疾病导致的内源性皮质醇合成增加引起的。

3. 胰腺炎时血小板减少可能由消化酶进入循环系统导致的弥散性血管内凝血引起。

(二) 血清生化异常

1. 饥饿性高脂血症。

(1) 高甘油三酯血症（高脂血症）。

①在胰腺坏死时，一种由胰腺产生的血脂清除酶、脂蛋白脂肪酶可能失活，导致暂时性高脂血症。

②糖尿病作为胰腺炎的后遗症，可能导致高脂血症。

（2）高胆固醇血症。

2. 可能出现高蛋白血症（常为相对性）或低蛋白血症（包括低清蛋白血症）。

3. 脱水引起的肾小球滤过率降低可导致肾前性和肾性氮质血症。

4. 肝缺血或门静脉血吸收的代谢产物引起的肝中毒可导致 ALT 和 AST 升高。

5. 肝细胞脂肪变性或炎症压迫胆小管或胆总管可引起 ALP 升高以及高胆红素血症。

6. 高血糖可继发于以下情况：

（1）胰岛 α 细胞分泌胰高血糖素。胰高血糖素随后可能促进糖原储备动员。

（2）肾上腺髓质和皮质可能分别分泌儿茶酚胺和皮质醇，促进糖原分解和糖异生，导致暂时性高血糖。

（3）胰岛 β 细胞受损可能导致暂时性或持续性糖尿病。

7. C-反应蛋白增多。

（1）急性胰腺炎时，C-反应蛋白（CRP），一种炎症、感染和组织破坏（包括创伤引起的坏死）激发的阳性急性期蛋白，通常增加。

（2）炎症时，CRP 升高可能早于白细胞增多症及/或核左移。

（3）将 CRP 作为判断胰腺炎严重程度和治疗效果指标的可能性还没有得到严格评估。

8. 电解质浓度变化，通常低于参考值。

（1）低钙血症和低钾血症是最常见的电解质异常。

（2）低钙血症的机制未知，但可能与脂肪皂化或白蛋白结合的钙随白蛋白一同进入渗出液有关。

（3）低钙血症，特别是钙离子浓度低于 1.0 mmol/L 时，预后不良。胰腺炎时的低钙血症常伴发严重疾病。

（三）尿液检验

1. 胰腺酶滤出过多会导致肾小球损伤，引起蛋白尿。

2. 持续性糖尿提示伴发糖尿病。

（四）腹水评估

1. 可见腹腔渗出性积液，特征是积液内包含脂滴、红细胞和中性粒细胞（非腐败性渗出液）。

2. 渗出液中淀粉酶和脂肪酶的活性可能高于血清中的活性。

（五）猫胰腺炎，特别是慢性胰腺炎，常伴发其他疾病

猫最常见的胰腺炎伴发病包括肝胆疾病、肾病、炎性肠病和糖尿病。

四、犬、猫胰腺炎诊断步骤

（一）犬

1. 易感品种（如迷你雪纳瑞）或近期更换食物、过度饲喂、摄取高脂食物的犬出现呕吐，前腹侧疼痛或发热时，应怀疑胰腺炎。

2. 进行常规实验室检查（全血细胞计数，包括淀粉酶和脂肪酶在内的血清生化检验，尿液检验）。

3. 将血清送往参考实验室进行犬 PLI 检验，或者在医院内进行 SNAP® cPL™检测。PLI 是胰腺炎敏感性和特异性最高的非侵入性检验。

4. 参考 TLI 检测。与 PLI 相比，TLI 特异性尚可，但敏感性不足。

5. 超声检查有助于诊断。

6. 比较血清和腹腔的淀粉酶活性有助于胰腺炎诊断。胰腺炎时腹腔淀粉酶活性高于血清的活性。

7. 组织学检查可以确诊胰腺炎，但对患病动物有麻醉风险。

（二）猫

1. 猫出现原因不明的非特异性嗜睡、厌食、脱水以及体重减轻时，高度怀疑胰腺炎。

2. 如果未接种疫苗或免疫情况未知，检测猫白血病病毒和猫免疫缺陷病病毒。

3. 进行常规实验室检查（全血细胞计数、生化检验、尿液检验）。尽管胰腺炎患猫的结果可能均位于参考值，但该检验有助于排除其他疾病并评估动物整体状况。

4. 通过参考实验室进行猫 PLI 检测。fPLI 是检测猫胰腺炎敏感性和特异性最高的非侵入性检验。

5. 对 6 岁以上动物进行甲状腺功能亢进检查。

6. 尽管敏感性不足以确诊，但腹部放射线摄影和/或超声检查有助于诊断。

7. 如果怀疑胰腺炎继发胸腔积液，应进行胸部放射线摄影。

8. 肝功能和胃肠道筛查试验（如胆汁酸或尿硫酸胆汁酸及维生素 B_{12}/叶酸测定）有助于排查其他器官异常。

9. 因为胰腺炎常伴发肠道疾病，所以，建议对胰腺炎患猫进行维生素 B_{12} 检测，当发现维生素 B_{12} 降低时，及时应对可以提高整体治疗效果。

10. 组织学检查可以确诊胰腺炎，但和犬一样，会给胰腺炎患猫带来手术风险。

11. 有专家建议对有弓形虫暴露风险的动物进行 IgG 和 IgM 滴度检测。

12. 血清淀粉酶和脂肪酶活性检验以及计算机断层扫描对诊断猫胰腺炎没有帮助。

13. 研究证实，猫胰腺炎与炎性肠病、胆道疾病有关（3 种疾病并发称为“三体炎”）。切记，猫患上其中 1 种疾病就有患上其他 1 种或 2 种的风险。

第二节 消化不良引起的同化障碍的实验室检查（胰腺外分泌不足）

胃肠道营养物质的同化障碍可继发于消化或吸收不良。消化不良主要由胰腺外分泌不足（EPI）引起。吸收不良常与小肠疾病有关。90%的 EPI 由胰腺外分泌部功能障碍引起，由此导致的消化酶合成不足造成消化不良和营养同化障碍。EPI 的典型临床症状为体重减轻、脂肪便、腹泻和多食；这些症状无法与吸收不良区分。少数 EPI 患猫只表现为体重减轻。

一、犬猫胰腺外分泌不足

1. 犬胰腺外分泌不足病因未知，但疑似与免疫介导的胰腺腺泡破坏有关。

2. 胰腺外分泌不足患犬幼年即出现症状，德国牧羊犬、粗毛柯利犬和其他品种的胰腺外分泌不足与常染色体隐性遗传有关。

3. 胰腺外分泌不足也可继发于老年犬的胰腺肿瘤、慢性胰腺炎和免疫介导性疾病。

4. 继发于胰腺炎损伤的胰腺外分泌不足发展速度取决于胰腺炎的发病频率和严重程度。

5. 猫 EPI 多继发于慢性胰腺炎。

二、EPI 的诊断

犬猫 EPI 的诊断取决于临床症状和胰腺功能检测结果异常。

1. 血清胰蛋白酶样免疫反应（TLI）。

(1) 目前，血清 TLI 浓度检测是首选的犬猫 EPI 非侵入性诊断手段。

(2) 血清 TLI 浓度取决于胰腺实质。当实质减少时，如胰腺萎缩导致 EPI 时，血清 TLI 浓度降低（病例 15）。

(3) 尽管 TLI 敏感性高，但也会出现假阴性结果。

①伴发胰腺炎可使 TLI 进入血液增加。此时即使存在 EPI，TLI 也会位于参考值内，甚至高于参考值。

A. 慢性胰腺炎患病动物中 EPI 数量可能远高于确诊病例。

B. 对于疑似 EPI 但 TLI 值正常的病例可进行其他胰腺功能检测，如粪便蛋白水解活性测定。

C. EPI 伴发糖尿病提示潜在慢性胰腺炎的可能。

②肾功能障碍也会引起 TLI 假阴性结果。

A. 滤过的胰蛋白酶原被小管上皮分解。

B. 肾滤过降低使血清 TLI 半衰期延长。造成 EPI 时，TLI 浓度位于参考区间。

(4) TLI 检测需要动物禁食 12h。口服胰酶不影响血清 TLI 浓度。

(5) 犬 EPI 的 TLI 和 PLI 检测敏感性都较高，但 TLI 比 PLI 特异性更好。少量健康动物会出现 PLI 阳性结果，所以，TLI 是 EPI 的金标准。

(6) TLI 结果长期位于参考值下限，提示亚临床 EPI 及胰腺部分萎缩。这些动物可能不出现腹泻并且常年或终身均处于亚临床状态。

2. 粪便蛋白水解酶活性。

(1) 粪便中蛋白水解酶主要来自于胰腺，包括胰蛋白酶、糜蛋白酶和羧肽酶 A 和羧肽酶 B。

①酶原由胰腺分泌，在十二指肠内激活。

②胰蛋白酶原由十二指肠黏膜分泌的肠激酶激活。随后胰蛋白酶激活其他蛋白酶。

(2) 粪便蛋白水解酶活性测定（偶氮酪蛋白水解试验、放射酶扩散试验、X 线胶片消化试验、凝胶管试验）。

①至少连续采集 3d 的粪便样本，过夜冷冻保存并送至参考实验室检测。

②粪便蛋白水解酶活性的波动可能造成假阳性结果。

③参考实验室的粪便蛋白水解酶活性检测有限。

(3) 可靠的种属特异性 TLI 检测最大限度地减少了粪便蛋白水解酶活性检测在犬猫 EPI 诊断中的应用。

(4) 对于不能进行 TLI 检测的物种，粪便蛋白水解酶活性检测有助于排除慢性腹泻动物患 EPI 的可能。

(5) 蛋白丢失性肠病病例中，血清中 α_1 蛋白酶抑制剂（α_1-PI）进入肠腔。一项研究证实，α_1-PI 浓度增加可以抑制粪便蛋白水解酶活性，从而引起 EPI 假阳性诊断结果。

3. 强烈建议进行维生素 B_{12} 和叶酸测定，EPI 时这 2 个指标常出现异常，缺少这 2 项指标测试可能难以评估动物对 EPI 治疗方案的反应。

4. 胰腺活检的组织学变化对 EPI 诊断有提示意义但不能作为诊断依据。

5. 曾使用苯酪肽［N-苯甲酰基-L-酪氨酰-β-氨基苯甲酸（BT-PABA）］吸收试验诊断 EPI。此项检测基本被种属特异性 TLI 取代。

第三节　吸收障碍引起的同化不良实验室检查

吸收障碍可由细菌过度增殖，静脉、淋巴管（淋巴管扩张）障碍，吸收表面积为特征的肠道损伤（如绒毛萎缩或脱落），上皮细胞死亡，弥漫性炎性疾病（如淋巴浆细胞性、嗜酸性粒细胞及肉芽肿性致肠炎因子），弥散性肠道肿瘤（主要为肠道淋巴瘤）。犬猫小肠吸收不良的临床症状（腹泻、体重减轻及脂肪泻）与消化不良的相似。由于下段肠道的吸收，马或猫小肠吸收障碍不总出现腹泻。文献记录了不同动物由吸收障碍导致维生素不足引起的疾病，如维生素 D 不足引起的继发性甲状旁腺功能亢进和维生素 K 缺乏引起的出血性素质。

多数吸收障碍病因的确诊需要内窥镜或开腹采集相关活检组织进行组织学检查。有很多检测方法用于进行黏膜吸收障碍的筛查。目前吸收障碍的最常见实验室检测是维生素 B_{12} 和叶酸测定，两者均为肠道特定部位吸收的微量营养物质。血清维生素 B_{12} 和叶酸浓度反映了饮食摄入，细菌利用和生成，吸收及机体损失之间的平衡。粪便涂片营养分析，各种吸收试验（包括血浆浊度试验、葡萄糖吸收试验、D-木糖吸收试验及粪便脂肪量测定）曾用于诊断吸收障碍，但因敏感性/特异性不足，操作繁琐及参考实验室评估有效性低等原因使用受限。之前的版本概述了试验的细节，但这些试验很少应用于兽医临床。有些病例，如不伴发腹泻的猫特发性体重减轻，评判犬肠道活检组织中轻度炎性细胞浸润的意义，罕见的幼年动物二糖酶缺乏症等，证明吸收试验可能有助于诊断。

腹泻的临床常规检查应包括粪便寄生虫检查。还应考虑检测贾第虫、隐孢子虫和梭菌肠毒素。微生物培养也有助于诊断。建议对治疗无效的慢性肠炎进行全血细胞计数、生化检验、尿液检验、TLI试验及肝功能检验。

一、小肠细菌过度增殖

1. 小肠细菌过度增殖（SIBO）是指十二指肠和空肠内细菌的过度增殖，一般认为SIBO可以通过多重复杂机制引起犬和人吸收不良。

2. SIBO可以是原发的（特发性，排除其他疾病后称其为抗生素反应性腹泻）或与多种疾病有关，这些疾病包括胰腺外分泌不足、炎性肠病、肠停滞或蠕动过快、部分或完全肠梗阻、淋巴瘤、淋巴管扩张、免疫缺陷（导致黏膜防御机制不足）、胃酸分泌不足、胃部手术、回盲瓣切除。

3. 特发性SIBO好发于幼龄动物，德国牧羊犬发病比例比较高。

4. 目前，家畜的SIBO（原发性或继发性）诊断标准还有分歧。

（1）一些内科兽医师和研究人员认为小肠细菌的培养计数可以确诊SIBO。

（2）小肠细菌培养计数较难且昂贵，只能在大型研究机构进行。

（3）目前微创筛选试验（如空腹血清维生素 B_{12} 和叶酸测定，血清未结合胆汁酸测定，见下文）或治疗性诊断是获取SIBO支持性证据的主要方式。

5. 血清维生素 B_{12}（表8.2）。

（1）正常吸收。

①维生素 B_{12} 在犬日粮中容易获取；因饮食引起的维生素 B_{12} 缺乏比较少见。

②在胃内胃酸和胃蛋白酶作用下，维生素 B_{12} 由日粮蛋白中释放。

③释放的维生素 B_{12} 与结合咕啉结合，结合咕啉是非特异性维生素 B_{12} 结合蛋白。

④胰酶降解结合咕啉。维生素 B_{12} 又与猫胰腺或犬胃和胰腺分泌的内因子结合。

⑤维生素 B_{12} 与回肠上皮细胞的维生素-内因子复合物特异性受体蛋白结合并被吸收。

⑥维生素 B_{12} 不足会间接抑制核酸合成和细胞快速分裂，严重的低维生素 B_{12} 血症可导致肠隐窝萎缩和吸收障碍。

表8.2 各种同化不良疾病叶酸、维生素 B_{12}、胰蛋白酶样反应的典型实验室变化

疾病	叶酸	维生素 B_{12}	胰蛋白酶样反应（TLI）
胰腺外分泌不足	↑或[a]N	↓	↓
细菌过度增殖	↑	↓	N
近端小肠疾病	↓	N	N
远端小肠疾病	N	↓	N
弥散性小肠疾病	↓	↓	N

[a]N=正常（参考范围内）

↑=增加

↓=降低

（2）疾病引起的维生素 B_{12} 浓度改变（病例15）。

①低维生素 B_{12} 血症发生于：

A. 严重的小肠疾病（如炎性肠病）降低维生素 B_{12} 吸收率（局限于回肠的肠道疾病不多见）。

B. SIBO 引起维生素 B_{12} 吸附并阻碍其吸收。

C. 胰腺外分泌不足，缺少胰酶使维生素 B_{12} 无法与结合咕啉解离，减少内因子生成及继发性SIBO。

D. 手术切除回肠。

E. 遗传性吸收障碍（如巨型雪纳瑞的维生素 B_{12} 缺乏）。

F. 胃肠道疾病的猫普遍出现低维生素 B_{12} 血症。

②高维生素 B_{12} 血症见于维生素补充过量。

③维生素 B_{12} 和血清叶酸浓度都不是肠道疾病的敏感指标。

6. 血清叶酸（表 8.2）。

（1）正常吸收。

①叶酸在犬日粮中容易获取；因饮食引起的叶酸不足少见。

②近端小肠含有吸收叶酸必需的特异性载体。

③叶酸吸收前需被消化成单谷氨酸的形式。

（2）疾病引起的叶酸浓度改变（病例 15）。

①血清叶酸浓度下降见于：

A. 近端小肠疾病。

B. 给予某些药物（如苯妥英、柳氮磺胺吡啶）。

C. 严重疾病及叶酸储备耗竭。

②血清叶酸浓度升高见于：

A. 细菌过度增殖。

B. EPI。

a. EPI 伴发叶酸升高提示 SIBO。

b. 因为管腔中 pH 降低有利于叶酸吸收，故 EPI 时胰腺碳酸氢盐分泌减少可引起叶酸吸收增加。

C. 继发于低维生素 B_{12} 血症的叶酸利用减少和血清浓度增加。维生素 B_{12} 参与甲基叶酸向四氢叶酸的转化，后者是 DNA 合成必需的活化形式。严重低维生素 B_{12} 血症的患猫可见血清叶酸升高。

D. 患麸质敏感性肠病的爱尔兰雪达犬血清叶酸会升高或降低。

7. 同时测定维生素 B_{12} 和叶酸有更大提示意义。

（1）EPI 和细菌过度增殖时，血清叶酸通常升高，而维生素 B_{12} 降低。细菌过度增殖引起近端肠道叶酸合成和吸收增加，维生素 B_{12} 吸附或利用增加而远端小肠吸收减少。

（2）血清维生素 B_{12} 和叶酸不是 SIBO 的敏感指标；细菌过度增殖时，1 个或 2 个指标往往正常。

（3）严重的弥漫性小肠疾病和部分 EPI 病例中血清叶酸和维生素 B_{12} 均下降。

8. 血清非结合胆汁酸［SUCA，也称为血清总非结合胆汁酸（TUBA）］是另一个 SIBO 的间接试验。

（1）小肠细菌结合胆汁酸，导致通过被动扩散的小肠黏膜吸收增加，血清非结合胆汁酸升高。

（2）总胆汁酸浓度不变。

（3）SUCA 试验前需空腹 12h。

（4）SUCA 试验的效用存在争议，需要进一步研究。

二、淋巴管扩张

1. 淋巴管扩张是肠道淋巴系统阻塞和失调引起的蛋白丢失性肠病及吸收不良。

2. 可能的原因包括炎性或肿瘤性浸润、纤维化、胸导管流动不足或阻塞、充血性心力衰竭、心包炎或先天性淋巴管畸形。

3. 活检样品组织学检查可以确诊。

4. 临床病理变化，可以观察到低蛋白血症，淋巴细胞减少，低胆固醇血症，低钙血症。

5. 尽管疾病应激导致内源性糖皮质激素增多也能引起淋巴细胞、嗜酸性粒细胞和成熟的中性粒细胞减少，但淋巴细胞减少主要由淋巴液中淋巴细胞丢失引起的。

第四节 其他消化系统疾病的实验室检查

一、巨食道症

1. 巨食道症是指食道广泛扩张和蠕动微弱。虽然可以是先天性的，但后天获得性病变最常见。犬巨食道症不常见，猫巨食道症罕见。

2. 放射学检查可以确诊。

3. 研究表明，巨食道症由传入神经异常引起。

4. 尽管可与多种疾病伴发，但巨食道症多为特发性的。如果可能，建议确定原发病，以便找到潜在的可治疗的疾病。

5. 与巨食道症有关的疾病包括神经肌肉失调（如重症肌无力、脑干损伤或肿瘤），内分泌疾病（如甲状腺功能减退、肾上腺皮质功能减退），炎症和免疫介导性疾病（如多发性肌炎、系统性红斑狼疮），毒素（如铅、有机磷），感染（如肉毒梭菌）。

（1）重症肌无力。

①重症肌无力是表现为突触后膜乙酰胆碱受体（AChR）离子通道减少，先天性或获得性神经肌肉失调。获得性重症肌无力由自身抗体沉积于 AChR 亚基引起。

②该病导致多种程度的肌肉无力。临床可能只表现为巨食道症引发的返流（局灶性重症肌无力）。

③该病可见于任何品种犬，但金毛寻回犬和德国牧羊犬最常见。

④重症肌无力是犬获得性巨食道症次常见病因。

⑤建议对所有成年巨食道症患犬进行 AchR 抗体滴度试验，此项检验可确诊重症肌无力。

⑥重症肌无力患犬应做甲状腺功能减退试验；20%重症肌无力患犬同时患有甲状腺功能减退症。

（2）内分泌异常不是犬巨食道症的主要病因。

①甲状腺功能减退。

A. 极少甲状腺功能减退患犬出现巨食道症。

B. 完善的甲状腺功能减退实验室检验包括平衡透析法测定血清总甲状腺素（TT_4）、血清自由甲状腺素（fT_4）以及甲状腺素刺激激素（TSH）测定。

a. 仅测定 TT_4 易引起误诊。

b. 尽管 TT_4 低于参考值，但因为巨食道症的主要继发症是肺炎，所以，易造成甲状腺功能正常的假象。fT_4 测定表明甲状腺功能正常。

C. 补充甲状腺素很难治疗甲状腺功能减退伴发的巨食道症。

②肾上腺皮质功能减退。

A. 肾上腺功能减退不常见于巨食道症动物。肌肉无力可由皮质醇不足和/或电解质失调导致的膜电位及神经肌肉功能异常引起。

B. 促肾上腺皮质激素刺激试验（ACTH 刺激试验）可用于评估皮质醇生成不足。

C. 尽管 90%肾上腺皮质功能减退患犬出现低钠血症和/或高钾血症，这 2 个指标不是肾上腺皮质功能减退的确诊依据。

D. 给予肾上腺激素可治疗由肾上腺皮质功能减退引起的巨食道症。

6. 巨食道症的更多实验室常规检查。

(1) 全血细胞计数可见以中性粒细胞为主的白细胞增多，如出现核左移。

(2) 生化检测包括钠钾离子、天冬氨酸转移酶（AST)、肌酸激酶（CK）测定，可提示肾上腺皮质功能减退及肌炎。

二、蛋白丢失性肠病

1. 健康动物每天有一定量的血浆蛋白进入胃肠道。这些蛋白消化成氨基酸后几乎被完全吸收，并在各种细胞内重新合成为蛋白质。

2. 肠道蛋白过度丢失可引起黏膜溃疡、炎症、浸润、充血、出血和肠淋巴管异常。

(1) 炎性肠病（淋巴浆细胞性肠炎)、消化道淋巴瘤、淋巴管扩张、慢性寄生虫病（如贾第虫）是成年犬蛋白丢失性肠病（PLE）最常见的病因。

(2) 钩虫感染、慢性肠套叠（常见于幼年犬)、组织胞浆菌病、腐皮病（常见于海湾地区）也可引起 PLE。

(3) 猫 PLE 不常见，肠道淋巴瘤和严重的炎性肠病是猫 PLE 最常见病因。

3. 低蛋白血症可见于肠道蛋白过度丢失病，但没有特异性。

(1) 严重低蛋白血症出现于重症肠道疾病的晚期阶段，此时蛋白丢失量大于血浆蛋白代偿性的合成量（病例 16)。

(2) 肠道疾病相关临床症状（如犬腹泻及体重减轻）常伴发于 PLE。

(3) 排除其他引起低蛋白血症的疾病（肾病、肝病、营养不良、出血等)。

①蛋白丢失性肾病可引起血清白蛋白降低及尿蛋白：肌酐比率增加；球蛋白浓度不变。

②肝功能不全/衰竭引起血清白蛋白降低和餐后胆汁酸浓度升高。

4. 粪便 α_1蛋白酶抑制剂（α_1-PI）免疫试验。

(1) α_1-PI 为血浆球蛋白，分子质量与血浆白蛋白接近，可见于血浆、淋巴液和细胞内。在胃肠腔内浓度极低。

(2) α_1-PI 在胃肠道疾病中会随血浆、血液、淋巴液或细胞内液进入肠腔。犬患肠道疾病时，肠道细胞对 α_1-PI 的合成没有严格评估。

(3) α_1-PI 在肠腔不降解。

(4) 相比血液蛋白含量，粪便 α_1-PI 是 PLE 早期诊断的更好指标，因为肠道蛋白丢失时，粪便 α_1-PI 升高先于低蛋白血症出现。

(5) 粪便 α_1-PI 升高提示应进行肠道活检以确定 PLE 具体病因。

5. 放射性标记法测定肠道蛋白丢失量。

(1) ^{51}Cr 标记的血浆铜蓝蛋白和清蛋白通常用于犬 PLE 诊断。

(2) 放射性物质的适当处理及采集 3d 粪便的要求限制了该方法的使用。

6. 低钙血症。

(1) PLE 不常伴发低钙血症，低钙血症常与低白蛋白血症有关。2 项研究表明，大部分犬纠正低白蛋白血症后，总钙浓度恢复正常。

(2) 有报道称，PLE 患犬的离子型低钙血症与血清 25-羟基维生素 D 降低和甲状旁腺激素浓度升高有关。

①这些病例表明，PLE 可引起维生素 D 吸收减少和继发性甲状旁腺功能亢进。

②研究表明，淋巴管扩张比其他 PLE 病因更易导致离子型低钙血症。

三、马高氨血症

1. 马高氨血症及其引发的脑病可伴发于肝病、先天性酶不足或尿素循环异常、胃肠道疾病（疝)。

2. 不伴发肝病的疝形成可引起马高氨血症，机制可能与肠黏膜发炎引起氨吸收过量和/或肠道尿素酶细菌过度产氨有关。

（1）最终肠肝循环运送的氨超过了肝细胞尿素循环的能力。

（2）尿素酶细菌包括革兰氏阴性菌（如大肠杆菌、克雷伯菌、变形杆菌和假单胞菌），革兰氏阳性菌（梭状芽孢杆菌的亚型）。

3. 继发于胃肠道疾病的高氨血症的诊断需检测血氨水平的升高并排除肝病，门静脉系统异常或尿素/氨中毒。

（1）如氨性脑病引起的严重自残行为建议放弃诊断，实行安乐死。

（2）近期报道的 1 例马特急性结肠炎病例表明，死后检测脑脊液和眼房水中氨浓度可以验证死前对于高血氨症的推测性诊断。

四、细胞学检查

1. 粪便（主要是粪便表面）或直肠拭子的细胞学检查有助于诊断与大肠腹泻有关的炎症、感染和肿瘤。

（1）莱特（Wright’s）染色粪便涂片中出现完整的中性粒细胞，提示下段小肠和/或结肠的炎症。

（2）直肠拭子的细胞学检查可见到致病微生物（如副结核分枝杆菌、荚膜组织胞浆菌、饶氏无绿藻）。

（3）虽然弯曲杆菌被经典地描述为“鸥形”微生物，但细胞学检查不能将之与非致病性螺旋体区别开。怀疑弯曲杆菌感染时，应做粪便培养确诊。

（4）出现安全别针形革兰氏阳性菌（梭状芽孢杆菌孢子），提示梭状芽孢杆菌肠中毒的可能，但不能作为确诊依据。

2. 腹腔积液中有核细胞和/或蛋白浓度增加可见于各种马疝气相关疾病（见第十二章）。

参 考 文 献

Banks P A：1998. Acute and Chronic Pancreatitis. *In*：Feldman M，Scharschmidt B F，Sleisenger M H（eds）：*Sleisenger and Fordtran's Gastrointestinal and Liver Disease*，6th ed. Philadelphia，WB Saunders，pp. 809-862.

Batt R M：1982. Role of serum folate and vitamin B12 concentrations in the differentiation of small intestinal abnormalities in the dog. *Res Vet Sci* 32：17-22.

Batt R M：1983. Bacterial overgrowth associated with a naturally occurring enteropathy in the German shepherd dog. *Research Vet Sci* 35：42-46.

Batt R M：1986. New approaches to malabsorption in dogs. *Compend Contin Educ Pract Vet* 8：783-794.

Batt R M：1993. Exocrine pancreatic insufficiency. *Vet Clin North Am Small Anim Pract* 23：595-608.

Brenner K，Harkin K R，Andrews G A，et al：2009. Juvenile pancreatic atrophy in greyhounds：12 cases（1995-2000）. *J Vet Intern Med* 23：67-71.

Brobst D F：1997. Pancreatic Function. *In*：Kaneko J J，Harvey J W，Bruss M L（eds）：*Clinical Biochemistry of Domestic Animals*，5th ed. San Diego，Academic Press，pp. 353-366.

Brown C M：1992. The diagnostic value of the d-xylose absorption test in horses with unexplained chronic weight loss. *Br Vet J* 148：41-44.

Desrochers A M，Dallap B L，Wilkins P A：2003. Clostridium sordelli infection as a suspected cause of transient hyperammonemia in an adult horse. *J Vet Intern Med* 17：238-241.

Dutta S K，Russell R M，Iber F L：1979. Influence of exocrine pancreatic insufficiency on the intraluminal pH of the proximal small intestine. *Am J Digestive Disease* 24：529-534.

Diehl K J，Lappin M R，Jones R L，et al：1993. Monoclonal gammopathy in a dog with plasmacytic gastroenterocolitis. *J Am Vet Med Assoc* 201：1233-1236.

Doneley R J：2001. Acute pancreatitis in parrots. *Aust Vet J* 79：409-411.

Dupuy B，Daube G，Popoff M R，et al：1997. Clostridium perfringens urease genes are plasmid borne. *Infect Immun* 65：2313-2320.

Edwards D F，Bauer M S，Walker M A，et al：1990. Pancreatic masses in seven dogs following acute pancreatitis. *J Am Anim Hosp Assoc* 26：189-198.

Edwards D F，Russell R G：1987. Probable vitamin K deficient bleeding in two cats with malabsorption syndrome secondary to lymphocytic-plasmacytic enteritis. *J Vet Intern Med* 1：97-101.

Ferreri J A，Hardam E，Kimmel S E，et al：2003. Clinical differentiation of acute necrotizing from chronic nonsuppurative pancreatitis in cats：63 cases（1996-2001）. *J Am Vet Med Assoc* 223：469-474.

Forcada Y，German A J，Noble P J M，et al：2008. Determination of serum fPLI concentrations in cats with diabetes mellitus. *J Feline Med Surg* 10：480-487.

Foreman M A，Marks S L，DeCook H E V，et al：2004. Evaluation of serum feline pancreatic lipase immunoreactivity and helical computed tomography versus conventional testing for the diagnosis of feline pancreatitis. *J Vet Intern Med* 18：807-815.

Fossum T W：1989. Protein-losing enteropathy. *Semin Vet Med Surg*（*Small Anim*）4；219-225.

Gerhardt A，Steiner J M，Williams D A，et al：2001. Comparison of the sensitivity of different diagnostic tests for pancreatitis in cats. *J Vet Intern Med* 15：329-333.

German A J，Day M J，Ruaux C G，et al：2003. Comparison of direct and indirect tests for small intestinal bacterial overgrowth and antibiotic-responsive diarrhea in dogs. *J Vet Intern Med* 17：33-43.

German A J，Hall E J，Day M J：2003. Chronic intestinal inflammation and intestinal disease in dogs. *J Vet Intern Med* 17：8-20.

Gilliam L L，Holbrook T C，Dechant J E，et al：2007. Postmortem diagnosis of idiopathic hyperammonemia in a horse. *Vet Clin Pathol* 36：196-199.

Hall E J，Batt R M：1990. Enhanced intestinal permeability to ^{51}Cr-labeled EDTA in dogs with small intestinal disease. *J Am Vet Med Assoc* 196：91-95.

Hall E，Simpson K：2000. Diseases of the Small Intestine. *In*：Ettinger S J，Feldman E C（eds）：*Textbook of Veterinary Internal Medicine*：*Disease of the Cat and Dog*，5th ed. WB Saunders，Philadelphia，pp. 1182-1237.

Hall J A，Macy D W：1988. Acute canine pancreatitis. *Compend Contin Educ Pract Vet* 10：403-416.

Hill P G：2001. Fecal fat：Time to give it up. *Ann Clin Biochem* 38：164-167.

Hoffman W E：2008. Diagnostic Enzymology of Domestic Animals. *In*：Kaneko J J，Harvey J W，Bruss M L（eds）：*Clinical Biochemistry of Domestic Animals*，6th ed. Elsevier，Boston，pp. 351-378.

Holm J L，Rozanski E L，Freeman L M，et al：2004. C-reactive protein concentrations in acute pancreatitis. *J Vet Em Crit Care* 14：183-186.

Hornbuckle W E，Simpson K W，Tennant B C：2008. Gastrointestinal Function. In：Kaneko J J，Harvey J W，Bruss M L（eds）：*Clinical Biochemistry of Domestic Animals*，6th ed. Elsevier，Boston，pp. 413-458.

Hornbuckle W E，Tennant B C：1997. Gastrointestinal Function. *In*：Kaneko J J，Harvey J W，Bruss M L（eds）：*Clinical Biochemistry of Domestic Animals*，5th ed. Academic Press，San Diego，pp. 367-406.

House J K，Smith B P，VanMetre D C，et al：1992. Ancillary tests for assessment of the ruminant digestive system. *Vet Clin North Am Food Anim Pract* 8：203-232.

Hurley P R，Cook A，Jehanli A，et al：1988. Development of radioimmunoassay for free tetra-l-aspartyl-l-aspartyl-l-lysine trypsinogen activation peptides（TAP）. *J Immunol Methods* 111：195-203.

Jacobs R M：1988. Renal disposition of amylase，lipase，and lysosome in the dog. *Vet Pathol* 25：443-449.

Jacobs R M：1989. The origins of canine serum amylase and lipase. *Vet Pathol* 26：525-527.

Jacobs R M，Norris A M，Lumsden J H，et al：1989. Laboratory diagnosis of malassimilation. *Vet Clin North Am Small Anim Pract* 19：951-977.

Jergens A E，Moore F M，Haynes J S，et al：1992. Idiopathic inflammatory bowel disease in dogs and cats：4 cases（1987-1990）. *J Am Vet Med Assoc* 201：1603-1608.

Johnston K L：1999. Small intestinal bacterial overgrowth. *Vet Clin North Am Small Anim Pract* 29：523-550.

Khouri M R，Huang G，Shiau Y F：1989. Sudan stain of fecal fat：New insight into an old test. *Gastroenterology* 96：421-427.

Kimmel S E，Waddell L S，Michel K E：2000. Hypomagnesemia and hypocalcemia associated with protein losing enteropathy in Yorkshire Terriers：Five cases（1992-1998）. *J Am Vet Med Assoc* 217：703-706.

Kimmel S E，Washabau R J，Drobatz K J：2001. Incidence and prognostic value of low plasma ionized calcium concentration in cats with acute pancreatitis：46 cases（1996-1998）. *J Am Vet Med Assoc* 219：1105-1109.

Ludlow C L，Davenport D J：2000. Small Intestinal Bacterial Overgrowth. *In*：Bonagura J D（ed）：*Current Veterinary Therapy* XIII. WB Saunders，Philadelphia，pp. 637-641.

MacAllister C G，Mosier D，Qualls C W，et al：1990. Lymphocytic-plasmacytic enteritis in two horses. *J Am Vet Med Assoc* 196：1995-1998.

Macy D W：1989. Feline Pancreatitis. In：Kirk R W（ed）：*Current Veterinary Therapy X：Small Animal Practice*. WB Saunders，Philadelphia，pp. 893-896.

Mansfield C S，Jones B R：2000. Trypsinogen activation peptide in the diagnosis of canine pancreatitis. *J Vet Intern Med* 14：346（ACVIM abstract ＃75）.

Mansfield C S，Jones B R：2000. Plasma and urinary trypsinogen activation peptide in healthy dogs，dogs with pancreatitis and dogs with other systemic diseases. *Aust Vet J* 78：416-422.

Mansfield C S，Jones B R：2001. Review of feline pancreatitis part two：Clinical signs，diagnosis and treatment. *J Feline Med Surg* 3：125-132.

Marks S L：2003. Editorial：Small intestinal bacterial overgrowth in dogs—Less common than you think? *J Vet Intern Med* 17：5-7.

Matz M E，Guilford W G：2003. Laboratory procedures for the diagnosis of gastrointestinal diseases of dogs and cats. *N Z Vet J* 51：292-301.

Melgarejo T，Williams D A，Asem E K：1998. Enzyme-linked immunosorbent assay for canine alpha 1-protease inhibitor. *Am J Vet Res* 59：127-130 and 524（erratum）.

Melgarejo T，Williams D A，O ' Connell N C，et al：2000. Serum unconjugated bile acids as a test for intestinal bacterial overgrowth. *Digest Dis Sci* 45：407-414.

Mellanby R J，Mellor P J，Roulois A，et al：2005. Hypocalcaemia associated with low serum vitamin D metabolite concentrations in two dogs with protein-losing enteropathies. *J Small Anim Pract* 46：345-351.

Munro D R：1974. Route of protein loss during a model protein-losing gastropathy in dogs. *Gastroenterology* 66：960-972.

Murphy K F, German A J, Ruaux C G, et al: 2003. Fecal α_1 proteinase inhibitor concentration in dogs with chronic gastrointestinal disease. *Vet Clin Pathol* 32: 67-72.

Nakamura M, Takahashi M, Ohno K, et al: 2008. C-reactive protein concentration in dogs with various diseases. *J Vet Med Sci* 70: 127-131.

Nix B E, Leib M S, Zajac A, et al: 1993. The effect of dose and concentration on d-xylose absorption in healthy, immature dogs. *Vet Clin Pathol* 22: 10-16.

Olchowy T W J, Linnabary R D, Andrews F M, Longshore R C: 1993. Lactose intolerance in a calf. *J Vet Intern Med* 7: 12-15.

Oran D L: 2006. Pancreatitis in cats: Diagnosis and management of a challenging disease. *J Am Anim Hosp Assoc* 42: 1-9.

Panagiotis G X, Steiner J M: 2008. Current concepts in feline pancreatitis. *Top Companion Anim Med* 23: 185-192.

Papasouliotis K, Sparkes A H, Gruffydd-Jones T J, et al: 1998. Use of the breath hydrogen test to assess the effect of age on orocecal transit time and carbohydrate assimilation in cats. *Am J Vet Res* 59: 1299-1302.

Quigley K A, Jackson M L, Haines D M: 2001. Hyperlipasemia in 6 dogs with pancreatic or hepatic neoplasia: Evidence for tumor lipase production. *Vet Clin Pathol* 30: 114-120.

Reed N, Gunn-Moore D, Simpson K: 2007. Cobalamin, folate, and inorganic phosphate abnormalities in ill cats. *J Feline Med Surg* 9: 278-288.

Rinderknect H: 1986. Activation of pancreatic zymogens: normal activation, premature intrapancreatic activation, protective mechanisms against inappropriate activation. *Dis Sci* 31: 314-321.

Roberts M C: 1985. Malabsorption syndromes in the horse. *Compend Contin Educ Pract Vet* 7: S637-S646.

Ruaux C G, Steiner J M, Williams D A: 2003. Protein-losing enteropathy in dogs is associated with decreased fecal proteolytic activity. *Vet Clin Pathol* 33: 20-22.

Ruaux C G, Steiner J M, Williams D A: 2005. Early biochemical and clinical responses to cobalamin supplementation in cats with signs of gastrointestinal disease and severe hypocobalaminemia. *J Vet InternMed* 19: 155-160.

Rucker R B, Morris J G, Fascetti A J: 2008. Vitamins. *In*: Kaneko J J, Harvey J W, Bruss M L (eds): *Clinical Biochemistry of Domestic Animals*, 6th ed. Elsevier, Boston, pp. 695-730.

Russell R M, Dhar G J, Dutta S K, et al: 1979. Influence of intraluminal pH on folate absorption: Studies in control subjects and in patients with pancreatic insufficiency. *J Lab Clin Med* 93: 428-436.

Rutgers H C, Batt R M, Kelly D F: 1988. Lymphocytic-plasmacytic enteritis associated with bacterial overgrowth in a dog. *J Am Vet Med Assoc* 192: 1739-1742.

Sharkey L C, DeWitt S, Stockman C: 2006. Neurologic signs and hyperammonemia in a horse with colic. *Vet Clin Pathol* 35: 254-258.

Sherding R G: 2003, Diseases of the Large Intestine. In: Tams T R (ed): *Handbook of Small Animal Gastroenterology*, 2nd ed. Elsevier Science, St. Louis, pp. 251-285.

Simpson K W: 2003. Diseases of the Pancreas. *In*: Tams TR (ed): *Handbook of Small Animal Gastroenterology*, 2nd ed. Elsevier Science, St. Louis, pp. 353-369.

Simpson J W, Doxey D L: 1988. Evaluation of faecal analysis as an aid to the detection of exocrine pancreatic insufficiency. *Br Vet J* 144: 174-178.

Simpson K W, Fyfe J, Cornetta A, et al: 2001. Subnormal concentrations of serum cobalamin (vitamin B_{12}) in cats with gastrointestinal disease. *J Vet Intern Med* 15: 26-32.

Sorensen S H, Proud F J, Adam A, et al: 1993. A novel HPLC method for the simultaneous quantification of monosaccharides and disaccharides used in tests of intestinal function and permeability. *Clinica Chimica Acta* 221: 115-125.

Steiner J M: 2003. Diagnosis of pancreatitis. *Vet Clin North Am Small Anim Pract* 33: 1181-1195.

Steiner J M: 2010. Is it pancreatitis? Veterinary Medicine, ww. veterinarymedicine. dvm360. com, 2006, visited 10 Mar 2010.

Steiner J M, Broussard J, Mansfield C S, et al: 2001. Serum canine pancreatic lipase immunoreactivity (cPLI) concentrations in dogs with spontaneous pancreatitis. *J Vet Intern Med* 15: 274.

Steiner J M, Finco D R, Gumminger S R, et al: 2001. Serum canine pancreatic lipase immunoreactivity (cPLI) in dogs with experimentally induced chronic renal failure (abstract) . *J Vet Intern Med* 15: 311.

Steiner J M, Lees G E, Willard M D, et al: 2003. Serum canine pancreatic lipase immunoreactivity (cPLI) concentration is not altered by oral prednisone (abstract). *J Vet Intern Med* 17: 444.

Steiner J M, Rutz G M, Williams D A: 2006. Serum lipase activities and pancreatic lipase immunoreactivity concentrations in dogs with exocrine pancreatic insufficiency. *Am J Vet Res* 67: 84-77.

Steiner J M, Williams D A: 2000. Serum feline trypsin-like immunoreactivity in cats with exocrine pancreatic insufficiency. *J Vet Intern Med* 14: 627-629.

Steiner J M, Williams D A: 1997. Feline exocrine pancreatic disorders: Insufficiency, neoplasia and uncommon conditions. *Compend Contin Educ Vet* 19: 836-848.

Steiner J M, Williams D A: 2000. Serum feline trypsin-like immunoreactivity in cats with exocrine pancreatic insufficiency. *J Vet Intern Med* 14: 627-629.

Steiner J M, Williams D A: 1999. Feline exocrine pancreatic disorders. *Vet Clin North Am Small Anim Pract* 29: 551-575.

Strombeck D R, Harrold D: 1982. Evaluation of 60-minute blood p-aminobenzoic acid concentration in pancreatic function testing of dogs. *J Am Vet Med Assoc* 180: 419-421.

Suchodolski J S, Ruaux C G, Steiner J M, et al: 2001. Serum alpha 1-proteinase inhibitor/trypsin complex as a marker for canine pancreatitis. *J Vet Intern Med* 15: 273 (ACVIM abstract #8).

Swift N C, Marks S L, MacLachlan N J, et al: 2000. Evaluation of serum feline trypsin-like immunoreactivity for the diagnosis of pancreatitis in cats. *J Am Vet Med Assoc* 217: 37-42 and 816-818 (comment).

Tams T R: 2003. Diseases of the Esophagus. *In*: Tams T R (ed): *Handbook of Small Animal Gastroenterology*, 2nd ed. Elsevier Science, St. Louis, pp. 118-158 and 211-250.

Texas A & M Website: 2010. ttp: //www. cvm. tamu. edu/gilab/research/Pancreatitis. shtml, visited 10 March 2010.

Thompson K A, Parnell N K, Hohenhaus A E, et al: 2009. Feline exocrine pancreatic insufficiency: 16 cases (1992-2007). *J Feline Med Surg* 11: 935-940.

Triolo A, Lappin M R: 2003. Acute Medical Diseases of the Small Intestine. *In*: Tams T R (ed): *Handbook of Small Animal Gastroenterology*, 2nd ed. Elsevier Science, St. Louis, pp. 195-210.

Ugarte C E: 2003. The role of diet in feline inflammatory bowel disease. PhD dissertation, Massey University, Palmerston North.

Washabau R J, Strombeck D R, Buffington C A, et al: 1986. Evaluation of intestinal carbohydrate malabsorption in the dog by pulmonary hydrogen gas excretion. *Am J Vet Res* 40: 1201-1206.

Washabau R J, Strombeck D R, Buffington C A, et al: 1986. Use of pulmonary hydrogen gas excretion to detect carbohydrate malabsorption in dogs. *J Am Vet Med Assoc* 189: 674-679.

Watson P J: 2003. Exocrine pancreatic insufficiency as an end stage of pancreatitis in four dogs. *J Small Anim Pract* 44: 306-312.

Westermarck E: 1980. The hereditary nature of canine pancreatic degenerative atrophy in German shepherd dogs. *Acta Vet Scand* 21: 389-394.

Westermarck E, Pamilo P, Wiberg M: 1989. Pancreatic degenerative atrophy in the collie breed: A hereditary disease. *J Vet Med Assoc* 36: 549-554.

Weiss D J, Gagne J M, Armstrong P J: 1996. Relationship between inflammatory hepatic disease and inflammatory bowel disease, pancreatitis, and nephritis in cats. *J Am Vet Med Assoc* 209: 1114-1116.

Wiberg M E, Nurmi A-K, Westermarck E: 1999. Serum trypsin-like immunoreactivity measurement for the diagnosis of subclinical exocrine pancreatic insufficiency in dogs. *J Vet Intern Med* 13: 426-432.

Wiberg M E, Westermarck E. 2002. Subclinical exocrine pancreatic insufficiency in dogs. *J Am Vet Med Assoc* 220: 1183-1187.

Williams D A: 1996. The Pancreas. *In*: Strombeck D R, Williams D A, Meyer D J, Guilford W E, Center S A (eds): Strombeck' s Small Animal Gastroenterology, 3rd ed. WB Saunders, Philadelphia, pp. 381-410.

Williams D A, Guilford W G: 1996. Procedures for the Evaluation of Pancreatic and Gastrointestinal Tract Diseases. In: Guilford W G, Center S A, Strombeck D R, Williams D A, Meyer D J (eds): *Strombeck' s Small Animal Gastroenterology*, 3rd ed. WB Saunders, Philadelphia, pp. 77-113.

Williams D A, Batt R M, McLean L: 1987. Bacterial overgrowth in the duodenum of dogs with exocrine pancreatic insufficiency. *J Am Vet Med Assoc* 191: 201-206.

Williams D A，Minnich F：1990. Canine exocrine pancreatic insufficiency—A survey of 640 cases diagnosed by assay of serum trypsin-like immunoreactivity. *J Vet Intern Med* 4：123.

Williams D A，Reed S D：1990. Comparison of methods for assay of fecal proteolytic activity. *Vet Clin Pathol* 19：20-24.

Williams D A，Reed S D，Perry L：1990. Fecal proteolytic activity in clinically normal cats and in a cat with exocrine pancreatic insufficiency. *J Am Vet Med Assoc* 197：210-212.

Xenoulis P G，Steiner J M：2008. Current concepts in feline pancreatitis. *Top Companion Anim Med* 23：185-192.

Zoran D L：2006. Pancreatitis in cats：Diagnosis and management of a challenging disease. *J Am Animal Hosp Assoc* 42：1-9.

第九章　泌尿系统

Niraj K. Tripathi，BVScAH，MVSc，PhD；Christopher R. Gregory，DVM，PhD；and Kenneth S. Latimer，DVM，PhD

第一节　尿液分析

检查动物的尿液是评价肾脏功能的一项很重要的指标，尿液分析不仅能评价肾脏的功能，而且可以显示全身性疾病进程（如炎症、出血和溶血）。因为禽类有泄殖腔，泄殖腔是尿液和肠道废物的共同开口，因此，对禽类进行尿液分析不如哺乳动物那么有意义。

一、采集方法

（一）排泄样品

1. 哺乳动物可能出现下尿路的尿液污染和生殖道的污染，通常的污染源包括细菌、白细胞、精子和上皮细胞。

2. 中段尿的采集和清洁可以减少污染，对于大动物这是一种主要的尿液采集方法。

3. 禽类没有膀胱，尿液是从泄殖腔排出，泄殖腔是尿液、消化物和生殖道的共同通道。

（1）禽类尿液的污染很普遍，通常可以对其物理、化学和微观特性进行间接评估。

（2）尿液的成分包含尿酸盐，一种苍白色到黄色的物质，尿酸盐会影响禽类尿液的显微镜检查。可以在禽类的尿液封固片中加入氢氧化钠滴剂溶解尿酸盐，然而，这种溶解方法也可以溶解管型。

（3）受到兴奋或抑制刺激的禽类经常会出现多尿，因此，采集尿液会容易一些。

（二）导尿管样品

1. 注意要保持尿道口及其周围组织的清洁以减少尿液样品的污染，同时也能预防病原体进入泌尿器官。

2. 损伤性的导尿管插入术可以从尿道中取出上皮细胞，同时可以引起医源性出血。

3. 对鸽子进行导尿管插入术已有报道，但在临床实践中还没有得到普遍应用。

（三）膀胱穿刺样品

1. 对于小型哺乳动物，如犬和猫，采集尿液的首选方法是膀胱穿刺。

2. 存在的问题包括医源性出血或者意外的刺穿肠管而引起随后的尿液样品的污染。

二、适当的样品处理

1. 如果可能的话，尿液样品应在药物治疗或造影前收集。

2. 采样管应该保持干净，清洁并且无反应物，在无菌条件下进行微生物培养。

3. 理想状态下，应该在样品采集后 30min 之内进行尿液分析。

（1）如果推迟进行尿液分析，最多只能推迟 12h，而且尿液样品要进行冷藏，而不能冷冻。

（2）尿液样品在分析之前要放在室温预热。

①在较低温度下形成的沉淀物会重新溶解。

②可避免低温对酶活性的抑制。

4. 禽类尿液应尽快从装有排泄物的不透水容器表面采集。

三、物理特性

（一）颜色

1. 正常哺乳动物尿液呈黄色至琥珀色，颜色的深浅与尿量和浓度有关。尿色素、尿胆素是决定正常的尿液颜色的因素。

2. 尿色异常可掩盖某些试纸检测结果，造成尿色异常的原因如下：

（1）血液（血尿）是红色的，尿液出现混浊，通常离心后清除。

（2）胆红素呈暗黄色至棕色。

（3）血红蛋白和肌红蛋白从红色到红棕色。

（4）卟啉是无色的，但当暴露在紫外光下时，酸性尿液中会产生粉红色荧光。

（5）某些药物和代谢疾病会改变尿液的颜色（如使用了人造血后的棕黑尿）。

3. 禽尿。

（1）尿酸盐。

①黄绿色尿酸盐代表溶血或肝病（胆绿素尿）。

②在接受人工喂养动物蛋白质的雏鸡中，表现特发性红褐色尿酸盐。

（2）日常饮食（如来自水果中的蓝紫色尿液）、药物以及尿液与粪便的混合可以改变禽类尿液的颜色。

（3）铅中毒可能导致尿和尿酸盐由黄褐色变为褐色（“巧克力奶”外观）。

（二）透明度（清晰度、浊度）

1. 正常尿液在新鲜排空时一般是清晰的，但由于盐的沉淀，静置或冷藏时可能会变得混浊。

2. 新鲜正常马尿因碳酸钙晶体和黏液而混浊（病例 3、17）。

3. 在某些禽类中可以看到混浊、不透明或絮状尿液，尤其是鸵形目（走禽类动物）和雁形目（鸭、鹅）。

4. 应经常进行显微镜检查以鉴定尿混浊或混浊的原因。造成混浊的原因包括晶体、细胞、黏液、细菌、管型和精子（见本章后面的沉积物检查），其中许多原因不是病理性的。

（三）气味

1. 氨是由尿素通过细菌脲素酶作用形成的。氨在残留的尿液或旧尿样中尤为突出。

2. 丙酮气味表明酮症。

3. 某些特定药物的排泄可能会使尿液产生特有的气味。

（四）体积

1. 控制尿量。

（1）尿液以与血浆大致相同的渗透压进入近端小管。

（2）不依赖于机体的需要，水在近端小管中被强制重吸收。通过渗透作用，水跟随钠、葡萄糖和其他溶质主动重吸收。尿液在进入亨利氏循环时与血浆相比是等渗的。

（3）尿液渗透压在亨利氏环下降支增加，下降支对水具有高渗透性，但对溶质不具有渗透性。

（4）亨利氏环上升支溶质可以渗透，但对水不渗透，上升支也是活性氯化物转运的场所。进入远端小管的尿液与血浆相比是低渗透的。

（5）远端和集合管中对水分的重吸收多于溶质，这要受抗利尿激素（ADH）的控制和需要高渗的髓质。尿量主要是在这里调控的。

（6）髓质高渗透性的维持归功于亨利氏环和直管的逆流倍增器系统。

2. 测量方法。

（1）测量24h内排空的总尿量是最精确的尿量测量方法。这种测量方法需要一个代谢笼子，这在大多数临床实际中是不切实际的。

（2）根据尿液密度或渗透压可推断出尿液体积。体积和特定密度或渗透压在健康和大多数疾病中呈负相关。例外情况包括：

①糖尿病。由于糖尿而出现多尿症与高特定密度共存，葡萄糖以0.004U/（g·dL）的速率增加尿糖的比重。

②急、慢性肾脏病。少尿可伴肾浓缩功能缺乏。

3. 尿量异常的原因见表9.1。

表9.1 尿量异常的原因

多尿症	少尿（症）
急性肾病	急性肾病
慢性肾病	脱水
糖尿病	休克
水分含量高的食物（尤其是禽类）	终末期慢性肾病
肝功能衰竭	尿路梗阻
肾上腺皮质功能亢进	
高钙血症	
甲状旁腺功能亢进（猫）	
肾上腺皮质功能减退	
低钾血症	
低钠血症	
缺少维生素A、维生素D_3过多（禽类）	
肾原性糖尿病尿崩症	
垂体性糖尿病尿崩症	
去梗阻后利尿	
原发性肾性葡萄糖尿	
精神性多饮	
肾盂肾炎	
子宫积脓	
承受压力、兴奋（尤其是禽类）	

（五）溶质浓度

1. 测量方法。

（1）渗透压。

①渗透压的测量取决于溶液中的粒子数。

②测量方法是降低冰点和降低蒸汽压。

（2）特定密度。

①密度取决于颗粒数、大小和质量，特定密度是尿液折光率与水的比值。

②折射法是一种很容易的密度测定的方法，是一种有效的渗透系数测定方法。

③折射法是临床上测量尿液密度最简便的方法，人体试剂（测验片）垫在测定动物尿液密度时不可靠。

④折射法测量中的重要考虑因素包括：

A. 折射率的测量与温度有关，大多数手持式折射计是温度代偿性的，通常的精确读数在16～38℃。

B. 该仪器的兽医模型为浓缩的猫尿液样本提供了更准确的密度值。

C. 质量对照是通过测定水的密度和5%（W/V）氯化钠溶液进行仪器校准。还需要与已知的低和高特定密度的对照。

2. 解释（也可见尿液浓度测试）。

（1）了解动物的水合状态是解释尿液密度的必要条件。

（2）大多数健康动物的尿液相对密度可在1.001～1.065，猫可达1.080。这一范围包括与肾功能异常有关的数值。禽的尿液相对密度在1.005～1.020。

（3）如果随机尿液标本的相对密度是：犬＞1.030，猫＞1.035，禽类＞1.020，其他物种＞1.025，则推测具有足够的肾浓缩能力。个别的例外情况请参见对增加的尿素氮浓度和肾脏氮质血症的解释。

（4）如果尿液浓缩不充分且动物有氮血症，则存在肾功能衰竭。以这种方式出现的肾功能衰竭可能是原发性肾脏疾病，也可能是继发性疾病（表9.1）。根据原因，肾功能衰竭可能是可逆的，也可能是不可逆的。

（5）等渗尿（固定密度）是指在肾小球指数范围内保持尿渗透压平衡（相对密度1.008～1.012），在等渗尿中，肾脏既不浓缩也不稀释尿液。

（6）低渗尿是指尿相对密度＜1.008。

①低渗尿时，肾脏保持一定的水平衡功能，使溶质在过量水的情况下被重吸收（病例13）。

②多尿肾病患畜尿浓缩和优先重吸收溶质的能力丧失。

（7）除小牛外，大多数新生动物没有有效的尿液浓缩机制。

（8）在浓缩的尿液中，蛋白质和胆红素等分析物的含量相对增加。

（9）红细胞可在低渗尿中溶解（相对密度＜1.006）；尿沉渣中可能出现红细胞。

（10）葡萄糖和蛋白质可能会提高尿液的密度。

（11）在24h缺水后，测定禽类的尿渗透压至少应达到450毫渗摩尔每千克（mOsmol/kg）。最大值可能在500～1 000mOsmol/kg。关于渗透压的一般性讨论见第五章。

四、化学特性

尿液中的各种化学物质（如蛋白质、葡萄糖、酮、胆红素、潜血和尿胆素原）可通过试剂条进行半定量测定，试剂条上有彩色编码的衬垫，每个试验都有特定的试剂。这些尿垫颜色的变化表明尿液中是否存在这些分析物，并提供了其数量的粗略估计（半定量）。最常用的试剂盒是为人类设计的，但也有专门为动物设计的试剂盒。试验结果通常用目测的方法解释，但一些高产量的实验室使用自动化仪器解释试剂条测试结果。

（一）蛋白质

1. 生理学。

（1）蛋白质分子的大小、形状和电荷会影响它们通过肾小球滤过的能力。

（2）低分子质量（15 000～20 000 u）球蛋白可被肾小球自由滤过，但其在尿液中的少量存在反映了其在血浆中浓度较低，少量白蛋白（分子质量66 000 u）也可从血浆中滤过。大多数这些被滤过的蛋白质随后被肾小管重新吸收。

（3）通常尿液中的少量蛋白质通过临床筛选试验是检测不到的。

（4）小管分泌的T-H糖蛋白（Tamm-Horsfall蛋白，THP）和IgA临床上是检测不到的。

（5）尿蛋白的增加可能导致持续性泡沫的形成，尤其是摇晃尿液时。

①摇动尿液标本可能会破坏沉积物中的某些元素，如管型。

②正常尿液也会起泡，但泡沫不是持久的。

③赋予尿液颜色的分析物也可以给泡沫着色。胆红素会使泡沫变成黄绿色，甚至褐色，而血红蛋白和肌红蛋白则会使泡沫变成红色，甚至红棕色。

2. 测量方法。

（1）尿蛋白的半定量通常采用试剂条（试纸片）检测。

①本试验以“pH 染料指示蛋白误差”为依据，试剂垫在 pH 为 3 时缓冲，阴离子增加，在负电荷蛋白质的情况下，使 pH 指示剂染料从黄色变为绿色到蓝色。

②试剂条法对白蛋白最敏感，此方法对检测球蛋白或血浆细胞骨髓瘤中的本斯-琼斯（Bence-Jones's paraprotein）不可靠（见第三章）。

③蛋白质浓度与绿色到蓝色的颜色强度成正比。

④试剂条反应分为负的、微量的和 1＋～4＋反应。这一试验结果为半定量，确切的蛋白质浓度有所变化，但通常在 30～2 000 mg/dL。

⑤尿液 pH 为碱性时，在无蛋白尿的情况下，试剂条可发生颜色改变。

（2）酸沉淀试验（磺基水杨酸、硝酸、三氯乙酸）也能对尿蛋白进行半定量检测。

①酸沉淀检测白蛋白和非白蛋白蛋白。

②本试验能区分碱性尿液中的尿蛋白与假阳性尿蛋白读数。

（3）本斯-琼斯蛋白来源于免疫球蛋白轻链，室温下溶解于尿液中，当尿液加热时，本斯-琼斯蛋白在 40～60℃沉淀，85～100℃溶解，当尿液冷却到 40～60℃时，本斯-琼斯蛋白再沉淀，然后当尿液样本温度达到室温时再溶解。然而，这种温度相关沉淀试验对于检测本斯-琼斯蛋白尿不太敏感，免疫电泳法是一种更灵敏、特异的检测方法。

（4）定量试验应准确地测量蛋白尿，以评估蛋白质丢失量。应根据尿量或密度来评估蛋白质丢失量。检测稀释的尿液中微量蛋白质丢失（即高尿量）可能比浓缩尿中微量蛋白质丢失（低尿量）更有意义。尿液可按以下方法定量：

①测定 24h 尿中蛋白质总量对动物而言难度大。正常蛋白质排泄量小于 200 mg/d。

②尿蛋白与尿肌酐比值的计算（UP/UC）：

A. 用一次尿液样本可同时测定尿蛋白和尿肌酐。

B. 这项测试提供了与一次采集的 24h 尿蛋白测定相似的信息，但相对于 24h 采集尿蛋白测定它可能不可靠，因为它反应的是相对较短的时间内肾功能。

C. 肌酐排泄量大致为常数，通常由 Jaffe 反应测定。使用试剂盒（Multistix PRO，Bayer™，Elkhart，IN，USA）检测尿蛋白、尿肌酐、尿蛋白/尿肌酐（UP/UC）的方法已经建立，并从试剂条的结果中手工计算出 UP/UC。在犬，结果与定量方法有较好的相关性，但在猫相关性较差，临床上尚未得到广泛应用。

D. 用于检测人的微量白蛋白尿（尿液中微量白蛋白）的试剂盒也已开发。然而，测试结果与犬白蛋白的定量测定没有很好的相关性。

3. 对阳性试验结果（蛋白尿）的解释。

（1）试剂条仅为筛选试验，UP/UC 对蛋白尿的定量更为准确。

（2）高碱性尿（pH＞8.0）试纸条测试结果可能会出现假阳性。蛋白尿应通过酸沉淀或其他定量试验（病例 34）来配制。试纸条对于检测反刍动物的蛋白尿并不十分有用，因为它们的尿液通常是碱性的。无论蛋白质是否存在，碱性 pH 会导致指示剂垫变色。由于试剂盒缓冲液的 pH 较低，因此，假阴性读数不会出现在酸性尿液中。

（3）进行潜血试验及尿沉渣检查对于区分非肾性和肾性蛋白尿有必要，并且要看 UP/UC。在无肾前蛋白尿、出血和炎症的情况下，以下是正确的：

①UP/UC 低于 0.5 是正常的。

②UP/UC 在 0.5～1.0 为可疑性肾性蛋白尿。

③UP/UC>1.0 表示肾性蛋白尿。

(4) 泌尿生殖系统蛋白尿的原因。

①尿路出血（病例 8、20、22、25、27）。

A. 尿潜血试验呈阳性，尿沉渣中的红细胞（HPF）通常>5 个。

B. 血浆白蛋白导致尿蛋白含量增高。

C. 创伤、出血和肿瘤是引起出血或血尿的常见原因。

②泌尿系统炎症（病例 4、8、20）。

A. 在尿沉渣中观察到白细胞（红细胞>5）。

B. 单独检查尿液很难确定炎症的确切位置，但由白细胞组成的细胞管型表明病变累及到管状结构。

C. 可能存在细菌或其他病原体。

D. 血浆衍生蛋白浓度很少超过 2+反应，除非有炎症并伴有出血。

③肾脏疾病（病例 13、18、19）。

A. 典型的疾病结果无潜血和无细胞沉积。

B. 管型可能存在，也可能不存在。

C. 原发性肾小球疾病可能导致大量蛋白尿（病例 19）。

a. 试纸条反应通常为 3～4+。

b. UP/UC 通常大于 3，甚至大于 5。

c. 主要蛋白质为白蛋白。

d. 犬的主要病变为淀粉样变和肾小球肾炎，伴淀粉样变的犬的 UP/UC（>18）通常高于肾小球肾炎（5～15）。

D. 原发性肾小管疾病引起轻度至中度蛋白尿。

a. 试纸条反应<2。

b. UP/UC<3。

c. 主要蛋白质为低分子质量的球蛋白。

E. 肾源性蛋白尿通常与肾小球和肾小管疾病有关。

F. 没有蛋白尿并不排除肾脏疾病，特别是肾小球疾病。

④肾前蛋白尿。

A. 某些肾外因素可能通过增加肾小球渗透性（如发热、心脏病、中枢神经系统疾病、休克、肌肉劳累）而导致暂时性轻度蛋白尿。

B. 源自初乳蛋白的蛋白尿发生在出生 40h 以内的马驹、牛犊、幼仔和羔羊。

C. 血液中高浓度的低分子质量蛋白质通过肾小球滤过超过肾小管的重吸收能力，就会导致低蛋白尿症（如本斯-琼斯蛋白、血红蛋白二聚体、肌红蛋白，病例 3、17）。

⑤禽尿中常含有微量蛋白质。

（二）葡萄糖

1. 生理机能。

(1) 葡萄糖可自由通过肾小球过滤。

(2) 在不超过细胞转运最大值的情况下，葡萄糖在肾小管近端完全被吸收。如果血糖值超过转运最大值，就会发生葡萄糖尿。在以下动物中，当血糖浓度超过这些水平时，可以预期会出现尿糖：

①牛超过 100mg/dL。

②犬超过 180mg/dL。

③猫超过 280mg/dL。

④禽超过 600mg/dL。

2. 测量方法。

(1) 试纸条采用葡萄糖氧化酶法，当尿葡萄糖浓度>100 mg/dL 时，出现阳性值。试纸条对葡萄糖的检测比还原试验更灵敏，但可被抗坏血酸、福尔马林和低温（冷冻尿标本）抑制。在过氧化氢或含氯漂白剂存在时，可能出现假阳性试纸条试验值。

(2) 铜还原片法对葡萄糖进行半定量，但也可能与其他还原物质（如乳糖、半乳糖、戊糖、抗坏血酸、共轭葡萄糖酸、水杨酸盐）发生反应，产生假阳性试验结果。

3. 对阳性测试结果的解释（葡萄糖尿）。

(1) 高血糖（见第六章）足以超过肾小管运输能力，是造成葡萄糖尿症的最常见原因（病例 14、15、22、23）。在兴奋（儿茶酚胺效应）或严重应激（内源性皮质类固醇释放）的猫和禽类中短暂性高血糖尿较为常见。

(2) 由正常血糖（伴有肾小管重吸收葡萄糖功能低下）引起葡萄糖尿症的原因不常见：

①犬范可尼样综合征（Basenji，Labrador Readever）和原发性肾性葡萄糖尿与肾小管吸收不良有关。

②高剂量庆大霉素或阿莫西林可引起肾小管损伤，并伴有糖尿。

③其他类型的肾小管疾病很少引起葡萄糖尿，因此，葡萄糖尿的存在并不是衡量肾小管疾病的可靠指标。

④采集猫或禽的血液和尿液时，如果是在兴奋或应激的情况下，血糖浓度可恢复到参考区间，但储存于猫膀胱或禽类泄殖腔尿液中的葡萄糖仍会持续存在。

(三) 酮类

1. 生理机能。

(1) 甲酮可由肾小球自由滤过。

(2) 在正常情况下，酮体完全被近端小管重吸收。

2. 测量方法。

(1) 采用硝普盐反应，有试纸条法和片剂法。

(2) 以上方法能检测丙酮和乙酰乙酸，但不能检测 β-羟基丁酸（酮症的主要中间体）。

(3) 当尿液样本不新鲜或长期暴露于潮湿环境中，则出现假阴性反应。

3. 对阳性测试结果的解释（酮尿症，病例 15、34）。

(1) 酮尿比酮血症先检查出来。

①肾小球滤过后，肾小管上皮细胞不能完全吸收酮，导致酮症。

②常规生化指标不能特异性表示酮体，滴定酸中毒和阴离子间隙增加间接提示血清中酮体存在，乳酸酸中毒可引起类似的实验室异常检测结果。

(2) 酮尿症并不是肾脏疾病的指标。

(3) 酮尿症表明脂肪过度降解和/或碳水化合物代谢异常（负能量平衡），并可能发生在以下情况中：①牛酮症。②母羊妊娠病。③糖尿病。④饥饿（特别是幼畜）。⑤低碳水化合物、高脂饮食。

(四) 胆红素

1. 生理机能。

(1) 直接胆红素可以很容易地通过肾小球滤过到滤出液。间接胆红素与血清白蛋白结合，不能通过肾小球。犬（尤其是雄性）的胆红素阈值似乎低于其他物种。

(2) 直接胆红素不能被肾小管重吸收。

(3) 犬的部分直接胆红素可以由肾小管上皮细胞吸收后形成血红蛋白。

2. 测量方法。

(1) 试纸条采用重氮化法测定。尿液变色可能会掩盖试剂垫上的颜色变化，影响检测结果的读取。

(2) 片剂法采用类似的化学方法，但对胆红素的检测可能更敏感。

(3) 重氮化法与直接胆红素反应较强，但对间接胆红素不敏感。

(4) 胆红素在光线下可氧化为胆绿素或水解成游离胆红素。如果尿检时间过长可导致假阴性结果。

3. 对阳性试验结果（胆红素尿）的解释（病例 2、3、4、13、14）。

(1) 胆红素尿是指胆汁流动功能障碍和直接胆红素进入血液的反流。

(2) 由于肾阈值低，胆红素血症前可检测到胆红素尿。

(3) 血红蛋白尿中胆红素的管状细胞形成增加，血管内溶血时，胆红素的肝结合增加，可导致胆红素尿症。

(4) 在犬浓缩尿中可检出微量胆红素，因为结合胆红素的肾阈值较低。

(5) 任何程度的胆红素尿在猫身上都是很明显的。

(6) 胆绿素是禽类血红素分解代谢的主要成分，虽然有些物种（如鸭）能产生极少量的胆红素，但胆绿素与试剂垫或片剂方法不发生反应，因此，禽类对胆红素的任何反应都是意外的，但很少可能预示肝脏或溶血性疾病。

（五）潜血试验

1. 生理机能。

(1) 血红蛋白必须超过血浆结合珠蛋白的结合能力，并分解成二聚体后才能通过肾小球。随后，血红蛋白二聚体必须超过肾小管的吸收能力后才能发生血红蛋白尿。

(2) 肌红蛋白分子质量很小，为 17 800 u，很容易通过肾小球滤过。因为肌红蛋白只有血红蛋白（分子质量为 68 800 u）的 1/4，所以，它能从血浆中迅速地清除出去。

2. 测定方法：常用的试剂条和片剂是基于血红蛋白和肌红蛋白的过氧化物酶样性质，然后邻甲苯胺氧化成蓝色衍生物。

3. 潜血试验对血红蛋白的敏感性比尿蛋白试验高得多。潜血试验通常在蛋白质检测相同量的血红蛋白之前反应最大。

4. 潜血试验阳性的原因及鉴别。

(1) 血尿（病例 8、20、22、25、27）的鉴别如下：

①通常离心清除的红色混浊尿液。

②尿沉渣中的红细胞。测试垫中的试剂会溶解完整的红细胞，以便随后检测血红蛋白。此外，尿液中的一些红细胞会溶解并释放血红蛋白。

③缺乏溶血性贫血或肌肉疾病的临床或实验室证据。

(2) 血红蛋白尿症（病例 3）可分为以下几个方面：

①离心不澄清的红-棕色尿。

②尿沉渣中没有红细胞，红细胞悬浮在尿中的相对密度（＜1.006）极低或在老年动物尿液中可溶解和掩盖先前存在的血尿。

③血浆红色变色（血红蛋白血症）。游离血红蛋白会使血浆珠蛋白饱和或引起血红蛋白尿之前变色。

④贫血的证据，尤其是血管内溶血性贫血。

⑤没有肌肉疾病的临床或实验室证据。

⑥加入饱和硫酸铵溶液将消除血红蛋白的颜色，硫酸铵溶液不会沉淀肌红蛋白，尿液仍会变色。分光光度法是鉴别血红蛋白尿和肌球蛋白尿的较好方法。

(3) 肌球蛋白尿症（病例 17）的特点如下：

①离心后混浊的红棕色尿液。

②尿沉渣中没有红细胞。

③透明、正常颜色的血浆；肌红蛋白与血清蛋白无明显结合，在达到血浆变色浓度之前，在尿液中排出。

④缺乏贫血的临床或实验室证据。

⑤肌肉疾病的临床或实验室证据（见第十章）。

(4) 尿液中的氧化剂可能会给出血液的假阳性检测结果。

(六) 尿胆原

1. 生理学。

(1) 直接胆红素在肠道中细菌的作用下形成尿胆红素原。

(2) 尿胆红素原从肠道吸收进入门静脉，再通过肝脏循环并在胆汁中排出。少量的尿胆红素通过肾小球滤过并进入尿液。

2. 测量方法。

(1) 尿胆红素原在 Ehrlich 试剂中产生樱桃红色（Ehrlich 的重氮化反应是由重氮苯磺酸和氨对尿中某些芳香物质，如尿胆原的作用形成红色），该分析方法是半定量。

3. 对结果的解释。

(1) 尿中有尿胆红素原，提示胆管未闭。

(2) 尿胆红素原的缺乏可能表明胆管完全阻塞。然而，由于泌尿系统的不稳定和排泄这种物质的变化，许多正常动物的尿液中缺乏可检测的尿胆红素原。在老年动物尿液中，尿胆红素原被迅速氧化为尿胆素，从而产生假阴性试验结果。

(3) 溶血性疾病和功能性肝肿块可能导致尿胆红素原浓度升高，在后一种情况下，胆汁仍然存在，而较低浓度吸收的尿胆红素原被肝细胞从门静脉血液中清除出来。

(4) 动物尿胆素原浓度与肝胆疾病的相关性较差。

(七) 氢离子浓度 (pH)

1. 测量方法。

(1) 用化学指示剂浸渍的各种试剂盒可用于测定 pH。用 pH 计测定尿液 pH 更准确，但在临床环境下费用昂贵，不太实用。

(2) 样品需要新鲜的。因为不新鲜的尿液会因二氧化碳流失和细菌将尿素转化为氨而变为碱性。

2. 解释。

(1) 尿 pH 是肾调节血碳酸氢盐和 H^+ 浓度的结果。然而，不应仅用尿液 pH 来评价酸碱状况。

(2) 饮食对哺乳动物尿液 pH 的影响。

①酸性 pH（<7.0），以高蛋白、肉类为基础的饮食（哺乳动物的肉和牛奶）的食肉动物和草食动物的完全厌食情况。

②草食动物的植物性日粮中具有碱性 pH（>7.0），而食肉动物中的植物性饮食则也能具有碱性 pH（>7.0）。

(3) 某些类型细菌的泌尿道感染比预期的 pH 高，因为细菌会将尿素降解为氨（病例 34）。

(4) 尿液 pH 提示了尿液中可能存在管型、晶体以及结石的形成。

(5) 治疗可能影响尿液 pH，随后尿液 pH 可能会影响尿路感染药物的治疗效果。

(6) 禽类尿液的 pH 为 6.0～8.0。饮食对禽类尿液的 pH 影响与其他动物一样。

(7) 肾小管性酸中毒（RTA）。

①RTA 包括影响肾脏以下功能的疾病：

A. 分泌氢离子（Ⅰ型，远端 RTA）。

B. 保留碳酸氢根离子（Ⅱ型，近端 RTA）。

C. 集合管分泌 H^+ 和 K^+（Ⅳ型，RTA），醛固酮缺失或抗性。

②在Ⅰ型 RTA 中，Ⅰ型尿 pH 高于 6.0。

③Ⅱ型和Ⅳ型尿 pH 均在 6.0 以下。

(8) 代谢性碱中毒伴酸尿（反常性酸尿）已在第五章进行了讨论。

(9) 试剂条的操作不当可能使酸性缓冲液从蛋白质垫进入 pH 垫，出现假的低 pH 测试结果。

(八) 亚硝酸盐

1. 这项试验已用于筛选某些细菌。

2. 该反应是基于通过硝酸盐还原细菌将硝酸盐（通常在尿液中发现）还原为亚硝酸盐的原理。

3. 这种用于人类的试剂盒在动物尿液标本中并不可靠，因为经常会出现假阴性试验结果。

(九) 白细胞酯酶活性

1. 这项试验已在人类用于检测尿液中的白细胞，表明存在炎症或感染。

2. 这种试剂盒对动物尿液不可靠，需要沉淀物检验才能发现脓尿。

(十) 酶

1. 尿中酶活性可检测肾小管损伤，但前提是以下情况属实：

(1) 类似的血浆酶大到足以限制肾小球的功能。因此，这些酶在尿液中通常不存在。

(2) 该酶在肾小管上皮细胞内或表面具有较高的活性。

(3) 能够在尿液中可靠地测定酶活性。

2. 24h 尿酶活性：用 γ-谷氨酰转移酶（GGT）、N-乙酰-β-D-氨基葡萄糖苷酶（NAG）、碱性磷酸酶和 β-葡萄糖醛酸酶的尿肌酐比值检测肾小管损伤。虽然基于医学的规则（美国奥斯汀，得克萨斯州）已经开发了一个新的研究生物标记板，用于早期检测人类和大鼠的肾毒性，但这些生物标志物尚未在家畜身上进行测试，也没有在临床中使用。

(十一) 犬膀胱肿瘤抗原试验（V-BTA™）

1. V-BTA 乳胶凝集试验是检测犬尿液中移行细胞癌抗原的一种乳胶凝集试验。

2. 在蛋白尿 4+、糖尿 4+、RBC 大于 30～40 和/或 WBC/HPF 的尿样中可能会观察到假阳性的检测结果。

五、沉积物检查

(一) 原则

1. 试剂盒检测结果阴性或正常并不一定意味着尿沉渣检查正常，一次完整的尿液分析应包括对沉积物的镜检。

2. 需要适当的技术对沉积物进行准确评价。

(1) 低速离心可以防止某些成分，特别是管型结构的破坏。

(2) 如有必要，尿液上清液可以用尿液测验片或离心后的半定量方法重新评估。

(3) 弃去上清液，用温和、彻底的混合法将沉积物重新悬浮在剩余的尿液中，用于再悬浮的尿量应保持一致，沉积物的数量与尿液的量和浓度有关，因此，应离心一标准尿量进行沉积物评价，并根据尿液的密度对异常结果进行评价。

(4) 将 1 滴再悬浮的尿沉积物放在玻璃片上，然后在显微镜下进行镜检。

3. 镜检未染沉积物，需要最大对比度，可通过调暗显微镜光线、关闭隔膜片和（或）降低聚光度获得最大对比度。可与尿液沉积物一起染色，以增强对比，以检测和鉴别炎症性细胞、细菌和肿瘤细胞。尿液沉积物在低（10 倍）倍镜和高（40～45 倍）倍镜下的视野区域（HPF）内都可进行检测。

4. 尿液标本采集方法会影响尿沉渣的类型和数量，采集自然排泄样本可能细胞较多，有细菌污染，有生殖道分泌物。导尿管样本可能增加了移行细胞含量和医源性出血，膀胱穿刺术样本的外来污染最少，对泌尿道的改变更有特异性。

（二）上皮细胞（图 9.1）

1. 上皮细胞可来源于肾脏、输尿管、膀胱、尿道和生殖道。

2. 鳞状上皮细胞大，边缘不规则，边缘角小，表面可见细菌，从尿道、阴道或包皮脱皮，表明有污染。

3. 移行上皮细胞大小不一，呈椭圆形、梭形或尾状（尾状），起源于尿道近端、膀胱、输尿管和肾盂，可成群出现，尤其是导尿管样本，但除非是肿瘤（如移行细胞癌），否则，诊断价值不大。

4. 肾上皮细胞小而圆，略大于白细胞，其来源于肾小管，肾上皮细胞常为变性细胞，很难与白细胞鉴别。

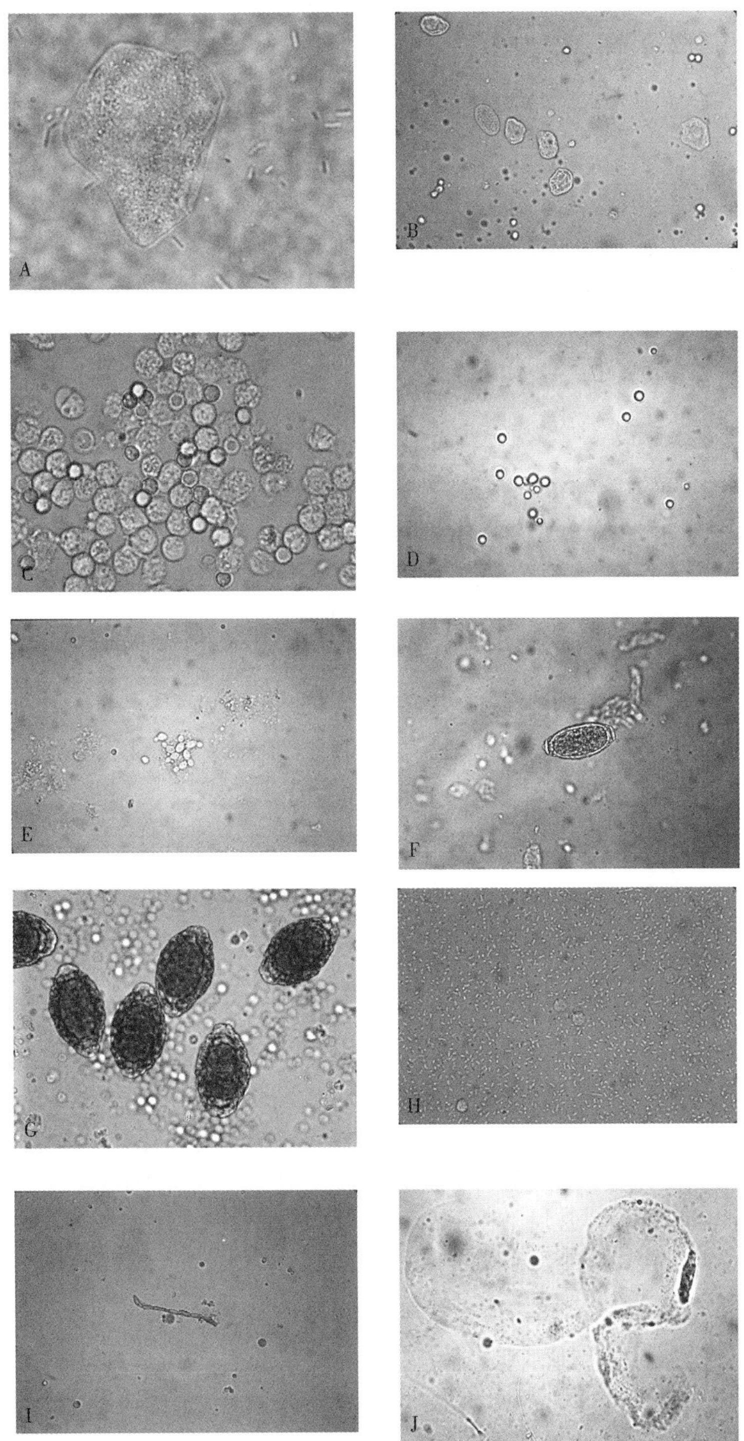

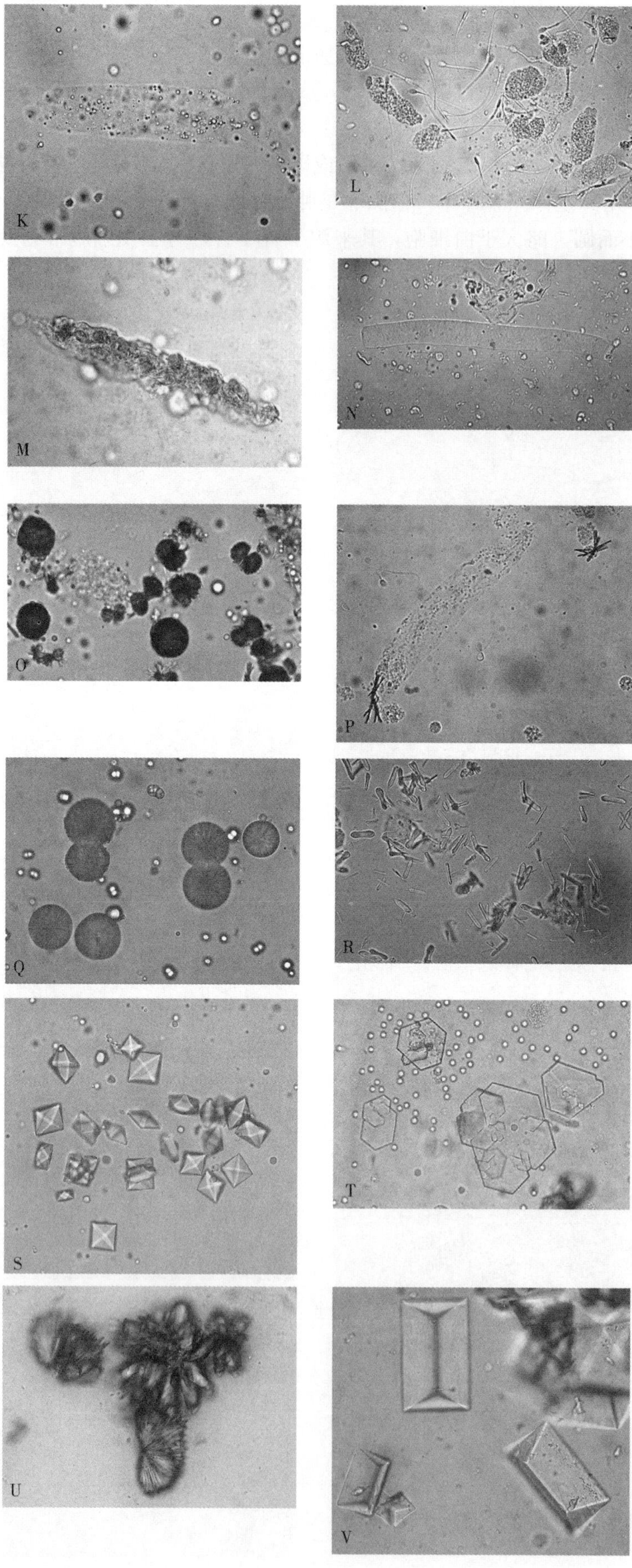
K
L
M
N
O
P
Q
R
S
T
U
V

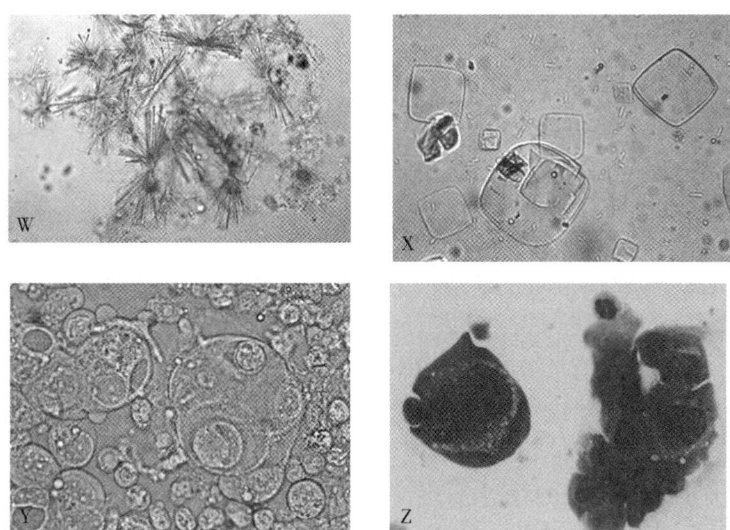

图 9.1 尿液沉积物（莱特染色）

A. 鳞状上皮细胞 B. 转移上皮细胞 C. 红细胞和中性粒细胞 D. 脂肪滴 E. 念珠菌属酵母 F. 毛细线虫属虫卵 G. 膨结线虫属虫卵 H. 细菌和中性粒细胞 I. 真菌菌丝 J. 黏液丝 K. 透明管型 L. 颗粒状管型和精子 M. 血红蛋白染色的细胞管型 N. 蜡状管型 O. 重尿酸铵 P. 含透明管型，精子和中性粒细胞的胆红素 Q. 碳酸钙 R. 草酸钙（乙烯乙二醇中毒） S. 草酸钙 T. 胱氨酸结晶 U. 氨苯磺胺结晶 V. 三重磷酸盐 W. 络氨酸 X. 尿酸 Y. 转移细胞癌（湿固定） Z. 转移细胞癌

（三）红细胞（病例 8、20、22、25、27、34，图 9.1）

1. 红细胞呈圆形至双凹状，轻度折光，缺乏内部结构，在未染色的湿固定中可呈浅绿色。

2. 超过 5 例 RBCs/HPF 提示出血（血尿），可能是创伤性的或炎症（见本章前面的隐匿性血液试验）。

3. 红细胞在浓缩尿中常出现萎缩或收缩（密度高）。

4. 红细胞在稀释尿液（相对密度＜1.006）中可溶解或变成膨胀的血影细胞，在老年动物尿液和碱性尿液中也会变质。

5. 可能被误认为红细胞的结构包括脂肪滴和酵母菌。

（1）脂肪滴大小多变，高度折射，密度较小，盖玻片下呈漂浮状态（细胞的聚焦面以外）。

（2）酵母菌是椭圆形的，常呈出芽生殖，体积相比于红细胞不定。

（四）白细胞（病例 4、8、20、34，图 9.1）

1. 白细胞，通常是中性粒细胞，呈圆形和颗粒状，大于红细胞，小于上皮细胞，白细胞在老年动物尿液中分解，可在低渗或碱性尿液中溶解。

2. 超过 5 个白细胞/HPF 显示泌尿生殖道炎症（脓尿），可能是败血症，也可能不是败血症。

3. 菌尿中常伴随着白细胞，但明显的菌尿中可能会无脓尿。不检测染色沉积物样本，则很难检测胞内菌。

4. 白细胞有折光性，是由于白细胞胞浆颗粒的微光所致。

（五）管型（管型尿，病例 17、34，图 9.1）

1. 管型的一般特征。

（1）管型是由一种由远端管状上皮细胞产生的高分子质量黏液蛋白——T-H 糖蛋白组成的细长结构。

（2）管型形成于尿液酸性较强的远端小管中，可溶解于碱性尿中。

（3）管型形成时肾小管中存在的结构可嵌入管型中。

（4）虽然管型显示了一些管状改变，但它们与改变的严重程度无关。在表面健康的个体尿液中可以观察到管型。

(5) 管型往往间歇性地排入尿液中。在一次尿液分析中，可能观察到也可能没有。

(6) 没有管型并不排除肾脏疾病。

(7) 管型是根据它们的主要成分分类的。

2. 管型的类型。

(1) 透明管型是无色的，均匀的，半透明的，很难检测，即使是在弱光线下。它们主要由 T-H 糖蛋白组成。

(2) 颗粒管型是观察到的最常见的管型。它们由黏蛋白、血浆蛋白、变性细胞以及管状碎片组成。

(3) 细胞管型。

①上皮细胞管型包含有脱落的肾小管细胞。

②肾脏炎症时出现白细胞管型。

③肾脏出血和炎症时出现红细胞管型。

(4) 蜡质管型是一种无颗粒状内容物的广泛结构，通常有明显的断裂或方形端部和缺口边缘，它们是由退化的细胞和颗粒状管型演变而来的。蜡质管型是在大集合管中形成的，表明慢性管状病变、严重的尿淤积和临床预后差。

(5) 脂肪管型包含有从退化的肾小管上皮细胞衍生的脂肪球，常见于猫。

(6) 假管型是由无定形晶体、碎片（纤维、玻璃颗粒）、细菌或其他未嵌入蛋白质基质的结构组成的聚集体，很像真实的管型。

(六) 黏液（病例 17，图 9.1）

1. 黏液呈窄的、扭曲的、带状的、均匀的螺纹，表明尿道发炎或生殖器分泌物。

2. 黏液是马尿中的正常物质。

(七) 脂肪（图 9.1）

被认为是可变大小的、高度折射的液滴，因为它们比水小，在尿液沉积物的结合部下面有脂肪滴，并且与细胞和管型不在同一个平面上。

1. 由于新的亚甲蓝染色是一种水性染料溶液，脂肪在这些制剂中表现为高度折射、不染色的液滴。

2. 尿中脂肪滴通常不具有病理意义，由于肾小管上皮细胞脂质含量高，这些小滴在猫尿中很常见。

(八) 细菌（病例 20、34，图 9.1）

1. 识别特征。

(1) 细菌（棒）可以单独存在，也可以存在在链中。它们很容易在未染色的尿沉积物中被识别出来，并且通常伴有白细胞。

(2) 球菌（圆形细菌）在未染色的制剂中更难识别，除非它们存在于链中，因为它们类似于小晶体或碎片。

(3) 小颗粒的布朗运动不应被误认为是球菌或运动细菌。

(4) 尿沉渣的罗曼诺夫斯基或革兰氏染色制剂在检测细菌，尤其是球菌方面优于湿式制剂。染过的制剂应用于证实可疑的细菌尿症。

2. 细菌尿症的意义。

(1) 在尿沉积物的湿固定中，细菌细胞的显微镜检测必须超过30 000个/mL。相反，在显微镜下检测这些细菌时，必须有更多的球菌。

(2) 尿液通常只有从肾到尿道中的是无菌状态。因此，在排泄样本中观察到的细菌可能代表正常下泌尿生殖道的污染。也可能在导尿管样本中发生污染，特别是从雌性身上获得的样本。

(3) 尿样培养是检测临床意义细菌所必需的定量和定性培养。显然，如果要进行微生物培养，采集容器必须是无菌的。

(4) 在大多数情况下，禽类的细菌尿与粪便污染是分不开的。

(九) 精子可以从雄性和最近受精卵受精的雌性排空的尿液中观察到

(十) 在尿液标本中很少能观察到寄生虫虫卵（冠线虫属、膨结线虫属和毛细线虫属）和微丝蚴（恶丝虫属）

(十一) 真菌

可以发现分段菌丝或芽殖酵母。酵母通常是尿液中的污染物。在弥散性曲霉菌感染的德国牧羊犬中很少观察到真菌。

(十二) 藻类

在弥散性藻类感染犬的尿沉渣中可以观察到原壁菌属，这些细菌大小不一，细胞壁厚，内部隔膜因二分法而异。

(十三) 结晶性尿症（图 9.1）

1. 溶质的结晶沉淀取决于 pH、尿温度、晶体的溶解度和浓度。

2. 尿结晶度表明尿中含有晶体物质，但不一定是尿结石的表现。

3. 通过形状、颜色和在酸性或碱性溶液中的溶解度鉴别晶体。

4. 尿结石中发现的晶体包括但不限于磷酸铵镁（三磷酸铵，禽粪石）、草酸钙、磷酸钙、尿酸盐、胱氨酸、二氧化硅和碳酸钙。

5. 尿沉渣中发现的晶体包括：

(1) 重尿酸铵（尿酸铵），可在门静脉分流或其他高氨血症的肝脏疾病中存在（病例 13）。重尿酸铵晶体是黄色至棕色的不规则的球状体（“曼陀罗”晶体）。这些晶体偶尔缺少特征投影（平滑形式）。

(2) 无定形尿酸盐或磷酸盐是由可能形成假管型的晶体组成的聚集体。尿酸盐在禽类中很常见。

(3) 胆红素晶体呈黄色至琥珀色，类似于一堆树枝或“鹿角”结构。它们在犬尿中很常见，但在其他物种的尿液中不常见。

(4) 碳酸钙晶体为哑铃形或球形，带有辐射辐条，它们被认为是马尿中的一种正常现象。

(5) 草酸钙。

①草酸钙晶体在乙二醇中毒是常见的（病例 18）或其他草酸盐中毒。这些晶体是纺锤形（“栅栏”或“大麻子”的外观）。

②二水草酸钙晶体存在于健康人尿液中，有时出现在乙二醇中毒病例中，它们是八面体或包膜状晶体，但有时会形成立方体。

③乙二醇中毒可在无草酸结晶的情况下发生。

A. 一种比色商用试剂盒（乙二醇检测试剂盒，等位生物系统，Kincysville，WV 25430）可在摄食后 12h 内检测血液中乙二醇，然后才能明显地出现蛋白尿。

B. 阳性试验结果是研制出比对照样品（$>50\mu g/mL$）更强烈的紫红色。

(6) 胆固醇晶体与细胞膜退化和一些肾脏疾病有关。晶体与切口角平行。

(7) 胱氨酸晶体为六角形，通常由蛋白质代谢改变所致（如犬先天性膀胱尿症）。

(8) 药品。

①磺胺结晶是由药物诱导产生的。这些晶体可能形成于脱水或水限制的动物的酸性尿液中。磺胺类晶体形态各异。它们通常是球形的，有辐射辐条，有时有参差不齐的边缘。与碳酸钙晶体相比，这些晶体呈深棕色。木质素试验可证实磺胺的存在。此试验是通过在报纸上放置 1 滴尿沉积物，并加入一两滴 25%盐酸进行的。如果存在磺胺类药物，则产生明亮的橙黄色。

②氨苄西林晶体形成长的针状阵列。

(9) 三磷酸铵（磷酸铵镁，禽粪石）晶体是三至六面的“屏蔽盖”。它们偶尔呈现出“蕨类植物叶”的形态，特别是在它们溶解的情况下。

(10) 酪氨酸晶体，可能与犬的肝脏疾病有关，是无色的黄色针叶，像麦片一样排列。

(11) 尿酸晶体通常与圆角平行，但形状可以是多形性，形成“柠檬滴”、菱形或玫瑰花形。这些晶体通常是在达尔马提亚犬的尿液中观察到的。它们在这种动物中被认为是正常的。

第二节 肾功能异常的实验室检查

一、定义

(一) 肾脏疾病

肾脏疾病定义为任何大小或严重程度的形态学肾脏病变或与肾功能相关的任何生化异常的发生。

由于肾的广泛储备能力，在没有临床症状或实验室检验异常的情况下，可能存在明显的肾脏疾病。

在某些情况下，肾脏疾病的征象，如蛋白尿和结石，可能不伴有肾功能丧失的临床证据。

肾单位的各个部分是如此相互关联以至于肾小球中的疾病经常导致肾小管疾病，反之亦然。

(二) 肾功能衰竭

如果观察到由肾功能降低引起的临床征象或实验室异常，则会出现肾功能衰竭。

肾功能衰竭仅在肾单位大量丢失后发生。

1. 肾功能的定量是基于完整的肾单位假说，其中指出肾功能下降是功能性肾单位数量减少而非个体肾单位功能下降的结果。

2. 可以测量的肾功能包括以下内容：

(1) 含氮废物的排泄物（如尿素氮、肌酐）。

(2) 酸碱平衡（T_{CO_2}，血气）。

(3) 调节体内水分和尿中溶质含量（如尿密度、渗透压）。

(4) 某些化合物（如血浆淀粉酶和脂肪酶）的降解。

(5) 促红细胞生成素分泌。

3. 可能只有一个功能丢失，但多个功能通常会同时丢失。

(三) 氮质血症

氮质血症是血液中含过量的尿素或其他非蛋白质含氮化合物。

氮质血症的原因可能是肾前性、肾性或肾后性（见本章血尿素氮部分）。

(四) 尿毒症

尿毒症是肾功能衰竭中观察到的临床症状的复合体。尿毒症也可能在肾前性和肾后性氮质血症中观察到。如果没有临床症状，患氮质血症的动物不是尿毒症。

与尿毒症相关的临床症状包括厌食、呕吐、腹泻、消化道出血、溃疡性口炎、无力、嗜睡、肌肉震颤、惊厥和晚期昏迷。磨牙症发生在牛身上。

二、肾功能评价

(一) 尿液浓度测试

1. 原理。

(1) 脱水增加血浆渗透压，刺激脑垂体释放抗利尿激素（ADH）。ADH 作用于肾小管上皮细胞，引起水的再吸收和尿液的浓缩（增加尿液的密度）。

(2) 使用尿液浓度测试的临床适应证包括以下几点：

①缺乏氮质血症的动物多饮和多尿，脱水的临床证据和疾病的生化证据。

②反复随机抽取非氮血症动物尿液样本，其中尿液持续处于低或等尿酸密度（犬为 1.008～1.030，猫为 1.008～1.035，马和牛为 1.008～1.025）。

（3）尿液浓度测试在以下情况下禁用：

①氮质血症或尿毒症。如果发生氮质血症，已经确诊肾脏疾病伴有稀释尿（肾后性氮质血症仍是诊断的考虑因素）。肾前性氮质血症与浓缩尿相关。

②脱水。ADH 释放的最大刺激已经生效；不必继续脱水。

③严重衰弱。

④可引起多尿和多饮的其他代谢疾病的证据（表 9.1）。

2. 浓度测试的类型。

（1）突然失水测试。

①称重动物，突然失去水分，监测尿液密度。如果有足够的浓缩能力（即相对密度：犬尿＞1.030、猫尿＞1.035、禽尿＞1.020、牛和马尿＞1.025），则测试停止。如果出现不良临床症状或体重减轻 5%（这表明 ADH 释放和后续尿液浓度已经发生了足够的刺激），测试也会终止。

②在牛中，由于瘤胃中的大量水分，需要 3～4d 的限水才能达到最大浓度尿液。

（2）逐步失水测试。

①当多尿症与溶质的髓质冲洗有关时，该试验被认为是有价值的。在这种情况下，必须在肾小管对 ADH 和突然缺水试验作出反应之前重新建立髓质高渗性。

②在监测动物体重的同时，应该是逐渐被剥夺水分直至完全废绝；随后遵循突然禁水测试的指导原则。

（3）ADH 浓度测试。

①当缺水对患畜构成风险时，可以使用该测试。该浓度测试主要用于犬，并评估肾脏对外源性 ADH 的反应。ADH 浓度测试也可以在水分剥夺测试后用于诊断垂体相关性尿崩症。

②给予外源性 ADH 刺激水重吸收和尿液浓度。

③禁水后肾脏浓缩能力似乎比注射 ADH 后更有效。

3. 浓度测试结果的解释。

（1）相对密度：犬尿＞1.030，猫尿＞1.035，禽尿＞1.020，马和牛尿＞1.025，表示足够的尿液浓度。

（2）异常浓度测试的原因如下：

①肾脏疾病（病例 3、10、15、17、18、19、24）。

A. 大约 2/3 的肾单位在肾功能异常集中的情况下不起作用。

B. 浓缩能力受损通常先于血尿素氮或血清肌酐浓度的增加。

C. 在猫和任何物种的原发性肾小球疾病的早期阶段，氮质血症可能与浓度异常同时或先于浓度异常。

②垂体性尿崩症。

A. 垂体疾病导致缺乏 ADH 分泌。肾小管是正常的，但没有被刺激重新吸收水分。

B. 相对密度通常在 1.001～1.007，因为肾脏仍然可以重吸收溶质。

C. 受影响的动物通过浓缩尿液对外源性 ADH 作出反应。

③肾性尿崩症。

A. 肾小管难以通过缺水或 ADH 的外源施用来刺激 ADH。这可能是主要的肾小管缺陷或某些生化异常（如超广泛性肾上腺皮质激素、高钙血症、内毒素血症）的副作用（病例 8）。

B. 其他肾功能测试正常。

④导致多尿和髓质浸出的疾病。

A. 对突然的缺水测试没有反应，因为髓质由于溶质的流失而低渗。

B. 指示逐步禁水测试。重新建立髓质高渗后会发生尿浓缩。

（二）血尿素氮

1. 新陈代谢的基本概念。

（1）少量尿素被摄入并从大肠吸收。

（2）血浆中的大部分尿素由肝脏合成。特别是肝尿素循环中，氨合成尿素，氨是蛋白质分解代谢的废产物。

（3）尿素在粪便中未被发现，因为尿素被含脲酶的细菌吸收或转化为氨。

（4）一旦尿素进入血管系统，它被动地扩散到整个身体水系统中。需要大约 90min 才能建立均衡。

（5）尿素氮和血清尿素氮是相同的浓度，因为处在整个机体的平衡之中。红细胞、血浆和血清中的尿素浓度相同。

2. 尿素排泄。

（1）肾脏是尿素排泄最重要的途径。

①肾小球滤过率中的尿素浓度与血液中尿素浓度相同。尿素的过滤是一个简单的过程，不需要消耗能量。增加的 BUN 浓度是肾小球滤过率减少的结果。

②尿素被动的从管腔中水分扩散进入血液中。

A. 尿素的吸收量与通过肾小管的尿液流量成反比。

B. 在尿流速最高时，约 40%的过滤尿素被重新吸收。如果尿液流量降低（如脱水、阻塞），则更多的尿素被重新吸收（高达 70%），并且血液尿素浓度增加。

C. 存在 ADH 的情况下，尿素从集合管扩散到间质中，其中它构成了髓质浓度梯度的一部分。

（2）唾液、胃肠道和汗水是尿素排泄的其他途径。当 BUN 浓度增加时，通过这些途径排出的尿素增加。

①由于几乎所有的尿素都被含脲酶的细菌降解为氨，所以，在简单的消化道动物中通过胃肠道排泄尿素是徒劳的。氨被肠重新吸收并用于再合成肝脏中的尿素。

②在反刍动物中，排泄到瘤胃中（或在饮食中摄入）的尿素被微生物降解成氨。随后将氨用于合成氨基酸生产蛋白质。

③反刍动物尿素排泄受氮摄入量的控制。处于缺氮饮食或严重厌食症的动物通过胃肠道排出几乎所有的血液尿素，很少通过肾脏排出。因此，在某些严重肾脏疾病的反刍动物中，BUN 可能在参考区间内。

3. 测定方法。

（1）使用尿素酶的试剂条可用于估计 BUN 浓度，但这种分析方法不准确。

（2）色谱条测试基于氨释放，其产生颜色变化。这些条带测试允许 BUN 浓度的半定量。

（3）比色法是优选的并且是定量的。

4. BUN 浓度升高的解释。

（1）氮血症（病例 9、14、27）。

①继发于小肠出血，坏死，饥饿，长时间运动，感染，发热和皮质类固醇（内源性产生或外源性给药）后的蛋白质分解代谢增加可能通过增加肝脏合成尿素导致 BUN 轻度增加。肌酐浓度没有增加。

②高蛋白饮食可能导致非空腹健康动物的 BUN 浓度轻度升高。然而，高蛋白饮食可能会促使隐匿性肾脏疾病动物的 BUN 浓度显着升高。除非存在隐性肾脏疾病，否则，肌酐浓度一般不会增加。

③肾灌注减少会降低肾小球滤过率（GFR）并导致氮质血症。这种机制发生在休克、脱水和心血管疾病。刺激肾脏浓缩尿液。由于尿液的肾小管流量较低，尿素重吸收较大，因此，可观察到 BUN 浓度显着升高，特别是在牛中。肌酐浓度也增加。

④在大多数物种中，肾前性氮质血症比肾氮质血症更频繁发生。

⑤引起肾前性或肾后性氮质血症的疾病可能继而影响肾脏并最终引起肾氮质血症。

⑥尿液密度高，因为大多数导致肾前性氮质血症或与之相关的情况也刺激 ADH 分泌。功能性肾脏通过浓缩尿液来响应。一个例外是肾上腺皮质激素不足。

⑦尿渗透压与血浆渗透压比值高，而尿钠浓度低（<10mmol/L）。

（2）肾性氮血症（病例 3、10、15、17、18、19、24）。

①当约 3/4 的肾单位无功能时，会发生肾氮质血症。肾小球滤过率显着下降，尿素和肌酐排泄不足。

A. 因此，BUN 不是肾脏疾病的敏感指标，直到肾功能质量减少至氮血症点。

B. 一旦存在肾氮质血症，当肾功能减半时，BUN 浓度大约增加 1 倍。在这个疾病阶段，BUN 浓度的适度增加是非常重要的。

②氮质血症通常发生于肾功能衰竭时尿浓缩异常后。

A. 尽管动物由于 GFR 降低而呈氮质血症，并且存在浓缩尿的最大刺激，但肾脏仍不能浓缩尿液。

a. 上述情况猫例外；氮质血症发展后，猫肾的某些尿液浓缩能力可能会持续存在。

b. 原发性肾小球疾病动物可能会在尿液浓缩异常之前发生氮质血症，因为肾小球疾病通常发生在肾小球功能障碍。

B. 尿液尿素/血浆尿素和尿肌酐/血浆肌酐比率下降。

C. 由于尿素的肠排泄，在马肾衰竭时 BUN 浓度适度增加。高的 BUN 浓度提示肾前并发症。

D. 反刍动物由于尿素通过瘤胃排泄，因此 BUN 浓度不随肌酐浓度成比例地增加。

E. 单独 BUN 测定不是可靠的预后指标。连续 BUN 浓度的评估提供了对疾病进展的更好监测和更准确的临床预后。

③肾前性和肾性氮质血症常并存。

（3）肾后性氮质血症（阻塞或肾后性渗漏，病例 20）。

①肾后性氮质血症的临床体征包括少尿和无尿。物理检查和/或放射学检查或超声检查通常足以诊断肾后性氮质血症。

②尿的密度是可变的；浓度异常可能发生，也可能不发生。

③尿路梗阻解除或输尿管、膀胱或尿道破裂修复后，氮质血症浓度应在数天内恢复到参考区间。

（4）禽类氮质血症解释。

①尿素氮的测定可作为禽类脱水的敏感指标。

②禽类血液中尿素含量低，不能作为肾功能指标，然而，鸽子肾功能衰竭与氮质血症浓度之间存在相关性。

③尿酸是禽类中氮分解代谢的最终产物。血清或血浆尿酸浓度升高（高尿酸血症）是禽类潜在肾脏疾病的最佳指标。

5. 引起 BUN 浓度下降。

（1）低 BUN 值可见于肝功能不全（功能减低，病例 12、13）、低蛋白饮食和合成代谢类固醇给药后。

（2）导致 BUN 浓度降低的可能机制包括通过降低肝脏尿素循环功能或降低蛋白质分解代谢和用于尿素合成的氨的可用性而减少尿素的产生。

（3）年轻动物的 BUN 值可能会因液体摄入量增加，尿量增加以及高合成代谢状态快速增长而降低。

（三）血清肌酐

1. 新陈代谢的基本概念。

(1) 当日粮含有肌肉时，可能会吸收少量的肌酐。血清肌酐浓度的个体内变化部分归因于饮食(即消耗的肉量)。

(2) 大多数肌酐源于内源性肌酸的非酶促转化，其在肌肉中以磷酸肌酸的形成储存能量。

(3) 每天转化为肌酐的肌酸的量相当稳定；肌酐不能被重新利用。

(4) 肌酸群受肌肉质量和疾病的影响。

①血清肌酐浓度降低可能伴随肌肉疾病和全身消瘦。

②血清肌酐浓度升高可能来自条件反射（训练）或横纹肌溶解。

③健康动物中肌酐值的大部分个体差异是由肌肉质量差异引起的。

④雄性通常具有比雌性更高的肌酐值。

(5) 肌酐分布在全身各处，但扩散速度比尿素慢。平衡肌酐浓度需要大约 4h（尿素相对于 1.5h)。在膀胱破裂的情况下，腹腔内肌酐浓度远高于血清肌酐浓度。肌酐浓度的这种差异比尿素的持续时间更长。因此，腹腔液和血浆肌酐浓度的差异在诊断上比尿素浓度更有用。

2. 肌酐的排泄。

(1) 肾排泄。

①肌酐被肾小球自由过滤。不发生管状重吸收。

②雄性犬的近端小管分泌少量肌酐。

③血清肌酐比 BUN 更准确地测量 GFR，因为缺少管状重吸收和最小的管状分泌。

(2) 胃肠道。

①少量的肌酐通过胃肠道排泄。

②排泄的肌酐主要由肠道微生物降解，但可能会发生微量的再吸收。

3. 解释血清肌酐浓度升高。

(1) 肌酐浓度不受饮食或分解代谢因素的显著影响，但受肌肉质量影响。

(2) GFR 降低以类似于 BUN 的方式影响肌酐（病例 14)。

(3) 肌酐测定提供的信息与肾脏疾病中 BUN 的信息相似，并且提供了肾后性阻塞或渗漏（病例 10、18、19、20、22)。

(4) 与 BUN 一样，肌酐在犬和猫的肾脏疾病诊断中敏感性相对较差。在识别肌酐浓度异常之前，必须有 3/4 的肾功能丧失。

(5) 牛和马肌酐浓度是比 BUN 浓度更敏感的肾脏疾病指标。在这些物种中，与尿素相比，肌酐的胃肠排泄潜力有限（病例 3)。

(6) 利尿和透析对降低血清肌酐浓度比降低 BUN 浓度影响小，因为相对于尿素氮，尿流率对肌酐影响小。因此，利尿和透析更有利于促进尿素的排泄。

(7) 大多数临床检测结果显示，非肌酐染色可能导致血清检测值偏高。在干扰化合物中，酮是最重要的。

(8) 尿肌酐/血清肌酐比率被认为是可以区分肾前性氮质血症与肾氮质血症，但诊断价值不可靠。

(9) 血清 BUN/肌酐比值。

①由于肾小管重吸收和扩散速率的差异以及饮食和蛋白质代谢对这 2 种化合物的影响，该比值已被认为对氮质血症的鉴别诊断有价值。

②临床经验表明，血清 BUN/肌酐比值在兽医临床中，尤其是犬的诊断参数有很多变量。

(10) 肌酐浓度被认为是非常不敏感的，并且对禽类的诊断测试很差。然而，肾脏疾病、卵相关性肾炎和败血症的肌酐浓度升高。

(四) 尿酸

1. 尿酸是禽类氮代谢的主要成分。

2. 高尿酸血症是禽类肾脏疾病的良好指标。

(1) 在观察到血清尿酸浓度升高之前，一些禽类可以对肾损伤进行补偿。这限制了某些禽类中尿酸测定的敏感性。

(2) 在排卵期和进食后可能发生高尿酸血症，这限制了检测肾脏疾病的特异性。

3. 血尿酸正常并不能排除肾脏疾病。

4. 幼禽的尿酸浓度低于成年禽。食用谷物食物的禽类比食肉类物种的尿酸浓度更低。

(五) 测量 GFR

测量 GFR 的理想物质应完全由肾小球滤过清除，既不被肾小管重吸收也不分泌。它也不应该受到肾外途径的新陈代谢或排泄的影响。GFR 的所有测试均受肾灌注减少的影响。

1. 内源性肌酐清除。

(1) 测量在固定时间内形成的尿液量。测定时间开始和结束时的尿液量和血清肌酐浓度。内生肌酐清除率计算如下：

①肌酐清除率：[尿液肌酐 (mg/dL) ×尿液体积 (mL/min) ÷血清肌酐 (mg/dL)]÷体重 (kg)

②结果用 mL/ (min • kg) 表示。

(2) 内源性肌酐清除率用于衡量肾小球滤过率，因为血肌酐浓度非常稳定。大多数肌酐被肾小球滤过而不被肾小管重吸收。

(3) GFR 的粗略估计与肾小管分泌、肌酐肾脏的额外排泄以及非肌酐染色质的测量有关。

2. 外源性肌酐和异己醇清除率。给予患畜这些化合物后的清除率测量如上所述。

3. 分别测量 GFR 中菊粉清除率和肾血流量中对氨基马尿酸清除率更准确，但仅能在大型研究中心实施。

(六) 尿液电解质清除率 (分数清除率)

1. 分数清除率或排泄量 (FE) 表示尿液中排泄的物质与通过肾小球滤过的物质的比例。肾小球滤过物质浓度相当于分析物的血清浓度。进食摄入量和肠道对物质的吸收会影响结果值的判定。

2. 可以通过与内源性肌酐清除率 (肌酐清除率) 的比较来定量电解质清除率。

(1) 此过程同时测量单份尿液和血清样品中的电解质和肌酐浓度 (“斑点” 测量)，允许在不知晓尿液流量或体积的情况下确定电解质清除率。

(2) 计算电解质清除率的公式：

FE= (尿液电解质/血清电解质尿肌酐) ÷ (尿液肌酐/血清肌酐) ×100%

3. 钠的分数清除率 (FE_{Na}) 是最常用的。

(1) 在任何种类的管形衰竭中 FE_{Na} 增加 (>1%)。然而，在急性肾小球疾病中，FE_{Na} 值可以在参考区间内或降低。

(2) 肾前性氮质血症中 FE_{Na} 降低 (低于 1%)。在接受利尿剂的肾前性氮质血症动物和肾氮血症动物中，它可能>1%。

4. 钾的分数清除率 (FE_K)。

(1) FE_K 的临床应用存在争议；FE_K 值与 24h 尿钾浓度不相关。

(2) FE_K 低于 6%的低钾血通常认为是非肾性丢失，而 FE_K 高于 6%则认为是肾性丢失。

(3) 通过比较尿和血钾浓度，有无醛固酮活性 (管形钾梯度)，来评估钾紊乱的临床价值尚不确定。

5. 假如有少尿或无尿，则肾功能衰竭的分数清除率 (FE_P) 也会增加。

6. 碳酸氢盐 ($FE_{HCO_3^-}$) 的分数清除率在人类医学中用于肾小管性酸中毒的分类是有用的。$FE_{HCO_3^-}$ 在Ⅰ型 RTA 中低于 5%～10%，在Ⅱ型 RTA 中高于 15%，在Ⅳ型 RTA 中低于 5%～15%。

7. 电解质摄入和非尿液排泄的差异导致健康动物清除率的差异。这些因素限制了通过检测电解质分泌排泄物评估肾脏疾病的有效性。另外，一些实验室仪器不能定量检测尿液电解质。

（七）肾脏疾病发生中的各种改变

1. 在慢性肾脏疾病中发生渐进性非再生性贫血（病例 15）。

（1）贫血的机制是多因素的。

（2）主要因素是因为功能性肾实质减少而导致促红细胞生成素分泌减少。

（3）出血、红细胞寿命缩短以及尿毒症毒素引起的骨髓抑制是造成这种现象的原因。

2. 高磷酸盐血症与 GFR 降低相关（病例 15、17、18、19、20）。

（1）高磷酸盐血症在奶牛中意义不大，因为肾脏不是磷的主要排泄途径。

（2）GFR 降低的马可观察到低磷酸盐血症。

（3）肾衰竭的少尿或无尿期伴发酸中毒时，则出现高钾血症（病例 20）。

（4）高镁血症发生在单胃动物。

（5）多尿性肾功能衰竭可导致低钾血症，尤其是猫和牛，但马不发生。

（6）代谢性（滴定）酸中毒常与犬和猫的肾功能衰竭有关。阴离子间隙因尿毒症而增加（病例 15、18）。

（7）奶牛在瘤胃迟缓和 HCl 缺乏时，酸碱平衡可能正常或发生代谢性碱中毒。然而，由于尿酸盐的作用，阴离子间隙会很大。当碱中毒、低氯酸血症和低钠血症同时存在时，可能会发生反常性的酸性尿（病例 23）。

（8）在肾脏疾病的马中，高钙血症很常见，因为肾脏是钙的主要排泄途径。

（9）在肾脏疾病的牛中（病例 22），通常观察到低钙血症，而在犬和猫，通常血钙正常或发生轻度低钙血症（病例 18、19）。高钙血症偶尔发生在肾脏疾病的犬。

（10）低钠血症和低氯血症可能与肾脏疾病有关，尤其是在马和奶牛（病例 2、23），其原因是由于肾小管衰竭或钠经尿丢失而导致 FE_{Na} 增加。

（11）在原发性肾小球疾病中，严重的蛋白尿导致低蛋白血症（低 A/G）。蛋白尿（白蛋白尿）、低蛋白血症、水肿和高胆固醇血症（高脂血症）被称为肾病综合征的四联体（病例 19）。

（12）在牛肾衰竭中观察到一些最高的血浆纤维蛋白原浓度。热沉淀法测定的纤维蛋白原值可能超过 1 800 mg/dL（病例 22）。

（13）高淀粉酶血症和高脂血症可能与犬的肾衰竭有关，因为这些酶被肾脏降解和排泄（病例 14）。

参 考 文 献

Adams L G, Polzin D J, Osborne C A, et al: 1992. Correlation of urine protein/creatinine ratio and twenty-four-hour urinary protein excretion in normal cats and cats with surgically induced chronic renal failure. *J Vet Intern Med* 6: 36-40.

Allen T A, Jones R I, Pervance J: 1987. Microbiologic evaluation of canine urine: Direct microscopic examination and preservation of specimen quality for culture. *J Am Vet Med Assoc* 190: 1289-1291.

Bagley R S, Center S A, Lewis R M, et al: 1991. The effect of experimental cystitis and iatrogenic blood contamination on the urine protein/creatinine ratio in the dog. *J Vet Intern Med* 5: 66-70.

Barsanti J A, Lees G E, Willard M D, Green R A: 1999. Urinary Disorders. In: Willard M D, Tvedten H, Turnwald G H (eds): *Small Animal Clinical Diagnosis by Laboratory Methods*, 3rd ed. W. B. Saunders Co., Philadelphia, pp. 108-135.

Bayly W M, Brobst D F, Elfers R S, et al: 1986. Serum and urinary biochemistry and enzyme changes in ponies with acute renal failure. *Cornell Vet* 76: 306-316.

Berry W L, Leisewitz A L: 1996. Multifocal Aspergillus terreus discospondylitis in two German shepherd dogs. *J S Afr Vet Assoc* 67: 222-228.

Bertone J J, Traub-Dargatz J L, Fettman M J, et al: 1987. Monitoring the progression of renal failure in a horse with polycystic kidney disease: Use of the reciprocal of serum creatinine concentration and sodium sulfanilate clearance half-time. *J Am Vet Med Assoc* 191: 565-568.

Biewenga W J: 1986. Proteinuria in the dog: A clinicopathological study in 51 proteinuric dogs. *Res Vet Sci* 4: 257-264.

Billet J-PHG, Moore A H, Holt P E: 2002. Evaluation of a bladder tumor antigen test for the diagnosis of lower urinary tract malignancies in dogs. *Am J Vet Res* 63: 370-373.

Borjesson D L, Christopher M M, Ling GV: 1999. Detection of canine transitional cell carcinoma using a bladder tumor antigen urine dipstick test. *Vet Clin Pathol* 28: 33-38.

Brobst D: 1989. Urinalysis and associated laboratory procedures. *Vet Clin North Am Small Anim Pract* 19: 929-949.

Center S A, Smith C A, Wilkinson E, et al: 1987. Clinicopathologic, renal immunofluorescent, and light microscopic features of glomerulonephritis in the dog: 41 cases (1975-1985). *J Am Vet Med Assoc* 190: 81-90.

Center S A, Wilkinson E, Smith C A, et al: 1985. 24-hour urine protein/creatinine ratio in dogs with protein-losing nephropathies. *J Am Vet Med Assoc* 187: 820-824.

Chew D J, DiBartola S P: 1998. *Interpretation of Canine and Feline Urinalysis*. Ralston Purina Company, St. Louis, MO.

DiBartola S P, De Morais H A: 2000. Disorders of Potassium: Hypokalemia and Hyperkalemia. In: DiBartola S P (ed): *Fluid Therapy in Small Animal Practice*, 2nd ed. W. B. Saunders Co., Philadelphia, pp. 91-93.

DiBartola S P, Green R A, De Morais H A, et al: 1999. Electrolyte and Acid-Base Disorders. In: Willard M D, Tvedten H, Turnwald G H (eds): *Small Animal Clinical Diagnosis by Laboratory Methods*, 3rd ed. W. B. Saunders Co., Philadelphia, pp. 97, 100.

DiBartola S P, Rutgers H C, Zack P M, et al: 1987. Clinicopathologic findings associated with chronic renal disease in cats: 74 cases (1973-1984). *J Am Vet Med Assoc* 190: 1196-1202.

DiBartola S P, Tarr M J, Parker A T, et al: 1989. Clinicopathologic findings in dogs with renal amyloidosis: 59 cases (1976-1986). *J Am Vet Med Assoc* 195: 358-364.

Echols S: 1999. Collecting diagnostic samples in avian patients. *Vet Clin North Am Exot Anim Pract* 2: 636-637.

Elliot J, Barber P J: 1998. Feline chronic renal failure: Clinical findings in 80 cases diagnosed between 1992 and 1995. *J Small Anim Pract* 39: 78-85.

Fettman M J: 1987. Evaluation of the usefulness of routine microscopy in canine urinalysis. *J Am Vet Med Assoc* 190: 892-896.

Fettman M J: 1989. Comparison of urinary protein concentration and protein/creatinine ratio vs. routine microscopy in urinalysis of dogs: 500 cases (1987-1988). *J Am Vet Med Assoc* 195: 972-976.

Finco D R, Brown S A, Barsanti J A, et al: 1997. Reliability of using random urine samples for "spot" determination of fractional excretion of electrolytes in cats. *Am J Vet Res* 58: 1184-1187.

Finco D R: 1997. Kidney Function. In: Kaneko JJ, Harvey JW, Bruss ML (eds): *Clinical Biochemistry of Domestic*

Animals, 5th ed. Academic Press, San Diego, pp. 441-484.

Finco D R, Tabaru H, Brown S A, et al: 1993. Endogenous creatinine clearance measurement of glomerular filtration rate in dogs. *Am J Vet Res* 54: 1575-1578.

Garry F, Chew D J, Hoffsis G F: 1990. Enzymuria as an index of renal damage in sheep with induced aminoglycoside nephrotoxicosis. *Am J Vet Res* 51: 428-432.

Grauer G F, Greco D S, Behrend E N, et al: 1995. Estimation of quantitative enzymuria in dogs with gentamycin-induced nephrotoxicosis using urine enzyme creatinine ratios from spot urine samples. *J Vet Intern Med* 9: 324-327.

Holan K M, Kruger J M, Gibbons S N, et al: 1997. Clinical evaluation of a leukocyte esterase test-strip for detection of feline pyuria. *Vet Clin Pathol* 26: 126-131.

Hughes D: 1992. Polyuria and polydipsia. *Compend Contin Educ Pract* Vet 14: 1161.

Kohn L W, Chew D J: 1987. Laboratory diagnosis and characterizations of renaldisease in horses. *Vet Clin North Am Equine Pract* 3: 585-615.

Lulich J P, Osborne C A: 1990. Interpretation of urine protein-creatinine ratios in dogs with glomerular and nonglomerular disorders. *Compend Contin Educ Pract Vet* 12: 59-72.

Lulich J P, Osborne C A, O'Brien T D, et al: 1992. Feline renal failure: Questions, answers, questions. *Compend Contin Educ Pract Vet* 14: 127-152.

McBride L J: 1998. *Textbook of Urinalysis and Body Fluids: A Clinical Approach*. Lippincott Williams and Wilkins, Philadelphia.

Moore F M, Brum S L, Brown L: 1991. Urine protein determination in dogs and cats: Comparison of dipstick and sulfosalicylic acid procedures. *Vet Clin Pathol* 20: 95-97.

Murgier P, Jakins A, Bexfield N, et al: 2009. Comparison of semiquantitative test strips, urine protein electrophoresis, and an immunoturbidimetric assay for measuring microalbuminuria in dogs. *Vet Clin Pathol* 38: 485-492.

Neiger R D, Hagemoser W A: 1985. Renal percent clearance ratios in cattle. *VetClin Pathol* 14: 31-35.

Newman D J, Pugia M J, Lott J A, et al: 2000. Urinary protein and albumin excretion corrected by creatinine and specific gravity. *Clinica Chimica Acta* 294: 139-155.

Osborne C A, Davis L S, Sanna J, et al: 1990. Identification and interpretation of crystalluria in domestic animals: A light and scanning electron microscopic study. *Vet Med* 85: 18-37.

Palacio J, Liste F, Gascon M: 1997. Enzymuria as an index of renal damage in canine leishmaniasis. *Vet Rec* 140: 477-480.

Penny M D, Oleesky D A: 1999. Renal tubular acidosis. *Ann Clin Biochem* 36: 408-422.

Pressler B M, Vaden S L, Jensen W A, et al: 2008. Detection of canine microalbuminuria using semiquantitative test strips designated for use with human urine. *Vet Clin Pathol* 31: 56-60.

Pugia M J, Lott J A, Profitt J A, et al: 1999. High-sensitivity dye bindingassay for albumin in urine. *J Clin Lab Anal* 13: 180-187.

Ritchie B W, Harrison G J, Harrison L R (eds): 1994. *Avian Medicine: Principles and Applications*. Wingers Publishing Company, Lake Worth, FL.

Ross D L, Neely A E: 1983. *Textbook of Urinalysis and Body Fluids*. Appleton-Century-Crofts, Norwalk, CT. Schultze A E, Jensen R K: 1989. Sodium dodecyl sulfate polyacrylamide gel electrophoresis of canine urinary proteins for the analysis and differentiation of tubular and glomerular diseases. *Vet Clin Pathol* 18: 93-97.

Welles E G, Whatley E M, Hall A S, et al: 2006. Comparison of Multistix PRO dipsticks with other biochemical assays for determining urine protein (UP), urine creatinine (UC), and UP: UC ratio in dogs and cats. *Vet Clin Pathol* 35: 31-36.

Wallace J F, Pugia M J, Lott J A, et al: 2001. Multisite evaluation of a new dipstick for albumin, protein, and creatinine. *J Clin Lab Analysis* 15: 231-235.

第十章 肌 肉

Robert L. Hall，DVM，PhD，and Holly S. Bender，DVM，PhD

肌肉疾病以变性、坏死或伴随有变性、坏死的炎症为特征，这些病变可通过临床生化技术进行检测。最常见的特征是肌肉细胞膜被破坏后将酶和细胞质内容物释放到外周血液和淋巴液中。肌肉萎缩和肿瘤不会出现细胞膜溶解现象，通常不会引起临床生化检测指标的变化。

一、来源于肌肉的血清酶

（一）肌酸激酶

1. 肌酸激酶（CK）用于肌肉能量生成的评价。CK 通过催化高能磷酸键与肌酸磷酸结合，由 ADP 生成 ATP，ATP 用于肌肉收缩，当肌肉休息的时候，CK 也能催化逆向反应。肌肉细胞包含的肌酸磷酸比 ATP 多 8 倍，因此，为肌肉收缩提供了一个高能磷酸键结合的储存室。

2. CK 是骨骼肌、心肌和大脑中主要的胞浆酶，活性高。肝脏中 CK 活性极小。

3. CK 是临床上最具器官特异性的诊断酶之一，因为大部分的血清 CK 活性来源于肌肉。

4. CK 是有 2 个亚基的二聚酶，位于大脑的 CK 命名为 B，位于肌肉的 CK 命名为 M。CK 存在 3 种主要的亚基类型：CK-BB（CK1）、CK-MB（CK2）和 CK-MM（CK3）。

（1）肌酸激酶同工酶可通过电泳分开和确定比例。CK-BB 在阳极。

（2）肌酸激酶同工酶也能够根据种特异性免疫方法或离子层析分析法分开。

（3）CK-BB 存在于大脑、外周神经、脑脊液和内脏中。

（4）CK-MB 存在于心肌中，在其他组织中活性相当低。

（5）CK-MM 存在于骨骼肌和心肌中。

（6）血清中 CK 的活性主要是 CK-MM，其次是 CK-BB，含量非常少；CK-MB 几乎没有多少。

（7）CK 同工酶分析在兽医学中没有很强的参考性，并很少用于临床评价。

5. 红细胞中只含有很少的 CK，但从红细胞释放出的酶和中间产物可能影响分析，溶血时导致假性活性升高，溶血的血清样本不能用于 CK 活性的评价。

6. 稀释血清样本在一定范围内可降低 CK 活性，但由于对 CK 抑制剂也进行了稀释，这时可能会反常的增强酶的活性。

7. 年龄和种类不同的健康犬 CK 的活性。

（1）CK 活性会随着年龄降低，小犬的 CK 活性比成年犬要高很多。

（2）7～12 月龄已经达到了成年犬的 CK 水平。

（3）小型犬倾向于有较高的 CK 活性。

8. 血浆 CK 的半衰期很短（犬，不到 3h；牛，大约是 4h；马不到 2h）。

9. 样本 CK 活性分析越快越好。

（1）据报道，关于血清和血浆的 CK 活性的稳定性是不同的。

（2）从血清样本获得到分析如果延长时间，CK 的活性可能会减少（如从动物医院邮寄到实验室）。

（3）如果 CK 分析被推迟超过 12h，血清或血浆应该冷冻（－20℃）保存，使活性丢失减少到最少。

（4）在分析系统中通过使用还原剂可以部分的还原丢失的活性。

（5）在犬和一些其他种类的动物，血清 CK 活性比血浆 CK 高，这是由于在凝血块形成过程中血小板会释放 CK。

（二）谷草转氨酶（AST）

1. AST 催化可逆的转氨作用，使天冬氨酸和二氧化戊二酸变成草酰乙酸和谷氨酸。草酰乙酸能够进入柠檬酸循环，这种酶以前被称为血清谷草乙酸转氨酶（SGOT）。

2. AST 有细胞质和线粒体同工酶，AST 几乎在所有细胞中出现，包括红细胞。

3. 血清 AST 的活性是组织非特异性的，但肌肉和肝脏是其主要的来源。

4. 猫的血浆 AST 的半衰期不到 12h，犬约为 12h，猪约为 18h，马和牛可能时间更长。

5. 血浆 AST 半衰期比血浆 CK 的半衰期长。

6. 在室温、冷藏、冷冻环境下，AST 相当稳定。

7. 应当立即将血清和血浆与细胞分离，因为难以察觉的溶血可能导致假性 AST 活性增加。

（三）谷丙转氨酶（ALT）

1. ALT 催化可逆的转氨作用，使丙氨酸和二氧化戊二酸变成丙酮酸盐和谷氨酸。丙酮酸盐能够用于糖异生作用或进入柠檬酸循环。这种酶以前被称为血清谷丙转氨酶（SGPT）。

2. ALP 是主要的细胞质酶，在猫和犬被认为是具有肝脏特异性的；但是，据报道，肌肉疾病 ALT 的活性也会升高，如伴染色体 X 的肌肉营养障碍或中毒性肌肉疾病。

3. 在大动物，因为肝脏 ALT 的活性很低，因此，ALT 常作为肌肉特异性酶。羔羊、猪、马的肌肉疾病，据报道 ALT 活性增强。

4. 犬的血浆 ALT 半衰期约为 2.5d。在大多数物种血浆 ALT 半衰期可能比 AST、CK 的长。

（四）乳酸脱氢酶（LDH）

1. LDH 存在于所有的细胞质内，因此也在所有组织里，它能够催化可逆的乳酸成为丙酮酸盐。

2. 血清中 LDH 的高活性通常来源于是肌肉、肝脏和红细胞。

3. 对于诊断肌肉损伤，LDH 不像 CK、AST 那么有用，因为它缺乏组织特异性，并且在中度溶血时有显著的影响。

4. LDH 是四聚物酶，由 2 个亚基组成，H 和 M，形成 5 种同工酶：LDH1（H4）、LDH2（H3M1）、LDH3（H2M2）、LDH4（H1M3）和 LDH5（M4）。通常，多数的 H 亚基的同工酶（LDH1 和 LDH2）在需氧组织中占有优势，而 M 亚基在厌氧组织中占有优势。

（1）LDH 同工酶可通过电泳分开及其所占的比例。LDH1（H4）在阳性一极。

（2）LDH1（H4）具有热稳定性；在 65℃条件下，血清中的 LDH2 至 LDH5 30min 就会被灭活。

（3）LDH1（H4）是心肌和肾脏的主要同工酶。

（4）LDH5（M4）是骨骼肌和红细胞的主要同工酶。

（5）在很多物种，肝脏包含的主要是 LDH4 和 LDH5（H1M3 和 M4），但牛和羊的肝脏同工酶谱与心脏更相似。

（6）这 5 种 LDH 同工酶在所有组织都含有一定数量，即使使用电泳分离也不能确定血清中增加的 LDH 活性的组织来源。

5. 需要立即将血清或血浆与细胞分离开，因为溶血可能会增加 LDH 假性活性。

6. LDH 在－20℃下是不稳定的，在冷藏温度下（4℃）比较稳定。

7. 血浆中不同的 LDH 同工酶的半衰期不同，LDH1（H4）最长，LDH5（M4）最短。

（五）醛缩酶

1. 肌肉中的醛缩酶（醛缩酶 A）是一种细胞质酶，在利用果糖酵解产能的过程中，催化果糖-1，6-二磷酸裂解形成甘油醛 3-磷酸和二羟基丙酮磷酸。

2. 醛缩酶过去常用于研究骨骼肌功能紊乱，但同工酶存在于大量组织中，包括肝脏和心脏。

3. 在诊断骨骼肌疾病中，醛缩酶通常认为不如 CK，因为 CK 更敏感而且更便于实验室操作。

二、CK、AST、LDH 的诊断意义

（一）变性或坏死的肌肉损伤会导致血清 CK、AST、LDH 的活性增高

与血清酶活性增高相关的疾病见表 10.1。

1. CK 是衡量横纹肌损伤最敏感的血清酶指标。

（1）CK 是检测骨骼肌损伤的特异酶。

（2）在肌肉受伤 4～6h 后，血清 CK 的活性增强，并且在 6～12h 时达到最高水平。

（3）一旦肌肉损伤减缓，血清 CK 会在 48～72h 内恢复到参考范围。

（4）持久的血清 CK 高活性指示存在持续的肌肉损伤。

（5）血清 CK 活性增加的数量通常与肌肉受伤的程度有关，但也有例外发生。变化显著（如高于 5 000IU/L）或平缓持续性增加（如高于2 000IU/L），被认为是有临床意义的。

（6）对于猫，监测血清 CK 活性是比较有临床意义的，因为猫拥有的肌肉群较少而且 CK 活性较低。但是，在没有明显肌肉病变的厌食的猫，血清 CK 活性会增加。

2. 在肌肉受损后，血清 AST 活性的增加比 CK 和 LDH 慢；在肌肉损伤减缓后，增加的血清 AST 活性可能会持续几天。

3. 在肌肉受损后，血清 LDH 活性会增加，但没有 CK 和 AST 明显。因为 LDH 广泛分布于组织中，因此，很难用于评估。

表 10.1 肌源性血清酶（CK、LDH、AST）活性增高相关的疾病。肌肉细胞膜严重破坏时可能出现肌红蛋白尿

感染性肌炎	呼吸链缺陷（阿拉伯马）
有传染性的	肌营养不良（牛、羊、犬、猫、鸡）
细菌性	肌磷酸化酶缺乏（牛）
梭菌性肌炎	肌强直症（犬、山羊、马）
免疫性马链球菌感染	氯化物性肌强直（羊）
败血性巴氏杆菌肌炎（猫）	磷酸果糖激酶缺乏（英国史宾格犬）
葡萄球菌和链球菌性肌炎（犬）	溶酶体 α-多糖贮藏性疾病（马）
寄生虫性	代谢性的或不明原因
犬肝簇虫	后天性马运动神经元性麻痹
犬孢子虫	麻醉（马、猪）
与壁虫（马耳蜱）	赛犬的横纹肌溶解
相关的肌肉痉挛	捕捉性肌病
肉孢子虫属	马横纹肌溶解（麻痹肌红蛋白血症，麻痹性肌红蛋白尿，偶氮尿症，周一早上疾病，结扎综合征）
弓形虫	肾上腺皮质机能亢进（犬、马）
锥体虫属	低血钾型多肌病（猫）
病毒性	甲状腺功能减退症（犬、马）
蓝舌病	恶性高热症（猪、犬）
牛流行热	猪应激综合征
牛病毒腹泻	中毒
马疱疹病毒 1	斑蝥中毒
马传染性贫血	蕨（马心肌坏死）
马流感病毒 A2	肉桂（咖啡杂草、蓖麻子、引起恶心的中毒）
恶性卡他热	
非传染性的	

（续）

皮肌炎（犬） 嗜酸性粒细胞性肌炎（犬、小牛） 免疫性多发性肌炎 咀嚼性肌炎（犬） 创伤性肌病 意外造成 捕捉肌肉疾病（禽） 中枢系统疾病（特别是伴有抽搐的） 极限运动 手术后 心脏停止后的复苏 大动物久卧（运输中卧地病畜） 肌内注射刺激性药品 腓肠肌断裂（马） 关节疾病的继发症 止血带综合征 变质性肌肉病变 遗传或先天性的 溶酶体 α-1，4-葡萄糖苷酶缺乏（犬、短角牛、婆罗门小公牛） 脱支酶缺乏（犬、驹） 高血钾性周期性麻痹（马） 线粒体性肌病 细胞色素 C 氧化酶降低（牧羊犬）	中毒病（牛、马） 铜中毒（羊） 棉酚中毒（牛、马） 马尾草（马） 由莫能菌素、拉沙里菌素、马杜菌素或盐菌素引起的离子载体性心肌和骨骼肌变性（马、反刍动物、火鸡） 有机磷中毒 营养性的 厌食症（猫） 硫胺素（维生素 B_1）缺乏 硫胺素在高温下被破坏（超过 100℃） 加工的饮食（犬、猫） 摄食过量硫胺素 蕨（马） 维生素 E/硒缺乏（犊牛、羔羊、1 岁公牛、驹、猪、犬、鸵禽） 马尾草（马） 缺血性心肌病 大动脉血栓（猫） 心内膜炎 恶性丝虫病 回肠血栓（马、犊牛）

（二）血清 CK 和 LDH 同工酶具有一些组织特异性

1. 骨骼肌损伤后，会导致血清 CK-MM 和 LDH5（M4）活性大幅升高。

2. 在心肌损伤后，血清 CK-MB 和 LDH1（H4）活性大幅升高。但是，对于诊断马心肌损伤是无效的。

3. 在溶血性疾病或样本溶血的情况下，血清 LDH1（H4）活性增加。

4. 通常，血清 CK 和 LDH 同工酶对于临床兽医没有价值或实用性。心肌肌钙蛋白对于评估心肌受损更敏感、特异和实用性。

（三）与原发的肌肉损伤无关，血清 CK 活性也可受轻微的肌肉损伤影响

1. 肌电图的电极定位会增加血清 CK 的活性，但通常不会超过正常范围。

2. 肌内注射会增加血清 CK 活性。刺激性的药物（如氯胺酮）或药物赋形剂会使 CK 戏剧性的持续增高 1 周。

3. 创伤性的静脉穿刺，即使没有溶血，也会导致血清 CK 活性增加。静脉周围结缔组织或肌肉样本可能发生污染。

4. 犬和马的剧烈运动会导致血清 CK 和 LDH 活性增加。

（1）少量运动后很少会超过基本数值的 3 倍。

（2）身体训练运动后会有轻微的增加。

5. 动物运输可能会导致血清 CK 活性增加。

（四）来源于大脑和中枢神经系统疾病能使脑脊液 CK 活性升高

1. 增加的 CSF-CK 活性不会影响血清 CK 活性。

2. 血清 CK 活性的增加与中枢神经系统疾病相关，可能与惊厥（如无意识的肌肉收缩或损伤）或长时间躺卧引起的肌肉细胞损伤有关。

（五）犬淋巴瘤也能引起血清 LDH 活性增加

（六）犊牛淋巴瘤病例中，70%的动物伴有血清 LDH 活性升高现象

1. 在临床健康和患畜中，血清 LDH 活性部分重叠。

2. 淋巴细胞增多的犊牛，血清 LDH 活性不升高。

（七）CK、AST、LDH 活性可用于禽的骨骼肌疾病诊断

1. 和哺乳动物一样，血清 CK 活性是最具有肌肉特异性的指标。

2. 溶血会明显的增加血清 LDH 活性。

三、肌肉疾病的其他实验室检查结果

（一）肌钙蛋白

1. 肌钙蛋白是球蛋白绑定原肌球蛋白，帮助调节横纹肌肌纤维间的肌动蛋白和肌球蛋白的相互作用。

（1）3 种肌钙蛋白形成一个调节复合体：肌钙蛋白 I、肌钙蛋白 T、肌钙蛋白 C。

（2）肌钙蛋白 I 和肌钙蛋白 T 有通常独特的心脏亚型，因此，对于评价心肌损伤是有用的。

（3）心肌肌钙蛋白 I 和肌钙蛋白 T（cTnI 和 cTnT）被认为是人类急性心肌损伤的标志性选择，替代了 CK-MB。

（4）cTnI 和 cTnT 在哺乳动物中高度保守，并且心肌肌钙蛋白有多种动物的与人类的心肌肌钙蛋白发生免疫交叉反应。

（5）cTnI 有多个功能检测厂家存在，但 cTnT 的检测厂家只有一个，且不易得到。

（6）测量 cTnI 和 cTnT 没有明显的诊断优势。

2. 当心肌细胞变性/坏死时，心肌肌钙蛋白被释放到血液中。

3. 血清中心肌肌钙蛋白的浓度通常情况下处于较低水平，在心肌损伤后的几小时内浓度开始上升。

4. 心肌肌钙蛋白的寿命很短（数小时），所以，血清中的浓度会迅速降低（1～2d），除非心肌损伤情况持续存在。

5. 剧烈运动后的马匹或者肾脏功能障碍时，血清中心肌肌钙蛋白的浓度也可能出现升高现象。

（二）利钠肽

1. 利钠肽有 2 种，心房或 A 型（ANP）和脑或 B 型（BNP），作为心肌功能/功能障碍的标志物进行研究。

2. 利钠肽作为激素原在心肌受到机械性应激或者拉伸作用时被释放，更多的是由于压力的增加。

3. 激素原裂解为非活性的 N 端片段（NTproANP 或 NTproBNP）和活性 C 端片段（ANP 和 BNP）。

4. 活性 ANP 和 BNP 通过抑制肾素-血管紧张素-醛固酮系统，促进血管舒张，增加尿钠和利尿，降低动脉血压，从而促进心血管平衡。

5. 非活性的 N 端片段和活性 C 端片段的检测已经成熟。

（1）BNP 和 NTproBNP 已用于人类医学充血性心力衰竭敏感而非特异性的标记物。

（2）由于人 BNP 和 NTproBNP，与动物的多肽没有交叉反应，因此直到最近，物种特异性分析限制了这些标记物的使用。

（3）非活性片段的半衰期可能比活性片段的半衰期长，因此，使用非活性片段（NTproANP 和 NTproBNP）作为心脏病的标记物更有吸引力。

（三）肌红蛋白

1. 肌红蛋白是一种血红素蛋白，负责在肌肉细胞内运输和储存氧气。通常血清中不存在肌红蛋白。

2. 肌红蛋白被认为是肌肉坏死的特异性和敏感指标。

（1）肌红蛋白从肌肉中释放进入血液中。

（2）CK 和 AST 首先进入淋巴循环，延缓了血清活性的升高。

（3）一旦肌肉损伤减缓后，血清肌红蛋白浓度将迅速下降。

3. 肌红蛋白是一种低分子质量的单体，与血红蛋白不同，它与血浆蛋白没有明显的联系。

4. 肌红蛋白容易穿过肾小球，血浆也不会变色。

5. 肌红蛋白和血红蛋白导致尿液潜血反应测试阳性（见第九章），依据肌红蛋白的浓度和退化/氧化的程度不同，尿液可由粉红色到红色、棕色。

（1）用硫酸铵沉淀试验区分肌红蛋白和血红蛋白是不可靠的（理论上，血红蛋白沉淀在 80%硫酸铵溶液中，但肌红蛋白没有）。

（2）与其他肌肉损伤证据相比，肌红蛋白尿更具有代表性，正常的血浆颜色和正常血细胞比容。

（3）与其他溶血的证据（如低血红蛋白）相比，血红蛋白尿通常更具有代表性，粉红色到红色的血浆，不是肌肉损伤的支持证据。

6. 可以通过多种免疫测定法测定血清或尿液中的肌红蛋白，但在兽医临床中使用率不高。

（四）钾

1. 细胞内钾比细胞外钾含量高。

2. 大量肌肉变性或坏死可能会释放出更多的钾，导致高钾血症。

（1）高钾血症与肌肉血清酶活性增加相关性较差。

（2）高钾血症通常与酸碱和电解质平衡紊乱有关（见第五章）。

3. 1/4 的马高钾性周期性麻痹是由于骨骼肌钠通道缺陷引起，常导致高钾血症。

（1）疾病期间或临床症状（如肌颤、肌无力）出现后立即就会出现高钾血症，但不是在发作期。

（2）血清 CK 活性可轻度升高或在参考数值区间内。

4. 患有慢性肾功能衰竭或酸性饮食习性的猫可能会出现低血钾型多肌病。低钾血症和血清 CK 活性增加非常典型。

（五）乳酸

1. 乳酸是糖无氧酵解的副产物，主要在骨骼肌、红细胞、脑、皮肤和肾髓质产生。

2. 血液乳酸浓度反映乳酸产生和肝脏代谢（用于葡萄糖生成）以及尿液中排出的平衡情况。

3. 由于运动导致的线粒体和脂质贮藏肌病和拉布拉多猎犬的遗传性肌病中血浆乳酸含量显著增加。

4. 全血或血浆样本的获取与处理对乳酸分析至关重要。

（1）应将血液采集到含氟化钠和草酸钾的试管中，冷却后，在 15min 内离心。氟抑制了红细胞的糖酵解和乳酸的产生。

（2）如果患畜在静脉穿刺（肌肉活动）中挣扎，或者静脉长时间阻塞（静脉停滞和局部缺氧），血液乳酸浓度会增加。

（3）进食后血液乳酸浓度也会增加。

（六）肌营养不良蛋白和肌肉萎缩症

1. 肌营养不良蛋白是一种细胞质细胞骨架蛋白，有助于增强肌纤维，是连接肌肉纤维和细胞外基质的跨膜蛋白复合体的一部分。

2. 在犬和猫，由于染色体 X 有关的遗传性营养不良而导致肌营养不良症。该病的特点是渐进性肌肉变性/坏死，部分肌肉组织增生，血清肌酶活性增加。

3. 肌肉中肌营养不良蛋白可通过免疫细胞化学或免疫印迹技术进行评估。

4. 据报道，有关犬非肌营养不良蛋白缺陷而出现肌营养不良病例。

（七）乙酰胆碱受体抗体和重症肌无力

1. 具有免疫介导的重症肌无力的犬和猫，可应用免疫沉淀试验检测体内的乙酰胆碱受体抗体。

2. 在先天性（非免疫介导的）重症肌无力中缺乏抗体。

（八）红细胞谷胱甘肽过氧化物酶活性和硒缺乏

1. 红细胞谷胱甘肽过氧化物酶活性降低与硒缺乏有关，因为硒是酶的辅助因子。
2. 血清维生素 E 和硒的浓度也可以测量。

（九）硫胺素（维生素 B_1）缺乏

1. 虽然罕见，但硫胺素缺乏可引起心肌坏死和中枢神经系统疾病。
2. 血清 CK 活性增加可能不明显。

参考文献

Aktas M, Auguste D, Concorder D, et al: 1994. Creatine kinase in dog plasma: Preanalytical factors of variation, reference values, and diagnostic significance. *Res Vet Sci* 56: 30-36.

Apple F S, Henderson R A: 1999. Cardiac Function. *In*: Burtis C A, Ashwood E R (eds): *Tietz Textbook of Clinical Chemistry*. W. B. Saunders, Philadelphia, pp. 1178-1203.

Balogh N, Gaal T, Ribiczeyné P S, et al: 2001. Biochemical and antioxidant changes in plasma and erythrocytes of pentathlon horses before and after exercise. *Vet Clin Pathol* 30: 214-218.

Barth A T, Kommers G D, Salles M S, et al: 1994. Coffee senna (*Senna occidentalis*) poisoning in cattle in Brazil. *Vet Human Toxicol* 36: 541-545.

Bastianello S S, Fourie N, Prozesky L, et al: 1995. Cardiomyopathy of ruminants induced by the litter of poultry fed on rations containing the ionophore antibiotic, maduramicin. II. Macropathology and histopathology. *Onderstepoort J Vet Res* 62: 5-18.

Bender H S: 2003. Muscle. *In*: Latimer K S, Mahaffey E A, Prasse K W (eds): *Duncan and Prasse's Veterinary Laboratory Medicine*: *Clinical Pathology*, 4th ed. Iowa State Press, Ames, IA, pp. 260-269.

Benson J E, Ensley S M, Carson T L, et al: 1998. Lasalocid toxicosis in neonatal calves. *J Vet Diagn Invest* 10: 210-214.

Bjurstrom S, Carlsten J, Thoren-Tolling K, et al: 1995. Distribution and morphology of skeletal muscle lesions after experimental restraint stress in normal and stress-susceptible pigs. *Zentralbl Veterinarmed A* 42: 575-587.

Blot S: 2000. Disorders of the Skeletal Muscles. *In*: Ettinger S J, Feldman E C (eds): *Textbook of Veterinary Internal Medicine Diseases of the Dog and Cat*, 5th ed. W. B. Saunders Co., Philadelphia, pp. 684-690.

Boemo C M, Tucker J C, Huntington P J, et al: 1991. Monensin toxicity in horses. An outbreak resulting in the deaths of ten horses. *Aust Equine Vet* 9: 103-107.

Boyd J W: 1983. The mechanisms relating to increases in plasma enzymes and isoenzymes in diseases of animals. *Vet Clin Pathol* 12: 9-24.

Braund K G: 1997. Idiopathic and exogenous causes of myopathies in dogs and cats. *Vet Med* 92: 629-634.

Brown C: 2002. Rhabdomyolysis. *In*: Brown C, Bertone J (eds): *The 5-Minute Veterinary Consult*: *Equine*, 1st ed. Lippincott Williams and Wilkins, Baltimore, pp. 926-929.

Cardinet G H: 1997. Skeletal Muscle Function. *In*: Kaneko J J, Harvey J W, Bruss M L (eds): *Clinical Biochemistry of Domestic Animals*, 5th ed. Academic Press, San Diego, pp. 407-440.

Cavaliere M J, Calore E E, Haraguchi M, et al: 1997. Mitochondrial myopathy in Senna occidentalis-seed-fed chicken. *Ecotoxicol Environ Safety* 37: 181-185.

Child G: 2000. Myopathy. *In*: Tilley L P, Smith F W K (eds): *The 5-Minute Veterinary Consult*: *Canine and Feline*, 2nd ed. Lippincott Williams and Wilkins, Philadelphia, pp. 990-993.

Christopher M M, O'Neill S: 2000. Effect of specimen collection and storage on blood glucose and lactate concentrations in healthy, hyperthyroid and diabetic cats. *Vet Clin Pathol* 29: 22-28.

Connolly D J, Guitian J, Boswood A, et al: 2005. Serum troponin I levels in hyperthyroid cats before and after treatment with radioactive iodine. *J Feline Med Surg* 7: 289-300.

Cornelisse C J, Schott H C, Olivier N B, et al: 2000. Concentration of cardiac troponin I in a horse with a ruptured aortic regurgitation jet lesion and ventricular tachycardia. *J Am Vet Med Assoc* 217: 231-235.

Daugschies A, Hintz J, Henning M, et al: 2000. Growth performance, meat quality and activities of glycolytic enzymes in the blood and muscle tissue of calves infected with Sarcocystis cruzi. *Vet Parasitol* 88: 7-16.

De La Corte F D, Valberg S J, MacLeay J M, et al: 1999. Glucose uptake in horses with polysaccharide storage myopathy. *Am J Vet Res* 60: 458-462.

Divers T J, Kraus M S, Jesty S A, et al: 2009. Clinical findings and serum cardiac troponin I concentrations in horses after intragastric administration of sodium monensin. *J Vet Diagn Invest* 21: 338-343.

Duncan J R, Prasse K W, Mahaffey E A: 1994. *Veterinary Laboratory Medicine*: *Clinical Pathology*. Iowa State University Press, Ames, IA, pp. 184-187.

Eades S C, Bounous D I: 1997. *Laboratory Profiles of Equine Diseases*. Mosby, St. Louis.

Edwards C M, Belford C J: 1995. Hypokalaemic polymyopathy in Burmese cats. *Aust Vet Pract* 25: 58-60.

Fascetti A J, Mauldin G E, Mauldin G N: 1997. Correlation between serum creatine kinase activities and anorexia in cats. *J Vet Intern Med* 11: 9-13.

Fonfara S, Loureiro J, Swift S, et al: 2010. Cardiac troponin I as a marker for severity and prognosis of cardiac disease in dogs. *Vet J* 184: 334-339.

Gaschen F, Gaschen L, Seiler G, et al: 1998. Lethal peracute rhabdomyolysis associated with stress and general anesthesia in three dystrophin-deficient cats. *Vet Pathol* 35: 117-123.

Gunes V, Atalan G, Citil M, et al: 2008. Use of cardiac troponin kits for the qualitative determination of myocardial cell damage due to traumatic reticuloperitonitis in cattle. *Vet Record* 162: 514-517.

Gunes V, Ozcan K, Citil M, et al: 2010. Detection of myocardial degeneration with point-of-care cardiac troponin assays and histopathology in lambs with white muscle disease. *Vet J* 184: 376-378.

Haraguchi M, Gorniak S L, Calore E E, et al: 1998. Muscle degeneration inchicks caused by Senna occidentalis seeds. *Avian Pathol* 27: 346-351.

Harris P A, Mayhew I: 1998. Musculoskeletal Disease. *In*: Reed S M, Bayly W M (eds): *Equine Internal Medicine*, 1st ed. Saunders, Philadelphia, pp. 371-426.

Hinchcliff K W, Shaw L C, Vukich N S, et al: 1998. Effect of distance traveled and speed of racing cn body weight and serum enzyme activity of sled dogs competing in a long-distance race. *J Am Vet Med Assoc* 213: 639-644.

Hoffmann W E, Solter P F, Wilson B W: 1999. Clinical Enzymology. *In*: Loeb W F, Quimby F W (eds): *The Clinical Chemistry of Laboratory Animals*, 2nd ed. Taylor and Francis, Philadelphia, pp. 399-454.

Holbrook T C, Birks E K, Sleeper M M, et al: 2006. Endurance exercise is associated with increased plasma cardiac troponin I in horses. *Equine Vet J Suppl* 36: 27-31.

Holmgren N, Valberg S: 1992. Measurement of serum myoglobin concentrations in horses by immunodiffusion. *Am J Vet Res* 53: 557-560.

Horie Y, Tsubaki M, Katou A, et al: 2008. Evaluation of NT-pro BNP and CT-ANP as markers of concentric hypertrophy in dogs with a model of compensated aortic stenosis. *J Vet Intern Med* 22: 1118-1123.

Kramer J W, Hoffmann W E: 1997. Clinical Enzymology. *In*: Kaneko J J, Harvey J W, Bruss M L (eds): *Clinical Biochemistry of Domestic Animals*, 5th ed. Academic Press, San Diego, pp. 303-325.

Kraus M S, Jesty S A, Gelzer A R, et al: 2010. Measurement of plasma cardiac troponin I concentration by use of a point-of-care analyzer in linically normal horses and horses with experimentally induced cardiac disease. *Am J Vet Res* 71: 55-59.

Lappin M R: 1998. Polysystemic Protozoal Diseases. *In*: Nelson R W, Couto C G (eds): *Small Animal Internal Medicine*, 2nd ed. Mosby, St. Louis, pp. 1313-1324.

Leonardi F, Passeri B, Fusari A, et al: 2008. Cardiac troponin I (cTnI) concentration in an ovine model of myocardial ischemia. *Res Vet Sci* 85: 141-144.

Lewis H B, Rhodes D C: 1978. Effects of I. M. (intramuscular) injections on serum creatine phosphokinase (CPK) values in dogs (Diagnostic or prognostic importance) . *Vet Clin Pathol* 7: 11-12.

MacDonald K A, Kittleson M D, Munro C, et al: 2003. Brain natriuretic peptide concentration in dogs with heart disease and congestive heart failure. *J Vet Intern Med* 17: 172-177.

MacLeay J M, Valberg S J, Pagan J D, et al: 2000. Effect of ration and exercise on plasma creatine kinase activity and lactate concentration in Thoroughbred horses with recurrent exertional rhabdomyolysis. *Am J Vet Res* 61: 1390-1395.

Mellanby R J, Henry J P, Cash R, et al: 2009. Serum cardiac troponin I concentrations in cattle with cardiac and noncardiac disorders. *J Vet Intern Med* 23: 926-930.

Meyer D J, Harvey J W: 1998. *Veterinary Laboratory Medicine: Interpretation and Diagnosis*. W. B. Saunders, Philadelphia, pp. 157-186.

Moss D W, Henderson R A: 1999. Clinical Enzymology. *In*: Burtis C A, Ashwood E R (eds): *Tietz Textbook of Clinical Chemistry*. W. B. Saunders, Philadelphia, pp. 617-721.

Mushi E Z, Isa J F W, Chabo R G, et al: 1998. Selenium-vitamin E responsive myopathy in farmed ostriches (Struthiocamelus) in Botswana. *Avian Pathol* 27: 326-328.

Naylor J M: 1994. Equine hyperkalemic periodic paralysis: Review and implications. *Can Vet J* 35: 279-285.

Nostell K, Haggstrom J: 2008. Resting concentrations of cardiac troponin I in fit horses and effect of racing. *J Vet Cardiol* 10: 105-109.

O'Brien P J: 2008. Cardiac troponin is the most effective translational safety biomarker for myocardial injury in cardiotoxicity. *Toxicology* 245: 206-218.

O'Brien P J, Smith D E, Knechtel T J, et al: 2006. Cardiac troponin I is a sensitive, specific biomarker of cardiac injury in laboratory animals. *Lab Anim* 40: 153-171.

Oyama M A, Sisson D D, Solter P F: 2007. Prospective screening for occult cardiomyopathy in dogs by measurement of plasma atrial natriuretic peptide, B-type natriuretic peptide, and cardiac troponin I concentrations. *Am J Vet Res* 68: 42-47.

Panciera R J, Ewing S A, Mathew J S, et al: 1999. Canine hepatozoonosis: Comparison of lesions and parasites in skeletalmuscle of dogs experimentally or naturally infected with Hepatozoon americanum. *Vet Parasitol* 82: 261-272.

Parent J: 1999. Neurologic Disorders. *In*: Willard M D, Tvedten H, Turnwald G H (eds): *Small Animal Clinical Diagnosis by Laboratory Methods*, 3rd ed. W. B. Saunders, Philadelphia, pp. 279-287.

Philbey A W: 1991. Skeletal myopathy induced by monensin in adult turkeys. *Aust Vet J* 68: 250-251.

Podell M, Valentine B A, Cummings J F, et al: 1995. Electromyography in acquired equine motor neuron disease. *Prog Vet Neurol* 6: 128-134.

Porciello F, Rishniw M, Herndon W E, et al: 2008. Cardiac troponin I is elevated in dogs and cats with azotaemia renal failure and in dogs with non-cardiac systemic disease. *Aust Vet J* 86: 390-394.

Prosek R, Sisson D, Oyama M, et al: 2007. Distinguishing cardiac and non-cardiac dyspnea in 48 dogs via plasma atrial natriuretic factor, B-type natriuretic factor, endothelin and cardiac troponin I. *J Vet Intern Med* 21: 238-242.

Radostits O M, Gay C C, Blood D C, Hinchcliff K W: 1999. Diseases of the Musculoskeletal System. *In*: Radostits O M, Gay C C, Blood D C, Hinchcliff K W (eds): *Veterinary Medicine: A Textbook of the Diseases of Cattle, Sheep, Pigs, Goats and Horses*, 9th ed. Saunders, New York, pp. 551-578.

Ritchie B W: 1998. Interpreting the avian CBC and serum chemistry profile. *Proc North Am Vet Conf* 12: 783-784.

Sharkey L C, Berzina I, Ferasin L, et al: 2009. Evaluation of serum cardiac troponin I concentrationin dogs with renal failure. *J Am Vet Med Assoc* 234: 767-770.

Shell L G: 1997. Diseases of Peripheral Nerve, Neuromuscular Junction, and Muscles, *In*: Leib M S, Monroe W E (eds): *Practical Small Animal Internal Medicine*. W. B. Saunders, Philadelphia, pp. 591-612.

Shelton G D: 2000. Myopathy. *In*: Tilley L P, Smith F W K (eds): *The 5-Minute Veterinary Consult: Canine and Feline*, 2nd ed. Lippincott Williams and Wilkins, Philadelphia, pp. 984-989, 994-995.

Shelton G D, Ho M, Kass P H: 2000. Risk factors for acquired myasthenia gravis in cats: 105 cases (1986-1998). *J Am Vet Med Assoc* 216: 55-57.

Solter P F: 2007. Clinical Biomarkers of Cardiac Injury and Disease. *In*: *Proceedings of the ACVP/ASVCP Annual Meetings*, Savannah, Georgia.

Spratt D P, Mellanby R J, Drury N, et al: 2005. Cardiac troponin I: Evaluation of a biomarker for diagnosis of heart disease in the dog. *J Small Anim Pract* 46: 139-145.

Stockham S L, Scott M A: 2008. *Fundamentals of Veterinary Clinical Pathology*, 2nd ed. Blackwell, Ames, IA, pp. 639-674.

Swenson C L, Graves T K: 1997. Absence of liver specificity for canine alanine aminotransferase (ALT). *Vet Clin Pathol* 26: 26-28.

Taylor S M: 1998. Disorders of Muscle. *In*: Nelson RW, Couto CG (eds): *Small Animal Internal Medicine*, 2nd ed. Mosby, St. Louis, pp. 1059-1075.

Thrall M A, Baker D C, Campbell T W, De Nicola D, Fettman M J, Lassen E D, Rebar A, Weiser G: 2004. *Veterinary Hematology and Clinical Chemistry*. Lippincott Williams and Wilkins, Baltimore, pp. 417-420.

Valberg S J, Hodgson D R, Carlson G, Parish S M, Maas J: 2002. Diseases of Muscle. *In*: Smith B P (ed): *Large Animal Internal Medicine*, 3rd ed. Mosby, St. Louis, pp. 1266-1269, 1271-1272, 1274-1291.

Valberg S, Jonsson L, Lindholm A, et al: 1993. Muscle histopathology and plasma aspartate aminotransferase, creatine kinase and myoglobin changes with exercise in horses with recurrent exertional rhabdomyolysis. *Equine Vet J* 25: 11-16.

Valentine B A, Blue J T, Shelley S M, et al: 1990. Increased serum alanine aminotransferase activity associated with muscle necrosis in the dog. *J Vet Intern Med* 4: 140-143.

Valentine B A, Credille K M, Lavoie J P, et al: 1997. Severe polysaccharide storage myopathy in Belgian and Percheron draught horses. *Equine Vet J* 29：220-225.

van Kimmenade R R J，Januzzi J L：2009. The evolution of the natriuretic peptides—Current applications in human and animal medicine. *J Vet Cardiol* 11，Supplement 1：S9-S21.

Varga A，Schober K E，Holloman C H，et al：2009. Correlation of serum cardiac troponin I and myocardial damage in cattle with monensin toxicosis. *J Vet Intern Med* 23：1108-1116.

Wilkins P A：2002. White Muscle Disease. *In*：Brown C，Bertone J（eds）：*The 5-Minute Veterinary Consult*：*Equine*，1st ed. Lippincott Williams and Wilkins，Baltimore，pp. 1134-1135.

第十一章　内分泌系统

Duncan C. Ferguson，VMD，PhD，and Margarethe Hoenig，Dr med vet，phD

第一节　甲状旁腺、钙、磷和镁

甲状旁腺功能与甲状腺旁滤泡细胞功能和维生素 D 代谢相结合，调节钙、磷稳态。在用生物化学图谱进行筛选以及动物出现钙代谢改变出现临床症状时，经常会遇到钙、磷浓度改变的状况。在反刍动物中，镁异常是由于摄入饲料引起的，但在糖尿病酮症酸中毒的小型动物中也可能引起关注。有关钙、磷、甲状旁腺素和维生素 D 代谢紊乱见图 11.1。

一、基本概念

（一）钙离子感应受体（CaSR）调节甲状旁腺主细胞、C 细胞和肾上皮细胞的反应

1. CaSR 沿着肾单位肾上皮细胞存在。

（1）细胞外钙离子浓度刺激 CaSR，可降低近曲小管对 NaCl、Ca^{2+} 和 Mg^{2+} 和水的重吸收。

（2）镁离子同时也是 CaSR 的兴奋剂。严重的镁耗竭会降低 PTH 的分泌，增加对 PTH 的抗性，并且会影响钙二醇的合成。

（二）甲状旁腺素（PTH）和甲状旁腺素相关肽（PTHrp）

1. 甲状旁腺在低钙血症时产生甲状旁腺素，在低镁血症时产生较少 PTH。虽然血清磷对 PTH 的分泌没有直接影响，但高磷血症可能导致血清钙的相应降低，从而间接刺激 PTH 的释放。

2. PTH 的净效应是增加血清钙，降低血磷和肾脏的排泄功能。PTH 促进以下生理过程：

（1）从骨骼中释放钙。

（2）由肾脏排泄磷。

（3）通过刺激肾脏的 1-α-羟化酶的活性，加速活性维生素 D（1，25 二羟胆钙化醇）的形成。

（4）从小肠中吸收钙离子。

（5）肾小管对钙的重吸收。

3. 除了在乳腺组织中，PTHrp 具有与 PTH 几乎相同的生物活性。在新生儿中，PTHrp 的生理作用可能还包括刺激胎盘钙离子的转运。

4. 定量 PTH 和 PTHrp

（1）放射免疫法可用于犬、猫和马血清中完整的甲状旁腺素的定量分析。

（2）圆形细胞恶性肿瘤产生的 PTHrp 可进行放射免疫分析（如淋巴瘤）。

（三）降钙素

1. 降钙素是由甲状腺滤泡细胞（C 细胞）对高钙血症反应所产生的。

2. 降钙素的作用是降低血清钙和磷。它是通过以下机制产生这些变化的。

（1）抑制 PTH 刺激的骨吸收。

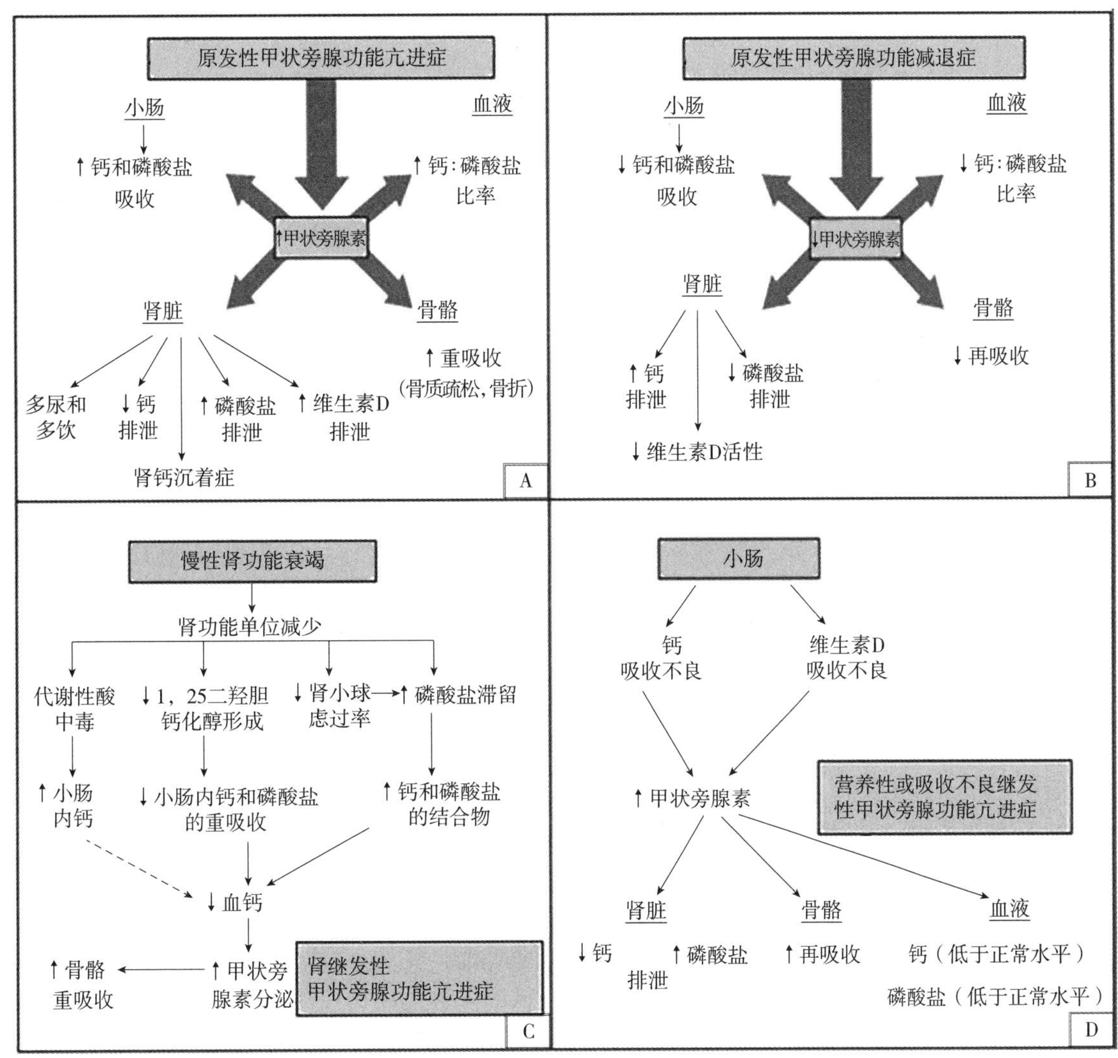

图 11.1 涉及钙、磷、甲状旁腺素和维生素 D 代谢的主要疾病概述

A. 原发性甲状旁腺功能亢进症。由于甲状旁腺合成甲状旁腺素的增加导致小肠对钙离子和磷酸盐吸收量增加，骨骼中钙离子和磷离子的比例升高，从而使钙离子在肾脏中滞留增加，磷酸盐在肾脏中的排泄量增加，以及维生素 D 在肾脏中的活性增强。B. 原发性甲状旁腺功能减退症。由于甲状旁腺产生的甲状旁腺素减少（由于发育不全、手术去除或萎缩）导致小肠对钙离子和磷酸盐的吸收量减少，骨骼中钙离子和磷酸盐的释放量减少，同时增加了肾脏的钙离子排泄量，减少了肾脏中磷酸盐的排泄量，维生素 D 在肾脏中的活性减弱。C. 肾继发性甲状旁腺功能亢进症。随着慢性肾功能衰竭中功能性肾单位的减少，从而发展成代谢性酸中毒。代谢性酸中毒会增加钙离子的比例。这种影响可以通过肾脏降低维生素 D 向 1，25 二羟胆钙化醇的活化，从而降低了血清钙浓度，增加了肾脏对磷酸盐的保留，从而减轻了这种效应。磷酸钙溶解度产物可进一步降低血清钙浓度。血清钙浓度的降低导致甲状旁腺素分泌的二次增加，导致骨钙和磷酸盐的释放增加。D. 营养性或吸收不良继发性甲状旁腺功能亢进症。PTH 浓度的增加是由于钙或维生素 D 的饮食摄入减少或吸收不良，从而导致营养成分可用性降低。PTH 浓度的增加会促使钙离子在肾脏中的滞留，磷酸盐在肾脏中的排泄，以及骨骼的再吸收。血清钙和磷酸盐浓度通常会下降，但保持在参考区间内。

PTH，甲状旁腺素；Ca^{2+}，钙离子；PO_4^{3-}，磷酸盐；1，25-DHC，1，25 二羟胆钙化醇；GFR，肾小球滤过率；PU/PD，多尿和多饮。

（2）增加肾脏中磷的排出量。

3. 降钙素与 PTH 相互协同，将血钙浓度调节至精确的范围内，进而调节骨骼对 PTH 的再吸收作用。

4. 虽然已经开展了针对犬、牛、马和禽类降钙素的测定方法，但用于动物的降钙素定量测定法还没有上市。

（四）代谢活性维生素 D

1. 在肝脏，维生素 D 的 25-羟基化成 25-羟基胆钙化醇（25-OH-D_3）。25-OH-D_3 到 1，25 二羟胆钙化醇的 1-羟基化是在肾脏的 PTH 调节下发生的。

2. 1，25 二羟胆钙化醇是维生素 D 的代谢活性形式。它促进钙和磷在肠黏膜的吸收，并可能促进 PTH 对骨骼的作用。

3. 专业诊断实验室可通过免疫测定和高效液相色谱程序来定量 25-OH-D_3 和 1，25 二羟胆钙化醇。这些测定主要用于确认维生素 D 的中毒情况。

（五）钙

1. 血清总钙以以下 3 种形式存在：

（1）离子钙（iCa）约占总血清钙的 50%，并且是最重要的生物活性部分。

（2）蛋白质结合钙约占总血清钙的 40%。白蛋白在缓冲系统中主要用于减少 iCa 部分的急剧变化。

（3）螯合或络合的钙和镁，主要由磷酸盐、柠檬酸盐、碳酸氢盐、硫酸盐和乳酸盐阴离子结合，约占总血清钙的 10%。

2. 离子钙。

（1）只有离子钙对骨的形成、神经肌肉活动、细胞生物化学过程和凝血方面具有生物活性。

（2）被电离的总钙的比例受到酸碱平衡的影响。

①碱中毒会降低血清钙离子浓度。

A. 代谢性碱中毒可能导致亚临床低钙血症。

B. 热牛奶属于碱化食物，提供的阳离子（Na^+、K^+、Ca^{2+} 和 Mg^{2+}）多于阴离子。

C. 碱中毒使组织对 PTH 的反应变得迟钝。

②酸中毒会增加血清钙离子浓度。

（3）高钙血症时，电离钙几乎总是增加的。

（4）在严重的低钙血症中，电离钙几乎总是下降的（低于 6.5mg/dL 或 1.3mmol/L）。

3. 在低白蛋白血症，结合型蛋白和总血清钙是降低的，但电离钙保持在参考区间内。

（1）虽然低钙血症可见于低白蛋白血症，但不会发生低钙血症临床症状。

（2）在低白蛋白血症的犬，测定的血钙可通过校正公式进行调整，以帮助排除功能性低钙血症的可能性，调整后的钙（mg/L）＝3.5－白蛋白（g/L）＋测量钙（mg/L）。

（3）另一种方法是使用总蛋白质：调整后的钙（mg/L）＝测量钙（mg/L）－［0.4×血清蛋白（g/L）］＋3.3。

（4）研究和临床调查表明，电离钙并不总是与这些公式的预测平行。因此，直接测量电离钙是首选。

（5）在犬类，血清总钙高于正常血钙并低于低钙血症的含量。

（6）使用钙调整公式校正 tCa 到总蛋白或白蛋白浓度，高估了高钙血症并低估了低钙血症。

4. 膳食钙摄入量很少影响血清钙浓度。

（1）钙的摄入量减少可通过 PTH 活性增加而维持正常的血钙。

（2）钙摄入量增加可通过排泄物的丢失和尿排泄来保持血钙平衡。

5. 关于马的特别评价。

（1）与其他物种相比，马被认为具有高血清总 Ca 和 iCa，肠钙吸收调节能力差，尿钙清除率高，血清维生素 D 代谢物浓度低以及较高的 Ca 阈值。

（2）某些患有肾病的马，由于肾脏钙排泄减少导致高钙血症，然而，其他物种的肾功能衰竭通常不会发生高钙血症。

6. 测量方法。

(1) 比色。

①比色法测量总血清钙（即电离的、蛋白质结合的和螯合钙）。

②当存在高脂血症时，在一些测定系统中可能出现假高钙值。

(2) 离子选择电极。

①生物学上需要特殊的离子选择性电极测量离子钙的活性形式。

②样品必须在37℃下保持厌氧状态，这限制了该测试的临床应用。

③用于全血或血浆样品的肝素量和类型也可能会影响iCa的测量。

A. 肝素锌导致iCa过高。这是由于来自蛋白质的钙离子转移使得pH下降引起的。

B. 肝素锂导致iCa降低。

C. 血液/肝素体积比的一致性是重要的，除非使用肝素干粉。

(3) 尿钙排泄。

①通过测量尿钙排泄能帮助鉴别血清钙浓度异常的疾病。

②采集24h尿液量，测定24h钙排泄量。样品采集的困难限制了该技术的实用价值。

③更简单的方法是同时测定血清样品和尿液中的钙，确定比例。

$$FE\text{尿液} = (\text{尿液中}Ca^{2+}/\text{血清中}Ca^{2+}) \times (\text{血清肌酐}/\text{尿肌酐})$$

有关电解质部分的分级讨论，请参阅第九章。

（六）磷

1. 磷以各种阴离子形式存在，在体液中以磷酸的形式发挥缓冲作用。然而，酸碱平衡是通过测量碳酸氢盐缓冲系统而不是磷酸缓冲系统的成分来评估的，因为后者主要是细胞间离子（见第五章）。

2. 血磷主要受肾脏调节。当超过肾小管重吸收的最大值时，就会出现磷酸尿。

(1) 甲状旁腺素可能通过减弱肾小管对磷的重吸收增强磷酸尿。

(2) 饮食摄入的磷可能直接影响血磷浓度。

(3) 血磷浓度异常是由于摄入磷浓度的改变、肾脏排泄减少以及影响血钙浓度的激素失衡而引起的。

3. 检测方法。

(1) 比色法测量体液中的无机磷酸盐，如 HPO_3^- 和 H_3PO_4（主要是前者）。

(2) 溶血血清可能会导致错误的高磷或低磷值，这取决于具体的测定。

(3) 由于骨骼生长活跃，年轻动物的血磷浓度高于成年动物。

(4) 24h内的尿排泄或肾清除率比例的测定可帮助评估磷代谢。磷的清除率与钙的清除率相同。

（七）镁

1. 离子镁是生物活性部分，对于支持酶活性十分重要，也是许多酶的辅助因子。蛋白质结合镁和镁复合物的生物学作用尚未研究。

2. 血镁浓度取决于摄入镁的量，并受盐皮质激素和甲状旁腺素调节。

3. 实验室比色法用于测量血清和尿液中的镁浓度。

4. 镁代谢异常和相关疾病主要见于反刍动物。而在胰岛素治疗患有糖尿病酮症酸中毒的犬，镁和磷酸盐的消耗已经有了记录。

5. 完全胃肠外营养的小动物偶尔会检测镁的浓度。

二、钙、磷、镁失衡的实验室检查异常

（一）高钙血症

1. 一项大型研究数据表明，高钙血症相对比较常见。19%的犬和17%的猫会出现高钙血症。

2. 原发性甲状旁腺功能亢进症是由功能性甲状旁腺肿瘤或特发性肾上腺增生引起的（图11.1A）。

(1) 犬的血清甲状旁腺素浓度很高，偶尔在的参考区间内。患有高钙血症和低磷血症的非氮质血症犬，在参考区间内的甲状旁腺素值与患有甲状旁腺功能亢进时的值一致。

(2) 患甲状旁腺功能亢进的犬，尿钙排泄的增加和尿磷排泄的减少，似乎与已知的甲状旁腺素的作用相矛盾。但通常出现在这些犬的高钙血症和低磷血症，可以通过尿的检测结果解释。

(3) 低磷血症是很严重的，但随着肾钙沉着症和肾功能衰竭的发展，血磷浓度可能升高。

(4) 骨损伤、软组织矿化和血清碱性磷酸酶活性升高可能发生。

(5) 等渗尿在患病犬中很常见。

3. 假性甲状旁腺功能亢进伴有瘤形成。

(1) 瘤形成是犬症状性高钙血症的最常见原因，也有报道将它作为猫和马高钙血症的一个原因。

(2) 患病动物产生高钙血症的机制多样，并且随着肿瘤类型的变化而变化。

多种赘生物可能产生甲状旁腺素相关蛋白、类维生素D类固醇、前列腺素或破骨细胞活化因子，其中任何一种都可能引起高钙血症和低磷血症。

(3) 淋巴瘤与几种动物的高钙血症有关，并且是肿瘤相关高钙血症的最常见原因。超过90%的患有淋巴瘤和高钙血症的犬，也有淋巴结肿大（病例10）。

(4) 在患有甲状旁腺素相关蛋白有关的高钙血症犬，肛门囊顶质分泌腺是第二常见的相关肿瘤。超过50%的患病犬，在肿瘤诊断时查出患有高钙血症。

(5) 多发性骨髓瘤中的高钙血症，部分是由肿瘤浆细胞分泌的破骨细胞活化因子而引起的。

(6) 在患有其他赘生物（主要是癌，如鳞状细胞癌、鼻腔癌、卵巢间质瘤、胸腺瘤）的动物中偶尔会发生高钙血症。甲状旁腺素相关蛋白（PTHrp）由一些癌分泌，从而导致高钙血症。

(7) 低磷血症可能很严重，但在肾钙沉着症和肾衰竭发作后血磷浓度可能增加。

(8) 血清甲状旁腺素浓度会降低。

4. 高钙血症的其他原因。

(1) 维生素D过多症是高钙血症的不常见原因，但过量饮食补充后会偶尔发生。

(2) 摄入含胆钙化醇的杀鼠剂产生急性维生素D中毒。

(3) 摄入含有维生素D糖苷的植物（如夜香树属植物和茄属植物）可能引起高钙血症、甲状旁腺萎缩和软组织矿化。

(4) 马的肾脏疾病往往与高钙血症有关。

①肾钙排泄减少可能导致肾钙沉着症和其他软组织的矿化。

②健康的马肾脏会排泄大量的钙。

③患有肾脏疾病的特定马，发生高钙血症的可能性可能与饮食中的钙含量有关。

(5) 患有肾衰竭的犬偶尔可伴发高钙血症。

①在患有家族性肾脏疾病时，高钙血症最常发生在相对年轻犬（如拉萨犬）。

②在患有慢性肾功能衰竭的老年犬，实验室检测高钙血症并不常见。

(6) 犬肾上腺功能不全常伴发高钙血症。

①这一机制似乎与糖皮质激素缺乏相关，它涉及尿钙排泄的减少，并可能与维生素D对肠吸收钙的拮抗作用减弱有关。

②其他的实验室检测异常包括低钠血症、高钾血症、高磷血症和氮血症。

③在患病的犬中钙离子是正常的。

(7) 伴有骨质溶解的骨疾病（如败血性骨髓炎、转移性瘤形成）可能引起高钙血症。

(8) 肉芽肿性疾病，特别是芽生菌病，偶尔会伴有犬的高钙血症。由巨噬细胞过量产生的1，25二羟胆钙化醇已经被认为是致病机理。

(9) 如果同时存在低白蛋白血症，在测定总血钙的情况下，则高钙血症的严重程度可能被掩盖。

(二)低钙血症(表11.1)

1. 比较常见的情况如下:

(1)基于血清钙离子,一项研究显示,低钙血症在犬的患病率为31%,猫的患病率为27%。

(2)患有小肠结肠炎的马,近80%的马钙离子浓度低。在这些病例中,71%的马有甲状旁腺素升高的情况,29%的马甲状旁腺素分泌不正常或偏低。

(3)患败血症的马驹的低钙血症发病率也很高。

(4)最近的研究表明,全身性炎症反应会导致马甲状旁腺细胞中CaSR(钙敏感受体)的过度表达,从而导致甲状旁腺素对低钙血症的反应迟钝。

2. 低白蛋白血症(所有物种)和碱中毒(尤其是反刍动物)是低钙血症的常见原因,必须在每个患畜中排除(病例13、14、16、18、19)。

3. 其他导致低钙血症的原因包括慢性肾功能衰竭、危重病、大出血、胃肠疾病、胰腺炎、糖尿病、泌乳、尿道梗阻、肾移植、维生素D缺乏和甲状旁腺功能减退症。

表11.1 高钙血症和低钙血症的原因

高钙血症	低钙血症
酸中毒	急性胰腺炎
肉芽肿病(芽生菌病)	碱中毒
血浓缩	C细胞甲状腺肿瘤
高蛋白血症,包括病变蛋白血症	子痫,产乳热
肾上腺皮质机能减退	EDTA
甲状旁腺机能亢进	小肠结肠炎(成年马)
制动性骨质疏松症	低镁血症性搐搦(草强直)
肿瘤形成	甲状旁腺素机能减退
肛囊大汗腺肿瘤	低蛋白血症
癌的骨转移	营养吸收不良
淋巴瘤	磷酸盐灌肠剂,含磷酸盐的液体
浆细胞骨髓瘤	肾衰竭
溶骨性病变	败血症(马驹)
肾衰竭	中毒
中毒	斑蝥(斑蝥素)中毒
含钙化醇的灭鼠剂	乙二醇中毒
维生素D过多症	
含维生素D苷的植物	

4. 犬、猫和反刍动物的急性或慢性肾病(CRD)可能通过多种机制引起低钙血症,包括1,25二羟胆钙化醇和继发于高磷血症的软组织钙盐沉积(病例15、22)。

(1)大量的病例分析显示,在490只患有CRD的犬和102只患有CRD的猫中,患有低钙血症分别为36%和10%。在患有CRD的猫中,低钙血症更常见,氮质血症更严重。

(2)因为草酸对钙的螯合作用,乙二醇中毒引起的急性肾功能衰竭可能伴随着严重的低钙血症(病例18)。

(3)猫的肾后性尿路梗阻可能引起低钙血症和高磷血症。

(4)因为血清中的钙离子比例增加,因此,尿毒症性酸中毒可以缓和低钙血症的严重程度(病例20)。

5. 甲状旁腺机能减退症见于犬、猫和马。它可能是自发的或是手术切除甲状腺和甲状旁腺组织后发生的（如手术治疗甲状腺功能亢进的猫）。后者是甲状旁腺功能低下的主要原因。然而，这种手术并发症在保留甲状旁腺组织的新手术技术中已经不常见了。

（1）与高钙血症一样，甲状旁腺素浓度应与血清钙（最好是血清电离钙离子浓度）一起解释。患有原发性甲状旁腺功能减退症的动物，血清钙离子浓度低，甲状旁腺素浓度降低或处在参考区间内。

（2）血磷浓度处在参考区间内或存在轻度高磷血症。

（3）钙离子浓度低下和甲状旁腺素升高的患畜，患有非甲状旁腺依赖的低钙血症。

6. 大约50%患有急性胰腺炎的犬，患有低钙血症。

（1）关于低钙血症的原因，已经提出了多种机制，包括以下内容：

①在胰腺中形成钙“肥皂”。

②低镁血症。

③甲状旁腺素分泌减少。

④低蛋白血症。

⑤胰高血糖素刺激降钙素的分泌。

⑥胰淀素通常与胰岛素一起由胰腺内分泌部分泌，在结构上与降钙素相关，并且对钙代谢具有较弱的降钙素样活性。

（2）在胰腺炎中没有任何的单一因素证实可导致低钙血症（病例14）。

（3）在大多数胰腺炎病例中，并发的酸中毒会导致钙离子的部分增加，并限制了手足搐搦发生的可能性。

7. 牛的产后轻瘫（产乳热）是由低钙血症引起的。产后手足搐搦（子痫）在母犬、母马或母羊中是相似的。

（1）在奶牛，产后轻瘫伴随着哺乳期间对钙的急需增加。

（2）在干奶期，饲喂高钙饮食会增加产后轻瘫的概率。这种饮食抑制了动物对哺乳期的高钙需求的反应能力。

（3）其他并发的代谢异常可能会促进轻瘫的发生。

（4）患病奶牛通常会并发低磷血症。

8. 大约75%患有低镁血症性手足搐搦（牧草搐搦）的奶牛同时伴有低钙血症。

9. 肠道吸收不良可能通过减少钙和维生素D的吸收而产生低钙血症（病例16）。

10. 其他不常见的低钙血症的原因包括猫的磷酸盐灌肠、马的斑蝥虫中毒和伴有C细胞甲状腺肿瘤的公牛低钙血症。

（三）高磷血症（表11.2）

表11.2 高磷血症和低磷血症的原因

高磷血症	低磷血症
溶血（体外）	
维生素D过多症	C细胞甲状腺瘤
甲状旁腺功能减退	溶血（体外）
营养继发性甲状旁腺功能亢进	高胰岛素血症，胰岛素疗法
溶骨性病变	甲状旁腺功能亢进
磷酸盐灌肠剂，含磷酸盐的液体	产乳热
肾衰竭	肿瘤
肿瘤溶解综合征	
幼小动物	

1. 高磷血症最常见的机制是肾小球滤过率降低，与肾前性、肾性和肾后性氮质血症等各种原因相关（病例15、17、18、19、20、34）。

2. 在高钙血症和低钙血症的情况下，钙代谢紊乱继发的高磷血症已在上文进行了描述。

(1) 高磷血症伴发的高钙血症，通常发生在肾衰竭之前，其发生可能与维生素D过多有关。

(2) 伴有低钙血症的高磷血症，与甲状旁腺功能减退和营养性继发性甲状旁腺功能亢进有关。

3. 高磷血症可能是由于高磷饮食或使用含磷的灌肠剂，引起肠道磷吸收增加所导致的。

4. 溶骨性病变可能引起高磷血症。

(四) 低磷血症（表11.2）

1. 低磷血症在实验室检测中不常见，其原因通常是不确定的。

2. 原发性甲状旁腺功能亢进和假性甲状旁腺功能减退会引起低磷血症（见上文高钙血症的描述）。

3. 饮食缺乏钙或患有维生素D缺乏症引起的营养继发性甲状旁腺功能亢进症，可引起低磷血症，血磷值也可能在参考区间内。

4. 低磷血症的其他原因包括以下几点：

(1) 饮食中的磷摄入不足或肠道吸收不良。

(2) 产乳热和子痫。

(3) 高胰岛素血症或服用胰岛素药物。

(4) 营养过剩。

(5) 进行实验室分析时引起的体外溶血。

(五) 高镁血症

1. 因为肾脏可以轻易排出过量的镁，高镁血症在实验室检测中较为罕见。

2. 食草动物在肾衰竭时可能会发生高镁血症。

3. 肾功能衰竭者服用抗酸剂或者含镁的泻药可能导致高镁血症。

(六) 低镁血症

1. 低镁血症与甲状旁腺功能减退、严重的疾病、糖尿病、哺乳性肢体搐搦和蛋白丢失性肠病有关。

2. 低镁血症是小牛、成年牛和绵羊亟需解决的疾病。

(1) 介绍了慢性和急性低镁血症的临床症状。

(2) 低钙血症与低镁血症并发时，后者需要优先治疗。

3. 进食镁摄入不足与临床疾病（即饲草性肢体抽搐）的发展有关，但对该病的发病机制了解甚少。

4. 饲草性肢体抽搐是牛低镁血症的典型症状，但无症状低镁血症也常见于成年牛。

5. 尿镁浓度可用于低镁血症相关综合征的诊断。

(1) 健康牛的尿液镁浓度约为50mg/dL。

(2) 在低镁血症时，肾小管吸收机制可能会夺取肾小球滤液中几乎全部的镁，导致尿液中镁的浓度低于5mg/dL。

第二节 甲状腺功能

甲状腺素（T_4）和三碘甲状腺氨酸（T_3）是主要的甲状腺激素，可促进大多数细胞的新陈代谢并刺激年轻生命体的生长。它们诱导DNA翻译，产生与细胞生长、氧化磷酸化和电解质的膜转运相关的蛋白质。下丘脑-垂体-甲状腺轴见图11.2。

一、基本概念

(一) T_3 和 T_4 的分泌与运输

1. 猫和犬的甲状腺所分泌的甲状腺激素，大约有80%是T_4，20% 是T_3。

2. 虽然T_3的活性是T_4的4倍，但2种激素都是在细胞水平上起作用。

(1) 犬50%和猫80%的血清T_3来源于甲状腺外的T_4，通过5′-脱碘酶的脱碘作用生成。

①Ⅰ型 5′-脱碘酶（D1）

A. 存在于肝脏和肾脏等组织中。

B. 由 D1 产生的 T_3 能显着促进 T_3 循环分布，提高其在其他组织中的浓度。

C. 甲状腺功能减退症时 D1 活性降低，甲状腺功能亢进症时 D1 活性增强。

D. 蛋白质-热量等营养不良和危重疾病会导致 D1 活性降低。

E. D1 活性受药物（如丙基硫氧嘧啶）和碘化放射造影剂（如碘番酸）的抑制。

②Ⅱ型 5′-脱碘酶（D2）

A. 存在于大多数物种的脑、垂体和中枢神经系统中，并且已经在犬的皮肤中发现。

B. D2 产生的 T_3 很大程度上保留在组织部位中，并且在甲状腺功能正常的条件下，对血清 T_3 浓度没有作用，但可能在甲状腺功能减退期间保持血清 T_3 浓度。

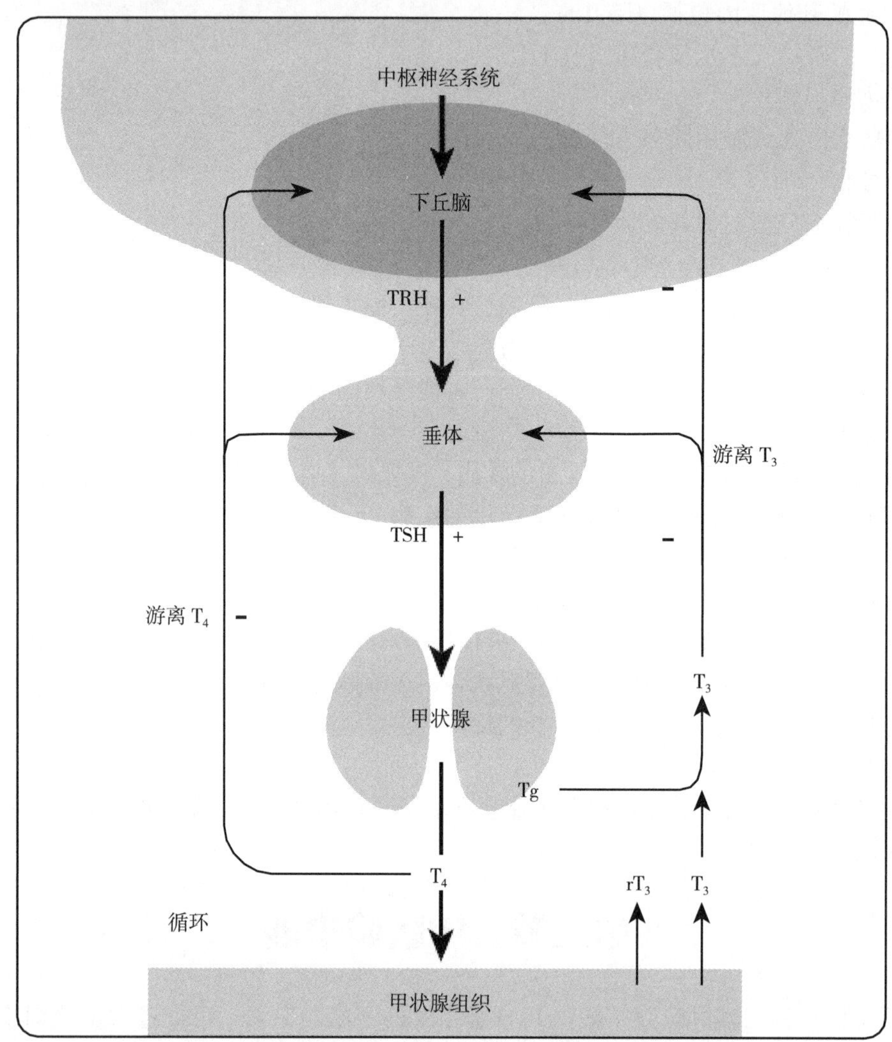

图 11.2 甲状腺功能正常的动物下丘脑-垂体-甲状腺（HPT）轴的概述

下丘脑产生释放到垂体门静脉系统中的促甲状腺激素释放激素（TRH）。TRH 刺激垂体前叶甲状腺细胞产生促甲状腺素（TSH）。TSH 促进甲状腺的生长和分泌功能。甲状腺产生甲状腺素（T_4）和 3，5，3′-三碘甲状腺氨酸（T_3）并将这些激素释放到体循环中。大约 50%的 T_3 由甲状腺产生，50%由甲状腺组织通过 5′-脱碘酶将 T_4 转化为 T_3 而产生。在循环中，甲状腺激素与血清结合蛋白高度结合。游离 T_4（FT_4）由下丘脑和垂体监测，作为调节 TRH 和 TSH 分泌的负反馈。

C. D2 在甲状腺功能减退时活性增加，在甲亢时活性降低。

D. 血清 TSH（或其对数）与循环游离 T_4 浓度成反比：

a. 实际上，几乎所有进入垂体的可用（自由）T_4 组分都由Ⅱ型 5′-脱碘酶转化为 T_3。

b. 当生成的 T_3 与垂体核受体相互作用时，引发了降低垂体 TSH 释放的负反馈效应。

（2）T_4 也可能被脱碘以逆转代谢失活的分子 T_3（rT_3），并且 T_3 被 5-脱碘酶（Ⅲ型脱碘酶 D3）灭活。

①发育中的一些组织（如神经系统）和炎症部位的白细胞中 D3 表达高。

②当 D1 被抑制时，rT_3 的清除率也下降，导致 rT_3 浓度增加。

③在大多数情况下，rT_3 浓度通常与未结合（游离）的 T_4 平行。

（3）在即将发生的甲状腺衰竭（原发性甲状腺功能减退症）和碘缺乏症中，血清 T_3 的浓度通常保持在参考区间，且该时间长于 T_4。

①据推测，甲状腺形成的 T_4 底物量减少导致甲状腺和外周 5′-脱碘酶增加，从而维持了 T_3 的浓度。

②由于上述原因，在早期或轻度原发性甲状腺衰竭中，血清 T_3 浓度通常不会下降。

（4）甲状腺激素分泌是由垂体通过促甲状腺激素（TSH）调节，促进甲状腺分泌。

①促甲状腺激素释放激素（TRH）是一种下丘脑激素，是垂体分泌正常 TSH 所必需的。

②部分未结合的 T_3 和 T_4 通过下丘脑和垂体介导 TSH 分泌的负反馈控制。

3. 结合蛋白质的量存在显著的物种差异。

（1）在大多数非灵长类哺乳动物物种中，大约 99.9%的循环 T_4 和 99%的循环 T_3 与血浆蛋白结合。

（2）在犬，T_4 和 T_3 同甲状腺结合球蛋白（TBG）、甲状腺素结合前白蛋白（TBPA）、白蛋白和脂蛋白结合。

①与人相比，犬的血清 TBG 浓度较低（15%），而猫不可检测。

②犬和猫的 TBG 浓度降低主要是由于这些物种的血清 T_4 浓度较低，而游离 T_4 部分较高。

③在爬行动物和禽类中，T_4 总浓度极低，其部分原因是缺乏一些高亲和力的血清结合蛋白。

（3）游离 T_4（fT_4）和游离 T_3（fT_3）是这些不受蛋白质结合激素的组分。因此，循环 fT_4 和 fT_3 代表组织稳态时可用的组分，通常反映了甲状腺的真实状态。

①健康犬、猫和马的游离 T_4 分数（fT_4/总 T_4 表示为百分比）平均为 0.1%。

②通过透析方法测得的游离 T_4 浓度在物种间是相当一致的。虽然进行测试的实验室确定了参考区间，但通常 fT_4 平均约为 2 ng/dL 或 25 pmol/L。

（二）血清 T_4 检测

1. 用商业免疫分析的方法来定量犬、猫和马血清样品中的 T_4。

（1）这些商品检测试剂盒中大多数的设计是用于测量人血清中的 T_4，通常情况下健康的人 T_4 的浓度较高。

（2）动物血清 T_4 的浓度低，使用人用血清的商业化检测试剂盒常常无法准确测量。

（3）使用人用商业化检测试剂盒检测动物血清样品，可以通过制备较低 T_4 浓度的标准品加以修正。

①这些标准品是从特选物种的甲状腺激素衰竭的血清中制备的。

②通常必须稀释抗 T_4 抗体试剂的浓度以获得最佳的检测灵敏度。

2. 总甲状腺激素（T_4）放射免疫检测法可以测量结合的和未结合（游离 fT_4）的激素。

3. 血清中 T_4 浓度随着非甲状腺疾病和药物的使用而发生改变。

（1）即使在甲状腺功能亢进的情况下，低蛋白血症会导致总 T_4 浓度的降低。而游离的 T_4 浓度是在参考区间内。

（2）总的 T_4 浓度在犬和马会随着年龄的增加而逐渐下降，但这一现象在猫不会发生。

（3）在犬和猫体内可以分别检测到伴随着肥胖升高的总 T_4 浓度和 fT_4 浓度，但这一变化都在正常范围内，并不反映甲状腺功能亢进的症状。

(4) 一些疾病会导致犬和猫体内总 T_4 浓度的降低，较低的 T_4 浓度预后不良。

(5) 小型犬种血清中的 T_4 浓度含量略高于参考区间。因此，如果可行的话，应该建立不同个体品种的多个参考区间。

(6) 使用糖皮质激素、磺胺类药物、苯巴比妥和非甾体类镇痛药可能会降低总血清 T_4 浓度。与其他非甲状腺疾病一样，高发作频率已被证明可以降低 T_4 的浓度。

(7) 血清游离 T_4 浓度降低和 TSH 升高也被证明与磺胺类药物有关，这表明了一种药物诱导的甲状腺功能衰退的形式。

(8) 在最近的一项研究中，手术过程中血清 T_4 浓度显著下降，低于基线，并且在术后 1h、2h、4h 及 24h 都保持较低水平。血清 T_3 在 1h 时被抑制，血清 rT_3 在 8h、12h、24h 和 36h 时增加。手术组与对照组及仅麻醉 2d 组对照，手术组的血清 fT_4 在第 1 天和第 7 天显著高于基线。

4. 总 T_4 浓度的解释。

(1) 血清总 T_4 浓度在参考区间内。

①甲状腺功能减退症一般可以排除。

②在 10%的甲状腺功能减退病例中，抗 T_4 自身抗体的存在可能将参考区间的总 T_4 浓度增加到 9%或高于 1%，并且不会检测到甲状腺功能减退症。

(2) 血清总 T_4 浓度降低（病例 31、32）。

①可能存在甲状腺功能减退症。

②即便是临床上疑似，血清总 T_4 浓度降低也并不能确定是甲状腺功能减退症。

③非甲状腺疾病可能会降低血清总 T_4 浓度。

④如果血清总 T_4 浓度降低，并根据病史、临床检查和常规实验室检验（全血细胞计数和生化指标）而确认存在非甲状腺疾病，则应通过确定 TSH 和/或 fT_4 浓度来确认或排除甲状腺功能减退症。

(3) 血清总 T_4 浓度升高。

①可能现存甲状腺功能亢进。

②如果血清总 T_4 浓度增加且怀疑甲状腺功能减退时（约 1%甲状腺功能减退者），应测试患畜的血清抗 T_4 自身抗体。

(三) 血清 T_3 的测量

1. 可对血清 T_3 浓度进行定量的免疫检测。

(1) 血清 T_3 浓度低于血清 T_4 浓度。

(2) 需要大量的血清检测 T_3 浓度。

(3) 在构建标准曲线时，包含来自受试物种的无激素血清是至关重要的。

2. T_3 是甲状腺激素最活跃的形式，但血清 T_3 浓度与临床疾病相关性很差，主要是因为机体同时具有甲状腺和周围组织调节机制，在甲状腺衰竭早期时可提高 T_3/T_4 比率。

3. 通过常规定量血清 T_3 浓度，只有很小的诊断价值。

4. 在一些甲状腺功能减退症和甲状腺炎动物中，血清中存在抗 T_3 自身抗体，会导致 T_3 浓度出现偏高或偏低的误差。

(1) 通过捕获抗体形式的激素检测方式可以得到较高的 T_3 浓度结果。

(2) 通过用碳或其他提取剂对未结合的放射性激素进行定量会得到较低或无法检测到 T_3 浓度的结果。

(四) 血清游离 T_4 (fT_4) 的检测

1. 分析方式。

(1) 一种使用平衡透析方式的商品化的两步分析方法是唯一一项被广泛证实可有效地运用于检测家畜血清中 fT_4 的程序。

（2）所有商用非透析 fT_4 免疫测定均使用人血清试剂制备，而这类血清中含有的 TBG 含量比大多数动物种类的血清含量要高。

（3）一些实验室采用的新型两步法检测游离 T_4 的免疫分析方法来平衡透析的方式，相比于传统的非透析 fT_4 免疫检测手段，对 fT_4 表现出了更好的相关性。

（4）大多数 fT_4 免疫检测存在潜在的人为因素。

①忽略了低亲和力抑制剂（如脂肪酸，与蛋白质高度结合的药物）的作用。

②稀释有可能导致 fT_4 降低和犬甲状腺功能减退的潜在过度诊断。

③甲状腺功能亢进的猫通常能检测到较高的 fT_4 浓度。

④在正常猫的甲状腺中会出现约 5%fT_4 检测结果假阳性。

⑤fT_4 通常应该与其他甲状腺检查一起解释。

⑥尽管存在潜在的局限性，商品化的直接透析 fT_4 分析方式具有最高的单检测诊断敏感性、特异性和检测甲状腺疾病的准确性。

（5）商用一步分析法。

①这些检测绝大部分是为人血清设计的。

②这些检测使用固相抗原连接管（SPALT），其中与测定管连接的甲状腺激素类似物竞争血清结合蛋白来定量 fT_4 部分。

③一步分析方法和两步透析方法仅在健康动物血清进行测试时具有相关性。

④由于疾病或使用药物，在血清结合抑制剂存在下，与平衡透析法相比，通过该方法的 fT_4 充分相关性不会出现。

与平衡透析法相比，该方法中 fT_4 与疾病或药物治疗引起的血清结合抑制剂之间不存在相关性。

2. 用药对 fT_4 的影响（病例 33）。

（1）肝素在体外干扰 fT_4 测定，因为肝素可以促进游离脂肪酸的释放。

（2）高浓度的非甾体类抗炎药（NSAIDs）可能替代 T_4。这些药物可能包括以下情况：

①给马使用保泰松。

②给犬使用卡洛芬和阿司匹林。

（3）呋塞米取代犬血清中的 T_4。

（五）犬种对 T_4 和 fT_4 浓度的影响

1. 与其他品种相比，锐目猎犬（赛犬、苏格兰猎鹿犬等）以及巴辛吉品种犬的基础血清 T_4 和 fT_4 浓度显著降低。

2. TSH 和 TRH 给药后的血清 T_4 浓度在灰犬中显著低于其他品种的犬。

3. 视力型嗅猎犬血清 T_3 浓度比 T_4 或 fT_4 浓度更接近非视力型嗅猎犬。

4. 理想情况下，应建立品种特定的参考区间。

（六）检测内源性促甲状腺素（TSH）浓度（病例 31、32、33）

1. 定量 TSH 浓度，检测垂体和下丘脑是否缺乏负反馈。

2. 用于犬的 TSH 检测已经商品化，但还不能用于其他物种。

（1）虽然 TSH 检测方法不适用于猫，但与犬的 TSH 检测存在约 35%的交叉反应性。

①犬 TSH 检测法用于猫的检测时，可引起 TSH 升高，如猫的甲状腺机能亢进时，过度使用抗甲状腺药物治疗后出现 TSH 升高。

②一般来说，TSH 在甲亢患猫中是检测不到的。然而，与人的药物不同，该测定法不够灵敏，并且在很多甲状腺正常猫中发现没有检测到 TSH 浓度。

（2）一项 TSH 测定研究已在马身上进行了评估。

3. 如果要确定血清 TSH 浓度，则应结合总 T_4 或 fT_4 定量检测进行综合分析。

4. 约75%的原发性甲状腺功能减退症患畜的血清 TSH 浓度升高。

(1) 最近的一项研究表明，慢性甲状腺功能低下患犬（一年或更久），血清 TSH 最终可能会降至正常范围。犬的这一独特变化的机制尚未明了，但可能是由于垂体 TSH 分泌耗竭或垂体-甲状腺调定点复位所致。

(2) 其他一些 TSH 作为甲状腺功能减退症筛查方法敏感性较差。

①患有甲状腺功能减退症的犬有可能有 TSH 的脉动性释放，可能会影响 1d 中特定时间的参考区间内的 TSH 值。

②可用的 TSH 免疫测定系统可能检测不到犬循环 TSH 的所有糖基化异构体。

5. 血清 TSH 平均浓度与品种无关。

(七) 抗甲状腺球蛋白自身抗体（病例 31）

1. 酶联免疫吸附试验可用于犬的抗甲状腺球蛋白自身抗体定量。

2. 抗甲状腺球蛋白自身抗体的存在提示机体发生了甲状腺自身免疫（自身免疫性甲状腺炎）。

3. 新一代 ELISA 的检测结果假阳性较少。通过常规检测非特异性结合，早期版本检测中的假阳性已经减少。

4. 抗甲状腺球蛋白自身抗体 ELISA 试验似乎对甲状腺疾病具有高度特异性。

(1) 抗甲状腺球蛋白自身抗体存在于 36%～60%的甲状腺功能减退症及 91%的甲状腺炎患犬中。

(2) 假阳性检测结果的发生率为 5%～6%。

(3) 抗甲状腺球蛋白自身抗体浓度可能会在疾病临床症状出现之前升高。大约 20%抗甲状腺球蛋白自身抗体检测阳性结果的犬，在 1 年内会出现另外一种提示甲状腺功能减退的测试指标。

(4) 抗甲状腺球蛋白自身抗体、TSH 和 fT_4 检测已被甲状腺委员会建议作为筛查试验指标以检查种犬的甲状腺疾病；然而，这些测试的结果尚未得到确凿的证实，在疾病诊断中只是具有预测价值。

(八) 抗 T_4 和抗 T_3 自身抗体（病例 31）

1. 在甲状腺炎患犬中，会出现抗 T_4（约 15%甲状腺功能减退患犬）和抗 T_3（约 34%甲状腺功能减退患犬）自身抗体。

2. 在一些诊断实验室，通过使用含有放射性激素的免疫测定缓冲液稀释血清标本可以简单地测量抗 T_4 自身和抗 T_3 自身抗体。测量激素结合率与抗体阴性对照的百分比。

3. 抗 T_4 自身抗体和抗 T_3 自身抗体的阳性血清几乎总是呈现抗甲状腺球蛋白（Tg）抗体阳性，因为高分子质量糖蛋白 Tg 具有相似的免疫原，与 T_3 和 T_4 结合后产生抗体。

4. 临床意义。

(1) 在自身免疫性甲状腺炎中观察到抗 T_4 和抗 T_3 自身抗体；然而，这些抗体也可能在一些临床健康的动物中被检测到。

(2) 通过改变管中激素特异性抗体相对于标准曲线的量，抗 T_3 和抗 T_4 自身抗体可能会干扰 T_3 和 T_4 的准确测量，导致 T_3 或 T_4 浓度非常高或非常低。

①非常低的 T_3 浓度已被误认为是 T_4 到 T_3 的转化不良，这种状况尚未在已有的病理生理条件之外被鉴定。

②具有甲状腺功能减退临床症状的患畜的 T_3 和/或 T_4 浓度过高，被诊断为甲状腺激素抵抗是不恰当的。

③在犬血清中存在抗 T_4 免疫球蛋白时，只有通过透析技术测定的 fT_4 浓度是准确的，因为免疫球蛋白在免疫测定前不能进入透析液中。

④精确的总 T_4 或总 T_3 浓度只能通过研究技术确定，如激素的乙醇提取或免疫球蛋白的热灭活，然后色谱分离免疫球蛋白部分。

单一和多种成分诊断犬原发性甲状腺机能减退的敏感度、特异度和准确率的比较见表 11.3。

（九）T_4 对 TRH 或 TSH 的反应

1. T_4 对 TRH 或 TSH 给药的反应是对甲状腺储备的测试。

2. TSH 刺激试验。

（1）以前的 TSH 刺激试验是用牛 TSH 进行的，牛 TSH 在药物制剂中不可再次使用。

（2）重组人 TSH（rhTSH）给药在动物中是有效的，但非常昂贵。

①rhTSH 固定剂量为 75μg（约 1 个单位）已被推荐使用，并且可以反复用于 IV 或 IM 不良反应的犬。

②最近的一项研究结果，利用 25μg rhTSH 分别处理健康猫、NTI 猫以及 ^{131}I 处理后低总 T_4 和低氮质血症的猫，然后测量总 T_4 和甲状腺过钙酸盐。在放射性碘处理组，rhTSH 血清 T_4 浓度没有升高，而健康和非甲状腺疾病组的 T_4 浓度对 TSH 反应显著增加。作者总结认为，rhTSH 刺激可将甲状腺功能正常者从医源性甲状腺功能减退症中区别开。

③一般在 TSH 注射后 4～6h 采集 TSH 血液样本。

（3）TSH 刺激试验是一项研究技术，但被认为是诊断甲状腺疾病的金标准。

表 11.3　单一和多种成分分析诊断犬原发性甲状腺机能减退的敏感度、特异度和准确率的比较

试验	TT_4	TT_3	FT_4D	TSH	TT_4/TSH	FT_4D/TSH
敏感度	89/100*	10	98/80	76/86.7	67/86.7	74/80
特异度	82/75.3	92	93/93.5	93/81.8	98/92.2	98/97.4
准确率	85	55	95	84	82	86

注：TT_4，T_4 总量；TT_3，T_3 总量；FT_4D，用透析法测定的游离 T_4；TSH，促甲状腺素；TT_4/TSH，T_4 总量和 TSH 的比例；FT_4D/TSH，游离 T_4（透析测定）和 TSH 的比例。

敏感度是指实验检测为阳性的病例占实际阳性病例的百分比。

特异度是指在正常参考区间内甲状腺机能正常犬所占的百分比。

准确率是指阴性和阳性检测结果占所有病例正确的百分比。

（4）TSH 刺激试验步骤。

①抽取 1 份血液样本用于测定 T_4 的基线值。

②一般情况下，使用 0.1U/kg 注射 TSH，并在 6h 之后再次抽取血液样本测定血清 T_4 的含量。

③若以犬作为实验动物，每只犬注射 1U 的 TSH，并在 4h 之后再次抽取血液样本测定血清 T_4 的含量。

（5）TSH 刺激试验说明。

①对甲状腺功能正常（健康）的动物，若进行以上试验步骤，则第二次抽取的血液样本中血清 T_4 含量是基线数值的 2 倍。

②还有一种试验说明为：第二次抽取血液样本的血清 T_4 含量至少提升了 2 μg/dL（25 nmol/L）或者超出正常参考区间的上限。

3. TRH 刺激试验。

（1）在对甲状腺机能减退的诊断中，检测使用 TRH 刺激前后的 T_4 水平，已经被用于检验垂体和甲状腺的分泌储备能力。

（2）TRH 刺激试验多用于检测猫的甲亢。

（3）TRH 刺激试验步骤。

①抽取一份血液样本用于测定 T_4 的基线值。

②注射 TRH，犬的用量为 200μg/kg 或 250μg/kg，猫的用量为 100μg/kg。

③4h 之后再次抽取血液样本测定血清 T_4 的含量。

(4) TRH 刺激试验说明。

①在甲状腺功能正常的犬，TRH 刺激仅仅会导致血清 T_4 含量的增高。

②若 TRH 刺激后，血清 T_4 浓度的增加低于 50%，则认为甲状腺存在自主性高功能（缺乏负反馈调节机制）或者是甲亢。

(5) TRH 刺激试验显示了甲亢猫和无甲状腺疾病猫之间的区别。

（十）TSH 对 TRH 的反应

尽管在 TRH 给药后对血清内 TSH 变化的测定可以区分甲状腺机能减退的犬和甲状腺功能正常的犬，但是这个实验在检测血清内 TSH 水平基线时并没有什么进展，因为在测试中大多数犬的 TSH 分泌水平已经达到了最高的水平。

二、甲状腺功能衰退症

甲状腺功能衰退症见病例 28。

（一）影响范围

1. 甲状腺功能衰退症在犬很常见，通常与甲状腺萎缩或淋巴细胞性甲状腺炎有关。
2. 猫的甲状腺功能衰退症几乎都来自于医治甲亢后的医源性疾病。
3. 有报道称，巨型雪纳瑞犬和阿比西尼亚猫具有家族性甲状腺功能减退症。
4. 马偶尔发生甲状腺功能减退症。

（二）不管为何种动物，检测 T_4 浓度通常不足以诊断甲状腺功能减退症

1. 如果血清 T_4 浓度在参考区间，除了大约 10%因为存在抗 T_4 抗体而导致 T_4 值虚高的个体之外，可以排除甲状腺功能减退症的可能性。
2. 如果血清 T_4 浓度降低，则应测定血清中 TSH 和 fT_4 的浓度。
3. 血清中 TSH 浓度的升高会增加诊断的特异性。
4. 在非视力猎犬中，通过透析检测到血清 fT_4 的下降对甲状腺功能衰退症具有高度特异性。
5. 最好只在已经出现临床症状的动物检测甲状腺功能减退症。

（三）检测禽类的甲状腺功能

1. 禽类甲状腺素的循环半衰期（$T_{1/2}$）比哺乳动物的短得多。因此，仅评估单份禽类血清样品时，精确测定甲状腺素的状态是非常困难的。
2. 禽类的甲状腺素会有昼夜性和季节性起伏，因而难以对甲状腺功能测定进行实验说明。
3. 静息甲状腺素或 TSH 反应可用于评估甲状腺的状态。
4. 为保证测试结果的可靠性，各实验室对 TSH 反应测试进行标准化是十分必要的。
5. TSH 反应测试的步骤。

(1) 抽取 1 份血液样本用于测定 T_4 的基线值。

(2) 肌内注射 0.1U 的 TSH。

(3) TSH 注射 6h 之后再次抽取血液样本。

(4) 使用商业化放射性免疫测定检测血清 T_4 水平。

（四）继发性甲状腺功能衰退症

继发性甲状腺功能衰退症是一种因为 TSH 分泌不足而导致的罕见疾病，TSH 分泌不足通常是因为垂体病变而造成的。

1. TSH 对甲状腺的刺激不足导致腺体萎缩。
2. 在使用适当的甲状腺素替代治疗后，一般需要 6 周才能完全恢复甲状腺轴的功能。
3. 间接证据表明，垂体释放 TSH 受糖皮质激素的抑制。

（五）实验室常见的甲状腺功能衰退症异常

1. 大约 50%的患犬会出现红细胞正色素性贫血。

2. 大约50%的患犬会出现高胆固醇血症。

3. 大约50%的患犬血清肌酸激酶的活性增加。

4. 患犬实验性甲状腺功能衰退症引起肾小球滤过率的显著下降，而血浆肌酐浓度却没有改变，可能是因为肌酐生成减少。这些结果表明，可能需要对甲状腺功能衰退症的患畜进行肾小球滤过率的检测，从而评估患畜的肾功能。

三、甲状腺功能亢进症

甲状腺功能亢进症（简称“甲亢”）见病例27。

1. 甲亢通常发生于结节性腺瘤性甲状腺增生或甲状腺腺瘤的老年猫（图11.3）。

2. 犬的甲亢并不常见。甲亢通常与甲状腺肿瘤有关，但大多数犬的甲状腺肿瘤都缺失了功能性。

3. 实验室常见的甲状腺功能亢进症异常包括以下几点：

（1）大约50%的患猫出现红细胞增多症。

（2）大约50%的患猫出现碱性磷酸酶、丙氨酸氨基转移酶和天冬氨酸转氨酶活性增加。一些研究表明，猫的甲亢与血清碱性磷酸酶的骨同工酶活性增加有关，其他研究表明，与血清碱性磷酸酶的肝同工酶的活性增加有关。

（3）肾功能。

①对一些甲状腺功能亢进症患畜进行治疗可能会导致轻度或重度的氮质血症，这是由于在甲状腺功能重新建立的过程中，心脏输出能力和肾小球过滤能力的降低。

②血清肌酐浓度升高。这可能是因为慢性肾脏疾病和甲状腺功能亢进症都是老年疾病。此外，甲状腺功能亢进会导致肌肉分解代谢产生额外的肌酐。

③在猫科动物，预估对猫的甲亢治疗是否会导致明显的肾功能的缺失时，需要关注甲亢可能会掩盖慢性肾脏疾病。

A. 患猫的尿蛋白/肌酐比值（UPC）可能会升高（一般>0.5），但经过治疗后，UPC不能对氮质血症进行预测，UPC明显下降。

B. 测定肾小管的功能，如尿视黄醇结合蛋白/肌酐的比值，不能提供额外的有用价值。

C. 治疗前对肾小球滤过率的测定、声像图诊断和对血清TT_4的测定均有可能预测对甲亢治疗后的肾脏引发的氮质血症。

D. 一般在甲亢治疗4周内出现肾功能改变，此后并没有其他进展。

（4）葡萄糖和葡萄糖耐受性试验。

①有些患有甲亢的猫耐糖性降低，或具有明显的糖尿病特征。对甲亢的治疗一般不会改善这种状况，甚至可能恶化。

②空腹血糖升高的原因可能是葡萄糖清除能力的降低。同时，胰岛素对葡萄糖的反应也被延迟。

（5）血清果糖胺浓度。

①甲亢猫的血清果糖胺浓度显著低于健康猫，原因是加速了血浆蛋白（白蛋白）的更新。

②患糖尿病的甲亢猫的血清果糖胺浓度可能等于或低于健康猫血清果糖胺浓度的参考区间。

③对于同时患有甲亢的糖尿病猫，若没有接受6周对甲亢的充分治疗，是不能通过血清果糖胺浓度验证糖尿病的治疗效果。

4. 甲状腺功能亢进的诊断。

（1）血清总T_4浓度是甲状腺功能亢进的筛选试验。

（2）大多数患有甲状腺功能亢进的动物血清总T_4浓度上升。

（3）轻度甲状腺功能亢进和非甲状腺疾病的血清总T_4值可能在参考区间内。

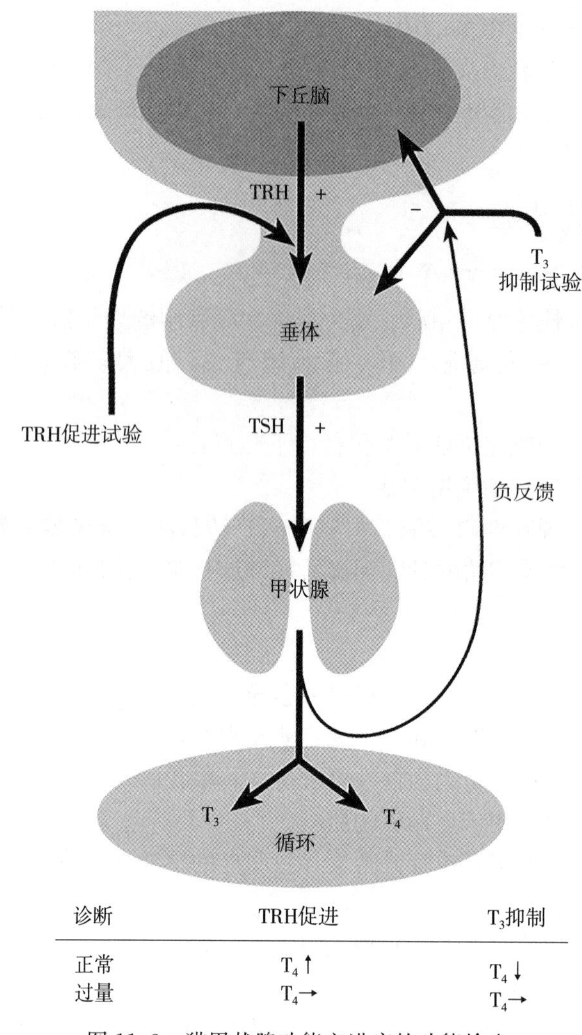

诊断	TRH促进	T_3抑制
正常	T_4↑	T_4↓
过量	T_4→	T_4→

图 11.3　猫甲状腺功能亢进症的功能检查

TRH 刺激试验和 T_3 抑制试验用于评估甲状腺的自主功能性。当注射适量的 TRH 后，T_4 浓度在甲状腺功能正常的动物会增加，因为 TRH 刺激垂体释放 TSH，TSH 刺激甲状腺分泌 T_4。而甲亢的 T_4 浓度并没有显著增加。相反，如果正常动物注射 L-T_3，血清 T_4 浓度应该下降，因为 T_3 抑制了垂体释放 TSH。而甲亢的 T_4 不受 T_3 的影响，可能是因为 TSH 已经释放得很少。

（4）患有轻度甲状腺功能亢进猫的血清总 T_4 值可能处于参考区间的高位或者在高位波动。

5. 当血清总 T_4 值处于参考区间时，确诊甲状腺功能亢进的其他试验。

（1）渗析法检测游离 T_4/fT_4 浓度。

①此方法可以鉴定大多数患有轻度甲状腺功能亢进或非甲状腺疾病的猫，但在甲状腺功能正常的猫有 5%～6%的假阳性率。

②严重肥胖的猫经过渗析法可能会增加 fT_4，但检测结果通常处于参考区间的下限。

③fT_4 浓度应该在了解临床体征和血清总 T_4 浓度的情况下进行解释。

（2）T_3 抑制试验。

①48h 内肌内注射 7 次外源性 T_3，每次 25ug，并采集注射前后血样，测定血清总 T_4 浓度。

②最后的血样在第七次注射外源性 T_3 后 4h 采集。

③健康猫体内血清总 T_4 浓度下降至少 50%。

④甲亢患猫血清总 T_4 浓度少量或无变化（表 11.1）。

（3）促甲状腺素释放激素/TRH 刺激试验。

①静脉注射 0.1mg/kg TRH 并采集注射前后血样测量血清总 T_4 浓度。

②如果 TRH 注射后血清总 T_4 浓度未增加 50%，则考虑可能为甲状腺自主性（负反馈调节失去作用）或甲状腺功能亢进。

③在病情严重的猫中，TRH 刺激试验不能有效鉴定出患有甲状腺功能亢进的病例，因为血清总 T_4 浓度并不像预期那样明显增加。

④马的 TRH 刺激试验步骤如下：静脉注射 1mg TRH，4h 后采集血清样品。正常马的血清 T_3、T_4 水平在 2～4h 后至少是基线的 2 倍。

第三节　胰　　腺

除消化作用外，胰腺分泌激素调节糖、脂肪和蛋白质代谢。和胰岛功能异常相关的糖尿病和高胰岛素血症的诊断和治疗需要实验室指标评估。这些疾病最常发生在犬与猫，其他家畜则很少患病。

一、胰腺分泌激素的基本概念

（一）胰岛素的代谢作用

1. 胰岛 β 细胞分泌胰岛素。

2. 刺激胰岛素分泌的主要生理因素是糖，然而，其他一些营养物质（氨基酸和脂肪酸）和激素也参与胰岛素的分泌过程。

3. 胰岛素的靶器官主要是肝脏、骨骼肌和脂肪。

4. 胰岛素通过加强机体吸收葡萄糖、其他单糖、氨基酸、脂肪酸、钾和镁等促进糖、脂肪、蛋白质和核酸的合成代谢。

5. 红细胞、神经元、肠上皮细胞、胰岛 β 细胞、肾小管上皮细胞和晶状体吸收葡萄糖不依赖于胰岛素。

（二）胰高血糖素的代谢作用

1. 血糖过低时，胰岛 α 细胞分泌胰高血糖素增加血浆特定氨基酸或激素的浓度。

2. 胰高血糖素主要促进肝脏糖原分解和糖异生作用，以增加血糖浓度。

3. 胰高血糖素可引起脂肪分解和生酮作用，当细胞内葡萄糖摄取不足时，酮体可以替代葡萄糖产生能量。

（三）其他拮抗胰岛素的激素代谢作用

1. 糖皮质激素通过促进糖异生作用、糖原合成和脂肪分解，以及抑制肌肉蛋白合成，拮抗胰岛素作用。

2. 儿茶酚胺促进糖异生作用、糖原合成和脂肪分解。

3. 生长激素抑制胰岛素反应性细胞的葡萄糖吸收以及促进脂肪分解。

4. 胰岛 δ 细胞产生的生长激素抑制素抑制胰高血糖素和胰岛素的分泌。

5. 发情期和发情后期分泌的高浓度孕酮引起犬乳腺增生性管状上皮细胞分泌过量的生长激素拮抗胰岛素作用。

二、胰腺的实验室评估

（一）糖尿病（病例 15、34）

1. 当胰岛素分泌不足或作用受损时引起糖尿病。

2. 虽然糖尿病的分类依据糖耐量试验和对胰岛素的反应，但这种分类方法在兽医学中并不常用。

3. 大多数患有糖尿病的犬或猫胰岛素分泌绝对不足。

4. 一些患有糖尿病的猫，由于外界胰岛素拮抗会产生正常地血清胰岛素浓度。

5. 糖尿病的诊断通常依据持续的高血糖和尿糖。

6. 重复测量葡萄糖可以判断高血糖是由糖尿病引起的。

(1) 其他原因引起的高血糖多数是一过性的。

(2) 通过血样或尿样分别测定血糖、血酮，或尿糖、尿酮诊断糖尿病。

7. 血糖的实验室检测，样品处理的注意事项和高血糖、低血糖的定义在第六章详细阐述。

8. 糖耐量试验可以帮助确诊或排除血糖测试结果可疑的动物患有糖尿病。

(1) 糖耐量试验在第六章有详细阐述。

(2) 此试验需大量人力，因此，在大多数实践中并不被采用。

9. 糖尿病的其他实验室异常指标如下：

(1) 血液胰岛素浓度过低时会发生酮血症、酮尿症和酮症酸中毒（病例 34）。

(2) 血脂过高是普遍的（见第六章）。

(3) 渗透性利尿可能会引起渐进性脱水和电解质丢失。

(4) 由于尿路感染或/和肾小球疾病，引起蛋白尿。

(5) 增加的糖基化血红蛋白（gHb）和血清蛋白（以果糖胺衡量）的浓度可以反映血糖浓度的时间均值。

①gHb 浓度反映过去 2～3 个月的血糖浓度。

②果糖胺反映过去 2～3 周的血糖浓度。

(二) 高胰岛素血症

1. 犬的功能性胰岛 β 细胞肿瘤偶尔会引起胰岛素分泌过多，导致一过性或周期性低血糖。然而，除胰岛素外，胰岛 β 细胞肿瘤可能会分泌其他激素。

2. 血清胰岛素浓度可以用于确诊可能由胰岛 β 细胞肿瘤引起的高胰岛素血症。

3. 胰岛素浓度必须结合血清葡萄糖浓度一起探讨。

(1) 首先测量非空腹下的血糖浓度。

(2) 如果血糖浓度低于 60mg/dL，可以对同一份冻存样品进行胰岛素测定。

(3) 当血糖浓度高于 60mg/dL，犬空腹并间隔 2h 测定血糖浓度直到血糖浓度降到 60mg/dL 以下。

(4) 当血糖浓度低于 60mg/dL，对同一份样品测定血糖和胰岛素浓度。

(5) 如果低血糖症状在空腹后 8～10h 无进展，则试验中止。

4. 目前广泛使用修正的胰岛素/血糖比率，通过血糖和胰岛素浓度判断犬是否患有高胰岛素血症。

(1) 修正的胰岛素/血糖比率＝血清胰岛素浓度（μU/mL）×100÷血糖浓度（mg/dL）－30

(2) 比率低于 30 为正常。

(3) 比率高于 30，可能为高胰岛素血症。

第四节 肾上腺皮质

2 种原发性疾病影响肾上腺：肾上腺功能亢进和肾上腺功能不全。肾上腺功能亢进分为 3 种：垂体依赖性（库兴氏综合征）、肾上腺依赖性和医源性。实验室检测肾上腺功能不全和肾上腺功能亢进，同时分辨不同种类的肾上腺功能亢进。

一、基本概念

(一) 糖皮质激素的分泌和功能

1. 糖皮质激素（肾上腺皮质醇、肾上腺酮、肾上腺皮质酮）由肾上腺皮质的束状带和网状带分泌。

2. 糖皮质激素由促肾上腺皮质激素（ACTH）刺激分泌，ACTH 则由垂体前叶受下丘脑分泌的促肾上腺素释放激素（CRH）刺激分泌。

3. 一些物种的糖皮质激素分泌具有节律性，虽然难以阐述犬类的循环模式。

4. 皮质醇抑制 CRH 的分泌，从而抑制 ACTH 的分泌。其可以直接抑制 ACTH 的分泌，因此，可以负反馈调节血浆皮质醇浓度。

5. 外源性的糖皮质激素的使用也会抑制 ACTH 的分泌。

6. 糖皮质激素对中间代谢过程具有大剂量依赖性的作用。

（1）糖皮质激素拮抗胰岛素作用，促进糖异生和糖原生成，同时抑制胰岛素反应性组织吸收葡萄糖。

（2）糖皮质激素促进脂肪分解。

（3）糖皮质激素的其他作用包括抑制伤口愈合、炎症和免疫应答。

（二）盐皮质激素的分泌和作用

1. 醛固酮是一类由肾上腺皮质的球状带分泌的主要的盐皮质激素。

2. 醛固酮的分泌由复杂的机制调节，涉及肾素、ACTH 和血清钾离子（K^+）浓度。肾素-血管紧张素系统是主要的控制机制。

3. 肾脏是醛固酮的主要靶器官。

（1）醛固酮促进肾小管对钠离子（Na^+）的重吸收。

（2）醛固酮促进肾小管排泄钾离子（K^+）。

（3）肾上腺皮质的网状带分泌雄激素和雌激素，与肾上腺皮质疾病的某些特定临床症状相关。

二、肾上腺皮质疾病

（一）肾上腺皮质功能亢进（病例 26、34）

1. 垂体依赖的肾上腺皮质功能亢进是犬自然发生最常见的一种肾上腺皮质功能亢进。

（1）垂体依赖的肾上腺皮质功能亢进多由于垂体前叶分泌 ACTH 细胞的增生或小的肿瘤。

（2）ACTH 过量可能来自于脑垂体的间质部。

（3）慢性过度的 ACTH 刺激会导致双侧的肾上腺皮质增生。

2. 肾上腺依赖的肾上腺皮质功能亢进多由于功能性的肾上腺皮质肿瘤自主分泌过量的皮质醇引起的。多数的肾上腺皮质肿瘤为单侧的。

3. 医源性肾上腺皮质功能亢进常发生于接受长时间糖皮质激素治疗的动物。医源性与自然发生的肾上腺皮质功能亢进，通过临床特征很难区分。

4. 猫很少发生肾上腺皮质功能亢进，而猫的垂体依赖性和肾上腺依赖性的肾上腺功能亢进已确认。

5. 肾上腺皮质功能亢进可能是患垂体间质腺瘤的马复杂内分泌病变的一部分。

6. 肾上腺皮质醇增多症十分罕见，可能是由非垂体或肾上腺肿瘤引起的异位 ACTH 分泌综合征所致，也可能与食物相关。

（二）肾上腺皮质功能减退

1. 肾上腺皮质功能减退多由于肾上腺衰竭［慢性肾上腺皮质功能减退症（阿狄森病，Addison's 病）］，而不是因为垂体分泌 ACTH 紊乱导致的（垂体依赖的肾上腺皮质功能减退）。然而，该疾病的明确原因尚未阐释清楚。

（1）糖皮质激素和盐皮质激素缺乏的征象可以被发现。

（2）免疫介导的肾上腺皮质功能损坏在人类已得到证实，怀疑犬类也能发生此类病症。

2. 垂体疾病引起的 ACTH 分泌不足是糖皮质激素缺乏的原因之一。

3. 长期的或高剂量的糖皮质激素治疗可能会引起肾上腺皮质萎缩，治疗突然停止时会引起医源性肾上腺皮质功能减退。糖皮质激素缺乏、非盐皮质激素缺乏症状则会发生。

4. 过度使用 o,p'-DDD（Lysodren®）治疗肾上腺皮质功能亢进会引起糖皮质激素缺乏和极少的盐皮质激素缺乏。使用曲络斯坦治疗会引起明显盐皮质激素缺乏的临床症状，虽然这种情况十分少见。

三、肾上腺皮质激素的实验室评估

（一）血浆皮质醇测定（图 11.4）

1. 对血浆皮质醇浓度的定量免疫测定法已经在犬、猫和马进行了验证。在禽类，皮质醇是肾上腺分泌的主要糖皮质激素。

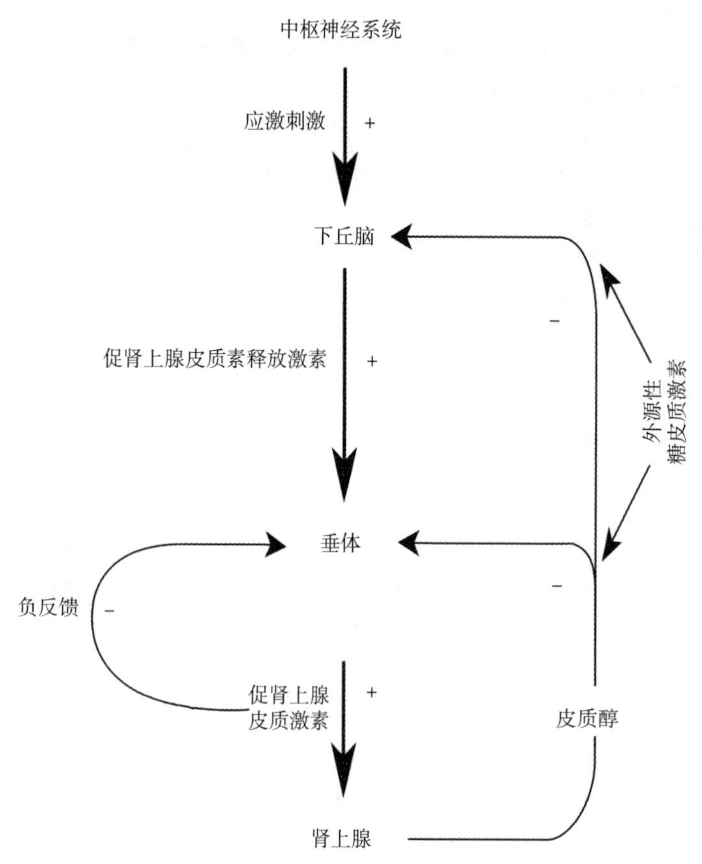

图 11.4　下丘脑-垂体-肾上腺轴（HPA）及肾上腺功能试验

下丘脑产生促肾上腺皮质素释放激素（CRH），从而响应与刺激相关的中枢神经系统因子。CRH 刺激垂体前叶促肾上腺皮质细胞分泌促肾上腺皮质素（ACTH）。ACTH 在大多数家养哺乳动物中刺激肾上腺生长和分泌皮质醇（禽类主要分泌皮质醇）。血浆中未结合或游离的皮质醇部分对垂体和下丘脑产生负反馈调节。外用糖皮质激素，如地塞米松，用小剂量（如低剂量地塞米松抑制试验）以评估 HPA 轴负反馈系统，这些系统在垂体依赖性肾上腺皮质功能亢进中变得异常。给予适当剂量的 ACTH 类似物以评估肾上腺分泌储备。肾上腺功能不全的动物肾上腺分泌储备减少，而肾上腺皮质功能亢进和慢性应激性疾病普遍增加。

2. 在大多数实验室检测中，主要检测到的糖皮质激素是皮质醇；其与皮质酮和可的松的交叉反应性最小。

3. 除地塞米松外，常将泼尼松龙和其他外源性类固醇用在皮质醇免疫测定的交叉反应中。

4. 肾上腺皮质功能亢进动物静息时基线皮质醇值可能在参考区间内。

5. 用外源性 ACTH 刺激肾上腺后或用地塞米松抑制垂体分泌的内源性 ACTH 后的皮质醇值与基线皮质醇值联合用于诊断肾上腺皮质功能障碍。目前已经提出了几种用于皮质醇值的测试方案和指导方针。

（二）促肾上腺皮质素刺激试验

1. 这项试验评估了肾上腺皮质激素对促肾上腺皮质素刺激的血浆皮质醇浓度增加的能力。

2. 促肾上腺皮质素刺激试验报告。

（1）抽取血液样本以确定基线血浆皮质醇浓度。

（2）静脉注射合成 ACTH-替可克肽（二十四肽促皮质素，Cosyntropin®）。合成 ACTH 的剂量随动物种类而变化。

①猫注射 125μg 替可克肽。

②犬注射 250μg 替可克肽。

③马注射 1 mg 替可克肽。

（3）在注射 ACTH 后抽取第二份血液样本以确定肾上腺刺激后的血浆皮质醇浓度。采集血样的时间如下：

①猫：在注射 ACTH 后 60～90min。

②犬：在注射 ACTH 后 60min。

③马：在注射 ACTH 后 2～4h。

④这些时间近似于 ACTH 给药后的血浆皮质醇浓度峰值。

3. ACTH 刺激试验的解释。

（1）ACTH 刺激试验的解释应基于注射 ACTH 后样品中皮质醇浓度的绝对值，而不是相对增加（百分比）。

（2）犬正常肾上腺皮质活性血浆皮质醇浓度通常高于基线值的 2～3 倍。

（3）犬的垂体依赖性肾上腺皮质功能亢进注射 ACTH 后通常产生＞20μg/dL 的皮质醇浓度。

（4）尽管个别测试结果必须在执行测试的实验室参考区间内进行解释，但通过免疫测定进行的皮质醇测量的实验室区间变化通常是最小的。因此，公布的血浆皮质醇浓度参考区间可能为解释 ACTH 刺激试验结果提供有用的指导。

4. 至少有 50％的功能性肾上腺肿瘤患犬具有异常的 ACTH 反应。

5. 一些患有垂体依赖性肾上腺皮质机能亢进的犬和大部分的具有功能性肾上腺肿瘤的犬对 ACTH 刺激试验可能具有正常反应。

6. 医源性肾上腺皮质功能亢进患犬对外源性 ACTH 给药反应很少或没有反应。这是诊断医源性肾上腺皮质功能亢进的首选试验。

7. 自然发生的肾上腺皮质功能减退症的犬对外源性 ACTH 给药反应很少或没有。ACTH 刺激试验不能确定肾上腺皮质功能减退的原因。

（三）低剂量地塞米松抑制试验（病例 34）

1. 该测试用于筛选垂体依赖性和肾上腺依赖性皮质功能亢进的动物。

2. 低剂量地塞米松抑制试验方案。

（1）抽取血样用于基线血浆皮质醇测定。

（2）按照以下剂量静脉注射地塞米松。

①犬：每千克体重 0.01 mg。

②猫：每千克体重 0.1 mg。

（3）给予地塞米松 8h 后抽取第二份血液样本，测定血浆皮质醇浓度。

3. 小剂量地塞米松抑制试验解释。

（1）地塞米松显著抑制皮质醇分泌。健康犬和猫的皮质醇浓度低于 1μg/dL。

（2）对于患有垂体依赖性或肾上腺依赖性肾上腺皮质功能亢进的犬，在地塞米松给药后 8h，血浆皮质醇浓度通常得不到有效控制。

（3）低剂量地塞米松抑制试验被认为是敏感的，因为只有约 5％的患有肾上腺皮质功能亢进的犬试验结果没有变化。

（4）低剂量地塞米松抑制试验结果异常可能与应激有关。

（四）高剂量地塞米松抑制试验（病例 34）

1. 该试验用于区分肾上腺依赖性肾上腺皮质功能亢进的犬与垂体依赖性肾上腺皮质功能亢进的犬。

2. 高剂量地塞米松抑制试验方案。

（1）抽取血样用于基线血浆皮质醇测定。

（2）按照以下剂量静脉注射地塞米松。

①犬：每千克体重 0.1～1.0 mg。

②猫：每千克体重 1.0 mg。

（3）给予地塞米松 8h 后抽取第二份血液样本，测定血浆皮质醇浓度。

3. 高剂量地塞米松抑制试验解释。

（1）健康犬和猫 8h 后样品中的皮质醇浓度被抑制到皮质醇的检测区间下限。

（2）大多数垂体依赖性肾上腺皮质功能亢进的犬也呈现同样的抑制程度。

（3）大多数肾上腺肿瘤患犬和约 25%的垂体依赖性肾上腺皮质功能亢进的犬血浆皮质醇浓度抑制不足。

（五）尿皮质醇/肌酐比率

1. 尿皮质醇/肌酐比率已被提倡作为肾上腺皮质功能亢进的筛查试验。

2. 尿皮质醇/肌酐比率增加是自然发生的肾上腺皮质机能亢进的敏感指标；然而，在受到刺激的犬中，也可能发生比率增加。

3. 尿皮质醇/肌酐比率能补偿血浆皮质醇浓度的日内波动。这是基于这样的前提：随机采集的尿液样品中的皮质醇浓度能反映出尿液产生期间的血浆平均皮质醇浓度。

4. 在随机采集的尿液样本中同时测量皮质醇和肌酐浓度。

5. 由于尿皮质醇测定的变化，使用实验室的参考值尤其重要。

6. 尿皮质醇/肌酐比率不能用于腈环氧雄烷治疗肾上腺皮质功能亢进犬的监测。

（六）高剂量抑制试验测定尿皮质醇/肌酐比率

1. 本试验用于区分垂体依赖性和肾上腺依赖性肾上腺皮质功能亢进，但不常使用。

2. 连续测量 3 份早晨尿样中皮质醇和肌酐浓度。采集第二份尿样后，每隔 8h 口服 3 倍剂量的地塞米松 0.1mg/kg。

3. 如果第三次尿样的比率比前 2 份尿样的平均值低 50%以上，则可能存在垂体依赖性肾上腺皮质功能亢进。

4. 应用执行测试的实验室的参考区间来评估测试结果。

（七）内源性 ACTH 浓度的测定

1. 用放射免疫法测定内源性 ACTH 浓度可能有助于区分垂体依赖性肾上腺皮质机能亢进和肾上腺依赖性肾上腺皮质机能亢进。异位 ACTH 分泌综合征的犬的血浆中浓度非常高，而食物依赖性糖皮质激素过量的犬的血浆中浓度很低。

2. 内源性 ACTH 浓度的解释

（1）血浆 ACTH 浓度在参考区间内或垂体依赖性肾上腺皮质激素亢进时偏高，而肾上腺依赖性肾上腺皮质激素亢进时血浆 ACTH 浓度低。

（2）垂体依赖性肾上腺皮质机能减退犬的血浆 ACTH 浓度降低，肾上腺依赖性肾上腺皮质机能减退犬的血浆 ACTH 浓度升高。

3. 由于技术的限制，测量动物内源性 ACTH 浓度较为困难，包括血浆中 ACTH 的稳定性以及与塑料、玻璃管和激素相互作用。

(八) 其他试验中的异常肾上腺皮质功能亢进

1. 其他试验中的异常肾上腺皮质功能亢进包括以下几点：

(1) 白细胞增多可表现为中性粒细胞增多，而淋巴细胞和嗜酸性粒细胞减少。在一些慢性疾病动物，中性粒细胞计数可能在参考区间内。

(2) 受影响犬的血清碱性磷酸酶活性升高。

①肝性和类固醇诱导的碱性磷酸酶同工酶均可增加（见第七章）。

②类固醇同工酶的血清活性可能显著提高。测定类固醇同工酶活性已被认为是一种有效的肾上腺皮质激素亢进的筛查试验。

(3) 有时存在高血糖症。

①犬的高血糖幅度通常不超过肾阈值。

②马的高血糖幅度可超过肾阈值，并且糖尿是常见的。

(4) 可观察到脂血症和血清胆固醇浓度升高。

(5) 尿液被稀释；密度表明通常为等渗尿或低渗尿。

2. 垂体依赖性肾上腺皮质亢进伴双侧肾上腺皮质增生患畜血浆皮质醇浓度异常。

(1) 基线血浆皮质醇浓度可能在参考区间内或升高。

(2) 大多数受影响的犬对 ACTH 刺激表现出一种夸大的血浆皮质醇反应；然而，一些受影响犬的血浆皮质醇浓度在参考区间内。

(3) 低剂量地塞米松不能抑制马血浆皮质醇浓度及大多数犬和猫的垂体依赖性肾上腺皮质功能亢进。

(4) 高剂量地塞米松抑制大多数垂体依赖性肾上腺皮质功能亢进犬的血浆皮质醇浓度。

(5) 所有的马血浆皮质醇浓度和少量的垂体依赖性肾上腺皮质功能亢进的犬不能被大剂量地塞米松抑制。

3. 肾上腺依赖性肾上腺皮质机能亢进伴随功能性肾上腺皮质肿瘤及对侧肾上腺萎缩的患畜血浆皮质醇浓度异常。

(1) 基线血浆皮质醇浓度可能在参考区间内或增加。

(2) 血浆皮质醇对促肾上腺皮质激素刺激的反应是在参考区间内或者是偏高的。

(3) 低剂量或高剂量地塞米松均不能抑制血浆皮质醇浓度。

4. 医源性肾上腺皮质功能亢进伴双侧肾上腺皮质萎缩，血浆皮质醇浓度异常。

(1) 基线血浆皮质醇浓度在参考区间内或下降。

(2) 对 ACTH 的没有响应。

(九) 肾上腺皮质功能减退伴肾上腺皮质萎缩或肾上腺组织缺损的实验室检查结果

1. 血浆 ACTH 浓度与 ACTH 刺激。

(1) 基线血浆皮质醇浓度可能在参考区间内或下降。已经证实 5μg/ kg 的剂量相当于 250μg/只犬以区别非肾上腺疾病和肾上腺皮质机能减退的犬。

(2) 对 ACTH 刺激没有反应。

2. 其他实验室异常可能包括以下因素。

(1) 由于醛固酮缺乏导致 Na^+ 的肾损失和 K^+ 的滞留，从而发生低钠血症和高钾血症。

①低于 23∶1 的 Na^+∶K^+ 高度提示肾上腺功能不全。

②Na^+∶K^+＜26∶1 也可能提示肾上腺功能不全。

③参考区间内的钠和钾值不排除肾上腺皮质功能不全。

(2) 可能存在高钙血症。

(3) 小部分肾上腺功能不全的动物可能会出现淋巴细胞增多症。

(4) 低血糖可观察到，高血糖可并发糖尿病。

(5) 肾上腺可能存在皮质萎缩或没有病变。

参考文献

Angles J M，Feldman E C，Nelson R W，et al：1997. Use of urine cortisol：creatinine ratio versus adrenocorticotrophic hormone stimulation testing for monitoring mitotane treatment of pituitary-dependent hyperadrenocorticism in dogs. *J Am Vet Med Assoc* 211：1002-1004.

Barber P J，Elliott J：1998. Feline chronic renal failure：Calcium homestasis in 80 cases diagnosed between 1992 and 1995. *J Small Anim Pract* 39：108-116.

Becker T J，Graves T K，Kruger J M，et al：2000. Effects of methimazole on renal function in cats with hyperthyroidism. *J Am Anim Hosp Assoc* 36：215-223.

Chew D J，Carothers M：1989. Hypercalcemia. *Vet Clin North Am Small Anim Pract* 19：265-287.

DeVries S E，Feldman E C，Nelson R W，et al：1993. Primary parathyroid gland hyperplasia in dogs：Six cases（1982-1991）. *J Am Vet Med Assoc* 202：1132-1136.

Diaz-Espineira M M，Mol J A，van den Ingh T S G A M，et al：2008. Functional and morphological changes in the adenohypophysis of dogs with induced primary hypothyroidism：Loss of TSH hypersecretion，hypersomatotropism，hypoprolactinemia，and pituitary enlargement with transdifferentiation. *Domest Anim Endocrinol* 35：98-111.

Dixon R M，Mooney C T：1999. Canine serum thyroglobulin autoantibodies in health，hypothyroidism and non-thyroidal illness. *Res Vet Sci* 6：243-246.

Drobatz K J，Hughes D：1997. Concentration of ionized calcium in plasma from cats with urethral obstruction. *J Am Vet Med Assoc* 211：1392-1395.

Elliott J，Dobson J M，Dunn J K，et al：1991. Hypercalcemia in the dog：A study of 40 cases. *J Small Anim Pract* 32：564-571.

Feldman E C，Nelson R W，Feldman M S：1996. Use of low-and high-dose dexamethasone tests for distinguishing pituitary-dependent from adrenal tumor hyperadrenocorticism in dogs. *J Am Vet Med Assoc* 209：772-775.

Feldman E C，Nelson R W：2003. *Canine and Feline Endocrinology and Reproduction*，3rd ed. WB Saunders Co.，Philadelphia.

Ferguson D C：1995. Free Thyroid Hormone Measurements in the Diagnosis of Thyroid Disease. *In*：Bonagura J，Kirk R W（eds）：*Current Veterinary Therapy* Ⅻ. WB Saunders Co.，Philadelphia，pp. 360-363.

Ferguson D C：1997. Euthyroid sick syndrome. *Canine Pract* 22：49-51.

Ferguson D C：2000. Advances in interpretation of thyroid function tests. *Adv Small Anim Med* 13：1-3.

Ferguson D C：2007. Testing for hypothyroidism in dogs. *Vet Clin N Am Small Animal Pract* 37：647-669.

Ferguson D C：2009. Thyroid Hormones and Antithyroid Drugs. *In*：Riviere J E，Papich M（eds）：*Veterinary Pharmacology and Therapeutics*，9th ed. Wiley-Blackwell，New York，pp. 735-770.

Ferguson D C，Dirikolu L，Hoenig M：2009. Adrenal Corticosteroids，Mineralocorticoids，and Steroid Synthesis Inhibitors. *In*：Riviere J E，Papich M（eds）：*Veterinary Pharmacology and Therapeutics*，9th ed. Wiley-Blackwell，New York，pp. 771-802.

Ferguson D C，Freedman R：2006，Goiter in Apparently Euthyroid Cats. *In*：August J R（ed.）：*Consultations in Feline Internal Medicine*，Vol. 5. Elsevier Saunders，St. Louis，pp. 207-215.

Ferguson D C，Peterson M E：1992. Serum free and total iodothyronine concentrations in dogs with hyperadrenocorticism. *Am J Vet Res* 53：1636-1640.

Foster D J，Thoday K L：2000. Tissue sources of serum alkaline phosphatase in 34 hyperthyroid cats：A qualitative and quantitative study. *Res Vet Sci* 68：89-94.

Galac S，Buijtels J J，Kooistra H S：2009. Urinary corticoid：creatinine ratios in dogs with pituitary-dependent hypercortisolism during trilostane treatment. *J Vet Intern Med* 23：1214-1219.

Galac S，Kars V J，Voorhut G，et al：2008. ACTH-independent hyperadrenocorticism due to meal-induced hypercortisolemia in a dog. *Vet J* 177：141-143.

Galac S，Kooistra H S，Voorhut G，et al：2005. Hyperadrenocorticism in a dog due to ectopic secretion of adrenocorticotropic hormone. *Domest Anim Endocrinol* 28：338-348.

Gaskill C L，Burton S A，Gelens H C，et al：1999. Effects of phenobarbital treatment on serum thyroxine and thyroid-stimulating hormone concentrations in epileptic dogs. *J Am Vet Med Assoc* 215：489-496.

Gaughan K R，Bruyette D S：2001. Thyroid function testing in Greyhounds. *Am J Vet Res* 62：1130-1133.

Goossens M M，Meyer H P，Voorhout G，et al：1995. Urinary excretion of glucocorticoids in the diagnosis of hyperadrenocorticism in cats. *Domest Anim Endocrinol* 12：355-362.

Graham P A，Lundquist R B，Refsal K R，et al：2001. A 12-month prospective study of 234 thyroglobulin antibody-positive dogs which had no laboratory evidence of thyroid dysfunction. *J Vet Intern Med* 15：298（abstract ＃105）.

Graham P A，Nachreiner R F，Refsal K R，et al：2001. Lymphocytic thyroiditis. *Vet Clin North Am Small Anim Pract* 31：915-933.

Greco D S，Peterson M E，Davidson A P，et al：1999. Concurrent pituitary and adrenal tumors in dogs with hyperadrenocorticism：17 cases（1978-1995）. *J Am Vet Med Assoc* 214：1349-1353.

Greco D S：2001. Diagnosis of diabetes mellitus in cats and dogs. *Vet Clin North Am Small Anim Pract* 31：845-953.

Grosenbaugh D A，Gadawski J E，Muir W W：1998. Evaluation of a portable clinical analyzer in a veterinary hospital setting. *J Am Vet Med Assoc* 213：691-694.

Guptill L，Scott-Moncrieff J C，Bottoms G，et al：1997. Use of the urine cortisol：creatinine ratio to monitor treatment response in dogs with pituitary-dependent hyperadrenocorticism. *J Am Vet Med Assoc* 210：1158-1161.

Harms C A，Hoskinson J J，Bruyette D S，et al：1994. Development of an experimental model of hypothyroidism in cockatiels（Nymphicus hollandicus）. *Am J Vet Res* 55：399-404.

Hoenig M，Ferguson D C：1999. Diagnostic utility of glycosylated hemoglobin concentrations in the cat. *Domest Anim Endocrinol* 16：11-17.

Hoenig M，Peterson M E，Ferguson D：1992. Glucose tolerance and insulin secretion in cats with spontaneous hyperthyroidism. *Res Vet Sci* 53：338-341.

Huang H P，Yang H L，Liang S L，et al：1999. Iatrogenic hyperadrenocorticism in 28 dogs. *J Am Anim Hosp Assoc* 35：200-207.

Iversen L，Jensen A L，Hoier R，et al：1998. Development and validation of an improved enzyme-linked immunosorbent assay for the detection of thyroglobulin autoantibodies in canine serum samples. *Domest Anim Endocrinol* 15：525-536.

Jensen A L，Iversen L，Koch J，et al：1997. Evaluation of the urinary cortisol：creatinine ratio in the diagnosis of hyperadrenocorticism in dogs. *J Small Anim Pract* 38：99-102.

Kallet A J，Richter K P，Feldman E C，et al：1991. Primary hyperparathyroidism in cats：Seven cases（1984-1989）. *J Am Vet Med Assoc* 199：1767-1771.

Kantrowitz L B，Peterson M E，Melian C，et al：2001. Serum total thyroxine，total triiodothyronine，free thyroxine，and thyrotropin concentrations in dogs with nonthyroidal disease. *J Am Vet Med Assoc* 219：765-769.

Kaplan A J，Peterson M E，Kemppainen R J：1995. Effects of disease and the results of diagnostic tests for use in detecting hyperadrenocorticism in dogs. *J Am Vet Med Assoc* 207：445-451.

Kaptein E M，Hays M T，Ferguson D C：1994. Thyroid hormone metabolism：A comparative evaluation. *Vet Clin North Am Small Anim Pract* 24：431-466.

Kerl M E，Peterson M E，Wallace M S，et al：1999. Evaluation of a low-dose synthetic adrenocorticotrophic hormone stimulation test in clinically normal dogs and dogs with naturally developing hyperadrenocorticism. *J Am Vet Med Assoc* 214：1497-1501.

Kintzer P P，Peterson M E：1997. Diagnosis and management of canine cortisol-secreting adrenal tumors. *Vet Clin North Am Small Anim Pract* 27：299-307.

Kogika M M，Lustoza M D，Notomi M K，et al：2006. Serum ionized calcium in dogs with chronic renal failure and metabolic acidosis. *Vet Clin Pathol* 35：441-445.

Kooistra H S，Diaz-Espineira M，Mol J A，et al：2000. Secretion pattern of thyroid-stimulating hormone in dogs during euthyroidism and hypothyroidism. *Domest Anim Endocrinol* 18：19-29.

Kooistra H S，Voorhout G，Mol J A，et al：1997. Correlation between impairment of glucocorticoid feedback and the size of the pituitary gland in dogs with pituitary-dependent hyperadrenocorticism. *J Endocrinol* 152：387-394.

Lathan P，Moore G E，Zambon S，et al：2008. Use of a low-dose ACTH stimulation test for diagnosis of hypoadrenocorticism in dogs. *J Vet Intern Med* 22：1070-1073.

Lurye J C，Behrend E N：2001. Endocrine tumors. *Vet Clin North Am Small Anim Pract* 31：1083-1110.

Lyon M E，Guajardo M，Laha T，et al：1995. Electrolyte balanced heparin may produce a bias in the measurement of ionized calcium concentration in specimens with abnormally low protein concentration. *Clin Chem Acta* 233：105-113.

Marca M C, Loste A, Orden I, et al: 2001. Evaluation of canine serum thyrotropin (TSH) concentration: Comparison of three analytical procedures. *J Vet Diagn Invest* 13: 106-110.

Melian C, Peterson M E: 1996. Diagnosis and treatment of naturally occurring hypoadrenocorticism in 42 dogs. *J Small Anim Pract* 37: 268-275.

Merryman J I, Buckles E L: 1998. The avian thyroid gland. Part one: A review of the anatomy and hysiology. *J Avian Med Surg* 12: 234-237.

Merryman J I, Buckles E L: 1998. The avian thyroid gland. Part two: A review of function and pathophysiology. *J Avian Med Surg* 12: 238-242.

Messinger J S, Windham W R, Ward C R: 2009. Ionized hypercalcemia in dogs: A retrospective study of 109 cases (1998-2003). *J Vet Intern Med* 23: 514-519.

Muller P B, Taboada J, Hosgood G, et al: 2000. Effects of long-term phenobarbital treatment on the thyroid and adrenal axis and adrenal function tests in dogs. *J Vet Intern Med* 14: 157-164.

Nachreiner R F, Refsal K R, Graham P A, et al: 2002. Prevalence of serum thyroid hormone autoantibodies in dogs with clinical signs of hypothyroidism. *J Am Vet Med Assoc* 220: 466-471.

Nachreiner R F, Refsal K R, Graham P A, et al: 1998. Prevalence of autoantibodies to thyroglobulin in dogs with nonthyroidal illness. *Am J Vet Res* 59: 951-955.

Nelson R, Bertoy E: 1997. Use of the urine cortisol: creatinine ratio to monitor treatment response in dogs with pituitary-dependent hyperadrenocorticism. *J Am Vet Med Assoc* 210: 1158-1161.

Norman E J, Thompson H, Mooney C T: 1999. Dynamic adrenal function testing in eight dogs with hyperadrenocorticism associated with adrenocortical neoplasia. *Vet Rec* 144: 551-554.

Panciera D L, Lefebvre H P: 2009. Effect of experimental hypothyroidism on glomerular filtration rate and plasma creatinine concentration in dogs. *J Vet Intern Med* 23: 1045-1050.

Paster M B: 1991. Avian reproductive endocrinology. *Vet Clin North Am Small Anim Pract* 21: 1343-1359.

Peterson M E, Gamble D A: 1990. Effect of nonthyroidal illness on serum thyroxine concentrations in cats: 494 cases (1988). *J Am Vet Med Assoc* 197: 1203-1208.

Peterson M E, Graves T Y, Gamble D A: 1990. Triiodothyronine (T_3) suppression tests: An aid in the diagnosis of mild hyperthyroidism in cats. *J Vet Intern Med* 4: 233-238.

Peterson M E, James K M, Wallace M, et al: 1991. Idiopathic hypoparathyroidism in five cats. *J Vet Intern Med* 5: 47-51.

Peterson M E, Kintzer P P, Kass P H: 1996. Pretreatment clinical and laboratory findings in dogs with hyperadrenocorticism: 225 cases (1979-1993). *J Am Vet Med Assoc* 208: 85-91.

Peterson M E, Melian C, Nichols R: 2001. Measurement of serum concentrations of free thyroxine, total thyroxine, and total triiodothyronine in cats with hyperthyroidism and cats with nonthyroidal disease. *Am Vet Med Assoc* 218: 529-536.

Peterson M E, Melian C, Nichols R: 1997. Measurement of serum total thyroxine, triiodothyronine, free thyroxine, and thyrotropin concentrations for diagnosis of hypothyroidism in dogs. *J Am Vet Med Assoc* 211: 1396-1402.

Rae M: 1995. Endocrine disease in pet birds. *Semin Avian Exotic Pet Med* 4: 32-38.

Randolph J F, Toomey J, Center S A, et al: 1998. Use of the urine cortisol-to-creatinine ratio for monitoring dogs with pituitary-dependent hyperadrenocorticism during induction treatment with mitotane (o,p'DDD). *Am J Vet Res* 59: 258-261.

Rayalam S, Hoenig M H, Ferguson D C: 2009. Hypothalamic and Pituitary Hormones. *In*: Riviere J E, Papich M (eds): *Veterinary Pharmacology and Therapeutics*, 9th ed. Wiley-Blackwell, New York, NY, pp. 693-716.

Refsal K R, Nachreiner R F, Stein B E, et al: 1991. Use of the triiodothyronine suppression test for diagnosis of hyperthyroidism in ill cats that have serum concentration of iodothyronines within normal range. *J Am Vet Med Assoc* 199: 1594-1601.

Reimers T J, Lawler D F, Sutaria P M, et al: 1990. Effects of age, sex and body size on serum concentrations of thyroid and adrenocortical hormones in dogs. *Am J Vet Res* 51: 454-457.

Reine N J: 2007. Medical management of pituitary-dependent hyperadrenocorticism: Mitotane versus trilostane. *Clin Tech Small Anim Pract* 22: 18-25.

Reusch C E, Tomsa K: 1999. Serum fructosamine concentration in cats with overt hyperthyroidism. *J Am Vet Med*

Assoc 215：1297-1300.

Rodriguez Pineiro M I，Benchekroun G，de Fornel-Thibaud P，et al.：2009. Accuracy of an adrenocorticotropic hormone（ACTH）immunoluminometric assay for differentiating ACTH-dependent from ACTH-independent hyperadrenocorticism in dogs. *J Vet Intern Med* 23：850-855.

Rosol T J，Nagode L A，Couto C G，et al：1992. Parathyroid hormone（PTH）-related protein，PTH，and 1，25-dihydroxyvitamin D in dogs with cancer-associated hypercalcemia. *Endocrinology* 131：1157-1164.

Ross J T，Scavelli T D，Matthiesen D T，et al：1991. Adenocarcinoma of the apocrine glands of the anal sac in dogs：A review of 32 cases. *J Am Anim Hosp Assoc* 27：349-355.

Schaer M：2001. A justification for urine glucose monitoring in the diabetic dog and cat. *J Am Anim Hosp Assoc* 37：311-312.

Schenck P A，Chew D J：2008. Calcium：Total or ionized? *Vet Clin North Am Small Anim Pract* 38：497-502.

Schenck P A，Chew D J：2003. Determination of calcium fractionation in dogs with chronic renal failure. *Am J Vet Res* 64：1181-1184.

Schenck P A，Chew D J：2005. Prediction of serum ionized calcium concentration by use of serum total calcium concentration in dogs. *Am J Vet Res* 66：1330-1336.

Scott-Moncrieff C R，Nelson R W，Bruner J M，et al：1998. Comparison of serum concentrations of thyroid stimulating hormone in healthy dogs，hypothyroid dogs，and euthyroid dogs with concurrent disease. *J Am Vet Med Assoc* 212：387-391.

Scott-Moncrieff C R，Nelson R W：1998. Change in serum thyroid-stimulating hormone concentration in response to administration of thyrotropin-releasing hormone to healthy dogs，hypothyroid dogs，and euthyroid dogs with concurrent disease. *J Am Vet Med Assoc* 213：1435-1438.

Smiley L E，Peterson M E：1993. Evaluation of a urine cortisol：creatinine ratio as a screening test for hyperadrenocorticism in dogs. *J Vet Intern Med* 7：163-168.

Sterczer A，Meyer H P，Van Sluijs F J，et al：1999. Fast resolution of hypercortisolism in dogs with portosystemic encephalopathy after surgical shunt closure. *Res Vet Sci* 66：63-67.

Suave F，Paradis M：2000. Use of recombinant human thyroid-stimulating hormone for thyrotropin stimulation test in euthyroid dogs. *Can Vet J* 41：215-219.

Syme H M，Elliott J：2001. Evaluation of proteinuria in hyperthyroid cats. *J Vet Intern Med* 15：299（abstract # 110）.

Syring R S，Otto C M，Drobatz K J：2001. Hyperglycemia in dogs and cats with head trauma. *J Am Vet Med Assoc* 218：1124-1129.

Teske E，Rothuizen J，de Bruijne J J，et al：1989. Corticosteroid-induced alkaline phosphatase isoenzyme in the diagnosis of canine hypercorticism. *Vet Rec* 125：12-14.

Thoday K L，Mooney C T：1992. Historical，clinical and laboratory features of 126 hyperthyroid cats. *Vet Rec* 131：257-264.

Tomsa K，Glaus T M，Kacl G M，et al：2001. Thyrotropin-releasing hormone stimulation test to assess thyroid function in severely sick cats. *J Vet Intern Med* 15：89-93.

Toribio R E，Kohn C W，Capen C C，et al：2003. Parathyroid hormone（PTH）secretion，PTH mRNA and calcium-sensing receptor mRNA expression in equine parathyroid cells，and effects of interleukin（IL）-1，IL-6，and tumor necrosis factor-alpha on equine parathyroid cell function. *J Molec Endocrinol* 31：609-620.

Toribio R E，Kohn C W，Chew D J，et al：2001. Comparison of serum parathyroid hormone and ionized calcium and magnesium concentrations and fractional urinary clearance of calcium and phosphorus in healthy horses and horses with enterocolitis. *Am J Vet Res* 62：938-947.

Torrance A G，Nachreiner R：1989. Intact parathyroid hormone assay and total calcium concentration in the diagnosis of disorders of calcium metabolism in dogs. *J Vet Intern Med* 3：86-89.

Turrel J M，Feldman E C，Nelson R W，et al：1988. Thyroid carcinoma causing hyperthyroidism in cats：14 cases（1981-1986）. *J Am Vet Med Assoc* 193：359-364.

van Hoek I，Lefebvre H P，Peremans K，et al：2009. Short-and long-term follow-up of glomerular and tubular renal markers of kidney function in hyperthyroid cats after treatment with radioiodine. *Domestic Anim Endocrinol* 36：45-56.

van Hoek I M，Vandermeulen E，Peremans K，et al：2010. Thyroid stimulation with recombinant human thyrotropin in healthy cats，cats with non-thyroidal illness and in cats with low serum thyroxin and azotaemia after treatment of hyperthyroidism. *J Feline Med Surg* 12：117-121.

von Klopmann T，Boettcher I C，Rotermund A，et al：2006. Euthyroid sick syndrome in dogs with idiopathic epilepsy before treatment with anticonvulsant drugs. *J Vet Intern Med* 20：516-522.

Wathers C B，Scott-Moncrieff J C R：1992. Hypocalcemia in cats. *Compend Contin Educ Pract Vet* 14：497-507.

Watson A D，Church D B，Emslie D R，et al：1998. Plasma cortisol responses to three corticotrophic preparations in normal dogs. *Aust Vet J* 76：255-257.

Whitley N T，Drobatz K J，Panciera D L：1997. Insulin overdose in dogs and cats：28 cases（1986-1993）. *J Am Vet Med Assoc* 211：326-330.

Wood M A，Panciera D L，Berry S H，et al：2009. Influence of isoflurane general anesthesia or anesthesia and surgery on thyroid function tests in dogs. *J Vet Intern Med* 23：7-15.

Yang X，McGraw R A，Ferguson D C：2000. cDNA cloning of canine common alpha gene and its co-expression with canine thyrotropin beta gene in baculovirus expression system. *Domest Anim Endocrinol* 18：379-393.

Yang X，McGraw R A，Su X，et al：2000. Canine thyrotropin beta-subunit gene：Cloning and expression in *Escherichia coli*，generation of monoclonal antibodies，and transient expression in the Chinese hamster ovary cells. *Domest Anim Endocrinol* 18：363-378.

第十二章　细胞学检验

Pauline M. Rakich，DVM，PhD，and Kenneth S. Latimer，DVM，PhD

引　言

细胞学方法是一种快速、简单、经济的诊断方法，而且给患畜带来的损伤较小。在很多病例中细胞学都能给出明确的诊断结果。即使细胞学（如炎症和肿瘤）不能作出明确诊断，也可以给后续检测，如培养学和病理学等提供有效参考。

一、样本采集和处理

细胞学检验的有效性直接取决于样品的采集和准备。

（一）组织印片

1. 可以从外伤部位、组织或者深处活检组织取得接触印片。

2. 虽然表面组织的印片只代表了表面局部的炎症和感染，并不能代表深部组织的变化，但有些病原体，如刚果嗜皮菌只存在于组织表面。

3. 为了防止稀释诊断成分干扰在玻片上的黏附，组织印片在做印迹准备的时候，应提前充分去除血液和组织液，并且尽量展平。

4. 准备组织印片时，应将玻片轻轻盖在组织处或损伤处，如果有必要可以多接触几次。

（二）组织破碎

1. 以下情况需要采用组织破碎方法，如结膜或者坚硬组织提供的细胞量太少或者不能用于组织印片时。

2. 用解剖刀片在组织上来回刮几次直至刀片上有少量组织为止，将这部分组织均匀抹在玻片上以制作涂片。

3. 对于结膜组织，可以用一种特殊的抹刀（Kimura platinum 抹刀）或解剖刀手柄来采集细胞。对于诊断样品来说，拭子并不能提供足够多的原始组织。

（三）细针抽吸法

1. 细针抽吸法（FNA）是一种用于皮下组织、深层组织或者内脏器官的细胞采集方法。

2. 将一个 21～25 号的针固定在 3～12 mL 的注射器上，插入组织中，将注射器活塞拉到 3/4 的位置以形成足够的负压，而后分几次将针插入组织的不同部位中。

3. 在组织部位没有液体的情况下，吸入的组织将会存储于注射针头内，而在针管内并不能观察到。

4. 如果在针管内见到血液，应立即释放注射器内负压，以免吸进来的组织被血液稀释。

5. 在针头离开采样组织前，也应释放针管内的负压，以免针头内组织被采样组织周围组织和皮肤污染，并可以避免将针头内组织吸进针管内。

6. 将针头和针管分离，空气得以进入针管内，而后将针头重新插入针管并对准玻片推动活塞，吸附的组织从针头滴到玻片上。

7. 最后将吸附的组织在玻片上涂抹成一层单层细胞。

（四）穿刺法或非细针抽吸法

1. 通常可以通过细针抽吸法采集的样品也可以在不用负压的情况下用针管插入病变部位或组织直接进行取样。

2. 将 22～25 号针头插入组织，并轻轻地上下来回抽动以获得组织细胞。而后将针管内的组织推在玻片上，常规制作涂片。

3. 据报道，与吸附法相比，这种方法可以获得更多的细胞和更少量的血液。

（五）拭子法

1. 用湿润的无菌棉签拭子在耳道、瘘管、渗出液、子宫或子宫内膜擦拭取得的拭子样品。

2. 将棉签拭子在玻片上擦拭以取得线性涂片。

3. 为避免造成细胞损伤和溶解，不能将拭子在玻片上来回涂抹。

（六）液体

1. 为防止液体凝结，应将液体样品保存在含有 EDTA 的试管中。

2. 如果需要做进一步的培养或者生化检测，则需另外取一份拭子样品装在试管中。用于微生物培养的试管中不应加入 EDTA，因为 EDTA 会抑制细菌生长。

3. 如果不能在 1～2h 内处理样品，应该立即制作涂片以防细胞凋零和采样后的细菌过度增殖。

4. 混浊液体可以直接制作血液型涂片。

5. 也可以从特定组织挤压出液体。

6. 如果液体清亮或者略混浊，则含有的细胞量通常会较少，需要进一步浓缩，采集足够的细胞用于诊断。就像制作尿液沉渣一样，可以采用离心法将液体离心，倾去大部分上清液体，用 1～2 滴剩余的液体重悬细胞。血液涂片可用浓缩的细胞悬液制作。

7. 如果送检到实验室的样品需要进行细胞计数和蛋白质测定，需要单独准备 1 份溶于 EDTA 的液体样品和 2～3 份未经染色的玻片样品。虽然从液体样本中可以获得细胞计数和蛋白质测定数据，但由于细胞会在几个小时内凋零，因此，经过几天运输后的样品细胞形态并不能保证。

（七）涂片准备

1. 很多检测手段都会用到涂片法。用于细胞学检查的细胞必须是单层并且平铺的。

2. 血液涂片通常是最具诊断价值的检查方法。当采集的组织较软，如淋巴结吸附液和软组织或者是特定组织和组织液的混合物时，涂片是较好的检测手段。将针管与玻片接触，将一滴吸附液轻轻滴在玻片上，然后用另一张玻片轻推，制成涂片。当吸入的吸附液较多时，也可制作多张涂片。

3. 当组织过于坚硬不能用于制作血液涂片时，可采用挤压法准备样品。

（1）具体方法是将组织放在玻片上，而后将另外一张玻片覆盖于组织上，而后将 2 张玻片分开，这样就制作了 2 张涂片。玻片的重量足以将组织铺平。

（2）如果过于用力挤压下面或者上面的玻片，将有可能造成细胞溶解，这些涂片容易变得太厚。

4. 针管涂片的制作方法是采用注射器将针管内吸附的样品分几个方向分别挤在玻片上，制成星形涂片。

（1）这种方法制作的涂片通常较厚，对于显微镜检查来说不够平整。

（2）载玻片上的细胞尽量形成一层有效的单层细胞，以供显微镜检查。

5. 如果滴下来的组织过厚、细胞层数过多而不能很好地铺平时，不能用于涂片检查。这些过厚组织通常都含有细胞溶解产生的游离核和细胞碎片。

6. 注意不能将未染色组织接触福尔马林蒸汽，以避免干扰下面的罗氏染色而影响进一步的诊断。

二、团块和损伤组织

对组织和团块的细胞学检查的第一个目的是区分炎症和非炎症。非炎症损伤又可以分为肿瘤和非肿瘤 2 种情况。如果炎症细胞和组织细胞混合将给细胞学诊断带来困难，不能正确区分有炎症的肿瘤与正常细胞增生性炎症这 2 种情况。由于有些吸附上来组织材料不能用于制作合格的涂片或者对一些损伤不能作出细胞学诊断，在这些情况下，需要进一步做病理学检查确诊（图 12.1）。

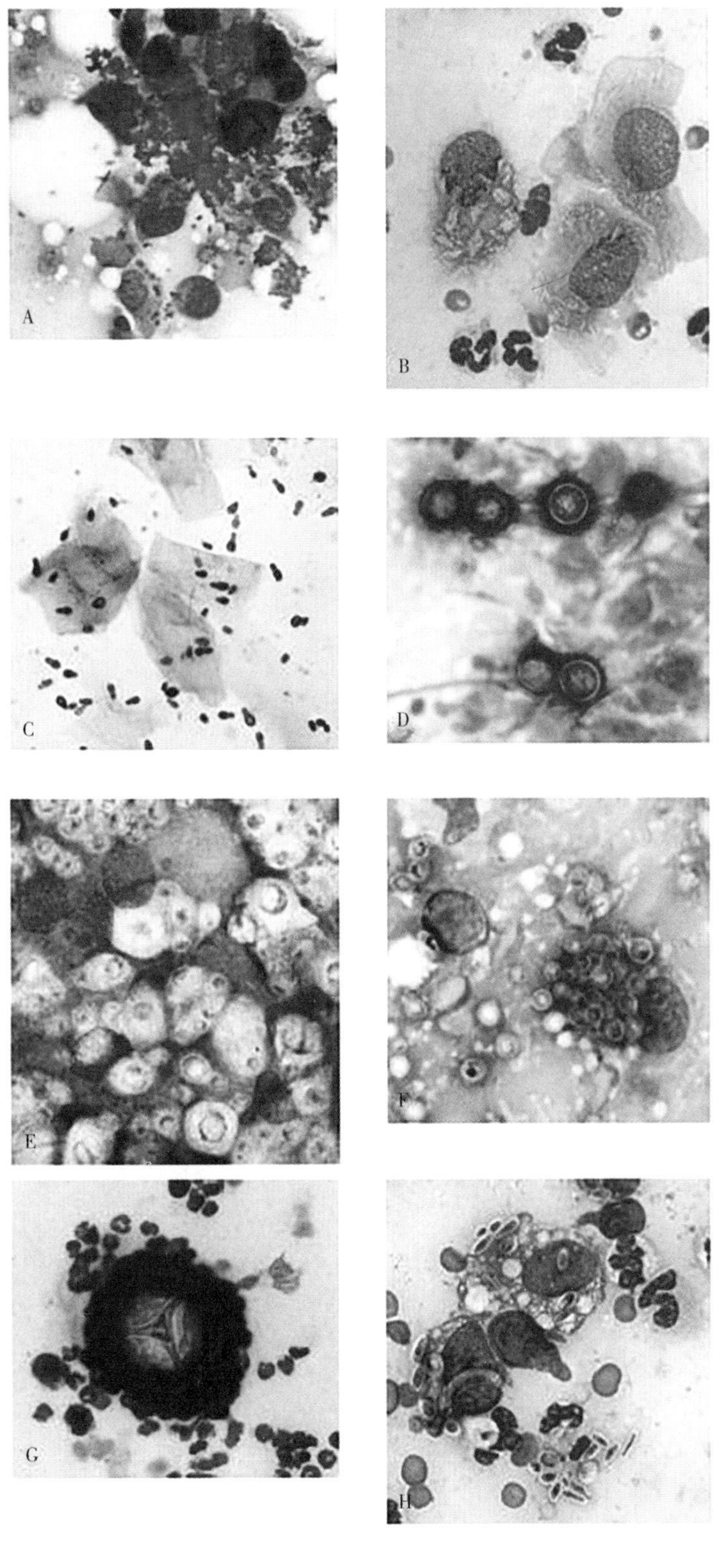

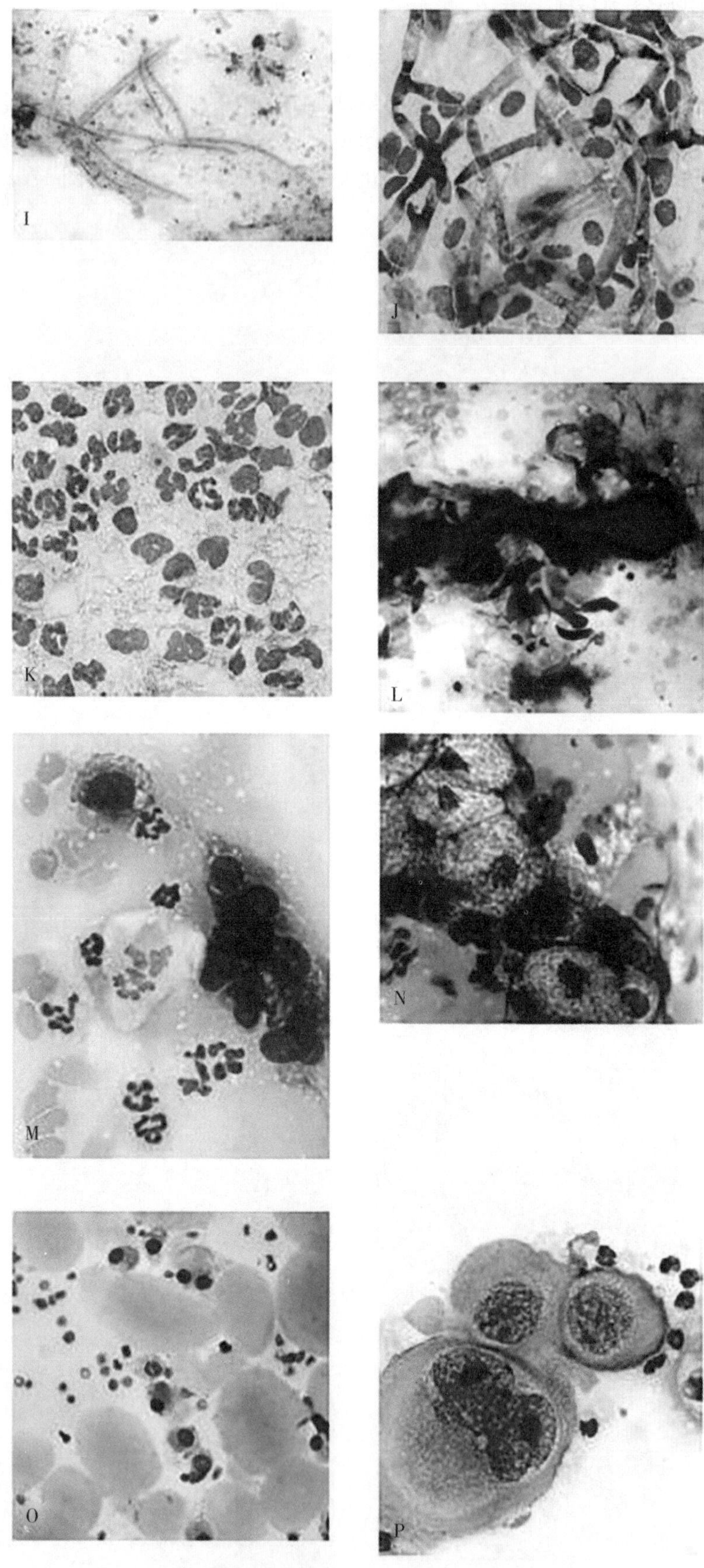
I
J
K
L
M
N
O
P

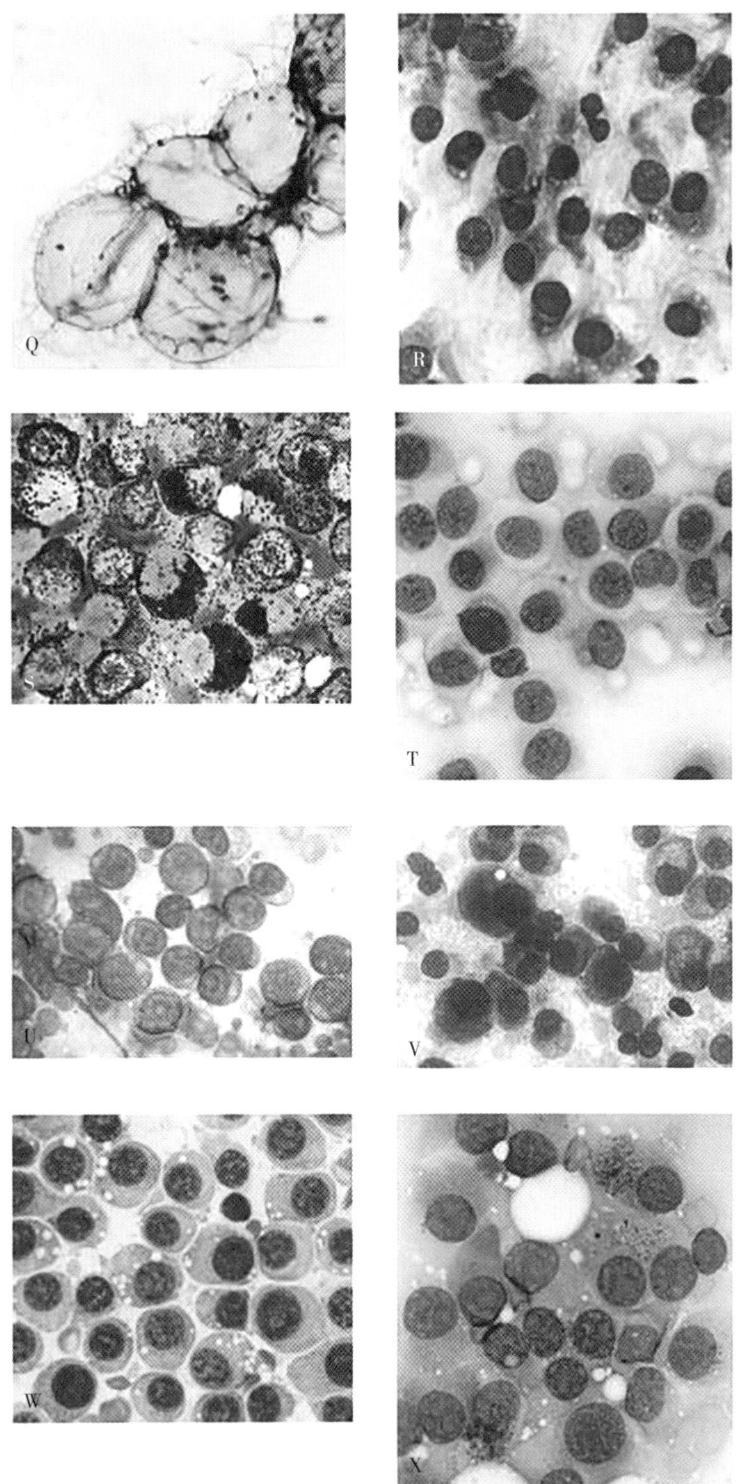

图 12.1 A. 注射部位出现细胞内和细胞外的球状异物反应 B. 巨噬细胞的细胞质中类似于分枝杆菌的未染色杆状结构 C. 脚印形状的马拉色亚酵母菌 D. 皮炎芽生菌酵母 E. 新型隐球菌酵母 F. 巨噬细胞内的组织囊状酵母 G. 炎性细胞包围的球孢子菌 H. 申克孢子丝菌 I. 禽类中超大细菌的菌丝结构 J. 真菌菌丝 K. 菌丝包裹的典型诺卡氏菌或放线菌以及变性的中性粒细胞 L. 角蛋白生成的囊肿或肿瘤 M. 破裂角蛋白形成的囊肿或肿瘤所致的肉芽肿性炎症 N. 皮脂细胞 O. 唾液腺囊肿中的大块非定型黏蛋白和巨噬细胞 P. 鳞状细胞癌肿瘤细胞中显著的红细胞增多症和异核细胞增多症 Q. 脂肪瘤或正常脂肪的成熟脂肪细胞 R. 血管外皮细胞瘤中肥大的梭形细胞 S. 肥大细胞肿瘤 T. 组织细胞瘤 U. 淋巴肉瘤 V. 浆细胞瘤 W. 犬传染性性病肿瘤 X. 恶性黑色素瘤

(一) 炎症损伤

1. 如果能确定渗出液（如化脓性、化脓性肉芽肿、肉芽肿、嗜酸性和淋巴细胞性）的主要炎症细胞类型，能提示引起损伤的原因。

2. 化脓性渗出液通常与病原体感染有关，特别是细菌感染，如果出现这种情况，需要做详细的病原体检查。不同的病原体感染，中性粒细胞可能不发生变性或者出现不同程度的变性。毒素中毒能造成中性粒细胞变性，通常表现为细胞肿胀、胞核染色变浅。

3. 巨噬细胞增多常见于真菌、异物、原生生物和分枝杆菌感染。通常引起一般的肉芽肿性或脓性肉芽肿性炎症。

4. 以嗜酸性粒细胞为主的炎症反应通常与过敏反应、寄生虫、一些特殊感染源，如腐霉菌和嗜酸性粒细胞肉芽肿有关。

5. 注射部位会引起多种炎性细胞反应，其中以小淋巴细胞为主，巨噬细胞、浆细胞、嗜酸性粒细胞和中性粒细胞较少。通常在巨噬细胞内可以看到明亮的粉紫色颗粒状至球状（注射）物质，涂片背景中也可以看到游离物质。

6. 如果给禽类，如鹦鹉、澳洲鹦鹉和虎皮鹦鹉饲喂过多的向日葵籽，可能会患上皮肤黄疣。皮肤黄疣通常伴有脂性巨噬细胞、多核巨细胞，偶尔可见胆固醇结晶。

7. 炎症损伤部位可以见到多种病原体，这些病原体可以通过细胞学检查确认。

（1）在细胞学检查中最常见的病原体是细菌。

①通过罗氏染色，大部分细菌会被染成深蓝色，而细胞核和核碎片会被染成紫色。

②这些细菌有可能是球菌、杆菌、球杆菌或菌丝。

③梭菌属细菌通常是较大的蓝色杆菌，孢子未被染色，呈现闭合的别针样形状。在禽类，如澳洲小鹦鹉梭菌引起的肠炎比较常见。

④罗氏染色不能对分枝杆菌进行染色，所以，在巨噬细胞内或涂片背景中通常呈现梭状清晰的、有折射性的结构。

⑤细菌通常是在细胞外或者已被中性粒细胞吞噬。除分枝杆菌外，细菌一般不会在细胞内。当细菌被中性粒细胞吞噬后，巨噬细胞再将中性粒细胞吞噬，所以，吞噬化的细菌会出现在巨噬细胞中。

⑥大部分情况下，细菌感染都需要对巨噬细胞进行培养加以确认。

（2）浅表性真菌。

①马拉色菌是一种脚印形或花生形的真菌，常见于耳道炎症的细胞学检查、犬或者猫的皮肤涂片检查中。

②假丝酵母菌是椭圆形或卵圆形的嗜碱性真菌，常见于多种物种的口腔或禽类泄殖腔中。这些真菌可以形成菌丝或者假菌丝。

（3）深部和全身性病原体以及其他真菌。

①皮炎芽生菌是一种直径为 6～15 μm 的圆形嗜碱性真菌，相当于红细胞大小或比中性粒细胞稍大一些，具有清晰明亮的厚荚膜，并有折射性。这种细菌通过染色呈现深蓝色，并伴有大量芽孢。

②新型隐球菌是一种主要造成猫感染的真菌。直径为 2～20 μm，通常有一层清晰透明的黏多糖厚荚膜。观察时会发现在大量真菌中有时会混有少量炎症细胞。

③荚膜组织胞浆菌在形态上比上述的真菌小，直径通常在 2～5 μm，为圆形或卵圆形，淡蓝色真菌通常带有一层薄的清晰光环。在巨噬细胞内常见大量的此菌。

④粗球孢子菌是一种最大的全身性真菌病原体，在损伤部位的数量通常很少，在细胞学检查中容易被忽视。菌体大小 20～200 μm，球形，细胞壁较厚，并有折射性，为嗜碱性颗粒状胞质或含有较多的 2～5 μm 的内孢子。

⑤申克孢子丝菌通常与增殖性或溃疡性皮肤损伤有关，常见于猫、犬和马。形状从圆形到雪茄形，长 3～9 μm，宽 1～3 μm，染色呈现蓝色。在马可见大量此菌，但在犬种较少见。

⑥以前在禽类中发现的分枝杆菌，现在认为是真菌。在感染甚至是健康禽泄殖腔拭子中可分离到。形状从杆状到丝状，长度为 1 mm 左右，相当于微丝蚴的大小。罗氏染色和革兰氏染色通常呈蓝色。

⑦造成不同部位感染的真菌很多，都可以形成菌丝。

A. 大部分细菌都不能通过细胞学形态检查确认，需要进行微生物培养。

B. 真菌菌丝为线状，宽度通常在 5～10 μm，内部有可能分段或出现分支。

C. 菌丝染色通常为蓝色，但有些真菌比较难染色或者不能染色，但可见到清晰的长形结构。

D. 有些真菌，如暗色真菌可以着色，颜色有金黄色、棕色或黑色。

E. 接合菌和腐霉菌可引起嗜酸性炎症。

(4) 常见的原生动物。

①球虫，如肉孢子虫和刚地弓形虫可以感染肠上皮细胞和深部组织，通常表现为新月形或香蕉形结构，带有一个紫色的胞核，而胞质很难被染色。

②滴虫通常发现于放养禽类，如家鸽和野鸽口腔的干酪样损伤中。罗氏染色为珍珠形结构，带有一个很小的胞核，曲线形轴杆结构为无色，前端有鞭毛。通过细胞湿片检查能发现呈波浪运动的滴虫。

③利什曼原虫与皮肤性损伤有关。直径为 2～3 μm，略呈卵圆形，带有一个小胞核，并有扁条状的动基体。

(5) 原壁菌是一类被分类为非光合作用的藻类。直径为 15～40 μm，具有明显的细胞壁。由于内孢子的存在呈现分节状，内部为蓝色至紫色的斑点状结构。

(二) 非炎症、非肿瘤损伤

1. 角质化损伤。

(1) 表皮和滤泡包囊含有角质。

(2) 这些损伤表现为灰色或白色糊状组织，含有角质、角质化细胞、细胞碎片和胆固醇结晶，并偶尔伴有鳞状上皮细胞。

(3) 一些良性角质化肿瘤，如皮内角质化上皮瘤、毛基质瘤和毛上皮瘤等含有角质和上皮细胞。通过细胞学检查能发现这种肿瘤与包囊明显不同。

(4) 角质化包囊和肿瘤可能会破溃，释放的角质可能会引发机体外部组织的炎症反应。在这种情况下，脓性肉芽肿炎症会带有中性粒细胞、巨噬细胞和多核巨细胞，并混有包囊组织成分。

2. 皮脂腺增生通常是一种疣状肿块，由一致的大圆形细胞组成，这些细胞含有相当丰富的细胞质，其中包含许多圆形、透明的滤泡。细胞核呈圆形，并有单一的位于中心位置的核仁。

3. 唾液腺囊肿。

(1) 严重的唾液腺囊肿表现为颈部腹侧或下颌处有柔软并带波动的肿块。

(2) 从细胞学角度看，包囊内的液体包含有大型的空泡化巨噬细胞和数量不等的中性粒细胞、红细胞，偶尔可见由降解的血红蛋白演变而来的金色透明菱形胆红素结晶。

(3) 黏蛋白表现为不规则的淡蓝色透明物质，或是分散性的颗粒至丝状粉红色或蓝色背景物质。

4. 皮下积液或血肿。

(1) 液体中很少含有细胞，但含有大量蛋白质，可见嗜碱性的背景。

(2) 单核巨噬细胞是主要的细胞类型。在巨噬细胞的胞质内经常可见其吞噬的细胞碎片，尤其是红细胞碎片。白细胞数量较少，并经常出现退化。在陈旧性损伤中也可见到含铁血黄素或类胆红素。

(3) 有时可见颗粒状的嗜酸性蛋白质的背景。

(4) 红细胞数量不一，如果出现大量白细胞，提示有可能是血肿。

(三) 肿瘤

1. 肿瘤可分为上皮细胞瘤、间叶细胞/结缔组织瘤。间叶细胞瘤进一步分为梭形细胞瘤或圆形细胞瘤。

2. 在分化良好的肿瘤中，可以通过细胞学的检查作出准确诊断。然而，分化较差的肿瘤只能在来源上辨别出是上皮性还是间叶性。甚至有些肿瘤的分化程度太低，以至于无法辨别。当必须对肿瘤的结构组织和/或局部浸润进行评估以确诊或分级时，需要进行组织病理学诊断。

3. 将肿瘤划分为恶性肿瘤是基于形态学基础，主要是涉及细胞核的恶性特征（表 12.1）。

4. 上皮细胞瘤。

（1）上皮细胞瘤通常伴有表皮脱落，所以，涂片中通常可以看见细胞。细胞通常呈团状、簇状或片状的形式排列。在腺瘤或恶性腺瘤涂片中，偶尔可见管状或腺泡状结构。

（2）单个细胞呈多面体，细胞核为圆形至卵圆形，染色质纤细，单一的核仁（通常）以及较丰富的细胞质。

（3）鳞状细胞癌。

表 12.1　恶性肿瘤细胞形态特征

基本特征
大红细胞症（细胞变大）
单群体（属于一种细胞系）
多形性
红细胞大小不等症（细胞大小不同）
异形红细胞症（细胞形态不同）
细胞核特征
细胞核大小不均（细胞核大小不同）
胞核/胞质比值过高（细胞核增大超过细胞质增多）
有丝分裂现象及非正常有丝分裂现象增加
胞核巨大症（细胞核变大）
多核化
细胞核挤压变形（相邻细胞导致的细胞核变形）
核仁的数量、大小和形态变化

①通常这些细胞具有明显的特征，通过细胞学直接就可以对样品作出诊断。

②肿瘤鳞状细胞具有中等到丰富、透明、浅蓝色的细胞质，核周围空泡化或变白。

③化脓性感染通常与这些肿瘤有关。所以，对鳞状细胞癌与慢性炎症损伤引起的鳞状细胞增生和异常增生进行区别比较困难。

5. 梭形细胞肿瘤。

（1）这种肿瘤由结缔组织组成。这些肿瘤细胞可能是棘突状、星状或多面体。涂片中细胞核呈椭圆形至长形，细胞质与背景逐渐相融合。

（2）涂片通常含有少量的细胞，因为细胞周围的胶原基质阻止其脱落或剥离。

（3）这一类肿瘤包括纤维瘤、纤维肉瘤、脂肪瘤和脂肪肉瘤、血管外皮瘤、血管瘤和血管肉瘤、周围神经鞘瘤、骨瘤和骨肉瘤、软骨瘤和软骨肉瘤、平滑肌瘤和平滑肌肉瘤以及横纹肌瘤和横纹肌肉瘤。这些肿瘤通常很难从细胞学上进行区分。判断是否恶性需要通过组织病理学检查以确诊。

（4）增生的结缔组织，如肉芽组织，细胞学上类似于结缔组织肿瘤，需要通过组织病理学以区分增生和瘤变。

（5）脂肪瘤。

①脂肪瘤由分化良好的脂肪细胞组成，与正常脂肪有明显区别。

②涂片呈现油性，不被染色，有脂滴和带有大的透明圆形细胞，细胞核小且致密并伴有边缘化。

③脂肪瘤是发生于犬的常见肿瘤，也可见于某些禽类，如虎皮鹦鹉、澳洲鹦鹉，还有一些其他鹦

鹉。但在猫比较少见。

(6) 血管外皮细胞瘤。

①与大多数梭形细胞瘤不同，血管外皮细胞瘤经常容易脱落，细胞涂片中细胞较多。通常可以通过涂片的细胞形态即可确诊。

②单个细胞呈星形或梭形，细胞核为圆形到卵圆形，染色质较细，有1～2个很小的核仁。细胞质为无色至浅蓝色，或伴有小滤泡出现，有时聚集在细胞核周围而将其覆盖。通常是以双核或多核细胞存在。

③涂片下细胞呈松散的片状或团状，肿瘤通常以旋涡状形式出现。

6. 圆形细胞瘤。

(1) 这类肿瘤包括不同种类的间叶性肿瘤，由离散的圆形至多面形细胞组成。通常有大量脱落的角质化细胞。由于细胞组织结构不能作为诊断标准，通常只能根据细胞外观来判断。由于细胞形态在涂片中比组织切片中更清晰，因此，在圆形细胞瘤的诊断上，细胞学检查常常优于组织病理学检查。

(2) 肥大细胞瘤。

①肥大细胞胞质含量适中，含有数量不等的紫色异染颗粒。当细胞高度颗粒化时，胞核不易染色。用迪夫-快速染色液染色，颗粒一般较难着色或染色很浅。

②伴有数量不等的嗜酸性粒细胞、巨噬细胞和结缔组织梭形细胞。

③背景可见来自于破裂细胞和黏液中释放的自由异色颗粒。

④分化较差的肿瘤表现为红细胞增多和异核细胞增多，稀疏颗粒化现象更为严重。但分级主要是基于组织切片标准来判断。

(3) 组织细胞瘤。

①是一种表皮树突（朗格汉斯）细胞瘤，通常伴有自行性退化现象。

②通常只发生在犬。

③这些细胞的细胞核呈卵形、肾形或折叠形，染色质较细，核仁不明显。细胞质含量适中，呈浅蓝色。

④与其他圆形细胞瘤相比，组织细胞瘤细胞变形细胞较少。

(4) 淋巴瘤（淋巴肉瘤）。

①这类肿瘤全部由未成熟的淋巴细胞组成，从中等大小（相当于中性粒细胞）到较大的细胞。

②肿瘤细胞有一个圆形、卵形或多面体的核，染色质较细，具有多个和/或大的核仁。细胞质从较少至中度，呈深蓝色，偶尔可见小空泡或灰尘样嗜氮（紫色）颗粒。

③涂片中细胞质滴较多，特别是在细胞非常大的情况下。

(5) 浆细胞瘤。

①此类肿瘤细胞细胞核呈圆形，偏离中心，细胞质较少至中等，胞质呈蓝色。若在胞质中出现类似于胞核的灰白团块，则代表高尔基体区域含有免疫球蛋白。

②细胞通常呈现双核或多核。

③经常出现胞核大小不均或红细胞大小不均。

(6) 传染性性病瘤。

①此类肿瘤只发生于犬类。

②此类肿瘤细胞核呈圆形，细胞质呈粗绳样结构，细胞核较大。细胞质丰富度中等，呈蓝色并伴有一些透明的圆形滤泡。细胞边界清晰。

③常见有丝分裂象。

④肿瘤细胞中可见散在的淋巴细胞、浆细胞和巨噬细胞。

⑤此肿瘤常见于生殖器，偶尔发生于鼻腔和皮肤（继发性咬伤）。

（7）黑色素瘤。

①此类肿瘤细胞可能是圆形、多面体形或梭形，通常伴有角质化，因此，常归类为圆形细胞瘤。

②胞质中通常含有数量不等的黑色素，与细小的灰尘样球形颗粒不同，颜色通常在棕褐色至黑绿色。

③黑色素瘤细胞的细胞核呈圆形至椭圆形，通常有一个大的位于中间的核仁。

三、淋巴结

不明原因的淋巴结肿大是吸入法取样的指征，将淋巴结取样后用于肿瘤的诊断（图 12.2）。

（一）正常淋巴结

1. 正常淋巴结主要由小淋巴细胞组成，含量为 75%～95%。细胞核较圆，染色质丰富，并带有一圈细细的胞质。小淋巴细胞比红细胞略大，淋巴细胞比较易碎和破裂。因此，淋巴结涂片经常可见破碎后游离的细胞核，注意与大淋巴细胞进行区别。

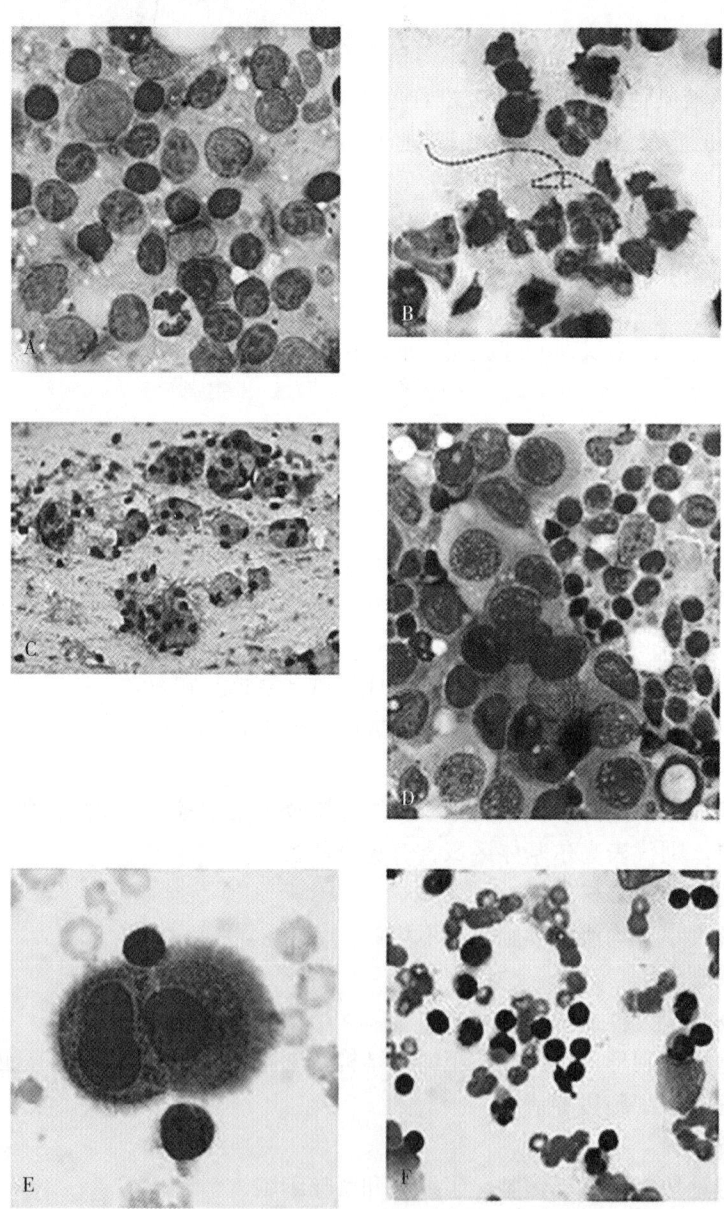

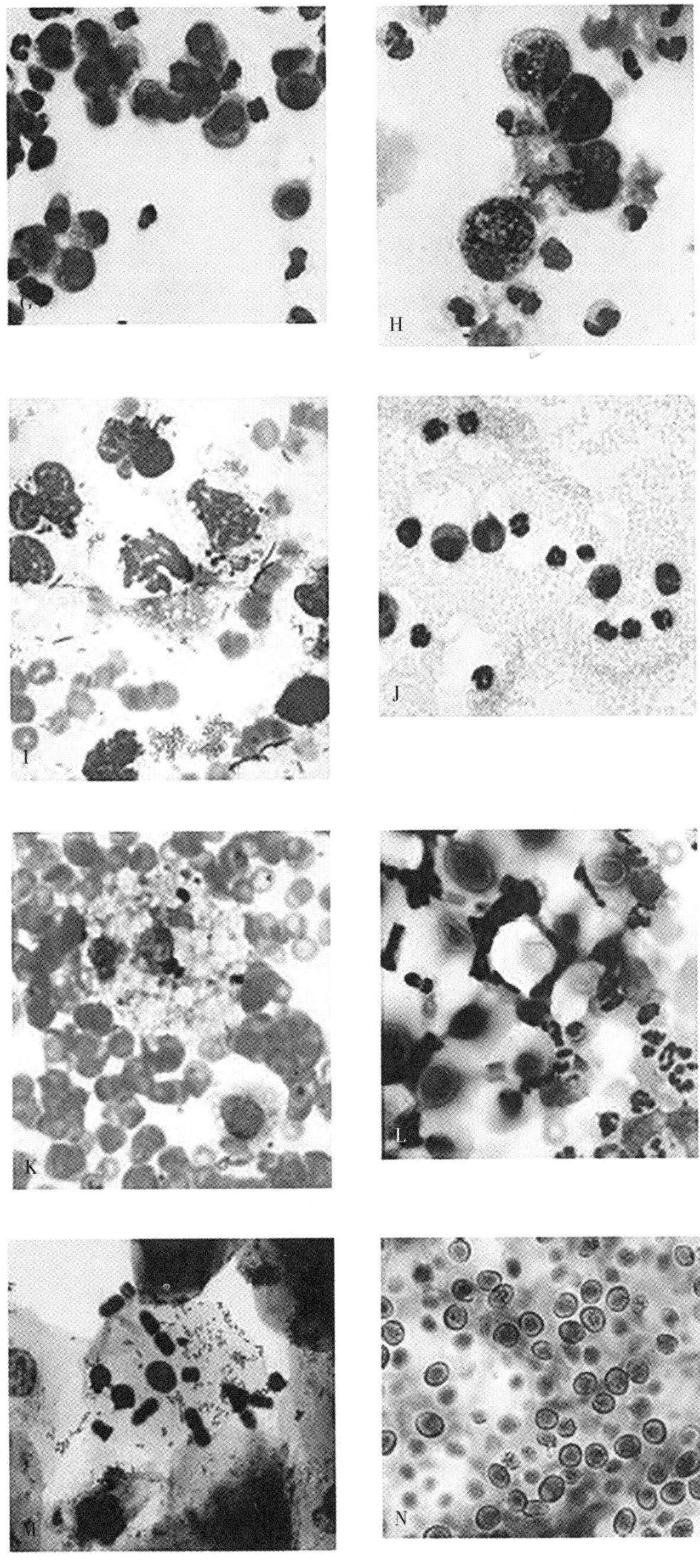
G
H
I
J
K
L
M
N

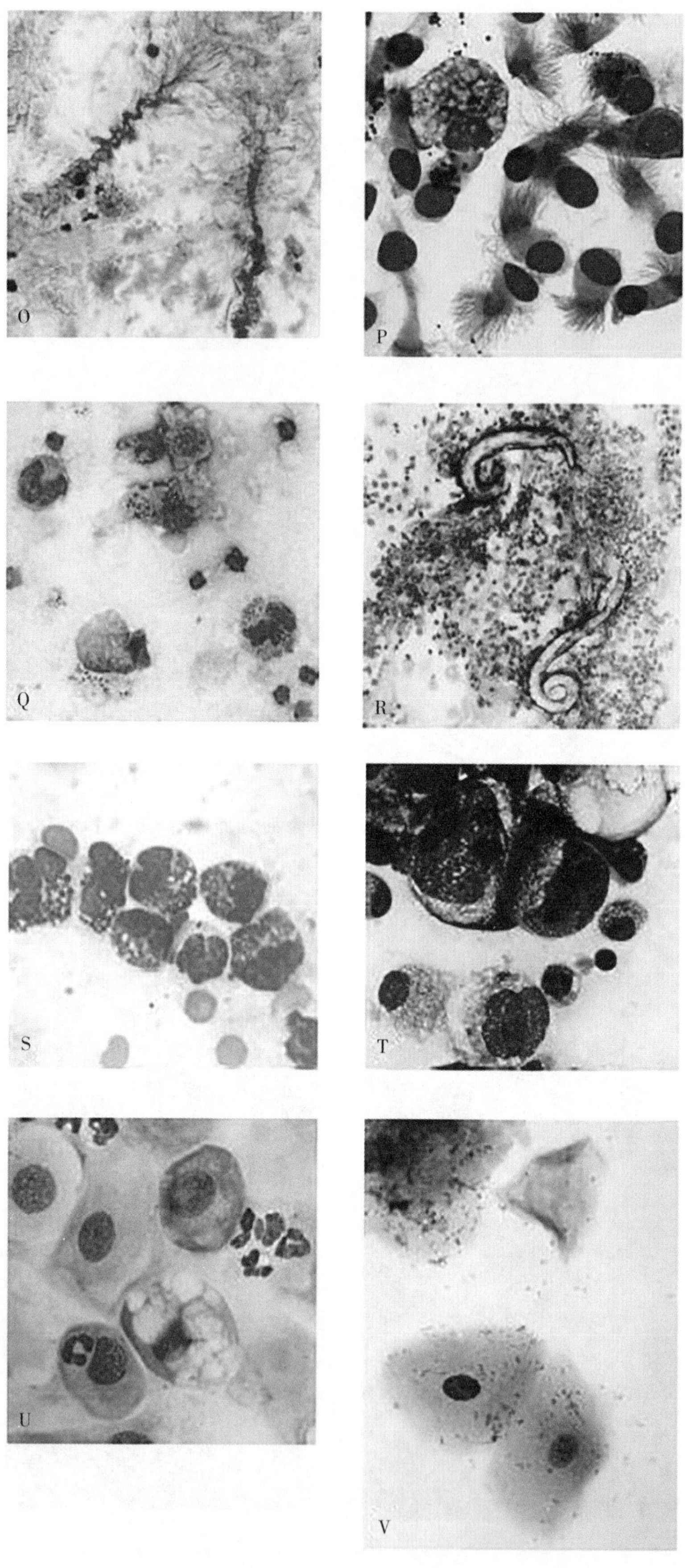
O
P
Q
R
S
T
U
V

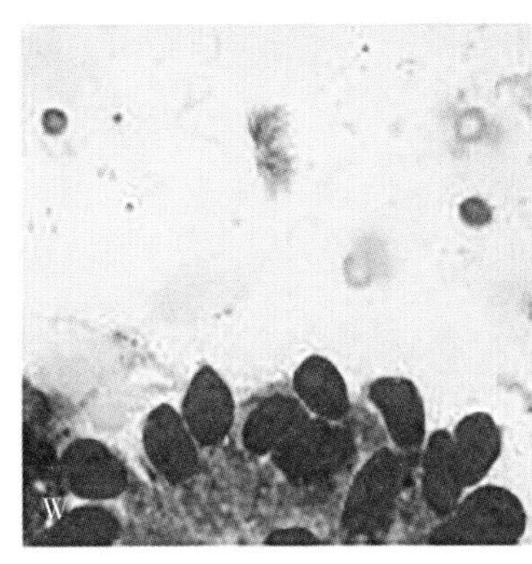

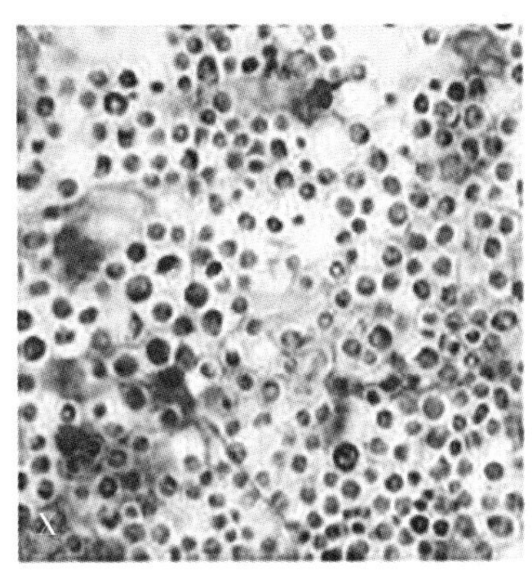

图 12.2 各部位样本的细胞形态

淋巴结抽取物（A～D）：A. 正常淋巴结中占主要比例的小淋巴细胞，一些游离核和一个浆细胞 B. 马链球菌引起的淋巴结炎中变性的中性粒细胞和球菌菌链 C. 正常唾液腺细胞 D. 淋巴结中转移性乳腺癌细胞

体腔渗出液（E～I）：E. 间皮细胞 F. 乳糜胸中的小淋巴细胞 G. 猫传染性腹膜炎腹腔积液中的巨噬细胞、中性粒细胞和弥漫性粉红色沉淀 H. 胆汁性腹膜炎细胞内和游离胆色素 I. 胸膜腔积液中变性的中性粒细胞和混合细菌

关节液（J～N）：J. 中性粒细胞性炎症 K. 慢性出血中出现的吞噬含铁血黄素和血凝素晶体的巨噬细胞 L. 脑脊液中多胞菌和隐球菌酵母菌 M. 口腔中附着西蒙斯氏菌和其他细菌的鳞状细胞 N. 鼻腔渗出液中的鼻孢子虫

气管肺泡冲洗液（O～T）：O. 柯士曼螺旋菌 P. 纤毛上皮细胞和肺泡巨噬细胞 Q. 马红球菌和变性的中性粒细胞 R. 2 种乌龙线虫幼虫和嗜酸性粒细胞 S. 嗜酸性粒细胞 T. 肺癌细胞

阴道细胞形态（U～V）：U. 发情间期的非角质化上皮细胞和中性粒细胞 V. 发情期占主导的角质化/表面细胞

子宫内膜细胞形态（W～X）：W. 子宫内膜上皮细胞和游离的纤毛 X. 假丝酵母菌

2. 含有少量的浆细胞、含量中等的大淋巴细胞（与中性粒细胞大小相当）、巨噬细胞、粒细胞，偶尔可见肥大细胞。

（二）增生反应性淋巴结（病例 9）

1. 通常是由淋巴管传入的抗原引起的免疫系统刺激而导致淋巴结增生，可以是局部性的或全身性的。

2. 增生性淋巴结的细胞学特征与正常淋巴结相似，临床上可见淋巴结增大。

（三）淋巴结炎

1. 根据病因不同，炎症细胞可能是以中性粒细胞、嗜酸性粒细胞、肉芽肿为主，或者是各种细胞类型的组合。

2. 中性粒细胞可能出现变性或不变性，通常与细菌感染有关。

3. 嗜酸性粒细胞通常与过敏或寄生虫感染有关。但疾病过程中似乎与淋巴结无关（如皮炎、肠炎、肺炎）。

4. 肉芽肿反应由上皮样巨噬细胞组成，经常也含多核巨细胞。肉芽肿反应通常与真菌、原虫或分枝杆菌的感染有关。

（四）淋巴瘤（病例 10）

1. 正常细胞通常被单一种群的不成熟的、中到大型淋巴细胞所取代。细胞大小接近中性粒细胞或更大，染色质较细，核仁突出，细胞质中度丰富，呈深蓝色并伴有颗粒。

2. 当 70%～80%的细胞是中到大型淋巴细胞时，对淋巴瘤可以在细胞学上作出诊断。早期的淋巴瘤可能会被忽略，但如果取样时可以吸入多个增大的淋巴结组织，通常可以确诊。

3. 罕见的小细胞淋巴瘤在细胞学上非常难与淋巴增生相区别。

（五）转移性肿瘤

1. 如果在淋巴结吸入样品中观察到在正常淋巴结内不存在的细胞，如上皮细胞，或者数量较少的细胞，如肥大细胞出现增生，则表明是转移性肿瘤。

2. 必须将上皮样巨噬细胞与上皮细胞相区别。当吸取下颌肿物时，需要避免将正常的唾液上皮细胞与转移性上皮细胞相混淆。

四、体腔积液

根据蛋白质浓度和有核细胞计数，积液可分为漏出液、改良漏出液和渗出液。虽然并非所有的积液都能轻易归入这种分类，而且往往类别间还有一些重叠，但这些细胞学分类有助于界定特定积液病例的潜在原因。

（一）一般描述

1. 在小型动物，一般不能从体腔内获得液体，除非存在积液。在健康的大型动物，通常可以从腹腔和胸腔中吸取到液体。禽类缺乏膈膜，只有一个体腔，因此没有独立的胸腔和腹腔。

2. 通过对体腔积液的分析，通常可以帮助确定病因或提示进行其他诊断检测，为特异性诊断提供基础。

3. 获取体腔积液有多种方法，得到液体后，为防止凝结，应在采集管中加入 EDTA。如果下一步将对积液进行培养，应采用无菌管分装出 1 份不加 EDTA 的样品，因为 EDTA 能够抑制细菌生长，从而干扰培养结果。

4. 如果在取样后的 1～2h，甚至更长时间才能处理样品，应同时准备涂片样品，以防自溶性变化对细胞学的干扰，细菌过度生长和体外变化（如巨噬细胞对红细胞的吞噬作用或细胞变性）会干扰和误导细胞学检查。清澈或略混浊的液体细胞含量较低。对这些样品，在涂片前应进行离心沉淀以浓缩细胞和其他物质，以利于诊断。

（二）液体样本分析

1. 颜色。

（1）正常的液体样本应是透明清亮或略混浊，颜色从无色至淡黄色。

（2）红色液体是由医源性或出血引起的。吸入的脾脏组织样品在细胞学检查上可能类似于外周血液样品。

（3）混浊是由于胃肠破裂或意外的肠穿刺术引起的细胞增多、细菌增多、纤维增多、脂肪增多或摄食不足而引起的。

（4）胆汁可致液体呈暗绿色，尿液可使液体呈黄色。

2. 蛋白质。

（1）可以采用折射法或生化方法测定蛋白质浓度。浊度可以干扰折光计读数。因此，对于混浊液体应离心后取上清液进行折光计读数。

（2）正常腹腔液体的蛋白质浓度应低于 2.5 g/dL。

（3）漏出液的蛋白质浓度应低于 2.5 g/dL。

3. 有核细胞计数。

（1）有核细胞计数可以人工计数，如白细胞计数，或者可以采用电子粒子计数器进行计数。

（2）对于液体的计数值可能出现误差，因为在积液中经常存在细胞聚集、细胞分裂和非细胞碎片。

（3）大型动物正常腹腔积液的细胞计数通常小于5 000/μL。当细胞计数为5 000～10 000/μL 时，提示有可能存在异常。细胞计数在10 000/μL 上时，则提示有炎症。

4. 细胞学。

（1）当不能直接进行细胞计数或者需要对计数结果进行验证时，可以采用涂片法进行细胞计数。

（2）积液的细胞种类。

①间皮细胞。

A. 间皮细胞存在于胸膜、心包、腹腔和内脏表面。因此，它们很容易脱落在积液中。

B. 当有积液形成时，间皮细胞常发生增大和增生，可表现为细胞大小不等和异核细胞增多。巨噬细胞的吞噬可以激活间皮细胞，因此，往往难于和巨噬细胞相区别。

C. 间皮细胞的细胞核为圆形或卵圆形，染色质较细，核仁单一。双核和多核细胞很常见。细胞质为深蓝色，细胞轮廓和边缘呈红色至粉红色。可见有丝分裂象。

D. 细胞呈单独和成群分布。

E. 随着炎症的发生，间皮细胞明显增多，细胞形态呈多样化。当间皮细胞被激活后，细胞大小不等，异核细胞增多，双核和多核症、有丝分裂象、嗜碱性粒细胞增多等现象变得更加明显。增生的间皮细胞可能较难与肿瘤间皮细胞（间皮瘤）和恶性上皮瘤细胞（恶性肿瘤）相区别。

②巨噬细胞。

A. 巨噬细胞是由血液单核细胞演变而来的大型细胞，是腹腔液的正常组成部分。

B. 巨噬细胞核呈椭圆形至肾形，染色质较细，核仁较小，中度丰富到大量的空泡型细胞质，通常含有吞噬的细胞碎片、红细胞、异物或真菌。巨噬细胞通常不会吞噬细菌。

C. 巨噬细胞可能较难区别于活化的间皮细胞，但这一点通常并不重要。

③中性粒细胞。

A. 中性粒细胞存在于正常的腹腔液中，并在大多数的渗出液中可见。

B. 中性粒细胞是多数渗出液中的主要细胞类型。

C. 在低毒性液体，如漏出液和改良漏出液中，中性粒细胞并不表现出变性现象。与外周血涂片中的中性粒细胞类似，其中的核裂片由染色较深密集的染色质组成。

D. 若中性粒细胞发生退化，则表明其周围环境有毒性，与感染性炎症有关。其特征是核裂片肿胀，伴有松散的、染色较浅的染色质。当中性粒细胞变性时，应进行积液细菌学检查或/和培养。中性粒细胞的自溶可产生形态学的改变。

E. 核分叶增多和核固缩是中性粒细胞老化的现象，与毒性无关。

④淋巴细胞、浆细胞和肥大细胞在积液中较少见。

⑤嗜酸性粒细胞通常在积液中含量较低，但在牛的正常腹腔液中最高能占细胞总数的60%。当积液中出现大量的嗜酸性粒细胞时，提示可能出现寄生虫病（如心虫病、猫圆线虫病、肾膨结线虫感染）、过敏反应、各种肿瘤（如淋巴瘤、肥大细胞瘤）和气胸。

（三）积液分类

1. 漏出液（病例 19）。

（1）由低白蛋白血症所致的血浆渗透压降低是造成漏出液的最常见原因。通常白蛋白值低于 1g/dL 时（若有高血压，该值为 1.5g/dL），则出现漏出液。

（2）造成漏出液的不常见原因包括肠道低蛋白淋巴管阻塞和早期膀胱破裂形成的积液。

（3）液体清亮无色，蛋白质浓度低（<2.5 g/dL），有核细胞含量低（少于1 500/μL）。

（4）含有巨噬细胞、非退化的中性粒细胞和间皮细胞。

2. 改良漏出液。

（1）因为多种疾病都与改良漏出液相关，因此，这类漏出液特异性很低。

（2）通常是由于流体静力压上升或毛细血管和淋巴管渗透性增加形成的。

（3）液体细胞含量低到中度（1 000～7 000/μL），蛋白质浓度不一（2.5～5g/dL）。

（4）造成改良漏出液的常见原因包括心脏疾病、肿瘤、肝脏疾病、猫传染性腹膜炎（病例 7）。

（5）颜色和浊度不一，与造成的积液原因有关。

（6）在改良漏出液中通常存在的细胞包括非变性的中性粒细胞、巨噬细胞、反应性间皮细胞、小淋巴细胞和红细胞。若出现肿瘤细胞，可以确诊为肿瘤。

3. 渗出液。

（1）渗出液是由炎症造成血管通透性增加而形成的。

（2）渗出液颜色不一，但由于细胞含量高，通常都是混浊的。

（3）细胞计数通常>5 000～7 000/μL。

（4）主要的细胞类型通常是中性粒细胞，根据渗出液毒性程度不同，可能出现变性或不变性。巨噬细胞、淋巴细胞、反应性间皮细胞、浆细胞、嗜酸性粒细胞和红细胞的数量与疾病的类型和程度以及病程的持续时间有关。

（5）非脓性渗出液是由胆汁、尿液、胰酶和坏死组织（如肿瘤、肺叶扭转）等刺激物引起的。在这些情况下，中性粒细胞不会出现变性。

（6）脓性渗出液是由微生物引起的，在细胞学检查中可能不易发现。有些细菌产生的毒素会导致中性粒细胞变性，但有些细菌不会产生毒素。因此，对渗出液需要进行病原体检查和培养。

（四）具体的病例

1. 乳糜性积液。

（1）乳糜性积液呈乳白色至乳粉色，通常形成于胸腔内（乳糜胸），但也可能发生于腹腔。

（2）高脂肪（乳糜颗粒）含量的淋巴液由肠系膜淋巴通过胸导管转到静脉系统中，是造成液体混浊的原因。进入外周血液的淋巴细胞也通过胸导管回到淋巴系统中。

（3）乳糜性积液是由于胸导管创伤或梗阻而产生的，与肿瘤、心脏疾病、纵隔肉芽肿、肺裂、膈疝和肺叶扭转等疾病有关。一些未知原因导致的乳糜性积液被定义为特发性的。这种情况常见于猫心脏疾病导致的胸腔积液。

（4）乳糜性积液可能是改良漏出液或渗出液。典型的乳糜性积液一般只含小淋巴细胞。但在慢性乳糜胸或反复胸腔穿刺术后，以中性粒细胞和巨噬细胞为主。

（5）可以通过比较乳糜性积液与血液中的液体胆固醇和甘油三酯的含量，对乳糜性积液进行确诊。乳糜性积液中的甘油三酸酯浓度高于血液，而胆固醇的含量低于血液。另外，乳糜胸积液中胆固醇与甘油三酯的比例<1。

2. 猫传染性腹膜炎。

（1）猫传染性腹膜炎引起的积液通常是黄色的，可能含有纤维蛋白血凝块。

（2）根据细胞含量不同，有可能是改良漏出液或渗出液，但蛋白质浓度通常较高（>3.5 g/dL）。

（3）液体为非变性的中性粒细胞、巨噬细胞和淋巴细胞的混合物。背景可见特异性颗粒状、嗜酸性的蛋白质沉淀。

（4）可以通过对液体中的冠状病毒抗原进行检测（如通过荧光抗体试验）进行确诊。

3. 心脏衰竭。

（1）患有心力衰竭的猫通常会出现乳糜胸。

（2）充血性心力衰竭的犬通常会出现腹水，这是由于肝内静脉压升高导致高蛋白的肝淋巴液渗漏而产生的。

（3）腹水是一种含有红细胞、巨噬细胞、非变性的中性粒细胞、反应性间皮细胞和淋巴细胞的改良漏出液。

4. 出血性积液。

（1）出血性积液由许多疾病引起，最常见的是创伤和肿瘤。

（2）出血性积液必须与血液污染和意外脾穿刺相区分。几个小时以上的出血性积液中，巨噬细胞胞质中一定含有吞噬的红细胞。如果出血超过 1～2d，在巨噬细胞胞质内可发现铁血红素和或血红蛋白晶体。这些都是红细胞分解的产物。

（3）如果因污染或急性出血（1h 以内）而导致积液中出现血液，在涂片中可见血小板，而噬红细胞现象则不明显。但是，如果采样后对样品的处理延迟了几个小时以上，因分解的原因，涂片中并不能看到血小板，而且由于在体外也能发生噬红细胞现象，有可能导致在细胞学检查中发生误诊。

（4）在肿瘤形成的积液涂片，很少能发现肿瘤细胞，尤其是当血细胞比容≥20%时。

（5）通常由肿瘤（如血管肉瘤、心脏基底肿瘤、间皮瘤）或特发（如特发性/良性心包积液）引起的犬类心包积液中最常出现出血。通常不能从细胞学上进行诊断，而需要进一步的组织病理学检查。

5. 肿瘤。

(1) 肿瘤通常会在胸腔、腹腔和心包囊中引起积液，但由于肿瘤细胞一般不会出现在积液中，因此，通常不能在细胞学上进行诊断。

(2) 在淋巴瘤和肥大细胞瘤等肿瘤中，可以通过细胞学检查检测离散细胞瘤进行确诊。

(3) 作为一类持续增殖的细胞群，间皮细胞通常表现出一定的细胞多形性。但在刺激下，间皮细胞增殖更快，细胞异型性更显著时，通常很难将反应性间皮细胞和肿瘤细胞以及癌细胞进行区分。

(4) 体腔表面的癌和腺癌比大多数肉瘤更容易出现细胞脱落。

6. 尿腹膜炎。

(1) 膀胱、尿道、输尿管或肾脏的破裂导致黄色积液，一般为改良漏出液或渗出液。

(2) 液体通常由非变性的中性粒细胞、巨噬细胞和反应性间皮细胞组成。

(3) 通过测定积液和血液中肌酐的浓度可以确诊。积液中的肌酐浓度应超过血液的浓度。

7. 胆汁性腹膜炎。

(1) 胆囊或胆管破裂所致的腹膜炎，其积液为特征性的黄绿色。

(2) 积液由中性粒细胞、巨噬细胞、反应性间皮细胞、红细胞和淋巴细胞组成。巨噬细胞胞质中可见黄绿色至蓝绿色的胆色素。

(3) 积液中检测到的胆红素高于血液，可对此病作出诊断。

8. 禽类卵黄性腹膜炎（浆膜炎、体腔炎）。

(1) 此病常发于产蛋量较高的老母鸡和母鸡。

(2) 体腔内游离的卵黄物质可刺激引起轻度至中度感染。

(3) 炎症的主要细胞为异嗜白细胞和巨噬细胞。

(4) 涂片背景颜色不一。蛋黄可能呈浅粉红色至蓝色，伴有光滑至颗粒状的球状蛋白沉淀（有时可能会让人联想到猫传染性腹膜炎）。

五、滑液

滑液的分析，结合病史、物理检查、放射性检查和其他辅助检查，如培养和血清学，可对关节疾病作出诊断。完整的滑液分析包括外观检查、黏蛋白凝集试验、蛋白含量测定、细胞计数和细胞学检查。当样品量有限时，细胞学检查是最有效的。

(一) 外观

1. 正常的滑膜液是透明的，无色至淡黄色。

2. 由于缺乏纤维蛋白原和其他凝血因子，因此，正常的滑膜液不会出现凝块。

3. 当滑膜液中出现血液时，必须与关节穿刺术引起的医源性出血（更常见）区别（病例 25）。

(1) 这种区别通常是在样本采集的时候进行。

(2) 由于血肿，液体中一般会出现血液。

(3) 如果是医源性出血，滑膜液和血液会分离，并且在样本采集过程不会一直出血。

(4) 血液样本应放置在 EDTA 试管中，以防止凝固。

4. 由于血红蛋白分解色素的存在，慢性出血的特点是橙黄色，称为黄染。

5. 积液可能会出现抗溶性，这是由于在保持几个小时不受干扰的情况下会形成一种凝胶，当轻轻震荡时它恢复到液体的状态。

6. 浊度通常是由于感染造成的细胞增多引起的。

(二) 黏度

1. 高浓度的玻尿酸是正常滑膜液产生黏度的原因。

2. 通过观察滑液从注射器针头孔中流出产生的条带长度来判断黏度。正常的滑液从针头孔中流出在断裂前形成的条带长度≥2cm。

3. 通常可以观察到的黏度为正常、减少或明显减少。

4. 在细胞学检查中，可以对黏度进行定量。正常的滑膜液涂片，由于黏度的存在，细胞被排列成明显的一行。随着黏度的降低，细胞变得随机分布。

5. 由于积液进入关节（如炎症或关节积水）导致透明质酸被稀释或细菌释放的透明质酸酶降解透明质酸，都可以导致黏度降低。

（三）黏蛋白凝集试验

1. 这是一种检测滑膜液黏液（透明质酸）质量和数量的半定量试验。

2. 试验中将1份滑膜液上清液加至4份2.5%冰醋酸溶液中。冰醋酸溶液变性并凝集黏蛋白。黏蛋白凝块的质量标准如下：

（1）当形成紧密的绳状血块且溶液清晰时，该检测被认为滑膜液是良好/正常的。

（2）当凝块较松散，液体有轻微混浊时，说明滑膜液的黏度下降。

（3）当凝块易碎且液体混浊时，说明滑膜液黏度较低。

（4）当不能形成凝块，并且液体混浊且有颗粒时，说明滑膜液黏度非常低。

3. EDTA可以降解透明质酸，因此，不能对含有EDTA的滑膜液样品进行黏蛋白凝集试验。

（四）蛋白质

1. 通常采用折射法测定滑膜液中的蛋白质浓度，但也可以用生化法。

2. 关节损伤和感染可以增加蛋白质浓度。

（五）细胞计数

1. 只对有核细胞进行计数。可通过手工或电子计数器计数。手动计数使用的血球计直接与滑膜液或稀释滑膜液混合。乙酸不能作为稀释剂，因为它会引起凝集。电子计数器使用同位素缓冲液稀释样品。

2. 在健康动物，细胞计数通常≤500/μL，但在犬类，有可能会高达3 000/μL。

（六）细胞学检查

1. 细胞学检查是滑膜液分析中最重要的部分。如果只能拿到一两滴滑膜液样品，应该做涂片检查。

2. 对涂片的初步检查应包括对涂片细胞性的评价（如正常或轻度、中度或显著增加），是否存在细胞成排现象作为黏度指示和红细胞数量。

3. 正常的滑膜液主要由大单核细胞组成，大部分为巨噬细胞，还有少量的单核细胞和淋巴细胞。中性粒细胞在细胞计数中通常不到10%。健康动物的滑膜液中一般不存在嗜酸性粒细胞。

4. 滑膜液通常分为非炎症性/退行性、炎症性或急性出血。

5. 在退行性关节病中，滑膜液的体积变化包括从正常到显著增加，细胞计数从正常到轻度增加（通常少于5 000/μL）。

（1）细胞以单核细胞为主，中性粒细胞数量稍多。

（2）蛋白质浓度在正常范围内或略有增加，滑膜液不凝集。

（3）黏蛋白凝集试验通常为正常，除非存在大量的积液。

6. 炎性关节病可能为感染性或非感染性。

（1）细胞计数>1万个细胞/μL（有时高达10万个细胞/μL）。

（2）大多数细胞为中性粒细胞，但单核细胞的数量通常会增加。

（3）蛋白质浓度通常增加，如果样本中没有添加EDTA，一般会出现黏蛋白凝集现象。

7. 感染性关节病在大动物中比小动物中更常见。在细胞学上通常观察不到病原体，需要通过培养学或血清学检查确诊（如莱姆病、埃利希病）。

8. 非感染性炎症通常是免疫介导的（如系统性红斑狼疮、类风湿关节炎），但也存在非免疫介导的炎性关节病（如慢性出血性关节病、晶体性关节病）。细胞计数为中度至显著升高，与感染性关节病的范围重叠。中性粒细胞是主要的细胞类型。

9. 禽类痛风的滑膜液中可能伴有白色的粗糙颗粒状物质。在偏振光显微镜下观察未经染色的滑膜液样本，可见尿酸的针状晶体结构，在染色过程中尿酸晶体结构可溶解于水而遭破坏，也可以观察到异嗜性粒细胞。

10. 血关节病（如创伤、凝血病）在最初的样本采集中通常可发现血液性积液，当出血超过几个小时时，镜下检查可见红细胞增多。在慢性出血时，则出现明显的黄染（橙色），镜下可见大量的血铁蛋白和血凝素。

（1）出血通常会引起感染，导致细胞计数和白细胞数量增加。

（2）通过邮件运输的医源性出血样本（如样本采集与分析之间延迟了几个小时）可能与病理性出血相混淆，因为长时间会导致血小板退化，而噬红细胞现象也可以在体外发生。

11. 嗜酸性关节病较罕见，但有报道指出和过敏反应有关。

12. 关节肿瘤很难通过分析滑膜液来诊断。

六、脑脊液

虽然很难通过脑脊液（CSF）进行诊断，但结合神经检查和特异性检查，可以为诊断中枢神经系统疾病提供有效的辅助手段。

（一）概述

1. 对脑脊液的分析检查必须尽快，最好在样本采集后30～60min内进行。因为脑脊液中蛋白质浓度低，细胞可快速的发生变性和溶解。

2. 如果不能在1h内对样本进行处理，可以通过加入等量的40%乙醇溶液保存样本。有研究显示，加入自体血清（每0.25mL脑脊液加入1滴血清），可以在4℃条件下，细胞保存时间延长至48h。注意在细胞计数时，应将稀释倍数纳入计算。对于蛋白质浓度测定，应单独保存1份未经稀释的样本，因为这样蛋白质更加稳定。

（二）总体外观

1. 正常的脑脊液是透明无色的，并不凝集。

2. 明亮的红色或粉红色的液体是由出血引起的。由外伤引起的出血比内出血更常见。外伤性出血（医源性出血）特征如下：

（1）在采样过程中，在清晰的脑脊液中可以看到1条带状血液，但随着采样量增加，液体变得清亮。

（2）脑脊液的离心上清液为透明清亮，管底部为出血的红色团块。

（3）脑脊液涂片中有时可见血小板，但不会出现红细胞吞噬作用。

3. 真正进入蛛网膜下腔的病理性出血通常可见黄染，是在出血48h以后由红细胞破裂产生的游离胆红素造成的黄色至橘色染色结果。出血的细胞学镜下检查，在巨噬细胞内可见红细胞和/或含铁血黄素和血红蛋白。

4. 浊度或混浊是由液体中的悬浮颗粒引起的。

（1）混浊的脑脊液细胞通常超过500/μL。这些样本可能含有纤维蛋白原和凝集蛋白块。为了防止凝集，应在样品管内加入EDTA。

（2）细菌和真菌可增加脑脊液的浊度。

（3）脂肪也可引起脑脊液混浊。

（三）细胞计数

1. 脑脊液的细胞含量通常较低，故不能使用自动化细胞计数器。

2. 细胞计数通常为手工完成，脑脊液未经稀释加入到血球计上。在 9 个大的方格中对红细胞和有核细胞分别进行计数，结果乘以 1.1 为最终的细胞数量。

3. 正常的脑脊液中细胞含量应少于 9/μL，当脑脊液细胞计数增加时，称为脑脊液细胞增多症。

4. 脑脊液中通常不存在红细胞。

(1) 若发现有红细胞，则表明在采样过程中有血液污染或病理性出血，这两者可以通过细胞计数和蛋白质含量的测定进行区别。

(2) 少量的血液污染（红细胞计数≤13 200/μL）不能明显改变脑脊液的细胞含量或蛋白质浓度。

(3) 在血液污染的情况下，不能用公式校正细胞计数和蛋白质浓度测定。

(四) 蛋白质

1. 脑脊液中大多数蛋白质是白蛋白。

2. 由于脑脊液中蛋白质浓度过低，故不能采用血清蛋白质浓度方法（如折射法或生化法），因为其敏感度不够高。

3. 有多种敏感的方法可用于测定低蛋白质浓度。但是，这些方法在测定白蛋白和球蛋白存在差异。因此，不同实验室的参考比值会有差异。

4. 通常采用尿蛋白偶联剂（反应试纸条）测定脑脊液蛋白质的浓度，是有效的初筛和半定量手段。当尿蛋白偶联剂的结果为微量或 1+时，可能出现假阳性和假阴性。但当结果为 2+时，则说明脑脊液中蛋白质浓度肯定增加了。

5. 测定免疫球蛋白水平的半定量方法［如潘氏试验（Pandy 试验）、农-阿二氏试验（Nonne-Apelt 试验）］导致球蛋白沉淀，这是一个主观评分。其实正常脑脊液是不会发生沉淀。

6. 脑脊液蛋白质浓度升高是由出血（医源性或病理性）造成的，由于血脑屏障或血脑脊液屏障的渗透性增加，导致脑脊液中蛋白质合成增加或组织变性。

(1) 在感染、出血和组织变性时，会出现蛋白质浓度增加。

(2) 在感染和出血时，脑脊液蛋白质的增加会伴有细胞计数的增加。

(3) 在退行性、肿瘤性疾病或一些病毒感染疾病中，脑脊液蛋白质浓度增加可能与细胞数量增加无关（白蛋白细胞分离）。

7. 通常由电泳试验确定脑脊液的白蛋白浓度，此结果可用于评价血脑屏障的完整性，因为脑脊液中的白蛋白来源于血浆。

(1) 脑脊液白蛋白浓度随血清白蛋白浓度变化而变化，故用白蛋白商值（AQ）来衡量血脑屏障中血清白蛋白的变化。

(2) AQ =（脑脊液白蛋白÷血清白蛋白）×100

(3) 当 AQ>2.35 时，提示血脑屏障发生改变。

(五) 细胞学检查

1. 如果脑脊液的细胞计数正常，但细胞形态可能发生异常，故应对所有脑脊液样本进行细胞学检查。

2. 大多数脑脊液标本的细胞含量很低，需要采用浓缩方法以提高细胞浓度。离心法是实验室最常用的手段。其他方法包括：涂片前采用慢速离心，而后用 1～2 滴自体血清再悬浮，采用玻璃或塑料针筒（如将注射器与玻片联合）的沉降法和滤膜法。

3. 正常脑脊液基本都是由单核细胞组成。以小淋巴细胞为主，单核样细胞较少。随着浓缩方法的改进，发现正常脑脊液中含有一定量的中性粒细胞。

4. 中性粒细胞增多症大多发生于细菌感染、某些病毒感染［如猫传染性腹膜炎（FIP）、东部马脑炎（EEE）］、某些肿瘤（特别是脑膜瘤）、真菌感染、类固醇反应性脑膜炎，偶发于肉芽肿性脑膜脑脊髓炎。

5. 淋巴细胞或单核细胞增多提示有病毒性感染、退行性中枢神经系统疾病、李氏杆菌病、巴哥犬和马耳他犬的坏死性脑炎。在大多数肉芽肿性脑膜脑脊髓炎中，以淋巴细胞为主。在细菌性脑膜脑脊髓炎中，单核细胞并不常见。

6. 若在脑脊液中观察到嗜酸性粒细胞，提示与寄生虫感染、真菌感染（如隐球菌病）和特发性类固醇反应有关。

7. 在脑脊液中很少见到肿瘤细胞，除非伴发神经淋巴瘤。大多数情况下，发生中枢神经系统肿瘤时，脑脊液中的蛋白浓度有适度增加。细胞计数结果在正常范围内或略有增加。在某些情况下，脑脊液参数完全正常。

8. 除了新型隐球菌，脑脊液中很少出现真菌。

（六）特异性检查

1. 通常以检测肌酸激酶、乳酸脱氢酶和天冬氨酸转氨酶的活性作为中枢系统疾病的指标。目前这些数据的敏感性、特异性和预测性还不能为诊断提供有效依据。若脑脊液被硬膜外脂肪或硬脑膜污染可导致 CK 活性升高。

2. 脑脊液的电解质浓度和渗透性应与血液同时测定。将脑脊液参数与血液相比较有利于鉴别盐和电解质失衡等疾病。

3. 还可利用培养学、血清学、荧光抗体检测等技术对脑脊液进行感染性检测。

七、呼吸系统

在诊断呼吸道疾病时，特别是结合病史、临床检查、影像学、鼻镜检查或支气管镜检查的情况下，细胞学检查是一种有效的辅助手段。

（一）鼻分泌物和肿块

1. 除了采集鼻分泌物外，鼻腔检查和标本采集都需要全身麻醉和气管插管，并使用内卷袖套，以防止吸入渗出物、冲洗液或血液。

2. 取样技术包括用棉签采集分泌液，用无菌生理盐水冲洗以及吸入法。由于一般常见病原体或肿瘤不会发生在器官表面，故棉签拭子法的应用较少。

3. 若通过冲洗获得大量样本，则可直接制作涂片。若液体样本混浊或含有少量颗粒物质，需要离心悬浮后制作涂片。冲洗得到的组织碎片若大小足够，可用于印迹和压片制作，或组织病理学检查。

4. 正常细胞学检查。

（1）正常细胞包括鳞状上皮细胞（外鼻腔和口咽）和纤毛柱状上皮细胞。

（2）通常情况下，附着于鳞状上皮细胞上的菌群通常为混合菌群。口咽部涂片镜下可见特异性大型重叠的杆状西蒙斯菌。

5. 炎症。

（1）脓性感染通常与细菌或真菌感染有关。单一形态的细菌和中性粒细胞的吞噬细菌现象提示存在细菌感染。由牙龈脓肿引起口鼻瘘可造成原发性细菌性鼻炎。但大多数细菌感染是继发于更深层的病变，如肿瘤和异物反应，或如犬瘟热，猫白血病病毒、猫免疫缺陷性病毒感染。

（2）真菌感染通常与化脓性肉芽肿和肉芽肿性炎症有关。

①鼻腔分泌物细胞学检查最常见的真菌感染是隐球菌。

②引起鼻部感染的最常见真菌是曲霉菌和青霉菌。这些真菌在鼻黏膜上产生特异性的白色至绿色绒毛。在细胞学涂片中，这 2 种真菌的菌丝为 4～6μm，两排并列，有隔膜和分支。

（3）鼻孢子虫病是由鼻孢子虫引起的感染，这种病原体没有固定的分类（如真菌或原生动物或藻类）。

①该病可产生单侧性红褐色息肉样鼻分泌物，呈黄色至白色的点滴状。

②主要由中性粒细胞组成的分泌物中，孢子虫的数量不等。孢子形态呈圆形至椭圆形，直径为5～10μm，胞壁带有轻微折射性且较薄，内部为红色至粉红色的球状结构。在镜下偶见含有大量内生孢子的孢子囊（直径超过100μm）。

（4）嗜酸性粒细胞增加通常与过敏反应或寄生虫感染有关，但也可能与真菌感染和瘤变有关。

6. 鼻肿块。

（1）犬和猫的鼻肿瘤比大动物更常见。这些肿瘤大多是恶性的。

（2）鼻肿瘤的诊断常常因继发性炎症、感染和坏死而变得复杂。因此，表面组织并不能代表深层的肿瘤。

（3）癌症比肉瘤更为常见。这些癌症包括腺癌、鳞状细胞癌和未分化癌。在细胞学上，癌症的细胞簇或团块由圆形或多面体细胞组成，伴有细胞核质不一、红细胞大小不等症和细胞核大小不均等等变化。

（4）鼻腔内最常见的结缔组织肿瘤是纤维肉瘤、骨肉瘤、软骨肉瘤。除了圆细胞类瘤外，间叶组织瘤不会轻易脱落。这些细胞倾向于单独或小块地分布，它们的外观也各不相同，可能是椭圆形的，星状的，或纺锤形的。此外，肿瘤细胞通常很难与反应性成纤维细胞进行区分，因此，通常需要组织病理学进行确诊。

（5）鼻腔圆细胞类瘤包括淋巴瘤、肥大细胞瘤和传染性性病肿瘤。

①淋巴瘤的特点是由中等至大的单一淋巴细胞组成。

②肥大细胞瘤由很多肥大细胞组成，混有数量不等的嗜酸性粒细胞。

③传染性性病肿瘤是一种生殖器组织肿瘤，通过完整肿瘤细胞的移植传播。由于犬的社会习惯，这种生殖器肿瘤可能发生在鼻腔。

（6）马的筛骨血肿（出血性鼻息肉）由红细胞，白细胞，含有吞噬性红细胞，含铁血黄素、胆红素晶体的巨噬细胞组成。

（7）鼻息肉由上皮细胞形成的维管组织组成，因其组织结构模式排列的特殊性，所以，需要组织病理学进行确诊。

（二）气管-支气管肺泡细胞学

1. 支气管肺泡细胞学针对的是不明原因慢性咳嗽或支气管肺泡疾病的动物进行诊断评估的检验方法。

2. 因为只能从气道采集检验样本，因此，间质疾病不能通过气管或支气管肺泡冲洗来诊断。

3. 经气管或气管内冲洗。

（1）通过插入气管导管注入不含抑菌剂的无菌温盐水（1～2mL/4.5kg体重），或注入到气管环之间，直到动物开始咳嗽，或直到所有液体注射完为止。

（2）注射完毕后立即轻柔回抽注射器，以回收部分液体。

4. 支气管肺泡灌洗液通过将纤维支气管镜插入到小支气管内进行采集。

5. 支气管刷洗液是通过用内镜刷刷支气管黏膜或病灶病变采集样本。

6. 如果样本不能在采集后30～60min进行处理，应该进行涂片检查，因为细胞会迅速溶解在低蛋白的液体中。

（1）如果较混浊的液体或者用于血型和压片制备的含有丰富的颗粒物质的液体，可直接制作涂片。

（2）如果液体是透明的或只含有细颗粒物质，则应从离心沉淀物中取样进行涂片。由于液体中蛋白质含量较低，用1～2滴血清代替生理盐水对沉淀物进行重新悬浮，细胞的保存条件会得到提升。

7. 正常成分。

（1）黏蛋白是一种淡蓝色至粉红色，呈细小颗粒状或纤维状的基础物质。柯士曼螺旋是一种扭曲的黏液蛋白链，它代表了小支气管的管型，任何导致黏蛋白慢性分泌过度的情况都有可能出现此现象。

（2）上皮细胞。

①纤毛上皮细胞通常是柱状的，但也可能是立方体形的。纤毛在细胞一端聚集形成粉红色边缘。细胞核位于细胞的另一端。

②非纤毛的立方体样细胞比较少见。

③杯状细胞是分泌黏液的柱状细胞，含有许多亮粉红色、黏蛋白填充的细胞质粒。一般不常见，但在黏液分泌增加的慢性疾病中多见。

（3）肺泡巨噬细胞为圆形核或卵圆形核，中度到丰富的蓝灰色细胞质。与上皮细胞一样，是临床健康动物样本中最常见的细胞。肺泡巨噬细胞在大多数炎症条件下数量增加。它们的细胞质变得更加丰富和液泡化，并且在出现感染时，可能含有吞噬的细胞碎片。

8. 咽部污染表现为鳞状上皮细胞的存在，通常伴有粘附的混合细菌。

（1）只要西蒙斯氏菌属出现在口咽部，口咽部污染是勿容置疑的。

（2）当导管拔出操作不当或过度咳嗽导致冲洗液进入咽部，吸入就会发生咽部污染。

（3）极少的情况下，吸入性肺炎病例可见到鳞状上皮细胞和多种细菌，包括西蒙斯氏菌属细菌。

9. 化脓性感染。

（1）化脓性感染最常见于感染性疾病，但引起组织坏死（如肿瘤）的非感染性疾病也可产生化脓性感染。

（2）通常伴随着大量的黏液和巨噬细胞的出现。

（3）可能观察到传染性病原体，但未观察到传染性病原体，并不能排除感染的可能性。对含有较多中性粒细胞的样本应该进行培养，以便排除感染的可能性。

（4）即使在非化脓性条件下，因为冲洗液的低蛋白环境会导致细胞变性，很难对其中含有的中性粒细胞变性情况进行评估。

（5）动物的细菌感染最常见的原因是革兰氏阴性杆菌感染。在真正的细菌感染时，与咽部污染相比，细菌通常是单一的种群，并且在涂片的背景下被中性粒细胞和游离细胞所吞噬，而非游离状态。

10. 各种真菌引起肺部病变（参见肿块、损伤和组织部分更详细的形态学描述）。

（1）炎性浸润通常包括中性粒细胞和数量不等的巨噬细胞（肉芽脓肿性炎症），也可能存在多核巨细胞。

（2）肺脏是皮炎芽生菌感染的主要部位。酵母菌病在犬类最为常见。

（3）新型隐球菌和荚膜组织胞浆菌较少引起肺炎。

（4）各种真菌菌丝引起下呼吸道感染，最常见的是曲霉菌。

11. 嗜酸性粒细胞炎症通常与过敏反应和寄生虫有关，但嗜酸性粒细胞也可能是多种感染性因子和肿瘤引起的炎症反应的重要组成部分。

（1）在气管/支气管肺泡冲洗液样本中嗜酸性粒细胞颗粒呈现铁锈色，可能很难鉴别，只有在涂片较薄的部位才能见到。

（2）几项研究发现，临床正常的猫嗜酸性粒细胞是气管肺冲洗液（20%～25%嗜酸性粒细胞）中细胞的重要组成部分。因此，从猫的样本中发现嗜酸性粒细胞，必须与临床体征和影像学检查综合分析。

12. 许多情况下会存在慢性出血，包括创伤、感染性疾病、心脏疾病、运动引起的肺出血和瘤变。通过肺泡巨噬细胞中吞噬的红细胞、含铁血黄素和胆红素可以确认出血的存在。

13. 肺气管的洗液中很少观察到肿瘤细胞。

（1）在大多数情况下，转移性肿瘤局限于间质间，在侵入气道之前，在冲洗液中不能采集到肿瘤细胞。

（2）已经转移侵袭到气管的肿瘤和原发性支气管肺癌的肿瘤细胞可以脱落到冲洗液中。

①癌通常由大的、嗜碱性的多面体细胞组成，通常具有高的核质比率。这些细胞有可能单独也有可能成群分布。

②肉瘤除淋巴瘤外，通常在呼吸道冲洗中很少出现肿瘤细胞，需要通过活检或细针穿刺进行诊断。

八、阴道细胞学

阴道涂片法是一种很有用的方法，可以用于确定母犬繁殖的最佳时间，并有助于诊断生殖系统的某些炎症和肿瘤疾病。

（一）采集细胞

1. 通过用湿润的棉签擦拭阴道后部获得细胞。在进入阴道穹窿时，棉拭子的方向为背侧，以避免接触阴蒂窝，它通常含有角质化的细胞，可以改变细胞学检查结果。

2. 在载玻片上轻轻的旋转棉拭子制作涂片。

（二）正常细胞

1. 基底细胞位于上皮细胞的最深层，因此，在阴道涂片中很少见到。

2. 在阴道涂片中，旁基底细胞是最小的正常上皮细胞，个体小，大小一致，有一个圆形的细胞核和少量的细胞质。犬在青春期时可出现成片脱落的旁基底细胞。

3. 中间细胞约是旁基底细胞的 2 倍，其细胞核与旁基底细胞相似。因为中间细胞个体大，它们的细胞边缘变得棱角分明。

4. 表皮细胞是最大的细胞。它们已经褪色或核浓缩或核消失。这些角质化细胞边缘棱角明显。

（三）发情周期的细胞学特征

1. 发情前期。

(1) 这是发情周期的开始。随着雌二醇浓度的增加，出现上皮细胞增生，红细胞渗出现象。

(2) 临近发情前期，样本中存在所有类型的上皮细胞以及红细胞和中性粒细胞。

(3) 发情前期的后期，中性粒细胞数量减少，以中间细胞和表皮细胞为主。

(4) 细菌可能在整个循环过程中都存在，并附着于上皮细胞。

2. 发情期。

(1) 表皮/角质化细胞占细胞总数的 90%或更多，这些细胞中有许多是无核的。

(2) 无中性粒细胞，红细胞数量不等。

(3) 细菌或单独存在，或附着于上皮细胞。

(4) 涂片背景通常是干净的细胞碎片。

3. 间情期。

(1) 表面细胞的数量突然减少。中间和旁基底细胞数量增多，通常占细胞总数的 50%以上。

(2) 中性粒细胞数量增加，红细胞可能再次出现。

(3) 通常情况下，不可能通过一次阴道涂片区分出发情前期和间情期。

4. 乏情期。

(1) 旁基底细胞和中间细胞占主导地位。

(2) 可能存在少量中性粒细胞和细菌。

（四）生殖系统疾病

1. 阴道炎和子宫炎。

(1) 阴道炎可能是主要的疾病（如布鲁氏菌病、疱疹病毒感染、支原体感染），但通常是继发于阴道异常。

(2) 子宫炎通常在分娩后出现。母犬通常发热，伴有恶臭的子宫分泌物。

(3) 涂片含有大量的中性粒细胞（通常是退化的），其细胞质内可能含有吞噬的细菌。

(4) 炎症可能很难与发情前期或间情期区分，但中性粒细胞在正常的循环过程中会减少，而炎症则保持不变。

（5）在慢性炎症时，巨噬细胞和淋巴细胞的数量会增多。

2. 胎盘复位不全。

（1）这种情况是由于着床部位保留部分胎盘导致血液持续供应组织引起的。

（2）它最发生在年轻母犬的头胎，是由一种鲜红的、血样分泌物所组成，在分娩后持续数周至数月。

（3）细胞学涂片可见血细胞。

3. 肿瘤。

（1）一些阴道肿瘤可通过阴道涂片进行诊断。

（2）传染性性病肿瘤、鳞状细胞癌、淋巴瘤、移行细胞癌是侵犯阴道最常见的肿瘤，可以从细胞学检查进行诊断。

九、马子宫内膜细胞学

子宫内膜细胞学用于确定子宫是否存在炎症或感染，以评估育种的可靠性。

（一）采集方法

1. 戴上手套后手持一个无菌采集装置（拭子或冲洗导管），经外阴、阴道和子宫颈进入子宫内。

2. 液体灌洗是通过在子宫内插入无菌的授精管，用 60mL 的注射器将 50mL 无菌生理盐水注入子宫内，并立即对注射器施加负压，以采集液体样本（通常为 1～5mL）。

3. 依据采集方法制作涂片

（1）棉签在载玻片上旋转制作涂片。

（1）冲洗液必须经过离心，使用沉淀物进行涂片。

（二）细胞学检查

1. 子宫内膜上皮细胞有纤毛或无纤毛，柱状细胞单独、成群或大片分布。在纤毛对面的细胞基底部有一个小的黑色椭圆形细胞核。

2. 在活检、急性炎症、子宫内膜创伤时，产后可出现红细胞阳性。

3. 子宫内膜涂片中鳞状细胞的存在，提示阴道受到污染。

4. 子宫内膜涂片中通常不存在炎症细胞。

（1）中性粒细胞数量大于有核细胞数量 2%时，或比例>1 个中性粒细胞/40 个子宫内膜细胞时，表明处于炎症活跃期。

（2）在慢性炎症时，可以见到淋巴细胞和巨噬细胞。

（3）嗜酸性粒细胞的出现与阴道积气和子宫积气有关。

（4）在不育的母马中，子宫内膜的样本偶尔会显示为炎症，但很少能查到感染源。

5. 病原体。

（1）在大多数马子宫内膜细胞学样本中很少见到感染性病原体。

（2）在小部分马子宫内膜样本中可观察到细菌、酵母（念珠菌）和真菌（曲霉菌）。

参 考 文 献

Bienzle D，McDonnell J J，Stanton J B：2000. Analysis of cerebrospinal fluid from dogs and cats after 24 and 48 hours of storage . *J Am Vet Med Assoc* 216：1761-1764.

Bouvy B M，Bjorling D E：1991. Pericardial effusion in dogs and cats. Part I. Normal pericardium and causes and pathophysiology of pericardial effusion. *Compend Contin Educ Pract Vet* 13：417-421，424.

Campbell T W：1995. Avian Hematology and Cytology，2nd ed. Ames，IA，Iowa State University Press.

Cowell R L，Tyler R D（eds）：2002. Diagnostic Cytology and Hematology of the Horse，2nd ed. St. Louis，Mosby，Inc.

Cowell R L，Tyler R D，Meinkoth J H（eds）：1999. Diagnostic Cytology and Hematology of the Dog and Cat，2nd ed. St. Louis，Mosby，Inc.

Fossum T W：1993. Feline chylothorax. *Compend Contin Educ Pract Vet* 15：549-567.

Fossum T W，Wellman M，Relford R L，et al：1993. Eosinophilic pleural or peritoneal effusions in dogs and cats：14 cases（1986-1992）. *J Am Vet Med Assoc* 202：1873-1876.

Furr M O，Tyler R D：1990. Cerebrospinal fluid creatine kinase activity in horses with central nervous system disease：69 cases（1984-1989）. *J Am Vet Med Assoc* 197：245-248.

Green E M，Constantinescu G M，Kroll R A：1993. Equine cerebrospinal fluid：Analysis. *Compend Contin Educ Pract Vet* 15：288-302.

Hirschberger J，DeNicola D B，Hermanns W，et al：1999. Sensitivity and specificity of cytologic evaluation in the diagnosis of neoplasia in body fluids from dogs and cats. *Vet Clin Pathol* 28：142-146.

Hurtt A E，Smith M O：1997. Effects of iatrogenic blood contamination on results of cerebrospinal fluid analysis in clinically normal dogs and dogs with neurologic disease. *J Am Vet Med Assoc* 211：866-867.

Jackson C，de Lahunta A，Divers T，et al：1996. The diagnostic utility of cerebrospinal fluid creatine kinase activity in the horse. *J Vet Intern Med* 10：246-251.

Jacobs R M，Cochrane S M，Lumsden J H，et al：1990. Relationship of cerebrospinal fluid protein concentration determined by dye-binding and urinary dipstick methodologies. *Can Vet J* 31：587-588.

Malark J A，Peyton L C，Galvin M J：1992. Effects of blood contamination on equine peritoneal fluid analysis. *J Am Vet Med Assoc* 201：1545-1548.

Muñana K R，Luttgen P J：1998. Prognostic factors for dogs with granulomatous meningoencephalomyelitis：42 cases（1982-1996）. *J Am Vet Med Assoc* 212：1902-1906.

Padrid P A，Feldman B F，Funk K，et al：1991. Cytologic，microbiologic，and biochemical analysis of bronchoalveolar lavage fluid obtained from 24 healthy cats. *Am J Vet Res* 52：1300-1307.

Radaelli S T，Platt S R：2002. Bacterial meningoencephalomyelitis in dogs：A retrospective study of 23 cases（1990-1999）. *J Vet Intern Med* 16：159-163.

Savary K C M，Sellon R K，Law J M：2001. Chylous abdominal effusion in a cat with feline infectious peritonitis. *J Am Anim Hosp Assoc* 37：35-40.

Stalis I H，Chadwick B，Dayrell-Hart B，et al：1995. Necrotizing meningoencephalitis of Maltese dogs. *Vet Pathol* 32：230-235.

Sweeney C R，Russell G E：2000. Differences in total protein concentration，nucleated cell count，and red blood cell count among sequential samples of cerebrospinal fluid from horses. *J Am Vet Med Assoc* 217：54-57.

Welles E G，Pugh D G，Wenzel J G，et al：1994. Composition of cerebrospinal fluid in healthy adult llamas. *Am J Vet Res* 55：1075-1079.

Welles E G，Tyler J W，Sorjonen D C，et al：1992. Composition and analysis of cerebrospinal fluid in clinically normal adult cattle. *Am J Vet Res* 53：2050-2057.

Whitney M S，Roussel A J，Cole D J：1999. Cytology in bovine practice：Solid tissue，pleural fluid，and peritoneal fluid specimens. *Vet Med* 94：277-278，280-281，283-286，288-289.

第十三章　试验结果的产生与分析：试验有效性、质量控制、参考值和基础流行病学

Paula M. Krimer，DVM，DVSc，DACVP

一、依据患畜实验室检测数据与参考值比较来制订医疗方案

为保证所有数据的临床有效性，应符合以下 4 种不同的标准。

（一）试验有效性

试验本身必须有效，并且在其他物质的干扰降到最低的条件下，分析物的测量值应在一定的范围内。误差来源应最小化。

（二）质量控制

试验必须正确实施。实验室必须有严格的质量控制程序，维持试验正确进行，并且获得分析物的最佳测量数据。

（三）参考区间

检测结果与健康者的已知数据进行比较。参考区间应涵盖一个足够大且合适的数量统计来进行比较，并且使用同一种测试方法来创建。

（四）基础流行病学

选择的分析物应与医疗条件密切相关，这样试验会出现较少的假阳性和假阴性结果。试验的选择很重要，应随着试验前疾病的发生率而变化。

二、试验有效性

1. 在其他物质的干扰降到最低的条件下，分析物的测量值应在一定的范围内。

2. 由于用于对动物标本进行实验室测试的试剂和仪器通常只销售用于测试人类标本，因此不能假定一种程序将对其他物种的样本产生有效结果。

（1）检测人类样本的实验室，其仪器设备没有用动物样本进行校准，检测方法也没有经过验证，参考区间也不适用于动物。因此，不能使用检测人类样本的实验室来分析兽医样本。

（2）测试验证，特别是涉及抗体的验证，在非驯化物种中可能具有挑战性，因为试剂可能不会发生交叉反应。

3. 大多数临床化学教科书中都介绍了验证试验的操作步骤。其典型的组成部分包括以下几方面的评估：

（1）分析特异性是指试验在干扰物质存在的情况下检出目标分析物的能力。分析特异性可通过向样本中添加已知或疑似的干扰物质，或使用已知病症（如高脂血症、溶血症、胆红素血症）的患畜样本进行验证。

（2）检测下限或分析敏感性是指试验能够检出分析物的最低量值。检测下限一般通过对已知的标

准物质进行系列稀释的方法来评估。

（3）检测上限是指试验能够可靠的检出分析物的最高量值，或超过此量值的检测结果不再可信。

（4）线性。测定结果与分析物的浓度呈正比的试验具有良好的线性关系。大部分试验在特定的报告值范围内是线性的，这些值受报告值的上限和下限的限制。那些非线性试验有时可通过数学转化进行修改，使之适合实验室应用。

（5）精确度是指检测结果与分析物“真实值”的接近程度。通常指检测结果与金标准或已知值之间的一致程度。

①对于大多数分析物来说，其精确度用指定的分析参考法和校准物质（试剂）来确定。对于其他分析物来说，可能不存在精确度这一量值，因为实验室间对于合适的分析参考法意见不统一。通常情况下兽医实验室都存在这一问题，非家养动物的问题则更为严重。

②在验证的过程中，分析精确度通过以下方法确定。检测已知数量的分析物并将结果与预期值进行对比，进行重复研究，或使用分样检测，将新方法与现行已知精确度的方法进行比较。

（6）精密度。实验室方法的精密度是指可重复性。一项检测可以有很高的精密度（总是得出相同的量值），但其精确度却较低（量值不准确）。

①实验室检测的精密度差异很大。分析前因素（见下面的 D，1 部分）和分析中因素，如干扰物质、试验方法、仪器设备和技术人员的操作技能，都会影响精密度。

②通常使用变异系数（CV）来衡量一个实验室定量方法。CV 值通过重复测定同一样本来确定，用百分数表示。计算 CV 值最少需要重复测定 30 份样本。通过计算得出一系列结果的平均值和标准偏差，用下面的公式计算 CV 值：

$$CV=100\times（标准偏差\div平均值）$$

③使用恰当的试验方法，CVs 可以是通过单一批次的样本计算出来的（批内变异系数），也可以是通过几批样本计算出来的（批间变异系数）。

④一个理想试验的 CV 值<5%，对于多数试验来说，CV 值<10%是可以接受的。在一些试验中，实际得到的最佳 CV 值接近 20%。

4. 分析前、分析中和分析后都能产生试验误差。

（1）分析前误差出现在分析之前。这是操作者最常犯的错误，同时也是最好预防和改正的。

（2）常见的分析前误差包括以下几点：

①错误的采样部位（如动脉血气和静脉血气）。

②错误或不恰当的采样方法（如用于凝血试验的外伤性静脉穿刺，注射器内血液凝结）。

③错误的样本存储容器或抗凝剂（如用于生化检查的 EDTA 管）。

④抗凝剂与血液比例错误或样本量不足（如凝血试验管内血液量不足或管内小型动物血液量太少）。

⑤提交前处理不充分（如送去实验室的血清由于没有离心而存在血块，没有进行血液和体液涂片）。

⑥包装不良（如运输途中样本损坏，血液涂片暴露于甲醛气体中）。

⑦样本识别错误（如样本没贴标签或贴了错误的标签）。

⑧检测方法识别错误（如在提交表单上标记了错误的检测项目）。

⑨样本降解（如样本在分析前保存的时间过长）。

⑩温度波动（如冬天时冷冻或夏天时过热）。

（3）在商业实验室进行样本分析或使用临床仪器设备时，会出现分析误差。这些误差可以是随机产生的（仅发生一次）或是系统产生的（由普遍问题造成）。实验室必须对每次试验进行验证，并按照严格的质量控制程序操作，将分析误差降到最低。使用内部分析仪时，操作者应负责校准、维护和实施质量控制。

（4）分析后误差一般与错误的数据输入和报告生成有关。

三、质量控制和质量保证

（一）检测必须正确实施

外部实验室或临床实验室必须执行严格的质量控制程序，持续确保检测工作正确进行，并报告分析物的最佳措施。

（二）商业和机构实验室

1. 质量控制。大型实验室应建立系统程序，确保检测结果的有效性。这些程序通常很复杂。有许多是检测实验室检测值潜在误差源的组件。

2. 质控和质保程序的关键在于它是实验室日常运行的核心环节，它保存着质控系统的详细记录。大型实验室通常会雇佣专业人士监督所有的质量控制操作。

3. 没有质量控制程序的实验室不能确保其检测结果的有效性，因此，检测结果不能采纳。

4. 讨论质量控制程序的细节已大大超出本文的范畴，然而，一个典型的质控程序包括以下几点：

（1）分析仪器设备系统性和周期性的监测与校准，如分光光度计、电子细胞计数仪、流式细胞仪、离心机、冰箱和移液器。这些仪器设备应每天或周期性进行监测和校准，有时可委托给第三方机构或设备生产商实施。

（2）一个监测试剂存货量、存储和处理的系统。此系统确保试剂在有效期内，且不会降解、过期或污染细菌，保证水的质量。

（3）实验室的每次检测都要使用对照品，监测正在进行的检测活动的准确性和精确性。对照品应与患畜样本一起分析，确保仪器设备、技术人员和试剂的各项功能指标均正常。

（4）图表，如 Levey-Jennings 质控图（图 13.1），可呈现出对照品数值的每日变化情况，和其是否违反基于规则的算法（如西格玛规则或六西格玛规则），并代入统计程序评价不同时间内对照品数据的准确性和精确性。如果对照品在统计学上超出一个规定的范围，或是一系列对照品违反了统计学规则或呈现出一个明显的趋势（多规则变异系数），此患畜样本的检测数值可能是无效的，这也可能是仪器设备或试剂存在问题。

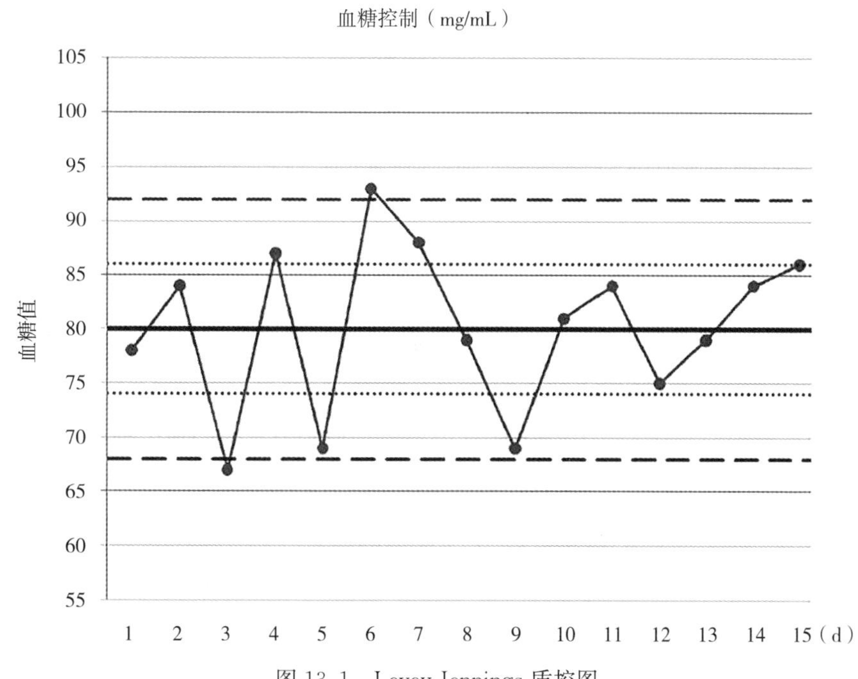

图 13.1 Levey-Jennings 质控图

显示了一个为期 15d 的血糖控制。80 mg/dL 的期望值由粗的中心实线表示。点线是与期望均值之间存在 1 个标准偏差，而虚线是与期望均值之间存在 2 个标准偏差。

(5) 保存详细的手写记录来监控上述每一部分工作，并记录已经完成的质控任务。

5. 质量保证。

(1) 实验室应经常参加第三方机构的认证认可和/或能力验证计划，以验证其对质量控制程序的遵守和维护情况，同时评价检测结果的质量。

(2) 通过实验室核查、检验和现场察看等，对质量控制体系进行检查认可。实施认证认可的机构包括美国兽医实验诊断医学会（AAVLD）、之前的实验室认可委员会办公室（COLA）和美国实验室认可协会（AALA）。

(3) 能力验证与认证认可不同，目的在于验证实验室结果的准确性。实验室对定期收到的未知组分盲样进行检测，并将结果提交给能力验证机构。实验室随后会收到一份与其他实验室检测结果的比对报告。实施能力验证的机构包括兽医实验室协会（VLA）、国家兽医服务实验室和国家动物健康实验室网络（NAHLN）。

(4) 应根据内控质量标准、外部机构的认证认可和参与实验室能力验证的情况择优选择兽医实验室。建议询问一下你的实验室有关质量控制和质量保证实施的情况。

（三）临床检测

1. 临床检测的主要优势在于快速获得检测结果，而不是降低成本或增加检测的准确性。可是，错误而快速的检测结果对于患畜来说是无用的，并有潜在危害。

2. 在私人兽医实验室进行的实验室分析不会在上述最佳环境中进行，出现严重错误的可能性更高。因此，实施并保持严格的质量控制程序更加重要。

3. 临床分析仪或定点医疗设备缺少质控程序或专门的质检人员，会导致错误的结果，致使兽医人员作出错误的医疗决策，兽医将负法律责任。

4. 全新的临床分析仪若得到适当的维护和支持，对家畜样本进行常规的血液和生化检测时，结果准确可靠。很多分析仪内建质控系统，自动运行控制元件、监控传感器和液面。

5. 一些分析仪和床旁检验设备在对照不成立的情况下也会给出结果。由于内参不成立或使用了过期试剂得出了可疑的结果，由此获得的检测结果或作出的医疗决策对于患畜来说，都是不合适的并具有潜在危害。

6. 一台优良的临床分析仪应由制造商提供全面而出色的客户服务，包含以下几点：

(1) 协助建立并维护质控程序。

(2) 适合的对照样本和校准用标准。

(3) 协助验证或转移参考范围。

(4) 协助问题解答或协助热线。

(5) 设备定期维护、修理或按需移位的长期服务合同。

7. 如果临床上使用分析仪，质控系统非常重要，包括人员和资金的投入都很重要和必要。在一项检测中，不经常使用的试剂费用和质控程序的费用如果不能均摊到大量检测的样本上，那么通常的质控程序使得每个样本的平均费用加倍。

8. 当兽医人员决定购买实验室分析设备时，质控程序，制造商的技术支持与服务合同，设备维护人员、实验室检验人员和质控人员的费用都应该包含在内。

9. 每个临床分析仪都应该建立理想的参考区间。在没有进行转移验证的情况下，由制造商设置的参考区间可能不合适。此外，如果没有进行合适的验证试验并建立物种特异性参考区间，则物种间和非家畜物种的检测结果和参考区间都不准确。关于参考区间的转移见本下文有更加详尽的论述。

四、参考区间

1. 在做出医疗决策之前，应将患畜的检测结果需与健康对照的已知数值进行比较。参考区间应代表一个足够大而合适的比较统计数据，而且必须使用同一方法学。

（1）由于定义正常值存在难度，“正常值”更适合称为参考值。

（2）参考距离不够准确，因为它代表的是参考区间最高值与最低值的差值，是一个单一的整数。比如，成年犬葡萄糖的参考区间为 76～119mg/dL，参考区间的距离是 43mg/dL（即 119－76＝43）。

（3）参考区间特定于检测方法和参考群体。即使仪器设备和检测方法都相同，参考区间未经过验证也不能在实验室间转换使用。不建议根据已发表的参考区间做出诊断决策，特别是检测时使用了不同的仪器或试剂，或患畜的参考群体不一致。

2. 一个患畜的最佳参考区间是通过一组相似的健康动物计算出来的，这组健康动物称为参考群体。在群体中，根据定义清晰的统计学、环境学和生理学参数来选择合适的参考个体。

（1）参考群体的统计学参数。

①物种（如犬的血细胞比容和平均红细胞体积高于猫）。对于稀有的或不常见的异国物种或野生物种存在困难。

②品种（如活泼好动的品种，其血细胞比容更高）。

③年龄（如年龄越小的动物，其血细胞比容和蛋白浓度越低，淋巴细胞计数越高）。

④性别（如雄性犬的血细胞比容比雌性犬高）。

（2）参考群体的环境和生理学条件。

①饮食（如高蛋白饮食的动物具有较高的尿素氮浓度）。

②禁食或不禁食（如禁食过程中血糖和胆汁酸浓度更低）。

③繁殖或泌乳期（如怀孕犬的血细胞比容会降低，哺乳母马的甘油三酯会降低，产奶牛的钙含量会降低）。

④兴奋程度（如处于兴奋中的猫，其血细胞比容和淋巴细胞计数会升高）。

⑤身体状况（如肌肉发达的动物，其肌酐浓度更高）。

⑥海拔（如高海拔地区动物红细胞计数会升高）。

⑦药物（如类固醇使中性粒细胞计数和碱性磷酸酶活性升高）。

⑧季节（如一些分析指标会随着日长、交配季、外部温度等而变化，特别是对非家畜物种来说）。

3. 参考区间仅应用于使用相似方法采集、处理和分析的样本。这包括了样本和检测方法的所有方面。

（1）样本采集参数。

①采集部位（如毛细血管血液中的白细胞计数比静脉血中高）。

②抗凝剂的使用（如血小板通常随抗凝剂不同而发生变化，枸橼酸钠血浆中的很多生化指标都与血清中不同，并随物种的不同而变化）。

③采样时间（如胆汁酸在饭后采集，ACTH 给药后的时间）。

（2）样本处理参数。

①样本采集后与检测前的时间（如山梨醇脱氢酶仅在数小时内稳定）。

②保存条件，包括加热、冷冻和融化（如全血冷冻会造成溶血，加热会破坏细胞结构）。

（3）分析方法参数。

①仪器设备的型号，特定的试剂，特定的检测方法，生化反应，温度和校准方法必须与参考区间一致，并保证有效（例如，同一份血液样本的血细胞比容和血小板计数在 7 台不同的分析仪上结果不同，一些 ALT 试验方法添加磷酸吡哆醛，使无活性的酶蛋白转化成功能性全酶，但其他一些试验方法则不添加）。

②检测数值应该使用相同的单位进行比较，或用合适的转换因数进行换算（如国际标准单位与经验单位）。

4. 参考区间的计算方法因个体数量和患畜数据的正态性而异，但通常代表了最主要的95%参考群体。计算可使用各种各样的统计学方法。

(1) 理想状态下，至少使用120个个体来计算参考区间。兽医上很少能达到这个数字。

(2) 如果选择的参考群体中有40个以上的个体，并且数值呈正态（高斯）分布，参考区间用平均值±2倍标准差来计算。应包含95%的数值。

(3) 若参考群体含40个以上的个体，数值呈非正态分布，用百分等级法计算非参数最主要95%的数据。在这个简单的计算中，底部2.5%和顶部2.5%的数据被排除在外。这个方法的优点在于，未经过实际检测的数据或非生理性数据不会包含在参考区间内。

(4) 无论使用哪种方法，都要包括95%动物的数据，然而，临床健康动物5%的数据可能在参考区间之外。

统计学上，这意味着即使对于健康动物，5%的检测数据也可能位于参考区间外。

(5) 如果参考个体数量不足40个，观察到的数据最高值和最低值作为参考区间的最高限值和最低限值。

(6) 本文涉及病例的参考区间见表13.1、表13.2和表13.3。

5. 参考群体的参数越多样，参考区间越广，而参考群体越同质化，参考区间越窄。

(1) 当采集的样本来源于不同的年龄、性别、品种和身体状况（包含未知的禁食期、未知的用药状态和未知的样本分析延迟）的犬时，任何一项检测参数都可能拥有宽泛的参考区间。

(2) 当采集的样本来源于处于非用药期、禁食期、成年、雄性健康的比格犬，且样本经过即时实验室分析，任何一项检测参数都可能拥有更窄的参考区间。

(3) 来源于相对同质化的样本群体，其较窄的参考区间在疾病诊断方面具有更高的敏感性（如检测值与健康值具有更小的偏差）。然而，有两个主要缺点：

①如果参考区间应用在具有不同群体参数的动物上，那么根据检测结果做出的结论可能是错误的。比如，相对于成年犬，幼犬出生时血细胞比容更低，骨骼生长相关ALP更高。如果评价幼犬的血细胞比容或ALP时使用成年犬的参考区间，那么幼犬将被误诊为贫血或肝病。

②尽管理想的情况是，每一个动物亚群确定单独的参考区间，但这在逻辑上是不可能的，这是每个典型的兽医实验室都会遇到的问题。将具有不同的统计学、环境学或生理学参数的亚群参考区间进行比较时，意识到参考群体的特性尤为重要。

(4) 由单个动物个体确定的参考值将获得最窄的参考区间。

①患畜之前在健康状态下获得的实验室数据，可作为解读未来实验室检测结果的参考依据。

②此方法通常用于研究开始前，针对每个动物个体，确定其检测前的参考区间。

6. 除非分析方法（包括仪器和试剂）相同，否则，参考区间不能在实验室间转移使用。

(1) 转移参考区间需要特定的验证程序。通常在已有仪器和新仪器间进行分样检测对比。参考区间可能是能转移使用的，或在2台仪器具有线性回归关联后再进行数学变换。

表13.1 血液学参考区间[a]

检测	犬	猫	马	牛	单位	转换因子	国际单位
血细胞比容（Hct）	35～57	30～45	27～43	24～46	%	0.01	L/L
血红蛋白（Hb）	11.9～18.9	9.8～15.4	10.1～16.1	8.0～15.0	g/dL	10	g/L
红细胞计数（RBC）	4.95～7.87	5.0～10.0	6.0～10.4	5.0～10.0	$\times10^6/\mu L$	1	$\times10^{12}/L$
平均红细胞容积（MCV）	66～77	39～55	37～49	40～60	fL	相同	
平均红细胞血红蛋白量（MCH）	21.0～26.2	13～17	13.7～18.2	11～17	pg	相同	
平均红细胞血红蛋白浓度（MCHC）	32.0～36.3	30～36	35.3～39.3	30～36	%（g/dL）	10	g/L

（续）

检测	犬	猫	马	牛	单位	转换因子	国际单位
网状细胞	0～1.0	0～0.6	0	0	%		
绝对网状细胞计数	<80	<60	0	—	$\times10^3/\mu L$	1	$\times10^9/L$
血小板计数	211～621	300～800	117～256	100～800	$\times10^3/\mu L$	1	$\times10^9/L$
平均血小板容积（MPV）	6.1～10.1	12～18	4.0～6.0	3.5～6.5	fL	相同	fL
白细胞计数（WBC）	5.0～14.1	5.5～19.5	5.6～12.1	4.0～12.0	$\times10^3/\mu L$	1	$\times10^9/L$
节状中性粒细胞（Seg）	2.9～12.0	2.5～12.5	2.9～8.5	0.6～4.0	$\times10^3/\mu L$	1	$\times10^9/L$
带状中性粒细胞（Band）	0～0.45	0～0.3	0～0.1	0～0.1	$\times10^3/\mu L$	1	$\times10^9/L$
淋巴细胞	0.4～2.9	1.5～7.0	1.16～5.1	2.5～7.5	$\times10^3/\mu L$	1	$\times10^9/L$
单核细胞	0.1～1.4	0～0.9	0～0.7	0～0.9	$\times10^3/\mu L$	1	$\times10^9/L$
嗜酸性粒细胞	0～1.3	0～0.8	0～0.78	0～2.4	$\times10^3/\mu L$	1	$\times10^9/L$
嗜碱性粒细胞	0～0.14	0～0.2	0～0.3	0～0.2	$\times10^3/\mu L$	1	$\times10^9/L$
髓细胞/红细胞比率（M/E）	0.75～2.5	0.6～3.9	0.5～1.5	0.3～1.8			

*这些参考区间来源于乔治亚兽医学院对健康成年犬的检测，仅用于本文的研究病例（除非另有说明）。这些参考区间不适用于其他实验室分析数据。

表 13.2 止血法参考区间*

检测	犬	猫	马	牛	单位
出血时间（BT）	1～5	1～5	1～5	1～5	min
活化凝血时间（ACT）	60～100	665	120～190	90～120	s
一步法凝血酶原时间（OSPT）	5.8～7.9	7.1～10.9	8.2～11.0	—	s
活化部分凝血活酶时间（APTT）	13.1～17.4	11.5～19.9	30～50	—	s
凝血酶凝血时间（TCT）	4.2～7.0	4.0～8.7	11.0～20.0	—	s
纤维蛋白降解产物（FDP）	0～32	0～8	0～16	—	μg/mL
纤维蛋白原	150～300	150～300	100～400	100～600	mg/dL
血小板计数	211～621	—	117～256	100～800	$\times10^3/\mu L$
Ⅷ因子活性	50～200	—	—	—	正常%
血管假性血友病因子抗原（vWF：Ag）	60～172	—	—	—	正常%

*这些参考区间来源于乔治亚兽医学院对健康成年犬的检测，仅用于本文的研究病例（除非另有说明）。这些参考区间不适用于其他实验室分析数据。

（2）一些实验室检测经常发生参考区间的转移（如白细胞分类计数、尿素氮浓度、总蛋白浓度），因为这些分析方法相似或已标准化。

（3）其他一些检测的参考区间很难或不可能发生转移，因为仪器、基质、缓冲溶液的离子强度和反应温度都不同（如大多数的酶原检测）。

7. 兽医临床经常遇到的一个难题是，临床医生有时不得不在缺少合适的参考区间的情况下分析实验室数据，包括不同物种的合适基本参考群体参数。这种情况下，有时会使用相关物种的参考区间，但应该避免这种情况的发生。在可能的情况下，至少应该将同一物种的一个或几个健康动物的血液提交并进行比对分析。

五、基础流行病学

1. 为保证临床适用性，一个异常的检测值必须与疾病状态有着高度相关。

2. 很多检测结果，如生化和血液学检测，都是连续值而不是 2 组结果。

(1) 通常，检测数值越高，与疾病越相关。

(2) 医疗决策限值是一个异常的检测值，有关临床医生对诊断、治疗或预后变化所做的选择。

(3) 参考区间的上限可以作为医疗决策的限值，但通常选择的数值高于参考上限（如胆汁阻塞的 ALP），或偶然低于参考下限（如贫血的白细胞计数）。

3. 医疗决策限值选择是一个重要的概念。

(1) 医疗决策限值选择的数值称为 cut-off 值（临界值）。

表 13.3 血液生化参考区间*

检测	犬	猫	马	牛	单位	转换因子	国际单位
丙氨酸转氨酶（ALT）	10～109	25～97	—	—	U/L	相同	
白蛋白	2.3～3.1	2.8～3.9	2.6～4.1	2.5～3.8	g/dL	10	g/L
白蛋白/球蛋白（A/G）	0.6～1.1	0.6～1.1	0.6～1.4	0.6～0.9			
碱性磷酸酶（ALP）	1～114	0～45	—	—	U/L	相同	
氨	19～120	0～90	—	—	μg/dL	0.587 2	μmol/L
淀粉酶	226～1 063	550～1 458	—	—	U/L	相同	
阴离子间隙	5～17	7～17	0～9	6～14			
天冬氨酸转氨酶（AST）	13～15	7～38	160～412	60～125	U/L	相同	
胆汁酸（禁食）	0～8	0～5	0～20	—	μmol/L	相同	
胆汁酸（餐后 2h）	0～30	0～15	—	—			
总胆红素	0～0.3	0～0.1	0～3.2	0～1.6	mg/dL	17.10	μmol/L
直接胆红素（共轭）	0～0.3	0～0.1	0～0.4	0～0.2	mg/dL	17.10	μmol/L
动脉血气							
pH	7.31～7.42	7.24～7.40	7.32～7.44	7.35～7.50			
HCO_3^-	17～24	17～24	24～30	20～30	mEq/L	1.0	μmol/L
P_{CO_2}	29～42	29～42	36～46	35～44	mmHg	0.133 3	kPa
P_{O_2}	85～95	85～95	94	92	mmHg	0.133 3	kPa
溴磺酞钠（BSP，小动物）	0～5	0～3	—	—	%滞留		
溴磺酞钠（BSP，大动物）	—	—	2.4～4.1	2.0～3.7	T1/2（min）		
钴胺素	200～400	—	—	—	ng/L	相同	
钙	9.1～11.7	8.7～11.7	10.2～13.4	8.0～11.4	mg/dL	0.249 5	mmol/L
氯化物	110～124	115～130	98～109	99～107	mEq/L	1.0	mmol/L
胆固醇	135～278	71～156	—	—	mg/dL	0.025 86	mmol/L
皮质醇，基线	0.5～3.0	0.5～4.0	3.0～6.0	—	μg/dL	27.59	nmol/L
肌酸激酶（CK）	52～368	69～214	60～330	0～350	U/L	相同	
肌酐	0.5～1.7	0.9～2.2	0.4～2.2	0.5～2.2	mg/dL	88.40	μmol/L
纤维蛋白原	150～300	150～300	100～400	100～600	mg/dL	0.01	g/L
叶酸	4.8～13.0	—	—	—	μg/L	相同	
γ谷氨酰转移酶（GGT）	—	—	6～32	6～17.4	U/L	相同	
总球蛋白	2.7～4.4	2.6～5.1	2.6～4.0	3.0～3.5	g/dL	10	g/L
α_1球蛋白	0.2～0.5	0.3～0.9	0.1～0.7	0.7～0.9	g/dL	10	g/L
α_2球蛋白	0.3～1.1	0.3～0.9	0.1～0.7	—	g/dL	10	g/L
β_1球蛋白	0.6～1.2	0.4～0.9	0.4～1.6	0.8～1.2	g/dL	10	g/L
β_2球蛋白	—	0.3～0.6	0.3～0.9	—	g/dL	10	g/L

（续）

检测	犬	猫	马	牛	单位	转换因子	国际单位
γ球蛋白	0.5～1.8	1.7～2.7	0.6～1.9	1.7～2.3	g/dL	10	g/L
葡萄糖	76～119	60～120	62～134	40～100	mg/dL	0.055 5	mmol/L
铁（血清，SI）	94～122	68～215	73～140	57～162	mg/dL	0.179 1	μmol/L
总铁结合力（TIBC）	165～418	173～420	273～402	120～348	mg/dL	0.179 1	μmol/L
乳酸脱氢酶（LDH）	0～236	58～120	112～456	—	U/L	相同	
脂肪酶	60～330	0～76	—	—	U/L	相同	
镁	1.6～2.4	1.7～2.6	1.4～2.3	1.5～2.9	mg/dL	0.411 4	mmol/L
渗透压	288～305	280～305	270～300	270～300	mOsmol/kg	相同	
磷	2.9～5.3	3.0～6.1	1.5～4.7	5.6～8.0	mg/dL	0.322 9	mmol/L
钾	3.9～5.1	3.7～6.1	2.9～4.6	3.6～4.9	mEq/L	1.0	mmol/L
血清总蛋白	5.4～7.5	6.0～7.9	5.6～7.6	6.7～7.5	g/dL	10	g/L
血浆总蛋白	6.0～7.5	6.0～7.5	6.0～8.5	6.0～8.0	g/dL	10	g/L
钠	142～152	146～156	128～142	136～144	mEq/L	1.0	mmol/L
山梨醇脱氢酶（SDH）	—	—	1～8	4.3～15.3	U/L	相同	
动脉血二氧化碳总量 TCO_2	14～26	13～21	22～33	22～34	mEq/L	1.0	mmol/L
甲状腺素（T_4），基线	1.5～4.0	0.8～4.0	1.0～4.0	—	mg/dL	12.87	nmol/L
促甲状腺素（TSH）	0.02～0.32	—	—	—	ng/mL	1	μg/L
甘油三酯	40～169	27～94	6～54	—	mg/dL	0.011 3	mmol/L
胰蛋白酶样免疫反应性（TLI）	5.2～35	—	—	—	μg/L	相同	
尿素氮（BUN）	8～28	19～34	11～27	10～25	mg/dL	0.357	mmol urea/L
尿蛋白/尿肌酐比率	＜0.5	＜0.5	—	—			

*这些参考区间来源于乔治亚兽医学院对健康成年犬的检测，仅用于本文的研究病例（除非另有说明）。这些参考区间不适用于其他实验室分析数据。

（2）根据检测目的和检测结论选择临界值。

（3）在一个理想的检测中，健康动物的检测值不会与患病动物的检测值重叠（图 13.2A）。以选择的临界值判定，所有健康动物检测值均为阴性，所有患病动物检测值均为阳性。

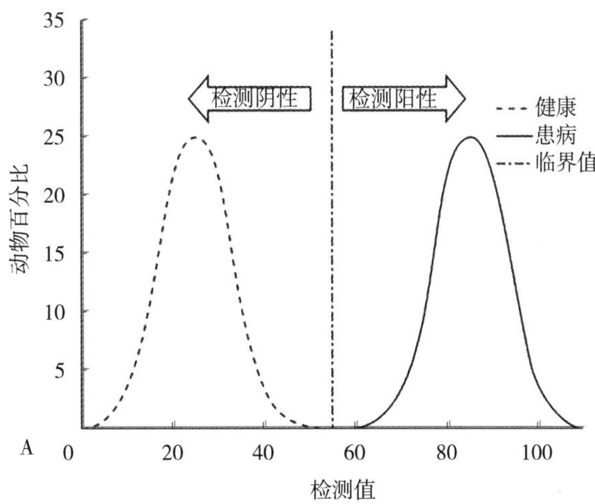

图 13.2A　理论上完美的实验室检测数据直方图，图中健康动物和患病动物的检测值没有重叠。在一个完美的病例中，临界值会区分 2 个群体。所有检测为阴性的动物都是健康的，所以检测为阳性的动物都是患病的

(4) 对于大多数检测来说，健康动物和患病动物的检测值会出现重叠（图 13.2B）。因此，随着临界值的变化，所有其他的流行病学变量也跟着改变。

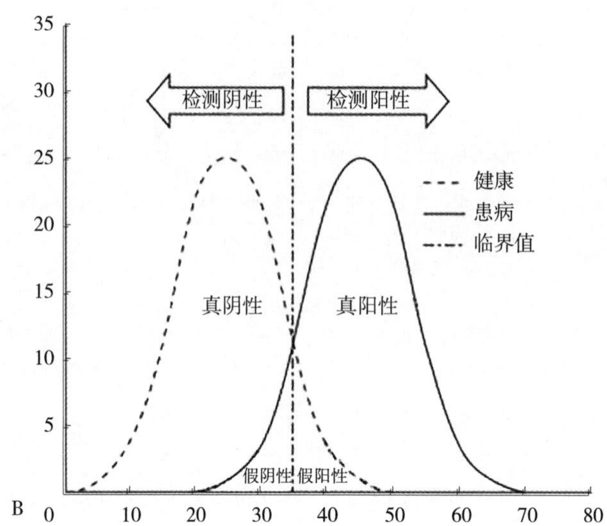

图 13.2B 大部分患畜的检测值都会在健康和患病部分有重叠。以中央临界值分界，大部分健康动物检测值都为阴性，大部分患病动物检测值都为阳性，也会出现一些假阳性或假阴性

4. 利用选择的临界值对流行病学变量进行定量和定性时，需要用到 2 行×2 列联表（表 13.4）。

(1) 表 13.4 中，纵向代表疾病状态，横向代表检测状态。

①不能根据正在进行验证的检测方法判断动物的真实疾病状态，而应根据另外一个更确证的检测方法，称为金标准。一般金标准包括切片检查、剖检、PCR 等。

表 13.4 流行病学 2 行×2 列联表

检测结果	真实疾病状态	
	阳性（D+）	阴性（D−）
阳性（T+）	a（TP）	b（FP）
阴性（T−）	c（FN）	d（TN）
		n
参数	公式	公式
发病规律	（TP+FN）/n	（a+c）/（a+b+c+d）
敏感性	TP/（TP+FN）	a/（a+c）
特异性	TN/（TN+FP）	d/（b+d）
阳性概率比	TP/FP	a/c
阴性概率比	FN/TN	b/d
优势比	（TP+FN）/（TN+FP）	（a+c）/（b+d）
阳性预测值	TP/（TP+FP）	a/（a+b）
阴性预测值	TN/（TN+FN）	d/（c+d）

②阳性患畜（金标准确定）位于左侧列。

③阴性患畜（金标准确定）位于右侧列。

④检测值落在临界值之上的认为是阳性。这些数据位于上面一行。

⑤检测值落在临界值之下的认为是阴性，位于下面一行。

(2) 表格的每一个分区代表患畜的不同群体，以它们的真实疾病状态和检测结果进行划分。

①左上分区（a）中真实疾病状态和检测结果都为阳性，这些是真阳性（TP）。

②右下分区（d）中真实疾病状态和检测结果都为阴性，这些是真阴性（TN）。

③右上分区（b）中真实疾病状态为阴性，检测结果为阳性，这些是假阳性（FP）。

④左下分区（c）中真实疾病状态为阳性，检测结果为阴性，这些是假阴性（FN）。

5. 实验室检测不同疾病的 FP 比率和 FN 比率也不同，并由其敏感性、特异性和概率比来定义。

（1）敏感性（Se）是指检测出潜在患病个体的能力。敏感性越高，患病动物越容易检测出阳性。

①敏感性是指患病时，检测结果出现阳性或异常的频率（如患病动物检测阳性百分比）。

②敏感性＝［TP÷（TP＋FN）］×100＝［a÷（a＋c）］×100

③检测是否患病前，先进行筛选试验。筛选试验必须具有高敏感性，这样仅有极少数的患病动物将被误检为阴性。具有高敏感性的检测方法，其阳性结果并不能确诊患病，然而，阴性结果却可以有效排除疾病。

（2）特异性是指实验室检测确诊患畜没得病的能力，或者换个说法，确诊实际患病的能力。特异性越高，无病动物越容易检测出阴性。

①特异性是指无病时，检测结果出现阴性或正常的频率（如无病动物检测阴性百分比）。

②特异性＝［TN÷（TN＋FP）］×100＝［d÷（d＋b）］×100

③确证或诊断试验能够确认疾病的存在，如果治疗对无病动物有潜在危害时，确证或诊断试验变得尤为重要。确证或诊断试验需要高特异性，这样仅有极少数的无病动物将被误检为阳性。具有高特异性的检测方法，其阳性检测结果能有效确证疾病，然而，阴性检测结果却不能确诊无病。

6. 实验室检测很少同时具有高敏感性和高特异性。

（1）敏感性和特异性之间通常是交替状态，当敏感性升高时，特异性会降低。因此，临界值的选择根据检测目的和检测结果会有所不同。

（2）如果选择的临界值降低（图 13.2C），更多的动物检测为阳性，检测的敏感性升高了，特异性就降低了。结果出现较少的假阴性（FN），但会有更多的假阳性（FP）。临界值越低，患病动物越容易正确检测为阳性。但是，更多的无病动物也被检测为阳性。

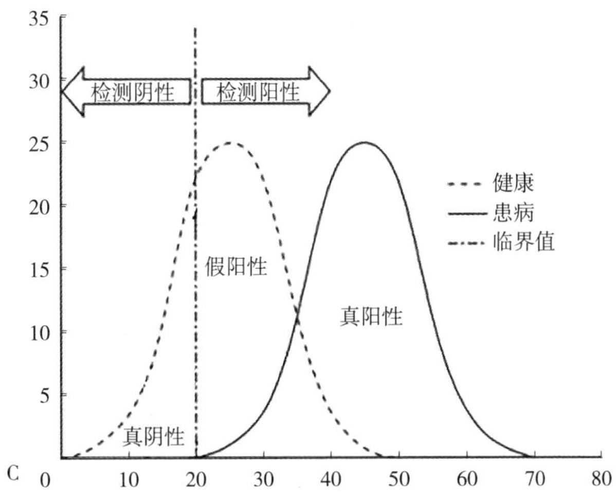

图 13.2C 如果检测临界值降低，所有动物的检测均为阳性。这是一个很好的筛选试验。没有假阴性，但有很多假阳性。并不是所有检测为阳性的动物都患病，接下来需要进行确证或诊断试验来确定真正患病的动物

（3）如果选择的临界值升高（图 13.2D），较少的动物检测为阳性，检测的敏感性降低了，特异性就升高了。结果出现较少的假阳性（FP），但会有更多的假阴性（FN）。临界值越高，越少的无病动物被误检为阳性，但是，更多实际患病的动物被误检为阴性。确证或诊断试验常常具有高临界值。

（4）在大多数病例中，特别是当治疗具有潜在危害时，确证试验后要进行筛选试验。

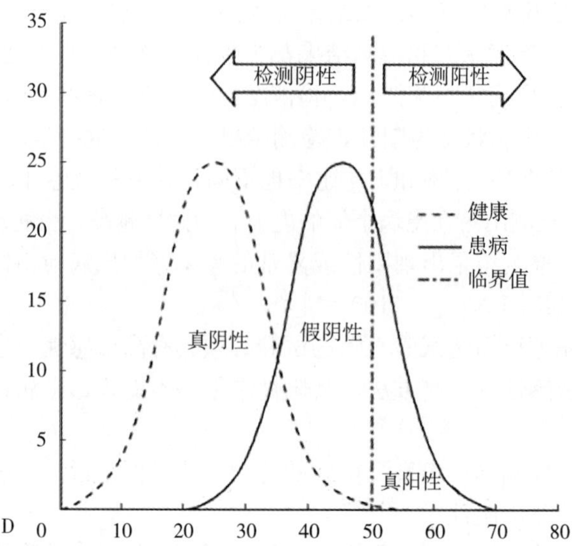

图 13.2D 如果检测临界值升高，只有患病的动物检测为阳性。没有假阳性，但有很多假阴性。这是一个很好的确证或诊断试验方案，并不是所有检测为阴性的动物都是健康的，但所有检测为阳性的动物可以安心进行治疗

7. 敏感性和特异性的反比关系可以用受试者工作特征曲线（ROC 曲线）详细地表现，如图 13.3 所示。ROC 曲线有助于临界值的选择。

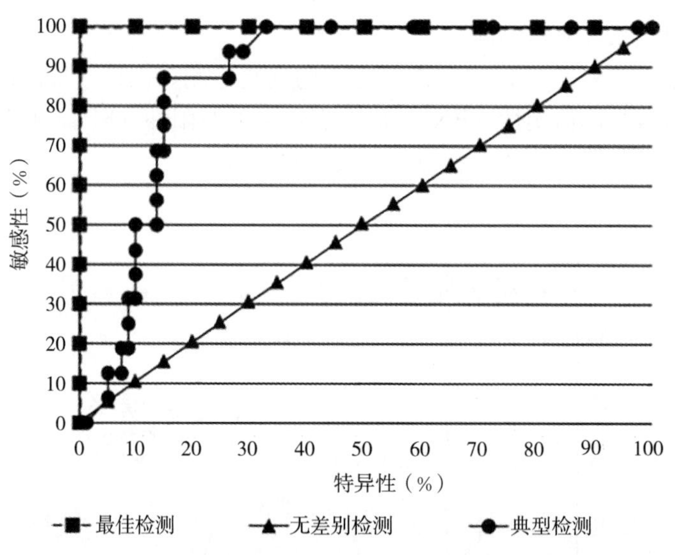

图 13.3 受试者工作特征曲线（ROC）举例

为了确定一个良好的医疗决策限值，具有连续变量的检测方法，其敏感性根据特异性可呈现为一系列临界值。敏感性和特异性成反比关系，根据选择的不同临界值而变化。最佳检测位于左上角，而无差别检测从两轴交界点延伸至右上角。大多数典型检测接近但没有到达左上角。

（1）ROC 曲线的 Y 轴代表敏感性（或真阳性率），X 轴代表特异性（或假阳性率）。

（2）具有 100%敏感性（无假阴性）和 100%特异性（无假阳性）的最佳检测，其 ROC 曲线沿 Y 轴上升到左上角，然后 90°转弯与 X 轴平行延伸（0，1）。

（3）ROC 曲线上等同机会的无差别检测（例如，一项检测具有 50%敏感性和 50%特异性）从左下角到右上角产生一条对角线（或无差别线）。

（4）大多数的实验室检测会产生一条接近左上角的 ROC 曲线。

（5）如果假阳性或假阴性的检测结果对于患畜具有相同的结果，则选择在曲线下方拥有最大面积的临界值作为最佳临界值。然而，一般情况下，筛选试验会降低临界值，诊断试验会升高临界值。

8. 概率比是一项有用的度量方法。它代表的是，当检测结果为阳性时真实患病的可能性，或当检测结果为阴性时真实无病的可能性。概率比仅依赖于选择临界值的检测方法敏感性和特异性，而不依赖于真实的发病率。

（1）阳性概率比（LR＋）表示阳性检测值的大小，从 1 到无穷大。它代表检测为阳性结果时真实患病的可能性。LR＋越高，检测结果对确证疾病越有用。它并不是指动物患病的可能性。

①如果检测结果为阳性，LR＋对动物有多大概率真实患病进行了定量。一个好的确证或诊断试验具有很高的 LR＋。

②LR＋＝［敏感性÷（1－特异性）］×100。

（2）阴性概率比（LR－）表示阴性检测值的大小，范围 0～1。它代表检测为阴性结果时无病的可能性。LR－越低，检测结果对确证无病状态越有用。它并不是指动物健康的可能性。

①如果检测结果为阴性，LR－对动物有多小概率真实患病进行了定量。一个好的筛选试验具有很低的 LR－。

②LR－＝［（1－敏感性）÷特异性］×100。

9. 敏感性、特异性和概率比是一项检测中的固有要素。然而，根据预试验检测患病的可能性或疾病的发病率不同，对个体患畜检测结果的分析也会不同。最常用的度量方法有优势比、阳性预测值和阴性预测值。

（1）优势比。患病可能性可以用优势比（OR）表示。OR 是患病动物与无病动物的比值。

①OR＝（TP＋FN）÷（TN＋FP）＝（a＋c）÷（d＋b）。

②OR 随着群体内疾病发病率的不同而变化。因患畜参数的不同，如病征、病史和临床症状等而变化。举例来说，如果患畜心脏有杂音，心脏病的 OR 值更高一些，因为很多心脏有杂音的患畜都有心脏病。相反，十字韧带断裂的动物心脏有杂音，其 OR 值低，因为十字韧带断裂的动物很少有心脏杂音（心脏杂音通常出现在小型犬和患心脏病的犬，而十字韧带断裂通常出现在年轻的大型犬，这类犬很少有心脏杂音）。

③后试验比率由预试验比率乘以检测概率比得出。

④如果预试验比率与后试验比率不同，则选择的检测方法是适合的。如果预试验比率和后试验比率近似，则该检测没有任何有用信息。

（2）阳性预测值。如果患畜检测结果为阳性，阳性预测值（PPV）是患病可能性的一个指标。一项检测有很高的阳性预测值，则大多数的阳性患畜都是真实患病的。

①PPV 的定义是检测结果为阳性的患畜中真实患病的百分比。

②PPV＝［TP÷（TP＋FP）］×100＝［a÷（a＋b）］×100。

（3）阴性预测值。如果患畜检测结果为阴性，阴性预测值（NPV）是未患病可能性的一个指标。一项检测有很高的阴性预测值，则大多数的阴性患畜都是未患病的。

①NPV 的定义是检测结果为阴性的患畜中实际未患病的百分比。

②NPV＝［TN÷（TN＋FN）］×100＝［d÷（d＋c）］×100。

（4）预测值很大程度上依赖于真实的，且通常是未知的实际疾病发病率。

①当发病率升高时，阳性预测值和假阴性率都会升高。越是普通的疾病，动物越容易感染，这与检测结果无关。如果发病率高的话，那么阳性的检测结果更可能是正确的。举例来说，如果对有临床症状的动物进行检测时，症状暗示着动物已经发病了。

②当发病率降低时，阴性预测值和假阳性率都会升高。疾病越是罕见，动物越不易患病，这与检测结果无关。如果发病率很低，则阴性的检测结果更可能是正确的。

③当一种疾病很常见，使用高敏感性的检测方法时，尽管会出现假阳性结果，其假阴性率会

降低。

④当一种疾病不常见，使用高特异性的检测方法时，假阳性率会降低。由于疾病罕见，假阴性结果也很少见。

（5）如果筛选试验有用，它的敏感性高，阳性预测值将远高于疾病的发病率。好的诊断试验由于其特异性而具有高阴性预测值，但是，当疾病发病率低的时候，它可能是一个不好的筛选试验。

（6）多种试验的应用会改变预测值。

①连续进行实验室检测（如果第一项实验室检测为阳性，第二项实验室检测已完成，算法相近）会增加阳性预测值。患畜经过一系列检测均为阳性结果，更可能是真实患病的。与单一检测相比，在检测敏感性降低的情况下，特异性会升高。若要进行准确诊断，如治疗对未患病动物有危害时，需要进行一系列的检测。

②同时进行多种实验室检测（如生化检测或成套检测）会增加阴性预测值。在检测特异性降低的情况下，敏感性会升高。与单一检测相比，真实患病的动物不可能被误诊。检测的项目越多，出现假阳性检测结果的概率越大。生化检测最好用于准确排除疾病，因此，它可用于筛选试验。

参考文献

Drobatz K J：2009. Measures of accuracy and performance of diagnostic tests. *J Vet Cardiol* 11 Suppl 1：S33-40.

Farver T B：1997. Concepts of Normality in Clinical Biochemistry. *In*：Kaneko J J，Harvey J W，Bruss M（eds）：Clinical Biochemistry of Domestic Animals，5th ed. Academic Press，San Diego.

Gardner I A，Greiner M：2006. Receiver-operating characteristic curves and likelihood ratios：Improvements over traditional methods for the evaluation and application of veterinary clinical pathology tests. *Vet Clin Pathol* 35：8-17.

Harvey J W，Pate M G，Kivipelto J，et al：2005. Clinical biochemistry of pregnant and nursing mares. *Vet Clin Pathol* 34：248-254.

International Federation of Clinical Chemistry，Scientific Committee，Clinical Section. Expert Panel on Theory of Reference Values（EPTRV）：1984. The theory of reference values. Part 5. Statistical treatment of collected reference values. Determination of reference limits. *Clin Chim Acta* 137：97F-114F.

Jensen A L：2000. Validation of Diagnostic Tests in Hematology Laboratories. *In*：Feldman B V，Zinkl J G，Jain N C，Schalm O W（eds）：*Schalm's Veterinary* Hematology，5th ed. Lippincott Williams and Wilkins，Philadelphia.

Kramer J W，Hoffmann W E：1997. Clinical Enzymology. *In*：Kaneko J J，Harvey J W，Bruss M（eds）：Clinical Biochemistry of Domestic Animals，5th ed. Academic Press，San Diego.

Lumsden J H：2000. Quality Control. *In*：Feldman B V，Zinkl J G，Jain N C，Schalm O W（eds）：*Schalm's Veterinary* Hematology，5th ed. Lippincott Williams and Wilkins，Philadelphia，PA.

Lumsden J H：2000. Reference Values. *In*：Feldman B V，Zinkl J G，Jain N C，Schalm O W（eds）：*Schalm's Veterinary* Hematology，5th ed. Lippincott Williams and Wilkins，Philadelphia.

Mahaffey E A：2003. Quality Control，Test Validity，and Reference Values. *In*：Latimer K S，Mahaffey E A，Prasse K W（eds）：Duncan and Prasse's Veterinary Laboratory Medicine：Clinical Pathology，4th ed. Iowa State University Press，Ames，IA.

Solberg H E：1993. A guide to IFCC recommendations on reference values. *J Int Fed Clin Chem* 5：162-165.

Solberg H E：1999. Establishment and Use of Reference Values. *In*：Burtis C A，Ashwood E R，Tietz N W（eds）：Tietz Textbook of Clinical Chemistry，3rd ed. W. B. Saunders，Philadelphia.

Westgard J O：1999. Quality Management. *In*：Burtis C A，Ashwood E R，Tietz N W（eds）：Tietz Textbook of Clinical Chemistry，3rd ed. W. B. Saunders，Philadelphia.

Young D S，Bermes E W：1999. Specimen Collection and Processing：Sources of Biological Variation. *In*：Burtis C A，Ashwood E R，Tietz N W（eds）：Tietz Textbook of Clinical Chemistry，3rd ed. W. B. Saunders，Philadelphia.

第十四章　病例学习

病例学习旨在让读者能够使用本教科书各章中介绍的概念和原理来实践实验室检测数据的解释和应用。在阅读本书的特定章节时，读者将通过编号参考这些病例。每个病例都包括基本信息和临床症状。

为了快速识别实验室检测数据中的异常，用H（高于指标参考范围）或L（低于指标参考范围）标记异常测试值。这些数据主要来自实际临床病例，仅部分数据稍作调整，以简化并突出每个病例所阐述的要点。因此，这些供学习的病例仅用于实践实验室检测数据的解释，不应被视为实际临床病例。表13.1、表13.2和表13.3是佐治亚大学兽医学院使用的检测指标参考范围，但可能不适合从其他临床实验室的数据中确定检测异常。除非另有说明，否则，这些检测指标参考范围表仅用于解释本书病例（表14.1）中的实验室检测数据。

表14.1　病例信息

病例	疾病	物种
1	出血性贫血（钩虫病）	犬
2	自身免疫性溶血性贫血和血小板减少症	犬
3	急性血管内溶血性贫血（红枫叶中毒）	马
4	雌激素诱导的全血细胞减少症（支持细胞瘤）	犬
5	慢性失血性贫血（缺铁性贫血）	犬
6	急性沙门氏菌病	马
7	猫传染性腹膜炎	猫
8	子宫蓄脓	犬
9	猫传染性泛白细胞减少症（细小病毒病）	猫
10	多中心淋巴瘤	犬
11	肾脓肿和继发性弥散性血管内凝血	犬
12	肝性脑病（肝纤维化）	马
13	门静脉分流伴随肝萎缩	犬
14	急性胰腺坏死	犬
15	胰腺外分泌功能不全、糖尿病和慢性肾功能衰竭	犬
16	炎症性肠病（吸收不良和蛋白质丢失性肠病）	犬
17	肌肉疾病、肌红蛋白尿性肾病	马
18	急性肾功能衰竭（乙二醇中毒）	犬
19	肾淀粉样变（肾病综合征）	犬
20	猫下泌尿道疾病（猫泌尿综合征）	猫
21	急性败血性乳腺炎	奶牛

（续）

病例	疾病	物种
22	肾病和肾周出血	奶牛
23	皱胃右侧移位	奶牛
24	急性肺出血和水肿（急性百草枯中毒）	犬
25	灭鼠剂（香豆素）中毒	犬
26	肾上腺皮质功能亢进	犬
27	甲状腺功能亢进	猫
28	血管性血友病	犬
29	尿素中毒	奶牛
30	终末期肾病伴尿毒症性肺炎	犬
31	早期原发性甲状腺功能减退症	犬
32	糖皮质激素可能抑制甲状腺功能	犬
33	原发性甲状腺功能减退症（苯巴比妥治疗）	犬
34	肾上腺皮质功能亢进和糖尿病及并发酮病、高渗、坏死性胰腺炎和尿路感染	犬
35	血脂过高、溶血及处理不当的样品	犬

病例1 出血性贫血（钩虫病）

基本信息：指示犬，雄性，8周龄。

临床症状：持续几天黑便和黏膜苍白。

实验室数据：见表14.2。

表14.2 实验室数据（1）

血液学				血液学			
血细胞比容	13	L	%	分叶核中性粒细胞	13.650(78%)	H	$\times10^3/\mu L$
血红蛋白	3.9	L	g/dL	杆状核中性粒细胞	0		$\times10^3/\mu L$
红细胞计数	1.59	L	$\times10^6/\mu L$	淋巴细胞	2.625(15%)		$\times10^3/\mu L$
平均红细胞体积	81	H	fL	单核细胞	0.525(3%)		$\times10^3/\mu L$
平均红细胞血红蛋白量	24.5		pg	嗜酸性粒细胞	0.700(4%)		$\times10^3/\mu L$
平均红细胞血红蛋白浓度	30.0	L	%	嗜碱性粒细胞	0		$\times10^3/\mu L$
网织红细胞	16.6	H	%	白细胞形态	正常		
网织红细胞绝对值	264	H	$\times10^3/\mu L$	**血清化学**			
有核红细胞	3	H	/100个白细胞	总蛋白	3.8	L	g/dL
				白蛋白	1.8	L	g/dL
红细胞形态	红细胞大小不等，多色性			白蛋白/球蛋白	0.90		
血小板	653	H	$\times10^3/\mu L$	**其他检测**			
白细胞	17.5	H	$\times10^3/\mu L$	排泄物：钩虫卵			

问题分析：

1. 出血性贫血。

（1）伴有低蛋白血症的再生性贫血，参考范围内的A/G（泛低蛋白血症）和出血的临床征象表明失血。

(2) 存在低白蛋白血症和低球蛋白血症。因为在外出血期间血浆的所有组分都会丢失，因此，A/G 保持在参考范围内。

(3) MCV（大细胞增多）和 MCHC（低色度）升高是由于网状细胞增多所致。

网织红细胞是大的、幼稚的、无核的红细胞，血红蛋白浓度低。

(4) 晚幼红细胞释放可能伴随强烈的红细胞再生。

2. 血小板增多。血小板增多症常见于慢性出血，尤其是与钩虫病相关。血小板增多的机制可能包括脾脏动员储备的血小板和出血丢失血小板后引起的血小板生成增加。

3. 中性粒细胞增多。成熟中性粒细胞的增多常与出血有关。本病例中，中性粒细胞增多可能是由出血（导致中性粒细胞增多的确切分子机制目前仍了解较少）以及钩虫在黏膜损伤部位释放趋化因子所致。

总结：该犬可进行输血和使用驱虫剂。

病例 2　自身免疫性溶血性贫血和血小板减少症

基本信息：古代英格兰牧羊犬，雄性，2 岁。

医疗史：之前应用过糖皮质激素。

临床症状：嗜睡，虚弱，可视黏膜苍白，黄疸。

实验室数据：见表 14.3。

表 14.3　实验室数据（2）

血液学			
血细胞比容	15.0	L	%
血红蛋白	4.4	L	g/dL
红细胞计数	1.79	L	$\times10^6/\mu L$
平均红细胞体积	84	H	fL
平均红细胞血红蛋白量	24.6		pg
平均红细胞血红蛋白浓度	29.3	L	%
网织红细胞	24	H	%
网织红细胞绝对值	430	H	$\times10^3/\mu L$
有核红细胞	6	H	/100 个白细胞
红细胞形态	红细胞大小不等，多色性，球形红细胞		
血小板	88	L	$\times10^3/\mu L$
平均血小板体积	15	H	fL
白细胞	44.7	H	$\times10^3/\mu L$
分叶核中性粒细胞	35.760（80%）	H	$\times10^3/\mu L$
杆状核中性粒细胞	4.470（10%）	H	$\times10^3/\mu L$
淋巴细胞	0.447（1%）	L	$\times10^3/\mu L$
单核细胞	4.023（9%）	H	$\times10^3/\mu L$
嗜酸性粒细胞	0		$\times10^3/\mu L$
嗜碱性粒细胞	0		$\times10^3/\mu L$
白细胞形态	正常		
其他检测			
直接抗球蛋白（库姆斯）测试	阳性		
落基山斑疹热病效价	阴性		

（续）

其他检测			
埃里希体滴度	阴性		
血清化学			
尿素氮	18		mg/dL
肌酐	0.5		mg/dL
总蛋白	6.5		g/dL
白蛋白	2.9		g/dL
白蛋白/球蛋白	0.81		
碱性磷酸酶	625	H	U/L
碱性磷酸酶（左旋咪唑作用后）	575	H	U/L
左旋咪唑耐药	92		%
谷丙转氨酶	536	H	U/L
葡萄糖	93		mg/dL
钠	146		mmol/L
钾	4.6		mmol/L
氯化物	115		mmol/L
总二氧化碳	20		mmol/L
阴离子间隙	15.6		mmol/L
钙	9.9		mg/dL
总胆红素	9.8	H	mg/dL
结合胆红素	4.3	H	mg/dL
尿液分析			
尿源	废弃的尿		
颜色	黄色		
浊度	混浊		
相对密度	1.007		
pH	7.5		
蛋白	阴性		
葡萄糖	阴性		
酮	阴性		
胆红素	2+		
血细胞	阴性		
沉淀物	脂滴		

问题分析：

1. 巨红细胞低色素再生性贫血（免疫介导的溶血性贫血）。

（1）伴有黄疸的再生性贫血、高胆红素血症以及非结合（间接）胆红素升高提示溶血。

（2）存在血管外溶血，根据血液中血红蛋白降低和未见血红蛋白尿（尿样血细胞测试阴性）排除血管内溶血。

（3）球形红细胞和直接抗球蛋白（库姆斯）检测阳性提示抗体介导的血管外溶血。

（4）这种程度的网织红细胞增多也表明溶血，因为来自破裂红细胞的铁被重新利用。相反，在失血性贫血症中，铁会从体内流失，而动员储存的铁比较缓慢，网织红细胞增多的幅度较低。

（5）由于网织红细胞（较大的细胞）增多，因此，贫血是大细胞性的。网织红细胞缺乏血红蛋白，呈现低色性贫血。

(6) 晚幼红细胞增多（nRBCs）可伴随强烈的红细胞再生，或可能由于贫血引起的低氧而从骨髓中过早地释放。

2. 核左移中性粒细胞增多、单核细胞增多和淋巴细胞减少。白细胞象的这些变化可归因于溶血和皮质类固醇。血管外溶血以中性粒细胞增多为特征。特别是在免疫介导的溶血中，可能发生中性粒细胞核左移。外源皮质类固醇给药或内源性皮质醇释放（应激）可导致犬中性粒细胞增多（通常没有核左移）、淋巴细胞减少和单核细胞增多。骨髓不含有单核细胞的储存池，因此，这些细胞在相对幼稚的时候即释放入血。

3. 血小板减少。最可能的原因是骨髓外破坏，因为平均血小板体积的增加意味着血小板的周转增加；年轻的血小板有较大的 MPV。免疫介导的血小板破坏是最有可能的机制，因为其他常见的血小板减少症的原因，如落基山斑疹热和埃里希体病等已通过血清学检查排除。血液涂片评估是否为继发于静脉穿刺不良的血小板聚集，然而并未发现血小板聚集。免疫介导的贫血和免疫介导的血小板减少症可以同时发生。这种情况被称为埃文综合征。

4. 肝细胞损伤。贫血诱导的肝小叶中心肝细胞缺氧性损伤可导致酶泄漏（ALT 活性增加）并伴随少量胆汁淤积。本病例中胆汁淤积诱导左旋咪唑敏感的肝同工酶 ALP 活性稍有增加。ALT 活性增加也可能是由于皮质类固醇诱导的肝细胞糖原累积（类固醇肝病）。

5. ALP 活性增加。ALP 对左旋咪唑有抗性是由于甾体同工酶的原因。这只犬在出现提示贫血和/或肝脏疾病的症状之前可能应用过皮质类固醇。

6. 胆红素尿。检测尿液结合（直接）胆红素。胆红素尿先于高胆红素血出现。结合胆红素是水溶性的，并且由肾脏迅速滤过进入尿液中。

总结：该犬应用皮质类固醇激素治疗后，血细胞比容增加。

病例 3　急性血管内溶血性贫血（红枫叶中毒）

基本信息：去势阿帕卢萨公马，12 岁。

病史：一场暴风雨后，一棵红枫树落入栅栏内，马吃了红枫树叶。

临床症状：精神沉郁，脱水，黄疸，巧克力色血液，深褐色尿液，橙红色血浆。

实验室数据：见表 14.4。

表 14.4　实验室数据（3）

血液学			
血细胞比容	25.2	L	%
血红蛋白	11.2		g/dL
红细胞计数	5.50	L	$\times10^6/\mu L$
平均红细胞体积	45		fL
平均红细胞血红蛋白量	20	H	pg
平均红细胞血红蛋白浓度	44	H	%
红细胞形态	海因茨小体，偏心细胞		
血小板	正常		
白细胞	14.8	H	$\times10^3/\mu L$
分叶核中性粒细胞	13.764 (93%)	H	$\times10^3/\mu L$
杆状核中性粒细胞	0		$\times10^3/\mu L$
淋巴细胞	0.592 (4%)	L	$\times10^3/\mu L$

（续）

	血液学		
单核细胞	0.444（3%）		$\times 10^3/\mu L$
嗜酸性粒细胞	0		$\times 10^3/\mu L$
嗜碱性粒细胞	0		$\times 10^3/\mu L$
白细胞形态	正常		
纤维蛋白原	500	H	mg/dL
	血清化学		
肌酐	5.6	H	mg/dL
总蛋白	8.5	H	g/dL
白蛋白	3.9		g/dL
白蛋白/球蛋白	0.85		
谷草转氨酶	518	H	U/L
总胆红素	11.6	H	mg/dL
直接胆红素	1.8	H	mg/dL
高铁血红蛋白	208	H	μmol/L
	尿液分析		
尿源	废弃的尿		
颜色	棕色		
浊度	混浊		
相对密度	1.015		
pH	8.0		
蛋白	3+		
葡萄糖	阴性		
酮	阴性		
胆红素	1+		
血细胞	4+		
沉淀物	碳酸钙晶体、黏液		

问题分析：

1. 溶血性贫血。高胆红素血、血红蛋白血、血红蛋白尿相关的贫血表明血管内溶血。红色血浆和 MCHC 增加表明游离血红蛋白增加或血红蛋白血。海因茨小体和晚幼红细胞说明马食用红枫树叶会对红细胞产生氧化损伤。海因茨小体会干扰血红蛋白测量，这将改变 MCH 和 MCHC。与其他动物不同，马在贫血期间不表现出网织红细胞增多，因此，所有马贫血都是非再生性的。

2. 高铁血红蛋白血症。当血红蛋白铁从 Fe^{2+} 氧化成 Fe^{3+} 时会形成高铁血红蛋白，参与此过程的氧化剂也可能使形成海因茨小体的珠蛋白链变性。在健康状态下，高铁血红蛋白不断形成，并通过高铁血红蛋白还原酶途径降解为血红蛋白，因此，仅有不到 1%的血红蛋白是以高铁血红蛋白形式存在。暴露于氧化剂可能促进高铁血红蛋白的形成。当大于 10%的血红蛋白转化为高铁血红蛋白时，血液和黏膜可能呈现棕色。高铁血红蛋白含量＞60%～ 65%时，将危及生命。高铁血红蛋白血症可能伴随或不伴随氧化性溶血。

3. 中性粒细胞增多和淋巴细胞减少。中性粒细胞常见于溶血性贫血。红细胞的破坏以及组织细胞的破坏，可能会刺激组织对中性粒细胞的需求。内源性皮质醇释放也可能导致中性粒细胞增多并引起淋巴细胞减少。淋巴细胞减少可能是由于再循环淋巴细胞的暂时再分布。

4. 纤维蛋白原血症。纤维蛋白原在炎症过程中浓度增加，是急性期反应物。马的高纤维蛋白原血症可能是最早的炎症指征，且可能先于白细胞象的出现。

5. 氮质血症。氮质血症（肌酐浓度升高）可能是肾前性、肾性或肾后性的。因为患马排尿，可以排除肾后性氮质血症。脱水可能导致肾小球滤过率降低，引起肾前性氮质血症。肾衰竭引起的肾性氮质血症也应该重点考虑。尿密度低，提示肾脏损伤。血管内溶血后，血红蛋白尿可导致肾小管变性、坏死（血红蛋白尿肾病）。

6. 高蛋白血症。在脱水动物中，A/G 正常的高蛋白血症表明蛋白质浓度相对增加。血红蛋白血症也可能导致高蛋白血症。

7. AST 活性增加。AST 存在于多种细胞中，包括肝细胞、肌细胞和红细胞。该马血清中 AST 活性增加可能是继发于血管内溶血。而肝脏和肌肉也是疾病中 AST 活性增加的重要来源。检测琥珀酸脱氢酶（SDH）和肌酸激酶活性可分别评价肝和肌肉的损伤。

8. 高间接胆红素血症。在绝大多数物种中，以非结合（间接）胆红素为主的高胆红素血症，提示溶血程度已经超过肝脏摄取和结合的限度。然而，各种类型的马黄疸均以间接胆红素为主。马的高间接胆红素血症还可能伴随厌食。

9. 褐色尿、密度低、蛋白尿、胆红素尿以及潜血试验阳性。血尿、血红蛋白尿和肌红蛋白尿可使尿液变为棕色。血红蛋白血症、潜血试验阳性以及尿沉渣中红细胞缺乏，提示血红蛋白尿。血红蛋白尿可以通过尿液中血红蛋白的硫酸铵沉淀确认。尿密度低可能表明即将发生肾功能衰竭，但在各随机采取的尿样中，尿密度差异很大。试纸条蛋白检测垫会在碱性条件下变色。由于尿液的 pH 是碱性的，应该进行酸沉淀试验以确认蛋白尿。尿中蛋白质的来源可能是滤过的血红蛋白，也可能来源于肾小球或肾小管病变，特别是存在血红蛋白尿肾病时。尽管高间接胆红素血症在马较为常见，但一些过量的胆红素也可能共轭结合。尿液中的胆红素是结合胆红素，水溶性的，且能通过肾小球从血浆中快速滤过。胆红素尿症比可检测的高胆红素血症出现的早。

总结：尸体剖检确定红枫叶中毒继发血红蛋白尿肾病是该马的死亡原因。

病例 4　雌激素诱导的全血细胞减少症（支持细胞瘤）

基本信息：美国爱斯基摩去势公犬，10 岁。

临床症状：双侧隐睾，前列腺肥大，频繁尝试排尿，滴尿。

实验室数据：见表 14.5。

表 14.5　实验室数据（4）

血液学			
血细胞比容	15.1	L	%
血红蛋白	5.3	L	g/dL
红细胞计数	2.21	L	$\times10^6/\mu L$
平均红细胞体积	68		fL
平均红细胞血红蛋白量	24.0		pg
平均红细胞血红蛋白浓度	35.1		%
网织红细胞	0.3		%
网织红细胞绝对值	6.63	L	$\times10^3/\mu L$
红细胞形态	正常		
血小板	6	L	$\times10^3/\mu L$
平均血小板体积	7.5		fL
白细胞	1.6	L	$\times10^3/\mu L$
分叶核中性粒细胞	0.464（29%）	L	$\times10^3/\mu L$

（续）

血液学		
杆状核中性粒细胞	0.176 (11%)	$\times 10^3/\mu L$
淋巴细胞	0.928 (58%)	$\times 10^3/\mu L$
单核细胞	0.016 (1%)	$\times 10^3/\mu L$
嗜酸性粒细胞	0.016 (1%)	$\times 10^3/\mu L$
嗜碱性粒细胞	0	$\times 10^3/\mu L$
白细胞形态	正常	
尿液分析		
尿源	导尿	
颜色	黄色	
浊度	混浊	
相对密度	1.035	
pH	8.0	
蛋白	1+	
葡萄糖	阴性	
酮	阴性	
胆红素	1+	
血细胞	阴性	
沉淀物	每个高倍视野中有0～2个红细胞和数不清的白细胞，许多鳞状上皮细胞	
其他检测		
骨髓穿刺物：小的、脂肪性的低细胞颗粒，主要由基质细胞组成		
意见：再生障碍性贫血		

问题分析：

1. 再生障碍性贫血（全血细胞减少症）。具有正常红细胞指标、中性粒细胞减少、血小板减少的非再生性贫血，提示再生障碍性贫血和多能干细胞障碍。骨髓的细胞学化验证实了骨髓发育不全。细胞产生减少导致中性粒细胞减少，且通常具有轻度核左移。这只犬中性粒细胞核左移可能提示中性粒细胞（前列腺炎症）的组织需求增加以及成熟中性粒细胞（分叶核中性粒细胞）的骨髓存储量减少。骨髓检查发现缺乏巨核细胞和血小板生成障碍。MPV在参考范围内，表明没有发生过度的血小板更换。雌激素中毒是骨髓抑制的原因之一。这种情况也可能由副肿瘤综合征（产生雌激素的支持细胞瘤）或给予雌激素类药物引起。

2. 尿道炎症、前列腺炎和导尿样本中的脓尿表明可能发生泌尿道炎症。该犬的导尿尿液标本中的鳞状上皮细胞提示雌激素诱导前列腺上皮的鳞状化生。尿液的碱性pH会导致试纸条的蛋白垫非特异性变色，因此，蛋白尿必须通过另一项测试来证实，如酸沉降（罗伯特试验）。在没有潜血和红细胞的情况下，与尿中白细胞相关的轻度蛋白尿提示尿路炎症。需要进一步的诊断测试来确认或排除前列腺炎和感染的可能性。

总结：手术探查显示单侧睾丸肿块。进行去势手术并取前列腺样本进行活检。组织学诊断睾丸肿块为支持细胞瘤。前列腺活检显示前列腺上皮鳞状化生和脓性炎症。肿瘤雌激素分泌（副肿瘤综合征）是导致广泛性骨髓抑制和再生障碍性贫血以及前列腺鳞状化生的原因。化脓性前列腺炎继发于鳞状化生。中性粒细胞减少可能使该犬发生感染。

病例5 慢性失血性贫血（缺铁性贫血）

基本信息：杂种犬，雌性，5岁。

临床症状：嗜睡，无力，黏膜苍白，黑便（深色粪便）。

实验室数据：见表 14.6。

表 14.6 实验室数据（5）

血液学			
血细胞比容	12.8	L	%
血红蛋白	4.0	L	g/dL
红细胞计数	2.25	L	$\times10^6/\mu L$
平均红细胞体积	56.9	L	fL
平均红细胞血红蛋白量	17.8	L	pg
平均红细胞血红蛋白浓度	31.3	L	%
网织红细胞	3.6	H	%
网织红细胞绝对值	81	H	$\times10^3/\mu L$
有核红细胞	2	H	/100 个白细胞
红细胞形态	红细胞大小不等，多色性		
血小板	771	H	$\times10^3/\mu L$
白细胞	40.1	H	$\times10^3/\mu L$
分叶核中性粒细胞	35.689（89%）	H	$\times10^3/\mu L$
杆状核中性粒细胞	0.401（1%）	H	$\times10^3/\mu L$
淋巴细胞	1.203（3%）		$\times10^3/\mu L$
单核细胞	2.807（7%）		$\times10^3/\mu L$
嗜酸性粒细胞	0		$\times10^3/\mu L$
嗜碱性粒细胞	0		$\times10^3/\mu L$
白细胞形态	正常		
尿液分析			
尿源	导尿		
颜色	草黄色		
浊度	清澈		
相对密度	1.036		
pH	7.5		
蛋白	阴性		
葡萄糖	阴性		
酮	阴性		
胆红素	阴性		
血细胞	阴性		
沉淀物	无定形晶体		
血清化学			
尿素氮	15		mg/dL
肌酐	0.9		mg/dL
总蛋白	6.5		g/dL
白蛋白	2.5		g/dL
白蛋白/球蛋白	0.63		
碱性磷酸酶	64		U/L
谷丙转氨酶	214	H	U/L

（续）

血清化学			
葡萄糖	115		mg/dL
钠	147		mmol/L
钾	4.3		mmol/L
氯化物	125		mmol/L
总二氧化碳	11		mmol/L
阴离子间隙	11		mmol/L
钙	9.5		mg/dL
其他检测			
血清铁	42	L	μg/dL
总铁结合能力	380		μg/dL
%饱和度	11.1	L	%
粪便潜血			阳性
骨髓穿刺物：			
红细胞过多性粒子			
巨核细胞增多			
骨髓细胞/有核红细胞（M/E）高			
晚幼红细胞和缺乏巨噬细胞铁的中幼红细胞增加			
意见：			
红细胞增生和延迟成熟粒细胞增生			
缺铁巨核细胞增生			

问题分析：

1. 缺铁性贫血。小细胞性、低色素性、再生性贫血表明早期缺铁性贫血源于失血。随着持续的铁流失，血细胞最终将不可再生。缺乏巨噬细胞铁着色、血清铁浓度低、转铁蛋白饱和度降低均说明铁缺乏。血清铁蛋白浓度能够更准确地评估全身铁状态，但该检测方法具有物种特异性。

2. 中性粒细胞增多。中性粒细胞增多与再生性贫血有关，可能导致骨髓内各细胞系的产生增加。虽然具有重要临床意义的核左移尚未发生，但应通过连续监测中性粒细胞核左移来发现早期感染。

3. 血小板增多。血小板生成增加通常伴随出血性贫血。

4. 肝细胞损伤。轻度 ALT 活性增加可能是缺氧诱导的肝小叶中心肝细胞酶渗漏。在肝小叶中，含氧血液从门静脉三联体流向中央静脉。因此，肝小叶中心细胞更容易缺氧。

5. 血蛋白正常和白蛋白正常。因为白蛋白和球蛋白同时流失，所以出血性贫血通常伴有 A/G 值正常的低蛋白血症。患犬可能在出现临床症状之前已驱虫，在这种情况下，蛋白质浓度趋于正常的速度将快于红细胞参数的变化速度。或者，患犬可能有轻微的低蛋白血症和低白蛋白血症，但脱水使总蛋白和白蛋白浓度升高至参考范围。

6. 骨髓增生。中性粒细胞增多提示骨髓粒细胞系（高 M/E 比率）增加。巨核细胞增生可能伴有血小板增多，除非脾储备中的血小板被动员出来。由于缺铁，细胞内血红蛋白无法达到阻止细胞分裂所需的关键浓度。因此，发生细胞外分裂，导致小红细胞增多并引起骨髓内晚期红细胞和中期红细胞的数量增加。无效红细胞的生成将伴随铁的消耗。

总结：手术过程中发现出血性肠肿块。切除肿块并进行肠吻合术。肿块经组织学检查诊断为肠平滑肌肉瘤伴发出血。

病例 6　急性沙门氏菌病

基本信息：纯血马，去势公马，10 岁。

临床症状：持续 24h 腹泻，厌食，乏力，发热，脱水约 7%，呼吸加深加快。

实验室数据：见表 14.7。

表 14.7 实验室数据（6）

血液学			
血细胞比容	51.5	H	%
血红蛋白	17.1	H	g/dL
红细胞形态	正常		
血小板	正常		
白细胞	4.2	L	$\times10^3/\mu L$
分叶核中性粒细胞	0.882（21%）	L	$\times10^3/\mu L$
杆状核中性粒细胞	2.310（55%）	H	$\times10^3/\mu L$
淋巴细胞	0.126（3%）	L	$\times10^3/\mu L$
单核细胞	0.882（21%）		$\times10^3/\mu L$
嗜酸性粒细胞	0		$\times10^3/\mu L$
嗜碱性粒细胞	0		$\times10^3/\mu L$
白细胞形态	细胞质嗜碱性并有空泡形成		
纤维蛋白原	1 100	H	mg/dL
血清化学			
尿素氮	51	H	mg/dL
总蛋白	7.8	H	g/dL
白蛋白	3.6	H	g/dL
白蛋白/球蛋白	0.86		
血浆蛋白	8.5	H	g/dL
钠	112	L	mmol/L
钾	3.0		mmol/L
氯化物	100		mmol/L
总二氧化碳	7	L	mmol/L
阴离子间隙	8	L	mmol/L
血气分析			
碳酸氢根	6.1	L	mEq/L
二氧化碳分压	20.5	L	mmHg
pH	7.10	L	

问题分析：

1. 红细胞增多。红细胞增多（血浓缩）可由红细胞团的相对或绝对增加引起。相对红细胞增多更常见，可能是兴奋、恐惧或剧烈运动（肾上腺素反应）引起的脱水和脾脏收缩所致。在这匹马中，红细胞增多是脱水造成的（具有正常 A/G 的高蛋白血症也可以反映出这一影响）。

2. 白细胞减少、中性粒细胞减少、退行性核左移、中性粒细胞毒性变化和淋巴细胞减少。这些白细胞象的变化提示了预后不良且提示急性感染和/或内毒素血症。

(1) 白细胞减少。中性粒细胞是健康马的主要循环白细胞。因此，严重的中性粒细胞减少可能导致白细胞减少症。

(2) 中性粒细胞减少。中性粒细胞减少表明预后不良。中性粒细胞减少表明其组织需求量非常大。患马严重腹泻，肠组织可能是中性粒细胞的需求部位。如果存在内毒素血症，中性粒细胞可能会迅速转移至边缘中性粒细胞池（在此处的中性粒细胞不能通过白细胞计数法计算）并迁移到组织中。

（3）退行性核左移。退行性核左移也表明预后不良。白细胞象的这种变化表明，骨髓成熟且储存池中的分叶核中性粒细胞已经耗尽，骨髓显然不能满足组织对这些吞噬细胞的需求。

（4）中性粒细胞的毒性变化。中性粒细胞毒性变化（细胞质嗜碱性并有空泡形成）表明骨髓中的细胞成熟受到了干扰。发生毒性变化的中性粒细胞可能发生功能紊乱而导致其吞噬作用减弱。毒性变化与明显的炎症或感染有关。

（5）淋巴细胞。严重的淋巴细胞减少也导致白细胞减少。这一变化表明明显的应激与再循环淋巴细胞的重新分布有关。然而，感染源对淋巴组织的破坏是不可忽视的。

3. 纤维蛋白原血症。极高纤维蛋白原血症也证实了该病例的炎症特征。纤维蛋白原是炎症急性期反应物，在急性炎性疾病中浓度增加。脱水可能导致纤维蛋白原浓度相对增加，但计算蛋白质/纤维蛋白原比值（8.5/1.1=7.7）表明确实存在高纤维蛋白原血症。在某些个体中，高纤维蛋白原血症可能先于白细胞象的变化。

4. 氮质血症。血尿素氮浓度增加提示氮质血症。脱水是肾前性氮质血症的常见原因，但需要尿液分析和其他临床信息来排除肾性和肾后性氮质血症。

5. 高蛋白血、高白蛋白血以及正常 A/G 值。

（1）高蛋白血。高蛋白血可以是相对的或者绝对的。前者通常由脱水引起，而后者通常与免疫球蛋白的生成有关。由于生化检测中测定的是血清蛋白量（纤维蛋白原仅存在于血浆中），因此，可以排除高纤维蛋白原血症。

（2）高白蛋白血。机体不会产生过量的白蛋白，因此，高白蛋白血是由脱水引起的白蛋白浓度相对增加。

（3）正常的 A/G 值。A/G 值正常表明，脱水引起白蛋白和球蛋白浓度一起增加。

6. 低钠脱水。严重低血钠，表明钠流失明显超过水流失。实验室检测数据提示典型的马急性腹泻。虽然血清氯化物浓度在参考范围内，但机体总氯化物含量很低（血清氯化物×下降的细胞外液体积）。依据本病例低血钠的严重程度（若无其他数据说明）可以推测为低渗透压。虽然血清 K^+ 浓度在参考范围内，但腹泻引起的 K^+ 流失以及酸血症引起的 K^+ 从细胞内液向细胞外液转移使机体的 K^+ 耗尽。

7. 代谢性酸中毒。代谢性酸中毒严重。虽然二氧化碳分压低提示呼吸代偿，但血液 pH 低至危险值（酸血症）。面对严重的低钠血（相对低氯血），正常阴离子间隙和正常 Cl^- 浓度提示流失了富含 HCO_3^- 的肠液。此时，酸中毒引起 K^+ 由细胞内向细胞外转移以平衡腹泻引起的细胞外 K^+ 的流失。正常的阴离子间隙排除了滴定 HCO_3^- 是导致酸中毒的原因。

总结：尸体剖检确认为沙门氏菌病。

病例 7 猫传染性腹膜炎

基本信息：暹罗猫，去势公猫，4 岁。

临床症状：厌食，消瘦，腹部肿胀持续 1～2 周，嗜睡，虹膜出血。

实验室数据：见表 14.8。

表 14.8 实验室数据（7）

血液学			
血细胞比容	26	L	%
血红蛋白	8.8	L	g/dL
红细胞计数	5.23	L	$\times10^6/\mu$L
平均红细胞体积	49.7		fL
平均红细胞血红蛋白量	16.8		pg

（续）

血液学			
平均红细胞血红蛋白浓度	33.8		%
网织红细胞	0.1		%
网织红细胞计数	52		$\times10^3/\mu L$
红细胞形态	正常		
血小板	正常		
白细胞	20.6	H	$\times10^3/\mu L$
分叶核中性粒细胞	15.769（76.5%）	H	$\times10^3/\mu L$
杆状核中性粒细胞	1.236（6.0%）	H	$\times10^3/\mu L$
淋巴细胞	3.090（15.0%）		$\times10^3/\mu L$
单核细胞	0.515（2.5%）		$\times10^3/\mu L$
嗜酸性粒细胞	0		$\times10^3/\mu L$
嗜碱性粒细胞	0		$\times10^3/\mu L$
白细胞形态	正常		
血清化学			
总蛋白	9.3	H	g/dL
白蛋白	1.9	L	g/dL
α球蛋白	0.5	L	g/dL
β球蛋白	0.5	L	g/dL
γ球蛋白	6.4	H	g/dL
白蛋白/球蛋白	0.26	L	
电泳图	多克隆丙种球蛋白病		
其他检测			
腹腔液分析：黄绿色，混浊，黏液有核细胞计数为每微升有5 008个非退行性中性粒细胞，巨噬细胞，背景有蛋白质颗粒			
蛋白	6.0	H	g/dL
白蛋白	1.5	L	g/dL
α球蛋白	0.2		g/dL
β球蛋白	0.3		g/dL
γ球蛋白	4.0	H	g/dL
白蛋白/球蛋白	0.33		
意见：脓性渗出物符合猫传染性腹膜炎病毒感染			

问题分析：

1. 慢性疾病贫血。具有正常红细胞形态、正常血色的非再生性贫血与慢性炎症相关。未见中性粒细胞减少和血小板减少，可以排除再生障碍性贫血。红细胞没有任何形态变化，而且贫血的具体病因并未指出。这些现象说明是典型的慢性疾病贫血症（慢性疾病贫血，慢性炎症贫血）。

2. 白细胞增多，中性粒细胞增多，核左移。这些变化提示炎症性白细胞象。

明显的中性粒细胞核左移说明是对组织需求的强烈而适当的应答。中性粒细胞核左移是严重炎症或感染的标志。腹膜炎可能是造成组织需求吞噬细胞的原因。

3. 高蛋白血症。多克隆γ球蛋白增加导致的血清蛋白浓度升高（免疫球蛋白导致的多克隆γ球蛋白病）提示慢性抗原刺激，如传染性腹膜炎病毒感染。低白蛋白血症的原因可能包括高蛋白渗出至腹膜腔导致的蛋白流失，炎症过程中白蛋白的生成减少（白蛋白是一种负性急性期反应物），恶病质引起的生成减少，或通过肾脏流失。

4. 化脓性腹膜炎。非退行性中性粒细胞通常提示非细菌性病因。传染性腹膜炎病毒感染不会产生使中性粒细胞发生退行性改变的局部有利条件。传染性腹膜炎可引起细胞减少和高蛋白渗出。据报道，腹腔液 A/G<0.81，则提示传染性腹膜炎。本病例腹腔液 A/G 非常低（0.33）。渗出物涂片背景的颗粒状沉淀表明其蛋白质含量高。

总结：尸体剖检证实了猫传染性腹膜炎的诊断。

病例 8 子宫蓄脓

基本信息：斯塔福郡斗牛㹴（斗牛犬），雌性，5 岁。

病史：在 1 个月前发情。

临床症状：厌食，腹胀，呕吐，发热，多尿多饮，脱水。

实验室数据：见表 14.9。

表 14.9 实验室数据（8）

血液学			
血细胞比容	30.5	L	%
血红蛋白	10.5	L	g/dL
红细胞计数	4.34	L	$\times10^6/\mu L$
平均红细胞体积	70		fL
平均红细胞血红蛋白量	24.2		pg
平均红细胞血红蛋白浓度	34.4		%
网织红细胞	0.2		%
网织红细胞计数	9		$\times10^3/\mu L$
红细胞形态	正常		
血小板	260		$\times10^3/\mu L$
平均血小板体积	8.1		fL
白细胞	30.8	H	$\times10^3/\mu L$
分叶核中性粒细胞	5.852（19%）	H	$\times10^3/\mu L$
杆状核中性粒细胞	18.172（59%）	H	$\times10^3/\mu L$
晚幼粒细胞	0.924（3%）	H	$\times10^3/\mu L$
淋巴细胞	1.540（5%）		$\times10^3/\mu L$
单核细胞	4.312（14%）	H	$\times10^3/\mu L$
嗜酸性粒细胞	0		$\times10^3/\mu L$
嗜碱性粒细胞	0		$\times10^3/\mu L$
白细胞形态	细胞质嗜碱性及空泡形成		
血清化学			
尿素氮	41	H	mg/dL
肌酐	1.9	H	mg/dL
总蛋白	9.2	H	g/dL
白蛋白	2.3		g/dL

（续）

血清化学			
白蛋白/球蛋白	0.33	L	
碱性磷酸酶	97		U/L
谷丙转氨酶	16		U/L
葡萄糖	74	L	mg/L
钠	128	L	mmol/L
钾	4.4		mmol/L
氯化物	97	L	mmol/L
总二氧化碳	19		mmol/L
阴离子间隙	12		mmol/L
钙	9.7		mg/dL
尿液分析			
尿源	废弃的尿		
颜色	黄色		
浊度	稍微混浊		
相对密度	1.020		
pH	6.5		
蛋白	2+		
葡萄糖	阴性		
酮	阴性		
胆红素	阴性		
血细胞	2+		
沉淀物	20～30 个红细胞/高倍视野		
	30～40 个白细胞/高倍视野		

问题分析：

1. 慢性疾病贫血。红细胞正常、血色正常、非再生性贫血伴随粒细胞和血小板生成，提示骨髓中存在选择性红细胞问题。数据表明存在慢性炎症，因此，慢性疾病贫血的可能性最大。

2. 白细胞增多、中性粒细胞增多、退行性核左移、中性粒细胞毒性变化和单核细胞增多。

（1）白细胞增多。白细胞增多可源于任何类型的白细胞增加。各种白细胞亚型的绝对计数证实了白细胞亚型引起白细胞增多。本病例中，虽然存在单核细胞增多，但中性粒细胞增多是白细胞增多的主要原因。

（2）中性粒细胞增多伴随着退行性核左移。伴有退行性核左移的中性粒细胞增多意味着严重的炎症（炎症性白细胞象）或感染。未成熟中性粒细胞数超过分叶核中性粒细胞，表明中性粒细胞的储存池已经耗尽，提示预后谨慎。

（3）中性粒细胞的毒性变化。中性粒细胞胞质嗜碱性和空泡形成是毒性变化，提示细菌感染或严重炎症，也提示预后谨慎。中性粒细胞毒性变化表明骨髓中中性粒细胞成熟受到干扰。

（4）单核细胞增多可发生在急性或慢性疾病中。单核细胞增多可能与慢性炎症、组织坏死或严重应激有关。因为未见淋巴细胞减少，所以，患犬不太可能出现严重应激（伴随内源性皮质醇释放）。

3. 氮质血症。轻度氮质血症（尿素氮和肌酐浓度增加）可能是肾前性的或肾源的。由于尿液标本来源于患犬排出的尿，因此，排除肾后性氮质血症。肾前性氮质血症可能是由于呕吐引起的脱水和发热引起的失水。此时肾脏试图通过浓缩尿液来保存体液，但尿密度降低了。因此，应该重点评估肾功能。

4. 高蛋白血、正常白蛋白血和 A/G 值下降。

（1）高蛋白血可能是相对的（如脱水）或绝对的（如球蛋白生成增加）。

（2）因为血清白蛋白含量正常，因此，高蛋白血可能是由于球蛋白过多；或者是白蛋白经肾脏流失（因为存在蛋白尿），而同时存在的脱水可能掩盖低白蛋白血。

（3）血清 A/G 值下降可由选择性白蛋白丢失、球蛋白生成增加或两者共同导致。本病例中，患犬高球蛋白血可能是子宫蓄脓相关的抗原刺激引起的。血清蛋白电泳可能会揭示广泛 γ 球蛋白病或多克隆 γ 球蛋白病，且可能伴随急性期蛋白（α 球蛋白和 β 球蛋白）浓度增加。脱水可能导致高蛋白血症，但不会改变 A/G 值。蛋白尿，特别是肾小球性蛋白尿可能会引起选择性白蛋白丢失，也会降低 A/G 值。

5. 低血糖。脓毒症可增加葡萄糖的组织利用率。

6. 低钠脱水和低氯血症。排尿过多和呕吐是造成这些实验室数据异常的原因。渗透压估算为 283 mOsmol/kg [2（Na^+ + K^+）+（BUN÷2.8）+（葡萄糖÷18）]。虽然尿钾排泄和呕吐会导致 K^+ 损失，但此时不会发生 K^+ 内移。

7. 尿密度低、脓尿、血尿、蛋白尿。

（1）脱水情况下，尿密度低说明肾脏无法浓缩尿液并保存体内水分。这可能是子宫蓄脓产生内毒素导致的。内毒素阻止采集管上皮细胞感应抗利尿激素（ADH）以保存水分，导致多尿。但是，不能排除原发性肾脏疾病。

（2）排尿的尿液标本可能被子宫渗出物污染，导致潜在的脓尿、血尿和蛋白尿。若要探究这些异常的原因，可通过导尿或膀胱穿刺获得的尿液标本证实或反驳由泌尿道炎症或感染所致。

（3）尿蛋白可能由生殖器渗出物、尿道炎症或涉及肾小球或肾小管的肾脏病变污染尿液标本引起。若要确定蛋白尿的来源，可能有必要做进一步的诊断检测。

总结：该犬患有子宫蓄脓。卵巢子宫切除术去除了炎症和感染的原因和来源。核左移中性粒细胞起初减少，但在接下来的几天内，中性粒细胞数恢复到参考范围之前，有 1～2d 显示为升高。手术摘除对中性粒细胞有需求的组织后，血液中性粒细胞计数会升高，直到粒细胞生成减少。

病例 9　猫传染性泛白细胞减少症（细小病毒病）

基本信息：家养短毛猫，雄性，10 月龄。

临床症状：呕吐和腹泻 18h，估计脱水 7%，发热，厌食，牙龈炎，周围淋巴结肿大。

实验室数据：见表 14.10。

表 14.10　实验室数据（9）

血液学			
血细胞比容	49	H	%
血红蛋白	15.8	H	g/dL
红细胞形态	正常		
血小板	正常		
白细胞	1.9	L	$\times10^3/\mu L$
分叶核中性粒细胞	0.038（2%）	L	$\times10^3/\mu L$

（续）

血液学			
杆状核中性粒细胞	0.057（3%）		$\times 10^3/\mu L$
淋巴细胞	0.513（24%）	L	$\times 10^3/\mu L$
单核细胞	1.349（71%）	H	$\times 10^3/\mu L$
嗜酸性粒细胞	0		$\times 10^3/\mu L$
嗜碱性粒细胞	0		$\times 10^3/\mu L$
白细胞形态	正常		
尿液分析			
尿源	膀胱穿刺		
颜色	黄色		
浊度	澄清		
相对密度	1.065		
pH	6.0		
化学成分	正常		
沉淀物	没有		
血清化学			
尿素氮	46	H	mg/dL
总蛋白	8.0	H	g/dL
白蛋白	3.4	H	g/dL
白蛋白/球蛋白	0.74		
钠	148		mmol/L
钾	4.2		mmol/L
氯化物	126		mmol/L
总二氧化碳	10		mmol/L
阴离子间隙	12.2		mmol/L
其他检测			
猫白血病病毒	阴性		
骨髓抽吸物：低细胞颗粒，低M/E比值，红细胞成熟正常，只有早期阶段髓系分期，巨核细胞充足			
意见：粒细胞发育不全，细小病毒感染后早期恢复			
淋巴结抽吸物：主要是小淋巴细胞，许多浆细胞，一些大淋巴细胞			
意见：淋巴增生			

问题分析：

1. 白细胞减少症，具有退行性核左移的中性粒细胞减少症和骨髓粒细胞发育不全。

（1）单胃动物的白细胞减少可能由严重的中性粒细胞减少症引起。

（2）中性粒细胞减少可由中性粒细胞生成减少，中性粒细胞组织消耗或中性粒细胞从循环中性粒细胞池（WBC计数的细胞）瞬时转移到边缘中性粒细胞池（不能计数的细胞）引起。中性粒细胞减少可能是多因素的，包括病毒破坏造血细胞引起的中性粒细胞生成减少，病毒性肠炎引起的中性粒细胞的组织需求增加，以及肠炎内毒素血症引起的中性粒细胞从循环中性粒细胞池向边缘中性粒细胞池转移。

（3）中性粒细胞退行性核左移表明中性粒细胞的骨髓中成熟和储存池中的分叶核细胞被耗尽，并且骨髓粒细胞生成未能满足组织对中性粒细胞的需求。

（4）骨髓抽吸物的低 M/E 比值、白细胞减少、中性粒细胞减少和参考范围内的血细胞比容，表明粒细胞发育不全以及中性粒细胞的产生减少。

2. 淋巴细胞减少。淋巴细胞减少是急性全身感染的常见现象，尤其是病毒性疾病。细小病毒感染能够破坏迅速分裂的细胞群，包括淋巴细胞、造血细胞和肠隐窝上皮细胞。淋巴细胞减少也可能是由于应激和淋巴细胞的瞬时再分布。再循环的淋巴细胞可能埋藏在淋巴结内，促进抗原暴露并增强免疫应答。

3. 单核细胞增多。单核细胞增多可发生在急性或慢性疾病中。单核细胞增多也可能预示着中性粒细胞减少现象的消退，因为单核细胞在相对幼稚的发育阶段从骨髓释放到血液中。相比之下，中性粒细胞在从骨髓释放之前需要一段时间成熟。

4. 肾前性氮质血症。BUN 浓度随脱水和尿液浓缩而增加，提示肾灌注减少，肾小球滤过率降低。当机体脱水时，会刺激肾脏最大程度地保存机体水分。

5. 高蛋白血症、高白蛋白血症、高球蛋白血症和正常 A/G 比值。

（1）由于脱水引起的血浆水分损失，蛋白质浓度高可能是由于蛋白质浓度的相对增加。

（2）脱水并发高白蛋白血症，而非机体过量产生白蛋白。

（3）A/G 比值正常，表明球蛋白和白蛋白的浓度都以相同的比例增加（高蛋白血症）。这种变化只在脱水时发生。

6. 正常血钠性脱水，正常血钾和酸中毒。

（1）临床检查确定脱水程度严重到已引起红细胞增多症（血浓缩）、高蛋白血症、氮质血症和浓缩尿。Na^+ 与体内的水成比例丢失，导致等渗性脱水。

（2）尽管血钾正常，但可能存在负钾平衡。负外部 K^+ 平衡是由于体液流失。此外，酸中毒严重，怀疑 K^+ 由细胞内液向细胞外液转移。这些数据无法用于判断全身 K^+ 浓度，但在呕吐、腹泻和酸血症的情况下可能出现 K^+ 缺乏。

（3）具有正常阴离子间隙的低 HCO_3^- 和 Cl^- 浓度表示富含碳酸氢根（HCO_3^-）的肠液流失。

7. 淋巴结增生。细针抽吸可以确定淋巴结内细胞类型的相对分布。本病例中，细针抽吸结果显示可能有继发于感染或某种其他形式的抗原刺激的淋巴增生。淋巴增生很少与血液中的淋巴细胞增多相关。淋巴结肿大也可能发生于水肿或并发于淋巴细胞耗竭。

总结：猫传染性泛白细胞减少症（细小病毒病）的诊断是基于临床症状和实验室检查的结果。该病毒感染后 3～4d 造成所有造血前体细胞的损伤。当出现临床症状时，通常会出现中性粒细胞减少。由于中性粒细胞的循环半衰期短，而且肠炎对中性粒细胞的需求增加，中性粒细胞减少与贫血或血小板减少更容易发生。贫血如果存在，也可能被呕吐和/或腹泻及并发的脱水所掩盖。持续性中粒细胞减少可能是病毒性肠炎、内毒素血症和/或粒细胞生成前体细胞破坏的结果。

病例 10　多中心淋巴瘤

基本信息：圣伯纳德犬，雄性，4 岁。

临床表现：双侧颌下、肩胛和腘淋巴结肿大。

实验室数据：见表 14.11。

表 14.11　实验室数据（10）

血液学			
血细胞比容	31	L	%
血红蛋白	10.0	L	g/dL

（续）

血液学			
红细胞计数	4.22	L	$\times 10^6/\mu L$
平均红细胞体积	73.4		fL
平均红细胞血红蛋白量	23.6		pg
平均红细胞血红蛋白浓度	32.2		%
网织红细胞	0		%
网织红细胞计数	0		$\times 10^3/\mu L$
红细胞形态	正常		
血小板	正常		
白细胞	23.4	H	$\times 10^3/\mu L$
分叶核中性粒细胞	19.539（83.5%）	H	$\times 10^3/\mu L$
杆状核中性粒细胞	0		$\times 10^3/\mu L$
淋巴细胞	1.053（4.5%）		$\times 10^3/\mu L$
单核细胞	2.691（11.5%）	H	$\times 10^3/\mu L$
嗜酸性粒细胞	0.117（0.5%）		$\times 10^3/\mu L$
嗜碱性粒细胞	0		$\times 10^3/\mu L$
白细胞形态	成淋巴细胞		
其他检测			
骨髓抽吸物：正常细胞颗粒充足，巨核细胞略有增加，M/E 正常，红细胞和髓细胞成熟，约 7%的小淋巴细胞			
意见：粒细胞增生，不明确的红细胞发育不良，没有肿瘤累及			
淋巴结抽吸物：淋巴母细胞的单形群体			
意见：淋巴瘤			
血清化学			
尿素氮	61	H	mg/dL
肌酐	6.9	H	mg/dL
总蛋白	6.9		g/dL
白蛋白	3.2		g/dL
白蛋白/球蛋白	0.87		
碱性磷酸酶	84		U/L
谷丙转氨酶	46		U/L
葡萄糖	98		mg/dL
钠	153		mmol/L
钾	4.5		mmol/L
氯化物	117		mmol/L
总二氧化碳	22		mmol/L
阴离子间隙	18.2		mmol/L
钙	19.1	H	mg/dL
磷	4.5		mg/dL
尿液分析			
尿源	废弃的尿		
颜色	黄色		

（续）

尿液分析	
浊度	混浊
相对密度	1.011
pH	6.0
蛋白	微量
其他化学成分	阴性
沉淀物	1～2 个颗粒物/高倍视野 0～2 个白细胞/高倍视野

问题分析：

1. 白血病型淋巴瘤。淋巴瘤的诊断依据临床症状以及血液和淋巴结抽吸物中存在的淋巴母细胞。在骨髓抽吸物中，肿瘤性淋巴细胞不明显。周围淋巴结病变和白血病特征表明淋巴瘤的扩散。

2. 慢性疾病贫血。骨髓检查发现，红细胞正常、血色正常、非再生性贫血伴中性粒细胞减少和血小板减少，表明红细胞发育不全。贫血可能继发于淋巴瘤。

3. 高钙血症。10%～40%淋巴瘤患犬会发生高钙血症（恶性高钙血症），与骨吸收有关。

4. 肾功能衰竭。依据等渗尿相关的氮质血症可以确诊肾功能衰竭。颗粒状管型的存在表明肾小管病变，但其严重程度尚不清楚。该犬肾功能衰竭可能是长期高钙血症导致肾钙质沉着的结果。

总结：多中心淋巴瘤是主要病症，其他问题是继发性疾病或癌旁综合征。

病例 11 肾脓肿和继发性弥散性血管内凝血

基本信息：英国斗牛犬，雌性，2 岁。

医疗史：在过去的 24h 内应用过地塞米松。

临床症状：鼻出血，口腔黏膜出血，可触及腹部肿块，腹痛。

实验室数据：见表 14.12。

表 14.12 实验室数据（11）

血液学			
血细胞比容	25	L	%
血红蛋白	8.3	L	g/dL
红细胞计数	3.88	L	$\times 10^6/\mu L$
平均红细胞体积	64		fL
平均红细胞血红蛋白量	21		pg
平均红细胞血红蛋白浓度	33		%
网织红细胞	0.8		%
网织红细胞计数	31		$\times 10^3/\mu L$
红细胞形态	破裂		
血小板	83	L	$\times 10^3/\mu L$
平均血小板体积	12	H	fL
白细胞	35.3	H	$\times 10^3/\mu L$
分叶核中性粒细胞	23.827 (67.5%)	H	$\times 10^3/\mu L$
杆状核中性粒细胞	7.060 (20.0%)	H	$\times 10^3/\mu L$
晚幼粒细胞	0.529 (1.5%)	H	$\times 10^3/\mu L$

（续）

血液学			
淋巴细胞	0.709（2.0%）		$\times10^3/\mu L$
单核细胞	3.001（8.5%）	H	$\times10^3/\mu L$
嗜酸性粒细胞	0.179（0.5%）		$\times10^3/\mu L$
嗜碱性粒细胞	0		$\times10^3/\mu L$
白细胞形态	正常		
血清化学			
尿素氮	10		mg/dL
肌酐	0.8		mg/dL
总蛋白	8.3	H	g/dL
白蛋白	2.6		g/dL
白蛋白/球蛋白	0.46	L	
碱性磷酸酶	96		U/L
谷丙转氨酶	62		U/L
葡萄糖	83		mg/dL
其他检测			
改良诺特测试	阴性		
出血时间	11.0	H	min
活化部分凝血活酶时间	42.2	H	s
血浆凝血酶原时间	19.1	H	s
凝血酶时间	18.2	H	s
纤维蛋白降解物	>40	H	μg/mL

问题分析：

1. 慢性疾病贫血。中性粒细胞数量正常、红细胞正常、血色正常的非再生性贫血表明存在影响骨髓的选择性红细胞异常。慢性疾病贫血很可能是因为炎症性白细胞象和高球蛋白血症引起的选择性红细胞抑制。预计血清中铁离子浓度可能降低，而骨髓巨噬细胞铁离子浓度可能增加。虽然贫血是非再生性的，但分裂细胞的存在提示红细胞破碎是溶血性的。

2. 炎性白细胞象。

（1）有明显核左移的中性粒细胞增多（循环中的晚幼粒细胞）提示炎症和对中性粒细胞的过度需求。

（2）单核细胞增多符合炎症变化，或可能是皮质类固醇引起的反应。在应用皮质类固醇后，犬常发生单核细胞增多。

（3）淋巴细胞计数略有下降，但仍在参考区间内。淋巴细胞计数通常在使用单剂量短效皮质类固醇后 24h 内恢复到参考区间。

3. 弥散性血管内凝血。

（1）血小板减少可源于血小板生成不足、血小板消耗增加或免疫介导的血小板破坏。失代偿性弥散性血管内凝血可导致消耗性血小板减少。如果血小板减少是该犬唯一的止血异常，则可能不足以导致出血。

（2）平均血小板体积增加表明血小板生成增加。幼稚血小板通常比成熟血小板大。

（3）口腔黏膜出血时间延长可能是血小板减少的结果，但也可能反映血小板表面 FDPs 涂层引起的血小板功能障碍。

(4) 失代偿性弥散性血管内凝血中，发生非酶促凝血因子消耗。包括因子Ⅴ、因子Ⅷ和纤维蛋白原（因子Ⅰ）。这些凝血因子的消耗导致活化凝血酶原时间、血浆凝血酶原时间和凝血酶时间延长。

(5) 上述 APTT、PT 和 TT 的延长提示低纤维蛋白原血症。TT 延长是纤维蛋白原浓度降低的最敏感指标。热沉淀技术可检测高纤维蛋白原血症，但对精确检测低纤维蛋白原血症很不敏感。

(6) 纤维蛋白（原）降解产物（FDPs）的浓度增加表明纤维蛋白凝块溶解过多和纤维蛋白原降解过度。过量的 FDPs 可能会干扰血小板功能（BMBT 延长）和 TT 的检测。

(7) 在微血管中形成的纤维蛋白链会碎裂并损伤红细胞，导致片层状细胞形成。

4. 高球蛋白血症。与炎症相关的抗原刺激延长可引起免疫球蛋白的多克隆增加。低 A/G 比值的高蛋白血症提示高球蛋白血症。电泳可确定为多克隆（广泛的球蛋白增加）性质。

总结：单侧肾脓肿是炎症和继发失代偿性 DIC 的原因。仅累及单侧肾脏的病变不足以引起肾衰竭的迹象（如氮质血症）。

病例12 肝性脑病（肝纤维化）

基本信息：田纳西走马，雌性，20 岁。

临床症状：厌食，转圈运动，共济失调，打哈欠，头部置于物体上，肌肉震颤，黄疸。

实验室数据：见表 14.13。

表 14.13 实验室数据（12）

血液学			
血细胞比容	35.4		%
血红蛋白	13.6		g/dL
红细胞计数	7.64		$\times10^6/\mu L$
平均红细胞体积	46		fL
平均红细胞血红蛋白量	17.8		pg
平均红细胞血红蛋白浓度	38.4		%
红细胞形态	正常		
血小板	正常		
白细胞	20.6	H	$\times10^3/\mu L$
分叶核中性粒细胞	16.686 (81%)	H	$\times10^3/\mu L$
杆状核中性粒细胞	1.854 (9%)	H	$\times10^3/\mu L$
淋巴细胞	1.648 (8%)		$\times10^3/\mu L$
单核细胞	0.206 (1%)		$\times10^3/\mu L$
嗜酸性粒细胞	0		$\times10^3/\mu L$
嗜碱性粒细胞	0.206 (1%)		$\times10^3/\mu L$
白细胞形态	正常		
纤维蛋白原	800	H	mg/dL
血清化学			
尿素氮	2	L	mg/dL
肌酐	0.6		mg/dL
总蛋白	7.0		g/dL
白蛋白	2.9		g/dL
白蛋白/球蛋白	0.70		
谷氨酰转移酶	251	H	U/L

（续）

血清化学			
天冬氨酸转氨酶	580	H	U/L
琥珀酸脱氢酶	54	H	U/L
葡萄糖	110		mg/dL
钠	132		mmol/L
钾	3.2		mmol/L
氯化物	101		mmol/L
总二氧化碳	24		mmol/L
阴离子间隙	10.2	H	mmol/L
钙	10.8		mg/dL
总胆红素	28.2	H	mg/dL
直接胆红素	5.6	H	mg/dL
胆汁酸	202	H	μmol/L
NH_3	79	H	μg/dL

问题分析：

1. 肝病。

（1）SDH 和 AST 活性增加，表明肝细胞损伤，伴有胞浆酶泄漏到血浆中。虽然在肌肉疾病中 AST 活性会增加，但 SDH 活性也增加，提示这是肝脏疾病引起的。CK 分析可以排除或确认肌肉疾病的原因。

（2）高胆红素血和 GGT 活性增加，表明胆汁淤积。在马的所有高胆红素血症病例中，间接胆红素升高为主。在无贫血症状的情况下，高胆红素血症提示肝脏疾病。神经性厌食症也能引起马的高胆红素血症，但这种程度的高胆红素血症并不是单纯由厌食症引起的。

（3）胆汁酸增加，表明胆汁淤积或肝功能减弱。

（4）高氨血症和 BUN 浓度降低也表明肝功能减弱，未能通过肝尿素循环将氨转化为尿素。然而，肝功能减弱并未影响白蛋白的合成。

2. 炎性白细胞象。核左移中性粒细胞增多，提示炎症和组织对中性粒细胞的强烈需求。

3. 高纤维蛋白原血症是炎症的标志，特别是在大动物。在白细胞象出现明显变化之前，炎症可能引发高纤维蛋白原血症。

总结：解剖检查和组织病理学检查，发现散在的肝细胞坏死，并伴随门静脉周围的纤维化和胆道增生。马植物中毒可能导致这样的肝脏损伤。本病例还存在脓性结肠炎。

病例 13 门静脉分流伴随肝萎缩

基本信息：拉萨阿普索犬，雌性，卵巢已切除，5 岁。

临床症状：抑郁，嗜睡，癫痫发作，共济失调，厌食症，PU/PD。

影像学检查：肝脏造影面积减小。

实验室数据：见表 14.14。

表 14.14 实验室数据（13）

血液学		
血细胞比容	39.1	%
血红蛋白	13.7	g/dL

（续）

血液学			
红细胞计数	6.90		$\times 10^3/\mu L$
平均红细胞体积	57	L	fL
平均红细胞血红蛋白量	19.9		pg
平均红细胞血红蛋白浓度	35.0		%
网织红细胞	未见		
红细胞形态	正常		
血小板	237		$\times 10^3/\mu L$
白细胞	9.8		$\times 10^3/\mu L$
分叶核中性粒细胞	7.548 (77%)		$\times 10^3/\mu L$
杆状核中性粒细胞	0.588 (5%)		$\times 10^3/\mu L$
淋巴细胞	1.176 (12%)		$\times 10^3/\mu L$
单核细胞	0.098 (1%)		$\times 10^3/\mu L$
嗜酸性粒细胞	0.392 (4%)		$\times 10^3/\mu L$
嗜碱性粒细胞	0.098 (1%)		$\times 10^3/\mu L$
白细胞形态	正常		
血清化学			
尿素氮	2	L	mg/dL
肌酐	0.4		mg/dL
总蛋白	3.7	L	g/dL
白蛋白	1.1	L	g/dL
白蛋白/球蛋白	0.43	L	
碱性磷酸酶	181	H	U/L
谷丙转氨酶	122	H	U/L
葡萄糖	52	L	mg/dL
钠	145		mmol/L
钾	4.1		mmol/L
氯化物	118		mmol/L
总二氧化碳	21		mmol/L
阴离子间隙	5		mmol/L
钙	8.2	L	mg/dL
总胆红素	4.1		mg/dL
结合胆红素	0.9	H	mg/dL
胆汁酸（空腹）	18.6	H	$\mu mol/L$
胆汁酸（餐后）	246.1	H	$\mu mol/L$
NH_3（空腹）	438	H	$\mu g/dL$
胆固醇	45	L	mg/dL
尿液分析			
尿源	膀胱穿刺		
颜色	稻草黄		
浊度	澄清		
相对密度	1.006		

（续）

尿液分析	
pH	8.0
蛋白	1+
葡萄糖	阴性
酮	阴性
胆红素	3+
血细胞	阴性
沉淀物	重尿酸盐晶体

问题分析：

1. 肝衰竭。

（1）胆汁酸浓度升高（空腹和餐后）。胆汁酸浓度升高提示肝衰竭和/或门静脉血液分流。在健康状态下，95%胆汁酸通过门静脉转移并被肝脏回收利用。

（2）空腹高氨血症和 BUN 浓度降低。肝功能衰竭和门静脉分流都会导致肝细胞摄取氨并转化为尿素的能力降低。高氨血症可能导致中枢神经系统病征（肝性脑病），包括抑郁、共济失调和癫痫。在碱中毒时，氨的毒性增加，在酸中毒时，氨的毒性下降（NH_4^+ 相对不扩散且无毒）。

（3）低蛋白血症、低白蛋白血症和 A/G 比值减小。这些指标表明肝脏合成白蛋白减少。然而，稀释尿液中的蛋白尿（+）可能提示该患犬白蛋白通过肾脏大量流失。

（4）低血糖。空腹低血糖表明胰岛素分泌过多（如胰腺β细胞瘤）或维持体内葡萄糖平衡所需的肝糖原储备减少。其他生化指标异常提示，低血糖是由于肝功能不全引起的。由于肝脏是糖原的主要贮存部位，肝功能不全的动物往往餐后高血糖时间较长，空腹时低血糖时间较长。

（5）低胆固醇血。肝脏是胆固醇生成的主要器官。随着肝功能减弱，肝脏合成胆固醇可能减少。

2. ALT 活性轻度升高表明肝细胞损伤导致胞浆中的酶泄漏到血液中。ALT 活性强度并不代表肝脏病变的严重程度或持续时间。

3. 高胆红素血提示肝胆疾病。由于血细胞比容在参考范围内且未见网织红细胞增多，因此，可以排除溶血引发的高胆红素血。

4. ALP 活性增加可能提示胆汁淤积。可能由胆汁流动受阻引起。在犬，内源性皮质醇释放或应用皮质类固醇后，ALP 活性也可能增加。

5. 钙浓度降低可能是由于低蛋白血症和蛋白质结合钙减少所致。低蛋白血症的校正公式将钙值置于参考范围内：8.2−0.4×3.7+3.3=10.02。钙离子浓度测定将提供更准确的钙状态信息。

6. 小红细胞症在门静脉分流中很常见，但原因不明。一些亚洲品种的犬，包括秋田犬、松狮犬、沙皮和柴犬，可能在健康状态时观察到小红细胞症。

7. 低渗尿可能是由于尿素氮浓度降低导致的髓质张力不足和多尿冲洗髓质所致。

8. 高氨血症可能导致碱性尿酸结晶沉淀。

9. 胆红素尿。尿液试纸（试纸棒）对检测尿液中结合胆红素非常敏感。胆红素尿提示胆汁淤积，因为实验室检测没有溶血和肝功能不全的证据。胆红素尿通常在胆汁淤积症、高胆红素血症之前出现，因为犬的结合胆红素肾阈值较低。

10. 蛋白尿。稀释尿液中蛋白尿（+）具有临床意义。在没有血尿或脓尿的情况下，蛋白尿表明肾小球或肾小管损伤时肾脏蛋白质丢失。试剂条蛋白垫可能在碱性尿液中产生假阳性反应。因此，疑似蛋白尿应该通过另一项检测来验证，如酸沉淀（罗伯特氏试剂检测）。尿蛋白/尿肌酐比率的测定可以进一步证实肾蛋白尿，并且可以指示蛋白质丢失是源于肾小球还是肾小管。

总结：在剖腹探查术中观察到肝外门静脉分流。肝活检显示肝索萎缩伴随微血管发育不良。这些组织学改变是动物肝门静脉分流的典型特征。

病例 14 急性胰腺坏死

基本信息：拉布拉多公犬，已去势，10 岁。

临床症状：肥胖，腹胀，腹痛，抑郁，呕吐，多尿/多饮，脱水。

实验室数据：见表 14.15。

表 14.15 实验室数据（14）

	血液学		
血细胞比容	51.4		%
血红蛋白	16.1		g/dL
红细胞	7.21		$\times 10^6/\mu L$
平均红细胞体积	71.3		fL
平均红细胞血红蛋白量	22.3		pg
网织红细胞绝对值	31.3		%
红细胞形态	正常		
血小板	正常		
白细胞	24.6	H	$\times 10^3/\mu L$
分叶核中性粒细胞	20.910 (85%)	H	$\times 10^3/\mu L$
杆状核中性粒细胞	0.738 (3%)	H	$\times 10^3/\mu L$
淋巴细胞	1.230 (5%)		$\times 10^3/\mu L$
单核细胞	1.722 (7%)	H	$\times 10^3/\mu L$
嗜酸性粒细胞	0		$\times 10^3/\mu L$
嗜碱性粒细胞	0		$\times 10^3/\mu L$
白细胞形态	胞质嗜碱性和空泡化		
	血清化学		
尿素氮	88	H	mg/dL
肌酐	3.8	H	mg/dL
总蛋白	8.9	H	g/dL
白蛋白	4.0	H	g/dL
白蛋白/球蛋白	0.82		
碱性磷酸酶	616	H	U/L
谷丙转氨酶	112	H	U/L
葡萄糖	185	H	mg/dL
钠	148		mmol/L
钾	4.2		mmol/L
氯化物	115		mmol/L
钙	8.3	L	mg/dL
总二氧化碳	21		mmol/L
阴离子间隙	16.2		mmol/L
淀粉酶	6 021	H	U/L
脂肪酶	1 400	H	U/L

（续）

尿液分析	
尿源	膀胱穿刺
颜色	稻草黄
混浊度	澄清
相对密度	1.045
pH	7.0
蛋白	阴性
葡萄糖	1+
酮	阴性
胆红素	1+
血细胞	阴性
沉淀物	非晶体

问题分析：

1. 炎症性白细胞象。

（1）中性粒细胞增多和轻微的核左移反映了组织对吞噬细胞的需求。化脓性炎症是由胰脏炎症和坏死、腹膜炎和胰酶溢出引起的肠系膜脂肪炎所引起的。

（2）中性粒细胞的毒性变化表明由胰腺炎引起的全身性毒血症以及随后的骨髓中中性粒细胞成熟障碍。

（3）单核细胞增多可能是对组织坏死的反应和对吞噬细胞的需求。

2. 氮质血症。伴有尿量增加和临床表现脱水，表明肾灌注减少和尿素肾小球滤过减少。

3. 胰腺坏死。这种程度的高淀粉酶血症（活性增加了 6 倍）和高脂血症（活性增加了 4 倍）表明血清酶活性增加源于胰腺。胃前氮质血症提示肾小球滤过率降低，这可能是而导致这些酶的活性增加部分原因。因为肾的灭活和排泄的延迟。

4. 胆汁淤积和肝细胞损伤。犬的肝总管和主胰管与十二指肠紧密相连。胰腺炎可能与炎症和胆总管局部阻塞有关。

（1）胆汁淤积引起 ALP 活性升高。

（2）ALT 活性升高表明肝细胞损伤。由于胆小管中保留的胆汁对细胞膜产生冲洗作用，因此，肝前细胞溶质酶渗入到窦状血液中。另外，从胰腺释放到腹膜腔内的酶也可以损害肝脏和其他可接触到的内脏。

5. 轻度胆红素尿症。也反映了胆汁淤积。在高胆红素血症出现明显症状之前检测到胆红素尿。

6. 高蛋白血症和正常 A/G 比值。脱水引起伴随的白蛋白和球蛋白浓度的相对增加；A/G 比值保持在参考范围内。血细胞比容、血红蛋白浓度和红细胞计数可能略有增加，但仍在参考范围内。

7. 高血糖伴轻度尿糖。高胰岛素血症与胰腺坏死有关，是高血糖最可能的原因。其他因素可能包括残余胰腺合成的胰岛素不足，以及肾上腺释放儿茶酚胺等。犬的葡萄糖肾阈值为 180mg/dL，检测值已超过这个阈值，因此导致尿糖。通过测量血清果糖胺浓度和/或糖化血红蛋白浓度，可以有效地排除糖尿病。

8. 低钙血症。从坏死胰腺释放的胰高血糖素可刺激甲状腺激素分泌，降低血钙浓度。在脂肪皂化期间，钙的沉淀可能在低钙血症的发展中起很小的作用。

总结：在尸检时观察到广泛的胰腺坏死。

病例15 胰腺外分泌功能不全、糖尿病和慢性肾功能衰竭

基本信息：长卷毛犬，雌性，5岁。

临床症状：呕吐，体重减轻，多尿/多饮，脱水，无胆色粪便（缺乏胆汁颜色的灰色粪便）。

实验室数据：见表14.16。

表14.16 实验室数据（15）

血液学			
血细胞比容	29.0	L	%
血红蛋白	9.6	L	g/dL
红细胞	4.12	L	$\times10^6/\mu L$
平均红细胞体积	70.4		fL
平均红细胞血红蛋白量	23.3		pg
平均红细胞血红蛋白浓度	33.1		%
网织红细胞	0		%
网织红细胞绝对值	0		$\times10^3/\mu L$
红细胞形态	正常		
血小板	正常		
白细胞	13.8		$\times10^3/\mu L$
分叶核中性粒细胞	12.144（86%）		$\times10^3/\mu L$
杆状核中性粒细胞	0		$\times10^3/\mu L$
淋巴细胞	1.242（9%）		$\times10^3/\mu L$
单核细胞	0.690（5%）		$\times10^3/\mu L$
嗜酸性粒细胞	0		$\times10^3/\mu L$
嗜碱性粒细胞	0		$\times10^3/\mu L$
白细胞形态	正常		
尿液分析			
尿源	导尿		
尿色	黄色		
浊度	混浊		
相对密度	1.012		
pH	5.5		
蛋白	阴性		
葡萄糖	4+		
酮	中等		
胆红素	1+		
血细胞	阴性		
沉淀物	2～4个红细胞/高倍视野		
	2～3个白细胞/高倍视野		

（续）

尿液分析			
	过渡型细胞		
血清化学			
尿素氮	135	H	mg/dL
肌酐	3.0	H	mg/dL
总蛋白	7.3		g/dL
白蛋白	3.3		g/dL
白蛋白/球蛋白	0.83		
碱性磷酸酶	990	H	U/L
谷丙转氨酶	118	H	U/L
葡萄糖	740	H	mg/dL
钠	136	L	mmol/L
钾	3.6		mmol/L
氯化物	91	L	mmol/L
总二氧化碳	14	L	mmol/L
阴离子间隙	34.6	H	mmol/L
钙	9.0	L	mg/dL
磷	9.2	H	mg/dL
总胆红素	0.3		mg/dL
其他检测			
粪便：			
胰蛋白酶	减少		
脂肪（直接）	3+		
胰蛋白酶样免疫反应（TLI）	1.6	L	μg/L
叶酸	17.5	H	μg/L
钴胺素	180	L	ng/L
胰腺外分泌功能试验（BT-PABA）（峰值浓度）	0.8	L	μmol/L

问题分析：

1. 胰腺外分泌功能不全。

（1）粪便中是否存在脂肪和胰蛋白酶活性的筛选试验表明，脂肪酶和胰蛋白酶（蛋白酶）的活性较低。由于胰腺外分泌不足，因此，粪便胰蛋白酶消化试验结果可能是阴性。在一个健康的胰腺不活动期间（胰蛋白酶的生产可能是间歇性的），或胰蛋白酶在实验室检测之前在肠道或粪便中被细菌蛋白酶灭活。粪便胰蛋白酶消化试验的诊断作用有限，目前已采用了改进的诊断方法。

（2）血清 TLI 和 BT-PABA 分解减少（<26.2μmol/L）分别表明胰蛋白酶原和胰凝乳蛋白酶缺乏。

（3）高叶酸和低钴胺素浓度可反映肠道细菌过度生长，因为缺乏胰酶的抑菌作用。

2. 糖尿病。高血糖、尿糖和酮尿是实验室检测胰岛素功能是否缺陷的有效指标。酮尿症比酮血症更容易被发现，并表明负能量平衡。

3. 肝细胞疾病。

(1) ALP活性增加，提示肝内胆汁淤积，是由于肝细胞肿胀压迫胆管所致。然而，一些患有糖尿病的犬也会因为类固醇同工酶的诱导而增加ALP活性。在糖尿病，由于葡萄糖是由氨基酸产生的，负能量平衡可以促进肝细胞糖原和脂质被消耗为能量（β-脂质氧化）。

(2) ALT活性增加表明肝细胞膜通透性增加。

(3) 胆红素尿反映胆汁淤积，在高胆红素血症发生之前即可出现。

4. 肾功能衰竭。

(1) 等渗尿的特征是尿液密度为1.008～1.012。肾脏既不稀释（密度＜1.008），也不会浓缩（密度＞1.012）尿液。临床脱水和尿密度检查提示肾功能衰竭。脱水时，肾脏因脱水刺激可通过浓缩尿液以保存体液。

(2) 肾小球滤过率下降导致氮质血症。氮质血症可能来源于肾前性、肾性或肾后性。由于尿液样本排空，排除肾后性氮质血症。脱水可引起肾前性氮质血症。然而，尿液浓度不足也可提示为肾性氮质血症。

(3) 高磷血症和低钙血症与肾脏疾病有关。这些变化可能是由于患病肾脏减少1,25-二羟胆钙化醇的产生。Ca×P乘积高（9.0×9.2＝82.8），提示可能包括肾钙质沉着在内的软组织矿化倾向。

5. 慢性肾病贫血。正常红细胞、正色素性、非再生性贫血提示慢性肾脏疾病导致促红细胞生成素生成缺陷。

6. 代谢性酸中毒，阴离子间隙增加。降低的总二氧化碳浓度和高阴离子间隙表明滴定酸中毒。在这种情况下，血浆中碳酸氢盐被尿酸和酮酸滴定。来自尿毒症和酮症酸中毒的不可测量阴离子浓度的增加提高了阴离子间隙。

7. 低钠血症、正常血钾和低氯血症。钠离子和氯离子在糖尿和肾脏疾病引起的渗透性利尿中丢失。钾离子也在丢失，但由于酸中毒时引起细胞内钾离子转移到细胞外液中，从而维持正常血钾。氯化物也可能通过呕吐流失。

总结：该犬对口服补充胰腺酶和胰岛素有反应。

病例16 炎症性肠病（吸收不良和蛋白质丢失性肠病）

基本信息：德国牧羊犬，雌性，已绝育，5岁。

临床症状：腹泻2个月，体重减轻，食欲良好。

实验室数据：见表14.17。

表14.17 实验室数据（16）

血液学			
血细胞比容	39.0		%
红细胞形态	正常		
血小板	正常		
白细胞	11.34		$\times10^3/\mu L$
分叶核中性粒细胞	9.571（87%）		$\times10^3/\mu L$
淋巴细胞	0.339（3%）	L	$\times10^3/\mu L$
单核细胞	0.678（6%）		$\times10^3/\mu L$
嗜酸性粒细胞	0.339（3%）		$\times10^3/\mu L$
嗜碱性粒细胞	0.113（1%）		$\times10^3/\mu L$
白细胞形态	正常		

（续）

尿液分析			
尿源	自然排尿		
颜色	黄色		
浊度	清亮		
相对密度	1.033		
pH	6.5		
蛋白	阴性		
其他化学物质	阴性		
沉淀物	无		
血清化学			
尿素氮	14		mg/dL
肌酐	1.2		mg/dL
总蛋白	3.21	L	g/dL
白蛋白	1.4	L	g/dL
白蛋白/球蛋白	0.78		
碱性磷酸酶	102		U/L
谷丙转氨酶	42		U/L
葡萄糖	70	L	mg/dL
钠	145		mmol/L
钾	4.5		mmol/L
氯化物	121		mmol/L
总二氧化碳	19		mmol/L
阴离子间隙	9.5		mmol/L
钙	8.4	L	mg/dL
其他检测			
血清胰蛋白酶样免疫反应	15.5		μg/L
粪便			
胰蛋白酶	有		
脂肪（直接）	1+		
脂肪（酸+热）	3+		
寄生虫	阴性		
脂肪的吸收			
预给料	血浆清亮		
2h 后喂养	血浆清亮		
3h 后喂养	血浆清亮		
D-木糖吸收：			
禁食	1.2		mg/dL
30 min	18.2		mg/dL
60 min	23.4	L	mg/dL
90 min	29.1	L	mg/dL
120 min	30.2	L	mg/dL
180 min	27.1		mg/dL

问题分析：

1. 吸收不良。

(1) 粪便脂肪筛选试验说明有脂肪泻，主要由分解的脂肪组成。加入醋酸，加热后，游离的脂肪酸和甘油重新组合成甘油三酯，用苏丹Ⅲ染色呈现为红橙滴状物。

(2) 脂肪未被吸收，意味着吸收不良，因为粪便中有大量的分解脂肪，说明有胰腺脂肪酶生成。

(3) D-木糖吸收不足（峰值<45 mg/dL），进一步说明了吸收不良。D-木糖是一种简单的糖，本应很容易被吸收进入血液。

(4) 粪便筛选试验中，蛋白酶具有活性，且血清 TLI 浓度在参考范围内，意味着胰腺外分泌功能正常。因此，实验检测中出现的异常，是由于吸收问题，而不是消化问题。

2. 低蛋白血症、低白蛋白血症和 A/G 比值在参考范围内。低蛋白血症的特征是低白蛋白血症、低球蛋白血症（经计算得出），且 A/G 比值在参考范围内。白蛋白和球蛋白的同时丢失，意味着发生了低蛋白血症。但临床上并未出现低蛋白血症的相关症状，如出血、肝病和蛋白尿。因此，根据肠道疾病的症状，判定为蛋白质吸收不良和/或肠道蛋白丢失。

3. 低血糖症。碳水化合物的吸收不良，导致血糖浓度降低。

4. 低钙血症。用低蛋白血症的校正公式［8.4－0.4（3.21）＋3.3＝10.4］可将钙浓度调节到参考范围内，说明血清钙浓度降低是由低白蛋白血症所引起的。健康状态下，大约 40%的血清钙与蛋白结合，尤其是白蛋白。在低白蛋白血症时，若通过比色法测量总钙，常常会出现低钙血症现象。现在并未出现低钙血症的症状，很可能是因为钙离子（生物活性）仍在参考范围内。

5. 淋巴细胞减少。肠道淋巴液是富含淋巴细胞的传入淋巴液，肠道淋巴液流失进入肠腔，导致了淋巴细胞减少和肠道蛋白减少。

总结：通过肠道活检，诊断为炎症性肠病。严重的炎症性肠道疾病可能与蛋白丢失性肠病、淋巴细胞流入肠腔、脂肪吸收不良有关。另一种机制，如肠道细菌过度生长，造成 D-木糖吸收异常，因为单糖是被吸收到门静脉血中而不是淋巴管内。

病例 17　肌肉疾病、肌红蛋白尿性肾病

基本信息：夸特马，雌性，5 岁

临床症状：大量出汗，发热，僵硬，臀部肌肉触诊疼痛，少尿。

实验室数据：见表 14.18。

表 14.18　实验室数据（17）

血液学			
血浆颜色	淡黄色		
血细胞比容	37		%
血红蛋白	13		g/dL
红细胞形态	正常		
血小板	正常		
白细胞	16.1	H	$\times 10^3/\mu L$
分叶核中性粒细胞	11.916 (74%)	H	$\times 10^3/\mu L$
杆状核中性粒细胞	0.483 (3%)	H	$\times 10^3/\mu L$
淋巴细胞	2.415 (15%)		$\times 10^3/\mu L$
单核细胞	1.288 (8%)	H	$\times 10^3/\mu L$
嗜酸性粒细胞	0		$\times 10^3/\mu L$

（续）

	血液学		
嗜碱性粒细胞	0		$\times 10^3/\mu L$
白细胞形态	正常		
纤维蛋白原	850	H	mg/dL
	血清化学		
尿素氮	70	H	mg/dL
肌酐	4.7	H	mg/dL
总蛋白	6.6		g/dL
白蛋白	2.9		g/dL
白蛋白/球蛋白	0.78		
天门冬氨酸氨基转移酶	960	H	U/L
肌酸激酶	640	H	U/L
葡萄糖	90		mg/dL
钙	11.2		mg/dL
磷	5.4	H	mg/dL
	尿液分析		
尿源	插管		
颜色	棕色		
浊度	云雾状		
相对密度	1.020		
pH	7.5		
蛋白	2+		
葡萄糖	阴性		
酮	阴性		
胆红素	阴性		
潜血	4+		
沉淀物	0～1个红细胞/高倍视野 4～5个白细胞/高倍视野 2～3颗粒管型/高倍视野 碳酸钙晶体		

问题分析：

1. 白细胞增多、中性粒细胞增多、核左移和单核细胞增多，与炎症的白细胞血象一致。

（1）中性粒细胞增多，说明组织对吞噬细胞的需求增加。

（2）核左移，在大动物中表现不明显，这表明骨髓中成熟的和储存池中的分叶核中性粒细胞将消耗待尽。中性粒细胞从骨髓进入血液需要一定的时间过程。

（3）单核细胞增多可发生于急性和慢性疾病。该马单核细胞增多，说明组织有吞噬的需求。血液中的单核细胞为组织吞噬细胞提供了更换池。

2. 高纤维蛋白原血症。纤维蛋白原是一种积极的炎症急性期反应物，在炎症过程中它的浓度会增加。纤维蛋白原通常作为大动物全血计数的一部分，因为它是炎症的早期指标，甚至在白细胞象变化前即可观察到。

3. 肌红蛋白尿。

（1）血尿、血红蛋白尿以及肌红蛋白尿均可使尿液变为棕色或棕红色。在尿液沉淀物中没有出现大量红细胞，可以排除血尿。血红蛋白尿时，血浆变为红色，而该马的血浆为浅黄色，可能是由于从饲料中的摄入了β-胡萝卜素而引起的。肌红蛋白尿通常不会引起血浆变色，且肌红蛋白大小只有血红蛋白的 1/4，可迅速从血浆滤出到尿液中。在尿沉淀物中未检出红细胞，且血浆未呈现红色，表明存在肌红蛋白尿。

(2) 完整的红细胞、血红蛋白和肌红蛋白均可以引起尿液试剂条潜血阳性反应，因为它们都具有过氧化物酶活性。

(3) 蛋白尿。尿液试剂条蛋白阳性，常见于白蛋白大量丢失、炎症、血红蛋白尿或肌红蛋白尿。但是，尿液沉淀物检查排除了血尿和脓尿（炎症）。综上所述，排除了血红蛋白尿的可能性。

4. 肌肉疾病。

(1) 天门冬氨酸氨基转移酶活性增加。AST 是存在于多种细胞中的一种胞浆酶。AST 活性增加常发生于肝病、肌肉疾病和体内外溶血。因为血浆没有变红，且用于生化检测的血清样本也呈红色，因此，基本可以排除溶血。山梨醇脱氢酶（SDH）检测排除了肝细胞损伤。因此，该马 AST 活性增加，很可能是肌肉萎缩或肌肉坏死所导致的。

(2) 肌酸激酶活性增加，表明肌肉损伤。血清中的 CK 活性对成年动物的横纹肌损伤具有相对特异性。连续测定 CK 活性将揭示肌肉疾病是持续性的、进行性的，还是消退性的。

5. 肾功能衰竭。

(1) 氮质血症包括有肾前性、肾性和肾后性的原因。如果大量出汗，且饮水受到限制，该马可能存在脱水。然而，体检并未发现脱水现象。通过导尿获得了尿样，也排除了肾后性阻塞。因此，氮质血症可能是肾源性的。

(2) 尿密度降低，但未达到等渗尿范围（1.008～1.012）。

(3) 高磷血症意味着肾小球滤过率下降，可能是肾衰竭的结果。但肌肉坏死也可导致高磷血症。

(4) 出现颗粒管型，表明有不同程度的肾小管疾病。

总结：根据病史、临床症状和实验室检查，诊断为原发性肌肉疾病，同时伴有横纹肌溶解症、继发性肌红蛋白尿性肾病和肾功能衰竭。

病例 18 急性肾功能衰竭（乙二醇中毒）

基本信息：拉布拉多猎犬，雌性，1 岁。

临床症状：嗜睡、抑郁、共济失调、呕吐、脱水、少尿。

实验室数据：见表 14.19。

表 14.19 实验室数据（18）

血液学			
血细胞比容	56.5	H	%
血红蛋白	18.6	H	g/dL
红细胞	7.93	H	$\times 10^6/\mu L$
平均红细胞体积	71.3		fL
平均红细胞血红蛋白量	23.5		pg
平均红细胞血红蛋白浓度	32.9		%
红细胞形态	正常		
血小板	357		$\times 10^3/\mu L$
白细胞	29.7	H	$\times 10^3/\mu L$
分叶核中性粒细胞	26.433 (89%)	H	$\times 10^3/\mu L$

（续）

	血液学		
杆状核中性粒细胞	2.079（7%）	H	$\times10^3/\mu L$
淋巴细胞	0.594（2%）		$\times10^3/\mu L$
单核细胞	0.594（2%）		$\times10^3/\mu L$
嗜酸性粒细胞	0		$\times10^3/\mu L$
嗜碱性粒细胞	0		$\times10^3/\mu L$
白细胞形态	正常		
	尿液分析		
尿源	膀胱穿刺		
颜色	淡黄色		
浊度	清亮		
相对密度	1.011		
pH	6.0		
蛋白	1+		
葡萄糖	1+		
酮	阴性		
胆红素	阴性		
血细胞	阴性		
沉淀物	一水草酸钙结晶		
	血清化学		
尿素氮	75	H	mg/dL
肌酐	5.7	H	mg/dL
总蛋白	8.2	H	g/dL
白蛋白	3.1		g/dL
白蛋白/球蛋白	0.61		
碱性磷酸酶	83		U/L
谷丙转氨酶	28		U/L
葡萄糖	141	H	mg/dL
钠	143		mmol/L
钾	5.5	H	mmol/L
氯化物	99	L	mmol/L
总二氧化碳	5	L	mmol/L
阴离子间隙	39	H	mmol/L
钙	8.6	L	mg/dL
磷	10.2	H	mg/dL
	血气分析		
pH	7.237	L	
HCO_3^-	11.5	L	mmol/L
二氧化碳分压	27.1	L	mmHg

问题分析：

1. 肾功能衰竭。氮质血症时出现了等渗尿，说明肾功能衰竭。高磷血症反映了肾小球滤过率下降。防冻剂中的防腐剂也是磷酸盐的来源。

2. 部分呼吸代偿性的代谢性酸中毒。血液 pH 下降（酸血症）、碳酸氢盐浓度下降和二氧化碳分压下降，表明是部分呼吸代偿性的代谢性酸中毒。阴离子间隙增高表明为滴定性酸中毒。乙二醇代谢产物和尿酸引起了阴离子间隙增高。

3. 红细胞增多和高蛋白血症。脱水能引起相对高蛋白血症，且 A/G 比值仍保持在参考范围内。高/正常血细胞比容也可能是脱水所致。

4. 一水草酸钙结晶尿。该发现高度提示乙二醇酸中毒。

5. 蛋白尿。没有血尿或脓尿，仅有轻度蛋白尿，表明是肾源性的蛋白尿，可能是肾小管疾病所致的。

6. 轻度高血糖。儿茶酚胺的释放会诱发高血糖。血糖值须超过 180 mg/dL 才能产生糖尿。此外，结晶沉积会诱发严重的肾小管性肾病，导致急性肾病，随后伴有轻度糖尿。如果急性乙二醇中毒破坏了大量的肾小管上皮细胞，肾小球滤液中的葡萄糖将不会被重吸收，在正常血糖或不超过肾阈值的轻度高血糖的情况下，将会发生轻度糖尿。

7. 等渗性脱水、低氯血症和高钾血症。水和钠离子呈等比例的丢失。低氯血症可能是呕吐引发的。酸血症引起了 K^+ 向细胞外液转移，以交换 H^+。虽然呕吐可能导致 K^+ 流失，少尿却阻碍了大量 K^+ 的排出。这些变化的平衡导致了现在的高钾血症。

8. 低钙血症。肾功能衰竭可通过多种机制引起低钙血症；而草酸钙结晶的形成，也可能导致该犬的血钙浓度降低。

9. 炎性白细胞。中性粒细胞增多，且核左移，提示该犬有严重的炎症。

总结：经尸检，诊断为草酸盐肾病。乙二醇中毒导致肾功能衰竭、高阴离子间隙、低钙血症和一水草酸钙结晶尿。根据肾小管的肾病程度，在正常血糖或轻度高血糖的情况下可发生轻度糖尿。血浆试验证实为早期乙二醇中毒，因此，可以在肾病和结晶尿发生之前进行治疗。丙二醇（一种食品防腐剂）或甘油可导致假阳性的试验结果。如果在摄入乙二醇超过 12h 后才获得血样，乙二醇已经转化为其他有毒代谢物，则可能出现假阴性的试验结果。

病例 19　肾淀粉样变（肾病综合征）

基本信息：波音达猎犬，雄性，6 岁。

临床症状：呕吐、多渴多尿、坠积性水肿、腹水。

实验室数据：见表 14.20。

表 14.20　实验室数据（19）

血液学			
血细胞比容	18	L	%
血红蛋白	6.3	L	g/dL
红细胞	2.51	L	$\times 10^6/\mu L$
平均红细胞体积	71		fL
平均红细胞血红蛋白量	20.6		pg
平均红细胞血红蛋白浓度	35.0		%
网织红细胞	0		%
网织红细胞绝对计数	0		$\times 10^3/\mu L$
红细胞形态	正常		

（续）

	血液学		
血小板	正常		
白细胞	20.1	H	$\times10^3/\mu L$
分叶核中性粒细胞	18.894 (94.0%)	H	$\times10^3/\mu L$
杆状核中性粒细胞	0		$\times10^3/\mu L$
淋巴细胞	0.704 (3.5%)		$\times10^3/\mu L$
单核细胞	0.301 (1.5%)		$\times10^3/\mu L$
嗜酸性粒细胞	0.201 (1.0%)		$\times10^3/\mu L$
嗜碱性粒细胞	0		$\times10^3/\mu L$
白细胞形态	正常		
	尿液分析		
尿源	自然排尿		
颜色	黄色		
浊度	云雾状		
相对密度	1.016		
pH	7.0		
蛋白	4+		
葡萄糖	阴性		
酮	阴性		
胆红素	阴性		
血细胞	阴性		
沉淀物	1~2个红细胞/高倍视野		
	2~5个白细胞/高倍视野		
	颗粒管型		
	无定形结晶		
	血清化学		
尿素氮	133	H	mg/dL
肌酐	4.1	H	mg/dL
总蛋白	3.3	L	g/dL
白蛋白	0.7	L	g/dL
白蛋白/球蛋白	0.28	L	
碱性磷酸酶	43		U/L
谷丙转氨酶	21		U/L
葡萄糖	112		mg/dL
钠	151		mmol/L
钾	5.1		mmol/L
氯化物	124		mmol/L
总二氧化碳	17		mmol/L
阴离子间隙	15.1		mmol/L
钙	8.4	L	mg/dL
磷	6.9	H	mg/dL
胆固醇	530	H	mg/dL

（续）

其他检测
腹水分析：清亮无色
有核细胞计数=200个细胞/μL
未退化中性粒细胞、巨噬细胞、间皮细胞
蛋白质≤2.5 g/dL
意见：渗出液
尿蛋白/尿肌酐=12.2

问题分析：

1. 慢性肾病性贫血。正色素性、正红细胞性、非再生性贫血，伴随着氮质血症，通常是慢性肾病的结果。因慢性肾病，肾小管周围间质细胞受损，使促红细胞生成素的分泌减少。

2. 应激性白细胞象。中性粒细胞无核左移，淋巴细胞计数低/正常，意味着全身性应激。慢性炎症时，也能见到相似的白细胞象。

3. 可能患有早期肾功能衰竭。氮质血症和尿密度降低，说明肾浓缩功能下降，或者说明可能是早期肾功能衰竭。此外，还有明显的蛋白尿。

（1）氮质血症可源于肾前性、肾性或肾后性。肾后性氮质血症可以被排除，因为尿液样本是通过自然排尿采集的。呕吐可能会导致肾前性氮质血症，但在体检中未发现脱水现象。因此，氮质血症可能是肾性的。

（2）多尿和多渴，通常会伴着尿密度降低。肾脏浓缩功能丧失，可导致多尿和继发性多渴。当发生原发性肾小球病变（如肾淀粉样变、肾小球肾炎）时，氮质血症的出现会先于尿液浓缩功能的丧失，这种类型被称为肾小球管失衡。通常情况下，肾衰竭时，最早出现异常的是肾小管功能障碍。呕吐会造成体液丢失。因此，只要不是刚刚开始呕吐，尿液就会浓缩以维持机体内的水分。

4. 肾性蛋白尿。4+无明显细胞沉积的蛋白尿，潜血反应为阴性（排除了血尿、血红蛋白尿和肌红蛋白尿，说明这是肾源性蛋白尿。在稀释的尿液中含有如此多的蛋白，说明有白蛋白的丢失。尿蛋白/尿肌酐比值>3，说明蛋白尿是肾小球性的。在发生肾淀粉样变性时，观察到的尿蛋白/尿肌酐比值是最高的。

5. 低蛋白血症，低白蛋白血症，低球蛋白血症和A/G下降。低蛋白血症主要是尿中白蛋白损失造成的。低白蛋白血症和/或高球蛋白血症常导致A/G降低。该犬出现了低球蛋白血症，可能是球蛋白经肾脏丢失的。然而，尿液中表现丢失的是大量的白蛋白。肾小球淀粉样蛋白沉积的初期，会导致白蛋白的选择性丢失，而随着疾病的进展，更大的蛋白质分子（球蛋白）也可能通过尿液丢失。

6. 低钙血症。低钙血症是低蛋白血症的一种反映。血清中的钙，50%呈离子状态，40%与蛋白质结合，特别是白蛋白，10%与阴离子络合，如磷酸盐和柠檬酸盐。因此，如果用比色分光光度法测定总钙，低蛋白血症会导致明显的低钙血症。除非钙离子浓度降低，否则，低钙血症的临床症状通常并不明显。用数学公式校正低白蛋白血症状态下的血钙浓度，结果显示血钙浓度（10.4mg/dL）正常。低钙血症也偶发于肾功能衰竭时。

7. 高磷血症。患有肾脏疾病的犬，经常可以检测到高磷酸盐血症。这种异常反映出肾小球滤过率降低。

8. 高胆固醇血症。低白蛋白血症引起了渗透压降低，刺激了胆固醇的合成。

9. 低蛋白腹水和水肿。严重的低白蛋白血症导致血浆渗透压降低，并伴有低蛋白腹水和/或水肿。水肿可能是全身性的，但受重力影响，可能导致水肿在腹部和四肢最明显（坠积性水肿）。

总结：通过肾活检，诊断为肾淀粉样变。肾病综合征是由原发性肾小球疾病所引起的，以水肿、低蛋白血症、蛋白尿和高胆固醇血症为特征。

病例 20 猫下泌尿道疾病（猫泌尿综合征）

基本信息：家养短毛猫，公，3 岁。

临床症状：厌食，抑郁，呕吐，无法排尿，紧张，腹部肿大。

实验室数据：见表 14.21。

表 14.21 实验室数据（20）

血液学			
血细胞比容	39		%
红细胞形态	正常		
血小板	正常		
白细胞	18.4	H	$\times10^3/\mu L$
分叶核中性粒细胞	16.928（92%）	H	$\times10^3/\mu L$
杆状核中性粒细胞	0		$\times10^3/\mu L$
淋巴细胞	1.452（8%）	L	$\times10^3/\mu L$
单核细胞	0		$\times10^3/\mu L$
嗜酸性粒细胞	0		$\times10^3/\mu L$
嗜碱性粒细胞	0		$\times10^3/\mu L$
白细胞形态	正常		
尿液分析			
尿源	膀胱穿刺术		
颜色	红棕色		
浊度	云雾状		
相对密度	1.031		
pH	7.5		
蛋白	3+		
葡萄糖	阴性		
酮	阴性		
胆红素	阴性		
血细胞	4+		
沉淀物	大量的红细胞		
	15～20 个白细胞/高倍视野		
	三磷酸盐晶体		
	3+杆菌		
血清化学			
尿素氮	169	H	mg/dL
肌酐	13.6	H	mg/dL
总蛋白	6.9		g/dL
白蛋白	2.9		g/dL
白蛋白/球蛋白	0.73		

（续）

血清化学			
碱性磷酸酶	22		U/L
谷丙转氨酶	26		U/L
葡萄糖	175	H	mg/dL
钠	138	L	mmol/L
钾	7.9	H	mmol/L
氯化物	102	L	mmol/L
总二氧化碳	10	L	mmol/L
阴离子间隙	30.9	H	mmol/L
钙	10.1		mg/dL
磷	11.2	H	mg/dL

问题分析：

1. 应激性白细胞象。中性粒细胞增多，无明显核左移，淋巴细胞减少，嗜酸性粒细胞减少，表明应激后（疼痛性疾病）继发了内源性皮质类固醇的释放。

2 出血性膀胱炎和尿路感染。

（1）尿蛋白试剂条（试纸条）反应阳性、潜血以及尿沉淀物中大量的红细胞，均表明为血尿。

（2）根据尿沉淀物检查的结果（15～20 个白细胞/高倍视野），还有脓尿。表明蛋白尿是因出血和炎症导致的。

（3）菌尿。尿液是通过膀胱穿刺采集的，排除了因生殖道来源的出血、白细胞和菌尿。尿液存在细菌，确认为尿路感染。

3. 肾后性氮质血症。要诊断为肾后性氮血症，必须有尿路梗阻的临床症状。尿路梗阻时，可能发生肾浓缩异常，也可能不发生。

4. 高血糖。高血糖症可能是内源性皮质醇和/或儿茶酚胺释放所引起的。

5. 代谢性酸中毒、高阴离子间隙、低钠血症、低氯血症和高钾血症。

（1）代谢性酸中毒是因碳酸氢盐被尿酸中和而引起的。

（2）高阴离子间隙是因为存在未测定的阴离子。尿酸可造成该变化。休克时积累乳酸也可能会造成该变化。

（3）血钠降低，而临床上水含量正常，表明机体总 Na^+ 浓度降低。呕吐导致 Cl^- 丢失，发生低氯血症。

（4）高钾血症是无尿的后遗症，因为无法将过量的 K^+ 通过尿液中排出体外。酸中毒也可能是原因之一。

（5）总二氧化碳浓度降低，意味着酸中毒。酸中毒常并发高钾血症，因为它导致细胞内的 K^+ 外流，以置换 H^+ 进入细胞内液。

6. 高磷酸盐血症，进一步证明了肾小球的滤过减少。

总结：导尿清除了尿道结石。随着支持治疗的进行，危及生命的高钾血症和其他实验室异常指标逐渐消退。

病例 21 急性败血性乳腺炎

基本信息：荷斯坦奶牛（雌性），6 岁。

临床症状：12h 内乳腺持续发热、肿胀，牛奶呈淡黄色水样，发热，食欲不振。

实验室数据：见表 14.22。

表 14.22 实验室数据（21）

血液学			
血细胞比容	37		%
血红蛋白	12.2		g/dL
红细胞形态	正常		
血小板	正常		
白细胞	5.9		$\times 10^3/\mu L$
分叶核中性粒细胞	0.708（12%）	L	$\times 10^3/\mu L$
杆状核中性粒细胞	1.829（31%）	H	$\times 10^3/\mu L$
其他白细胞	0.177（3%）	H	$\times 10^3/\mu L$
淋巴细胞	2.891（49%）		$\times 10^3/\mu L$
单核细胞	0.295（5%）		$\times 10^3/\mu L$
嗜酸性粒细胞	0		$\times 10^3/\mu L$
嗜碱性粒细胞	0		$\times 10^3/\mu L$
白细胞形态	胞质嗜碱性和空泡形成		
纤维蛋白原	1 400	H	mg/dL
血清化学			
尿素氮	21		mg/dL
总蛋白	7.6		g/dL
白蛋白	3.2		g/dL
白蛋白/球蛋白	0.73		
谷草转氨酶	210	H	U/L
葡萄糖	222	H	mg/dL
钠	151		mmol/L
钾	4.2		mmol/L
氯化物	102		mmol/L
总二氧化碳	22		mmol/L
阴离子间隙	31.2	H	mmol/L

问题分析：

1. 最急性型化脓性炎症疾病。

（1）牛中性粒细胞减少、退行性核左移和中性粒细胞的毒性变化，说明发生了最急性型炎症疾病。退行性核左移表明骨髓不能满足组织对吞噬细胞的需求，并且骨髓中的分叶核中性粒细胞的成熟和储存池耗尽。进行连续血象检查，若中性粒细胞数量增加，则表明组织对吞噬细胞的需求有良好的反应；若中性粒细胞持续不断的减少，则表示预后不良。中性粒细胞的毒性变化，反映了该奶牛患有严重细菌感染和毒血症。

（2）高纤维蛋白原血症也意味着最急性炎症性疾病。发生炎症时，这种急性期反应物的浓度会增加。高纤维蛋白原血症可表明，在白细胞血象发生明显变化之前，已经发生了炎症。

2. 谷草转氨酶活性升高。有多种细胞具有 AST 活性。血清酶活性的增加通常伴随着肝脏疾病、肌肉损伤、体内或肝细胞溶血。血浆（用于 CBC 计数）或血清（用于生化分析）中，未提及溶血。因此，AST 活性增加，可能提示有肝细胞或肌肉疾病。SDH 活性增加，可证实有肝脏疾病，而 CK 活性增加，则证实了肌肉损伤。

3. 高血糖。高血糖症可能意味着该奶牛体内有内源性儿茶酚胺的释放。

4. 高阴离子间隙。阴离子间隙增高，表示未测量阴离子的浓度增加。乳酸盐的产生，可能是因继发于休克。酮病也可导致阴离子间隙增加，可以在尿常规分析中用试剂条进行检测。经中和作用，酮酸和乳酸都会降低血浆中的碳酸氢盐。由于总二氧化碳在参考范围内，因此，怀疑伴有碱中毒（由于胃内返流），引起了混合型代谢性酸中毒和碱中毒。若进行血气分析，将会更好地分析酸碱失衡的情况。

总结：临床诊断为急性败血性乳腺炎。根据最初的实验室数据分析，预后较差。虽然临床上未发现电解质失衡，但阴离子间隙的增加，说明存在另一种隐匿性的酸中毒。

病例 22 肾病和肾周出血

基本信息：赫里福德奶牛（雌性），12 岁。

临床症状：血尿，临床脱水约为 8%。

实验室数据：见表 14.23。

表 14.23 实验室数据（22）

	血液学		
血细胞比容	30		%
红细胞形态	正常		
血小板	增加		
白细胞	9.338		$\times10^3/\mu L$
分叶核中性粒细胞	7.740（80%）	H	$\times10^3/\mu L$
杆状核中性粒细胞	0		$\times10^3/\mu L$
淋巴细胞	1.307（14%）	L	$\times10^3/\mu L$
单核细胞	0.373（4%）		$\times10^3/\mu L$
嗜酸性粒细胞	0.093（1%）		$\times10^3/\mu L$
嗜碱性粒细胞	0.093（1%）		$\times10^3/\mu L$
白细胞形态	正常		
纤维蛋白原	1 800	H	mg/dL
	尿液分析		
尿源	自然排尿		
颜色	红色		
浊度	乌云状		
相对密度	1.018		
pH	7.0		
蛋白	3+		
葡萄糖	2+		
酮	阴性		
胆红素	阴性		
血细胞	4+		
沉淀物	大量红细胞/高倍视野		
	1~2 颗粒管型/高倍视野		
	血清化学		
尿素氮	161	H	mg/dL

（续）

血清化学			
肌酐	10.5	H	mg/dL
总蛋白	8.2	H	g/dL
白蛋白	3.1	H	g/dL
白蛋白/球蛋白	0.61		
谷草转氨酶	97		U/L
葡萄糖	498	H	mg/dL
钠	115	L	mmol/L
钾	2.2	L	mmol/L
氯化物	50	L	mmol/L
总二氧化碳	38.3	H	mmol/L
阴离子间隙	28.9	H	mmol/L
钙	7.3	L	mg/dL
磷	8.5	H	mg/dL
其他检测			
血气分析（静脉）			
HCO_3^-	37.1	H	mmol/L
二氧化碳分压	37.7		mmHg
pH	7.483	H	

问题分析：

1. 全身应激，可能有炎症。虽然白细胞数在参考范围内，但中性粒细胞增多和淋巴细胞减少。中性粒细胞增多，说明有全身性应激或轻度炎症。通常在应激状态下可观察到淋巴细胞减少。内源性皮质醇释放可导致中性粒细胞增多和淋巴细胞减少；而早期炎症也可能产生上述变化。

2. 高纤维蛋白原血症。高纤维蛋白原血症意味着炎症。高纤维蛋白原血症是一种炎症急性期反应物，炎症时，它在血浆中的浓度会增加。经热沉淀试验发现，通常在牛肾脏疾病及炎性疾病中可以观察到高纤维蛋白原血症。高纤维蛋白原血症是先于白细胞变化的，表明牛处于早期炎症阶段。

3. 血小板增多。反应性血小板增多通常伴随着出血。对血小板增多的判断是主观性的，主要基于对染色的血涂片的检查。血小板计数和 MPV 测定可以提供更准确的血小板数据。

4. 肾脏疾病。

（1）氮质血症的原因，可能是肾前、肾性或肾后性的。由于尿液标本来源于自然排尿，排除了肾后性氮质血症。脱水可导致氮质血症，但尿密度会较低。因此，尿密度低，且有 8%脱水，说明了肾功能衰竭。

（2）蛋白尿和血尿，可能与肾脏或下泌尿道病变有关。颗粒管型表明存在一定程度的管状病变。

5. 高蛋白血症、高白蛋白血症、A/G 在参考范围内。通过计算发现，还存在高球蛋白血症。A/G正常，表明白蛋白和球蛋白的浓度是成比例增加的。这种变化常继发于脱水和血浆水分的流失。瘤胃通常有大量的液体储备，而该牛存在 8%的脱水，说明脱水非常严重。

6. 高血糖，且伴有糖尿。病重或濒死牛，可观察到高血糖。儿茶酚胺和皮质醇的释放，可能会引起高血糖，但不能因此排除糖尿病。牛肾脏内葡萄糖的阈值为 100 mg/dL。血糖浓度已超过此阈值，就会发生糖尿。溶质利尿进一步加重了脱水。

7. 低钠脱水和低钾血症。牛肾脏疾病导致尿液的水钠丢失量超过液体和电解质的摄入量，因此，

全身 Na^+ 总含量非常低。低钾血症可能是继发于细胞外液钾平衡的改变（如口服摄入的钾离子减少，钾离子经尿排泄）和碱中毒。在碱中毒时，钾离子从细胞外液转移到细胞内液中。

8. 混合型代谢性碱中毒和酸中毒，低氯血症和阴离子间隙增加。

(1) 牛患肾脏疾病时，常见血浆总二氧化碳和 HCO_3^- 浓度增高（代谢性碱中毒）和低氯血症，这是因为上消化道淤滞和皱胃盐酸的功能性丧失所致的。

(2) 血气分析证实了碱血症。二氧化碳分压在参考范围内，表明尚未发生呼吸补偿。

(3) 阴离子间隙增加，表明尿毒症的酸、磷酸（磷浓度很高）和乳酸（休克）等血浆缓冲系统中和了代谢性酸中毒。此时，2 种异常之间相互平衡，结果导致了碱血症。

9. 低钙血症和高磷酸盐血症。低钙血症常见于牛肾病。高磷酸盐血症可能与脱水以及肾脏疾病引起的 GFR 降低有关。

总结：经尸检及病理组织学检查，诊断为单侧肾周出血和双侧肾病。但未确定引发这些病变的病因。

病例 23 皱胃右侧移位

基本信息：泽西奶牛（雌性），2.5 岁。

临床症状：厌食，产奶量减少，瘤胃弛缓，肠弛缓，呼吸频率减少，临床脱水约为 3%。

实验室数据：见表 14.24。

表 14.24 实验室数据（23）

血液学			
血细胞比容	36.7		%
血红蛋白	12.6		g/dL
红细胞	8.89		$\times10^6/\mu L$
平均红细胞体积	41.3		fL
平均红细胞血红蛋白量	13.6		pg
平均红细胞血红蛋白浓度	34.3		%
红细胞形态	正常		
血小板	充足		
白细胞	16.8	H	$\times10^3/\mu L$
分叶核中性粒细胞	12.264 (73%)	H	$\times10^3/\mu L$
杆状核中性粒细胞	0.168 (1%)		$\times10^3/\mu L$
淋巴细胞	2.856 (17%)		$\times10^3/\mu L$
单核细胞	1.512 (9%)		$\times10^3/\mu L$
嗜酸性粒细胞	0		$\times10^3/\mu L$
嗜碱性粒细胞	0		$\times10^3/\mu L$
白细胞形态	正常		
纤维蛋白原	700	H	mg/dL
尿液分析			
尿源	自然排尿		
颜色	淡黄色		
浊度	清亮		
相对密度	1.012		
pH	5.0		
蛋白	阴性		

（续）

尿液分析			
葡萄糖	2+		
酮	阴性		
胆红素	阴性		
血细胞	阴性		
沉淀物	阴性		
血清化学			
肌酐	2.1		mg/dL
葡萄糖	231	H	mg/dL
钠	136		mmol/L
钾	3.1	L	mmol/L
氯化物	86	L	mmol/L
总二氧化碳	40.0	H	mmol/L
阴离子间隙	13.1		mmol/L
钙	8.6		mg/dL
其他检测			
血气分析（静脉）			
HCO_3^-	38.4	H	mmol/L
二氧化碳分压	52.6	H	mmHg
pH	7.492	H	

问题分析：

1. 中性粒细胞增多。无核左移的中性粒细胞增多会发生在一些非炎症状态下，如皱胃移位。这可能是因轻度炎症或内源性皮质醇释放而引起的。

2. 高纤维蛋白原血症。高纤维蛋白原血症说明有炎症，提示白细胞改变不仅仅是应激的结果。高纤维蛋白原血症先于白细胞变化的，说明该牛处于炎症早期。

3. 高血糖和糖尿。牛的高血糖通常是一过性的，可能是由内源性儿茶酚胺或皮质类固醇释放所引起的。在短暂性高血糖期间，在非糖尿病的情况下，血糖浓度可能超过肾阈值（100mg/dL），并且会发生糖尿。

4. 代谢性碱中毒、低氯血症和反常的酸尿。皱胃移位造成盐酸在胃内积聚，血中 HCl 丢失，导致重吸收的 HCO_3^- 净值增加（总二氧化碳和 HCO_3^- 升高，碱中毒）和低氯血症。降低呼吸频率可以补偿碱中毒，增加 CO_2 分压，以便将 HCO_3^-/H_2CO_3 比例恢复至 20∶1（正常后比例约为 24∶1）。代谢性碱中毒后肾脏的校正通常包括，分泌过量的 HCO_3^-，保留 H^+ 离子。由于血浆和肾小球滤液中 Cl^- 和 K^+ 不足，HCO_3^- 取代 Cl^- 被重吸收。当肾重吸收 Na^+ 以恢复全身水量时，H^+ 取代了 K^+ 的分泌。这加重了碱中毒，导致了反常性的酸性尿。阴离子间隙在参考范围内，排除了该奶牛为滴定型代谢性酸中毒。

5. 低钾血症。厌食的草食动物由于口服电解质减少，而肾电解质持续丢失，常常造成 K^+ 的负平衡。此外，胃肠重吸收能力的下降（如皱胃变位），也导致细胞外液中 K^+ 的平衡发生变化。在碱中毒时，细胞外液中的 K^+ 与细胞内液中的 H^+ 发生交换，K^+ 发生内流，也可导致低钾血症。

总结： 通过剖腹手术证实为皱胃右侧变位，并在手术后得以复位。

病例 24　急性肺出血和水肿（急性百草枯中毒）

基本信息： 德国牧羊犬，雌性，2 岁。

医疗史：曾接触百草枯。在采集实验室检测用的血液和尿液样品之前，已连续静脉注射加有 KCl（总计 39mmol/L）的乳酸林格氏溶液（总容积 4 700 mL），给药时间超过 20h。

临床症状：严重呕吐，呼吸加深加快，呼吸时痛苦（呻吟）。

实验室数据：见表 14.25。

表 14.25 实验室数据（24）

	血液学		
血细胞比容	52.5	H	%
	尿液分析		
尿源	导尿管插入术		
颜色	淡黄色		
浊度	清晰		
相对密度	1.015		
pH	7.5		
化学成分	阴性		
沉淀物	无		
	血清化学		
尿素氮	58	H	mg/dL
葡萄糖	120		mg/dL
钠	127	L	mmol/L
钾	2.8	L	mmol/L
氯化物	78	L	mmol/L
总二氧化碳	26.8	H	mmol/L
阴离子间隙	25.0	H	mmol/L
	其他检测		
血气分析（动脉）			
HCO_3^-	25.5	H	mmol/L
二氧化碳分压	32.8		mmHg
pH	7.515	H	
氧分压	52.0	L	mmHg

问题分析：

1. 红细胞增多症。即使有输液用药史，红细胞仍然增多。相对红细胞增多可能是因严重呕吐、脱水所致。呕吐的动物通常会减少饮水。引起绝对红细胞增多的原因有高原慢性缺氧、左向右分流心脏病、肺病、肾囊肿或肿瘤（副肿瘤综合征），或真性红细胞增多症。真性红细胞增多症呈肿瘤性状态，在这种状态下，成熟红细胞的生成不再受到控制。

2. 可能有肾功能衰竭。

（1）氮质血症的有肾前性原因、肾性原因或肾后性原因。尽管实施了液体疗法，红细胞仍增多，说明可能有脱水和肾前性氮质血症。

（2）氮质血症和尿密度降低，说明可能有肾功能衰竭。但尿液密度降低也可能是因实施液体疗法后继发多尿所致的。

3. 低钠血症、低钾血症和低氯血症。由于采样时临床脱水症状不明显，原以为细胞外液正常或增加（可能有肺水肿）。实验数据表明，可能是静脉注射液中的 Na^+ 含量不足，导致了水中毒。低钾血症是长期液体疗法的常见后遗症，尤其是碱化的液体。在液体给药期间，细胞外液中的 K^+ 转移到细胞内液中，以换取细胞内液中的 H^+。利尿也可能产生钾尿症，而碱血症增强了 K^+ 从细胞外液向细胞内液的转移。低氯血症发生与低钠血症的原因相似，呕吐也可能导致低氯血症。

4. 低氧血症。动脉氧分压降低，呼吸加快，而 CO_2 分压正常，表明肺融合/扩散异常，如肺炎、肺水肿或肺栓塞。

5. 无代偿混合型代谢性碱中毒和代谢性酸中毒。轻度代谢性碱中毒（TCO_2 升高，HCO_3^- 升高）和缺乏呼吸代偿（CO_2 分压正常）造成了明显的碱血症。低氧血症能维持呼吸的驱动力，不会造成换气不足，二氧化碳分压也不增加，以至于无法补偿代谢性碱中毒。阴离子间隙增高，说明尿酸或乳酸酸中毒，还有并发滴定性酸中毒的可能。大量使用乳酸林格氏液也会增加血浆乳酸浓度和阴离子间隙。碳酸氢盐浓度增高，可能是由于静脉注射液体中添加了碳酸氢盐，或者乳酸盐转化为碳酸氢盐所造成的。

总结：通过尸检和组织病理学检查，可以诊断为肾脏疾病、肺出血和肺水肿。经毒理学分析，证明为百草枯中毒。百草枯是一种除草剂，可以导致间质性肺炎、肺泡Ⅱ型细胞增生，还可以导致肺纤维化，损害肺的正常功能。只有从动物摄入毒素后到死亡之间经过了足够长的时间，才会导致肺纤维化。

病例 25　灭鼠剂（香豆素）中毒

基本信息：德国牧羊犬，雄性，6 月龄。

医疗史：同窝的 1 只雌犬最近死于肺出血。

临床症状：后腿跛行、眼前房出血、血尿。

实验室数据：见表 14.26。

表 14.26　实验室数据（25）

血液学			
血细胞比容	30.0	L	%
血红蛋白	9.9	L	g/dL
红细胞	4.16	L	$\times 10^6/\mu L$
平均红细胞体积	72.1		fL
平均红细胞血红蛋白量	23.8		pg
平均红细胞血红蛋白浓度	33.0		%
网织红细胞	4.5	H	%
网织红细胞绝对值	187	H	$\times 10^3/\mu L$
红细胞形态	多色性		
血小板	350		$\times 10^3/\mu L$
白细胞	25.6	H	$\times 10^3/\mu L$
分叶核中性粒细胞	19.719 (77%)	H	$\times 10^3/\mu L$
杆状核中性粒细胞	0		$\times 10^3/\mu L$
淋巴细胞	1.792 (7%)		$\times 10^3/\mu L$
单核细胞	4.096 (16%)	H	$\times 10^3/\mu L$
嗜酸性粒细胞	0		$\times 10^3/\mu L$
嗜碱性粒细胞	0		$\times 10^3/\mu L$
白细胞形态	正常		
尿液分析			
尿源	自然排尿		
颜色	红色		

（续）

	尿液分析		
浊度	乌云状		
相对密度	1.040		
pH	6.5		
蛋白	4＋		
葡萄糖	阴性		
酮	阴性		
胆红素	阴性		
血细胞	4＋		
沉淀物	大量的红细胞/高倍视野		
	10～15 个白细胞/高倍视野		
	血清化学		
尿素氮	21		mg/dL
肌酐	1.3		mg/dL
总蛋白	5.2	L	g/dL
白蛋白	2.5	L	g/dL
白蛋白/球蛋白	0.93		
碱性磷酸酶	100		U/L
谷丙转氨酶	31		U/L
葡萄糖	111		mg/dL
钠	144		mmol/L
钾	4.0		mmol/L
氯化物	120		mmol/L
总二氧化碳	15		mmol/L
阴离子间隙	10		mmol/L
	其他检测		
纤维蛋白原	256		mg/dL
活化凝血时间	290	H	s
活化部分凝血活酶时间	35.7	H	s
凝血酶原时间	30.2	H	s
凝血酶时间	5.2		s
纤维蛋白降解产物	＜10		μg/mL
滑膜液分析：			
红色，乌云状，黏度降低			
黏蛋白凝块质量差			
有核细胞计数：$1.3\times10^{6}/\mu L$			
大量的红细胞			
20％中性粒细胞			
80％单核细胞和淋巴细胞			
巨噬细胞吞噬红细胞			
意见：关节积血			

问题分析：

1. 正常红细胞，正色素，再生性贫血。血细胞比容、血红蛋白和红细胞计数均下降，表明存在贫血。红细胞指数说明该贫血为正常红细胞性贫血和正色素性贫血。绝对网织红细胞计数表明有红细胞再生。这些实验室数据及临床表现的出血，均与出血性贫血一致。

2. 白细胞增多，中性粒细胞增多，单核细胞增多。出血后，通常会出现中性粒细胞增多和单核细胞增多。

3. 低蛋白血症，低白蛋白血症，边缘性低球蛋白血症，A/G 比值尚在参考范围内。低蛋白血症是由于出血时白蛋白和球蛋白同时丢失的结果。虽然这 2 种蛋白一起丢失，但 A/G 比值仍保持在参考范围内。测得的球蛋白浓度为 2.7 g/dL，位于参考范围的下限。因此，存在边缘性低球蛋白血症。

4. 凝血因子缺乏症，最有可能是获得性维生素 K 依赖性因子缺乏。可以排除血友病 A（因子Ⅷ缺陷）和血友病 B（因子Ⅸ缺陷），因为 APTT 和 PT 都延长了；而这些遗传性疾病中，通常只有 APTT 受伤会延长。血管性血友病的Ⅷ因子活性可能降低，但很少低到足以延长 APTT。正常血小板计数、TT 和 FDP 浓度、伴随着凝血时间的延长，往往排除急性无代偿性弥散性血管内凝血综合征。长期 ACT、APTT 和 PT 与维生素 K 依赖性凝血因子（因子Ⅱ、因子Ⅶ、因子Ⅸ和因子Ⅹ）的获得性缺乏一致。香豆素类灭鼠剂中毒的可能性很大。作为获得性维生素 K 依赖性凝血因子缺乏症的原因，肝病不太可能，因为 ALT 和 ALP 活性均在参考范围内。

5. 血尿。潜血试剂条蛋白尿反应阳性以及尿沉淀物中出现红细胞，均表示出血。

6. 关节积血。大量红细胞的存在和巨噬细胞吞噬红细胞的证据与关节积血一致。

总结：主人确认该犬可能接触了香豆素类灭鼠剂。通过维生素 K_1 的给药治疗，该犬成功治愈。第二代灭鼠剂，如敌鼠，已经在很大程度上取代了第一代香豆素产品。敌鼠酮毒性更强，持续时间更长。因此，维生素 K_1 给药可能需要持续 3～4 周，以防出血复发。

病例 26　肾上腺皮质功能亢进

基本信息：波士顿㹴，雄性，已去势，13 岁。

医疗史：曾使用皮质类固醇治疗。

临床症状：脱毛、脱屑、红斑、脓皮病、超重、多尿、多饮。

实验室数据：见表 14.27。

表 14.27　实验室数据（26）

血液学			
血细胞比容	48.8		%
血红蛋白	16.6		g/dL
红细胞	6.89		$\times10^6/\mu L$
平均红细胞体积	71		fL
平均红细胞血红蛋白量	24.1		pg
平均红细胞血红蛋白浓度	34.0		%
红细胞形态	正常		
血小板	468		$\times10^3/\mu L$
白细胞	30.3	H	$\times10^3/\mu L$
分叶核中性粒细胞	27.573（91%）	H	$\times10^3/\mu L$
杆状核中性粒细胞	0		$\times10^3/\mu L$
淋巴细胞	0.303（1%）	L	$\times10^3/\mu L$
单核细胞	2.424（8%）	H	$\times10^3/\mu L$

（续）

血液学			
嗜酸性粒细胞	0		$\times 10^3/\mu L$
嗜碱性粒细胞	0		$\times 10^3/\mu L$
白细胞形态	正常		
尿液分析			
尿源	自然排尿		
颜色	黄色		
浊度	清亮		
相对密度	1.006		
pH	7.0		
化学反应	阴性		
沉淀物	鳞状细胞		
血清化学			
尿素氮	26		mg/dL
肌酐	0.7		mg/dL
总蛋白	6.0		g/dL
白蛋白	3.0		g/dL
白蛋白/球蛋白	1.0		
碱性磷酸酶	1 195	H	U/L
左旋咪唑作用后的碱性磷酸酶	1 102	H	U/L
碱性磷酸酶-左旋咪唑耐药	92.2		%
谷丙转氨酶	482	H	U/L
葡萄糖	152	H	mg/dL
钠	140		mmol/L
钾	5.9		mmol/L
氯化物	113		mmol/L
总二氧化碳	20		mmol/L
阴离子间隙	20		mmol/L
钙	10.2		mg/dL
其他检测			
促肾上腺皮质激素刺激试验：			
前肾上腺皮质激素	2.16		
促肾上腺皮质激素皮质醇	21.14		
小剂量地塞米松抑制试验：			
地塞米松前皮质醇	2.28		
皮质醇 8h	1.78		

问题分析：

1. 白细胞增多、中性粒细胞增多、淋巴细胞减少、嗜酸性粒细胞减少。白细胞血象表现为成熟的中性粒细胞增多（无核左移）、淋巴细胞减少和嗜酸性粒细胞增多，这与皮质类固醇给药后的反应一致。中性粒细胞增多是由于骨髓释放的中性粒细胞增加，中性粒细胞从边缘中性粒细胞池（无法计数）转移到循环中性粒细胞池（可通过白细胞计数）的结果。淋巴细胞减少和嗜酸性粒细胞减少是由于血管内的细胞再分布所致的。

2. 碱性磷酸酶活性增强可抵抗左旋咪唑的抑制作用。内源性和/或外源皮质类固醇诱导了较高的ALP活性。给犬使用过多的皮质类固醇，犬会产生独特的ALP皮质类固醇同工酶。皮质类固醇ALP同工酶的存在，是通过ALP对左旋咪唑的抑制具有高度抗性（肝和骨内的ALP同工酶活性，均被左旋咪唑抑制）而证实的。

3. ALT活性的增加，表明某些程度的肝细胞酶渗漏与皮质类固醇性肝病有关。肝病与糖原储存及肝细胞肿胀有关。肿胀的肝细胞可压迫胆管，造成胆汁淤积，致使肝细胞通透性增加，因为胆汁对细胞膜的具有洗涤剂样作用。

4. 高血糖，但无糖尿。高血糖是由于糖异生所致的，内源性糖皮质激素的释放和外源性糖皮质激素给药后均可导致糖异生。

5. 肾上腺皮质功能亢进。在低剂量地塞米松试验中，能过量刺激肾上腺皮质激素（ACTH），却未能抑制血浆中的皮质醇，表明肾上腺皮质功能亢进，但不能分辨是垂体依赖性的还是肾上腺依赖性的疾病。大剂量地塞米松抑制试验可能有助于区分这一点（大多数垂体依赖性疾病抑制的病例）。如果是由于皮质类固醇治疗而导致医源性肾上腺皮质功能亢进，肾上腺将对ACTH的刺激无反应，而血浆皮质醇浓度会增加。

6. 尿液密度极低。尿液密度极低，可能是皮质类固醇给药后引起多尿，导致髓质冲刷和髓质张力减少而造成的。需要进行逐步禁水试验，以排除是因肾功能衰竭所引起的多尿。

总结：尸检发现垂体腺瘤。

病例27　甲状腺功能亢进

基本信息：家养短毛猫，雌性，12岁。

临床症状：虚弱、消瘦、多食、心动过速、呼吸困难、胸腔积液、甲状腺肿大、身上有跳蚤。

实验室数据：见表14.28。

表14.28　实验室数据（27）

血液学			
血细胞比容	48	H	%
血红蛋白	16.6	H	g/dL
红细胞	10.2	H	$\times10^6/\mu L$
平均红细胞体积	47.1		fL
平均红细胞血红蛋白量	16.3		pg
平均红细胞血红蛋白浓度	34.6		%
红细胞形态	正常		
血小板	正常		
白细胞	21.9	H	$\times10^3/\mu L$
分叶核中性粒细胞	19.053 (87%)	H	$\times10^3/\mu L$
杆状核中性粒细胞	0		$\times10^3/\mu L$
淋巴细胞	0.876 (4%)	L	$\times10^3/\mu L$
单核细胞	0.219 (1%)		$\times10^3/\mu L$
嗜酸性粒细胞	1.752 (8%)	H	$\times10^3/\mu L$
嗜碱性粒细胞	0		$\times10^3/\mu L$
白细胞形态	正常		
尿液分析			
尿源	自然排尿		
颜色	黄色		

（续）

尿液分析			
浊度	清亮		
相对密度	1.060		
pH	6.5		
蛋白	阴性		
葡萄糖	阴性		
酮	阴性		
胆红素	阴性		
血细胞	2+		
沉淀物	30～50 个红细胞/高倍视野		
	0～1 个白细胞/高倍视野		
	脂肪滴		
血清化学			
尿素氮	39	H	mg/dL
肌酐	0.7		mg/dL
总蛋白	7.2		g/dL
白蛋白	3.6		g/dL
白蛋白/球蛋白	1.0		
碱性磷酸酶	59	H	U/L
谷丙转氨酶	220	H	U/L
葡萄糖	132	H	mg/dL
钠	154		mmol/L
钾	3.9		mmol/L
氯化物	131		mmol/L
总二氧化碳	13		mmol/L
阴离子间隙	13.9		mmol/L
钙	9.1		mg/dL
其他检测			
甲状腺素 T_4	23.4	H	μg/dL
胸腔积液分析：			
体积	200		mL
清澈无色			
蛋白	3.4		g/dL
有核细胞计数	2 000		/μL
小淋巴细胞、少数非退化性中性粒细胞、巨噬细胞和间皮细胞			
意见：改善心脏病所致的渗出物			

问题分析：

1. 真性红细胞增多症。血细胞比容、血红蛋白和红细胞计数均增加，表明红细胞增多。脱水常可导致相对红细胞增多，但临床检查并未发现脱水。兴奋可导致脾脏收缩和相对红细胞增多症，但白细胞的变化说明并无肾上腺素的释放，因为没有引起生理性白细胞增多。综上所述，这只猫可能是绝对红细胞增多症，是因甲状腺功能亢进产生了过多的促红细胞生成素，刺激红细胞的生成。

2. 白细胞增多症，中性粒细胞增多，淋巴细胞减少和嗜酸性粒细胞增多。

（1）中性粒细胞增多和淋巴细胞减少，表明有应激，且伴有内源性皮质醇的释放。

（2）嗜酸性粒细胞增多。嗜酸性粒细胞增多常见于超敏反应或寄生虫感染（包括体内外寄生虫）。过敏和寄生虫感染之间并不相互排斥，两者可共同作用引起了嗜酸性粒细胞增多。这只猫可能有跳蚤过敏性皮炎。

3. 尿素氮浓度增加。BUN 浓度轻度增加可能是与甲亢相关的蛋白质分解代谢增强的结果。氮质血症和尿相对密度增加（1.060）说明有肾前性氮质血症，但临床检查脱水不明显。然而，在肾脏疾病的发展期间，有些患氮质血症的猫仍可以维持肾脏功能，足以浓缩尿液（但通常不会达到该猫所观察的程度）。尽管尿素氮浓度增加，但肌酐浓度在参考范围内。这意味着排除了该猫是因脱水引起的肾小球滤过率降低。

4. 肝病。

（1）碱性磷酸酶（ALP）活性增加。ALP 是一种诱导酶，通常作为胆道疾病的标志物。肝小叶中心病变通常不会引起胆汁淤积，因此，ALP 活性的增加必须通过另一种机制来解释。通常认为甲亢会导致骨转换增加。因此，ALP 骨同工酶活性的增加是可能的。人甲亢时，肝 ALP 和骨同工酶均增加。

（2）ALT 活性增加说明肝细胞损伤，胞浆酶渗漏。该变化可能意味着因肥厚型心肌病，继发了肝小叶中心的肝细胞缺氧。

5. 高血糖症。患甲亢的猫偶尔会出现高血糖症。因过度兴奋引起的儿茶酚胺（肾上腺素）反应，或者有可能是因恶病质和肌肉分解代谢，导致甲状腺功能亢进引起高血糖。在人甲亢时，高血糖与胰岛素分泌减少有关，还与外周组织抵抗胰岛素的促葡萄糖摄取作用有关。

6. 甲亢。血清甲状腺素（T_4）浓度显著升高是甲亢的诊断依据。在猫，这种疾病通常与甲状腺结节增生有关。也有可能在肥厚型心肌病的发展阶段出现甲亢。

7. 胸腔积液。由甲状腺功能亢进继发的肥厚型心肌病，是渗出的可能原因。在猫，富含淋巴细胞的胸腔积液的 3 种最常见原因是心脏病、乳糜胸和淋巴瘤。

总结：该猫为甲亢，对放射性碘治疗有反应。

病例 28 血管性血友病

基本信息：杜宾犬，雌性，2 岁。

临床症状：产后 8 周阴道持续出血，皮疹也致频繁出血。

实验室数据：见表 14.29。

表 14.29 实验室数据（28）

血液学		
血细胞比容	41	%
血小板	253	$\times10^3/\mu L$
白细胞	8.3	$\times10^3/\mu L$
尿液分析		
尿源	自然排尿	
颜色	粉色	
浊度	清亮	
相对密度	1.036	
pH	6.5	
化学反应	阴性	
血细胞	2+	

（续）

尿液分析			
沉淀物	50～60 个红细胞/高倍视野		
	0～1 个白细胞/高倍视野		
血清化学			
尿素氮	17		mg/dL
肌酐	0.7		mg/dL
总蛋白	6.7		g/dL
白蛋白	2.7		g/dL
白蛋白/球蛋白	0.68		
碱性磷酸酶	51		U/L
谷丙转氨酶	75		U/L
葡萄糖	105		mg/dL
钠	146		mmol/L
钾	4.4		mmol/L
氯化物	117		mmol/L
总二氧化碳	21		mmol/L
阴离子间隙	8		mmol/L
钙	10.3		mg/dL
胆固醇	276		mg/dL
其他检测			
颊黏膜出血时间	6	H	min
活化部分凝血活酶时间	14.2		s
凝血酶原时间	6.3		s
纤维蛋白降解产物	<10		μg/mL
纤维蛋白原	200		mg/dL
范登白试验			
抗原因子	16	L	% of N

问题分析：

1. 血管性血友病（vWD）。血管性血友病因子（vWF）缺乏导致血小板功能障碍及颊黏膜出血时间延长（BMBT）。若血小板计数在参考范围内，BMBT 延长的其他原因包括尿毒症或 FDPs 增加，但实验室数据并不支持 FDPs 增加。凝血因子Ⅷ缺乏会伴随着 vWF 缺乏，但凝血因子Ⅷ的活性很少低于参考范围的 30%。因此，活化部分凝血活酶时间（APTT）一般不会延长。通过记录 vWD 因子抗原的降低确认 vWD。

2. 血尿。血液试纸条阳性，尿沉淀物中有红细胞，表明有血尿。尿液样本中的血液可能来源于生殖道，这在该犬中也是可能的。

总结：卵巢子宫切除术成功。如果需要，应该提供新鲜或冷冻血浆并输血，以控制与 vWD 有关的任何出血倾向。输血时不需要血小板，因为该病缺乏血浆糖蛋白，而血小板是正常的。

病例 29　尿素中毒

基本信息：荷斯坦牛，雌性，7 月龄。

病史：入院前 72h 意外进食了含尿素的食物。始终保持卧位已至少 2d。

临床症状：瘤胃臌气，肿胀，弛缓；房颤，心律失常；面部、颈部和身体侧面广泛性肌肉震颤。

实验室数据：见表 14.30。

表 14.30 实验室数据（29）

血液学			
血细胞比容	37.1	L	%
血红蛋白	13.2	L	g/dL
红细胞	10.67	L	$\times10^6/\mu L$
平均红细胞体积	34.8		fL
平均红细胞血红蛋白量	12.4		pg
平均红细胞血红蛋白浓度	35.6		%
红细胞形态	轻度胞质异常		
血小板	720		$\times10^3/\mu L$
白细胞	44.6	H	$\times10^3/\mu L$
分叶核中性粒细胞	36.126（81%）	H	$\times10^3/\mu L$
淋巴细胞	6.244（14%）		$\times10^3/\mu L$
单核细胞	2.230（5%）	H	$\times10^3/\mu L$
嗜酸性粒细胞	0		$\times10^3/\mu L$
嗜碱性粒细胞	0		$\times10^3/\mu L$
白细胞形态	正常		
血浆颜色	淡黄，清亮		
血浆蛋白	8.1	H	g/dL
纤维蛋白原	700	H	mg/dL
尿液分析			
尿源	自然排尿		
颜色	淡黄色		
浊度	云雾状		
相对密度	1.029		
pH	8.0		
蛋白	阴性		
葡萄糖	1+		
酮	阴性		
胆红素	阴性		
血细胞	阴性		
沉淀物	0 红细胞/高倍视野		
	0～2 个鳞状上皮细胞/高倍视		
	大量的磷酸盐		
血清化学			
尿素氮	44	H	mg/dL
肌酐	1.1		mg/dL
总蛋白	7.9	H	g/dL
白蛋白	3.2		g/dL
球蛋白	4.7	H	g/dL
白蛋白/球蛋白	0.68		
γ-谷氨酰转肽酶	19	H	U/L
谷草转氨酶	243	H	U/L

（续）

血清化学			
琥珀酸脱氢酶	30	H	U/L
肌酸磷酸激酶	23 163	H	U/L
谷丙转氨酶	151	H	U/L
钠	87		mg/dL
钾	167	H	mmol/L
氯化物	3.9		mmol/L
总二氧化碳	115	H	mmol/L
阴离子间隙	34		mmol/L
钠	22	H	mmol/L
钙	9.2		mg/dL
磷	7.8		mg/dL
总胆红素	1.7	H	mg/dL
其他检测			
血浆 NH_3	148	H	μg/dL
瘤胃 NH_3	38 935	H	μg/dL

问题分析：

1. 红细胞增多症。血细胞比容增加，血红蛋白浓度升高，红细胞计数增加，提示红细胞增多症。轻度血液浓缩可能是因脱水所致，仍需进一步的体检来验证。此年龄段的牛，血细胞比容、MCV 和血清蛋白浓度通常较低。一旦主要问题得到纠正并且小母牛已补水，这些参数可能会下降到参考范围下限。

2. 红细胞大小不等症。红细胞大小不等症是红细胞的大小发生变化，这在牛属于正常现象。

3. 白细胞增多症，中性粒细胞增多症和单核细胞增多症。

（1）白细胞增多和明显的中性粒细胞增多。中性粒细胞增多可能是由于运输和炎症引起的兴奋和儿茶酚胺反应。由兴奋引发的中性粒细胞增多是短暂的，而炎症引发的中性粒细胞增多则更持久。高纤维蛋白原血症表明有炎症存在。炎症部位可能在瘤胃壁和骨骼肌。

（2）单核细胞增多。单核细胞增多可发生于急性或慢性疾病中。组织中巨噬细胞提供来源于血液中的单核细胞。

4. 高蛋白血症（血浆）和高纤维蛋白原血症。部分高脂血症是由于高纤维蛋白原血症所导致的。该发现意味着存在炎症。

5. 高阴离子间隙。阴离子间隙升高可能是由于休克产生了乳酸，但总二氧化碳却在参考范围内。如果进行血气分析，将给出更详细的酸碱变化图。

6. 高钠低血容量。大量小分子质量物质（尿素）的存在增加了瘤胃液的张力。虽然尿素很难从瘤胃扩散出去，但水却可以扩散进来。水从 ECF 转移到瘤胃，但 Na^+ 却保留在 ECF 中，导致了高钠血症和低血容量。全身水量正常，但 ECF 和 ICF 脱水，水分积聚在胃肠道。

7. 高渗的 ECF。ECF 呈高渗摩尔浓度：（167±3.9）×2＝341.8mOsm/L。ECF 高钠血症从 ICF 吸取水分，若以低血容量来评判脱水，则部分掩盖了脱水的症状。ICF 水的丢失导致细胞皱缩，可能会导致神经系统异常。血清渗透压的测定和渗透压差的计算，将有助于确定未测量的、非极性化合物是否已经从瘤胃吸收。瘤胃液渗透压也将有助于确定 ECF 与 ECF 之间的渗透压梯度的严重程度。

8. 可能存在钾消耗。虽然血清 K^+ 是正常的，但可能存在总体 K^+ 缺乏。钾有可能从受损的肌肉中漏出，造成 ECF K^+ 增加。然而，小母牛已厌食，降低了 ECF K^+。心律失常可能是 ICF K^+ 耗竭的表现。连续的血清 K^+ 监测是必要的。

9. 高氯血症。大多数高氯酸盐症状是由于 NaCl 增多所引起的。Na 与 Cl 差值（52）略有增加（参考范围 45～53），表明 Cl^- 存在选择性紊乱。Cl^- 的轻度增加（与 Na^+ 的显著增加相比）很可能是由于代谢紊乱继发了皱胃阻塞和 HCl 滞留所导致的。

10. BUN 浓度增加。有些尿素可能已从胃肠道的后段吸收入血。也有可能是因为机体试图清除过量的氨，而增加了尿素的合成。如果存在脱水，也要考虑肾前性氮质血症。

11. 高蛋白血症、高球蛋白血症、A/G 比值在参考范围内。高蛋白血症的特征是，因血容量减少（血浆水分流失）引起了白蛋白和球蛋白比值的增加。

12. AST 活性升高。在许多细胞中，如肝细胞、骨骼肌细胞和红细胞，AST 的活性很高。SDH 在参考范围内，血浆或血清中不存在溶血现象，说明血清酶活性的增加是由于肌肉损伤引起的（见下文）。

13. CK 活性显著升高。未溶血的血清 CK 活性增加说明了肌肉受到损伤。牛长时间卧地会导致骨骼肌因压迫而受损。导致肌肉损伤的另一个原因可能是高钠血症引起的肌细胞收缩。

14. ALT 活性增加。大动物肝细胞胞浆 ALT 活性较低，也很少测定大动物血清该酶的活性。牛血清 ALT 活性升高可能与肌肉损伤有关。

15. GGT 的活性增加。大动物的 ALP 参考范围是非常广泛的，在临床上不能用作胆道疾病的标志。GGT 活性是大动物胆道疾病更敏感的指标。血清 GGT 活性增加表明，存在轻度的胆管疾病。这头牛的 GGT 活性可能因为胆汁淤积所诱导的。

16. SDH 活性增加。SDH 是肝细胞损害的标志物。SDH 位于肝细胞胞质中，当肝细胞膜完整性受损时，则漏出进入血液中。

17. 高氨血症。瘤胃微生物菌群将尿素转化为氨，氨以 NH_3 的形式被吸收到血液中。氨（可能还有其他胺）导致神经系统异常和肌肉无力。

18. 正常血糖和轻度糖尿。如果血糖超过肾阈值，瞬间高血糖可产生葡萄糖尿。高血糖症可能是一过性的（如兴奋和儿茶酚胺释放），但尿液会在膀胱中储存一段时间。因此，当兴奋不再明显时，糖尿将伴随着正常血糖。此外，可导致正常血糖和糖尿的原因是急性肾病，肾小管发生坏死，但尿检结果并不支持这种可能性。

19. 总胆红素浓度略有升高。厌食的牛常伴有轻微的高胆红素血症。

20. 伴有三磷酸盐结晶的碱性尿。通常厌食的牛会排泄酸性尿。而现在尿是碱性的，是因为排出了过量的氨。在碱性尿中形成了三磷酸盐晶体，在沉淀物中出现。

总结：尿素中毒导致液体进入瘤胃，引起了高钠脱水。瘤胃菌群将尿素转化为氨，部分氨被吸收，导致高氨血症和氨中毒。氨毒性的后果包括定向障碍（和其他神经系统缺陷）和肌肉无力。随后的长时间卧地导致进一步的肌肉损伤，且难以进食和饮水。过量的氨通过肾脏排泄产生碱性尿和三磷酸盐结晶尿。用生理盐水和 5%葡萄糖注射液静脉输液治疗小母牛，以缓慢降低血清 Na^+ 浓度，没有产生继发性脑肿胀。从健康奶牛抽取 7.58L 瘤胃液，将其注入小母牛瘤胃内，以重建正常瘤胃菌群。6h 之内，小母牛开始好转，并排出恶臭的粪便。经过 6d 的支持治疗后，小母牛最终康复。

病例 30　终末期肾病伴尿毒症性肺炎

基本信息：斗牛獒犬，雄性，2 岁。

医疗史：多尿，在 2 月龄时曾诊断为先天性肾脏疾病，并进行了支持疗法、输血、透析等治疗，2 周前病情恶化。

临床症状：严重的呼吸窘迫，少尿。

影像学检查：中度肺水肿和气管环矿化。

实验室数据：见表 14.31。

表 14.31　实验室数据（30）

血液学			
血细胞比容	35.7		%
血红蛋白	12.7		g/dL
红细胞	5.19		$\times 10^6/\mu L$
平均红细胞体积	68.8		fL
平均红细胞血红蛋白量	24.5		pg
平均红细胞血红蛋白浓度	35.5		%
红细胞形态	正常		
血小板	131	L	$\times 10^3/\mu L$
白细胞	20.8	H	$\times 10^3/\mu L$
分叶核中性粒细胞	19.74（95%）	H	$\times 10^3/\mu L$
杆状核中性粒细胞	0		$\times 10^3/\mu L$
淋巴细胞	0.330（2%）	L	$\times 10^3/\mu L$
单核细胞	0.530（3%）		$\times 10^3/\mu L$
嗜酸性粒细胞	0		$\times 10^3/\mu L$
嗜碱性粒细胞	0		$\times 10^3/\mu L$
白细胞形态	正常		
血浆颜色	无色清亮		
血浆蛋白	7.4		g/dL
尿液分析			
尿源	膀胱穿刺		
颜色	黄色		
浊度	清亮		
相对密度	1.010		
pH	5.0		
蛋白	1+		
葡萄糖	阴性		
酮	阴性		
胆红素	阴性		
红细胞	阴性		
沉淀物	0 红细胞/高倍视野		
	0～2 个白细胞/高倍视野		
	0～2 个移行上皮细胞/高倍视野		
	不定形结晶		
血气分析			
pH	7.144	L	
二氧化碳分压	43.2	H	mmHg
氧分压	65.5	L	mmHg
HCO_3^-	13.9	L	mmol/L
碱剩余	−13.1	L	mmol/L

（续）

血清化学			
尿素氮	41	H	mg/dL
肌酐	10.8	H	mg/dL
总蛋白	5.0	L	g/dL
白蛋白	2.2	L	g/dL
球蛋白	3.8		g/dL
白蛋白/球蛋白	0.58	L	
葡萄糖	45	L	mg/dL
钠	148		mmol/L
钾	5.5	H	mmol/L
氯化物	110		mmol/L
总二氧化碳	13	L	mmol/L
阴离子间隙	29	H	mmol/L
钙	13.9	H	mg/dL
磷	16.2	H	mg/dL

问题分析：

1. 白细胞增多、中性粒细胞增多和淋巴细胞减少。内源性皮质醇释放的应激导致了这些白细胞的变化。中性粒细胞增多是因为骨髓释放的中性粒细胞进入血液，而从血液向组织迁移的中性粒细胞减少。淋巴细胞减少是由于循环淋巴细胞的暂时再分布所引起的。

2. 通气不良型呼吸道疾病。发生缺氧，伴随着二氧化碳分压增加（呼吸性酸中毒）。氧分压降低和二氧化碳分压增高（高碳酸血症）相结合，表明肺通气减少，空气进出肺泡的有效流动受到阻碍。由于可以观察到呼吸，可以排除呼吸中心被抑制。胸腔镜检查已排除气胸和胸腔积液。因此，应该存在某种阻塞性呼吸的疾病。通过临床检查排除了上呼吸道阻塞，致肺内阻塞的疾病是这些实验室检测指标异常的主要原因。

3. 混合型代谢性和呼吸性酸中毒。呼吸性酸中毒的代偿是通过减少肾脏排泄来增加 HCO_3^- 浓度。但是，该犬患有长期肾疾病，还有代谢性酸中毒。2 种形式酸中毒的组合导致血液 pH 的显著降低（酸血症）。

4. 高阴离子间隙合并代谢性酸中毒。阴离子间隙的增加表明存在未测定的阴离子。HCO_3^- 浓度下降意味着代谢性酸中毒。引起酸中毒的原因是滴定酸，包括磷酸和尿酸。通过血气分析可以得到该犬更精确的酸碱状态的信息。

5. 高钾血症。该犬处于少尿性肾病的末期，是由多尿性肾病转变为少尿性肾病的。因而 K^+ 被保留，导致高钾血症。酸中毒也能引起 K^+ 升高，因为现有的酸中毒形式（滴定性和呼吸性酸中毒）往往不会造成 K^+ 从 ICF 到 ECF 的转移。

6. 高钙血症、高磷血症、钙磷乘积增加。钙和磷浓度的增加常见于先天性肾脏疾病。现 $Ca \times P = 150.1$。因此，该犬具有很高的软组织矿化的风险。

7. 氮质血症。存在显著增加的肌酐浓度和轻度增加的 BUN 浓度。以前的透析通过增加尿生成率降低了 BUN 浓度，但并没有降低肌酐浓度。

8. 低血糖症。该犬可能没有进食，并且在呼吸困难时使用了葡萄糖。低血糖可能反映了糖原储备的衰竭。

9. 低蛋白血症、低白蛋白血症、A/G 降低。A/G 降低（0.58），而球蛋白浓度仍在参考范围内。因此，低蛋白血症是由低白蛋白血症所引起的。尿液中选择性丢失的白蛋白是由先天性肾脏疾病引起。蛋白尿（+）说明低渗尿中有明显的蛋白质丢失。

10. 等渗尿和轻度蛋白尿。尿密度和蛋白尿与终末期肾病一致。尿试纸条对检测白蛋白更敏感。

总结：该犬对氧气疗法没有反应，实施安乐死。在进行尸检和组织病理学检查后，发现整个肺部的肺泡壁弥漫性矿化（尿毒症性肺炎）。这种矿化影响了肺泡的正常弹性回缩，无法呼出空气，导致阻塞性低通气肺疾病。肾脏明显变小且纤维化（末期肾病）。

病例 31 早期原发性甲状腺功能减退症

基本信息：英国史宾格犬，雄性，2 岁。

医疗史：该品系的犬有甲状腺功能减退的记录。

临床症状：犬无症状，但主人希望测试其甲状腺功能是否减退。

体检结果：角膜胆固醇沉积。

内分泌实验室数据：见表 14.32。

表 14.32 实验室数据（31）[a]

试验	测试值	参考范围[b]
总 T_4	0.78	1.5～4.0μg/dL
总 T_3	104	78～260ng/dL
游离 T_4（经透析）	0.7	0.9～2.3ng/dL
抗甲状腺球蛋白自身抗体	阴性	阴性
抗 T_4 自身抗体	6.0	<10%
抗 T_3 自身抗体	0	<2%
犬促甲状腺素	1.2	<0.6ng/mL

注：a. 建议对疑似分泌疾病的患犬进行完整的血细胞计数和生化检查。该患犬几乎没有血液和生化指标异常。因此，为简化内分泌数据的讨论，省略了检测的血液和生化指标。

b. 读者可访问比较内分泌学会官方网站（http://www.compendo.org）查询执行经过验证的内分泌诊断测试，并提供相关参考范围的实验室名单。

1. 参考范围。进行内分泌检测的实验室都应该建立自己特异性的参考范围。对人用的商业分析试剂盒的参考范围必须进行修改，以用于动物样本的检测。

2. 总 T_4 浓度降低，游离 T_4 浓度降低（通过透析），cTSH 浓度增加，这与早期原发性甲状腺功能减退症的表现一致。随着外周组织和甲状腺产生大量的 T_3，总 T_3 浓度保持在参考范围内。该犬没有明显的自身免疫性甲状腺炎的迹象，因为抗甲状腺球蛋白、抗 T_4 和抗 T_3 的自身抗体浓度均在参考范围内。

总结：该犬患有早期甲状腺功能减退症。用甲状腺替代治疗（L-甲状腺素）治疗此患犬是合理的。因该犬血统具有甲状腺功能减退的病史，本不应该被繁殖。

病例 32 糖皮质激素可能抑制甲状腺功能

基本信息：金毛猎犬，已去势，雄性，8 岁。

医疗史：20mg 强的松，口服，每 48h 1 次，以治疗皮肤瘙痒，已用药 18 个月。

临床症状：肥胖、轻度干性毛质。

体检结果：肥胖（体重 48.54kg）。

内分泌实验室数据：见表 14.33。

表 14.33 实验室数据（32）[a]

试验	测试值	参考范围[b]
总甲状腺素（TT_4）	<0.5	1.5～4.0μg/dL
促甲状腺素	0.2	<0.6ng/mL

注：a. 建议对疑似分泌疾病的患犬进行完整的血细胞计数和生化检查。该患犬几乎没有血液和生化指标异常。因此，为简化内分泌数据的讨论，省略了检测的血液和生化指标。

b. 读者可访问比较内分泌学会官方网站（http：//www.compendo.org）查询执行经过验证的内分泌诊断测试，并提供相关参考范围的实验室名单。

1. 参考范围。进行内分泌检测的实验室都应该建立自己特异性的参考范围。对人用的商业分析试剂盒的参考范围必须进行修改，以用于动物样本的检测。

2. 总 T_4 浓度和促甲状腺素（TSH）浓度下降。总 T_4 浓度降低可能与过去 18 个月一直使用抗炎剂量的强的松有关。虽然认为糖皮质激素是总 T_4 浓度降低的机制之一，但并未有文献证明经糖皮质激素给药可抑制 TSH 浓度。目前尚未证实糖皮质激素可抑制 TSH 浓度，即使是实验性甲状腺功能减退的犬也是如此。然而，约 25%的甲状腺功能减退的犬的 TSH 值在参考范围内。如果需要进一步评估甲状腺轴，应在将患犬断药约 1 个月后，至少完全停用强的松 6 周后，方可重新检测患犬的甲状腺轴。

病例 33 原发性甲状腺功能减退症（苯巴比妥治疗）

基本信息：小型贵宾犬，雄性，5 岁。

医疗史：持续性脂血症，每日用苯巴比妥治疗癫痫。

体检结果：非细菌性双侧对称脱毛。

内分泌实验室数据：见表 14.34。

表 14.34 实验室数据（33）[a]

试验	测试值	参考范围[b]
血清游离甲状腺素（FT_4，经透析）	0.4	0.9～2.3ng/dL
促甲状腺素	3.2	<0.6ng/mL

注：a. 建议对疑似分泌疾病的患犬进行完整的血细胞计数和生化检查。该患犬几乎没有血液和生化指标异常。因此，为简化内分泌数据的讨论，省略了检测的血液和生化指标。

b. 读者可访问比较内分泌学会官方网站（http：//www.compendo.org）查询执行经过验证的内分泌诊断测试，并提供相关参考范围的实验室名单。

1. 参考范围。进行内分泌检测的实验室都应该建立自己特异性的参考范围。对人用的商业分析试剂盒的参考范围必须进行修改，以用于动物样本的检测。

2. 游离甲状腺素（T_4）减少，促甲状腺素浓度增加。用苯巴比妥治疗会降低总 T_4 和游离 T_4，但这些变化是轻微的，不一定与观察到的犬体内 TSH 浓度显著升高有关。这些实验室检测结果与原发性甲状腺功能减退症一致。应采用 L-甲状腺素替代治疗。

病例 34 肾上腺皮质功能亢进和糖尿病及并发酮病、高渗、坏死性胰腺炎和尿路感染

基本信息：迷你贵宾犬，雄性，5 岁。

临床症状：抑郁、虚弱、呕吐、腹泻。

实验室数据：见表 14.35。

表 14.35 实验室数据（34）

血液学			
血细胞比容	43		%
血红蛋白	15.3		g/dL
红细胞	5.1		$\times 10^6/\mu L$
平均红细胞体积	85	H	fL
平均红细胞血红蛋白量	30	H	pg
平均红细胞血红蛋白浓度	35.6		%
红细胞形态	偶见巨红细胞		
血小板	350		$\times 10^3/\mu L$
白细胞	39	H	$\times 10^3/\mu L$
分叶核中性粒细胞	35.49（91%）	H	$\times 10^3/\mu L$
杆状核中性粒细胞	0.78（2%）	H	$\times 10^3/\mu L$
淋巴细胞	0.78（2%）		$\times 10^3/\mu L$
单核细胞	1.95（5%）	H	$\times 10^3/\mu L$
嗜酸性粒细胞	0		$\times 10^3/\mu L$
嗜碱性粒细胞	0		$\times 10^3/\mu L$
白细胞形态	细胞质嗜碱性与空泡形成		
改良 Knott 氏试验	心丝虫巨细胞存在		
尿液分析			
尿源	导尿管导尿		
颜色	暗黄色		
浊度	云雾状		
相对密度	1.039		
pH	8.0		
蛋白	2+		
葡萄糖	2+		
酮	1+		
胆红素	阴性		
血细胞	微量		
沉淀物	10～15 个红细胞/高倍视野		
	8～10 个白细胞/高倍视野		
	1～4 颗粒管型/高倍视野		
	杆菌、精子，脂肪滴		
血气分析			
pH	7.282	L	
二氧化碳分压	28.3	H	mmHg
氧分压	85.1		mmHg
HCO_3^-	12.9	L	mmol/L
血清化学			
尿素氮	53	H	mg/dL

（续）

血清化学			
肌酐	2.9	H	mg/dL
总蛋白	9.7	H	g/dL
白蛋白	3.7	H	g/dL
球蛋白	4.2		g/dL
白蛋白/球蛋白	0.88		
ALT	331	H	U/L
ALP	1 321	H	U/L
ALP（w/ levam）	998		U/L
葡萄糖	160	H	mg/dL
钠	159	H	mmol/L
钾	4.2		mmol/L
氯化物	87		mmol/L
总二氧化碳	13	L	mmol/L
阴离子间隙	29	H	mmol/L
钙	9.8		mg/dL
磷	16.2	H	mg/dL
总胆红素	0.3		mg/dL
脂肪酶	2 422	H	U/L
淀粉酶	744	H	U/L
其他检测			
基线皮质醇	9.8	H	μg/dL
低剂量地塞米松	7.2	H	μg/dL
高剂量地塞米松	5.5	H	μg/dL

问题分析：

1. 巨细胞症。血细胞平均体积增大，表明为大红细胞症。血涂片染色可见少量巨细胞，但并没有多染性。红细胞计数值接近参考范围的下限。这些实验结果符合先天性大红细胞症的特征，该病偶发于贵宾犬。

2. MCH 增加，但 MCHC 尚在参考范围内。通常情况下，MCH 和 MCHC 所反映的红细胞内血红蛋白含量的变化趋势是基本相同的。当这些值不一致时，则以 MCHC 为准。由于 MCHC 的数学计算不需要 RBC 计数，所以，在 3 种红细胞指数（MCV、MCH 和 MCHC）中，以 MCHC 最为准确。因此，红细胞群是正色素性的。

3. 白细胞增多、中性粒细胞毒性改变、单核细胞增多。

（1）白细胞增多主要是由于成熟的中性粒细胞增多。

（2）中性粒细胞增多意味着组织对吞噬细胞的需求增加和/或对皮质类固醇的反应。临床上虽未出现明显的核左移（>1 000/μL），但还应通过连续白细胞计数进行监测。

（3）中性粒细胞毒性变化意味着感染或严重的炎症；而该犬出现尿路感染。

（4）淋巴细胞计数降低但仍在参考范围内；淋巴细胞计数的下降趋势可以通过连续的白细胞图来证实。淋巴细胞计数下降可能是由于内源性皮质醇释放的再循环淋巴细胞的暂时重新分布所导致的。

（5）单核细胞增多意味着可能伴有急性或慢性疾病。犬的中性粒细胞增多和单核细胞增多也可以反映白细胞对外源性或内源性类固醇的反应。

4. 心丝虫感染。改良 Knott 氏试验检测结果显示，由于犬心丝虫感染（心丝虫病）导致的微丝蚴血症。心丝虫病常伴有嗜酸性粒细胞增多和嗜碱性粒细胞增多。若无嗜酸性粒细胞和嗜碱性粒细胞的增多，则表示患犬可能由于应激或肾上腺皮质功能亢进而释放过量的内源性皮质醇。

5. 尿路感染、血尿、疑似蛋白尿、糖尿、酮尿症。

（1）从导尿管获取的尿样经检测为脓尿和菌尿，提示有尿路感染。

（2）食肉动物尿液 pH 应呈酸性。碱性尿说明有细菌将尿素降解为氨。

（3）尿液存在红细胞及血液试纸试验阳性结果均显示为轻度血尿。

（4）在碱性尿中，蛋白试剂垫会非特异性地改变尿的颜色；因此，必须再通过其他技术，如酸沉淀（罗伯特试验）的检测，以确认蛋白尿的存在。

（5）糖尿并发高血糖说明有糖尿病。

（6）酮尿说明能量为负平衡状态。通过试纸分析硝普钠反应特异性地检出了酮尿症，正是酮尿症引起了代谢性酸中毒及生化谱中阴离子间隙的增大。

6. 失代偿性代谢性酸中毒合并高钠血症、低氯血及阴离子间隙增大。代谢性酸中毒随着阴离子间隙的增大而出现，意味着这是滴定性酸中毒。阴离子间隙增大表示未检测的阴离子可能是酮体或乳酸，它们是因为休克后继发无氧酵解而产生的。然而，尿检仅证实有酮体存在。该患犬体内的酮酸可能正在中和血浆内的碳酸氢盐。低碳酸血症有点难以解释，可能是由于通气深度和/或频率增加促进了 CO_2 释放，但这种代偿并未缓解酸中毒。因呕吐丢失大量的氯，导致了高钠血症。

7. 氮质血症。氮质血症可能是肾前性的。通常呕吐和腹泻会导致脱水，引起肾小球滤过率降低。由于导尿管易于通过，可以排除尿道梗阻所引发的肾后性氮质血症。也可以排除肾性氮质血症，因为在脱水状态下，肾脏能够浓缩尿液以储存水分。

8. 高蛋白血症、高蛋白血症和 A/G 在参考范围内。A/G 在参考范围内表明白蛋白和球蛋白是由于脱水而成比例增加的。机体并没有过度合成白蛋白。

9. ALT 活性增加。ALT 活性增加表明肝细胞酶渗漏（肝细胞受损，ALT 释放）。该犬肝细胞酶渗漏可能是由于胆汁淤积对细胞膜的清洁作用和/或因胰酶进入腹腔导致肝细胞损伤。类固醇肝病也可能导致 ALT 渗漏，可能与胆汁淤积相关的膜损伤和/或过量糖原储存造成肝细胞肿胀（类固醇性肝病）有关。

10. 抗左旋咪唑抑制的 ALP 活性增加。经酶诱导后 ALP 的活性会增加。该犬有很多酶活性可以拮抗左旋咪唑的抑制，这说明存在犬特有的 ALP 类固醇同工酶。胆汁淤积可能是由于胰腺炎相关的局部炎症和/或胆管因肿胀的肝细胞压迫所引起的。胆汁淤积引起了 ALP 肝同工酶的活性增加。

11. 高血糖和糖尿。高血糖合并糖尿提示糖尿病。

12. 高渗。血清渗透压浓度可用下式估算：mOsmol/kg＝2［Na^+（mmol/L）＋K^+（mmol/L）］＋［葡萄糖（mg/dL）÷18］＋［尿素氮（mg/dL）÷2.8］。估算该患犬的血清渗透压浓度为：326.4＋8.9＋18.9＝354.2 mOsmol/kg。

13. 高磷血症，钙磷乘积增加。肾小球滤过率降低，可能因磷的排出减少导致了高磷血症。钙磷乘积系数高（158.76），说明软组织矿化明显。

14. 高淀粉酶血症和高脂血症。高淀粉酶血症和高脂血症提示急性胰腺炎，但这应通过超声检查确认。随着肾小球滤过率降低，这些酶的血浆清除半衰期可能会延长。

15. 增加基线皮质醇浓度，但在低剂量和高剂量地塞米松抑制试验后未能抑制。高基线皮质醇浓度与低剂量和高剂量地塞米松不能抑制血浆皮质醇浓度，说明有肾上腺皮质功能性肿瘤。

总结：该犬患有高皮质激素血症和糖尿病，并发酮症酸中毒、高渗、急性坏死性胰腺炎和尿路感染。酮症酸中毒、高渗和糖尿病最初是通过液体疗法和胰岛素给药治疗的。坏死性胰腺炎最终导致持续性糖尿病和外分泌性胰腺功能不全，需要每天用胰岛素和口服胰腺提取物治疗。抗生素治疗可消除尿路感染。根据血浆皮质醇数据怀疑肾上腺皮质肿瘤。超声观察单侧肾上腺肿块，并实行肾上腺切除术。病理诊断为肾上腺皮质腺瘤。术后血浆皮质醇浓度恢复到参考范围内。

病例 35　血脂过高、溶血及处理不当的样品

基本信息：秋田犬，雌性，9 岁。

临床症状：癫痫、抑郁、呕吐、腹泻。

备注：样本经邮寄送至实验室，用于生化分析的样本下层有血凝块。

实验室数据：见表 14.36。

表 14.36　实验室数据（35）

血液学			
血细胞比容	45		%
血红蛋白	19.6	H	g/dL
红细胞	6.61		$\times 10^6/\mu L$
平均红细胞体积	68.1		fL
平均红细胞血红蛋白量	29.7	H	pg
平均红细胞血红蛋白浓度	43.6	H	%
红细胞形态	正常		
血浆颜色	4 +脂血，4 +溶血		
血小板测定	足够		
血小板	833	H	$\times 10^3/\mu L$
白细胞	20.9	H	$\times 10^3/\mu L$
分叶核中性粒细胞	15.466 (74%)	H	$\times 10^3/\mu L$
杆状核中性粒细胞	3.334 (16%)	H	$\times 10^3/\mu L$
淋巴细胞	0.836 (4%)		$\times 10^3/\mu L$
单核细胞	1.045 (5%)		$\times 10^3/\mu L$
嗜酸性粒细胞	0.2 (1%)		$\times 10^3/\mu L$
嗜碱性粒细胞	0		$\times 10^3/\mu L$
白细胞形态	细胞衰老，分化不准确，轻微毒性，嗜碱性		
血清化学			
尿素氮	30	H	mg/dL
肌酐	1.9	H	mg/dL
总蛋白	7.9	H	g/dL
白蛋白	3.2	H	g/dL
球蛋白	4.7	H	g/dL
白蛋白/球蛋白	0.68		
谷丙转氨酶	198	H	U/L
碱性磷酸酶	112		U/L
葡萄糖	31	L	mg/dL
钠	145		mmol/L
钾	5.9	H	mmol/L
氯化物	112		mmol/L
总二氧化碳	11	L	mmol/L
阴离子间隙	28	H	mmol/L

（续）

血清化学			
钙	11.9	H	mg/dL
磷	2.0	L	mg/dL
肌酸激酶	422	H	U/L
淀粉酶	1 099	H	U/L
脂肪酶	55	L	U/L

问题分析：

1. 血红蛋白、平均红细胞血红蛋白量和平均红细胞血红蛋白浓度增加。因为红细胞内不会产生过量的血红蛋白，血液中血红蛋白过多就意味着溶血。全血细胞计数观察到血浆溶血（++++），以及送检血清的生化分析都证明发生了溶血。如果血红蛋白值误测较高，所计算的 MCH 和 MCHC 都是错误的。实验室标本中的溶血最常见于体外人工操作所致。脂血症也会促进溶血的发生。

2. 可能存在假性血小板增多。虽然血小板计数增加，但血涂片染色显示血小板是正常的。血细胞分析仪可能将退化的白细胞碎片误认为血小板。

3. 白细胞增多，中性粒细胞增多，核左移，毒性改变和退行性白细胞。

（1）因为白细胞的退化，且难以准确鉴定，白细胞的分类计数有可能是错误的。某些情况下细胞老化，根本无法进行分类计数。

（2）核左移表明严重的炎症或感染，组织需要吞噬细胞发挥作用。

（3）轻度嗜碱性粒细胞增多可能是因为长期储存于 EDTA 抗凝剂中，细胞质着色性发生了的毒性变化或非特异性变化。

（4）如果预计将全血细胞计数样品送往实验室会有延迟，则在采样时，应制备 2 次风干的血液涂片，用于观察白细胞的形态。也可以将 EDTA 管冷藏，采样后约 24h 内白细胞和血小板计数的结果均是可以接受的。

4. 轻度氮质血症。氮质血症可能是由于肾前性的（因呕吐和腹泻）、肾性或肾后性原因所致。虽然送检样品中没有尿样，但需要判定氮质血症的原因。

5. 参考范围内的高蛋白血症、血白蛋白过多，高球蛋白血症和 A/G 比值高。

蛋白质值是难以给出肯定的解释。由于血红蛋白的存在，严重的溶血会增加总蛋白浓度。在利用分光光度计分析血清标本时，高脂血症会降低透光率，导致测量值虚高，尤其是在利用比色终点法进行检测时，这些测试均是量化总蛋白和白蛋白的常用方法。脱水也可能是导致蛋白质含量升高的因素之一，但该理论尚待进一步研究。

6. 丙氨酸转氨酶活性增加。ALT 活性的轻微增加可能是肝细胞酶渗漏增加或与红细胞溶血相关的 ALT 细胞内释放的结果（血清 AST 和 LDH 的活性升高也会伴随溶血）。

7. 低血糖（可能是假性低血糖）。收到的用于生化测试的血清样本下层有血凝块。在室温下，红细胞会继续通过厌氧代谢消耗葡萄糖。葡萄糖浓度下降速度可达 10%/h。因此，不能确定该患犬的癫痫发作是由低血糖引起的，因为红细胞的葡萄糖代谢可引起假性低血糖。

8. 高钾血症（可能为假高钾血症）。高钾血症可伴有少尿、无尿、酸中毒或溶血。某些亚洲品种的犬（如秋田犬、日本柴犬）、马和猪红细胞内钾浓度很高。红细胞的显性或隐性溶血可导致高钾血症。血小板计数的显著增加也可引起血清钾离子浓度的增加。该患犬可能存在假性血小板增多症（见上文）。

9. 随着阴离子间隙的增加，总二氧化碳降低。总二氧化碳降低提示代谢性酸中毒；但检测的血清样本是在血凝块上的。当红细胞继续代谢葡萄糖时，会通过厌氧代谢产生乳酸。乳酸会中和血浆碳酸氢盐，从而出现虚假的酸中毒。乳酸盐（一种不可测量的阴离子）的积累也将导致阴离子间隙增加。

10. 轻度的高钙血症。总钙含量是通过比色终点法测量的，因此，明显的脂血症可导致钙值轻微上调。此外，过度溶血也可使钙浓度被误认为升高。高钙血症还有可能伴随肾脏疾病，但这种情况在犬中并不常见。

11. 低磷血症。低磷酸盐血症在实验室检测中并不常见。该样本出现低磷酸盐血症可能是溶血所导致的。尽管红细胞含有磷，但根据所使用的测定分析，溶血可以观察到低磷酸盐血症或高磷酸盐血症。

12. 肌酸激酶活性增加。溶血会导致血清中 CK 活性升高。红细胞并不含有 CK；但用于测量 CK 活性的偶联分析反应可以检测到红细胞释放的其他物质，最终结果反映 CK 活性增加。

13. 淀粉酶活性增加。淀粉酶活性增加可能是由于坏死性胰腺炎和/或血浆酶活性、肾清除率降低所导致的。

14. 脂肪酶活性降低。溶血直接抑制了脂肪酶，导致血清标本中的脂肪酶活性降低。

总结：由于溶血、脂血以及延期运送，进行全血细胞计数和生化分析的血液和血清标本的诊断用途会受到限制。这种情况表明，只有保证检验样本的质量，实验室结果才是有用的。常见的导致血液和血清样本发生改变的人为因素有：①未能采集空腹的实验室标本（除非怀疑有低血糖）。②体外溶血。③血清与血凝块未有效分离。④标本的不当储存。⑤延迟将标本运送到实验室进行分析。

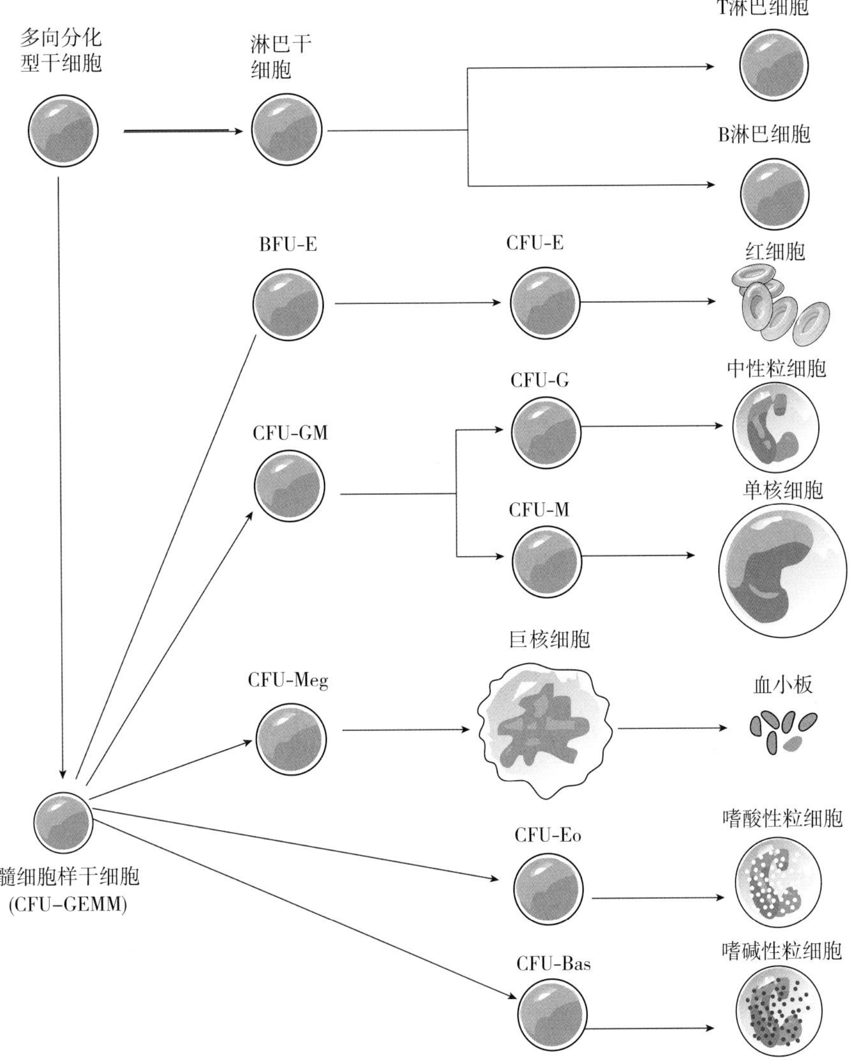

图 1.2　造血功能模型

多向分化型干细胞产生淋巴干细胞和髓细胞样干细胞。淋巴干细胞分化为 T 淋巴细胞和 B 淋巴细胞。髓细胞样干细胞（CFU-GEMM）形成祖细胞，包括红细胞爆式集落形成单位（BFU-E）[可分化成红细胞集落形成单位（CFU-E）]、粒细胞/单核细胞集落形成单位（CFU-GM）[可分化成粒细胞集落形成单元（CFU-G）和单核群形成单元（CFU-M）]、巨核细胞集落形成单位（CFU-Meg）、嗜酸性粒细胞集落形成单位（CFU-Eo）和嗜碱性粒细胞集落形成单位（CFU-Bas）。这些集落形成单位分化成各种细胞系的前体细胞以及成熟的细胞。

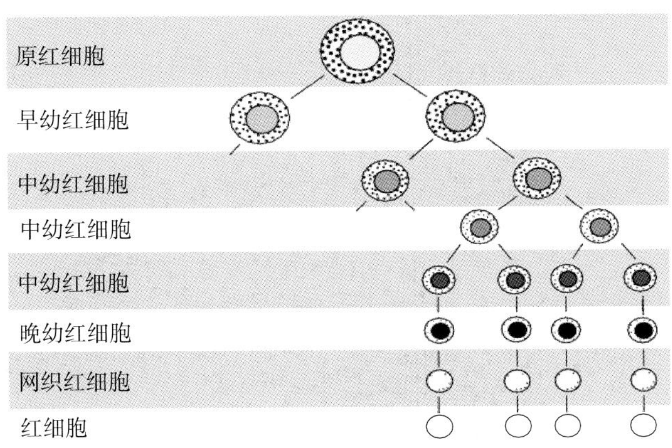

图 1.3　红细胞生成过程

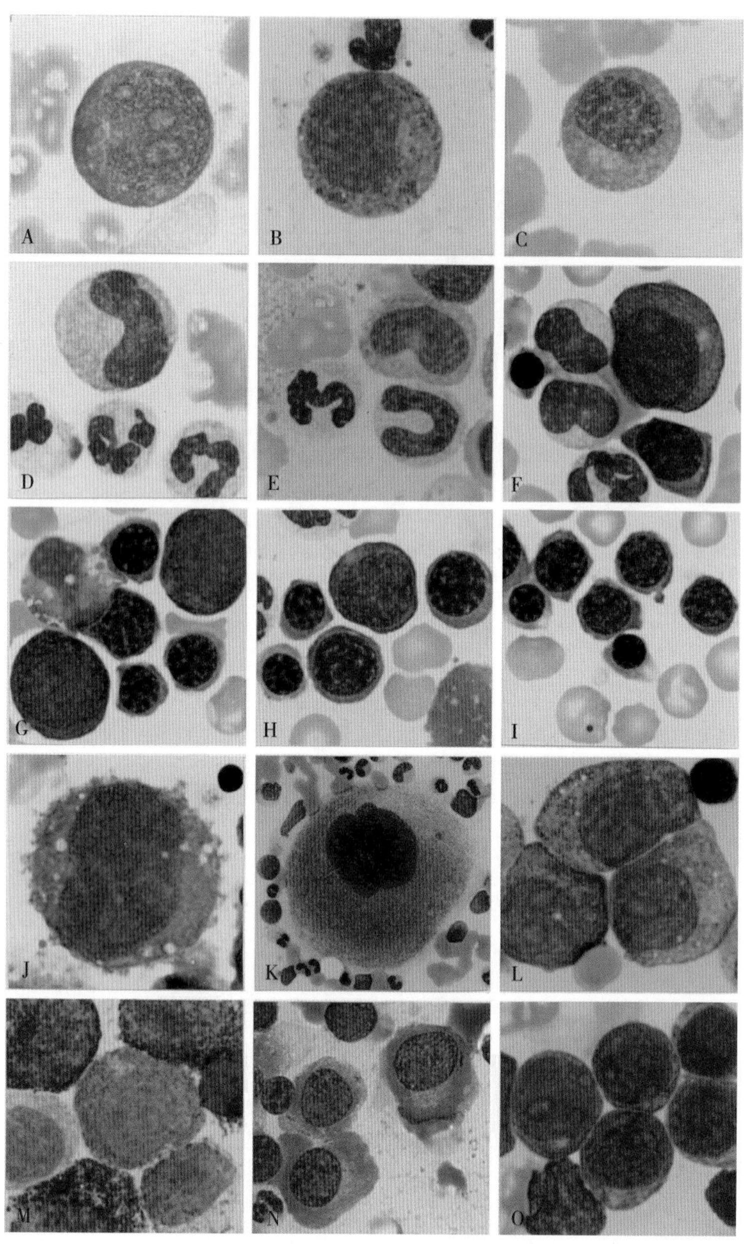

图 1.4　骨髓中正常的造血细胞和白血病细胞

A. 成髓细胞　B. 前髓细胞　C. 中幼粒细胞　D. 分叶核中性粒细胞　E. 杆状核中性粒细胞、分叶核中性粒细胞　F. 原红细胞、中幼红细胞、晚幼红细胞、2 个中性粒细胞、1 个分叶核中性粒细胞碎片　G. 1 个早幼红细胞、4 个中幼红细胞和 1 个嗜酸性粒细胞　H. 5 个中幼红细胞　I. 5 个中幼红细胞、1 个晚幼红细胞、1 个带有染色质小体的多染性红细胞　J. 细胞质为蓝色、颗粒状的不成熟巨核细胞　K. 细胞质为粉色、颗粒状的成熟巨核细胞（低放大倍数）　L. 患有原始粒细胞性白血病犬的前髓细胞　M. 患有肥大细胞白血病猫的低分化肥大细胞　N. 患有骨髓瘤的犬浆细胞　O. 患有急性白血病犬的淋巴细胞（莱特-利什曼染色）

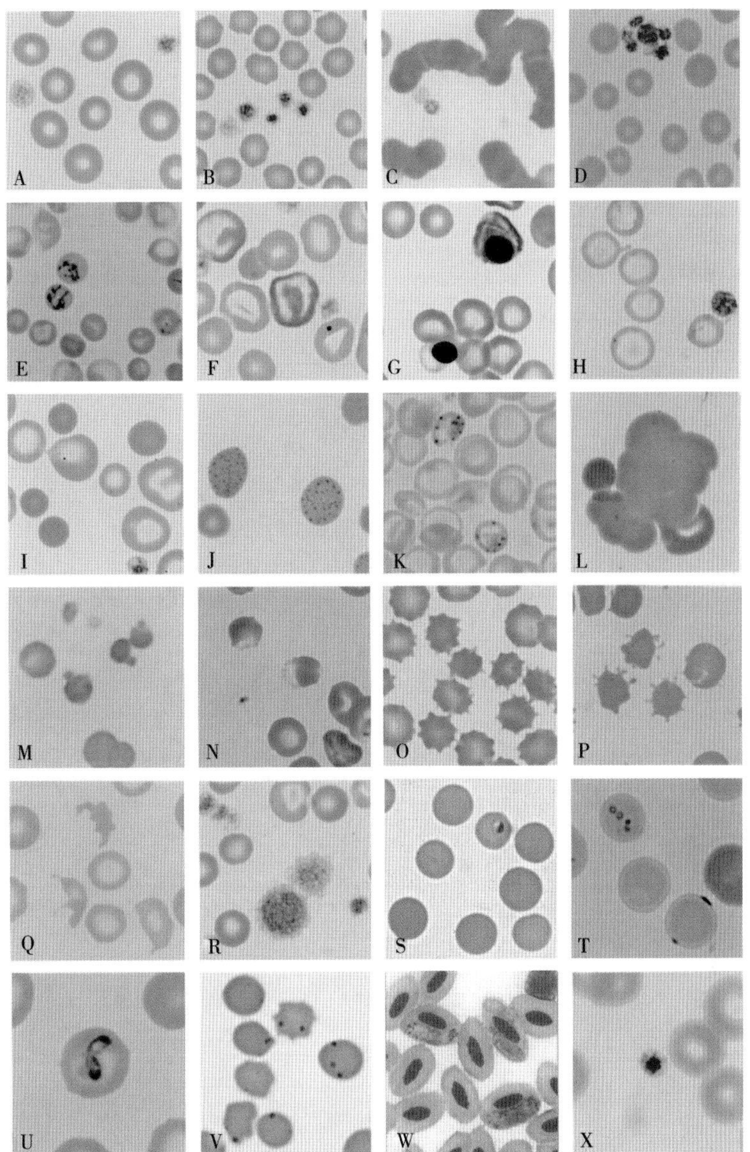

图 1.7　红细胞和血小板形态（除了特定说明外均为莱特-利什曼染色）

A. 犬红细胞和血小板　B. 猫红细胞和血小板　C. 马的红细胞钱串和血小板　D. 牛红细胞和血小板　E. 犬网织红细胞（新亚甲蓝染色）　F. 多染色性红细胞、细长红细胞和染色质小体（犬）　G. 偏红细胞（犬）　H. 血红蛋白过少（缺铁，犬）　I. 球形红细胞（免疫介导的贫血，犬）　J. 嗜碱性颗粒（再生障碍性贫血，牛）　K. 嗜碱性颗粒（铅中毒，牛）　L. 自体凝集（免疫介导的贫血，犬）　M. 海因茨小体（红枫中毒，马）　N. 红细胞血影的海因茨小体（对乙酰氨基酚中毒，猫）　O. 晚幼红细胞（洋葱中毒，犬）　P. 角膜细胞（犬）　Q. 棘红细胞（犬）　R. 棘红细胞（犬）　S. 裂细胞（犬）　T. 大血小板（移位血小板，犬）　U. 巴东虫支原体（前血巴东虫，猫）　V. 犬巴贝斯虫（犬）　W. 牛边缘边虫（牛）　X. *Anaplasma platys*（原为 *Ehrlichia platys*；犬）

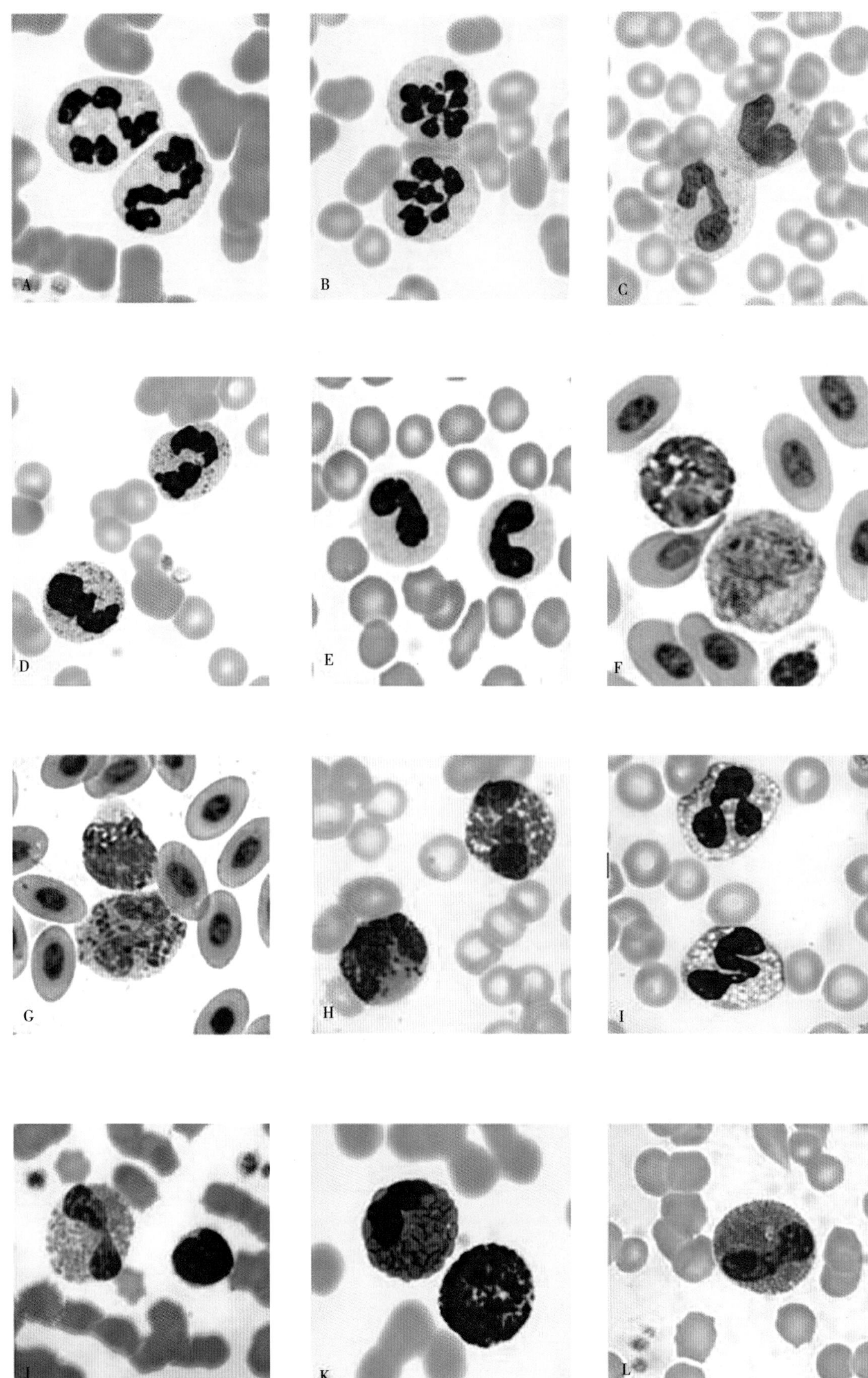
A
B
C
D
E
F
G
H
I
J
K
L

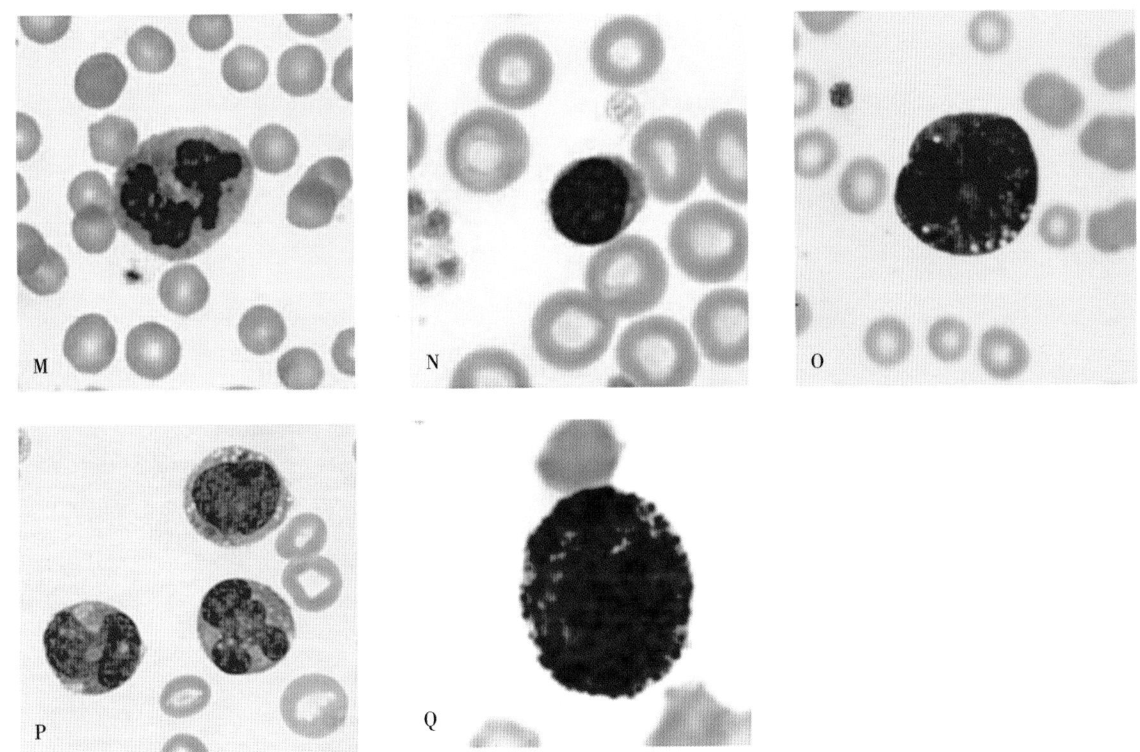

图 2.1　健康和疾病中的白细胞形态

A. 成对分段的马中性粒细胞　B. 具有核高分裂期的马中性粒细胞　C. 具有毒性变化的犬中性粒细胞（细胞质嗜碱性粒细胞增多、空泡化和 Döhle 小体）　D. 具有毒性颗粒的马中性粒细胞　E. 具有 Pelger-Huët 异常的猫中性粒细胞　F. 禽类异嗜性粒细胞、单核细胞和血小板　G. 正常和有毒的禽类异嗜性粒细胞　H. 犬嗜酸性粒细胞和嗜碱性粒细胞　I. 成对的脱颗粒犬嗜酸性粒细胞　J. 猫嗜碱性粒细胞和小淋巴细胞　K. 马嗜酸性粒细胞和嗜碱性粒细胞　L. 猪嗜酸性粒细胞　M. 猫嗜碱性粒细胞　N. 犬成熟小淋巴细胞　O. 犬反应性淋巴细胞或免疫细胞　P. 三个犬单核细胞　Q. 肠炎患犬血液中的肥大细胞

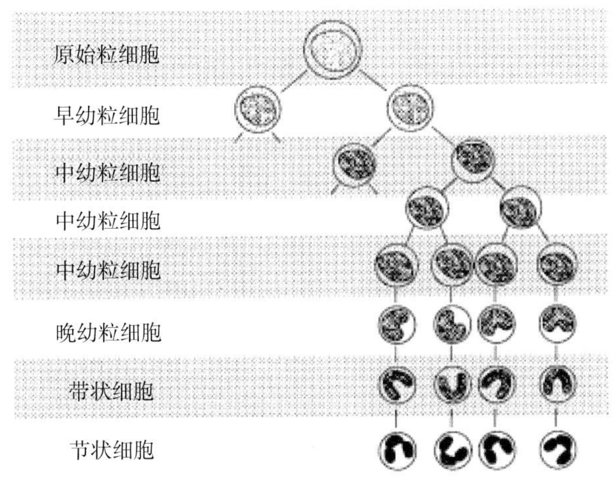

图 2.2　粒细胞的生成顺序

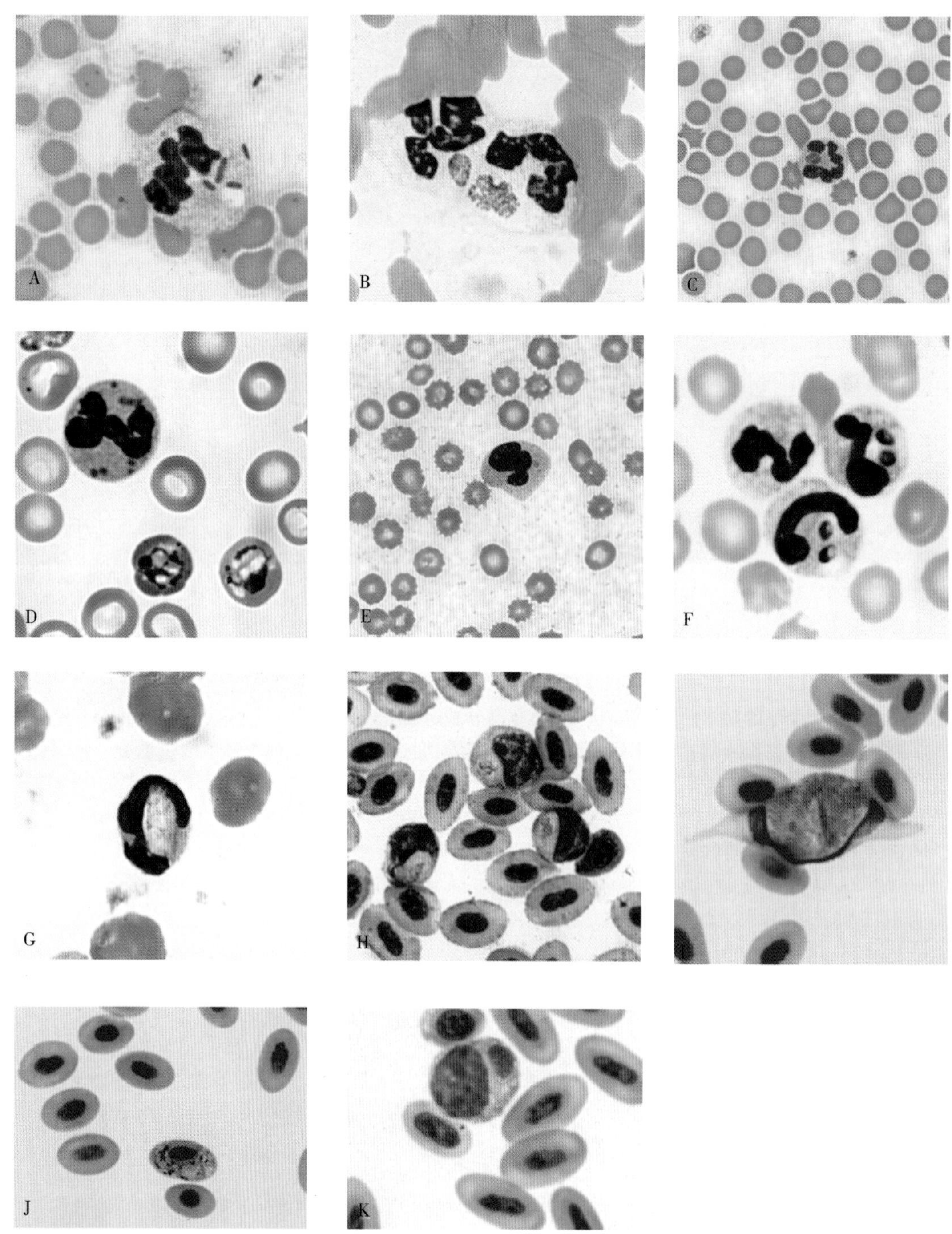

图 2.3　白细胞细胞质内的感染性生物体

A. 带有细胞内和细胞外杆菌的马中性粒细胞（败血症小马驹） B. 中性粒细胞胞质中嗜吞噬细胞无形体（之前称为埃立克体）桑葚胚 C. 犬中性粒细胞胞质中的埃立克体桑葚胚 D. 传统的莱特-利什曼染色法检测犬中性粒细胞和红细胞中的犬瘟热包涵体，呈品红色 E. 莱特快速改良法染色检测犬中性粒细胞中的犬瘟热包涵体，呈浅蓝色 F. 三个犬中性粒细胞中的两个胞质中的荚膜组织胞浆菌 G. 犬类单核细胞中的犬肝簇虫配子体 H. 禽淋巴细胞胞质中的弓形虫 I. 禽血细胞中的住白细胞虫属 J. 禽红细胞胞质中的嗜铬菌 K. 禽单核细胞胞质中的鹦鹉热衣原体

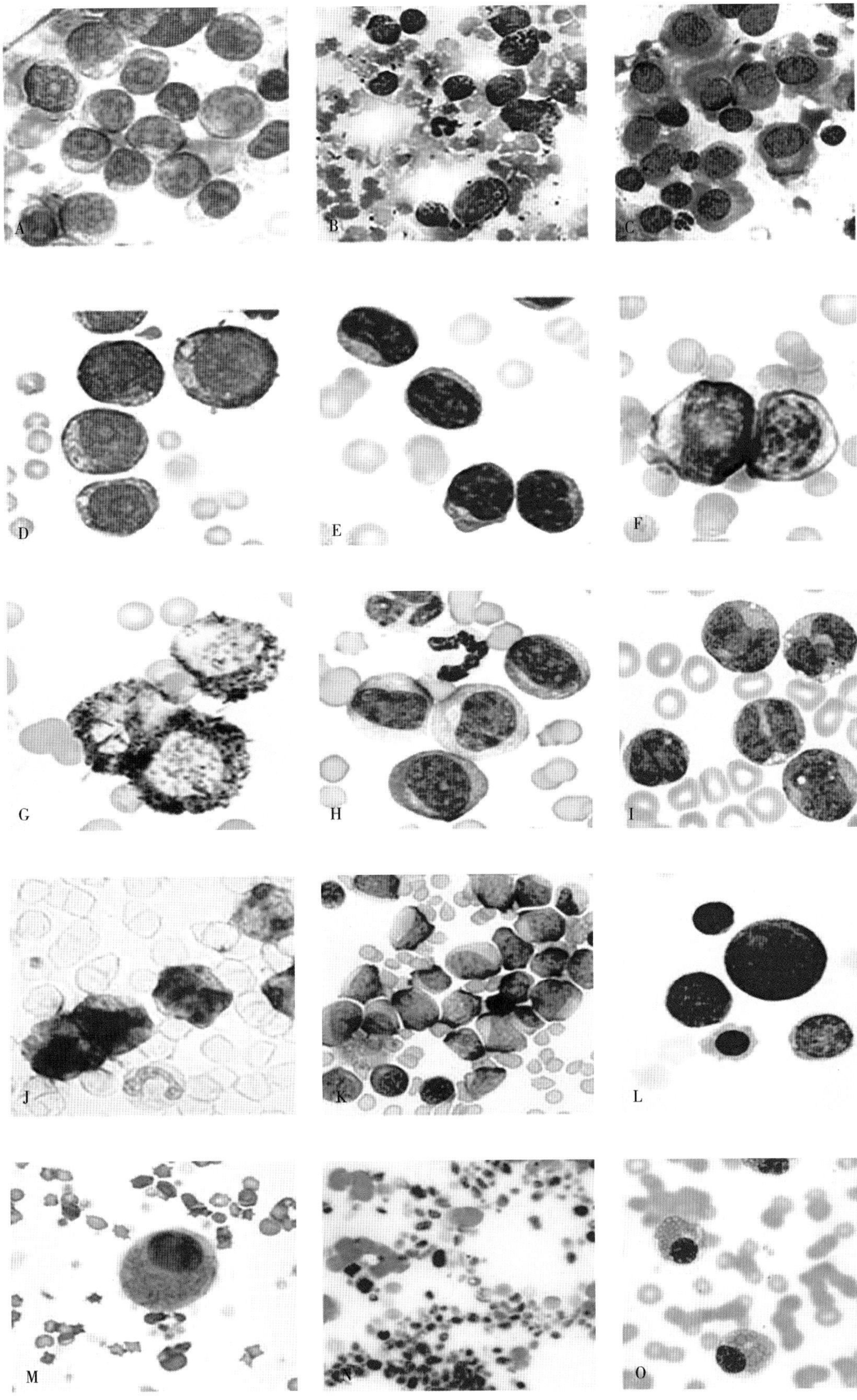
A
B
C
D
E
F
G
H
I
J
K
L
M
N
O

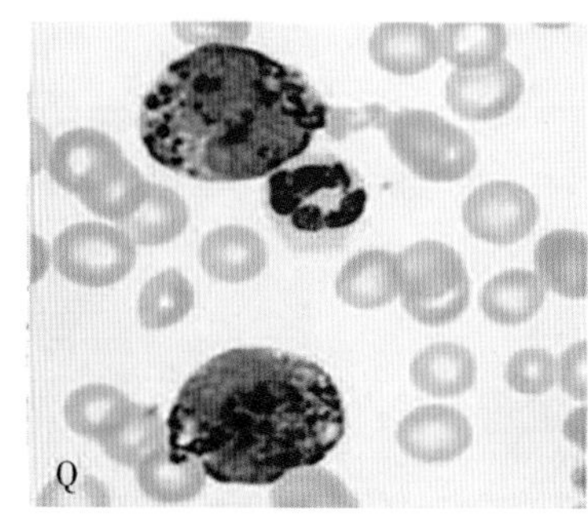

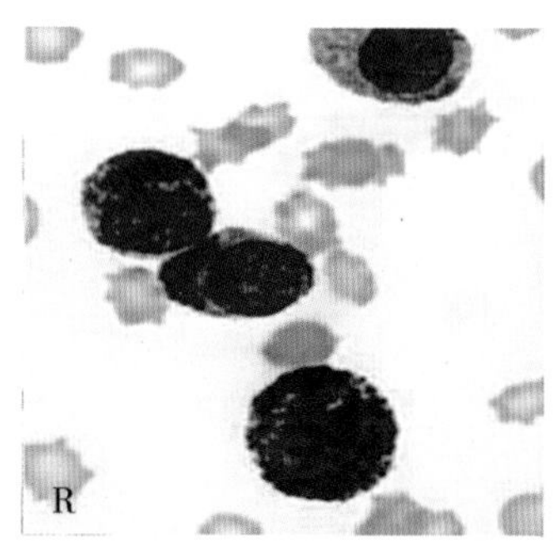

图 3.1　各种淋巴瘤和白血病细胞的形态学特征

A. 淋巴瘤（淋巴结，犬） B. 大颗粒淋巴细胞（LGL）瘤（小肠，猫） C. 浆细胞骨髓瘤（骨髓，犬） D. 急性淋巴细胞白血病（血液，马） E. 慢性淋巴细胞白血病（血液，马） F. 急性颗粒淋巴细胞瘤（淋巴结，猫） G. 急性颗粒淋巴细胞瘤（淋巴结，猫，髓过氧化物酶染色） H. 粒性单核性白血病（血液，马） I. 单核性白血病（血液，犬） J. 单核性白血病（血液，犬，α-醋酸萘酯酶染色） K. 红白血病（骨髓，猫） L. 红白血病（血液，猫） M. 巨核细胞性白血病（巨核细胞骨髓增生，血液，猫） N. 特发性血小板增多症（血液，猫） O. 嗜酸性粒细胞性白血病（血液，马） P. 嗜酸性粒细胞性骨髓增生性疾病（骨髓，马） Q. 嗜碱性粒细胞性白血病（血液，犬） R. 浆细胞性白血病（血液，犬）

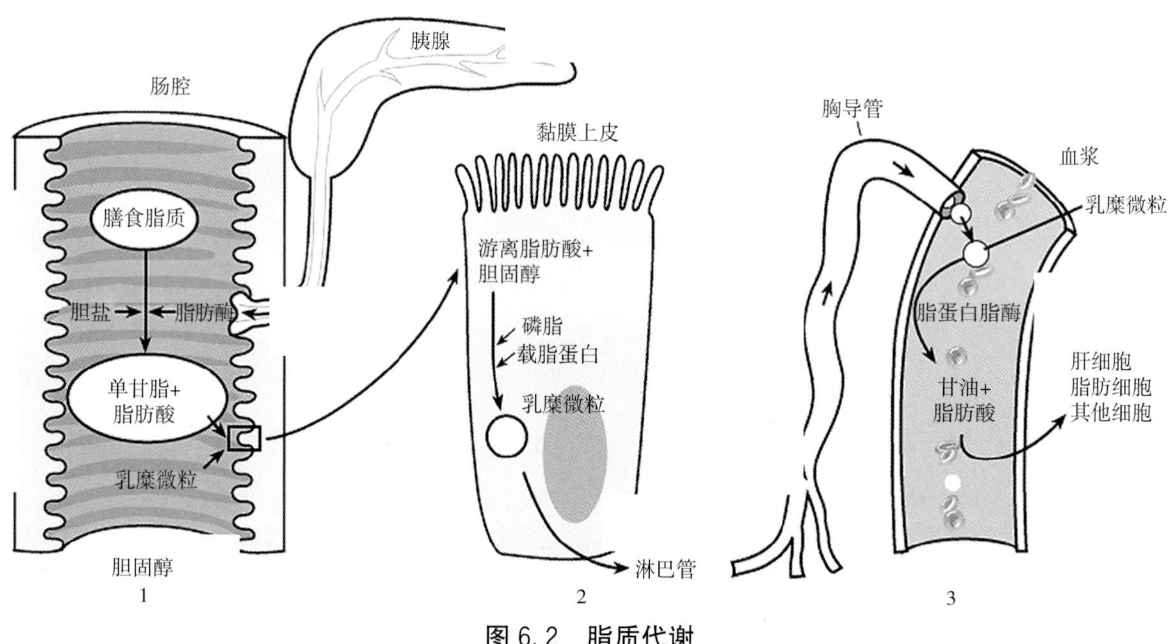

图 6.2　脂质代谢

图 1：摄入的脂肪被胰脂肪酶消化，并被胆盐乳化成单甘油酯和脂肪酸。胶团由单甘酯、脂肪酸和胆固醇形成，并被肠上皮细胞吸收。图 2：胶团在肠上皮细胞中降解，乳糜菌由游离脂肪酸、胆固醇、磷脂和载脂蛋白形成。乳糜微粒被分泌到淋巴管中。图 3：乳糜微粒经胸导管进入血浆。它们随后被肝细胞、脂肪细胞和其他细胞代谢。

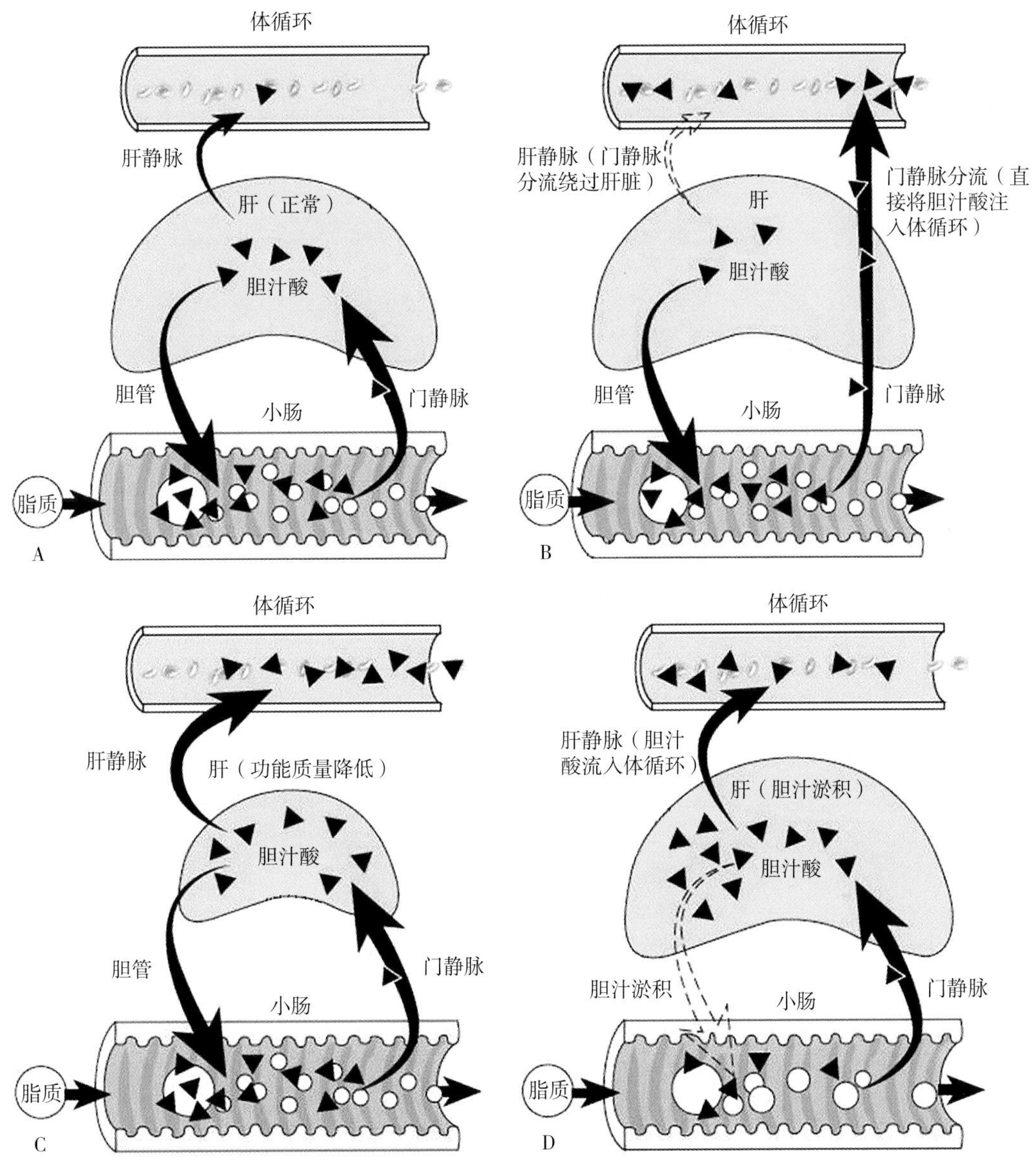

图 7.2 胆汁酸代谢

A. 胆汁酸由肝脏产生，通过胆管进入小肠，辅助脂肪消化。大部分胆汁酸随即通过门静脉循环被重吸收。在健康动物体内，门静脉血中大部分的胆汁酸（70%～95%）被肝细胞重吸收，并重新分泌进入胆汁（肝肠循环） B. 胆汁酸代谢。门静脉分流导致血液绕过肝脏，使门静脉血液直接进入循环系统。肝细胞从全身循环血液中清除胆汁酸的效率较低，血清胆汁酸水平上升 C. 胆汁酸代谢。随着肝脏功能质量下降，门静脉血中胆汁酸的清除效率下降，导致血清中胆汁酸水平上升 D. 胆汁酸代谢。在胆道阻塞性疾病中，胆汁酸进入循环系统中，导致胆汁酸水平上升

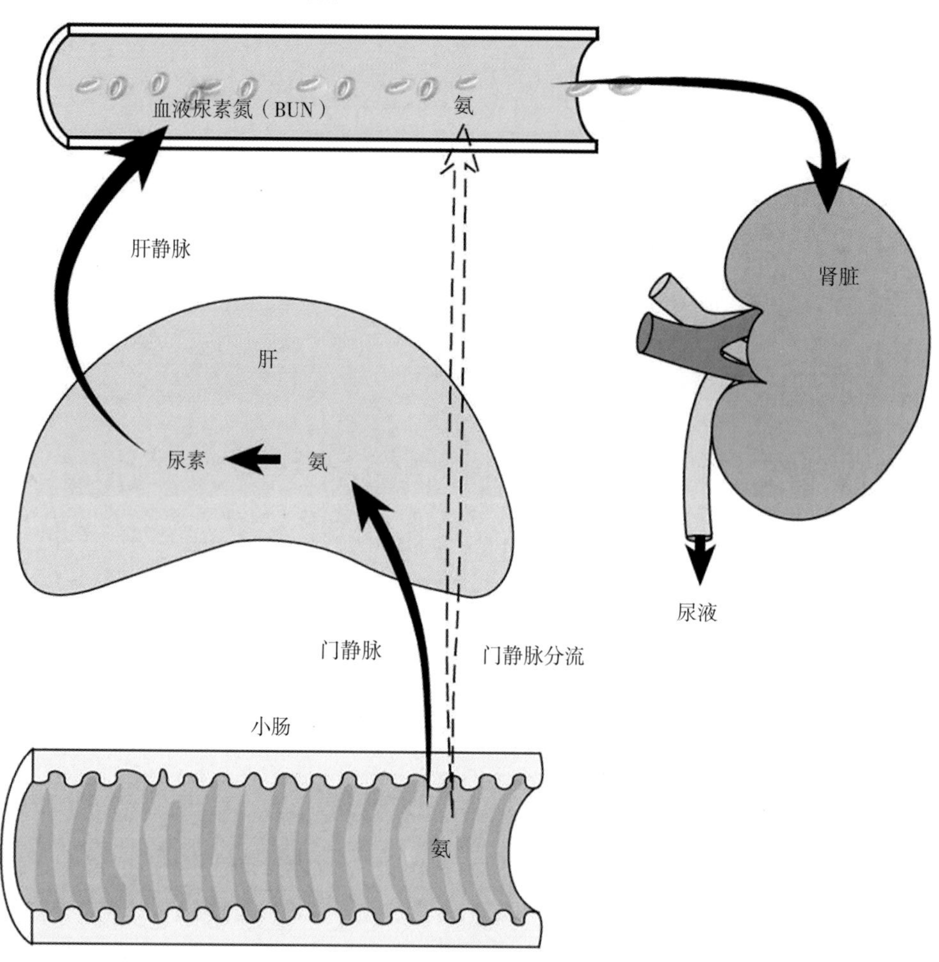

图 7.3　氨代谢

氨通过胃肠道内菌群产生（与氨基酸在细胞内的代谢类似），再通过门静脉循环进入肝脏。大部分氨在肝脏内转变为尿素。尿素进入循环系统（尿素氮），再排入尿液中。发生门静脉分流时，氨绕过肝脏进入循环系统，导致高氨血症（虚线箭头）。

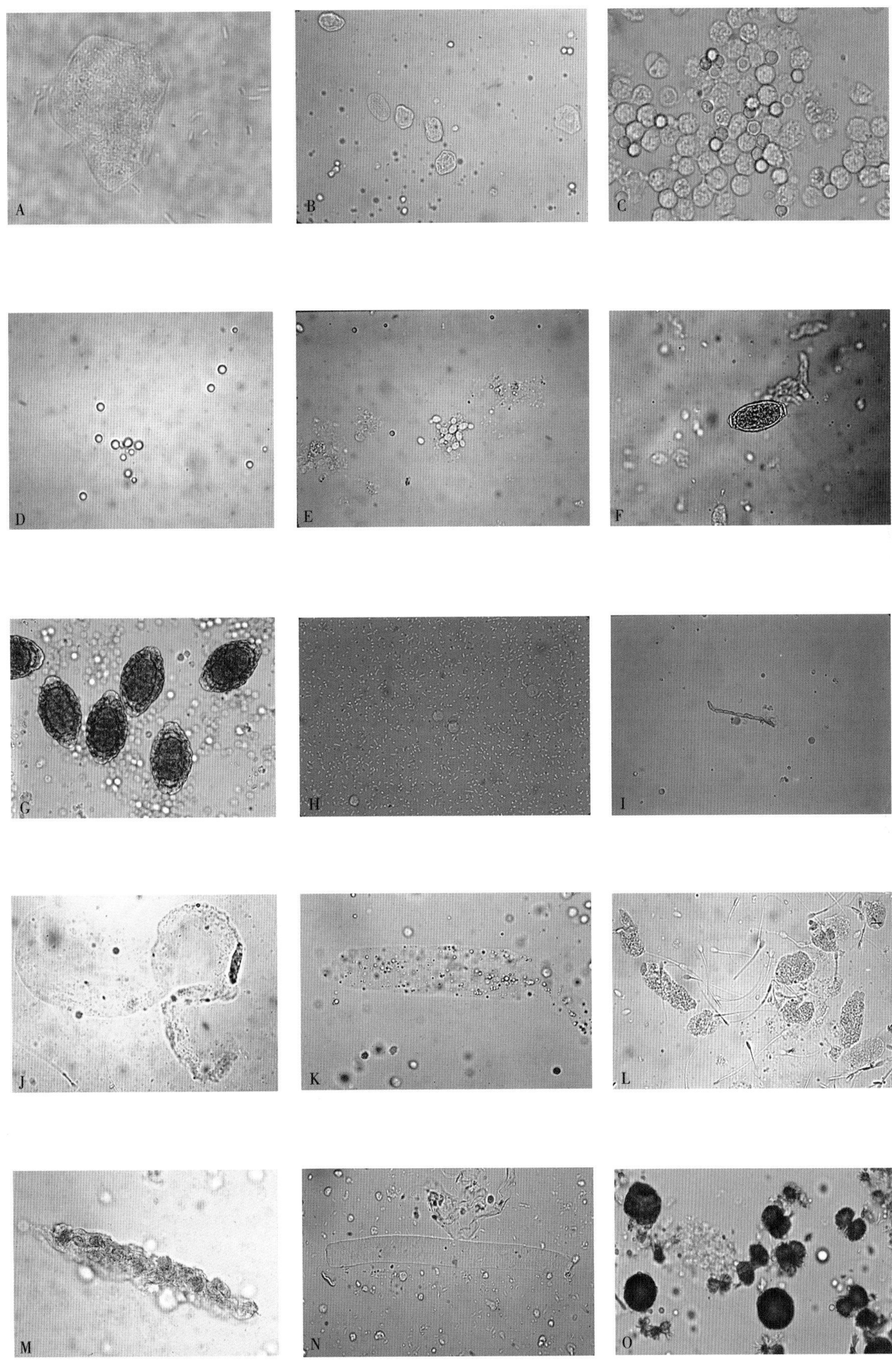
A
B
C
D
E
F
G
H
I
J
K
L
M
N
O

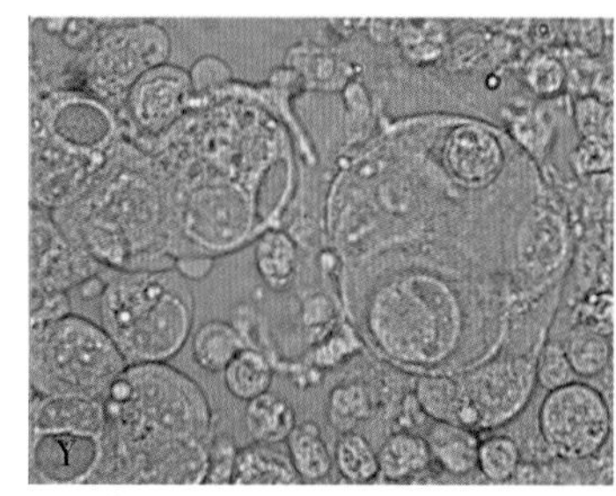

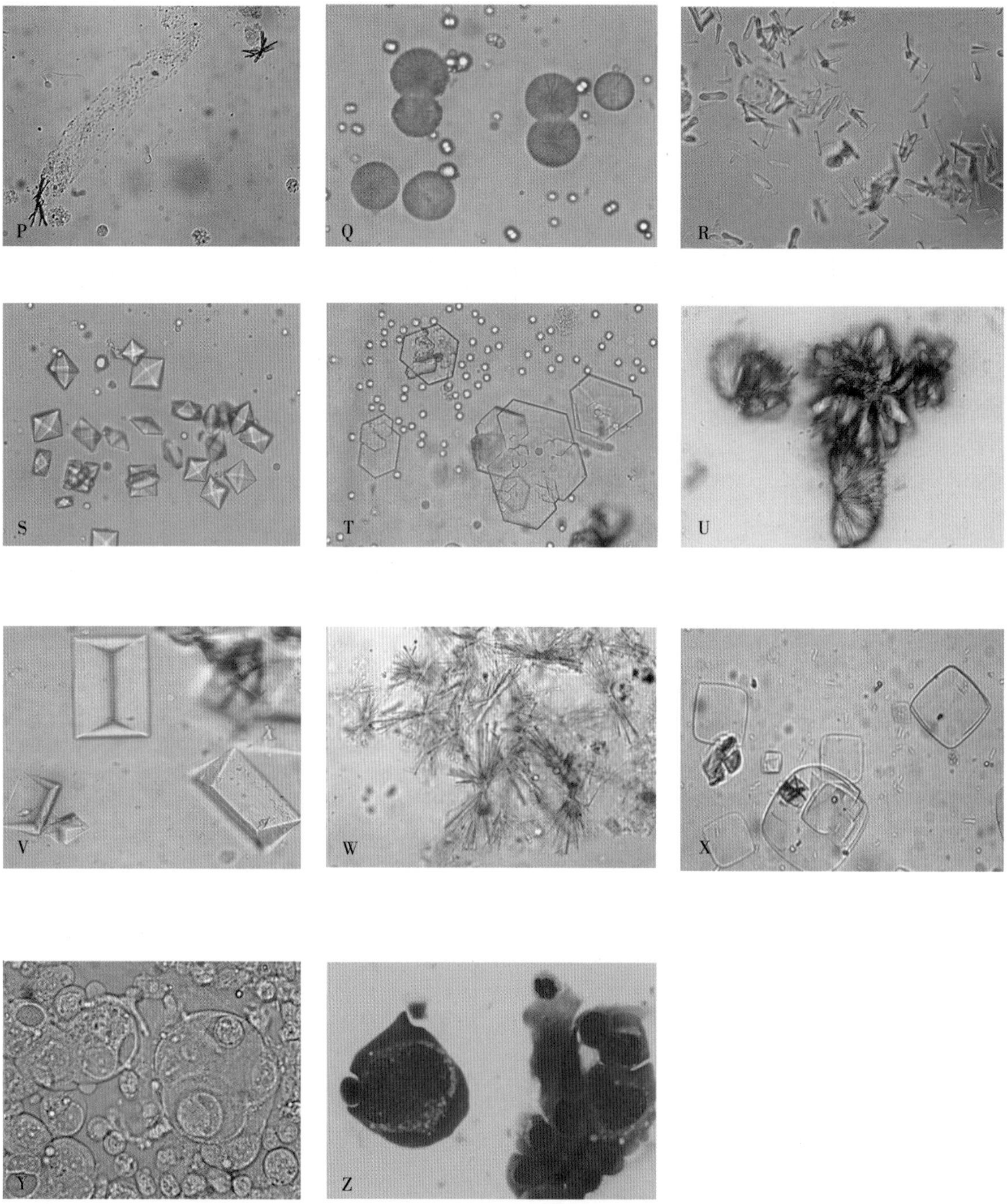

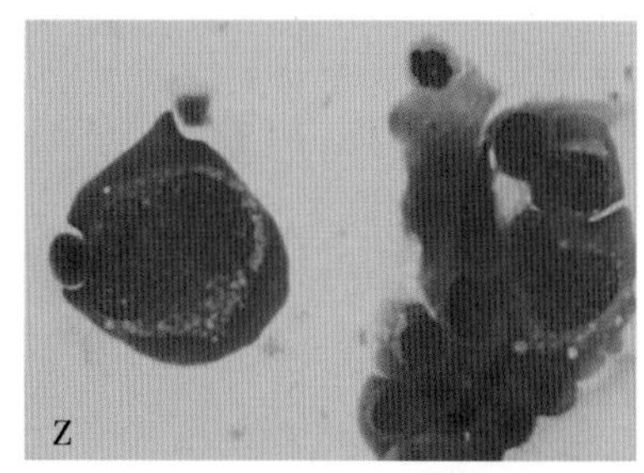

图 9.1　尿液沉积物（莱特染色）

A. 鳞状上皮细胞　B. 转移上皮细胞　C. 红细胞和中性粒细胞　D. 脂肪滴　E. 念珠菌属酵母　F. 毛细线虫属虫卵　G. 膨结线虫属虫卵　H. 细菌和中性粒细胞　I. 真菌菌丝　J. 黏液丝　K. 透明管型　L. 颗粒状管型和精子　M. 血红蛋白染色的细胞管型　N. 蜡状管型　O. 重尿酸铵　P. 含透明管型，精子和中性粒细胞的胆红素　Q. 碳酸钙　R. 草酸钙（乙烯乙二醇中毒）　S. 草酸钙　T. 胱氨酸结晶　U. 氨苯磺胺结晶　V. 三重磷酸盐　W. 络氨酸　X. 尿酸　Y. 转移细胞癌（湿固定）　Z. 转移细胞癌

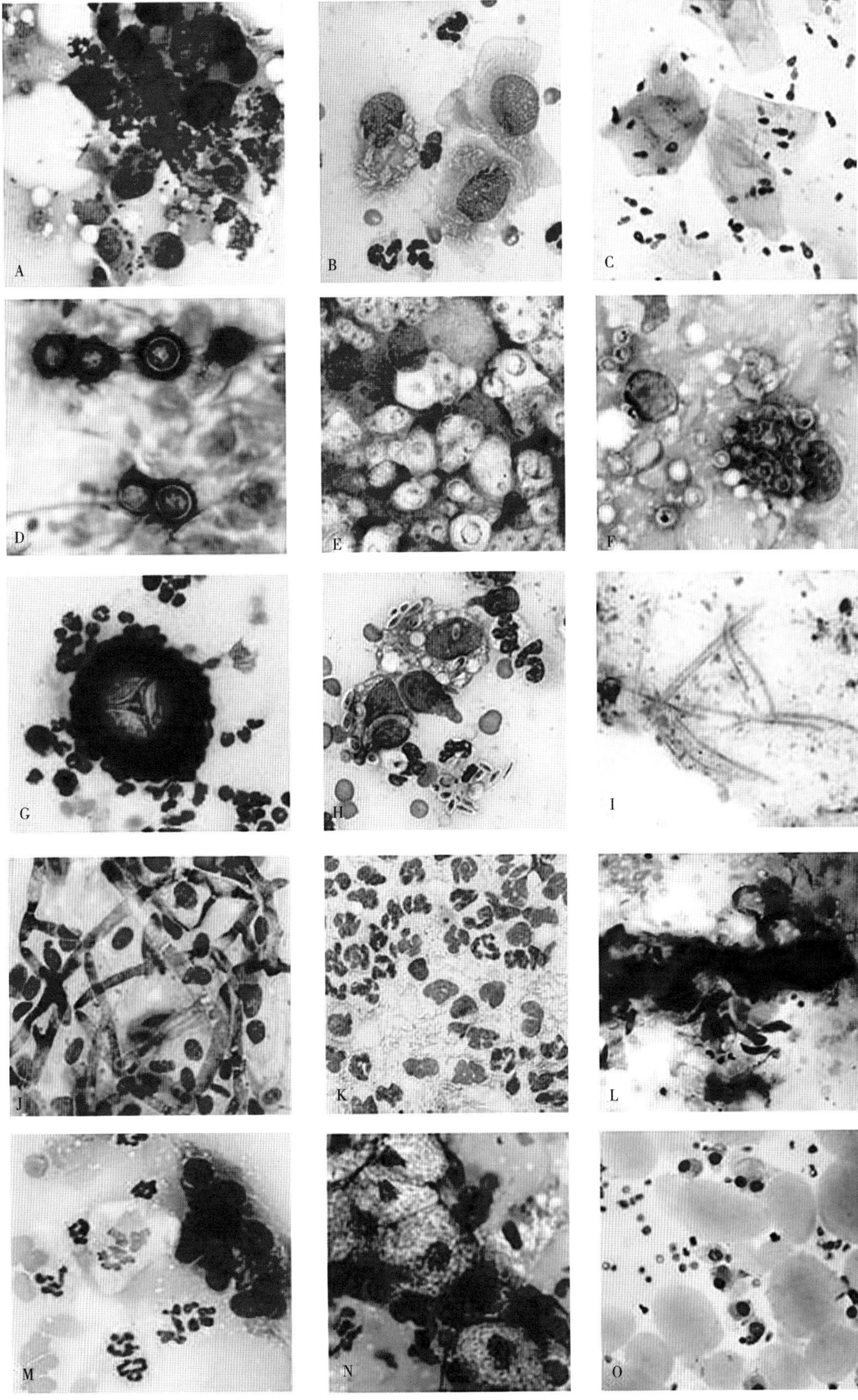
A
B
C
D
E
F
G
H
I
J
K
L
M
N
O

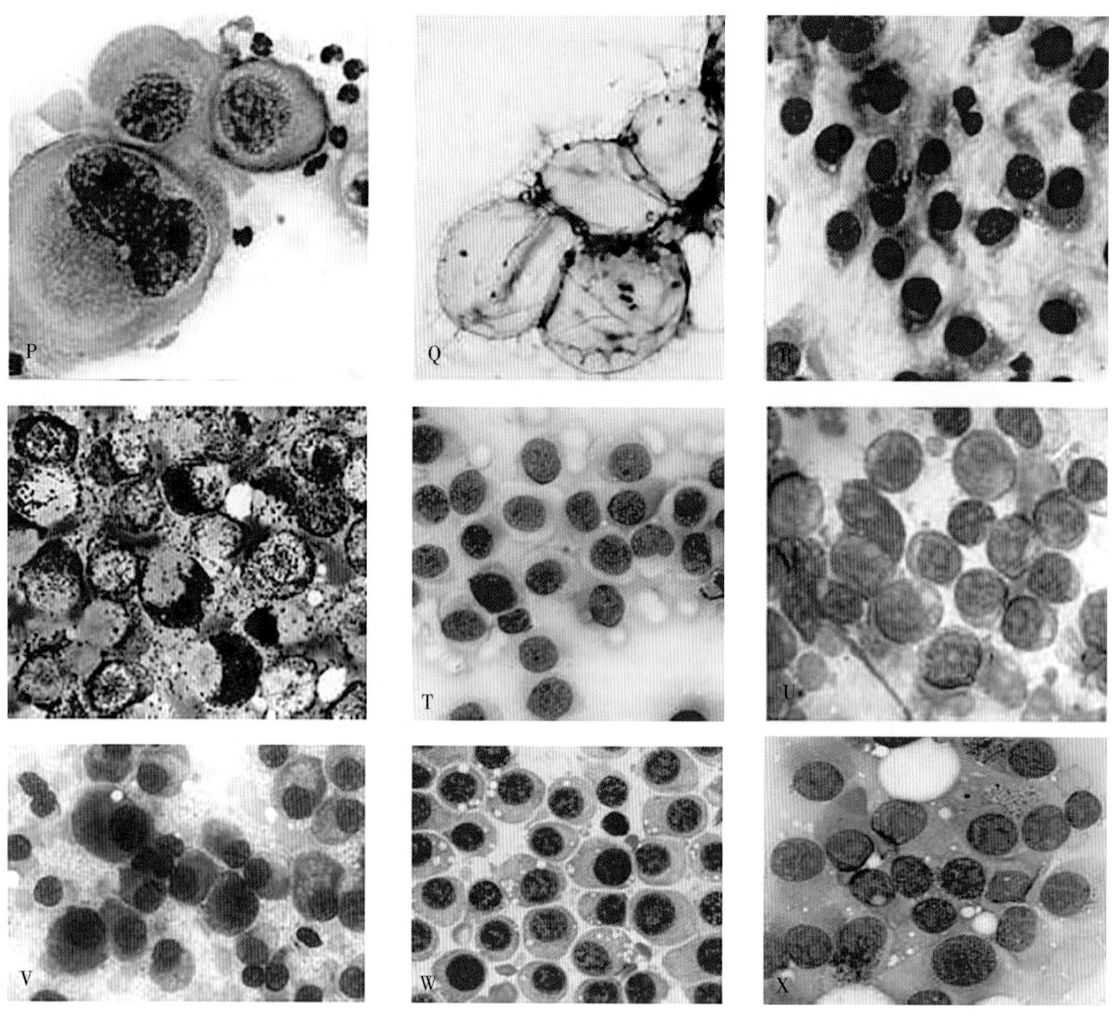

图 12.1

A. 注射部位出现细胞内和细胞外的球状异物反应　B. 巨噬细胞的细胞质中类似于分枝杆菌的未染色杆状结构　C. 脚印形状的马拉色亚酵母菌　D. 皮炎芽生菌酵母　E. 新型隐球菌酵母　F. 巨噬细胞内的组织囊状酵母　G. 炎性细胞包围的球孢子菌　H. 申克孢子丝菌　I. 禽类中超大细菌的菌丝结构　J. 真菌菌丝　K. 菌丝包裹的典型诺卡氏菌或放线菌以及变性的中性粒细胞　L. 角蛋白生成的囊肿或肿瘤　M. 破裂角蛋白形成的囊肿或肿瘤所致的肉芽肿性炎症　N. 皮脂细胞　O. 唾液腺囊肿中的大块非定型黏蛋白和巨噬细胞　P. 鳞状细胞癌肿瘤细胞中显著的红细胞增多症和异核细胞增多症　Q. 脂肪瘤或正常脂肪的成熟脂肪细胞　R. 血管外皮细胞瘤中肥大的梭形细胞　S. 肥大细胞肿瘤　T. 组织细胞瘤　U. 淋巴肉瘤　V. 浆细胞瘤　W. 犬传染性性病肿瘤　X. 恶性黑色素瘤

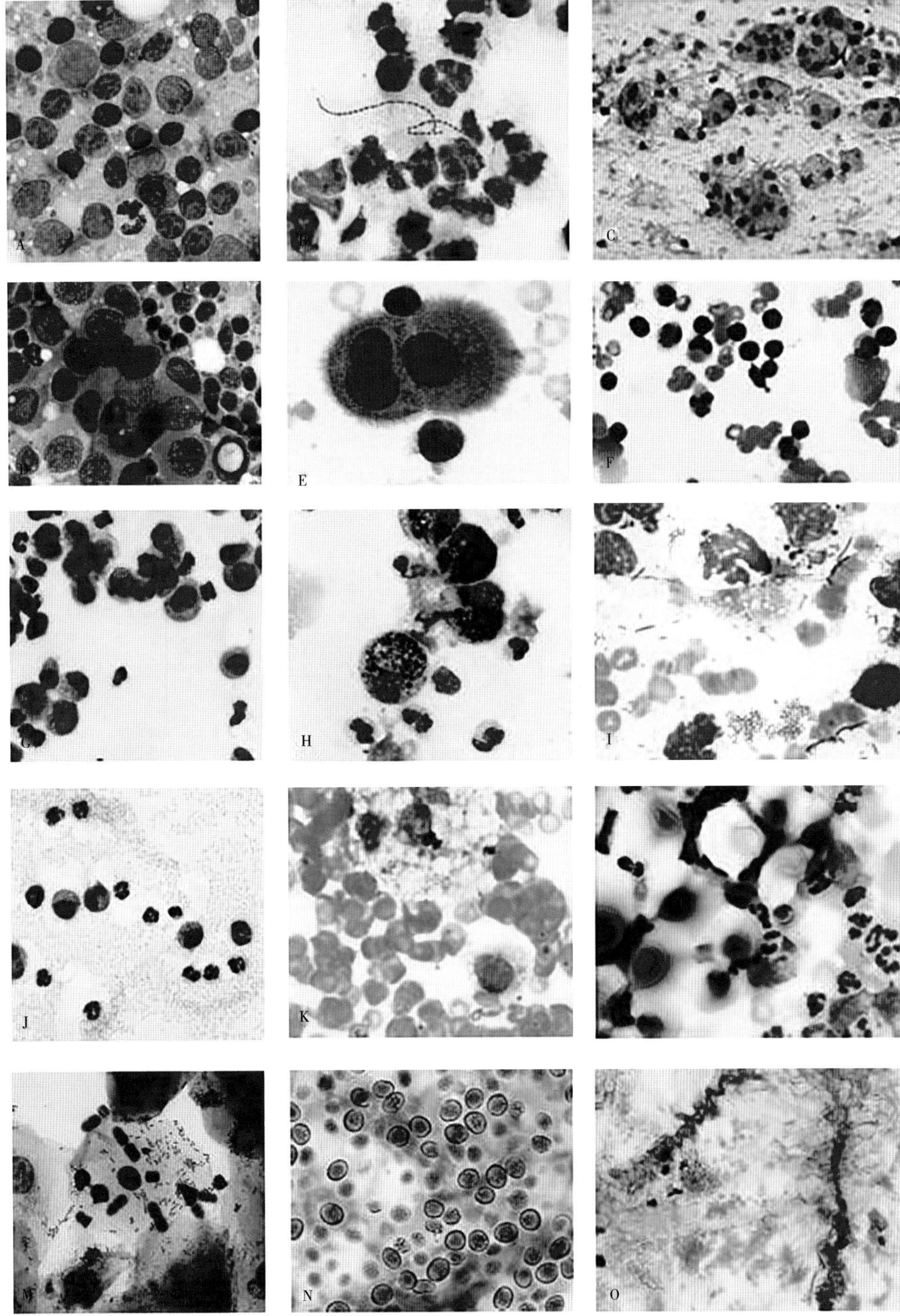
A
B
C
D
E
F
G
H
I
J
K
L
M
N
O

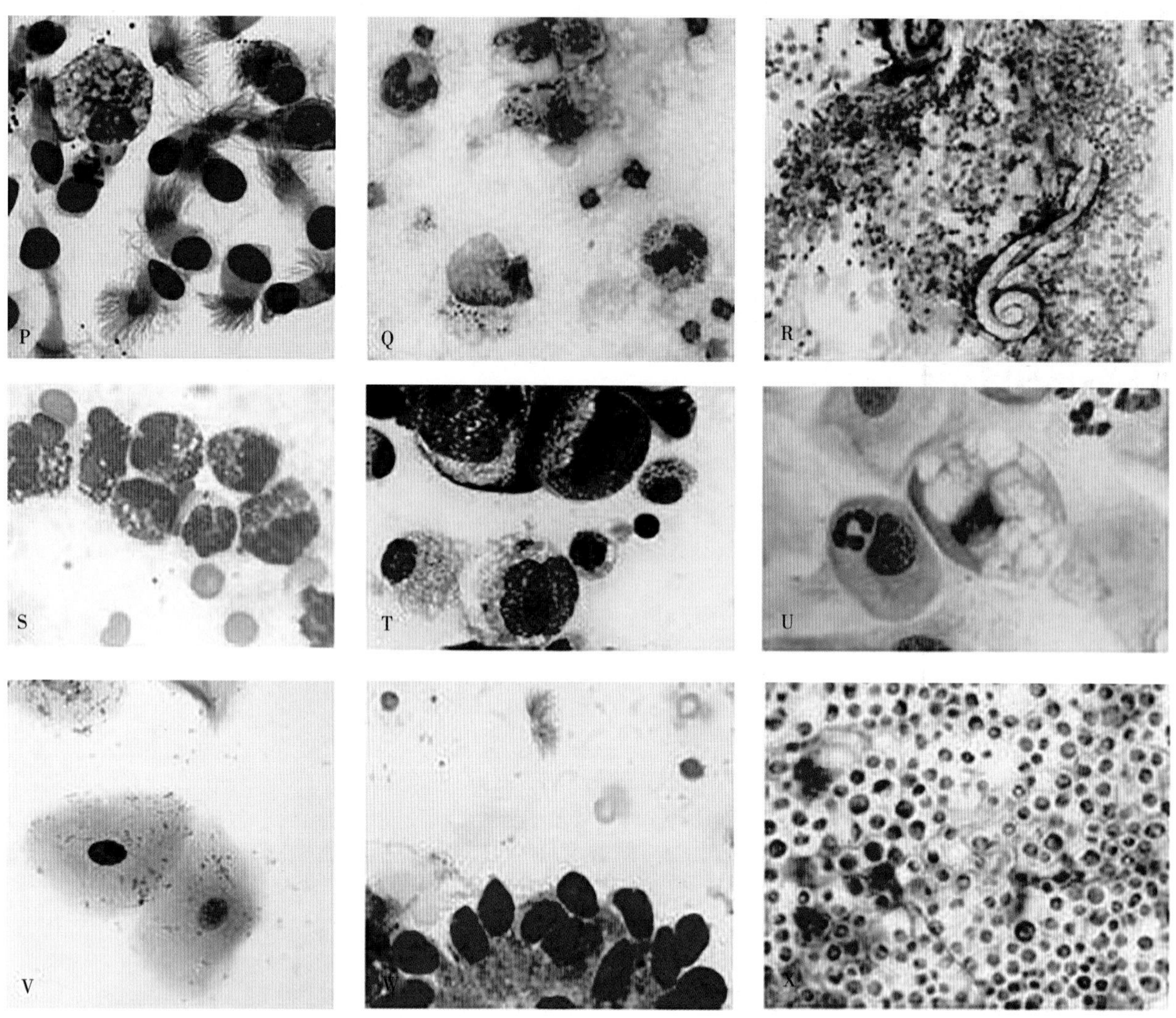

图 12.2　各部位样本的细胞形态

淋巴结抽取物（A～D）：A. 正常淋巴结中占主要比例的小淋巴细胞，一些游离核和一个浆细胞　B. 马链球菌引起的淋巴结炎中变性的中性粒细胞和球菌菌链　C. 正常唾液腺细胞　D. 淋巴结中转移性乳腺癌细胞

体腔渗出液（E～I）：E. 间皮细胞　F. 乳糜胸中的小淋巴细胞　G. 猫传染性腹膜炎腹腔积液中的巨噬细胞、中性粒细胞和弥漫性粉红色沉淀　H. 胆汁性腹膜炎细胞内和游离胆色素　I. 胸膜腔积液中变性的中性粒细胞和混合细菌

关节液（J～N）：J. 中性粒细胞性炎症　K. 慢性出血中出现的吞噬含铁血黄素和血凝素晶体的巨噬细胞　L. 脑脊液中多胞菌和隐球菌酵母菌　M. 口腔中附着西蒙斯氏菌和其他细菌的鳞状细胞　N. 鼻腔渗出液中的鼻孢子虫

气管肺泡冲洗液（O～T）：O. 柯士曼螺旋菌　P. 纤毛上皮细胞和肺泡巨噬细胞　Q. 马红球菌和变性的中性粒细胞　R. 2 种乌龙线虫幼虫和嗜酸性粒细胞　S. 嗜酸性粒细胞　T. 肺癌细胞

阴道细胞形态（U～V）：U. 发情间期的非角质化上皮细胞和中性粒细胞　V. 发情期占主导的角质化/表面细胞

子宫内膜细胞形态（W～X）：W. 子宫内膜上皮细胞和游离的纤毛　X. 假丝酵母菌